Laszlo Palotas (Hrsg.)

**Elektronik für
Ingenieure**

Elektronik für Ingenieure
Analoge und digitale integrierte Schaltungen

Der Herausgeber
Prof. Dr. Ing. Dr. Techn. **Laszlo Palotas** Fachhochschule Wiesbaden

Die Autoren des Buches:
Prof. Dr.-Ing. **Klaus Fricke** Fachhochschule Fulda
　Digitaltechnik
　Mikroprozessoren und Mikrocontroller
　Netze, Busse, Schnittstellen

Prof. Dr.-Ing. **Georg Fries** Fachhochschule Wiesbaden
　Programmierbare Logik und VHDL

Prof. Dr.-Ing. **Rainer Laur** Universität Bremen
　Modelle ausgewählter Halbleiterbauelemente
　Grundschaltungen und Schaltungskonzepte

Prof. Dr.-Ing. Dr. Techn. **Laszlo Palotas** Fachhochschule Wiesbaden
　Lineare Schaltungen
　Nichtlineare Schaltungen

Prof. Dr.-Ing. **Klaus Schumacher** Universität Dortmund
Dr.-Ing. **Ralf Wunderlich**
　Operationsverstärker, Komparatoren und
　rechnergestützter Entwurf
　Nichtidealitäten integrierter Schaltungen

vieweg

Laszlo Palotas (Hrsg.)

Elektronik für Ingenieure

Analoge und digitale integrierte Schaltungen

Mit 420 Abbildungen und 60 Tabellen

Bibliografische Information Der Deutschen Bibliothek
Die Deutsche Bibliothek verzeichnet diese Publikation in der Deutschen Nationalbibliografie;
detaillierte bibliografische Daten sind im Internet über <http://dnb.ddb.de> abrufbar.

Herausgeber: Prof. Dr.-Ing. Dr. Techn. Laszlo Palotas lehrt an der Fachhochschule Wiesbaden in den Fachbereichen Informationstechnologie und Elektrotechnik sowie Umwelttechnik und Informatik.

Der Reihenherausgeber: Prof. Dr.-Ing. Otto Mildenberger lehrte an der Fachhochschule Wiesbaden in den Fachbereichen Elektrotechnik und Informatik.

1. Auflage August 2003

Alle Rechte vorbehalten
© Friedr. Vieweg & Sohn Verlag/GWV Fachverlage GmbH, Wiesbaden 2003

Der Vieweg Verlag ist ein Unternehmen der Fachverlagsgruppe BertelsmannSpringer.
www.vieweg.de

Das Werk einschließlich aller seiner Teile ist urheberrechtlich geschützt. Jede Verwertung außerhalb der engen Grenzen des Urheberrechtsgesetzes ist ohne Zustimmung des Verlags unzulässig und strafbar. Das gilt insbesondere für Vervielfältigungen, Übersetzungen, Mikroverfilmungen und die Einspeicherung und Verarbeitung in elektronischen Systemen.

Umschlaggestaltung: Ulrike Weigel, www.CorporateDesignGroup.de
Druck und buchbinderische Verarbeitung: Lengericher Handelsdruckerei, Lengerich
Gedruckt auf säurefreiem und chlorfrei gebleichtem Papier.
Printed in Germany

ISBN 3-528-03915-9

Vorwort

Die Bedeutung der Elektronik hat in den letzten Jahren stark zugenommen. Eine der Ursachen ist darin zu sehen, dass bei den modernen hochintegrierten Schaltungen digitale und analoge Schaltungsteile (mixed analog/digital VLSI-ICs) in friedlicher Koexistenz miteinander „leben" müssen. Beispielsweise nehmen die analogen Schaltungen im Bereich der digitalen Kommunikation nur einen Bruchteil der Chipfläche in Anspruch, beeinflussen jedoch grundsätzlich die Eigenschaften des Gesamtsystems, und stellen beim Entwurf oft das schwierigere Problem dar.

Der Schaltungsentwurf lässt sich in zwei Bereiche aufteilen: a) Der klassische Entwurf *mit* handelsüblichen integrierten Schaltungen und b) Der Entwurf *von* integrierten Schaltungen. Der *IC-Anwender* muss Grundkenntnisse über das Innenleben einer integrierten Schaltung haben, um sie richtig einsetzen zu können. Der *IC-Entwickler*, der mit einzelnen Transistoren arbeitet, muss einen genauen Einblick in die integrierte Schaltungstechnik auf *Transistorebene* haben.

Die zweite Ursache liegt an der Zunahme der Bedeutung der Schaltungssimulation. Sie war bei der *IC-Entwicklung* schon immer selbstverständlich. Jedoch auch beim *Entwurf von Schaltungen mit* ICs spielt der Einsatz von Simulatoren eine immer größere Rolle. Die Schaltungssimulation setzt voraus, dass Grundkenntnisse zur Modellierung und Modellbildung vorhanden sind. Diese Grundkenntnisse beziehen sich sowohl auf die physikalischen Modelle von Halbleiterbauelementen (Dioden, Transistoren), als auch auf den Aufbau von komplexen integrierten Schaltungen (Operationsverstärker, Komparatoren, PLL).

Im Bereich der Digitaltechnik werden zunehmend programmierbare Logikbausteine verwendet. Das erfordert wiederum, dass der Entwickler über grundlegende Kenntnisse bezüglich des Aufbaus der komplexen digitalen Schaltungen (Mikroprozessoren, Signalprozessoren) auf Gatter-Ebene verfügt, und auch über die Einsatzmöglichkeiten von modernen, leistungsfähigen Entwurfsverfahren (VHDL-Modelle) informiert ist.

Das vorliegende Buch wendet sich deshalb einerseits an Ingenieure in der Praxis, die sich mit dem *Einsatz* oder *Entwurf* von integrierten Schaltungen befassen, andererseits aber auch an Studierende von Universitäten, Hochschulen und Fachhochschulen, die sich über bestimmte Gebiete der Elektronik informieren möchten – bei denen ein *Lexikon* nicht ausreicht, die sich aber auch nicht in sehr umfangreiche Darstellungen einlesen wollen. Mit den ausgewählten Beiträgen kann natürlich die Elektronik nicht in ihrer ganzen Breite abgedeckt werden. Dieser Mangel wurde bewusst in Kauf genommen, da die Berücksichtigung *aller* Bereiche den vorgesehenen Umfang des Buches gesprengt hätte.

Das Buch behandelt deshalb nur eine auf Grund der o.g. Gesichtspunkten getroffene Auswahl der relevantesten Teilgebiete der analogen und digitalen *integrierten* Schaltungstechnik. Es besteht aus zehn kompakten Einzelbeiträgen, wobei das betreffende Gebiet mit den wichtigsten Begriffen, Beziehungen und Schaltbildern dargestellt wird. Die einzelnen Kapitel können unabhängig voneinander gelesen und verstanden werden.

Das Buch beginnt mit einer systematischen Abhandlung von auf physikalischer Grundlage basierenden Modellen ausgewählter Halbleiterbauelemente. Eine kompakte Beschreibung der analogen und digitalen Grundschaltungen und Schaltungskonzepte findet der Leser im zweiten Abschnitt. Im Kapitel 3 werden bipolare und MOS Operationsverstärker bzw. Komparatoren besprochen, wobei auch auf den rechnergestützten Entwurf mit Schaltungssimulatoren eingegangen wird. Kapitel 4 widmet sich den Nichtidealitäten (wie parasitäre Kapazitäten oder Rauschen) beim Entwurf von integrierten Schaltungen. Im Abschnitt 5 werden die wichtigsten linearen Anwendungen - wie aktive Filter, geschaltete Kondensator-Filter, Abtast-Halteschaltungen, Bandabstandsreferenzen sowie Digital-Analog und Analog-Digital Umsetzer behandelt. Das umfangreiche Kapitel 6 befasst sich mit Aufbau und Anwendungen von nichtlinearen integrierten Schaltungen, wie Analog-Multiplizierern, Phasenregelkreisen, Oszillatoren und Funktionsgeneratoren, die in den Gebieten der Telekommunikation, Regelungstechnik und Messtechnik unentbehrlich sind. Die digitaltechnischen Grundlagen (Codes, Schaltalgebra, Multiplexer, Addierer, Flipflop) werden im Abschnitt 7 dargestellt. Kapitel 8 befasst sich mit der programmierbaren Logik (PLD, PLA, FPGA) sowie mit der Modellierung und dem Entwurf von digitalen Schaltungen mit der Hochsprache VHDL. Der grundsätzliche Aufbau von Mikroprozessoren, Mikrocontrollern und Signalprozessoren wird im Kapitel 9 beschrieben. Den Abschluss des Buches bildet der Abschnitt 10 über Netze, Bussysteme und Schnittstellen. Alle Abschnitte enthalten Literaturhinweise für ein vertieftes Weiterstudium.

Dem Buch liegt eine CD-ROM mit der Studentenversion des *Schaltungssimulationsprogramms* SIMPLORER mit zahlreichen Beispielen bei. Die Simulator-CD wurde von der Fa. *Ansoft Corporation* in der VHDL/AMS-fähigen Version 6 freudlicherweise kostenlos zur Verfügung gestellt.

An dieser Stelle möchte ich Herrn Prof. Mildenberger vom Verlag Vieweg danken. Ohne seine unkomplizierte und kompetente Unterstützung wäre dieses Buch vermutlich nicht entstanden, zumal er den entscheidenden Anstoß für dieses Buchprojekt gab. Dank gebührt auch meinen Kollegen Prof. Fries für seine kritische Durchsicht der Kapitel 5-10.

Eine besondere Anerkennung gilt meiner lieben Frau Ute – die neben dem mühevollen Korrekturlesen des Manuskripts – die Entstehung dieses Buches mit sehr viel Unterstützung, Geduld und Verständnis seit Jahren begleitet hat. Ihr sei dieses Buch gewidmet.

Die Autoren und Herausgeber sind an Kritik, Hinweise und Vorschlägen der Leserinnen und Leser sehr interessiert.

Klein-Winternheim, im Mai 2003

Der Herausgeber

Inhaltsverzeichnis

1 Modelle ausgewählter Halbleiterbauelemente   **1**
   1.1 Physikalische Grundlagen, die Halbleitergrundgleichungen 2
   1.2 Modelle für pn-Übergänge und pn-Dioden 3
      1.2.1 pn-Diode im Gleichgewicht 4
      1.2.2 pn-Diode mit äußerer Spannung 6
      1.2.3 Ideale Diode (Shockley-Gleichung) 10
      1.2.4 Dynamisches Verhalten der Diode 12
      1.2.5 Reale Dioden 15
      1.2.6 Großsignalmodell der Diode 16
      1.2.7 Kleinsignalmodell der Diode 16
      1.2.8 Temperaturabhängigkeit des Diodenstroms 18
   1.3 Modelle bipolarer Transistoren 19
      1.3.1 Aufbau und Wirkungsweise des integrierten Bipolartransistors ... 19
      1.3.2 Ebers-Moll-Modell (EMM) 23
      1.3.3 Gummel-Poon-Modell (GPM) 31
      1.3.4 Nichtideale Effekte 37
      1.3.5 Kleinsignalmodell des bipolaren Transistors 39
      1.3.6 Frequenzverhalten der Stromverstärkung 41
      1.3.7 Großsignal-, Schaltverhalten 44
      1.3.8 Modelle für pnp-Transistoren 46
   1.4 Modelle des MOS-Feldeffekttransistors (MOSFET) 47
      1.4.1 Prinzipieller Aufbau und Wirkungsweise des MOS-Feldeffekttransistors ... 47
      1.4.2 Gradual Channel Approximation, Anreicherung, Verarmung, Inversion ... 51
      1.4.3 Ladungen der MOS-Struktur 57
      1.4.4 Substrateffekt 59
      1.4.5 Kanalstrom am Beispiel des NMOS-Transistors, Basismodell 60
      1.4.6 Verarmungstransistoren 67
      1.4.7 P-Kanal-Transistoren 67
      1.4.8 Nichtideale Effekte 68
      1.4.9 Dynamisches Großsignalmodell des MOS-Transistors 75
   1.5 Kleinsignal-Ersatzschaltbild des MOS-Transistors 77
   1.6 Frequenzverhalten des MOS-Transistors 79
   1.7 Literatur 81

2 Grundschaltungen und Schaltungskonzepte   **83**
   2.1 Einstufige Grundschaltungen zur Kleinsignalverstärkung mit Widerstandslast 83
      2.1.1 Gleichstrom - Arbeitspunkt 84

2.1.2 Emitter- und Source-Grundschaltung 86
2.1.3 Kollektor-Grundschaltung, Emitterfolger 91
2.1.4 Basis-Grundschaltung 93
2.2 Zweistufige bipolare Kleinsignalverstärker 94
2.3 Quellenschaltungen 96
  2.3.1 Konstantspannungsquellen, Referenzspannungsquellen 97
  2.3.2 Konstantstromquelle, Stromspiegel 99
2.4 Einstufige CMOS-Verstärker 104
2.5 Differenzverstärker 106
  2.5.1 Bipolarer Differenzverstärker 107
  2.5.2 CMOS-Differenzverstärker 111
2.6 Digitale Grundschaltungen 112
  2.6.1 Eigenschaften digitaler Inverter 112
  2.6.2 CMOS-Inverter 117
  2.6.3 CMOS-Gatterschaltungen 121
  2.6.4 Bipolare digitale Grundschaltungen 125
  2.6.5 BiCMOS-Logik 127
2.7 Literatur 129

3 Operationsverstärker, Komparatoren und rechnergestützter Entwurf 131
3.1 Operationsverstärker 131
  3.1.1 Eigenschaften und Kenndaten von Operationsverstärkern 132
  3.1.2 Prinzip der Gegenkopplung 137
  3.1.3 Auswahl von Operationsverstärkern 142
  3.1.4 Entwurf von Operationsverstärkern 142
  3.1.5 Stabilität 143
  3.1.6 Beispiel Bipolar Operationsverstärker 146
  3.1.7 Beispiel CMOS Operationsverstärker 151
  3.1.8 Beispiel Transkonduktanzverstärker 154
3.2 Komparatoren 156
  3.2.1 Einstufige Komparatoren 157
  3.2.2 Zweistufige Komparatoren 159
  3.2.3 Komparatoren mit Hysterese 160
  3.2.4 Komparatoren mit Selbstabgleich 163
3.3 Rechnergestützter Entwurf integrierter Schaltungen 165
  3.3.1 Elementare Bauelemente 169
  3.3.2 Spannungs- und Stromquellen 170
  3.3.3 Modelle 172
  3.3.4 Analysen 173
3.4 Literatur 176

4 Nichtidealitäten integrierter Schaltungen 179
4.1 Parasitäre Kapazitäten in der MOS-Schaltungstechnik 180
  4.1.1 Spannungscharakteristik der MOS-Kapazität 180
  4.1.2 Parasitäre Kapazitäten des MOS-Transistors 182

4.1.3 Kapazitätskomponenten der Diffusionsgebiete 185
4.1.4 Auswirkungen der parasitären Kapazitäten 187
4.2 Rauschen 188
  4.2.1 Größen zur Beschreibung 189
  4.2.2 Physikalische Ursachen und Rauschmodelle 195
  4.2.3 Ersatzschaltbilder 200
  4.2.4 Rechnergestützte Rauschanalyse 205
4.3 Parameterstreuungen und Genauigkeit bei integrierten Schaltungen 206
  4.3.1 Physikalische Ursachen 206
  4.3.2 Lokale und globale Streuungen, Mismatch 209
  4.3.3 Flächen- und Distanzgesetz 211
  4.3.4 Folgerungen für den Schaltungsentwurf 213
  4.3.5 Beispiel 215
  4.3.6 Genauere Modellierung - Spektralmodell 216
4.4 Literatur 220

5 Lineare Schaltungen   **221**

5.1 Aktive Filter 221
  5.1.1 Grundlagen und Übersicht 222
  5.1.2 Normierung 225
  5.1.3 Toleranzschema 226
  5.1.4 Filtertypen 226
  5.1.5 Frequenztransformationen 228
  5.1.6 Approximationsverfahren 230
  5.1.7 Leapfrog-Filter 235
  5.1.8 Kaskadensynthese aktiver Filter 237
5.2 SC-Filter 243
  5.2.1 SC-Integrator der ersten Generation 244
  5.2.2 SC-Schaltungen der zweiten Generation 247
  5.2.3 SC-Filterblock ersten Grades 249
  5.2.4 SC-Filterblock zweiten Grades 249
  5.2.5 Integrierte SC-Filter 251
5.3 Abtast-Halteschaltung (Sample & Hold) 252
  5.3.1 Klassifikation von Signalen, Abtasttheorem 252
  5.3.2 Aufbau einer Abtast-Halteschaltung 256
  5.3.3 Die wichtigsten Kenngrößen 256
  5.3.4 Realisierung von S/H Schaltungen 257
5.4 Bandabstands-Referenz 260
5.5 Digital-Analog-Umsetzer (DAU) 264
  5.5.1 Die wichtigsten Kenngrößen 265
  5.5.2 Parallelverfahren 266
  5.5.2 Indirekte (PWM)-DAU 271
  5.5.3 Oversampling DAU 272
5.6 Analog-Digital Umsetzer 274
  5.6.1 Einige Kenngrößen, Klassifizierung von ADU 275

5.6.2 Parallelverfahren 277
5.6.3 Wägeverfahren (Successive-Approximation) 280
5.6.4 Zählverfahren 282
5.6.5 Oversampling AD-Umsetzer 283
5.6.6 Delta-Sigma AD-Umsetzer ($\Delta\Sigma$-ADC) 285
5.7 Literatur 288

6 Nichtlineare Schaltungen 289
6.1 Analog-Multiplizierer 289
    6.1.1 Multifunktionskonverter 290
    6.1.2 Zweiquadranten-Multiplizierer 292
    6.1.3 Vierquadranten-Multiplizierer 293
    6.1.4 CMOS-Multiplizierer 297
    6.1.5 Anwendung von Multiplizierern 299
6.2 Der Phasenregelkreis (PLL) 303
    6.2.1 Klassifikation von Phasenregelkreisen 303
    6.2.2 Der lineare Phasenregelkreis (LPLL) 304
    6.2.3 Digitaler Phasenregelkreis (DPLL) 317
    6.2.4 Modell und Kenngrößen des DPLL 325
    6.2.5 Der alles digital PLL (ADPLL) 326
    6.2.6 Anwendungen des PLL 329
6.3 Oszillatoren 335
    6.3.1 Lineare Oszillatoren 336
    6.3.2 Nichtlineare Oszillatoren 337
    6.3.3 Quasilineare Systeme zweiter Ordnung 339
    6.3.4 LC-Oszillator-Grundschaltungen 342
    6.3.5 Spannungsgesteuerte LC-Oszillatoren (VCO) 346
    6.3.6 RC-Oszillatoren 350
    6.3.7 Quarzoszillatoren 357
6.4 Funktionsgeneratoren 360
    6.4.1 Relaxationsschwingungen 360
    6.4.2 Schmitt-Trigger 363
    6.4.3 Funktionsgeneratoren mit steuerbarer Frequenz 365
    6.4.4 Emittergekoppelter Multivibrator 373
    6.4.5 Digitale Funktionsgeneratoren 375
6.5 Literatur 376

7 Digitaltechnik 379
7.1 Einführung 379
7.2 Codes 380
    7.2.1 Binärcode 380
    7.2.2 Einschrittige Codes (Gray-Codes) 381
    7.2.3 BCD-Codes 382
7.3 Schaltalgebra 383
    7.3.1 Rechenregeln 384
    7.3.2 Reihenfolge der Auswertung und Schreibweise 385

7.3.3 Kanonische disjunktive Normalform (KDNF) 386
7.3.4 Kanonische konjunktive Normalform (KKNF) 387
7.3.5 Darstellung im Karnaugh-Veitch-Diagramm 387
7.3.6 Unvollständig definierte Schaltfunktionen 389
7.3.7 Schaltnetze 390
7.4 Flipflops 391
7.4.1 RS-Flipflop 391
7.4.2 Taktgesteuertes RS-Flipflop 392
7.4.3 D-Flipflop 393
7.4.4 Taktflankengesteuertes D-Flipflop 393
7.4.5 Master-Slave-D-Flipflop 394
7.4.6 JK-Flipflop 395
7.4.7 T-Flipflop 395
7.5 Synchrone Schaltwerke 396
7.5.1 Aufbau eines Schaltwerks 396
7.5.2 Beispiel für die Entwicklung eines Schaltwerks 397
7.6 Standard-Schaltnetze 402
7.6.1 Multiplexer 402
7.6.2 Code-Wandler 402
7.6.3 Arithmetische Schaltungen 404
7.6.4 Zähler 406
7.7 Literatur 408

8 Programmierbare Logik und VHDL 411
8.1 Einführung 411
8.2 ASIC-Klassen 412
8.2.1 Full-Custom-IC 412
8.2.2 Semi-Custom-IC 413
8.2.3 Programmierbare Logik 415
8.3 PLD 416
8.3.1 PAL und PLA 417
8.3.2 CPLD 419
8.4 FPGA 420
8.4.1 Schematischer Aufbau eines FPGA 420
8.4.2 Programmierbare Logik-Blöcke 421
8.4.3 Ein- und Ausgabe-Blöcke (I/O-Blöcke) 424
8.4.4 Verbindungsressourcen 425
8.4.5 Programmier-Technologie 426
8.5 VHDL Einführung 427
8.5.1 Struktureller Entwurf mit VHDL 427
8.5.2 Strukturelle Elemente von VHDL 430
8.5.3 Elemente zur Verhaltensbeschreibung 435
8.5.4 VHDL-Beispiele 442
8.6 Literatur 445

9 Mikroprozessoren und Mikrocontroller — 447
9.1 Grundsätzlicher Aufbau — 447
9.1.1 Speicherorganisation — 449
9.1.2 Befehlsformat — 450
9.1.3 Befehlsausführung — 450
9.1.4 Adressierungsarten — 451
9.1.5 Befehle — 452
9.1.6 Interrupt — 455
9.1.7 Cache — 456
9.1.8 Direct Memory Access — 457
9.1.9 Pipeline — 458
9.1.10 Architekturen — 459
9.2 CISC-Mikroprozessoren — 461
9.2.1 Einleitung — 461
9.2.2 Aufbau des Intel 80386 — 461
9.2.3 Architektur des 80386 — 461
9.2.4 Register — 462
9.2.5 Speicherorganisation — 464
9.2.6 Task-Management — 466
9.2.7 Paging — 467
9.2.8 Berechnung der Adressen — 468
9.2.9 Adressierungsarten — 468
9.2.10 Interrupts — 469
9.3 Mikrocontroller — 471
9.3.1 Architektur des 68HC11 — 471
9.3.2 Register — 473
9.3.3 Betriebsarten — 474
9.3.4 Interrupts — 475
9.3.5 Timer — 476
9.3.6 Parallele Schnittstellen — 478
9.3.7 Serielle Schnittstellen — 479
9.3.8 AD-Wandler — 479
9.3.9 Adressierungsarten — 480
9.3.10 Befehle — 482
9.4 Signalprozessoren — 483
9.4.1 Einleitung — 483
9.4.2 Architektur des TMS320C54x — 483
9.4.3 Adressierung — 491
9.4.4 Spezielle Befehle — 493
9.4.5 Die Multiply-Accumulate-Befehle — 493
9.5 Literatur — 496

10 Netze, Busse, Schnittstellen — 497
10.1 ISO-OSI-Referenzmodell — 497
10.2 Verbindungsstrukturen — 498
10.2.1 Repeater — 498

10.2.2 Bridges	499
10.2.3 Router	499
10.2.4 Gateway	500
10.3 Busse	500
10.3.1 Bus-Arbitierung	501
10.3.2 Topologie	502
10.3.3 Parallele Busse - serielle Busse	502
10.3.4 Schnittstellen	502
10.4 Beispiele für Bus-Systeme	503
10.4.1 LON-Bus	503
10.4.2 P-Net-Bus	504
10.4.3 CAN-Bus	506
10.4.4 Profi-Bus	507
10.4.5 Bitbus	508
10.4.6 InterBus-S	509
10.4.7 DIN-Messbus	510
10.5 Systembusse	511
10.5.1 ISA-Bus	511
10.5.2 EISA-Bus	512
10.5.3 MCA-Bus	512
10.5.4 VLB-Bus	512
10.5.5 PCI-Bus	512
10.5.6 VME-Bus	513
10.6 Peripheriebusse	513
10.6.1 IEC-Bus, IEEE 488-Bus	513
10.6.2 USB	514
10.6.3 SCSI-Bus	514
10.7 Netze	516
10.7.1 Klassifizierung	516
10.7.2 Ethernet /IEEE 802.3	516
10.7.3 Token-Ring, IEEE 802.5	518
10.7.4 Token-Bus, IEEE 802.4	518
10.7.5 ISDN	519
10.8 Schnittstellen	521
10.8.1 Centronics-Schnittstelle	522
10.8.2 RS232, V24	522
10.8.3 RS485	523
10.8.4 RS422	524
10.9 Literatur	524
Formelzeichen und Abkürzungen	**525**
Sachwortverzeichnis	**531**

Kapitel 1

Modelle ausgewählter Halbleiterbauelemente

von Rainer Laur

Entwickler elektronischer Schaltungen greifen auf Schaltungssimulationsprogramme zurück, die das Verhalten einer Schaltung mit großer Genauigkeit voraussagen. Schaltungssimulationsprogramme lösen die Netzwerkgleichungen, die ein System bestehend aus gewöhnlichen Differentialgleichungen und algebraischen Gleichungen (*DAE - Differential Algebraic Equations*) bilden, mit numerischen Methoden. Die DAE resultieren aus den Kirchhoffschen Regeln und aus Gleichungen oder Gleichungssystemen, die das Klemmenverhalten der Netzwerkkomponenten (Transistoren, Dioden, Widerstände, Kapazitäten, Induktivitäten, etc.) beschreiben. Die Gleichungen oder Gleichungssysteme der Netzwerkkomponenten bilden gleichsam ein mathematisches Modell der jeweiligen Komponente.

DAE
Differential
Algebraic
Equations

Jede im Netzwerk enthaltene Komponente muss durch ein hinreichend genaues Modell repräsentiert werden. Von besonderer Bedeutung sind die *Transistormodelle*. Sie müssen hochgenau aber auch numerisch äußerst effizient sein, da beim Entwurf integrierter Schaltungen häufig Schaltungen mit vielen tausend Transistoren simuliert werden.

Transistormodelle

Die heute verwendeten Schaltungssimulatoren (HSPICE, PSpice, SIMPLORER, SPECTRE, ELDO, SABER, u.a.) basieren auf dem 1975 an der University of California entwickelten Simulator SPICE (*Simulation Program with Integrated Circuit Emphasis*). SPICE enthielt bereits ein einfaches Modell für bipolare Transistoren. Die heutigen Simulatoren verfügen über äußerst leistungsfähige und aufwendige Modelle für Bipolar- und Feldeffekttransistoren, zu deren Beschreibung bis zu hundert und mehr Parameter erforderlich sind.

Schaltungssimulatoren z.B.
HSPICE, PSpice,
LTSpice,
SIMPLORER,
SPECTRE,
ELDO, SABER

Die ausführliche Diskussion der modernen Transistormodelle in ihrer gesamten Leistungsfähigkeit übersteigt den Rahmen dieses Kapitels. Dazu sei auf die Literatur verwiesen [1.1]. Es sollen vielmehr die Prinzipien der Transistormodelle und deren grundsätzliche Eigenschaften dargestellt werden. Sie bilden die Basis zum Verständnis der im Folgenden dargestellten Grundschaltungen, dienen der überschlägigen Schaltungsberechnung und ermöglichen die verständige Nutzung von Schaltungssimulatoren zur Analyse der vorgestellten Schaltungen. Es sei darauf hingewiesen, dass der VHDL-AMS-fähige Schaltungssimulator SIMPLORER (Studentenversion) der Fa. Ansoft Corporation mit zahlreichen Beispielen dem Buch beiliegt [1.22].

Simulator - CD SIMPLORER

1.1 Physikalische Grundlagen, die Halbleitergrundgleichungen

Ausgehend von den Maxwellschen Gleichungen ergibt sich das elektrische Potential im Halbleiter aus der *Poissongleichung*:

Poissongleichung

$$\Delta \Psi = -\frac{\rho}{\varepsilon} = -\frac{q}{\varepsilon}(p - n + N_D - N_A). \quad (1.1)$$

Dabei ist Ψ das elektrische Potential im Halbleiter und ε die Dielektrizitätskonstante des Halbleiters. Die Raumladung ρ resultiert aus den Dichten der freien Ladungsträger (p: Löcherdichte, n: Elektronendichte) und den Dichten der Dotierungsatome (N_D: Donatordichte, N_A: Akzeptordichte).

p: Löcherdichte,
n : Elektronendichte
N_D : Donatordichte
N_A : Akzeptordichte

Die Gesamtstromdichte ergibt sich als Summe von Elektronen- und Löcherstromdichte:

$$\vec{J} = \vec{J}_n + \vec{J}_p. \quad (1.2)$$

Transportgleichungen

Die folgenden *Transportgleichungen* beschreiben Elektronen und Löcherstromdichte:

$$\vec{J}_n = -q \cdot (\mu_n \cdot n \cdot grad\,\Psi - D_n \cdot grad\,n), \quad (1.3)$$

$$\vec{J}_p = -q \cdot (\mu_p \cdot p \cdot grad\,\Psi + D_p \cdot grad\,p). \quad (1.4)$$

Der erste Term in beiden Transportgleichungen beschreibt den Drift- oder Feldstromanteil, der proportional zur elektrischen Feldstärke ist (-grad Ψ). Der zweite Term, der proportional zum Gradienten der

Trägerdichte ist (-grad n), beschreibt den Diffusionsstrom. Im stationären Zustand sind die Trägerdichten zeitlich konstant ($\frac{dn}{dt} = \frac{dp}{dt} = 0$).

Die *Bilanzgleichungen*   Bilanzgleichungen

$$div\,\vec{J}_n = -q \cdot (G-R) \quad (1.5)$$

$$div\,\vec{J}_p = +q \cdot (G-R) \quad (1.6)$$

führen die Divergenz der Teilchenströme auf Rekombination (Rekombinationsrate: R) und Generation (Generationsrate G) zurück. Zusammengefasst ergibt sich daraus die Kontinuität des Gesamtstroms:

$$div\,J = div(J_n + J_p) = 0. \quad (1.7)$$

Es ergibt sich ein System partieller Differentialgleichungen in den Variablen Ψ, n, p. Diese können, unter geeigneten Randbedingungen gelöst werden. Die Teilchenströme und der Gesamtstrom können dann mit den Gleichungen (1.3), (1.4) und (1.2) bestimmt werden.

Die numerische Lösung der Gleichungen ist sehr aufwendig und damit lediglich zur Untersuchung einzelner Komponenten (Devices) oder kleiner Basisschaltungen sinnvoll. Man bezeichnet diese Art der Modelle als *Devicemodelle*. Werden die Gleichungen unter stark vereinfachenden Annahmen analytisch gelöst, ergeben sich *kompakte* analytische Modelle, die in Schaltungssimulatoren eingesetzt werden und die häufig als *Kompaktmodelle* bezeichnet werden.

Devicemodelle

Kompaktmodelle

1.2 Modelle für *pn*-Übergänge und *pn*-Dioden

Dioden sind Bauelemente, bei denen jeweils zwei aneinandergrenzende Gebiete mit entgegengesetzter Dotierung kontaktiert sind. Sie sind durch einen *pn*-Übergang (Grenzschicht zwischen den beiden unterschiedlich dotierten Gebieten) gekennzeichnet.

Im Folgenden wird von einer *eindimensionalen Struktur* ausgegangen, d.h. die Dotierungsdichte ist lediglich eine Funktion einer Koordinate. Die Kontakte seien ideale ohmsche Kontakte. Eine derartige Struktur beschreibt mit hinreichender Genauigkeit *pn*-Übergänge mit großer Fläche.

Eindimensionale Struktur

Abbildung 1.1
Eindimensionaler kontaktierter *pn*-Übergang mit Raumladungszone (RLZ)

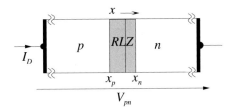

1.2.1 *pn*-Diode im Gleichgewicht

pn-Übergang Der Konzentrationsunterschied der Ladungsträger am *pn*-Übergang führt zur Diffusion der Ladungsträger über den *pn*-Übergang hinweg. Der dadurch verursachte Transport von Ladungen ergibt ein elektrisches Feld in der Umgebung des *pn*-Übergangs. Wegen des elektrischen Feldes entsteht eine von freien Ladungsträgern entblößte

Raumladungszone (RLZ) Schicht in der Umgebung des *pn*-Übergangs. Die ortsfesten ionisierten Dotierungsatome bilden, wie in Abbildung 1.2 dargestellt, eine Raum-

Diffusionsspannung ladungszone (RLZ). In dieser herrscht ein elektrisches Feld E, das zu einer Potentialdifferenz V_D, der Diffusionsspannung führt.

Das *n*-Gebiet hat ein gegenüber dem *p*+Gebiet um V_D positiveres Potential, da Löcher aus dem *p*-Gebiet über den *pn*-Übergang in das *n*-Gebiet diffundieren. Umgekehrt diffundieren Elektronen aus dem *n*-Gebiet in das *p*-Gebiet. In der Raumladungszone können sich wegen der dort wirkenden elektrischen Feldstärke keine freien Ladungsträger aufhalten. Die Dichte der freien Ladungsträger ist stark reduziert. Die Raumladung wird näherungsweise nur von den ortsfesten, ionisierten Dotierungsatomen bestimmt. Außerhalb der Raumladungszone kompensieren sich die Ladungen der freien Ladungsträger und der ortsfesten, ionisierten Dotierungsatome.

Abbildung 1.2
Raumladungszone, Diffusionsspannung am *pn*-Übergang

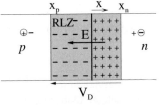

Wegen der Bedeutung der Spannung an der Raumladungszone soll diese im Folgenden bestimmt werden: Im Gleichgewichtszustand wird der Diffusionsstrom der Ladungsträger durch einen entgegengesetzt gleich großen Driftstrom des entsprechenden Ladungsträgertyps kompensiert.

Der *pn*-Übergang ist stromlos. Für den Löcherstrom ergibt sich damit aus (1.4) bei eindimensionaler Betrachtung

1.2 Modelle für pn-Übergänge und pn-Dioden

$$J_p = q(\mu_p p E - D_p \frac{dp}{dx}) = 0 \qquad (1.8)$$

Unter Verwendung der *Einstein-Relation*   *Einstein-Relation*

$$D_p = \frac{k \cdot T}{q} \cdot \mu_p, \quad D_n = \frac{k \cdot T}{q} \cdot \mu_n \qquad (1.9)$$

folgt daraus

$$E dx = \frac{D_p}{\mu_p} \frac{dp}{p} = \frac{kT}{q} \frac{dp}{p}. \qquad (1.10)$$

Die Potentialdifferenz über die Raumladungsschicht ergibt sich durch Integration über die Raumladungsschicht zu

$$V_D = -\int_{x_p}^{x_n} E dx = -\frac{kT}{q} \int_{p_{p0}}^{p_{n0}} \frac{dp}{p} = \frac{kT}{q} \ln \frac{p_{p0}}{p_{n0}} . \qquad (1.11)$$

Dabei ist p_{p0} die *Löcherdichte* an der Grenze zur Raumladungszone im *p*-Gebiet, die als Majoritätsträgerdichte gleich der *Akzeptordichte* N_A ist. p_{n0} ist entsprechend die Löcherdichte an der Grenze zur Raumladungszone im *n*-Gebiet. Im Gleichgewichtszustand gilt im Halbleiter

Löcherdichte
Akzeptordichte

$$n \cdot p = n_i^2. \qquad (1.12)$$

Damit folgt

$$p_{n0} = \frac{n_i^2}{n_{n0}} = \frac{n_i^2}{N_D}, \qquad (1.13)$$

weil die Elektronendichte als Majoritätsträgerdichte gleich der Donatordichte $n_{n0} = N_D$ ist. Für die Diffusionsspannung folgt damit:

Beispiel:
$N_D = 10^{17} \mathrm{cm}^{-3}$,

$$V_D = \frac{k \cdot T}{q} \cdot \ln \frac{N_A \cdot N_D}{n_i^2}. \qquad (1.14)$$

$N_A = 10^{16} \mathrm{cm}^{-3}$,

Die Diffusionsspannung ist demnach von den Dotierungen abhängig. An den Klemmen ist die Diffusionsspannung nicht messbar, da sie durch eine entgegengesetzt wirkende Potentialdifferenz am Übergang zur Metallisierung der Kontakte kompensiert wird.

$n_i \approx 1{,}5 \cdot 10^{10} \mathrm{cm}^{-3}$,

$\Rightarrow V_D \approx 0{,}75 \mathrm{V}$

Das elektrische Feld in der Raumladungszone lässt sich ebenso durch Integration der Poissongleichung (1.1) berechnen. Dabei wird vorausgesetzt, dass die freien Ladungsträger in der Raumladungszone vernachlässigbar sind. Im *n*-Gebiet der RLZ finden sich positive, ortsfeste Donatorionen der Dichte N_D. Im *p*-Gebiet sind dies entsprechend Akzeptorionen der Dichte N_A. In den beiden Gebieten werden die Dotierungsdichten als konstant angenommen. Am *pn*-Übergang soll sich die Dotierungsdichte abrupt ändern (*Abrupter pn-Übergang*). Unter der Voraussetzung, dass sich als Potentialdifferenz über die RLZ die Diffusionsspannung (1.14) ergibt, folgt für die Ausdehnung der RLZ:

Abrupter *pn*-Übergang

$$x_d = x_n - x_p = \sqrt{\frac{2\cdot\varepsilon}{q}\cdot\frac{N_A+N_D}{N_A\cdot N_D}\cdot V_D} \quad (1.15)$$

Einseitig abrupter *pn*-Übergang

Von einseitig abrupten Übergängen wird gesprochen, wenn die Donatordichte sehr viel größer als die Akzeptordichte ist oder umgekehrt. Sie bilden ein geeignetes Modell insbesondere für diffundierte Übergänge und werden auch als p^+n- oder pn^+-Übergänge bezeichnet.

Beispiel:
$V_D = 0{,}8\,\text{V}$,
$N_A = 10^{17}\,\text{cm}^{-3}$,
$\Rightarrow x_d \approx 0{,}1\,\mu\text{m}$

Für einen einseitig abrupten *pn*-Übergang mit hochdotiertem *n*-Gebiet ($N_D \gg N_A$) gilt beispielsweise:

$$x_d \approx x_p = \sqrt{\frac{2\cdot\varepsilon}{q}\cdot\frac{1}{N_A}\cdot V_D} \;. \quad (1.16)$$

Die Raumladungszone dehnt sich im Wesentlichen in das niedrig dotierte *p*-Gebiet aus. Die Ladung pro Fläche der Raumladungsschicht ergibt

$$Q_d' = q\cdot N_A \cdot x_d \approx \sqrt{2\cdot\varepsilon\cdot q\cdot N_A \cdot V_D} \;. \quad (1.17)$$

1.2.2 *pn*-Diode mit äußerer Spannung

Beim Anlegen einer äußeren Spannung fließt ein Strom über die Diode. Man unterscheidet die Flussrichtung $V_{pn} > 1$ und die Sperrrichtung $V_{pn} < 0$. Der Strom in Flussrichtung ist um viele Größenordnungen größer als der Strom in Sperrrichtung und steigt mit steigender Flussspannung exponentiell an.

1.2.2.1 *pn*-Diode in Flussrichtung

Wirkt die äußere Spannung der Diffusionsspannung entgegen (Flussrichtung, Pluspol der äußeren Spannungsquelle am *p*-Kontakt,

1.2 Modelle für pn-Übergänge und pn-Dioden

$V_{pn} > 0$), verringert sich der Driftstrom und es überwiegt der Diffusionsstrom. Es ergibt sich ein positiver Nettostrom vom *p*-Kontakt zum *n*-Kontakt. Der resultierende Nettostrom ist dabei um Größenordnungen kleiner als Diffusions- oder Driftstrom, d.h. beide Stromanteile weichen nur wenig voneinander ab und kompensieren sich immer noch näherungsweise wie im Fall des Gleichgewichts. Es gilt weiterhin näherungsweise (1.8):

$$J_p = q(\mu_p p E - D_p \frac{dp}{dx}) \approx 0 \qquad (1.18)$$

und entsprechend:

$$J_n = -q(\mu_n n E + D_n \frac{dn}{dx}) \approx 0. \qquad (1.19)$$

(1.18) und (1.19) können entsprechend (1.11) integriert werden. Die Potentialdifferenz der Raumladungszone ist jetzt allerdings um die außen anliegende Spannung reduziert und entsprechend zu (1.11) folgt jetzt:

pn – Diode in Flußrichtung

$$V_D - V_{pn} = \frac{kT}{q} \ln \frac{p_{p0}}{p_n(x_n)}. \qquad (1.20)$$

V_{pn} ist dabei die außen angelegte Spannung, wobei vorausgesetzt wird, dass sie vollständig über die Raumladungszone abfällt. Unter der Voraussetzung niedriger Injektion bleibt die Majoritätsträgerdichte p_{p0} unverändert, während sich die Minoritätsträgerdichte am Rand der Raumladungszone erhöht. (1.20) gelöst nach der Minoritätsträgerdichte liefert

$$p_n(x_n) = p_{p0} \exp(\frac{-qV_D}{kT}) \exp(\frac{qV_{pn}}{kt}) \qquad (1.21)$$

und mit (1.11)

$$\exp(\frac{-qV_D}{kT}) = \frac{p_{n0}}{p_{p0}}$$

gilt:

$$p_n(x_n) = p_{n0} \exp(\frac{qV_{pn}}{kT}) \qquad (1.22)$$

Entsprechend gilt für die Elektronen am Rand der Raumladungszone im *n*-Gebiet:

Injektion von Minoritätsträgern

$$n_p(x_p) = n_{p0} \exp(\frac{qV_{pn}}{kT}). \qquad (1.23)$$

Durch die äußere Spannung in Flussrichtung werden demnach die Minoritätsträgerdichten am Rand der Raumladungszone angehoben. Man spricht davon, dass Minoritätsträger über die Raumladungszone injiziert werden. An den Kontakten bleibt die Minoritätsträgerdichte konstant. Es bildet sich demnach ein Dichtegefälle der Minoritätsträger vom Rand der Raumladungszone zum Kontakt aus. Die überschüssigen Minoritätsträger diffundieren in Richtung zum Kontakt und rekombinieren auf ihrem Weg zum Kontakt.

Abbildung 1.3 zeigt im oberen Bild die Stromdichte *J* und symbolisch die Rekombination der injizierten Minoritätsträger innerhalb einiger Diffusionslängen vom Rand der Raumladungszone.

Im Bild darunter wird die Anhebung der Minoritätsträgerdichten an den Grenzen der Raumladungszone durch Injektion dargestellt.

Die injizierten Minoritätsträger diffundieren in das Bahngebiet hinein und rekombinieren dabei mit den jeweiligen Majoritätsträgern. Die zur Rekombination, z.B. im *n*-Gebiet benötigten Majoritätsträger, werden zunächst aus dem Reservoir des *n*-Gebietes entnommen, aus Neutralitätsgründen durch einen Elektronenstrom J_n vom *n*-Gebietsende jedoch sofort nachgeliefert.

Im *n*-Gebiet ändert sich entlang des Ortes das Verhältnis von Minoritätsträgerstrom J_P zum Majoritätsträgerstrom kontinuierlich. Die Gesamtstromdichte *J* bleibt über die Länge der Diode aus Kontinuitätsgründen konstant.

Durch Lösen der Diffusionsgleichung mit entsprechenden Randbedingungen kann der Diffusionsstrom der Minoritäten an den Grenzen zur Raumladungszone bestimmt werden:

$$J_p(x_n) = J_{Sp}(\exp\frac{qV_{pn}}{kT} - 1), \qquad (1.24)$$

$$J_n(x_p) = J_{Sn}(\exp\frac{qV_{pn}}{kT} - 1). \qquad (1.25)$$

1.2 Modelle für pn-Übergänge und pn-Dioden

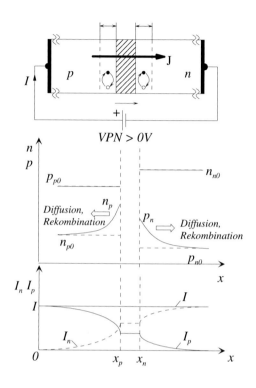

Abbildung 1.3
pn-Diode in Flussrichtung, Ladungsträgerinjektion, Diffusion und Rekombination

Aus Abbildung 1.3 erkennt man, dass der Gesamtstrom der Summe der Minoritätsträgerströme an den Grenzen zur Raumladungszone entspricht:

$$\begin{aligned}J &= J_p(x_n) + J_n(x_p) = (J_{Sp} + J_{Sn}) \cdot (\exp\frac{qV_{pn}}{kT} - 1) \\ &= J_S \cdot (\exp\frac{qV_{pn}}{kT} - 1).\end{aligned} \quad (1.26)$$

Der Strom (Stromdichte) in Flussrichtung nimmt für hinreichend hohe Flussspannung V_{pn} exponentiell mit der Flussspannung zu.

1.2.2.2 pn-Diode in Sperrrichtung

Wirkt die äußere Spannung in Richtung der Diffusionsspannung (Sperrrichtung, Minuspol der äußeren Spannungsquelle am p-Kontakt, $V_{pn} < 0$), steigt die Spannung an der Raumladungsschicht gegenüber dem Gleichgewichtszustand. Nach (1.15) verbreitet sich die Raumladungszone:

pn-Diode in Sperrrichtung

$$x_d = x_n - x_p = \sqrt{\frac{2 \cdot \varepsilon}{q} \cdot \frac{N_A + N_D}{N_A \cdot N_D} \cdot (V_D + |V_{pn}|)} \,. \quad (1.27)$$

Außerdem erhöht sich der Driftstrom gegenüber dem Diffusionsstrom. Die Minoritätsträger werden von der Potentialschwelle über der Raumladungszone abgesaugt. Die Majoritätsträger können die Potentialschwelle in umgekehrter Richtung nicht überwinden. Es fließt ein durch die geringe Minoritätsträgerdichte begrenzter Sperrstrom über den *pn*-Übergang, der bereits für geringe Sperrspannungen von einigen 100 mV begrenzt wird (Sperrsättigungsstrom). Da der Driftstrom ein Minoritätsträgerstrom ist, ist der Nettostrom in Sperrrichtung um Größenordnungen kleiner als der Diffusionsstrom und geht bereits für kleine Sperrspannungen in die Begrenzung (Sperrsättigungsstrom), da der Vorrat an Minoritätsträgern erschöpft ist.

Es gelten weiterhin die Bedingungen (1.18) und (1.19), da Drift- und Diffusionsstrom nur wenig voneinander abweichen. Wegen des negativen Vorzeichens von V_{pn} werden jetzt allerdings die Minoritätsträgerdichten gemäß (1.22) und (1.23) an den Rändern der RLZ abgesenkt. Die Gleichungen (1.24) bis (1.26) für die Minoritätsträgerströme und für den Gesamtstrom gelten weiterhin identisch. Im Gegensatz zur Flussrichtung ist der Betrag des Stromes (Stromdichte) in Sperrrichtung begrenzt:

$$J(V_{pn} \to -\infty) = -J_S \,. \quad (1.28)$$

Sperrsättigungsstromdichte Daher wird J_S auch als *Sperrsättigungsstromdichte* bezeichnet.

Abbildung 1.4 zeigt die Absenkung der Minoritätsträger an den Grenzen der Raumladungszone. Dadurch kommt es zur Diffusion von Minoritätsträgern in Richtung auf die Raumladungszone, die durch die Potentialschwelle über die Raumladungszone *abgesaugt* werden. Die Minoritätsträger müssen durch Generation ersetzt werden (oberes Bild).

1.2.3 Ideale Diode (Shockley-Gleichung)

Gleichung (1.26) beschreibt die Gesamtstromdichte in der Diode in Fluss- und Sperrrichtung. Der Diodenstrom ergibt sich durch Multiplikation der Stromdichte mit der Querschnittsfläche A der Diode:

Gleichung der idealen Diode
$$I_D = I_S \cdot (e^{\frac{V_{pn}}{V_T}} - 1) \,, \quad (1.29)$$

Sperrsättigungsstrom mit
$$I_S = q \cdot A \cdot J_S \quad (1.30)$$

1.2 Modelle für pn-Übergänge und pn-Dioden

$$V_T = \frac{kT}{q} \quad (1.31)$$

Temperaturspannung

$q = 1,6 \cdot 10^{-19} \text{As}$

$k = 1,38 \cdot 10^{-23} \frac{\text{Ws}}{\text{K}}$

$T = 300K = 27°C$

$\Rightarrow V_T = 25,8\text{mV}$

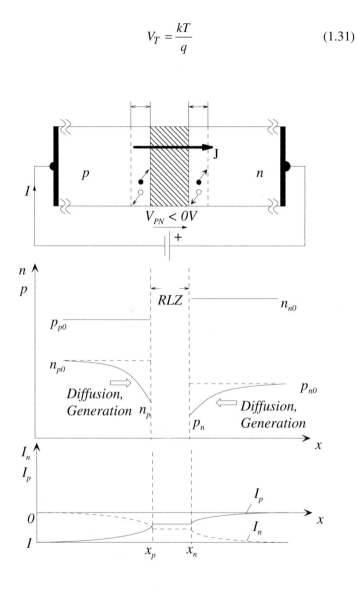

Abbildung 1.4
pn-Diode in Sperrrichtung, Ladungsträgerinjektion, Diffusion und Rekombination

In Abbildung 1.5 ist neben dem Schaltsymbol der *pn*-Diode die Kennlinie der idealen Diode dargestellt. Die Pfeilrichtung des Symbols zeigt in Flussrichtung vom *p*- zum *n*-Gebiet.

Im Sperrbereich (unteres Diagramm) wird für geringe Sperrspannungen von einigen Temperaturspannungen der konstante Sperrsättigungsstrom erreicht.

12 1 Modelle ausgewählter Halbleiterbauelemente

Schwellenspannung von Siliziumdioden ≈ 0,6V – 0,7V

Im Flussbereich (oberes Diagramm) steigt der Strom oberhalb einer *Schwellenspannung* (ca. 0,6 V – 0,7 V bei Silizium) exponentiell an. Das stationäre Verhalten realer *pn*-Dioden kann in einem begrenzten Strombereich bereits relativ gut durch das ideale Diodenmodell beschrieben werden, wenn der Sperrsättigungsstrom durch Messungen bestimmt wird.

Abbildung 1.5
Kennlinie der idealen Diode

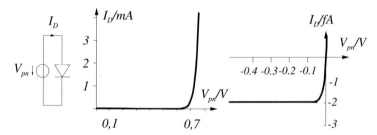

1.2.4 Dynamisches Verhalten der Diode

Das dynamische Verhalten der Diode wird durch die in der Raumladungszone und im Diffusionsbereich der Minoritätsträger gespeicherte Ladung bestimmt. Üblicherweise werden die Effekte der Ladungsspeicherung modellhaft durch Kapazitäten beschrieben.

1.2.4.1 Sperrschichtladung, Sperrschichtkapazität

Die außen angelegte Spannung wird (teilweise) durch die Variation der Breite der Raumladungszone kompensiert. In Sperrrichtung verbreitert sich die Raumladungszone, in Flussrichtung wird sie schmaler. In Flussrichtung gilt dies, solange die außen angelegte Flussspannung deutlich geringer als die Diffusionsspannung ist. Bei höheren Flussspannungen und damit höheren Diodenströmen treten resistive Effekte auf, die dafür verantwortlich sind, dass die an der Raumladungszone anliegende Spannung geringer als die Diffusionsspannung bleibt.

Mit der o.a. Näherung eines einseitig abrupten *pn*-Übergangs (1.16) ergibt sich die Breite der Raumladungszone zu

Breite der Raumladungszone

$$x_d \approx \sqrt{\frac{2 \cdot \varepsilon}{q} \cdot \frac{V_D - V_{pn}}{N}}. \quad (1.32)$$

Sperrschichtladung

Die Raumladungszone dehnt sich im Wesentlichen in das niedrig dotierte Gebiet aus. Die pro Flächeneinheit gespeicherte Sperrschichtladung Q' ergibt sich damit zu

1.2 Modelle für pn-Übergänge und pn-Dioden

$$Q' = q \cdot N \cdot x_d = \sqrt{2\varepsilon \cdot q \cdot N \cdot (V_D - V_{pn})} \ . \qquad (1.33)$$

Im hochdotierten Gebiet ist die entsprechende Ladung mit umgekehrten Vorzeichen gespeichert.

Für die auf die Flächeneinheit bezogene Kapazität der RLZ (*Sperrschichtkapazität*) folgt

$$C_J' = \left|\frac{dQ'}{dV_{pn}}\right| = \left|\frac{d}{dV_{pn}}(q \cdot N \cdot x_d)\right|$$

Auf die Flächeneinheit bezogene Sperrschichtkapazität

$$= \sqrt{\frac{\varepsilon \cdot q \cdot N}{2 \cdot (V_D - V_{pn})}} = \sqrt{\frac{\varepsilon \cdot q \cdot N}{2 \cdot V_D}} \cdot \frac{1}{\sqrt{1-\frac{V_{pn}}{V_D}}} \ . \qquad (1.34)$$

Durch Multiplikation mit der Querschnittsfläche A ergibt sich die Sperrschichtkapazität:

$$C_J = C'_{J0} \cdot A \cdot \frac{1}{\sqrt{1-\frac{V_{pn}}{V_D}}} \ , \qquad (1.35)$$

$$C_{J0} = A \cdot \sqrt{\frac{\varepsilon \cdot q \cdot N}{2 \cdot V_D}} \qquad (1.36)$$

Dabei ist C_{J0} die *Sperrschichtkapazität* im spannungslosen Zustand.

Sperrschichtkapazität C_{J0}

Üblicherweise wird ein etwas modifiziertes Modell der Sperrschichtkapazität verwendet:

$$C_j = C'_{j0} \cdot A \cdot \left[1-\frac{V_{PN}}{V_D}\right]^{-p} \ . \qquad (1.37)$$

Die Koeffizienten p (0.3 .. 0.5) und C'_{j0} werden im Allgemeinen durch Messungen bestimmt. Typischer Wert für C'_{j0}

$$C'_{J0} \approx 0{,}2 \frac{\text{fF}}{\mu\text{m}^2}$$

Abbildung 1.6
Sperrschichtkapazität in Abhängigkeit von der angelegten Spannung

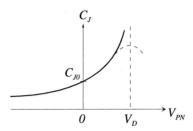

Abbildung 1.6 zeigt qualitativ den Verlauf der Sperrschichtkapazität in Abhängigkeit von der Diodenspannung. Mit zunehmender Sperrspannung wird die Sperrschichtkapazität wegen der zunehmende Weite der Raumladungszone reduziert. In Flussrichtung ergibt sich theoretisch ein Pol bei $V_{pn}=V_D$. Dieser wird geeignet vermieden (gestrichelter Verlauf).

1.2.4.2 Diffusionsladung, Diffusionskapazität

Diffusionsladung   Abbildung 1.3 zeigt im mittleren Bild qualitativ den Verlauf der durch Injektion erzeugten Dichtestörung der Minoritätsträger ($\Delta p_n(x) = p_n(x) - p_{n0}$ für die Löcher im n-Gebiet). Es ist einsichtig, dass durch diese Dichtestörung Ladung gespeichert wird, die, weil sie durch Diffusion verursacht wird, als *Diffusionsladung* bezeichnet wird. Die Diffusionsladung kann bestimmt werden, indem die Dichtestörung von der Grenze der Raumladungszone bis zum Kontakt integriert wird. Für die Löcher gilt dann:

$$\Delta Q_{Dp} = qA \int_{x_n}^{x_{Kp}} \Delta p(x')\,dx'. \tag{1.38}$$

Für die Diffusionsladung der Elektronen ergibt sich entsprechend:

$$\Delta Q_{Dn} = qA \int_{x_{Kn}}^{x_n} \Delta n(x')\,dx'. \tag{1.39}$$

Es kann nun gezeigt werden, dass die Diffusionsladung der Minoritätsträger proportional zum Diodenstromanteil der Minoritätsträger ist, was auch anschaulich und einsichtig ist:

$$\Delta Q_{Dp} \sim I_p, \quad \Delta Q_{Dp} = \tau_p I_p. \tag{1.40}$$

Transitzeit   Die Proportionalitätskonstante τ_p hat die Dimension einer Zeit. Diese wird anschaulich als *Transitzeit* der Löcher bezeichnet. Es handelt

1.2 Modelle für pn-Übergänge und pn-Dioden

sich offensichtlich um die Zeit, die die Diffusionsladung benötigt, um bis zum Kontakt zu gelangen. Für die gesamte Diffusionsladung kann entsprechend geschrieben werden:

$$\Delta Q_D = \Delta Q_{Dp} + \Delta Q_{Dn} = I \cdot \tau_t = I_S (\exp\frac{V_{pn}}{V_T} - 1) \cdot \tau_t. \quad (1.41)$$

Die Transitzeit wird, wie alle Modellparameter, durch geeignete Messungen bestimmt.

Die Diffusionsladung kann ebenso wie die Sperrschichtladung durch eine spannungsabhängige *Diffusionskapazität* C_D beschrieben werden: Diffusionskapazität

$$C_D = \frac{d\Delta Q_D}{dV_{pn}} = \frac{I_S \cdot \tau_t}{V_T} \exp\frac{V_{pn}}{V_T} = \tau_t \cdot \frac{dI}{dV_{pn}} = \tau_t \cdot g_0. \quad (1.42)$$

1.2.5 Reale Dioden

Die Kennlinien *realer Dioden* weichen teilweise erheblich von derjenigen der idealen Diode ab. Die wesentlichen Effekte, die zu einer Abweichung vom idealen Modell führen sind: reale Dioden

- Generation und Rekombination in der Raumladungszone: In Sperrrichtung führt die Generation in der Raumladungszone zu einem gegenüber dem idealen Diffusionsstrom deutlich erhöhten Sperrsättigungsstrom. In Flussrichtung rekombinieren Ladungsträger in der Raumladungszone. Aus der Theorie ergibt sich für diese Rekombinationsströme:

$$J_r \approx J_{r0} \cdot \exp(\frac{V_{pn}}{2V_T}). \quad (1.43)$$

Für niedrige Diodenströme übersteigen die Rekombinationsströme die aus der idealen Theorie erhaltenen Diffusionsströme. Für höhere Ströme dominiert wieder der ideale Diodenstrom. Häufig wird Gleichung (1.29) daher folgendermaßen modifiziert:

$$I = I_S \cdot \left(\exp\frac{U_{pn}}{n \cdot V_T} - 1\right), \quad 1 \le n \le 2. \quad (1.44)$$

- Hochinjektions-, Hochstromeffekte: Diese Effekte treten auf, wenn bei hohen Flussspannungen die injizierten Minoritätsträgerdichten in die Größenordnung der Majoritätsträgerdichten gelangen. Um die elektrische Neutralität des Halbleiters zu erhalten, müssen die Majoritätsträgerdichten entsprechend angehoben werden. Diese Effekte können ebenfalls mit einer nichtidealen Diodengleichung entsprechend (1.44) modelliert werden.

- Parasitäre Widerstände der Bahngebiete: Diese werden als Widerstände, die evtl. stromabhängig sind, dem Diodenmodell an den Klemmen zugefügt.

- Durchbruch mit starkem Stromanstieg bei hohen Sperrspannungen: Bei hochdotierten Dioden ergibt sich der Durchbruch bei niedrigen Spannungen (<5V) aufgrund des Tunneleffekts. Bei niedriger Dotierung überwiegt der Effekt der Ladungsträgermultiplikation (Avalanche-Effekt) mit höheren Abbruchspannungen (>10V).

- Einflüsse der mehrdimensionalen Struktur.

- Oberflächeneffekte (Leckströme, Rekombination), etc.

Alle diese nichtidealen Effekte erfordern zu ihrer Berücksichtigung teilweise aufwendige Modifikationen des idealen Diodenmodells.

1.2.6 Großsignalmodell der Diode

Ein einfaches Großsignalmodell der Diode ist in Abbildung 1.7 als Ersatzschaltbild dargestellt. Das Diodensymbol repräsentiert die ideale Diode. C_J und C_D stellen die Sperrschicht- bzw. die Diffusionskapazität dar, die dementsprechend spannungsabhängig sind. R_B repräsentiert die ohmschen Verluste in den Bahngebieten (Bahnwiderstand).

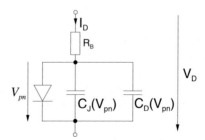

Abbildung 1.7 Großsignalersatzschaltbild der Diode

1.2.7 Kleinsignalmodell der Diode

Bei der Untersuchung des Kleinsignalverhaltens elektronischer Bauelemente wird davon ausgegangen, dass die elektrischen Klemmengrößen als Überlagerung einer Gleichgröße I', V' mit einer zeitabhängigen Größe $i(t)$, $v(t)$ betrachtet werden können. Dabei wird vorausge-

1.2 Modelle für pn-Übergänge und pn-Dioden

setzt, dass die Amplituden der zeitabhängigen Größen erheblich kleiner als die Gleichgrößen sind, so dass die nichtlinearen Elementgleichungen in einer Reihe entwickelt werden können, die nach dem linearen Glied abgebrochen werden kann.

$$V(t) = V' + v(t), \; v(t) \ll V', \quad (1.45)$$

$$I(t) = I' + i(t), \; i(t) \ll I'. \quad (1.46)$$

Die Gleichwerte V' und I' bestimmen den Arbeitspunkt des nichtlinearen Bauelements. Die Elementgleichungen können damit im Arbeitspunkt in einer Taylorreihe entwickelt werden. Unter dieser Voraussetzung gilt für den Strom der idealen Diode

$$I_D(V_D) = I_D(V'_D + v_D) \approx I_D(V'_D) + \left.\frac{dI_D}{dV_D}\right|_{V'_D} \cdot v_D, \quad (1.47)$$

$$I_D(V_D) \approx I'_D + i_D.$$

Für die Kleinsignalgrößen i_d und v_d gilt offensichtlich der lineare Zusammenhang

$$i_D \approx \left.\frac{dI_D}{dV_D}\right|_{V'_D} \cdot v_D = g_0 \cdot v_D. \quad (1.48)$$

g_0 ist der *Kleinsignal-Leitwert*, der sich im Fall der idealen Diode zu

$$g_0 = \left.\frac{dI_D}{dV_D}\right|_{V'_D} = \frac{I_S}{V_T} \cdot \exp\left(\frac{V'_D}{V_T}\right) \quad (1.49)$$

Kleinsignal-Leitwert

ergibt. Für hinreichend hohe Spannung in Flussrichtung ($V'_D \gg V_T$) gilt vereinfachend

$$I_D = I_S \cdot \left(\exp\left(\frac{V'_D}{V_T}\right) - 1\right) \approx I_S \cdot \exp\left(\frac{V'_D}{V_T}\right). \quad (1.50)$$

Hierdurch ergibt sich für (1.49) einfach

$$g_0 \approx \frac{I'_D}{V_T}. \quad (1.51)$$

Der Vorteil der Kleinsignalrechnung besteht darin, dass Verfahren der linearen Wechselstromrechnung eingesetzt werden können, wenn die

Kleinsignalersatzschaltbilder der nichtlinearen Bauelemente im Arbeitspunkt bekannt sind. Abbildung 1.8 zeigt das Kleinsignalersatzschaltbild einer realen Diode mit Berücksichtigung von Sperrschicht- und Diffusionskapazität sowie des Bahnwiderstandes.

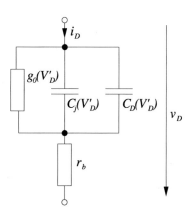

Abbildung 1.8 Kleinsignalersatzschaltbild einer realen Diode

1.2.8 Temperaturabhängigkeit des Diodenstroms

Temperaturabhängigkeit des Diodenstroms

Die *Temperaturabhängigkeit* des Diodenstroms ergibt sich aus (1.29). Einerseits ist die Temperaturspannung V_T proportional zu T, andererseits ist der Sättigungsstrom I_S stark über die Minoritätsträgerdichten n_{p0}, p_{n0} entsprechend (1.22) und (1.23) von der Temperatur abhängig. Mit

$$n_{p0} = \frac{n_i^2}{N_A}, \quad p_{n0} = \frac{n_i^2}{N_D}, \tag{1.52}$$

gilt
$$I_S(T) \sim n_i^2(T) \sim \exp(\frac{-E_g}{kT}). \tag{1.53}$$

Zusammengefasst folgt aus (1.29) in Flussrichtung mit hinreichend hoher Flussspannung:

$$I_D(T) \sim \exp(\frac{-E_g}{kT}) \exp(\frac{qV_{pn}}{kT}), \tag{1.54}$$

wobei die geringe Temperaturabhängigkeit des Bandabstands E_g unberücksichtigt bleiben soll. Aus (1.54) kann bestimmt werden, welche Änderung der Flussspannung ΔV_{pn} einer Änderung der Temperatur ΔT äquivalent ist:

1.3 Modelle bipolarer Transistoren

$$\frac{dI_D}{dT}\Delta T = \frac{dI_D}{dV_{pn}}\Delta V_{pn},$$

$$\frac{\Delta V_{pn}}{\Delta T} = \frac{\frac{dI_D}{dT}}{\frac{dI_D}{dV_{pn}}} = \frac{\frac{E_g}{q} - V_{pn}}{T} \approx 1{,}73\frac{mV}{K}. \quad (1.55)$$

Eine Temperaturerhöhung von 1°C entspricht einer Erhöhung der Flussspannung um 1,73mV

Der angegebene Näherungswert von ca. 1,73 mV/K ergibt sich bei 300K, V_{pn} = 0,6V mit einem für Silizium gültigen Bandabstand von 1,12eV. Daraus folgt, dass eine Temperaturerhöhung um 1°C äquivalent einer Erhöhung der Flussspannung um 1,73 mV ist.

1.3 Modelle bipolarer Transistoren

Die *bipolare Technologie* hat zunächst die Entwicklung der Mikroelektronik dominiert. Inzwischen ist die Bedeutung der bipolaren Technologie, verglichen mit der MOS-Technologie, reduziert. Unabhängig davon haben bipolare Technologien oder gemischte Technologien (z.B. *BiCMOS*) auch heute noch ihre Bedeutung. Dies ist insbesondere in den spezifischen Vorteilen bipolarer Transistoren gegenüber MOS-Transistoren, wie höhere Verstärkung und besondere Eignung zur Leistungsverstärkung, begründet.

Bipolare Technologie

BiCMOS

1.3.1 Aufbau und Wirkungsweise des integrierten Bipolartransistors

Bipolare Transistoren sind gekennzeichnet durch zwei eng benachbarte *pn*-Übergänge. Die drei sich ergebenden Schichten sind jeweils kontaktiert.

Bipolare Transistoren

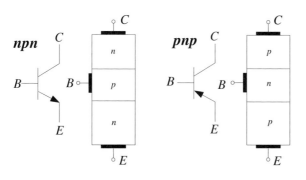

Abbildung 1.9 *npn*- und *pnp*-Bipolartransistorstrukturen und Schaltsymbole

Es ergeben sich zwei Realisierungsmöglichkeiten als *npn*- bzw. *pnp*-Transistoren, die in Abbildung 1.9 als symbolische Schichtstruktur und mit ihrem Schaltsymbol dargestellt sind.

Epitaxie Abbildung 1.10 zeigt beispielhaft einen Schnitt durch einen integrierten *npn*-Transistor. Eine einige Mikrometer dicke, schwach *n*-dotierte Schicht wird durch epitaktisches Wachstum auf einem *p*-dotierten Substrat erzeugt.

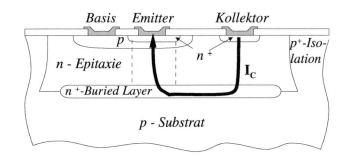

Abbildung 1.10
Querschnitt durch einen integrierten Bipolartransistor

vergrabene Schicht
Buried Layer

Durch tiefe *p+*-Dotierung wird eine *n*-dotierte Insel erzeugt, die den Kollektor des Transistors bildet. Zwischen Substrat und *n*-Insel wird eine hochdotierte *vergrabene Schicht* (*Buried Layer*) erzeugt, die den Widerstand zum Kollektor-Kontakt verringert.

vertikale *npn*-Struktur

Eine *p*-dotierte Basisdiffusion wird von einer hochdotierten *n*-Diffusion gefolgt. Es bildet sich eine vertikale *npn*-Struktur. Gleichzeitig mit dem Emitter wird die hochdotierte Kontaktdiffusion für den Kollektor erzeugt, die für einen sperrfreien Kollektorkontakt sorgt. Emitter, Basis und Kollektor werden durch Öffnungen in der Siliziumdioxidschicht mit Aluminium kontaktiert.

Isolationsdiffusion

Die Aufsicht auf den bipolaren Transistor (Abbildung 1.11) zeigt die *n*-Insel, in welcher der Transistor realisiert ist, mit umgebenden *n*-Inseln, die durch *p*-dotierte *Isolationsdiffusionen* (Isolationsgräben) voneinander getrennt sind. Werden die Isolationsgräben auf das niedrigste Potential des Chips gelegt, sind die Inseln durch gesperrte *pn*-Übergänge elektrisch isoliert.

Man erkennt Basis und Emitter sowie den hochdotierten *n*-Kollektorkontakt. Schwarz gekennzeichnete Kontaktöffnungen sorgen für die Kontaktierung der Transistoranschlüsse mit den Leiterbahnen aus Aluminium, die für eine elektrische Verbindung der Elemente miteinander sorgen.

1.3 Modelle bipolarer Transistoren

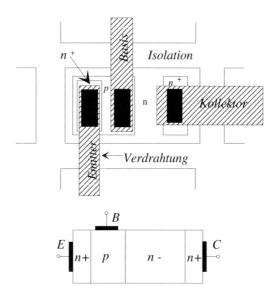

Abbildung 1.11
Aufsicht auf Bipolartransistor

Abbildung 1.12
Eindimensionale Darstellung der Transistorstruktur

In Abbildung 1.10 ist gestrichelt das für die Transistorfunktion wesentliche Raumgebiet gekennzeichnet. Es handelt sich um eine vertikale n+ p n⁻ n+ - Struktur, die in Abbildung 1.12 symbolisch dargestellt ist. Man beachte, dass sich Basis- und Kollektorkontakt an der Oberfläche befinden. Bei der Untersuchung der grundsätzlichen Transistorfunktion an der eindimensionalen Struktur wird der hochdotierte Burried-Layer in Abbildung 1.13 zunächst außer Acht gelassen.

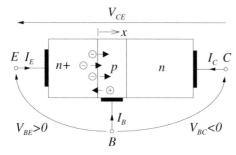

Abbildung 1.13
Prinzipielle Funktionsweise des *npn*-Transistors im aktiven Vorwärtsbetrieb

Anhand Abbildung 1.13 soll zunächst der aktive *Vorwärtsbetrieb* des *npn*-Transistors untersucht werden. Dabei wird die Basis-Emitter-Strecke in Flussrichtung ($V_{BE}>0$), die Basis-Kollektor-Strecke in Sperrrichtung ($V_{BC}<0$) betrieben. Der Emitter injiziert Elektronen in die Basis. Diese diffundieren zum gesperrten *BC*-Übergang und werden dort in den Kollektor abgesaugt und bilden den wesentlichen Teil des Kollektorstroms. Einige der Elektronen rekombinieren in der Basis. Die dabei verbrauchten Löcher bilden einen Teil des Basis-

Vorwärtsbetrieb, Transferstrom

stroms. Konstruktiv wird die Basis so schmal gehalten, dass der weitaus größte Teil des vom Emitter injizierten Elektronenstroms als *Transferstrom* den Kollektor erreicht:

$$I_{nC} = (1-\chi_1) \cdot I_{nE}, \quad \chi_1 \ll 1, \qquad (1.56)$$

$$I_{B1} = \chi_1 \cdot I_{nE}. \qquad (1.57)$$

Die Basis injiziert Löcher in den Emitter, die dort oder am Emitterkontakt rekombinieren. Dieser Löcherstrom ist proportional zum Elektronenstrom, ist allerdings wegen der gegenüber dem Emitter deutlich niedrigeren Dotierung der Basis erheblich geringer. Der Löcherstrom bildet einen weiteren Anteil des Basisstroms:

$$I_{pB} \sim I_{nE}, \qquad (1.58)$$

$$I_{B2} = \chi_2 \cdot I_{nE}, \quad \chi_2 \ll 1. \qquad (1.59)$$

Als Klemmenströme ergeben sich:

$$I_C = (1-\chi_1) \cdot I_{nE}, \qquad (1.60)$$

$$I_B = I_{B1} + I_{B2} = (\chi_1 + \chi_2) \cdot I_{nE}, \qquad (1.61)$$

$$I_E = -I_C - I_B = -(1+\chi_2) \cdot I_{nE}. \qquad (1.62)$$

Das Verhältnis von Kollektorstrom zu Basisstrom wird als *Stromverstärkung* β_F, mit

Stromverstärkung β_F

$$\beta_F = \frac{I_C}{I_B} \approx \frac{1-\chi_1}{\chi_1 + \chi_2} \gg 1 \qquad (1.63)$$

bezeichnet. Der Kollektorstrom ist erheblich größer als der steuernde Basisstrom. Für integrierte Transistoren liegt β_F in der Regel zwischen 50 und 200.

Das Verhältnis von Kollektorstrom zu Emitterstrom wird als *Stromverstärkung* α_F, mit

Stromverstärkung α_F

$$\alpha_F = \frac{I_C}{|I_E|} \approx \frac{1-\chi_1}{1+\chi_2} < 1 \qquad (1.64)$$

bezeichnet. Zwischen α_F und β_F gilt damit der Zusammenhang

1.3 Modelle bipolarer Transistoren

$$\beta_F = \frac{\alpha_F}{1-\alpha_F}, \quad \alpha_F = \frac{\beta_F}{\beta_F + 1}. \tag{1.65}$$

1.3.2 Ebers-Moll-Modell (EMM)

1.3.2.1 Die Ebers-Moll-Gleichungen

Das EMM liefert einen einfachen Zusammenhang zwischen Klemmenströmen und Klemmenspannungen des bipolaren Transistors. Es war das erste Modell, das in der Schaltungssimulation eingesetzt wurde und stellt ein heuristisches Modell mit geringer physikalischer Relevanz dar. *Ebers-Moll-Gleichungen*

Es wird wieder von der eindimensionalen Transistorstruktur in Abbildung 1.12 ausgegangen. Unter der Annahme einer hinreichend kurzen Basis ist der Löcherstrom in der Basis vernachlässigbar:

$$J_p = q\mu_p p E_x - qD_p \frac{dp}{dx} \approx 0. \tag{1.66}$$

Damit folgt unter Verwendung der *Einstein-Relation*   *Einstein-Relation*

$$\frac{D_p}{\mu_p} = \frac{k \cdot T}{q} = V_T \tag{1.67}$$

für die elektrische Feldstärke in der Basis

$$E_x = \frac{qD_p \frac{dp}{dx}}{q\mu_p p} = \frac{V_T}{p} \frac{dp}{dx}. \tag{1.68}$$

Die Feldstärke E_x wird in die Beziehung (1.3) eingesetzt und gibt damit für den Elektronenstrom in der Basis:

$$\begin{aligned} J_n &= q\mu_n n E_x + qD_n \frac{dn}{dx} = q\mu_n n \frac{V_T}{p} \frac{dp}{dx} + qD_n \frac{dn}{dx} \\ &= \frac{qD_n}{p} \cdot \frac{d(n \cdot p)}{dx} \end{aligned} \tag{1.69}$$

bzw.

$$pJ_n = qD_n \cdot \frac{d(n \cdot p)}{dx}. \tag{1.70}$$

Die Basisweite x_B ist erheblich geringer als die Diffusionslänge der Elektronen, so dass die Rekombination in der Basis vernachlässigbar und der Elektronenstrom konstant ist. Gleichung (1.70) kann dann über die Basisweite integriert werden und es ergibt sich:

$$J_n \int_0^{x_B} p\,dx = qD_n \cdot (n\,p)\Big|_0^{x_B} = qD_n \left[n(x_B)\cdot p(x_B) - n(0)\cdot p(0) \right]. \quad (1.71)$$

Die gesamte Ladung der Majoritätsträger in der Basis wird als Basisladung

$$Q_B = q \cdot A \cdot \int_0^{x_B} p\,dx \quad (1.72)$$

bezeichnet.

Das EMM gilt nur für niedrige Injektion. Hierbei ist die Majoritätsträgerdichte lediglich von der Dotierungsdichte abhängig und es gilt:

$$Q_B = Q_{B0} = qA \cdot \int_0^{x_B} p\,dx = qAN_G, \; N_G = \int_0^{x_B} N_{AB}\,dx \approx N_{AB}x_B. \quad (1.73)$$

N_G: Gummel-Zahl N_G wird als *Gummel-Zahl* bezeichnet. Sie liegt für Si bei $10^{12} .. 10^{13}$ cm^{-2} und ist maßgeblich für die Stromverstärkung der Transistoren.

Aus (1.71) ergibt sich damit der sog. Transferstrom I_n zu

$$I_n = -AJ_n = -\frac{q^2 \cdot D_n \cdot A^2}{Q_{B0}} \left[n(x_B)\cdot p(x_B) - n(0)\cdot p(0) \right]. \quad (1.74)$$

Das Minuszeichen wird gewählt, weil I_n den wesentlichen Anteil des Kollektorstroms darstellt und dieser positiv in negativer x-Richtung gezählt wird. Mit

$$\begin{aligned} n(x_B)\cdot p(x_B) &= n_0(x_B)\cdot p_0(x_B)\cdot \left[\exp(\frac{V_{BC}}{V_T}) - 1 \right] \\ &= n_i^2 \cdot \left[\exp(\frac{V_{BC}}{V_T}) - 1 \right] \end{aligned} \quad (1.75)$$

und

1.3 Modelle bipolarer Transistoren

$$n(0) \cdot p(0) = n_0(0) \cdot p_0(0) \cdot \left[\exp(\frac{V_{BE}}{V_T}) - 1 \right]$$
$$= n_i^2 \cdot \left[\exp(\frac{V_{BE}}{V_T}) - 1 \right]$$
(1.76)

ergibt sich der *Transferstrom* zu   *Transferstrom*

$$I_n = I_{S0} \left[\exp(\frac{V_{BE}}{V_T}) - \exp(\frac{V_{BC}}{V_T}) \right],$$
(1.77)

wobei

$$I_{S0} = \frac{q^2 \cdot D_n \cdot n_i^2 \cdot A^2}{Q_{B0}}$$
(1.78)

gilt. Der Transferstrom kann in zwei Anteile I_1 und I_2 aufgespalten werden:

$$I = I_1 - I_2$$
(1.79)

mit

$$I_1 = I_{S0} \cdot \left[\exp\left(\frac{V_{BE}}{V_T}\right) - 1 \right]$$
(1.80)

und

$$I_2 = I_{S0} \cdot \left[\exp\left(\frac{V_{BC}}{V_T}\right) - 1 \right].$$
(1.81)

Bisher wurde noch nicht die *Rekombination* in Basis, Emitter und   *Rekombination*
Kollektor berücksichtigt. Hier greift man heuristisch auf das ideale Diodenmodell zurück, das ja gerade auf der Injektion von Minoritätsträgern und deren Rekombination in den Bahngebieten beruht, und beschreibt die Rekombination durch zwei ideale Diodenströme:

$$I_{B1f} = I_{0E} \cdot \left[\exp\left(\frac{V_{BE}}{V_T}\right) - 1 \right],$$
(1.82)

$$I_{B1r} = I_{0C} \cdot \left[\exp\left(\frac{V_{BC}}{V_T}\right) - 1 \right].$$
(1.83)

Zusammenfassend resultiert das folgende *Ersatzschaltbild des EMM*,   *Ersatzschaltbild*
das als Transportmodell bezeichnet wird, da der Transferstrom im   *des EMM*
Vordergrund steht:

Abbildung 1.14
Stationäres Transportmodell nach Ebers und Moll

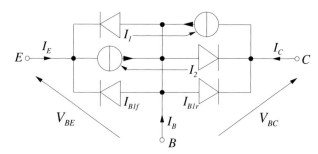

Zusammengefasst ergeben sich die Klemmenströme des Transportmodells zu:

Transportmodell nach Ebers-Moll
Parameter:
Sättigungsströme
I_S, I_{0E}, I_{0C}

$$I_C = I_{S0}\left[\exp\left(\frac{V_{BE}}{V_T}\right)-1\right] - (I_{S0}+I_{0C})\left[\exp\left(\frac{V_{BC}}{V_T}\right)-1\right]$$
(1.84)
$$I_B = I_{0E}\left[\exp\left(\frac{V_{BE}}{V_T}\right)-1\right] + I_{0C}\left[\exp\left(\frac{V_{BC}}{V_T}\right)-1\right].$$

In Abbildung 1.14 können die parallelen Diodenströme zusammengefasst werden:

$$I_F = I_1 + I_{B1f} = I'_{ES}\left[\exp\left(\frac{V_{BE}}{V_T}\right)-1\right],$$
(1.85)
$$I_R = I_2 + I_{B2f} = I'_{CS}\left[\exp\left(\frac{V_{BC}}{V_T}\right)-1\right].$$

Daraus folgt:

$$I_1 = \alpha_F \cdot I_F, \quad I_2 = \alpha_R \cdot I_R.$$
(1.86)

Injektionsmodell

Damit ergibt sich das in Abbildung 1.15 dargestellte *Injektionsmodell*, das mit dem Transportmodell identisch ist, wenn die Parameter geeignet gewählt werden. Das Transportmodell verfügt über 3 unabhängige Parameter: I_S, I_{0E} und I_{0C}. Das Injektionsmodell besitzt die Parameter α_F, α_R, I'_{ES} und I'_{CS}. Dabei muss gelten:

$$I_{S0} = \alpha_F \cdot I'_{ES} = \alpha_R \cdot I'_{CS}.$$
(1.87)

Die Bezeichnung Injektionsmodell liegt nahe, weil die beiden Dioden die Injektion von Minoritätsträgern über die *pn*-Übergänge beschreiben.

1.3 Modelle bipolarer Transistoren

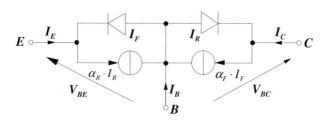

Abbildung 1.15
Injektionsmodell nach Ebers-Moll

Zusammengefasst ergeben sich die Klemmenströme des Injektionsmodells zu:

$$I_C = \alpha_F \cdot I'_{ES} \left[\exp\left(\frac{V_{BE}}{V_T}\right) - 1 \right] - I'_{CS} \left[\exp\left(\frac{V_{BC}}{V_T}\right) - 1 \right],$$

$$I_B = (1-\alpha_F) \cdot I'_{ES} \left[\exp\left(\frac{V_{BE}}{V_T}\right) - 1 \right] + (1-\alpha_R) \cdot I'_{CS} \left[\exp\left(\frac{V_{BC}}{V_T}\right) - 1 \right], \quad (1.88)$$

$$\alpha_F \cdot I'_{ES} = \alpha_R \cdot I'_{CS}.$$

Injektionsmodell nach Ebers-Moll Parameter:

Stromverstärkungen α_F, α_R

Sättigungsströme I'_{ES}, I'_{CS}

Ein weiteres Ersatzschaltbild, das besonders für die häufig verwendete Emittergrundschaltung geeignet ist, ergibt sich, wenn man die Klemmenströme des Injektionsmodells betrachtet:

$$\begin{aligned} I_B &= I_F - \alpha_F \cdot I_F + I_R - \alpha_R \cdot I_R \\ &= (1-\alpha_F) \cdot I_F + (1-\alpha_R) \cdot I_R = I_f + I_r, \end{aligned} \quad (1.89)$$

$$\begin{aligned} I_C &= \alpha_F \cdot I_F - I_R = \frac{\alpha_F}{1-\alpha_F} \cdot I_f - \frac{1}{1-\alpha_R} \cdot I_r \\ &= \frac{\alpha_F}{1-\alpha_F} \cdot I_f - \left(\frac{\alpha_R}{1-\alpha_R}+1\right) \cdot I_r. \end{aligned} \quad (1.90)$$

Mit den Beziehungen

$$\beta_F = \frac{\alpha_F}{1-\alpha_F}, \quad (1.91)$$

$$\beta_R = \frac{\alpha_R}{1-\alpha_R} \quad (1.92)$$

folgt für den Kollektorstrom:

$$I_C = \beta_F \cdot I_f - (\beta_R + 1) \cdot I_r. \quad (1.93)$$

Die Parameter α und β beschreiben Stromverhältnisse und werden als α-Stromverstärkung bzw. als β-Stromverstärkung jeweils in Vorwärts- bzw. Rückwärtsrichtung bezeichnet. Aus (1.89) und (1.93) kann ein alternatives Ersatzschaltbild für das Injektionsmodell konstruiert werden, wie dies in Abbildung 1.16 dargestellt ist.

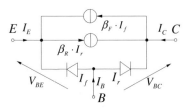

Abbildung 1.16 Alternatives Injektionsmodell für die Emittergrundschaltung

Alternatives Injektionsmodell nach Ebers-Moll Parameter:

Stromverstärkungen β_F, β_R

Sättigungsströme I_{ES}, I_{CS}

Die Klemmenströme des *Injektionsmodells* nach Abbildung 1.16 lauten zusammengefasst:

$$I_C = \beta_F \cdot I_{ES} \left[\exp\left(\frac{V_{BE}}{V_T}\right) - 1 \right] - (\beta_R + 1) \cdot I_{CS} \left[\exp\left(\frac{V_{BC}}{V_T}\right) - 1 \right]$$

$$I_B = I_{ES} \left[\exp\left(\frac{V_{BE}}{V_T}\right) - 1 \right] + I_{CS} \left[\exp\left(\frac{V_{BC}}{V_T}\right) - 1 \right] \qquad (1.94)$$

$$\beta_F \cdot I_{ES} = \beta_R \cdot I_{CS}$$

1.3.2.2 Betriebszustände des Bipolartransistors am Beispiel des Injektionsmodells

Am Beispiel des Injektionsmodells sollen die unterschiedlichen Betriebszustände des Transistors untersucht werden. Abbildung 1.17 zeigt jeweils die zugehörigen Minoritätsträgerverteilungen:

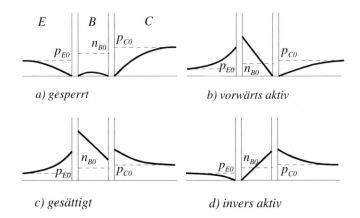

Abbildung 1.17 Betriebszustände des *npn*-Transistors, Minoritätsträgerdichten

1.3 Modelle bipolarer Transistoren

Transistor gesperrt: $V_{BE} < 0$, $V_{BC} < 0 \Rightarrow I_f \approx 0$, $I_r \approx 0$

Bis auf geringe Sperrströme fließt kein Klemmenstrom. Abbildung 1.17 Bild a zeigt die abgesenkten Minoritätsträgerdichten an beiden pn-Übergängen.

Aktiver Vorwärtsbetrieb: $V_{BE} > 0$, $V_{BC} < 0 \Rightarrow I_f \gg I_r$

Aktiver Vorwärtsbetrieb

$$\frac{I_C}{I_B} \approx \frac{\alpha_F \cdot I_f}{(1-\alpha_F) \cdot I_f} = \beta_F = \frac{\alpha_F}{1-\alpha_F} > 100 \text{ (typisch)},$$

$$I_C \approx \alpha_F I_{ES} \cdot \exp\left(\frac{V_{BE}}{V_T}\right).$$

Abbildung 1.17 Bild b zeigt die Injektion am Emitter-Übergang. Damit der Transferstrom in der Basis konstant ist, muss die Minoritätsträgerdichte linear in Richtung Kollektorübergang abnehmen. Dort ist die Minoritätsträgerdichte abgesenkt, da der CB-Übergang in Sperrrichtung gepolt ist. Es bildet sich das typische Diffusionsdreieck in der Basis.

Sättigung: $V_{BE} > V_{BC} > 0 \Rightarrow V_{CE} > 0$, **(typisch:** $V_{CE} = 0$ .. **einige 100 mV)**

Beide pn-Übergänge leiten und injizieren Elektronen in die Basis. Abbildung 1.17 Bild c zeigt die Injektion an beiden pn-Übergängen. Wegen der hohen Minoritätsträgerdichte in der Basis fließt ein hoher Basisstrom (*Rekombinationsstrom*).

Rekombinationsstrom

Wird V_{CE} erhöht, wird V_{BC} entsprechend erniedrigt. Die Injektion am Kollektorübergang verringert sich und die Diffusion der Elektronen zum Kollektorübergang wird stark erhöht. Der Kollektorstrom steigt steil mit der Erhöhung von V_{CE} an. Wird V_{CE} verringert, wird die Steigung des Diffusionsdreiecks in der Basis geringer, bis sich das Vorzeichen der Steigung und damit die Richtung des Kollektorstroms umkehrt.

Offensichtlich wird der Kollektorstrom nicht wie im aktiven Betrieb vom Basisstrom bestimmt und es gilt $I_C/I_B < \beta_F$.

Verglichen mit dem aktiven Betrieb ist der Transistor mit Basisstrom übersteuert. Die Kollektor-Emitterspannung, die sich in Sättigung für ein bestimmtes Verhältnis von Kollektor- zu Basisstrom $I_C/I_B = k < \beta_F$ ergibt, wird als *Sättigungsspannung* $V_{CE,sat}(k)$ bezeichnet. Abbildung 1.18 zeigt den Kollektorstrom in der Sättigung in Abhängigkeit von der Kollektor-Emitterspannung für einen konstanten Basisstrom.

Sättigungsspannung

Abbildung 1.18
Sättigung des Bipolartransistors, Sättigungsspannung

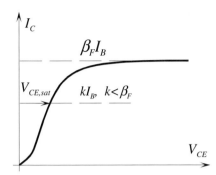

Die in der Basis gespeicherte Minoritätsträgerladung muss ausgeräumt werden, wenn der Transistor wieder in den aktiven Zustand gelangen soll. Die hierfür benötigte *Entladezeit* begrenzt die Schaltgeschwindigkeit des Transistors.

Aktiver inverser Betrieb: $V_{BE} \ll 0$, $V_{BC} > 0 \Rightarrow I_f \ll I_r$

$$\frac{I_E}{I_B} \approx \beta_R \,,\, 1 \leq \beta_R \leq 10 \text{ (typisch)},$$

$$I_E \approx \alpha_R I_{CS} \cdot \exp\left(\frac{V_{BC}}{V_T}\right).$$

Abbildung 1.17 Bild d zeigt, dass dieser Betriebszustand qualitativ dem aktiven Vorwärtsbetrieb entspricht, wenn Emitter und Kollektor vertauscht werden.

Abbildung 1.19
Ausgangskennlinienfeld

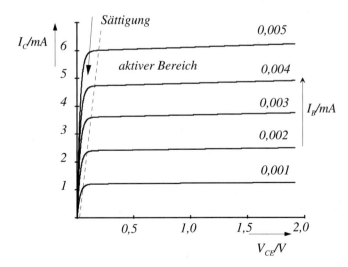

1.3 Modelle bipolarer Transistoren

Abbildung 1.19 zeigt das Ausgangskennlinienfeld $I_C = f(I_B, V_{CE})$ für eingeprägten Basisstrom im Vorwärtsbetrieb. Die einzelnen Kennlinien sind durch den eingeprägten Basisstrom parametriert. In der Sättigung steigt der Kollektorstrom steil an. Im aktiven Bereich verlaufen die Kennlinien beim EMM waagerecht. Hier wurde allerdings, um realistischere Kennlinien zu erhalten, das EMM um den Early-Effekt (vgl. Kap. 1.3.4.1) erweitert. Man erkennt, dass bei äquidistanter Abstufung des Basisstroms, die Ausgangskennlinien im aktiven Bereich äquidistant verlaufen. Die Stromverstärkung beträgt im dargestellten Beispiel $B = \dfrac{I_C}{I_B} = 125$.

Im aktiven Bereich lässt sich das EMM vereinfachen, was insbesondere für Handrechnungen von Vorteil ist. Wegen $V_{BE} \gg V_T$ und $V_{BC} \ll -V_T$ gilt

$$I_C \approx \beta_F \cdot I_{ES} \exp\left(\frac{V_{BE}}{V_T}\right), \quad I_B = I_{ES} \exp\left(\frac{V_{BE}}{V_T}\right), \quad \frac{I_C}{I_B} \approx \beta_F. \quad (1.95)$$

Vereinfachtes EMM im vorwärts aktiven Betrieb

1.3.3 Gummel-Poon-Modell (GPM)

Das GPM ist ein physikalisch realistisches Modell, das inhärent Effekte enthält, die im EMM nicht berücksichtigt sind. Das EMM beinhaltet lediglich *Rekombination* in der Basis und den Bahngebieten. Das GPM wird zusätzlich um die *Rekombination in den Raumladungsgebieten* erweitert. Zur Beschreibung der zusätzlichen Rekombinationsströme werden heuristisch Ströme nichtidealer *pn*-Übergänge verwendet:

Rekombination in Raumladungsgebieten

$$\begin{aligned} I_{B2f} &= I_{Bf} \cdot \left[\exp\left(\frac{V_{BE}}{m_f \cdot V_T}\right) - 1\right] \\ I_{B2r} &= I_{Br} \cdot \left[\exp\left(\frac{V_{BC}}{m_r \cdot V_T}\right) - 1\right] \end{aligned} \quad 1 \leq m_f, m_r < 2. \quad (1.96)$$

Der *Transferstrom* wird wie beim EMM (1.77) in zwei Anteile I_1 und I_2 aufgeteilt:

Transferstrom

$$I_1 = I_S \cdot \left[\exp\left(\frac{V_{BE}}{V_T}\right) - 1\right] \quad (1.97)$$

$$I_2 = I_S \cdot \left[\exp\left(\frac{V_{BC}}{V_T}\right) - 1\right]. \quad (1.98)$$

Prinzip der Ladungssteuerung — Im Gegensatz zum EMM ist die Basisladung nicht konstant. Beim GPM wird das *Prinzip der Ladungssteuerung* des Bipolartransistors umgesetzt [2.2, 2.3]. Für I_S ergibt sich:

q_B: bezogene Basisladung

$$I_S = I_{S0} \cdot \frac{Q_{B0}}{Q_B} = I_{S0} \cdot \frac{1}{q_B}, \quad (1.99)$$

Für konstante Basisladung $Q_B = Q_{B0}$ folgt daraus der Transferstrom des EMM (1.77). Statt der absoluten Basisladung wird im Folgenden im Allgemeinen die *bezogene Basisladung* q_b verwendet.

Basisladung — Die variable *Basisladung*

$$Q_B = q \cdot A \cdot \underbrace{\int_0^{x_B} N_{AB} dx}_{Akzeptoren} + \underbrace{Q_{BE} + Q_{BC}}_{Diffusionslad.} + \underbrace{Q_{JE} + Q_{JC}}_{Sperrschichtlad.} \quad (1.100)$$

besteht zunächst aus dem konstanten Anteil der Akzeptoren, der der Basisladung im EMM entspricht. Wegen der erforderlichen Quasineutralität der Bahngebiete müssen injizierte Minoritätsträger durch Majoritätsträger neutralisiert werden. Eine Injektion von Minoritätsträgern in die Basis erhöht demnach auch die Majoritätsträgerladung und damit die Basisladung (Diffusionsladung).

Diffusionsladung — Die Sperrschichtladungen beeinflussen ebenfalls die Basisladung, da sich die Raumladungszonen in die Basis ausdehnen und damit Majoritätsträger verdrängen. Die *Diffusionsladungen* ergeben sich entsprechend (1.41):

$$Q_{BE} = \tau_F \cdot I_1, \quad Q_{BC} = \tau_R \cdot I_2. \quad (1.101)$$

Sperrschichtladung — Statt der Beziehungen für die *Sperrschichtladungen* nach (1.37) wird ein vereinfachter Ansatz

$$Q_{JE} = \overline{C}_{JE} \cdot V_{BE}, \quad Q_{JC} = \overline{C}_{JC} \cdot V_{BC} \quad (1.102)$$

gewählt.

Die Sperrschichtkapazitäten werden dabei geeignet über den interessierenden Spannungsbereich gemittelt. Aus (1.100) ergibt sich somit für die Basisladung:

1.3 Modelle bipolarer Transistoren

$$Q_B = Q_{B0} + \overline{C}_{JE} \cdot V_{BE} + \frac{Q_{B0}}{Q_B} \cdot \tau_F \cdot I_{S0} \cdot \exp\left(\frac{V_{BE}}{V_T}\right)$$
$$+ \overline{C}_{JC} \cdot V_{BC} + \frac{Q_{B0}}{Q_B} \cdot \tau_R \cdot I_{S0} \cdot \exp\left(\frac{V_{BC}}{V_T}\right). \quad (1.103)$$

Mit $q_B = \dfrac{Q_B}{Q_{B0}}$ folgt:

$$q_B = 1 + \frac{\overline{C}_{JE}}{Q_{B0}} \cdot V_{BE} + \frac{1}{Q_{B0}} \cdot \frac{\tau_F \cdot I_{S0}}{q_B} \cdot \exp\left(\frac{V_{BE}}{V_T}\right)$$
$$+ \frac{\overline{C}_{JC}}{Q_{B0}} \cdot V_{BC} + \frac{1}{Q_{B0}} \cdot \frac{\tau_F \cdot I_{S0}}{q_B} \cdot \exp\left(\frac{V_{BC}}{V_T}\right). \quad (1.104)$$

Mit der Definition der *Early-Spannungen* (s. Kap. 1.3.4.1)   Early-Spannungen

$$V_{ear} = \frac{Q_{B0}}{\overline{C}_{JE}} \quad \text{und} \quad V_{eaf} = \frac{Q_{B0}}{\overline{C}_{JC}} \quad (1.105)$$

ergibt sich für die relative *Basisladung*:

$$q_B = 1 + \frac{V_{BE}}{V_{ear}} + \frac{V_{BC}}{V_{eaf}} + \frac{1}{Q_{B0}} \cdot \frac{\tau_F \cdot I_{S0}}{q_B} \cdot \exp\left(\frac{V_{BE}}{V_T}\right)$$
$$+ \frac{1}{Q_{B0}} \cdot \frac{\tau_R \cdot I_{S0}}{q_B} \cdot \exp\left(\frac{V_{BC}}{V_T}\right) \quad (1.106)$$

Basisladung des GMM, Modellparameter V_{eaf}, V_{ear}, Q_{B0}, τ_F, τ_R, I_{S0}

Die Modellparameter V_{eaf}, V_{ear}, Q_{B0}, τ_F, τ_R und I_{S0} werden üblicherweise messtechnisch bestimmt.

Die Lösung der quadratischen Gleichung (1.106) für q_B ergibt:

$$q_B = \frac{q_1}{2} + \sqrt{\frac{q_1^2}{4} + q_2} \quad (1.107)$$

mit
$$q_1 = 1 + \frac{V_{BE}}{V_{ear}} + \frac{V_{BC}}{V_{eaf}}, \quad (1.108)$$

$$q_2 = \frac{I_{S0}}{I_{KF}} \cdot \left[\exp\left(\frac{V_{BE}}{V_T}\right)\right] + \frac{I_{S0}}{I_{KR}} \cdot \left[\exp\left(\frac{V_{BC}}{V_T}\right)\right], \quad (1.109)$$

und den sog. Knieströmen

Knieströme

Transferstrom

$$I_{KF} = \frac{Q_{B0}}{\tau_F}, \quad I_{KR} = \frac{Q_{B0}}{\tau_R} \qquad (1.110)$$

Im Folgenden sind die Gleichungen des GPM zusammenfassend dargestellt:

Basisstrom

$$I_n = I_1 - I_2 = \frac{I_{S0}}{q_B} \cdot \left[\exp\left(\frac{V_{BE}}{V_T}\right) - \exp\left(\frac{V_{BC}}{V_T}\right)\right], \qquad (1.111)$$

$$I_B = I_{B1} + I_{B2}, \qquad (1.112)$$

Rekombination in den Bahngebieten und in der Basis

$$I_{B1} = I_{0E} \cdot \left(\left[\exp\left(\frac{V_{BE}}{V_T}\right)\right] + \left[\exp\left(\frac{V_{BC}}{V_T}\right)\right]\right),$$

$$= I_{B1f} + I_{B1r} = \frac{I_1}{\beta_F} - \frac{I_2}{\beta_R} \qquad (1.113)$$

Rekombination in den Raumladungsgebieten

$$I_{B2} = I_{Bf} \cdot \left[\exp\left(\frac{V_{BE}}{m_f \cdot V_T}\right)\right] + I_{Br} \cdot \left[\exp\left(\frac{V_{BC}}{m_r \cdot V_T}\right)\right], \qquad (1.114)$$

$$= I_{B2f} + I_{B2r}$$

relative Basisladung

$$q_B = \frac{q_1}{2} + \sqrt{\frac{q_1^2}{4} + q_2} \qquad (1.115)$$

mit

$$q_1 = 1 + \frac{V_{BE}}{V_{ear}} + \frac{V_{BC}}{V_{eaf}}, \qquad (1.116)$$

$$q_2 = \frac{I_{S0}}{I_{KF}} \cdot \left[\exp\left(\frac{V_{BE}}{V_T}\right)\right] + \frac{I_{S0}}{I_{KR}} \cdot \left[\exp\left(\frac{V_{BC}}{V_T}\right)\right], \qquad (1.117)$$

Knieströme

$$I_{KF} = \frac{Q_{B0}}{\tau_F}, \quad I_{KR} = \frac{Q_{B0}}{\tau_F}, \qquad (1.118)$$

Early-Spannungen

$$V_{ear} = \frac{Q_{B0}}{C_{JE}}, \quad V_{eaf} = \frac{Q_{B0}}{C_{JC}}, \qquad (1.119)$$

1.3 Modelle bipolarer Transistoren

$$Q_{BE} = \tau_F \cdot I_1, \ Q_{BC} = \tau_R \cdot I_2, \quad (1.120)$$

Diffusionsladungen

$$Q_{JE} = \frac{1}{1-p_E} \cdot C_{jE0} \cdot V_{DE} \cdot \left[1 - \left(1 - \frac{V_{BE}}{V_{DE}}\right)^{1-p_E}\right], \quad (1.121)$$

Sperrschichtladungen, durch Integration
$Q = \int C dV$
aus (1.37)

$$Q_{JC} = \frac{1}{1-p_C} \cdot C_{jC0} \cdot V_{DC} \cdot \left[1 - \left(1 - \frac{V_{BC}}{V_{DC}}\right)^{1-p_C}\right]. \quad (1.122)$$

Das resultierende dynamische GPM ist in Abbildung 1.20 als Ersatzschaltbild dargestellt. Neben den konstanten Bahnwiderständen für Emitter und Kollektor ist ein häufig arbeitspunktabhängiger Basisbahnwiderstand eingefügt, der den Einfluss der Basisladung auf die Leitfähigkeit der Basis berücksichtigt

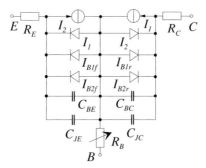

Abbildung 1.20
Dynamisches Gummel-Poon-Modell

Für den aktiven Vorwärtsbetrieb ($V_{BE} > 0, V_{BC} < 0$) sollen nun Kollektor- und Basisstrom untersucht werden:

$$I_1 = \frac{I_{S0}}{q_B} \cdot \left[\exp\left(\frac{V_{BE}}{V_T}\right)\right] \gg I_2, \quad (1.123)$$

mit $I_{B1f} \gg I_{B1r}, I_{B2f} \gg I_{B2r}$.

Im Fall niedriger Injektion gilt (z.B. $V_{BE} < 0.7V$):

$$\frac{q_1^2}{4} \gg q_2 \Rightarrow q_B \approx q_1 \approx 1 \Rightarrow I_1 \approx I_{S0} \cdot \left[\exp\left(\frac{V_{BE}}{V_T}\right)\right]. \quad (1.124)$$

Dazu überwiegt die Rekombination in den RLZ: $I_{B2f} \gg I_{B1f}$.

Im Fall hoher Injektion (z.B. $V_{BE} > 0.7V$) gilt:

$$\frac{q_1^2}{4} \ll q_2 \Rightarrow q_B \approx \sqrt{q_2} \approx \sqrt{\frac{I_{S0}}{I_{KF}}} \cdot \left[\exp\left(\frac{V_{BE}}{2 \cdot V_T}\right)\right], \quad (1.125)$$

$$\Rightarrow I_1 \approx \sqrt{I_{S0}} \cdot \sqrt{I_{KF}} \cdot \left[\exp\left(\frac{V_{BE}}{2 \cdot V_T}\right)\right]. \quad (1.126)$$

Die Rekombination in der Basis und in den Bahngebieten überwiegt die Rekombination in den RLZ: $I_{B1F} \gg I_{B2F}$.

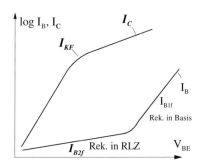

Abbildung 1.21 Gummel-Plot

Abbildung 1.21 stellt Kollektor- und Basisstrom in logarithmischer Darstellung als sog. Gummel-Plot dar. Oberhalb des Kniestroms ist die Steigung des Kollektorstroms wegen des Faktors 2 im Nenner der Exponentialfunktion (1.125) etwa halbiert. Bei niedriger Injektion dominiert im Basisstrom die Rekombination in der RLZ mit einer geringeren Steigung des Stromes verglichen mit der Rekombination in der Basis bei hoher Injektion.

In Abbildung 1.22 ist der daraus abgeleitete, qualitative Verlauf der Stromverstärkung $B_f = \frac{I_C}{I_B}$ dargestellt. Für niedrigen Kollektorstrom steigt die Stromverstärkung an, erreicht ein Maximum und fällt bei hohem Kollektorstrom wieder ab. Dies ist das typische Verhalten der Stromverstärkung bipolarer Transistoren, das vom GPM wegen seiner physikalischen Begründung widergegeben wird.

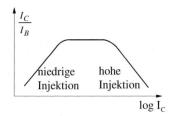

Abbildung 1.22 Stromverstärkung des Gummel-Poon-Modells

1.3.4 Nichtideale Effekte

1.3.4.1 Early-Effekt (Basisweitenmodulation)

Im aktiven Vorwärtsbetrieb wird die Basisladung durch die Sperrschichtladung des gesperrten Kollektorübergangs mit steigender Sperrspannung reduziert. Dieser Effekt ist im Gummel-Poon-Modell implizit enthalten. Unter Annahme niedriger Injektion ($q_2 \approx 0$) ergibt sich für die bezogene Basisladung nach (1.107) bei hinreichend hoher Kollektor-Emitterspannung:

Basisweitenmodulation

$$q_B \approx 1 - \frac{|V_{BC}|}{V_{eaf}} \approx 1 - \frac{V_{CE}}{V_{eaf}}. \qquad (1.127)$$

Für den Transferstrom und für den Kollektorstrom gilt damit näherungsweise:

$$I_C \approx I_n \approx \frac{I_{S0}}{q_B} \cdot \exp(\frac{V_{BE}}{V_T}) \approx \frac{I_{S0}}{1 - \frac{V_{CE}}{V_{eaf}}} \cdot \exp(\frac{V_{BE}}{V_T})$$

$$\approx I_{S0} \cdot \exp(\frac{V_{BE}}{V_T}) \cdot (1 + \frac{V_{CE}}{V_{eaf}}). \qquad (1.128)$$

Eine Erhöhung der Kollektor-Emitterspannung wirkt sich nahezu nur auf die Kollektor-Basisspannung aus, da die Basis-Emitterspannung näherungsweise konstant bleibt. Die Erhöhung der Sperrspannung am Kollektorübergang erweitert die Raumladungszone auch in die Basis hinein, d.h. die Basisweite wird durch die Kollektor-Emitterspannung *moduliert*. Dadurch wird die Basisladung reduziert und der Kollektorstrom steigt an. Mit der in (1.128) verwendeten Näherung ergibt sich ein linearer Anstieg des Kollektorstroms im aktiven Bereich wie in Abbildung 1.23 dargestellt.

Die extrapolierten Kennlinien schneiden im Idealfall die Ordinate des Ausgangskennlinienfeld bei der Early-Spannung ($V_{CE} = -V_{eaf}$). Dieser sog. *Early-Effekt* ergibt im aktiven Bereich einen endlichen Ausgangsleitwert:

Early-Effekt

$$g_{CE} = \frac{dI_C}{dV_{CE}} = I_{S0} \cdot \exp(\frac{V_{BE}}{V_T}) \cdot \frac{1 + \frac{V_{CE}}{V_{eaf}}}{1 + \frac{V_{CE}}{V_{eaf}}} \frac{1}{V_{eaf}} = \frac{I_C}{V_{CE} + V_{eaf}} \qquad (1.129)$$

Abbildung 1.23
Early-Effekt, endlicher Ausgangsleitwert

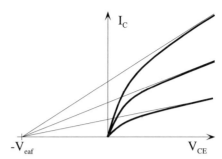

Der Early-Effekt ist im GPM implizit enthalten. Beim EMM muss er geeignet dazumodelliert werden.

1.3.4.2 Hochstromeffekte (Hochinjektion)

Mit zunehmender Injektion nimmt die Minoritätsträgerdichte am Emitterrand der Basis zu. Erreicht die Minoritätsträgerdichte die Größenordnung der Majoritätsträgerdichte, so verlangt die Quasineutralität, dass die Majoritätsträgerdichte ebenso wie die Minoritätsträgerdichte zunimmt. Dadurch erhöht sich die Basisladung, was wiederum den Transferstrom erniedrigt. Gleichzeitig wird die Emittereffizienz reduziert, weil jetzt zunehmend Majoritätsträger aus der Basis in den Emitter injiziert werden. Für das *pn*-Produkt gilt wie bisher:

$$n_p(0) \cdot p_p(0) \approx n_{p0} \cdot p_{p0} \cdot \exp(\frac{V_{BE}}{V_T}) . \qquad (1.130)$$

Mit $n \approx p$ folgt damit

$$n_p(0) \approx n_i \cdot \exp(\frac{V_{BE}}{2 \cdot V_T}) , \qquad (1.131)$$

Hochinjektion d.h. die Minoritätsträgerdichte nimmt in *Hochinjektion* weniger stark als bei niedriger Injektion zu. Dieser Hochinjektionseffekt ist im Gummel-Poon-Modell enthalten und führt zu einem deutlichen Abfall der Stromverstärkung bei hohen Kollektorströmen (vgl. Abbildung 1.22).

Weitere Hochstromeffekte wie die Basis-Erweiterung (Base Push Out), Quasisättigung, Kirk-Effekt und Emitter-Crowding können geeignet in das GPM eingefügt werden.

1.3.4.3 Kollektor-Basis-Abbruch

Mit steigender Spannung am *CB*-Übergang weitet sich die Raumladungsschicht auch in die Basis aus.

1.3 Modelle bipolarer Transistoren

Bei modernen integrierten Transistoren mit extrem kurzer Basis kann dies dazu führen, dass die RLZ des *CB*-Übergangs die RLZ des BE-Übergangs erreicht. Bei weiterem Anstieg der *CB*-Sperrspannung wird die Potentialschwelle des BE-Übergangs abgebaut (*Punch-Through-Effekt*). Es kommt zu einer starken Erhöhung der Injektion und damit zu einem steilen Anstieg des Kollektorstroms.

Punch-Through-Effekt

Hohe Feldstärken in der Raumladungszone des *CB*-Übergangs ergeben hohe Trägergeschwindigkeiten und führen zu Ladungsträgermultiplikation durch Stoßionisation. Bei hinreichend hoher Sperrspannung und hinreichendem Strom kann es zu einem lawinenartigen Stromanstieg (*Avalanche-Abbruch*) am *CB*-Übergang kommen. Moderne Transistormodelle beschreiben das Abbruchverhalten.

Avalanche-Abbruch

1.3.5 Kleinsignalmodell des bipolaren Transistors

Für hinreichend niedrige Frequenzen wird der bipolare Transistor durch die stationären Ebers-Moll- bzw. Gummel-Poon-Gleichungen beschrieben. Mit $V_{BC} = V_{BE} - V_{CE}$ ergibt sich in beiden Fällen das Gleichungssystem

$$I_B = I_B(V_{BE}, V_{CE}), \quad I_C = I_C(V_{BE}, V_{CE}). \tag{1.132}$$

Unter den Voraussetzungen (1.45) und (1.46) kann (1.132) in Taylorreihen entwickelt werden:

$$I'_B + i_B \approx I_B(V'_{BE}, V'_{CE}) + \left(\frac{\partial I_B}{\partial V_{BE}}\right) \cdot v_{BE} + \left(\frac{\partial I_B}{\partial V_{CE}}\right) \cdot v_{CE}$$

$$I'_C + i_C \approx I_C(V'_{BE}, V'_{CE}) + \left(\frac{\partial I_C}{\partial V_{BE}}\right) \cdot v_{BE} + \left(\frac{\partial I_C}{\partial V_{CE}}\right) \cdot v_{CE} \tag{1.133}$$

(1.133) ist für vorgegebene Gleichgrößen ein lineares Gleichungssystem in den Kleinsignalgrößen. Die gestrichenen Größen bezeichnen jeweils die Klemmenspannungen und –ströme sowie die zugehörigen Ableitungen im Arbeitspunkt.

Im Folgenden interessiert man sich nur für Kleinsignalgrößen. Aus (1.133) ergibt sich der Zusammenhang in Form von linearen Zweitorgleichungen:

$$\begin{aligned} i_B &= g_{BE} \cdot v_{BE} + g_{mr} \cdot v_{CE} \\ i_C &= g_m \cdot v_{BE} + g_{CE} \cdot v_{CE} \end{aligned} \tag{1.134}$$

Eingangsleitwert mit

$$g_{BE} = \left(\frac{\partial I_B}{\partial V_{BE}}\right)', \quad (1.135)$$

Ausgangsleitwert

$$g_{CE} = \left(\frac{\partial I_C}{\partial V_{CE}}\right)', \quad (1.136)$$

Übertragungsleitwert

$$g_m = \left(\frac{\partial I_C}{\partial V_{BE}}\right)', \quad (1.137)$$

inverser Übertragungsleitwert

$$g_{mr} = \left(\frac{\partial I_B}{\partial V_{CE}}\right)'. \quad (1.138)$$

Die Zweitorgleichungen (1.134) können durch das Kleinsignalmodell in Abbildung 1.24 repräsentiert werden, das allerdings in dieser Form nur für niedrige Frequenzen gilt. Im aktiven Vorwärtsbetrieb ($V_{BE} > 0$, $V_{CE} > 0$) kann der inverse Übertragungsleitwert g_{mr} in der Regel vernachlässigt werden.

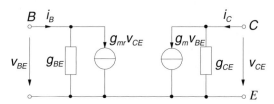

Abbildung 1.24 Kleinsignalmodell für niedrige Frequenzen

Soll das Kleinsignalmodell für höhere Frequenzen gültig sein, werden Sperrschicht- und Diffusionskapazitäten der *pn*-Übergänge hinzugefügt. In Abbildung 1.25 sind zusätzlich die Bahnwiderstände berücksichtigt. In der Regel gilt $r_E \approx 0$. Im Vorwärtsbetrieb gilt: $C_{BE} = C_{DE} + C_{JE}$, $C_{BC} \approx C_{JC}$.

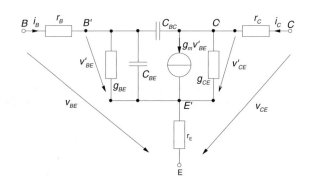

Abbildung 1.25 Vollständiges Kleinsignalmodell im aktiven Vorwärtsbetrieb

1.3 Modelle bipolarer Transistoren

Im Folgenden sollen beispielhaft die Kleinsignalparameter im aktiven Vorwärtsbetrieb gemäß Ebers-Moll-Modell bestimmt werden. Zusätzlich soll der Early-Effekt berücksichtigt werden. Es soll das vereinfachte EMM im vorwärts aktiven Betrieb gemäß (1.95) gelten. Allerdings muss beim Kollektorstrom der Early-Effekt entsprechend (1.128) zugefügt werden:

Beispiel:
$I'_C = 5\text{mA}$,

$$g_{BE} = \frac{\partial I'_B}{\partial V'_{BE}} \approx \frac{I_{ES}}{v_T} \cdot \exp\left(\frac{V'_{BE}}{v_T}\right) \approx \frac{I'_B}{v_T}, \quad (1.139)$$

$\beta_F = 150$,
$V_{eaf} = 200\text{V} \Rightarrow$,

$$g_m = \frac{\partial I'_C}{\partial V'_{BE}} \approx \frac{I'_C}{v_T} \approx \beta_F \cdot g_{BE}, \quad (1.140)$$

$g_m \approx \dfrac{I'_C}{v_T} \approx 193\text{mS}$

$g_{BE} \approx \dfrac{g_m}{\beta_F} \approx 1,29\text{mS}$

$$g_{CE} = \frac{dI'_C}{dV'_{CE}} \approx \frac{I'_C}{V_{eaf}}. \quad (1.141)$$

$g_{CE} \approx \dfrac{I'_C}{V_{eaf}} \approx 25\mu\text{S}$

1.3.6 Frequenzverhalten der Stromverstärkung

Das Frequenzverhalten des bipolaren Transistors wird im Allgemeinen durch das Verhalten der *Kurzschluss-Stromverstärkung* im aktuellen Arbeitspunkt charakterisiert. Abbildung 1.26 zeigt oben eine Messschaltung zur Bestimmung der Kurzschluss-Stromverstärkung $\beta = \dfrac{i_C}{i_B}$ im aktiven Betriebszustand. Unten ist das zugehörige Kleinsignal-Ersatzschaltbild der Schaltung dargestellt, wobei die Bahnwiderstände des Transistors unberücksichtigt bleiben.

Kurzschluss-Stromverstärkung

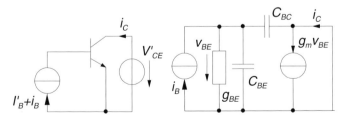

Abbildung 1.26 Bestimmung der frequenzabhängigen Kurzschluss-Stromverstärkung

Der Ausgangsleitwert entfällt wegen des Kurzschlusses am Ausgang. Gemäß Ersatzschaltbild ergibt sich für Kollektor- und Basisstrom

$$i_B = v_{BE} \cdot [g_{BE} + j\omega(C_{BE} + C_{BC})], \quad (1.142)$$

$$i_C = v_{BE} \cdot [g_m - j\omega C_{BC}] \qquad (1.143)$$

und damit für die Stromverstärkung, wenn für nicht zu hohe Frequenzen $g_m \gg \omega \cdot C_{BC}$ gilt:

$$\beta(j\omega) = \frac{i_C(j\omega)}{i_B(j\omega)} = \frac{g_m - j\omega C_{BC}}{g_{BE} + j\omega(C_{BE} + C_{BC})}$$
$$\approx \frac{g_m}{g_{BE} + j\omega(C_{BE} + C_{BC})}. \qquad (1.144)$$

Setzt man die Gültigkeit des vereinfachten EMM im vorwärts aktiven Betrieb voraus, folgt mit (1.140):

$$\beta(j\omega) \approx \frac{\beta_F}{1 + j\omega \frac{\beta_F}{g_m}(C_{BE} + C_{BC})} = \frac{\beta_F}{1 + j\frac{\omega}{\omega_\beta}}. \qquad (1.145)$$

Die Stromverstärkung zeigt ein typisches Tiefpassverhalten mit der *3dB-Grenzfrequenz*

3dB-Grenzfrequenz

$$f_\beta = \frac{\omega_\beta}{2\pi} = \frac{g_m}{2\pi \cdot \beta_F \cdot (C_{BE} + C_{BC})}. \qquad (1.146)$$

Statt der 3dB-Grenzfrequenz wird in der Regel die *Transitfrequenz f_T* zur Charakterisierung der Frequenzabhängigkeit verwendet. Die Transitfrequenz ist die Frequenz, bei der die Stromverstärkung dem Betrag nach 1 wird. Sie ergibt sich damit aus (1.146) zu

Transitfrequenz

$$f_T \approx \frac{g_m}{2\pi \cdot (C_{BE} + C_{BC})} = \beta_F \cdot f_\beta. \qquad (1.147)$$

Abbildung 1.27 zeigt das resultierende Betragsdiagramm der Frequenzabhängigkeit der Kleinsignal-Stromverstärkung.

Abbildung 1.27
Frequenzabhängigkeit der Kleinsignal-Stromverstärkung

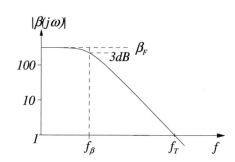

1.3 Modelle bipolarer Transistoren

Die Transitfrequenz f_T ist vom Arbeitspunkt abhängig. Da vom aktiven Betrieb in Vorwärtsrichtung ausgegangen wird, setzt sich die Basis-Emitterkapazität aus Diffusions- und Sperrschichtkapazität zusammen, während die Basis-Kollektorkapazität lediglich aus der Sperrschichtkapazität besteht:

$$C_{BE} + C_{BC} = C_{DBE} + C_{JBE} + C_{JBC} . \tag{1.148}$$

Nach (1.120) ist die Diffusionsladung (Überschuss-Minoritätsträgerladung) proportional zum Kollektorstrom

$$\Delta Q_{DBE} = \tau_F \cdot I_C . \tag{1.149}$$

τ_F wird als *Transitzeit* im Vorwärtsbetrieb bezeichnet und gibt die Zeit an, die die Signalausbreitung von der Erregung am Basis-Emitterübergang bis zum Kollektorrand der Basis benötigt. Die Diffusionskapazität ergibt sich zu:

Transitzeit

$$C_{DBE} = \frac{d\Delta Q_{DBE}}{dV_{BE}} = \tau_F \cdot \frac{dI_C}{dV_{BE}} = \tau_F \cdot g_m \tag{1.150}$$

und mit der Ebers-Moll-Näherung $g_m \approx \dfrac{I_C}{v_T}$ folgt

$$f_T = \frac{1}{2\pi} \cdot \frac{1}{\tau_F + \dfrac{V_T}{I_C} \cdot (C_{BJE} + C_{BJC}))} . \tag{1.151}$$

Abbildung 1.28
Arbeitspunktabhängigkeit der Transitfrequenz

Mit steigendem Kollektorstrom steigt die Transitfrequenz zunächst steil an und erreicht mit

$$f_{T,\max} = \frac{1}{2\pi \cdot \tau_F} \tag{1.152}$$

ihren Maximalwert, wie dies in Abbildung 1.28 dargestellt ist. Der in dieser Abbildung gezeigte Abfall der Transitfrequenz bei hohen Kollektorströmen liegt an der Zunahme der Transitzeit τ_F bei hoher Injektion z.B. auf Grund der Basiserweiterung.

Transistoren für Hochfrequenzanwendungen sollten möglichst kleinflächig zur Minimierung der Kapazitäten sein. Eine kurze Basis minimiert die Transitzeit. Sie sollten in einem Arbeitspunkt betrieben werden, der gemäß Abbildung 1.28 eine maximale Transitfrequenz gewährleistet.

1.3.7 Großsignal-, Schaltverhalten

Das Großsignalverhalten wird durch die Speicherung von Überschussladungen insbesondere im Zustand der Sättigung bestimmt. Abbildung 1.29 zeigt die beispielhaft untersuchte Schaltung.

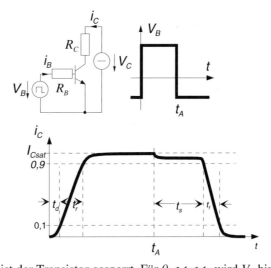

Abbildung 1.29 Großsignal-Schaltverhalten des Bipolartransistors

Für $t < 0$ ist der Transistor gesperrt. Für $0 < t < t_A$ wird V_B hinreichend positiv, so dass der Transistor in die Sättigung gerät. Nach dem Schaltaugenblick wird zunächst die Weite der RLZ am BE-Übergang reduziert, d.h. die Sperrschichtkapazität wird umgeladen. Der Emitter beginnt dann zu injizieren und der Kollektorstrom beginnt wegen des Gradients der Elektronendichte in der Basis zu fließen. Die Zeitdifferenz bis zum Erreichen von 10% des endgültigen Stromes wird als *Verzögerungszeit* (t_d, *delay-time*) bezeichnet. Der Basisstrom baut die Basisladung auf. Der ansteigende Gradient der Elektronendichte in der Basis führt zu einem weiteren Anstieg des Kollektorstroms.

Verzögerungszeit, delay-time

1.3 Modelle bipolarer Transistoren

Die Zeitdauer bis zum Erreichen von 90% des endgültigen Kollektorstroms wird als *Anstiegszeit* (t_r, *rise-time*) bezeichnet.

Anstiegszeit, rise-time

Der Kollektorstrom verursacht am Widerstand R_C einen Spannungsabfall, der die Kollektor-Emitterspannung reduziert. Wird $V_{BC} > 0$ beginnt die Injektion von Elektronen aus dem Kollektor in die Basis. Der Transistor gerät in Sättigung. Der Anstieg des Kollektorstroms wird reduziert und der Kollektorstrom erreicht den Maximalwert I_{Csat}. Der positive Basisstrom liefert Löcher, die für die Rekombination der Überschussladungen erforderlich sind und hält damit die Überschussladungen aufrecht.

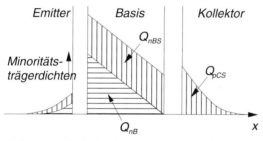

Abbildung 1.30 Minoritätsträgerdichten in der Sättigung

Abbildung 1.30 zeigt die Minoritätsträgerdichten in den drei Transistorgebieten. Q_{nB} ist die Elektronendichte in der Basis im aktiven Betrieb. Q_{nBS} stellt die zusätzliche Elektronendichte in der Sättigung dar. Q_{pCS} ist die zusätzliche Löcherdichte in der Sättigung im Kollektor. Entsprechendes gilt für die Löcherdichte im Emitter, wobei diese wegen der hohen Emitterdotierung eine geringe Rolle spielt.

Zum Zeitpunkt $t = t_A$ wird V_B negativ. Der Basisstrom kehrt sein Vorzeichen um, indem überschüssige Löcher aus der Basis ausgeräumt werden. Wegen der Quasineutralität reduziert dies die Elektronendichte, ohne dass sich der Gradient der Elektronendichte und damit der Kollektorstrom wesentlich ändert, da zunächst die Ladung Q_{nBS} abgebaut wird. Beide *pn*-Übergänge verbleiben zunächst in Flussrichtung und injizieren weiter Elektronen in die Basis. Nach Abbau der Ladung Q_{nBS} gelangt der CB-Übergang in Sperrichtung. Wird jetzt die Elektronendichte in der Basis weiter abgebaut, verringern sich der Dichtegradient und damit der Kollektorstrom deutlich. Der Zeitraum t_S in dem der Kollektorstrom auf 90% seines Maximalwertes reduziert wird, wird als *Speicherzeit* bezeichnet. Es ist dies die Zeit, die zum Ausräumen der in der Sättigung zusätzlich gespeicherten Ladungsträger erforderlich ist. Im Folgenden sinkt der Kollektorstrom in der sog. *Abfallzeit* (t_f, fall-time) auf 10% seines Maximalwertes.

Speicherzeit

Abfallzeit

Nach Ausräumen der Überschussladungen und Aufladen der Sperrschichtkapazität am Emitter ist der Transistor gesperrt.

Offensichtlich ist die Speicherzeit und damit die Sättigung des Transistors für die Dauer des Schaltvorgangs verantwortlich. Wird die Sättigung vermieden, entfällt die Speicherzeit. Abbildung 1.31 zeigt, wie mit Hilfe einer *Schottky-Diode* die Sättigung eines Transistors vermieden wird. Bei der Schottky-Diode handelt es sich um einen Metall-Halbleiterübergang mit einer Flussspannung von etwa 0,3 V. Damit begrenzt die Schottky-Diode V_{BC} auf 0,3V, so dass die Flussspannung des BC-Übergangs des Transistors auf diesen Wert begrenzt wird und der Transistor nicht in Sättigung gelangen kann.

Schottky-Diode

Abbildung 1.31 Transistor mit Schottky-Diode zur Vermeidung der Sättigung

1.3.8 Modelle für *pnp*-Transistoren

pnp-Transistoren

Die Modelle wurden bisher lediglich am Beispiel des *npn-Transistors* hergeleitet. *pnp*-Transistoren müssen in der Regel mit den gleichen Prozessschritten wie *npn*-Transistoren hergestellt werden. Sie haben gegenüber den *npn*-Transistoren strukturelle Nachteile, die z.B. deutlich niedrigere Stromverstärkungen zur Folge haben. Abbildung 1.32 zeigt beispielhaft einen lateralen *pnp*-Transistor. Emitter und Kollektor werden mit der Basisdiffusion des *npn*-Transistors hergestellt. Der Kollektor umgibt den Emitter ringförmig. Die minimale Basisweite ist durch den minimal zulässigen lateralen Abstand gleichartiger *p*-Dotierungen festgelegt. Die effektive Emitterfläche ist durch die Tiefe der *p*-Dotierung begrenzt. Typisch für die Stromverstärkung lateraler *pnp*-Transistoren ist $\beta_F \leq 10$.

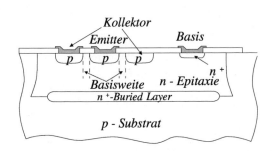

Abbildung 1.32 Lateraler *pnp*-Transistor

Die Funktion eines *pnp*-Transistors entspricht der Funktion des *npn*-Transistors. Es werden lediglich die Polarität der Dotierungen und der Ladungsträger ausgetauscht. Das erfordert ebenfalls den Wechsel der Polarität von Strömen, Spannungen und Ladungen. Damit können auf einfache Weise die stationären Modellgleichungen des *pnp*-Transistors aus den Modellgleichungen des *npn*-Transistors gewonnen werden:

$$I_{C,pnp} = -I_{C,npn}(-V_{BE,pnp}, -V_{BC,pnp}),$$
$$I_{B,pnp} = -I_{B,npn}(-V_{BE,pnp}, -V_{BC,pnp}).$$
(1.153)

Die Modellparameter sind hierbei natürlich an den *pnp*-Transistoren durch Messungen zu bestimmen. Die dynamischen Effekte können entsprechend beschrieben werden. Es ist demnach jeweils nur ein Modellgleichungssystem für *pnp*- und *npn*-Transistoren erforderlich.

1.4 Modelle des MOS–Feldeffekttransistors (MOSFET)

1.4.1 Prinzipieller Aufbau und Wirkungsweise des MOS-Feldeffekttransistors

Die Abkürzung *MOS* steht für *M*etal-*O*xide-*S*emiconductor und bezeichnet die Schichtenfolge, welche die Funktionalität des MOS-Transistors bestimmt. Das Gate, früher aus Metall (Aluminium), wird heute bei hochintegrierten Schaltungen aus hochdotiertem polykristallinem Silizium (*Polysilizium*) gebildet. Zwischen Gate und Substrat befindet sich eine dünne Oxidschicht (*Gateoxid*), die das Gate vom Substrat isoliert. Unterhalb des Gates bildet sich ein leitfähiger Kanal, dessen Leitfähigkeit von der Feldstärke im Gateoxid bestimmt wird (daher: *Feldeffekttransistor*).

MOS

Polysilizium

Gateoxid

Feldeffekttransistor

Der MOS-Transistor bietet im Zusammenhang mit höchstintegrierten digitalen Schaltungen einige Vorteile gegenüber dem bipolaren Transistor:

- Niedriger Flächenbedarf,
- Inhärente Selbstisolation der Transistoren,
- Leistungslose Steuerung im stationären Fall,
- Möglichkeit spezieller Schaltungstechniken (z.B. dynamische Schaltungen),
- Geringe Verlustleistung.

Die Vorteile der Bipolartechnik werden bei der BiCMOS-Technik (Bipolar Complementary MOS) durch die zusätzliche Realisierung von bipolaren Transistoren ausgenutzt:

- Höhere Verstärkung,
- Höhere Schaltungsgeschwindigkeit (bei einigen Schaltungstechniken),
- Höhere Ausgangs-/Treiberleistungen.

Beim MOS-Transistor handelt es sich im Gegensatz zum stromgesteuerten Bipolartransistor um ein spannungsgesteuertes Bauelement. Des weiteren ist am Transistoreffekt nur eine Ladungsträgerart beteiligt (unipolarer Transistor). Daraus folgt, dass man grundsätzlich zwischen zwei Polaritätstypen von MOS-Transistoren unterscheidet. Beim NMOS-Typ beruht die Transistorfunktion auf Elektronen als Ladungsträger. Die Löcher bilden beim PMOS-Typ die funktionsbestimmenden Ladungsträger.

NMOS Abbildung 1.33 zeigt den prinzipiellen Aufbau eines *NMOS-Transistors*. In vertikaler Richtung wird die Funktion durch die MOS-**MOS-Kondensator** Schichtenstruktur, die einen Kondensator (*MOS-Kondensator*) bildet, bestimmt. Das Gate bildet die obere *Platte* des Kondensators, während die Oberfläche des Halbleitersubstrats, das an der Unterseite kontaktiert ist (Bulk-Anschluss), die zweite *Kondensatorplatte* darstellt. Die extrem dünne Gateoxidschicht bildet das Dielektrikum des Kondensators. Das Gate überdeckt zwei hoch *n*-dotierte Schichten (Source und Drain). Zwischen diesen bildet sich, abhängig vom Potential des Gates, ein *n*-leitfähiger Kanal, dessen Leitfähigkeit vom elektrischen Feld in der Oxidschicht bestimmt wird. Der Stromfluss zwischen Source und Gate wird damit durch das Gatepotential gesteuert. Beim **PMOS** *p*- Kanal-Transistor (*PMOS*) sind die Dotierungsverhältnisse entsprechend invertiert.

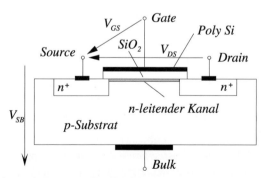

Abbildung 1.33 Funktionale Struktur eines NMOS-Transistors

Die Funktion wird durch die Gate-Source-Spannung V_{GS} in Relation zur Schwellenspannung V_{TS} bestimmt. Erreicht die Gate-Source-Spannung die Schwellenspannung, bildet sich der Kanal.

1.4 Modelle des MOS–Feldeffekttransistors (MOSFET)

NMOS-Transistor:

$V_{GS} < V_{TS}$: Keine leitende Verbindung zwischen Source und Drain, Transistor gesperrt,   NMOS-Transistor

$V_{GS} \geq V_{TS}$: n-leitender Kanal zwischen Source und Drain.

PMOS-Transistor:

$V_{GS} > V_{TS}$: Keine leitende Verbindung zwischen Source und Drain, Transistor gesperrt,   PMOS-Transistor

$V_{GS} \leq V_{TS}$: p- leitender Kanal zwischen Source und Drain.

Für beide Polaritäten des MOS-Transistors wird unterschieden, ob der Kanal bei $V_{GS}=0$ existiert (*Anreicherungstransistor*, Enhancement-Transistor) oder nicht existiert (*Verarmungstransistor*, Depletion-Transistor). Damit ergeben sich die in Abbildung 1.34 dargestellten 4 Transistortypen.   Anreicherungstransistor Verarmungstransistor

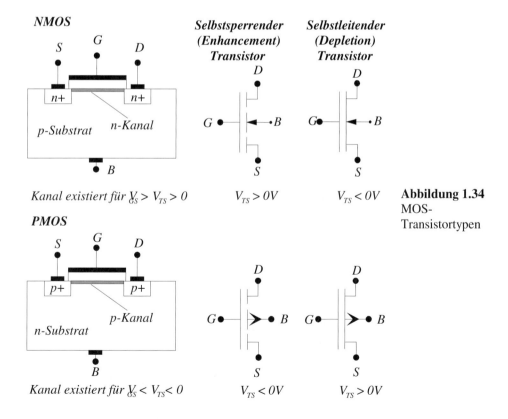

Abbildung 1.34 MOS-Transistortypen

LOCOS-Technologie

Im oberen Teil der Abbildung 1.35 ist ein nicht maßstabsgerechter Querschnitt durch einen NMOS-Transistor, hergestellt in der sog. *LOCOS-Technologie*, dargestellt. LOCOS steht als Abkürzung für *Local Oxidation of Silicon*, dem Verfahren, mit dem das etwa 0,5 µm dicke Feldoxid realisiert wird. Transistorgebiete werden durch Fenster im Feldoxid definiert. Das Gateoxid ist mit 20 bis 50 nm erheblich dünner als das Feldoxid. Nach Abscheidung und Strukturierung einer Polysiliziumschicht, die als Gateelektrode und teilweise als Leiterbahn verwendet wird, werden die Source- und Draingebiete dotiert. Dabei dienen die Gateelektrode und das Feldoxid als Maske für die Diffusion oder die Ionenimplantation. Mit der Dotierung von Source und Drain wird die Polysiliziumschicht hoch n-dotiert. Bei diesem Verfahren ist die Selbstjustierung von Source und Drain durch die natürliche Maskierung von Vorteil. Die metallischen Leiterbahnen werden von den Gateelektroden und den Polysilizium-Leiterbahnen durch eine Phosphor-Glasschicht isoliert. Die Kontaktierung zu Source, Drain oder Gate erfolgt durch Kontaktfenster in dieser Schicht. Nach Abscheidung einer weiteren Glasschicht kann eine zusätzliche Leiterbahnebene realisiert werden. Das dicke Feldoxid hat die Aufgabe, unerwünschte Kanäle unter Leiterbahnen zu verhindern. Durch eine

channel stopper

hoch p- dotierte Schicht unter dem Feldoxid (*channel-stopper*) wird eine Kanalbildung zusätzlich verhindert.

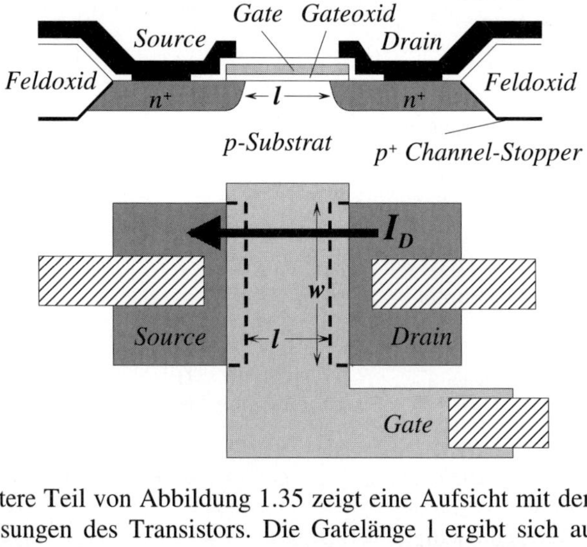

Abbildung 1.35
NMOS-Transistor, Querschnitt und Aufsicht

Der untere Teil von Abbildung 1.35 zeigt eine Aufsicht mit den Gate-Abmessungen des Transistors. Die Gatelänge l ergibt sich aus dem Abstand von Source- und Drain-Diffusion. Sie ist durch die Unterdiffusion unter das Gate geringer als die Maskenlänge des Gates. Die Gateweite w ist durch die Weite von Source- und Drain-Diffusion vorgegeben.

1.4.2 Gradual Channel Approximation (GCA), Anreicherung, Verarmung, Inversion

Im Folgenden soll die MOS-Struktur am Beispiel eines NMOS-Transistors betrachtet werden. Die erzielten Ergebnisse können ohne Aufwand auf einen PMOS-Transistor angewendet werden, wenn beachtet wird, dass die Vorzeichen der Dotierungen und aller elektrischen Größen (Spannungen, Ströme, Ladungen) zu invertieren sind.

Gradual Channel Approximation GCA

Es wird von einer zweidimensionalen MOS-Struktur entsprechend Abbildung 1.36 ausgegangen. Die Kanalweite sei hinreichend groß, so dass von einem zweidimensionalen Verhalten ausgegangen werden kann. Außerdem wird vorausgesetzt, dass die Kanallänge erheblich größer als jede vertikale Dimension ist.

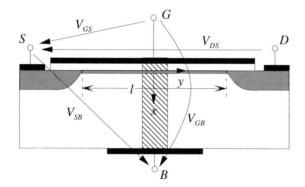

Abbildung 1.36
Zweidimensionale MOS-Struktur mit großer Kanallänge

Die GCA setzt voraus, dass die vertikale Komponente der elektrischen Feldstärke erheblich größer als die laterale Komponente ist ($E_x \gg E_y$), was bei großer Kanallänge und geringer Drain-Source-Spannung vorausgesetzt werden kann. Wenn dies der Fall ist, kann das elektrische Feld durch Lösung einer eindimensionalen Poissongleichung bestimmt werden:

$$\frac{\partial^2 \Psi}{\partial x^2} + \frac{\partial^2 \Psi}{\partial y^2} \approx \frac{\partial^2 \Psi}{\partial x^2} \approx -\frac{\rho}{\varepsilon} \qquad (1.154)$$

Neben der GCA wird vorausgesetzt, dass die Trägerströme in vertikaler Richtung vernachlässigbar sind (Quasi-Gleichgewicht). Damit entfallen die Kontinuitätsgleichungen der Löcher und Elektronen und es ist hinreichend, lediglich die eindimensionale Poisson-Gleichung zu lösen. Der Strom im Kanal ergibt sich als Driftstrom auf Grund der geringen y-Komponente der elektrischen Feldstärke. Dabei wird eine homogene Stromverteilung über die Kanaltiefe vorausgesetzt. Rekombination und Generation werden vernachlässigt.

Kurzkanaltransistoren

Es ist nachvollziehbar, dass diese Voraussetzungen extrem einschränkend sind. Insbesondere bei modernen *Kurzkanaltransistoren* aber auch bei langen Kanälen in der Sättigung, sind die Voraussetzungen nicht erfüllt. Unabhängig davon ergibt das resultierende Kanalstrommodell ein geeignetes Basismodell, das erweitert und verbessert werden kann.

Zunächst wird lediglich der in Abbildung 1.36 schraffiert dargestellte Bereich betrachtet. Unter Annahme der GCA ist das elektrische Feld in diesem Bereich eindimensional, und, da vertikale Ströme vernachlässigbar sind, kann mit guter Näherung Gleichgewicht vorausgesetzt werden. Für die *Ladungsträgerdichte im Gleichgewicht* gilt:

Ladungsträgerdichte im Gleichgewicht

$$p(x) = n_i \cdot \exp\left(\frac{\phi_F - \Psi(x)}{V_T}\right),$$

$$n(x) = n_i \cdot \exp\left(\frac{\Psi(x) - \phi_F}{V_T}\right), \quad (1.155)$$

$$n_i^2 = n(x) \cdot p(x).$$

Fermipotential

Φ_F bezeichnet das *Fermipotential*, das im Gleichgewicht im Halbleiter konstant ist. Ψ ist das elektrische Potential. Das elektrische Potential wird mit $\Psi_B = 0$ auf das Potential am Bulk-Kontakt bezogen. Die Löcherdichte am Bulk-Kontakt entspricht der Dotierungsdichte:

$$p_B = n_i \cdot \exp\left(\frac{\phi_F - \Psi_B}{V_T}\right) = n_i \cdot \exp\left(\frac{\phi_F}{V_T}\right) = N_A,$$

$$n_B = n_i \cdot \exp\left(\frac{\Psi_B - \phi_F}{V_T}\right) = n_i \cdot \exp\left(\frac{-\phi_F}{V_T}\right) = \frac{n_i^2}{N_A}.$$

(1.156)

Es sollen jetzt die Größen an der Halbleiteroberfläche ($x = 0$) betrachtet werden. Diese werden mit Ψ_S, n_S und p_S bezeichnet.

Zunächst seien $V_{SB} = 0$, $V_{DS} = 0$ gewählt.

Oberflächenpotential

Das *Oberflächenpotential* Ψ_S ist vom Gatepotential $V_G = V_{GS}$ abhängig. Mit zunehmendem Gatepotential wird das Oberflächenpotential angehoben. Ebenso wird das Oberflächenpotential mit abnehmendem Gatepotential abgesenkt.

1.4 Modelle des MOS–Feldeffekttransistors (MOSFET)

MOS-Struktur im Gleichgewicht (Abbildung 1.37)

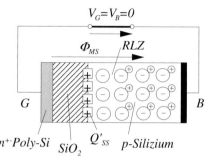

Abbildung 1.37
MOS-Struktur im Gleichgewicht

Vergleichbar mit der Diffusionsspannung am *pn*-Übergang, bildet sich die *Kontaktspannung* Φ_{MS} zwischen *p*- dotiertem Substrat und hoch *n*-dotiertem Gate aus. Im betrachteten Fall ist $\Phi_{MS} < 0$. An der Si-Oberfläche entsteht eine negative Raumladungsschicht (Verarmungsschicht). Das Oberflächenpotential ist positiver als das Bulk-Potential ($\Psi_S > 0$).

Kontaktspannung

Außerdem befinden sich ortsfeste positive *Oberflächenladungen* mit der Ladungsdichte Q'_{SS} an der Grenze zwischen Gateoxid und Silizium, die durch die Herstellungsprozesse bedingt sind. Das elektrische Feld dieser Ladungen verstärkt zusätzlich die Verarmung der Si-Oberfläche, da Löcher elektrostatisch abgestoßen werden. Allerdings ist die Wirkung der Oberflächenladungen bei modernen Prozessen gegenüber der Wirkung des Kontaktpotentials weitgehend vernachlässigbar. Wegen $\Psi_S > 0$ wird die Löcherdichte gegenüber der Löcherdichte am Bulk-Kontakt reduziert (Verarmung):

Oberflächenladungen

$$p_S = n_i \cdot \exp\left(\frac{\phi_F - \Psi_S}{v_T}\right) < p_B. \qquad (1.157)$$

MOS-Struktur im Flachbandzustand (Abbildung 1.38)

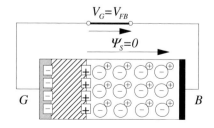

Abbildung 1.38
MOS-Struktur im Flachbandzustand

Flachbandspannung Als *Flachbandspannung* wird das Gatepotential $V_G = V_{FB}$ bezeichnet, bei der das Oberflächenpotential gleich dem Bulk-Potential wird. Mit

$$\Psi_S(V_G = V_{FB}) = 0. \tag{1.158}$$

folgt $p_S = p_B$.

Um die Oberflächenladungen zu kompensieren, muss eine entsprechende negative Ladungsdichte auf dem Gate erzeugt werden. Dies erfordert eine Spannung über dem Oxid:

$$\Delta V_{ox} = -\frac{Q'_{SS}}{C'_{ox}} = -\frac{t_{ox} \cdot Q'_{SS}}{\varepsilon_{ox}}. \tag{1.159}$$

Die Wirkung der Kontaktspannung wird durch eine gleich große Gatespannung kompensiert:

$$\Delta V_G = \Phi_{MS}. \tag{1.160}$$

Insgesamt ergibt sich damit für die Flachbandspannung:

$$V_{FB} = \Phi_{MS} - \frac{Q'_{SS}}{C'_{ox}}. \tag{1.161}$$

Im Folgenden soll die Ursache der Flachbandspannung nicht näher untersucht werden. Sie soll als technologisch bedingter Parameter angesehen werden, der u.a. die Schwellenspannung des MOS-Transistors bestimmt.

MOS-Struktur im Anreicherungszustand (Abbildung 1.39)

Abbildung 1.39
MOS-Struktur im Anreicherungszustand

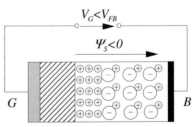

Abbildung 1.39 zeigt die Situation, wenn die Gatespannung gegenüber dem Flachbandfall verringert wird ($V_G < V_{FB}$). Das Gate wird gegenüber dem Flachbandfall negativ geladen. Löcher im Substrat werden vom negativen Gate angezogen, d.h. dass unterhalb des Gates Majoritätsträger (Löcher) angereichert werden. Das Potential an der Silizi-

1.4 Modelle des MOS–Feldeffekttransistors (MOSFET)

umoberfläche wird negativer als das Potential am Bulk-Kontakt $\Psi_S < 0$). Die Löcherdichte ist gegenüber dem Flachbandfall angehoben:

$$p_S = n_i \cdot \exp\left(\frac{\phi_F - \Psi_S}{v_T}\right) > p_B. \tag{1.162}$$

Die MOS-Struktur verhält sich wie die Kapazität eines Plattenkondensators mit dem Plattenabstand t_{ox}:

$$C' = \frac{\varepsilon_{ox}}{t_{ox}} = C'_{ox}. \tag{1.163}$$

C'_{ox}: flächenspezifische Oxidkapazität, t_{ox}: Dicke der Oxidschicht.

MOS-Struktur im Verarmungszustand (Abbildung 1.40)

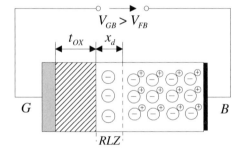

Abbildung 1.40
MOS-Struktur im Verarmungszustand

Wird die Gatespannung gegenüber dem Flachbandzustand erhöht ($V_G > V_{FB}$), werden die Majoritätsträger (Löcher) vom positiven Gate abgestoßen. Es entsteht eine Verarmungsschicht, die lediglich ionisierte Akzeptorionen enthält. Das Oberflächenpotential wird gegenüber dem Flachbandzustand angehoben:

$$p_S = n_i \cdot \exp\left(\frac{\phi_F - \Psi_S}{v_T}\right) < p_B. \tag{1.164}$$

Die entstehende Verarmungsschicht kann entsprechend der Raumladungszone eines abrupten *pn*-Übergangs behandelt werden. Oxidkapazität und die Kapazität der Verarmungsschicht sind in Serie geschaltet. Für die MOS-Struktur ergibt sich die Gesamtkapazität pro Fläche zu:

$$C' = \frac{1}{\dfrac{1}{C'_{ox}} + \dfrac{1}{C'_{si}}} = \frac{1}{\dfrac{t_{ox}}{\varepsilon_{ox}} + \dfrac{x_d}{\varepsilon_{si}}} \,. \qquad (1.165)$$

MOS-Struktur bei schwacher Inversion (Abbildung 1.41)

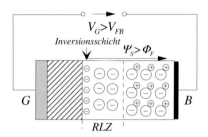

Abbildung 1.41 MOS-Struktur bei schwacher Inversion

Bei weiterer Erhöhung der Gatespannung steigt das Potential der Oberfläche weiter an.

Abbildung 1.41 zeigt die Situation für $\Psi_S > \phi_F$.

$$p_S = n_i \cdot \exp\left(\frac{\phi_F - \Psi_S}{v_T}\right) < n_i, \qquad (1.166)$$

$$n_S = n_i \cdot \exp\left(\frac{\Psi_S - \phi_F}{v_T}\right) > n_i > p_S. \qquad (1.167)$$

Der Halbleiter wird an der Oberfläche n-leitend. Es kommt zu einer Anhäufung von Minoritätsträgern (Elektronen) an der Halbleiteroberfläche. Die Minoritätsträgerkonzentration übersteigt die Majoritätsträgerkonzentration. Man bezeichnet dies als (schwache) Inversion.

MOS-Struktur bei starker Inversion (Abbildung 1.42)

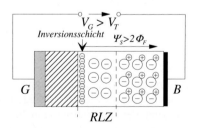

Abbildung 1.42 MOS-Struktur bei starker Inversion

Gilt bei weiterer Erhöhung der Gatespannung $\Psi_S > 2\phi_F$ so folgt

1.4 Modelle des MOS–Feldeffekttransistors (MOSFET)

$$n_S = n_i \cdot \exp\left(\frac{\Psi_S - \phi_F}{v_T}\right) > n_i \cdot \exp\frac{\phi_F}{v_T} > p_B \,. \quad (1.168)$$

Die Dichte der Minoritätsträger (Elektronen) an der Oberfläche wird damit größer als die Dichte der Majoritätsträger tief im Substrat. An der Oberfläche existiert eine hochleitfähige Inversionsschicht. Dieser Zustand an der Oberfläche wird als *starke Inversion* bezeichnet. Die Gatespannung, bei der der Zustand der starken Inversion erreicht wird, wird als *Schwellenspannung* V_T bezeichnet:

starke Inversion, Schwellenspannung

$$V_T = V_G(\Psi_S = 2\Phi_F) \,. \quad (1.169)$$

Gate und Inversionsschicht wirken wie Platten eines Plattenkondensators. Die gemessene Kapazität entspricht wieder der Oxidkapazität.

1.4.3 Ladungen der MOS-Struktur, Schwellenspannung für $V_{SB}=0$

Zunächst wird wieder der in Abbildung 1.36 schraffiert dargestellte Bereich betrachtet. Ebenso gelte weiterhin $V_{SB} = 0$. Die Schwellenspannung V_T kennzeichnet das Gatepotential, bei dem starke Inversion einsetzt. Abbildung 1.43 zeigt die Ladungen im Fall der starken

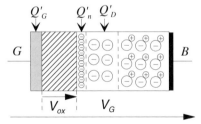

Abbildung 1.43
Ladungen bei starker Inversion

Inversion ohne Berücksichtigung der Oxidladungen. Q'_n bezeichnet die Ladung der Inversionsschicht pro Flächeneinheit. Entsprechend bezeichnet Q'_D die Ladung in der Raumladungsschicht (*Verarmungsladung*) und Q'_G die Ladung des Gate.

Verarmungsladung

Im Flachbandzustand $V_G = V_{FB}$ ist das Silizium feldfrei und die Inversionsladung sowie die Verarmungsladung verschwinden. Aufgrund von Oxidladungen und Kontaktpotential ist das Oxid nicht feldfrei. Am Oxid fällt die Flachbandspannung ab ($V_{ox} = V_{FB}$).

Nach Voraussetzung setzt die starke Inversion bei $\Psi_S = 2 \cdot \phi_F$ ein. Beim Einsetzen der starken Inversion wird in erster Näherung angenommen, dass die Inversionsladung vernachlässigbar ist: $Q_n' \approx 0$.

Das Oberflächenpotential fällt an der Raumladungsschicht ab. Die resultierende Verarmungsladung erreicht ihr Maximum und bleibt mit zunehmender Inversion konstant, da das elektrische Feld durch die Inversionsladung abgeschirmt wird. Die Verarmungsladung ergibt sich aus der Theorie des einseitig abrupten pn-Übergangs (1.17) zu:

$$Q'_{D0} = Q'_D(\Psi_S = 2\Phi_F) = -\sqrt{2\varepsilon_{Si} q \cdot N_A \cdot 2\Phi_F}. \quad (1.170)$$

Substratfaktor Mit dem sog. *Substratfaktor*

$$\gamma = \frac{\sqrt{2\varepsilon_{Si} q \cdot N_A}}{C'_{ox}} \quad (1.171)$$

vereinfacht sich der Ausdruck für die Verarmungsladung zu

$$Q'_{D0} = -\gamma \cdot C'_{ox} \cdot \sqrt{2\Phi_F}. \quad (1.172)$$

Da das Gesamtsystem ladungsneutral sein muss, wird die Verarmungsladung durch eine entgegengesetzte Ladung auf dem Gate kompensiert. Diese Ladung verursacht eine Spannung am Oxid, die sich zu der Flachbandspannung addiert:

$$V_{ox}(\Psi_S = 2\Phi_F) = V_{FB} - \frac{Q'_{D0}}{C'_{ox}} = V_{FB} + \gamma \cdot \sqrt{2\Phi_F}, \quad (1.173)$$

Für das Gatepotential bei Einsatz der starken Inversion und damit für die Schwellenspannung folgt:

$$\begin{aligned} V_T &= V_G(\Psi_S = 2\Phi_F) = V_{ox} + 2\Phi_F \\ &= V_{FB} + \gamma \cdot \sqrt{2\Phi_F} + 2\Phi_F \end{aligned}. \quad (1.174)$$

Dabei sind V_{FB}, $2\Phi_F$ und γ technologieabhängige Parameter.

Oberhalb der Schwellenspannung wird die Verarmungsladung von der Inversionsladung abgeschirmt. Sie bleibt konstant. Die Inversionsladung ergibt sich dann zu:

$$Q'_n = -C'_{ox} \cdot (V_G - V_T). \quad (1.175)$$

Das Verschwinden der Inversionsladung unterhalb der Schwellenspannung ist ein stark vereinfachendes aber angemessenes Modell.

1.4 Modelle des MOS–Feldeffekttransistors (MOSFET)

Es gilt

$$Q'_n \sim n_S \sim \exp\left(\frac{\Psi_S}{v_T}\right). \tag{1.176}$$

Unterhalb der Schwellenspannung, d.h. für $\Psi_S < 2\Phi_F$ verschwindet die Inversionsladung exponentiell mit Ψ_S (schwache Inversion). MOS-Transistoren, die im sog. *Subthreshold-Betrieb* betrieben werden, nutzen die geringe Inversionsladung und bieten eine besonders hohe Verstärkung. Oberhalb der Schwellenspannung wächst die Inversionsladung exponentiell mit Ψ_S. Das vereinfachte Modell, das natürlich den Subthreshold-Bereich nicht beschreibt, lautet damit:

Subthreshold-Betrieb

$$\Psi_S < 2\Phi_F : Q'_n \approx 0, \tag{1.177}$$

$$\Psi_S > 2\Phi_F + \text{einige } v_T : Q'_n \text{ beliebig groß}. \tag{1.178}$$

1.4.4 Substrateffekt, Schwellenspannung für $V_{SB}>0$

Es sei weiterhin $V_{DS} = 0$ vorausgesetzt. Für die Source-Bulk-Spannung muss gelten $V_{SB} \geq 0$ damit sowohl der Source-Bulk- als auch der Drain-Bulk-Übergang gesperrt sind. Die Wirkung von V_{SB} kann mit folgendem Gedankenexperiment erläutert werden.

Substrateffekt

Durch eine hinreichend hohe Gatespannung $V_{GS} > V_T$ sei eine hinreichend starke Inversion erreicht. Wird jetzt die Source-Bulk-Spannung bei konstanter Gate-Source-Spannung erhöht ($V_{SB} > 0$), bleibt die Inversionsschicht auf Source-Potential, d.h. die zusätzliche Spannung fällt an der Verarmungsladung unterhalb der Inversionsschicht ab. Die Verarmungsladung vergrößert sich betragsmäßig. Statt (1.172) gilt jetzt:

$$\Delta Q'_D(V_{SB}) = -\gamma \cdot C'_{ox} \cdot \sqrt{2\Phi_F + V_{SB}}. \tag{1.179}$$

Die Gesamtladung des Systems muss konstant bleiben, daher verringert sich die Inversionsladung entsprechend:

$$\begin{aligned}\Delta Q'_n(V_{SB}) &= -\Delta Q'_D(V_{SB}) = Q'(V_{SB}) - Q'_{D0} \\ &= \gamma \cdot C'_{ox} \cdot \left(\sqrt{2\Phi_F + V_{SB}} - \sqrt{2\Phi_F}\right).\end{aligned} \tag{1.180}$$

Mit $Q'_n(V_{SB} = 0) = C'_{ox}(V_{GS} - V_T)$ ergibt sich die reduzierte Inversionsladung zu

$$Q_n'(V_{SB}) = -C_{ox}'(V_{GS} - V_T) + \gamma \cdot C_{ox}' \cdot \left(\sqrt{2\Phi_F + V_{SB}} - \sqrt{2\Phi_F}\right)$$
$$= -C_{ox}'\left[V_{GS} - V_T - \gamma \cdot \left(\sqrt{2\Phi_F + V_{SB}} - \sqrt{2\Phi_F}\right)\right]. \qquad (1.181)$$

Dies ist gleichbedeutend mit

$$Q_n'(V_{SB}) = -C_{ox}'(V_{GS} - V_{TS}) \qquad (1.182)$$

mit der Schwellenspannung

$$V_T(V_{SB}) = V_{TS} = V_T + \gamma \cdot \left(\sqrt{2\Phi_F + V_{SB}} - \sqrt{2\Phi_F}\right). \qquad (1.183)$$

Die Schwellenspannung für verschwindende Substratspannung wird zur Unterscheidung mit V_{T0} bezeichnet:

$$V_{T0} = V_{TS}(V_{SB} = 0) = V_T. \qquad (1.184)$$

Mit (1.174) folgen:

$$V_{T0} = V_{FB} + \gamma \cdot \sqrt{2\Phi_F} + 2\Phi_F, \qquad (1.185)$$

Schwellenspannung mit Substrateffekt

$$V_{TS} = V_{T0} + \gamma \cdot \left(\sqrt{2\Phi_F + V_{SB}} - \gamma \cdot \sqrt{2\Phi_F}\right). \qquad (1.186)$$

1.4.5 Kanalstrom am Beispiel des NMOS-Transistors, Basismodell

1.4.5.1 Triodengebiet

Triodengebiet An Hand Abbildung 1.44 soll der Strom in der Inversionsschicht, die jetzt als Kanal bezeichnet werden soll, untersucht werden. Dazu wird eine Gate-Source-Spannung V_{GS} benötigt, die eine hinreichend leitfähige Inversionsschicht erzeugt. Die Inversionsladung sei über die sehr geringe Kanaltiefe $\Delta x_K \approx 0$ gleichmäßig verteilt. Es gelte wie vereinbart die Gradual Channel Approximation. Eine hinreichend kleine Drain-Source-Spannung $V_{DS} > 0$ erzeugt eine y-Komponente der elektrischen Feldstärke im Kanal. Generation und Rekombination werden vernachlässigt. Es wird lediglich der Elektronenstrom in x-Richtung im Kanal berücksichtigt, der als reiner Driftstrom angenommen wird. Löcherstrom und y-Komponente des Elektronenstroms seien vernachlässigbar. Durch den Kanalstrom ist das Potential des

1.4 Modelle des MOS–Feldeffekttransistors (MOSFET)

Kanals ortsabhängig $V_K(x)$. Am Source-Ende des Kanals ist das Kanalpotential gleich dem Source-Potential. Am Drain-Ende gilt entsprechendes:

$$V_K(y=0) = V_S, \ V_K(y=l) = V_D, \ V_{KS}(y) = V_K(y) - V_S. \quad (1.187)$$

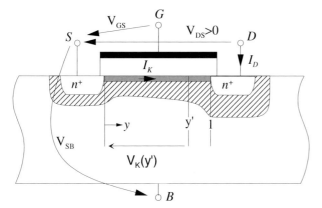

Abbildung 1.44
Kanalstrom

Wegen des ortsabhängigen Potentials wird die Spannung zwischen Gate und Kanal ortsabhängig. Dadurch wird die Inversionsladung ortsabhängig. Ebenso werden die Verarmungsladung unterhalb des Kanals und damit Q'_D ortsabhängig. Dieser Effekt soll zunächst in erster Näherung vernachlässigt werden. Dies ist allerdings ein entscheidender Nachteil des Basismodells.

Der Elektronenstromdichte ergibt sich als *Driftstrom* zu Driftstrom

$$J_n = -q \cdot \mu_n \cdot n \cdot \frac{dV_K}{dx}. \quad (1.188)$$

Aus der Inversionsladung ergibt sich die *Elektronendichte* unter Annahme einer Gleichverteilung über die Kanaltiefe zu: Elektronendichte

$$n = \frac{Q'_n}{-q \cdot \Delta x_K}. \quad (1.189)$$

Unter der weiteren Annahme, dass der Elektronenstrom über die Weite w des Kanals gleichverteilt ist, folgt für den Kanalstrom:

$$I_K = w \cdot \Delta x_K \cdot J_n = w \cdot \mu_n \cdot Q'_n \cdot \frac{dV}{dy} \quad (1.190)$$

In (1.182) muss die Gate-Source-Spannung durch die Gate-Kanal-Spannung am Ort y ersetzt werden:

$$V_{GK}(y) = V_{GS} - V_{KS}(y) \qquad (1.191)$$

$$Q'_n(y) = -C'_{ox} \cdot [V_{GS} - V_{TS} - V_{KS}(y)]. \qquad (1.192)$$

Differentialgleichung für den Kanalstrom

Dadurch ergibt sich für den Kanalstrom die Differentialgleichung:

$$I_K = -w \cdot \mu_n \cdot C'_{ox} \cdot [V_{GS} - V_{TS} - V_{KS}(y)] \cdot \frac{dV_{KS}}{dy}. \qquad (1.193)$$

Durch Trennung der Variablen kann über die Kanallänge integriert werden:

$$\int_0^l I_K dy = -w \cdot \mu_n \cdot C'_{ox} \cdot \int_0^{V_{DS}} [V_{GS} - V_{TS} - V_{KS}] \cdot dV_{KS}. \qquad (1.194)$$

Unter den angenommenen Voraussetzungen ist der Kanalstrom über die Länge des Kanals konstant und es folgt:

$$I_K \cdot l = -w \cdot \mu_n \cdot C'_{ox} \cdot [(V_{GS} - V_{TS}) \cdot V_{DS} - \frac{V_{DS}^2}{2}]. \qquad (1.195)$$

Gemäß Abbildung 1.44 ist der Drainstrom dem Kanalstrom entgegengesetzt gerichtet, so dass sich für den Drainstrom ergibt:

$$I_D = \frac{w}{l} \cdot \mu_n \cdot C'_{ox} \left[(V_{GS} - V_{TS}) \cdot V_{DS} - \frac{V_{DS}^2}{2} \right]. \qquad (1.196)$$

1.4.5.2 Sättigung des Basismodells

Sättigung des MOS Basismodells

Nach (1.192) verschwindet die Inversionsladung für

$$V_{KS} \geq V_{GS} - V_{TS}. \qquad (1.197)$$

Bei leitfähigem Kanal und $V_{DS} > 0$ nimmt das Kanalpotential in Richtung Drain zu. Wird am Punkt y' die Bedingung (1.197) erfüllt, verschwindet für $y \geq y'$ der Kanal (s. Abbildung 1.45). Die Spannung $V_{DS} - V_K(y')$ fällt an der Raumladungsschicht zwischen Kanalende und Drain ab. Die Elektronen des Kanals sind Minoritätsträger an der Raumladungsschicht und werden durch das elektrische Feld in Richtung Drain transportiert, so dass weiterhin ein Drainstrom fließt. Am Kanal liegt statt V_{DS} die reduzierte Spannung

$$V_K(y') - V_S = V_{GS} - V_{TS} < V_{DS},$$

so dass für den Drainstrom nach (1.196) gilt:

$$I_D = I_{Dsat} = \frac{w}{l} \cdot \mu_n \cdot C'_{ox} \cdot \frac{(V_{GS} - V_{TS})^2}{2} \qquad (1.198)$$

Das Verschwinden des Kanals an der Stelle y' wird als Pinch-Off-Effekt oder als Sättigung bezeichnet. Die Sättigung tritt ein, wenn die Drain-Source-Spannung die Sättigungsspannung

$$V_{Dsat} = V_{GS} - V_{TS} \qquad (1.199)$$

übersteigt.

In diesem Fall ist gemäß (1.198) der Sättigungsstrom I_{Dsat} unabhängig von der Drain-Source-Spannung.

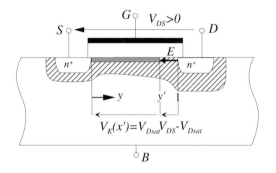

Abbildung 1.45
Pinch-Off-Effekt, Sättigung

1.4.5.3 Basis-Modellgleichungen, Kennlinien

Im Folgenden sind die Modellgleichungen für den stationären Drainstrom des NMOS-Transistors zusammengefasst:

$$\gamma = \frac{1}{C'_{ox}} \cdot \sqrt{2 \cdot \varepsilon_{Si} \cdot q \cdot N_A} \qquad (1.200)$$ Substratfaktor

$$V_{TS} = V_{T0} + \gamma \cdot \left(\sqrt{V_{SB} + 2 \cdot \phi_F} - \sqrt{2 \cdot \phi_F} \right) \qquad (1.201)$$ Schwellenspannung

$$V_{Dsat} = V_{GS} - V_{TS} \qquad (1.202)$$ Sättigungsspannung

Verstärkungs-
faktor

$$\beta_n = \frac{w}{l} \cdot \mu_n \cdot C'_{ox} = \frac{w}{l} k_n \qquad (1.203)$$

Transistor gesperrt

$$I_D = 0 \text{ für } V_{GS} < V_{TS} \qquad (1.204)$$

Transistor leitet für $V_{GS} \geq V_{TS}$:

Triodenbereich

$$V_{DS} \leq V_{Dsat} : I_D = \beta_n \cdot \left((V_{GS} - V_{TS}) \cdot V_{DS} - \frac{V_{DS}^2}{2} \right) \qquad (1.205)$$

Sättigung

$$V_{DS} > V_{Dsat} : I_D = I_{Dsat} = \frac{\beta_n}{2} \cdot (V_{GS} - V_{TS})^2 \qquad (1.206)$$

Typische Werte:

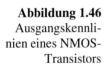

Der Schaltungsentwickler kann lediglich das Verhältnis von Weite zu Länge $\left(\frac{w}{l}\right)$ in (1.203) variieren. Alle weiteren Parameter des Modells sind technologisch bedingt und können beim Schaltungsentwurf nicht beeinflusst werden. k_n ist der Verstärkungsfaktor des Prozesses der sich gemäß (1.203) als Verstärkungsfaktor eines quadratischen Transistors mit $\frac{w}{l} = 1$ ergibt.

Abbildung 1.46
Ausgangskennlinien eines NMOS-Transistors

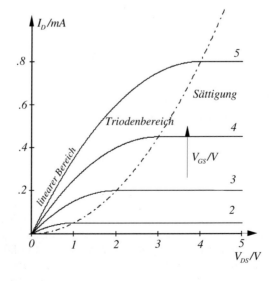

1.4 Modelle des MOS–Feldeffekttransistors (MOSFET)

Abbildung 1.46 zeigt das Ausgangskennlinienfeld $I_D = f(V_{DS})$ des Basismodells für einen NMOS-Transistor. Die einzelnen Ausgangskennlinien sind am rechten Rand durch die zugehörige Gatespannung V_{GS} gekennzeichnet. Die gestrichelte Kurve trennt den Triodenbereich vom Sättigungsbereich. Im Triodenbereich ist der Drainstrom nach (1.206) quadratisch von der Drainspannung und linear von der Gatespannung abhängig. Für $V_{DS} \ll V_{GS} - V_{TS}$ ist der Drainstrom linear von V_{DS} abhängig.

Der MOSFET verhält sich wie in ohmscher Widerstand dessen Wert durch die Gate-Source-Spannung bestimmt wird (linearer Bereich). In der Sättigung hängt der Drainstrom nach (1.205) quadratisch von der Gatespannung ab und ist unabhängig von der Drainspannung.

Abbildung 1.47 zeigt die Übertragungskennlinien $I_D = f(V_{GS})$ eines NMOS-Transistors. Die einzelnen Übertragungskennlinien sind parametriert durch die zugehörige Drainspannung V_{DS}. Der quadratische Verlauf zeigt nach (1.206) das Verhalten in der Sättigung, während sich nach (1.205) im Triodengebiet ein linearer Verlauf ergibt.

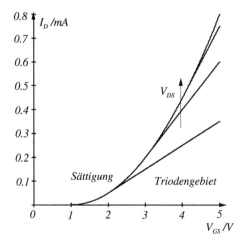

Abbildung 1.47 Übertragungskennlinien eines NMOS-Transistors

1.4.5.4 Erweitertes Modell, variable Verarmungsladung

Bei der Herleitung des Kanalstroms im idealisierten Fall in Kap. 1.4.5.1 wurde in erster Näherung von einer konstanten Raumladungsschicht unterhalb des Kanals ausgegangen. Tatsächlich ändert sich die Raumladungsschicht, weil das Kanalpotential in Richtung Drain zunimmt (vgl. Abbildung 1.44). Daraus folgt, dass die Verarmungsladung in Richtung Drain zunimmt und dass dadurch die Inversionsla-

Erweitertes Modell des MOS Transistors

dung entsprechend abnimmt. Die resultierende, ortsabhängige Inversionsladung erhält man, wenn in (1.181) V_{GS} durch $V_{GS} - V_{KS}(y)$ und V_{SB} durch $V_{SB} + V_{KS}(y)$ ersetzt wird:

$$Q'_n = -C'_{ox} \cdot \left[\begin{array}{l} V_{GS} - V_{KS}(y) - V_T \\ -\gamma \cdot \left(\sqrt{2\Phi_F + V_{SB} + V_{KS}(y)} - \sqrt{2\Phi_F} \right) \end{array} \right]. \quad (1.207)$$

Zur Vereinfachung wird der zweite Term in der Klammer in einer Taylorreihe entwickelt:

$$Q'_n \approx -C'_{ox} \cdot \left[\begin{array}{l} V_{GS} - V_{KS} - V_T - \gamma \left(\sqrt{2\Phi_F + V_{SB}} - \sqrt{2\Phi_F} \right) \\ -\dfrac{\gamma}{2} \dfrac{1}{\sqrt{2\Phi_F + V_{SB}}} \cdot V_{KS} \end{array} \right]. \quad (1.208)$$

Mit der Definition von V_{TS} (1.183) folgt daraus:

$$Q'_n \approx -C'_{ox} \cdot \left[V_{GS} - V_{KS} - V_{TS} - \frac{\gamma}{2} \frac{1}{\sqrt{2\Phi_F + V_{SB}}} \cdot V_{KS} \right]. \quad (1.209)$$

Mit dieser Inversionsladung kann der Kanalstrom und damit der Drainstrom entsprechend (1.194) durch Integration bestimmt werden:

$$I_D \approx \frac{w}{l} \cdot \mu_n \cdot C'_{ox} \cdot \left[(V_{GS} - V_{TS}) \cdot V_{DS} - \alpha \frac{V_{DS}^2}{2} \right]. \quad (1.210)$$

Mit
$$\alpha = \left(1 + \frac{\gamma}{2} \frac{1}{\sqrt{2\Phi_F + V_{SB}}} \right). \quad (1.211)$$

Sättigungsspannung Als *Sättigungsspannung* ergibt sich:

$$V_{Dsat} = \frac{V_{GS} - V_{TS}}{\alpha} \quad (1.212)$$

Sättigungsstrom mit dem *Sättigungsstrom*:

$$I_D \approx \frac{w}{l} \cdot \mu_n \cdot C'_{ox} \cdot \frac{1}{\alpha} \cdot \frac{(V_{GS} - V_{TS})^2}{2}. \quad (1.213)$$

Basismodell und erweitertes Modell unterscheiden sich demnach lediglich durch den Term α. Es gilt:

1.4 Modelle des MOS–Feldeffekttransistors (MOSFET)

$$\alpha = \begin{cases} 1 & \text{Basismodell} \\ 1 + \dfrac{\gamma}{2}\dfrac{1}{\sqrt{2\Phi_F + V_{SB}}} & \text{erweitertes Modell} \end{cases} \quad (1.214)$$

Basismodell

Erweitertes Modell

1.4.6 Verarmungstransistoren

Bei den bisher behandelten NMOS-Transistoren wurde von einer positiven Schwellenspannung ausgegangen. Diese Transistoren benötigen zum Aufbau einer Inversionsschicht eine positive Gatespannung größer als die Schwellenspannung. Sie werden als *Anreicherungstransistoren (Enhancement-Transistoren)* bezeichnet. Als weitere Bezeichnung wird *selbst-sperrend (normally-off)* verwendet, weil sie ohne außen angelegte Gatespannung nicht leiten.

Anreicherungs- (Enhancement)- oder selbst-sperrender (normally-off) Transistor

Die Schwellenspannung der MOS-Transistoren kann durch Ionenimplantation im Kanalbereich relativ beliebig eingestellt werden. Werden Donatoren eingebracht, kann die Schwellenspannung negativ werden. Es entstehen *selbst-leitende (normally-on)* Transistoren, weil sie ohne äußere Gatespannung (Kurzschluss zwischen Source und Gate) einen leitenden Kanal besitzen. Sie werden als *Verarmungstransistoren (Depletion-Transistoren)* bezeichnet, da im NMOS-Fall der Kanal durch Anlegen einer negativen Gatespannung an Trägern verarmt.

selbst-leitender (normally-on) Transistor

Grundsätzlich werden Verarmungstransistoren entsprechend wie Anreicherungstransistoren modelliert. Dabei wird lediglich die Schwellenspannung V_{T0} negativ. Auf die notwendige Modifikation des Modells bei tief eindringender Dotierung mit Donatoren (vergrabener Kanal) soll hier nicht näher eingegangen werden.

1.4.7 P-Kanal-Transistoren

Bei *p*-Kanal-Transistoren sind die Vorzeichen der Dotierungen invertiert (s. Abbildung 1.34). Für PMOS-Transistoren ergeben sich identische Modellgleichungen ((1200) – (1206)) wie für NMOS-Transistoren, wenn die Vorzeichen aller elektrischen Größen (Spannungen, Ströme, Ladungen) invertiert werden. Damit gilt

$$I_{D,P} = -I_{D,N}(-V_{GS,P},\ -V_{DS,P},\ -V_{SB,P},\ -V_{TS,P}), \quad (1.215)$$

mit $\quad V_{TS,P} = V_{T0,P} - \gamma \cdot \left(\sqrt{-V_{SB,P} + 2 \cdot \phi_F} - \sqrt{2 \cdot \phi_F} \right). \quad (1.216)$

1.4.8 Nichtideale Effekte

1.4.8.1 Kanalverkürzung

Die Modellgleichungen (1200) – (1206) beschreiben weitgehend idealisiert das stationäre Verhalten des MOS-Transistors. Im Vergleich der Ausgangskennlinie des idealen Modells (Abbildung 1.46) mit realistischen Kennlinien (Abbildung 1.54) zeigt sich eine besonders auffallende Abweichung gegenüber gemessenen Kennlinien in der Sättigung.

Während das ideale Modell einen von V_{DS} unabhängigen Sättigungsstrom voraussagt (1.206), zeigt das realistische Modell einen mit V_{DS} linear ansteigendem Sättigungsstrom.

In Abbildung 1.45 erkennt man, dass an der Raumladungszone zwischen Drain und dem Ende des Kanals die Spannung $V_{DS} - V_{Dsat} = V_{DS} - (V_{GS} - V_{TS})$ abfällt. Wird V_{DS} erhöht, erweitert sich die Raumladungszone und die Kanallänge l wird entsprechend reduziert.

Bei Erhöhung von V_{DS} bleibt die Spannung am Kanal unverändert die Sättigungsspannung V_{Dsat}. Wird der Kanal vereinfachend als ohmscher Leiter angesehen, ergibt sich für den Drainstrom bei Kanalverkürzung $\Delta l \ll l$:

$$I_{DS}(l - \Delta l) = \frac{l}{l - \Delta l} \cdot I_{Dsat} = \frac{1}{1 - \frac{\Delta l}{l}} \cdot I_{Dsat} \approx \left(1 + \frac{\Delta l}{l}\right) \cdot I_{Dsat}. \quad (1.217)$$

Kanalverkürzung Dieser Effekt wird als *Kanalverkürzung* bezeichnet. Der lineare Anstieg der Ausgangskennlinien legt eine lineare Abhängigkeit der Kanalverkürzung von V_{DS} nahe:

$$\frac{\Delta l}{l} \approx \lambda \cdot V_{DS}. \quad (1.218)$$

Damit ergibt sich ein einfaches Modell der Kanalverkürzung für den Sättigungsstrom:

$$I_{DS} = I_{Dsat}(1 + \lambda \cdot V_{DS}) = \frac{\beta}{2} \cdot (V_{GS} - V_{TS})^2 \cdot (1 + \lambda \cdot V_{DS}). \quad (1.219)$$

1.4 Modelle des MOS–Feldeffekttransistors (MOSFET)

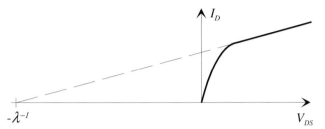

Abbildung 1.48
Ausgangskennlinie unter der Berücksichtigung der Kanallängenmodulation

In Abbildung 1.48 ist der Verlauf der Ausgangskennlinie in der Sättigung gemäß (1.219) dargestellt. Extrapoliert man den linearen Bereich der Kennlinie, ergibt sich bei $V_{DS} = -\lambda^{-1}$ der Schnittpunkt mit der V_{DS}-Achse. λ^{-1} entspricht damit der Early-Spannung beim bipolaren Transistor. Der Parameter λ ist offensichtlich von der Kanallänge abhängig, da sich die Verkürzung des Kanals durch die Erweiterung der drainseitigen Raumladungszone bei kurzen Kanälen stärker auswirkt.

1.4.8.2 Kurzkanaleffekt

Unter den Kanalenden wird die Verarmungsladung teilweise durch die Raumladungszone der Source- und Drainübergänge gebildet (vgl. Abbildung 1.44). Dieser Teil der Verarmungsladung, wird nicht von der Gate-Spannung beeinflusst und hat demnach keinen Einfluss auf die Schwellenspannung. Die Schwellenspannung V_{T0} wird damit entsprechend reduziert.

Der Substratfaktor γ nimmt ebenso mit abnehmender Länge ab, weil der Einfluss der Substratspannung auf die Verarmungsladung, die die Schwellenspannung bestimmt, abnimmt. Die Abhängigkeit der Schwellenspannung von der Kanallänge zeigt beispielhaft Abbildung 1.49. Neben physikalisch begründeten Modellen zur Berücksichtigung des *Kurzkanaleffekts* haben sich einfache *heuristische Modelle* der folgenden Form bewährt, wenn deren Parameter anhand von Messungen gewonnen werden:

Kurzkanaleffekt

$$V_{T0}(l) = V_{T0}(l_0) + \left(\frac{1}{l} - \frac{1}{l_0}\right) \cdot \alpha_{l,T}, \quad (1.220)$$

Heuristische-Modelle

$$\gamma(l) = \gamma(l_0) + \left(\frac{1}{l} - \frac{1}{l_0}\right) \cdot \alpha_{l,\gamma}. \quad (1.221)$$

Abbildung 1.49
Schwellenspannung in Abhängigkeit von der Kanallänge l

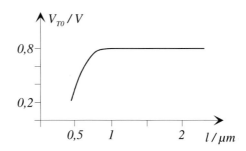

1.4.8.3 Effekt schmaler Kanäle

Abbildung 1.50 zeigt einen Querschnitt eines MOS-Transistors in Richtung der Kanalweite. Der Stromfluss ist demnach senkrecht zur Bildebene. Entgegen der eindimensionalen Theorie weitet die Verarmungsladung sich auch lateral unter das Feldoxid aus. Diese zusätzliche Verarmungsladung erhöht die Schwellenspannung (s. Abbildung 1.51). Der Anteil der zusätzlichen Ladung wird relativ größer, wenn die Weite des Kanals abnimmt. Ein entsprechendes Verhalten zeigt der Substratfaktor. Wie für den Kurzkanaleffekt lassen sich heuristische Modelle entsprechend (1.220) und (1.221) angeben.

Abbildung 1.50
Zum Effekt schmaler Kanäle

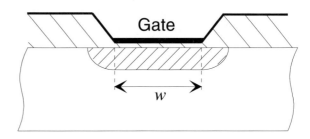

Abbildung 1.51
Variation Schwellenspannung in Abhängigkeit von der Kanalweite

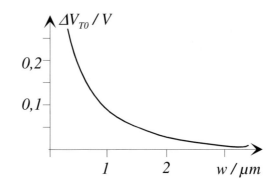

1.4.8.4 Beweglichkeitsreduktion

Wegen Kristallfehlern am Übergang zwischen Silizium und Gateoxid wird die Beweglichkeit der Ladungsträger an der Oberfläche reduziert. Die *Beweglichkeitsreduktion* wird stärker, wenn die Ladungsträger aufgrund einer hohen Gatespannung und daraus resultierender hoher vertikaler Feldstärke zur Oberfläche hingezogen werden. Eine einfache Beschreibung dieses Effekts liefert folgendes Modell für die Beweglichkeit:

Beweglichkeitsreduktion

$$\mu_n = \frac{\mu_{n0}}{1+\Theta_1 \cdot (V_{GS} - V_{To})}. \qquad (1.222)$$

Am Kanalende ist die Driftfeldstärke wegen der geringeren Inversionsladung höher, da der Kanalstrom über die Kanallänge konstant ist. Insbesondere in der Sättigung werden hohe Feldstärken erreicht. Für hohe Driftfeldstärken ($>10^4$ V/cm) wird jedoch die Driftgeschwindigkeit der Elektronen begrenzt (*Geschwindigkeitssättigung*). Die maximale Geschwindigkeit von Elektronen im Bulkmaterial beträgt etwa $v_{n,\max} \approx 10^7$ cm/s. Ein einfaches heuristisches Modell für die Geschwindigkeitssättigung ergibt sich mit

Geschwindigkeitssättigung

$$\mu_n = \frac{\mu_{n0}}{1+\Theta_2 \cdot |V_{Dx}|}. \qquad (1.223)$$

Dabei gilt

$$V_{Dx} = \begin{cases} V_{DS} & \text{für } V_{DS} \leq V_{Dsat}, \\ V_{Dsat} & \text{für } V_{DS} > V_{Dsat}. \end{cases} \qquad (1.224)$$

Beide Effekte werden häufig zusammengefasst mit

$$\beta = \frac{\beta_0}{1+\Theta_1 \cdot (V_{GS} - V_{T0}) + \Theta_2 \cdot |V_{Dx}|}. \qquad (1.225)$$

1.4.8.5 Temperatureffekte

Das Verhalten von MOS-Transistoren wird wesentlich von der Temperatur beeinflusst. Ein Grund hierfür ist die *Temperaturabhängigkeit der effektiven Beweglichkeit* μ. Es wird oftmals die folgende Näherung verwendet:

Temperaturabhängigkeit

$$\mu(T) = \mu(T_0) \cdot \left(\frac{T}{T_0}\right)^{-\alpha} \quad (1.226)$$

mit T_0: Raumtemperatur (300 K), T: Temperatur in K, $\alpha \approx 1,5..2$.

Eine Temperaturerhöhung um 100 °C bewirkt somit eine Verringerung der Beweglichkeit und damit auch des Drainstroms um etwa 40%.

Temperaturabhängigkeit der Schwellspannung

Die Schwellenspannung weist ebenfalls eine Temperaturabhängigkeit auf:

$$V_{T0}(T) = V_{T0}(T_0) + (T - T_0) \cdot \alpha_T, \quad (1.227)$$

$\alpha_{Tn} \approx -1... -3 mV/K$ für NMOS Si-Gate-Transistoren,

$\alpha_{Tp} \approx +1... +3 mV/K$ für PMOS Si-Gate-Transistoren.

Beim NMOS-Transistor bewirkt demnach bei steigender Temperatur die Beweglichkeit eine Abnahme des Drainstroms, die Schwellenspannung eine Zunahme des Drainstroms. Bei niedrigen Gatespannungen dominiert die Schwellenspannung, der Drainstrom nimmt also zu. Bei hohen Gatespannungen dominiert die Beweglichkeit, der Drainstrom nimmt damit ab. Bei mittleren Gatespannungen kompensieren sich beide Effekte.

1.4.8.6 Schwache Inversion

Nach der bisherigen Theorie verschwindet der Drainstrom des NMOS-Transistors, wenn die Gatespannung kleiner oder gleich der Schwellenspannung ist. Tatsächlich wird entsprechend Abbildung 1.52 ein geringer Strom gemessen, der in der schwachen Inversion der Si-Oberfläche unterhalb des Gates begründet ist und der als *Subthreshold-Strom* bezeichnet wird. Der Subthreshold-Strom ist insbesondere von großer Bedeutung für Anwendungen niedriger Spannung und niedriger Leistung.

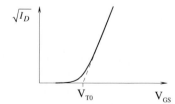

Abbildung 1.52 Subthreshold-Strom

Wegen der niedrigen Trägerdichte bei schwacher Inversion überwiegt der Diffusionsstrom den Driftstrom, da letzterer proportional der Trä-

1.4 Modelle des MOS–Feldeffekttransistors (MOSFET)

gerdichte ist. Da der Kanalstrom wegen der vernachlässigten Rekombination divergenzfrei ist, ist der Dichtegradient der Elektronendichte im Kanal konstant und es gilt:

$$\frac{dn}{dy} = \frac{n(0) - n(l)}{l}. \tag{1.228}$$

Unter der Annahme, dass die Elektronendichte über die Kanaldicke x_C konstant ist, folgt mit

$$n(0) = n_{p0} \exp\left(\frac{\Psi_S}{v_T}\right),$$
$$n(l) = n_{p0} \exp\left(\frac{\Psi_S - V_{DS}}{v_T}\right) \tag{1.229}$$

und der Einsteinrelation $D_n = \mu_n \cdot v_T$:

$$I_{D,ST} = -q \cdot w \cdot x_C \cdot \mu_n \cdot v_T \cdot \frac{dn}{dy}$$

$$= q \cdot \frac{w}{l} \mu_n \cdot x_C \cdot v_T \cdot \frac{n_i^2}{N_A} \cdot \exp\left(\frac{\Psi_S}{v_T}\right)\left[1 - \exp\left(\frac{-V_{DS}}{v_T}\right)\right] \tag{1.230}$$

$$= I^* \cdot \exp\left(\frac{\Psi_S}{v_T}\right)\left[1 - \exp\left(\frac{-V_{DS}}{v_T}\right)\right].$$

Subthreshold-Strom

Die Gate-Spannung weicht nur geringfügig von der Schwellenspannung ab:

$$V_{GS} = V_{TS} - \Delta V_{GS} \tag{1.231}$$

Die Änderung der Gate-Spannung ergibt sich aus der Änderung der Verarmungsladung dadurch, dass $\Psi_S = 2\Phi_F - \Delta\Psi_S \square \Delta\Psi_S$:

$$\Delta V_{GS} = \frac{Q_{D0} - Q_D(\Psi_S)}{C_{ox}} = \frac{\gamma\left(\sqrt{2\Phi_F} - \sqrt{2\Phi_F - \Delta\Psi_S}\right)}{C_{ox}}$$
$$\approx \frac{\gamma}{C_{ox}} \cdot \frac{\Delta\Psi_S}{2 \cdot (2\Phi_F)}. \tag{1.232}$$

Es folgt mit (1.232) und (1.231):

$$\Psi_S = 2\Phi_F - \Delta\Psi_S \approx 2\Phi_F + \frac{2C_{ox} \cdot 2\Phi_F}{\gamma} \cdot (V_{GS} - V_{TS}) \tag{1.233}$$

und damit mit (1.230):

$$I_{D,ST} \approx I^* \cdot \exp\left(\frac{2\Phi_F}{v_T}\right) \cdot \exp\left(\frac{(V_{GS}-V_{TS})}{m \cdot v_T}\right)\left[1-\exp\left(\frac{-V_{DS}}{v_T}\right)\right]$$

$$= I_{xST} \cdot \exp\left(\frac{(V_{GS}-V_{TS})}{m \cdot v_T}\right)\left[1-\exp\left(\frac{-V_{DS}}{v_T}\right)\right], \quad (1.234)$$

mit $m = \dfrac{\gamma}{2C_{ox} \cdot 2\Phi_F}$.

Der Faktor m liegt größenordnungsmäßig zwischen 1 und 2. Bereits für geringe Drainspannung $V_{DS} > 100mV$ ist der Subthreshold-Strom unabhängig von V_{DS}. Die exponentielle Abhängigkeit des Subthreshold-Stroms von der Gate-Source-Spannung zeigt Abbildung 1.53 für unterschiedliche Substratspannungen. Etwa 60 mV Änderung der Gate-Source-Spannung ergibt eine Änderung des Subthreshold-Stroms um eine Größenordnung. Beim Entwurf digitaler Schaltungen muss berücksichtigt werden, dass aufgrund des Subthreshold-Stroms im Aus-Zustand nicht unzulässig hohe Leckströme entstehen.

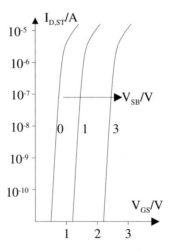

Abbildung 1.53 Subthreshold-Strom

1.4.8.7 MOSFET-Abbruch

Durchbruch des Gate-Oxids: Bei Überschreiten der Durchbruchfeldstärke des Gate-Oxids von etwa $6 \cdot 10^6$ V/cm wird das Gateoxid und damit der Transistor bleibend geschädigt. Wegen möglicher Defekte im Oxid, die die Durchbruchfeldstärke reduzieren, wird mit einem Sicherheitsfaktor von etwa 3 gerechnet, so dass $2 \cdot 10^6$ V/cm zulässig

1.4 Modelle des MOS–Feldeffekttransistors (MOSFET)

sind. Dies ergibt bei einem Gateoxid von 50nm Dicke eine zulässige Gatespannung von 10V.

Avalanche-Abbruch: Bei hoher Drain-Source-Spannung kann es zur Avalanche-Generation in der Raumladungszone am Drain kommen. Die dabei entstehenden und in das Substrat injizierten Löcher können das Potential des Substrats in der Nähe des Source-Übergangs so anheben, dass der Source-Übergang Elektronen in das Substrat injiziert. Die Wirkung des lateralen *npn*-Transistors, der durch die beiden benachbarten *n*-Gebiete von Source und Drain gebildet wird, kann den Abbruch-Effekt zusätzlich verstärken.

Avalanche-Abbruch

Punch-Through: Bei kurzen Transistoren ($<1\mu m$) weitet sich die RLZ des Drain-Übergangs bei hohen Drain-Source-Spannungen über die gesamte Kanallänge aus. Bei Berührung mit der RLZ des Source-Übergangs wird die Barriere zwischen Source und Drain vollständig abgebaut, und es treten sehr hohe Ströme zwischen Drain und Source auf.

Punch-Through

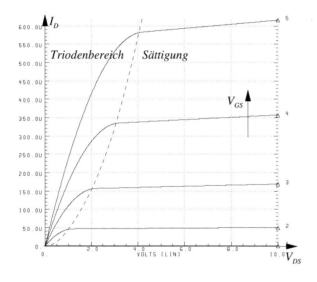

Abbildung 1.54
Ausgangskennlinienfeld BSIM3

1.4.9 Dynamisches Großsignalmodell des MOS-Transistors

Das Großsignalmodell wird der Übersichtlichkeit halber im Folgenden hierarchisch aufgebaut. Das *Gate-Kanal-Modell* beschreibt die eigentliche Transistorfunktion der Bildung und Steuerung des Kanalstroms und der damit verbundenen Ladungen bzw. Kapazitäten. Das Gatemodell wird in ein *äußeres Modell* eingebettet, das die parasitäre Wir-

Gate-Kanal-Modell,

äußeres Modell

kung der Source- und Draingebiete beschreibt. Im äußeren Modell (s. Abbildung 1.55) sind folgende Effekte berücksichtigt:

C_{GSO}, C_{GDO} Überlappkapazitäten zwischen Gate und Source- bzw. Draingebiet

C_{SSA}, C_{DSA} Sperrschichtkapazität pro Bodenfläche von Source- und Draingebiet

C_{SSL}, C_{DSL} Sperrschichtkapazität pro Länge des Umfangs von Source und Drain

D_S, D_D pn-Übergang von Source und Drain (Sperrströme)

R_S, R_D Bahnwiderstand von Source und Drain

Die Sperrschichtkapazitäten von Source und Drain werden in einen Boden- und einen Umfanganteil aufgeteilt. Hierdurch werden die unterschiedlichen Kapazitätswerte, die durch die inhomogene Dotierung verursacht sind, berücksichtigt.

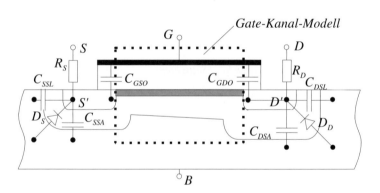

Abbildung 1.55 Äußeres Modell mit parasitären Effekten

Das Gate-Kanal-Modell (Abbildung 1.56) beschreibt den Drainstrom gemäß dem quasistationären Modell (1.200) - (1.206). Gate-, Kanal- und Verarmungsladungen sind arbeitspunktabhängig und werden als spannungsabhängige Kapazitäten beschrieben. Abbildung 1.57 zeigt qualitativ die Abhängigkeit der Kapazitäten von der Gate-Source-Spannung für konstante Drain-Source-Spannung. Für $V_{GS} < V_{FB}$ ist der Transistor gesperrt und im Anreicherungszustand. In diesem Fall ist lediglich die Gate-Bulk-Kapazität $C_{GB} = C_{ox}$ wirksam. Im Sättigungsbereich ($0 < V_{GS} - V_{T0} \leq V_{DS}$) ist eine Inversionsschicht vorhanden, die mit Source leitend verbunden ist. Es sind nun die Kapazitäten C_{GS} und C_{SB} wirksam. Im Triodenbereich ist der Kanal auch mit Drain leitend verbunden. Somit treten die zusätzlichen Kapazitäten C_{GD} und C_{DB} auf.

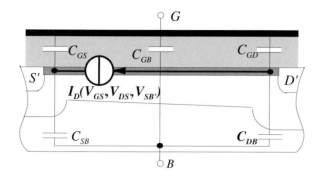

Abbildung 1.56
Gate-Kanal-Modell

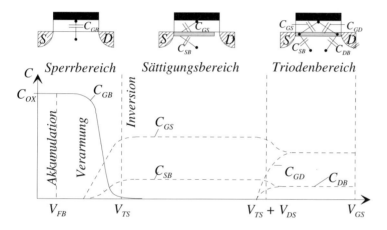

Abbildung 1.57
Spannungsabhängigkeiten der Kapazitäten des Gate-Kanal-Modells

1.5 Kleinsignal-Ersatzschaltbild des MOS-Transistors

Für hinreichend niedrige Frequenzen ergibt sich das Kleinsignalmodell des MOS-Transistors aus der Reihenentwicklung des stationären Drainstroms. Die Vorgehensweise ist entsprechend wie beim Kleinsignalmodell des Bipolartransistors:

$$i_D = g_m \cdot v_{GS} + g_{mB} \cdot v_{BS} + g_{DS} \cdot V_{DS}, \qquad (1.235)$$

mit

$$g_m = \left(\frac{\partial I_D}{\partial V_{GS}}\right)', \qquad (1.236)$$

Übertragungsleitwert (Steilheit)

Substratsteilheit

$$g_{mB} = \left(\frac{\partial I_D}{\partial V_{BS}}\right)' = -\left(\frac{\partial I_D}{\partial V_{SB}}\right)', \qquad (1.237)$$

Ausgangsleitwert

$$g_{DS} = \left(\frac{\partial I_D}{\partial V_{DS}}\right)'. \qquad (1.238)$$

Soll das Kleinsignalmodell für höhere Frequenzen gültig sein, werden Sperrschichtkapazitäten, parasitäre Kapazitäten, Gatekapazitäten und Bahnwiderstände des äußeren Modells und des Gate-Kanal-Modells hinzugefügt. Die nichtlinearen Kapazitäten werden dabei jeweils durch ihren Wert im Arbeitspunkt ersetzt. Abbildung 1.58 zeigt das vollständige Kleinsignalmodell des MOS-Transistors. Zur Vereinfachung sind in der Abbildung parallelgeschaltete Kapazitäten zusammengefasst.

Für Kleinsignalanwendungen wird der MOS-Transistor in der Regel im Sättigungsbereich betrieben. Es soll daher lediglich das Kleinsignalmodell im Sättigungsbereich untersucht werden. Unter Berücksichtigung der Kanallängenmodulation ergibt sich der Drainstrom nach dem Basismodell gemäß (1.219) zu

$$I_{DS} = \frac{\beta}{2} \cdot (V_{GS} - V_{TS})^2 \cdot (1 + \lambda \cdot V_{DS}).$$

Kleinsignalparameter des MOS Transistors

Daraus folgt für die Kleinsignalparameter:

$$\begin{aligned} g_m &= \left(\frac{\partial I_D}{\partial V_{GS}}\right)' = \beta(V_{GS} - V_{TS})(1 + \lambda \cdot V_{DS}) \\ &\approx \beta(V_{GS} - V_{TS}) = \sqrt{2\beta \cdot I_D} \end{aligned} \qquad (1.239)$$

$$\begin{aligned} g_{mB} &= \left(\frac{\partial I_D}{\partial V_{BS}}\right)' = \left(\frac{\partial I_D}{\partial V_{TS}}\right)' \cdot \frac{\partial V_{TS}}{\partial V_{BS}} \\ &\approx \beta(V_{GS} - V_{TS}) \frac{\gamma}{2 \cdot \sqrt{V_{SB} + 2\Phi_F}} = \chi \cdot g_m \end{aligned} \qquad (1.240)$$

mit

$$\chi = \frac{\gamma}{2 \cdot \sqrt{V_{SB} + 2\Phi_F}} \qquad (1.241)$$

$$g_{DS} = \lambda \cdot I_D \qquad (1.242)$$

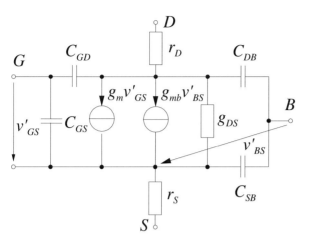

Abbildung 1.58 Kleinsignal-Ersatzschaltbild des MOS-Transistors

(1.240) zeigt, dass das Bulk-Potential ebenso wie das Gatepotential den Drainstrom steuert, wobei der Faktor χ im Bereich größenordnungsmäßig um 0,1 liegt. Bei integrierten Schaltungen kann die Ansteuerung über den Bulk-Kontakt, der auch als *Back-Gate* bezeichnet wird, wegen des gemeinsamen Bulk-Kontakts aller Transistoren nicht genutzt werden.

Back-Gate

In der Regel liegt Bulk auf einem festen Potential. Liegt Source ebenfalls auf festem Potential, ist g_{mB} unwirksam. Ist das Source-Potential jedoch wie z.B. beim Sourcefolger variabel, kann g_{mB} nicht vernachlässigt werden.

1.6 Frequenzverhalten des MOS-Transistors

Entsprechend wie beim Bipolartransistor wird die *Transitfrequenz* als die Frequenz bestimmt, bei der die Kurzschlussstromverstärkung betragsmäßig zu 1 wird. Abbildung 1.59 zeigt das aus Abbildung 1.58 abgeleitete Kleinsignalersatzschaltbild. Dabei wurden die Bahnwiderstände und die Substratkapazitäten vernachlässigt. Der Ausgangsleitwert g_{DS} ist wegen des Kurzschlusses unwirksam. Eingangs- und Kurzschluss-Strom ergeben sich damit zu:

Transitfrequenz des MOS Transistors

$$\underline{i_{in}} = j\omega(C_{GS} + C_{GD}) \cdot \underline{v_{GS}}, \qquad (1.243)$$

$$\underline{i_k} = g_m \cdot \underline{v_{GS}}. \qquad (1.244)$$

Die Bedingung für die Transitfrequenz lautet:

$$\left|\frac{\underline{i}_k}{\underline{i}_{in}}\right| = \left|\frac{g_m \cdot \underline{v}_{GS}}{j2\pi \cdot f_T \cdot (C_{GS} + C_{GD}) \cdot \underline{v}_{GS}}\right| = 1. \qquad (1.245)$$

Damit ergibt sich die Transitfrequenz zu:

$$f_T = \frac{g_m}{2\pi \cdot (C_{GS} + C_{GD})}. \qquad (1.246)$$

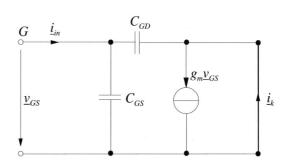

Abbildung 1.59
Kleinsignalersatz-schaltbild zur Bestimmung der Transitfrequenz

In der Regel kann die Gate-Drain-Kapazität gegenüber der Gate-Source-Kapazität vernachlässigt werden. Wird die Gate-Source-Kapazität mit der Oxidkapazität abgeschätzt

$$C_{GS} \approx C'_{ox} \cdot w \cdot l \qquad (1.247)$$

ergibt sich mit (1.239) und mit (1.203):

$$f_T \approx \frac{\beta \cdot (V_{GS} - V_{TS})}{2\pi \cdot C_{ox}' \cdot w \cdot l} = \frac{\mu_n \cdot (V_{GS} - V_{TS})}{2\pi \cdot l^2}. \qquad (1.248)$$

Die Transitfrequenz ist demnach umgekehrt proportional zum Quadrat der Kanallänge. Für hochfrequente Anwendungen sollten daher Transistoren minimaler Länge verwendet werden.

Bei einer mittleren $\mu_n \approx 400\,\text{cm}^2/\text{Vs}$ ergibt sich für einen Transistor der Gatelänge $l = 2\,\mu\text{m}$ bei einer effektiven Gatespannung $V_{GS} - V_{TS} = 1\text{V}$ eine abgeschätzte Transitfrequenz $f_T \approx 1{,}6\,\text{GHz}$.

1.7 Literatur

[1.1] Berkner, J.: *Kompaktmodelle für Bipolartransistoren.* Expert Verlag, Renningen, 2002

[1.2] Beaufy, R; Sparkes, J.J.: *The Junction Transistor a Charge Controlled Device*, ATE J., 13, Oct. 1957, pp. 310-324

[1.3] Gummel, H.K., Poon, H.C.: *An Integral Charge Control Model of Bipolar Transistors.* Bell Tech. J., May-June 1970

[1.4] Taur, Y., Ning, T.H.: *Fundamentals of Modern VLSI Devices.* Cambridge University Press, 1998

[1.5] Sze, S.M.: *Physics of Semiconductor Devices.* John Wiley & Sons, 1981

[1.6] Hoffmann, K: *VLSI-Entwurf.* R. Oldenbourg Verlag, 1993

[1.7] Baker, R.J., Li, H.W., Boyce, D.E.: *CMOS Circuit Design.* Layout, and Simulation, IEEE Press, 1998

[1.8] Muller, R.S., Kamins, T.I.: *Device Electronics for Integrated Circuits.* John Wiley and Sons, 1986

[1.9] Till, W.C., Luxon, J.T.: *Integrated Circuits: Materials, Devices, and Fabrication.* Prentice Hall, 1982

[1.10] Liou, J.J., Ortiz-Conde, A., Garcia-Sanchez, F.: *Analysis and Design of MOSFETs.* Kluwer Academic Publisher, 1998

[1.11] Gray, P.R., Meyer, R.G.: *Analysis and Design of Analog Integrated Circuits.* John Wiley and Sons, 1993

[1.12] Cheng, Y., Hu, Ch.: MOSFET *Modeling & BSIM3 User's Guide.* Kluwer Academic Publisher, 1999

[1.13] Neamen, D.A.: *Electronic Circuit Analysis and Design*, Irwin, 1996

[1.14] Engl, W.L. (ed.): *Process and Device Modelling.* North-Holland, 1985

[1.15] Neamen, D.A., *Semiconductor Physics & Devices.* Irwin, 1997

[1.16] Johns, D.A., Martin, K.: *Analog integrated circuit design.* John Wiley & Sons, New York, 1997

[1.17] Möschwitzer, A., Lunze, K.: *Halbleiterelektronik.* Verlag Technik, Berlin, 1988

[1.18] Tsividis, Y.: *Operation and Modelling of the MOS Transistor*. McGraw-Hill, New York, 1987

[1.19] Roulston, D.: *Semiconductor Devices*. McGraw-Hill, New York, 1990

[1.20] Antognetti, P., Massobrio, G.: *Semiconductor Device Modeling with SPICE*. McGraw-Hill, New York, 1988

[1.21] Getreu, I.: *Modelling of the Bipolar Transistor*. Elsevier, Amsterdam, 1978

Links:

[1.22] http://www.ansoft.com, *SIMPLORER 6 SV*

[1.23] http://www.cadence.com, *PSpice, V9.1*

[1.24] http://www.linear.com, *LTSpice*

[1.25] http://www.pspice.com, *Spice-Modelle*

Kapitel 2

Grundschaltungen und Schaltungskonzepte

von Rainer Laur

Aufbauend auf den in Kapitel 1 beschriebenen Halbleiterbauelementen und deren Modelle, werden im Folgenden *analoge und digitale Grundschaltungen* und Schaltungsmodule behandelt, die in den folgenden Kapiteln als Bausteine eingesetzt werden. Bei den digitalen Modulen und Grundschaltungen wird der Schwerpunkt nahezu ausschließlich auf CMOS-Schaltungen gelegt. Dies ist in der Bedeutung der CMOS-Schaltungen in der digitalen Schaltungstechnik begründet. Bei den analogen Schaltungskomponenten werden bipolare und CMOS-Realisierungen weitgehend gleichberechtigt behandelt.

analoge und digitale Grundschaltungen

2.1 Einstufige Grundschaltungen zur Kleinsignalverstärkung mit Widerstandslast

Ohmsche Widerstände sind wegen ihres hohen Flächenaufwands als Lasten bei Verstärkerschaltungen in integrierten Schaltungen in der Regel ohne Bedeutung. Sie werden durch *aktive Lasten* ersetzt. Im Folgenden sollen die grundsätzlichen *Eigenschaften der Verstärker-Grundschaltungen* jedoch beispielhaft mit ohmschen Lasten untersucht werden.

Eigenschaften der Verstärkergrundschaltungen

Für Transistoren als dreipolige Bauelemente ergeben sich, wenn sie als verstärkende Zweitore verwendet werden sollen, drei technisch relevante Anordnungen. Dabei gilt einschränkend, dass der bipolare Transistor wegen der unsymmetrischen Eigenschaften lediglich im Vorwärtsbetrieb eingesetzt werden soll. Beim MOS-Transistor können Source und Drain wegen der üblichen Symmetrie ausgetauscht werden. Abbildung 2.1 zeigt die drei Grundschaltungen für den Bipolartransistor.

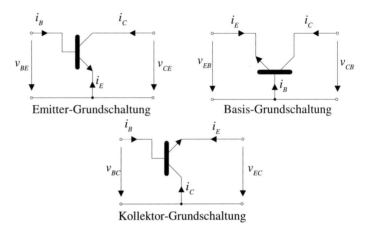

Abbildung 2.1 Grundschaltungen des bipolaren Transistors

Da beim MOS-Transistor der Substrat- oder Bulkanschluss in der Regel nicht als Signalklemme genutzt werden kann, ergeben sich entsprechend:

- Source-Grundschaltung,
- Gate-Grundschaltung,
- Drain-Grundschaltung.

2.1.1 Gleichstrom - Arbeitspunkt

Gleichstrom Arbeitspunkt

Der Transistor wird in einem definierten Gleichstrom-Arbeitspunkt betrieben. In integrierten Schaltungen steht zumeist nur eine Versorgungsspannungsquelle zur Verfügung. Die gewünschten Gleichgrößen müssen daraus durch geeignete Quellenschaltungen gewonnen werden.

Abbildung 2.2 zeigt in a) die Einprägung des Basisgleichstroms über einen Basisvorwiderstand. Wegen $V_{BE} \approx 0,7V$ im vorwärts-aktiven Betrieb, ergibt sich für den erforderlichen Basiswiderstand bei festzulegendem Basisstrom:

$$R_B = \frac{V_{CC} - V_{BE}}{I_B} \approx \frac{V_{CC} - 0.7V}{I_B}. \qquad (2.1)$$

Für den Kollektorstrom folgt entsprechend dem vereinfachten Ebers-Moll-Modell $I_C \approx \beta_F \cdot I_B$. Damit kann die gewünschte Kollektor-Emitterspannung über den Kollektorwiderstand eingestellt werden:

2.1 Einstufige Grundschaltungen zur Kleinsignalverstärkung mit Widerstandslast

$$R_C = \frac{V_{CC} - V_{CE}}{I_C} \approx \frac{V_{CC} - V_{CE}}{\beta_F \cdot I_B}. \quad (2.2)$$

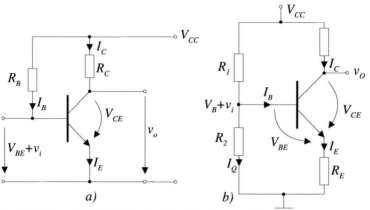

Abbildung 2.2
Einstellung des Gleichstromarbeitspunkts
a: Basisstrom,
b: Basispotential bzw. Basis-Emitterspannung

In Abbildung 2.2, Bild b) wird das Basispotential eingeprägt. Wegen $\beta_F \gg 1$ folgt für den Emitterstrom:

$$I_E = I_C + I_B = (\beta_F + 1) \cdot I_B \approx I_C \quad (2.3)$$

Der vorgegebene Kollektorstrom und der gewünschte Emitterwiderstand legt das erforderliche Basispotential fest:

$$V_B = V_{BE} + I_E \cdot R_E \approx 0.7V + I_C \cdot R_E, \quad (2.4)$$

$$V_{CE} \approx V_{CC} - I_C(R_C + R_E). \quad (2.5)$$

Der Spannungsteiler R_1, R_2 wird durch den Basisstrom I_B belastet. Der Querstrom I_Q wird so gewählt, dass die Belastungsabhängigkeit des Basispotentials und ebenso der Leistungsverbrauch minimiert wird. Eine geeignete Wahl ist $I_Q = k \cdot I_B$ mit $k = 3..10$. Daraus ergibt sich für den Spannungsteiler:

$$R_2 = \frac{V_B}{k \cdot I_B} \approx \frac{0.7V + I_C \cdot R_E}{k \cdot I_B} \approx \frac{0.7V + I_C \cdot R_E}{k \cdot \frac{I_C}{\beta_F}}, \quad (2.6)$$

$$R_1 = \frac{V_{CC} - V_B}{(k+1)I_B}. \quad (2.7)$$

In beiden Fällen sind die Signalgrößen (v_i, v_o) den Gleichgrößen überlagert und müssen geeignet ein- und ausgekoppelt werden.

Im Folgenden soll ein sinnvoller Gleichstrom-Arbeitspunkt vorausgesetzt werden, wobei dessen Einstellung nicht untersucht werden soll. Die entsprechenden Schaltungen werden durch Gleichspannungs- oder Gleichstromquellen mit Innenwiderstand beschrieben. Dabei bilden die idealen Gleichspannungsquellen einen idealen Kurzschluss und die idealen Stromquellen einen idealen Leerlauf für die Signalgrößen. Interessant sind nur noch die Kleinsignalgrößen. Dabei wird das Kleinsignalverhalten der Transistoren durch die in Kap. 1 dargestellten Kleinsignal-Ersatzschaltungen beschrieben.

2.1.2 Emitter- und Source-Grundschaltung

NMOS-Verstärkerstufe — Am Beispiel der einfachen *NMOS-Verstärkerstufe* mit Widerstandslast in Abbildung 2.3 soll das Prinzip der Kleinsignalverstärkung an Hand des Kennlinienfeldes erläutert werden.

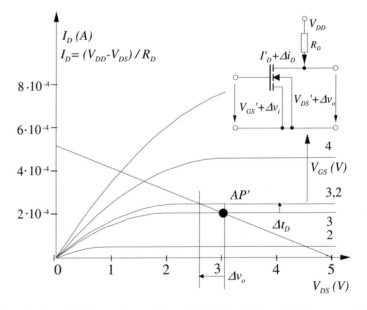

Abbildung 2.3 Source-Grundschaltung

Es sei darauf hingewiesen, dass MOS-Verstärker Schaltungen mit Widerstandslast bedeutungslos sind. Die Kennlinie des Widerstandes

$$I_D(V_{DS}) = \frac{V_{DD} - V_{DS}}{R_D}$$

Arbeitsgerade — wird als *Arbeitsgerade* bezeichnet. Für eine vorgegebene Gate-Source-Spannung V_{GS}' im Arbeitspunkt ergibt sich der Arbeitspunkt im Ausgangskennlinienfeld im Schnittpunkt von Arbeitsgerade und

2.1 Einstufige Grundschaltungen zur Kleinsignalverstärkung mit Widerstandslast

Ausgangskennlinie: AP': $V'_{GS} = 3V$, $V'_{DS} = 3,0V$, $I'_D = 0,2mA$ im Beispiel.

Eine Änderung der Eingangsspannung um $\Delta v_i = +0,2V$ ergibt eine Änderung der Ausgangsspannung um $\Delta v_o \approx -0,4V$. Das Verhältnis der Änderung der Ausgangsspannung zur Änderung der Eingangsspannung ist die *Spannungsverstärkung*, die in diesem Beispiel

Spannungsverstärkung

$A_V = \dfrac{\Delta v_o}{\Delta v_i} \approx -2$ beträgt. Ein entsprechendes Ergebnis erhält man, wenn man den MOS-Transistor, wie in Abbildung 2.4 dargestellt, durch sein Großsignal-Ersatzschaltbild ersetzt, und das resultierende System nichtlinearer Netzwerkgleichungen mit iterativen Verfahren numerisch löst. Für den einfachsten Fall (Transistor in Sättigung ohne Kanalverkürzung mit $I_D = \dfrac{\beta_n}{2} \cdot (V_{GS} - V_{T0})^2$, niedrige Signalfrequenz ohne Berücksichtigung von Kapazitäten, keine Effekte höherer Ordnung) ergibt sich die Knotengleichung für den Ausgangsknoten:

$$\frac{V_{DD} - V'_{DS} - \Delta v_o}{R_D} - \frac{\beta_n}{2} \cdot \left(V'_{GS} + \Delta v_i - V_{T0}\right)^2 = 0, \quad (2.8)$$

die für $\Delta v_i = 0V$ nach V'_{DS} und für $\Delta v_i = +0,2V$ nach Δv_o gelöst werden kann. In diesem sehr einfachen Fall kann die resultierende Gleichung explizit gelöst werden:

$$\Delta v_o = V_{DD} - V'_{DS} - R_D \cdot \frac{\beta_n}{2} (V'_{GS} - V_{T0} - \Delta v_i)^2 \quad (2.9)$$

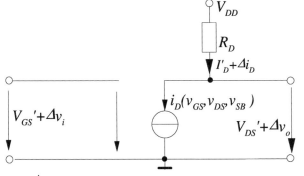

Abbildung 2.4
Großsignal-Ersatzschaltbild der Source-Grundschaltung

Für $\Delta v_i \ll V'_{GS} - V_{T0}$ kann Gleichung (2.9) in einer Taylorreihe entwickelt werden:

$$\Delta v_o = R_D \cdot \beta_n \left(V_{GS} - V_{T0} - \Delta v_i \right) \cdot \Delta v_i$$
$$\approx R_D \cdot \beta_n \left(V_{GS} - V_{T0} \right) \cdot \Delta v_i \approx R_D \cdot g_m \cdot \Delta v_i, \quad (2.10)$$
mit $g_m = \beta_n \left(V_{GS} - V_{T0} \right)$.

Es resultiert ein linearer Zusammenhang zwischen Ausgangs- und Eingangsspannung, wenn die Reihe nach dem linearen Glied abgebrochen werden kann. Für die Spannungsverstärkung folgt dann:

$$A_v = \frac{\Delta v_o}{\Delta v_i} \approx -R_D \cdot g_m. \quad (2.11)$$

Da Beziehung (2.9) eine nichtlineare Funktion $\Delta v_0 \left(\Delta v_i \right)$ ist, ist die Ausgangsspannung gegenüber der Eingangsspannung verzerrt. Nur für hinreichend kleine Eingangs-Signalspannungen kann der lineare Zusammenhang gemäß Gleichung (2.10) vorausgesetzt werden. Eine *verzerrungsfreie Verstärkung* setzt demnach kleine Signalspannungen voraus.

verzerrungsfreie Verstärkung

Im dynamischen Fall und unter Berücksichtigung von Effekten höherer Ordnung ergibt sich statt Gleichung (2.8) ein System von nichtlinearen Differentialgleichungen, dessen Lösung einem Schaltungssimulator überlassen werden sollte.

2.1.2.1 Kleinsignalanalyse (AC-Analyse) der Source-Grundschaltung

Kleinsignalanalyse

Bei der *Kleinsignalanalyse* wird von hinreichend kleinen Signalgrößen ausgegangen, so dass die lineare Approximation entsprechend (2.10) gültig ist. Die Bauelemente werden durch ihre Kleinsignal-Ersatzschaltbilder (vgl. Kap. 1.2.7, 1.3.5, 1.5) beschrieben. Gleichstrom- und Gleichspannungsquellen sind unwirksam. Die resultierenden Kleinsignalnetzwerke können mit der Methode der komplexen Wechselstromrechnung untersucht werden.

Abbildung 2.5
Kleinsignal-Ersatzschaltung der Source-Grundschaltung

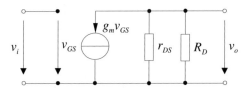

Die in Abbildung 2.5 dargestellte Kleinsignalersatzschaltung ergibt sich aus dem Schaltbild der Source-Grundschaltung in Abbildung 2.3, wenn das Transistorsymbol durch die Kleinsignalersatzschaltung des MOS-Transistors in Abb. 1.58 ersetzt wird. Hierbei wird allerdings im Beispiel zunächst von niedrigen Signalfrequenzen ausgegangen, wes-

2.1 Einstufige Grundschaltungen zur Kleinsignalverstärkung mit Widerstandslast   89

halb sämtliche kapazitiven Effekte vernachlässigt werden. Zudem werden die Bahnwiderstände vernachlässigt. Da die Gleichspannungsquelle signalmäßig einen Kurzschluss bildet, ist der Drainwiderstand R_D mit dem Bezugspotential verknüpft. Die Ausgangsspannung v_o ergibt sich zu

$$v_o = -g_m \cdot v_i \cdot (R_D \parallel r_{DS}). \qquad (2.12)$$

Berücksichtigt man, dass in der Regel $r_{DS} \gg R_D$ gilt, folgt für die *Spannungsverstärkung der Source-Grundschaltung*

$$A_v = \frac{v_o}{v_i} \approx -R_D \cdot g_m. \qquad (2.13)$$

Spannungsverstärkung der Source-Grundschaltung

Das Ergebnis stimmt demnach mit Beziehung (2.11) überein.

Wegen der hohen Impedanz des Gateoxids bei niedrigen Frequenzen ergibt sich für den Eingangswiderstand der Source-Grundschaltung:

$$r_i = \to \infty. \qquad (2.14)$$

Für den Ausgangswiderstand folgt aus Abbildung 2.5

$$r_o = R_D \parallel r_{DS} \approx R_D. \qquad (2.15)$$

2.1.2.2 Kleinsignalanalyse (AC-Analyse) der Emitter-Grundschaltung

Abbildung 2.6 zeigt das Prinzip der *Emitter-Grundschaltung* ohne Berücksichtigung der Erzeugung des Arbeitspunktes. Wird das Transistorsymbol durch das Kleinsignalersatzschaltbild des Bipolartransistors ersetzt, ergibt sich das in Kapitel 2.1.2.1 dargestellte Kleinsignal-Ersatzschaltbild der Verstärkerstufe.

Emitter-Grundschaltung

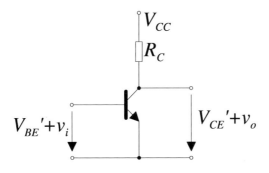

Abbildung 2.6
Prinzipielle Emitter-Grundschaltung

Abbildung 2.7 Kleinsignalersatzschaltung der Emitter-Grundschaltung

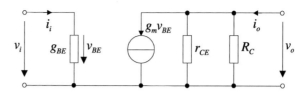

Eigenschaften der Emittergrundschaltung:

Entsprechend wie in Kapitel 2.1.2.1 ergibt sich für die *Kleinsignalverstärkung* mit

$$v_o = -g_m \cdot v_i \cdot (R_C \| r_{CE}) \tag{2.16}$$

wegen $r_{CE} \gg R_C$:

hohe Spannungsverstärkung,

$$A_v = \frac{v_o}{v_i} \approx -R_C \cdot g_m. \tag{2.17}$$

Ein- und Ausgangswiderstand ergeben sich entsprechend zu

$$r_i = \frac{1}{g_{BE}}, \tag{2.18}$$

$$r_o = R_C \| r_{CE} \approx R_C. \tag{2.19}$$

hohe Stromverstärkung,

Für Kurzschluss am Ausgang ergibt sich die maximale *Stromverstärkung* (Kurzschlussstromverstärkung) zu:

$$A_i = \frac{i_o}{i_i} \approx \frac{g_m \cdot v_{BE}}{g_{BE} \cdot v_{BE}} = \beta_f. \tag{2.20}$$

sehr hohe Leistungsverstärkung,

Die maximale *Leistungsverstärkung* ergibt sich für Leistungsanpassung am Ausgang zu:

moderater Eingangs- und Ausgangswiderstand

$$A_p = \left|\frac{p_o}{p_i}\right| = \frac{1}{2} A_v \cdot \frac{1}{2} A_i \approx \frac{1}{4} g_m \cdot R_C \cdot \beta_f. \tag{2.21}$$

Beispiel: $I_C = 1mA$, $\beta_f = 100$, $V_{CC} = 5V$, $V'_{CE} = \frac{V_{CC}}{2}$,

$$R_C = \frac{V_{CC}}{2 \cdot I_C} \approx 2{,}5k\Omega, \quad g_m \approx \frac{I_C}{V_T} \approx 3{,}9 \cdot 10^{-2} mS,$$

$$A_v \approx -g_m \cdot R_C = -97{,}5, \quad r_i \approx \frac{\beta_f}{g_m} \approx 2{,}6k\Omega, \quad r_o \approx R_C \approx 2{,}5k\Omega,$$

$$A_i \approx \beta_f = 100, \quad A_p = \left|\frac{p_o}{p_i}\right| \approx \frac{1}{4} g_m \cdot R_C \cdot \beta_f = 2438.$$

2.1.2.3 Emitter-Grundschaltung bei mittleren Signalfrequenzen, die Miller-Kapazität

Die Beziehungen (2.16) bis (2.19) legen eine Darstellung des Kleinsignal-Ersatzschaltbilds der Emitter-Grundschaltung gemäß Abbildung 2.8 nahe, wobei in der Abbildung die Kollektor-Basis-Kapazität und die Emitter-Basis-Kapazität des Transistors berücksichtigt wurden. Für den Strom i_{CBC} ergibt sich mit $|A_V| \gg 1; A_V < 0$:

$$i_{CBC} = j\omega \cdot C_{BC} \cdot (v_i + |A_V| \cdot v_i) \\ \approx j\omega \cdot C_{BC} \cdot |A_V| \cdot v_i. \quad (2.22)$$

Die Kapazität C_{BC} belastet demnach den Eingang wie eine um den Faktor $|A_V|$ größere Kapazität

$$C_M = |A_V| \cdot C_{BC}, \quad (2.23)$$

die als *Miller-Kapazität* bezeichnet wird. Eine zu Abbildung 2.8 äquivalente Ersatzschaltung unter Verwendung der Miller-Kapazität ist in Abbildung 2.9 dargestellt.

Miller-Kapazität

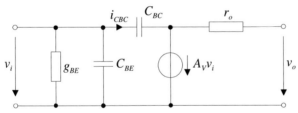

Abbildung 2.8 Kleinsignalersatzschaltung der Emitter-Grundschaltung für mittlere Frequenzen

Die Millerkapazität am Eingang ist Ursache für das Tiefpassverhalten der Verstärkerstufe. Da in integrierten Schaltungen größere Kapazitäten sehr flächenaufwendig sind, wird häufig der *Millereffekt* zur Vergrößerung des Effektes von Kapazitäten genutzt.

Millereffekt

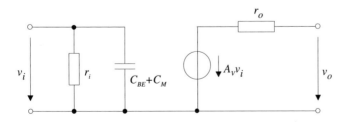

Abbildung 2.9 Zu Abbildung 2.8 äquivalente Ersatzschaltung mit Miller-Kapazität

2.1.3 Kollektor-Grundschaltung, Emitterfolger

Abbildung 2.10 zeigt die Prinzipschaltung der Kollektor-Grundschaltung. Durch Inspektion der Schaltung kann deren Kleinsignalverhalten näherungsweise vorausgesagt werden. Da der Transistor vorwärts-aktiv betrieben wird, ist die Basis-Emitterspannung näherungsweise konstant ($V_{BE} \approx 0,6..0,7V$). Die Emitterspannung und damit die Ausgangsspannung folgt der Eingangsspannung mit näherungsweise gleicher Amplitude. Die Schaltung wird daher auch als Emitterfolger bezeichnet. Für die Kleinsignal-Spannungsverstärkung folgt offensichtlich:

$$A_v = \frac{v_o}{v_i} \approx 1 . \qquad (2.24)$$

Tatsächlich ist die Spannungsverstärkung geringfügig kleiner 1, da mit zunehmendem Basispotential der Basisstrom und damit die Basis-Emitterspannung zunehmen.

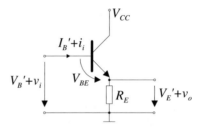

Abbildung 2.10 Prinzipschaltung der Kollektor-Grundschaltung

Die Kurzschlussstromverstärkung entspricht offensichtlich der Kleinsignal-Stromverstärkung des Transistors:

$$|A_i| \approx \beta_f . \qquad (2.25)$$

Damit folgt für die Leistungsverstärkung bei Anpassung:

$$A_p = \frac{1}{2} A_v \cdot \frac{1}{2} A_i \approx \frac{1}{4} \beta_f . \qquad (2.26)$$

Der Kleinsignalstrom durch den Emitterwiderstand ergibt sich wegen $A_v \approx 1$ zu $i_E \approx \frac{v_i}{R_E} \approx \beta_f \cdot i_i$. Der Kleinsignal-Eingangswiderstand wird damit sehr hoch:

$$r_i \approx \beta_f \cdot R_E . \qquad (2.27)$$

Der Ausgangswiderstand wird von der Impedanz der Signalquelle am Eingang bestimmt. Durch Kleinsignalanalyse ergibt sich, wenn die Impedanz der Signalquelle mit R_S bezeichnet wird:

$$r_o \approx \frac{R_S + 1/g_{BE}}{\beta_F} \parallel R_E . \qquad (2.28)$$

2.1 Einstufige Grundschaltungen zur Kleinsignalverstärkung mit Widerstandslast

Wegen der hohen Stromverstärkung wird der Ausgangswiderstand in der Regel deutlich kleiner als der Emitterwiderstand R_E und damit sehr viel kleiner als der Eingangswiderstand sein:

$$r_o \ll r_i \,. \tag{2.29}$$

Emitterfolger Impedanzwandler

Der *Emitterfolger* wird daher oft als *Impedanzwandler* verwendet.

Beispiel: $I_C = 1mA$, $\beta_f = 100$, $R_E = 0,5k\Omega$,

$$r_{BE} = \frac{1}{g_{BE}} \approx \beta_f \frac{V_T}{I_C} \approx 2,6k\Omega$$

Eigenschaften der Kollektor-Grundschaltung:

$A_v \approx 1$, $|A_i| \approx \beta_f = 100$, $A_p \approx 100$,

Keine Spannungsverstärkung,

$r_i \approx \beta_f \cdot R_E \approx 50k\Omega$, $r_o < R_E = 0,5k\Omega \ll r_i$

hohe Strom- und Leistugsverstärkung,

2.1.4 Basis-Grundschaltung

Abbildung 2.11 zeigt die Prinzipschaltung der Basis-Grundschaltung. Die Eingangsspannung liegt wie bei der Emitter-Grundschaltung zwischen Emitter und Basis, allerdings mit umgekehrtem Vorzeichen. Die Ausgangsspannung fällt am Kollektorwiderstand ab. Die Spannungsverstärkung entspricht damit derjenigen der Emitterschaltung, allerdings ohne die Phasendrehung um 180°:

hoher Eingangswiderstand, geringer Ausgangswiderstand

$$A_v \approx R_C \cdot g_m \,. \tag{2.30}$$

Die Kurzschlussstromverstärkung entspricht offensichtlich der Stromverstärkung α_f des Transistors:

$$|A_i| \approx \alpha_f < 1 \,. \tag{2.31}$$

Für die Leistungsverstärkung folgt damit:

$$A_p = \frac{1}{2} A_v \cdot \frac{1}{2} A_i \approx \frac{1}{4} g_m \cdot R_C \,. \tag{2.32}$$

Der Ausgangswiderstand stimmt wieder mit dem der Emittergrundschaltung überein:

$$r_o \approx R_C \,. \tag{2.33}$$

Eine Kleinsignalanalyse liefert für den Eingangswiderstand näherungsweise:

$$r_i \approx \frac{1}{\beta \cdot g_{BE}} \approx \frac{1}{g_m} \,. \tag{2.34}$$

Abbildung 2.11
Prinzipschaltung der Basis-Grundschaltung

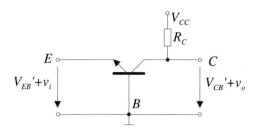

Eigenschaften der Emittergrundschaltung:
hohe Spannungs- und Stromverstärkung,

sehr hohe Leistungsverstärkung, moderater Ein- und Ausgangswiderstand

Die Basisschaltung zeichnet sich durch eine *hohe Spannungs- und Leistungsverstärkung, durch einen mittleren Ausgangswiderstand und einen sehr niedrigen Eingangswiderstand* aus. Da der Miller-Effekt nicht wirksam ist, ist die Grenzfrequenz der Basis-Grundschaltung deutlich höher als die der Emitter-Grundschaltung. Sie wird daher trotz ungünstiger Eingangsimpedanz insbesondere für Hochfrequenzverstärker eingesetzt.

2.2 Zweistufige bipolare Kleinsignalverstärker

Reicht eine Verstärkerstufe nicht aus, werden mehrere Verstärkerstufen unter Beachtung der Anpassung hintereinandergeschaltet. Dabei dürfen die Arbeitspunkte der einzelnen Stufen sich nicht beeinflussen.

Abbildung 2.12
Kaskadenschaltung

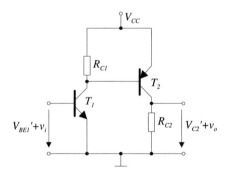

direkte Kopplung

Die gleichstrommäßige Entkopplung der einzelnen Stufen über Koppelkondensatoren ist wegen der erforderlich hohen Kapazitäten in Mikroelektronikschaltungen nicht zu realisieren. In der Kaskadenschaltung in Abbildung 2.12 wird dieses Problem durch *direkte Kopplung* der beiden Stufen gelöst. Die Kaskadenschaltung besteht aus jeweils einem npn- und einem pnp-Verstärker in Emitter-Grundschaltung. Das Ausgangssignal des npn-Verstärkers dient als Eingangssignal des pnp-Verstärkers. Der Lastwiderstand der ersten Stufe liefert gleichzeitig die Basis-Emitterspannung der zweiten Stufe.

2.2 Zweistufige bipolare Kleinsignalverstärker

Für die Spannungsverstärkung der Kaskadenschaltung ergibt sich unter der Bedingung, dass $r_{BE2} \gg R_{C1}$:

$$A_V = g_{m1} \cdot R_{C1} \cdot g_{m2} \cdot R_{C2}. \qquad (2.35)$$

Bei der Darlington-Schaltung in Abbildung 2.13 ist das Prinzip der direkten Kopplung in idealer Weise realisiert. Beide verschalteten Transistoren können als ein Transistor aufgefasst werden, der als *Darlington-Transistor* bezeichnet wird.

Darlington-Transistor

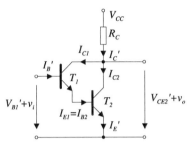

Abbildung 2.13
Darlington-Schaltung mit npn-Transistoren

Für den Kollektorstrom I_C' des Darlington-Transistors ergibt sich mit $\beta_1, \beta_2 \gg 1$:

$$I_C' \approx \beta_1 \cdot I_B' + \beta_1 \cdot \beta_2 \cdot I_B' \approx \beta_1 \cdot \beta_2 \cdot I_B' = \beta' \cdot I_B'. \qquad (2.36)$$

Der Darlington-Transistor verhält sich demnach wie ein Transistor mit extrem hoher Stromverstärkung

$$\beta' \approx \beta_1 \cdot \beta_2, \qquad (2.37)$$

allerdings bei doppelter Basis-Emitterspannung:

$$U_{BE}' = U_{BE1} + U_{BE2}. \qquad (2.38)$$

Eine Kleinsignal-Untersuchung des Darlington-Transistors ergibt folgende Kleinsignalparameter:

$$g_{BE}' \approx \frac{1}{2 \cdot \beta'} \cdot \frac{I_C'}{V_T} = \frac{I_B'}{2 \cdot V_T}, \qquad (2.39)$$

$$g_m' \approx \frac{I_C'}{2 \cdot V_T}, \qquad (2.40)$$

$$g_{CE}' \approx \frac{3}{2} \cdot g_{CE2}. \qquad (2.41)$$

Eine entsprechende Funktion zeigt der in Abbildung 2.14 dargestellte *pnp-Darlington-Transistor*. Die Schaltung verhält sich wie ein pnp-Transistor mit der hohen Stromverstärkung

$$\beta' \approx \beta_{pnp} \cdot \beta_{npn} \,. \tag{2.42}$$

Da in bipolaren integrierten Schaltungen lediglich pnp-Transistoren als laterale Transistoren mit niedriger Stromverstärkung zu realisieren sind, ist die Schaltung von besonderer Bedeutung, wenn hochverstärkende pnp-Transistoren erforderlich sind.

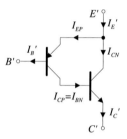

Abbildung 2.14 *pnp*-Darlington-Transistor

2.3 Quellenschaltungen

Betriebsspannungen integrierter Schaltungen werden gemäß Spezifikation nur innerhalb von Toleranzgrenzen festgelegt. In digitalen Schaltungen gilt zumeist: $V_{DD} = 5V \pm \Delta V_{DD}$ mit $\Delta V_{DD} = \pm 10\%$. In analogen Schaltungen ist die Betriebsspannung oft in Grenzen frei wählbar. Ströme sind stark von toleranzbehafteten Parametern und diese wiederum stark von der Temperatur abhängig. Häufig müssen daher innerhalb von Schaltungen Spannungs- und Stromquellen hoher Konstanz verfügbar sein, deren Eigenschaften den in Abbildung 2.15 dargestellten idealen Quellen nahe kommen.

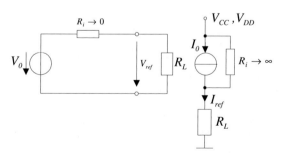

Abbildung 2.15 Idealisierte Spannungs- und Stromquelle

2.3.1 Konstantspannungsquellen, Referenzspannungsquellen

Während bei digitalen Schaltungen in der Regel enge Toleranzgrenzen für die Betriebsspannung vorgeschrieben sind, können analoge Schaltungen häufig mit unterschiedlichen Betriebsspannungen versorgt werden. Das macht genaue und stabile Referenzspannungsquellen erforderlich. Idealfall ist eine Quelle mit einer von Temperatur und Betriebsspannung unabhängigen Leerlaufspannung mit verschwindendem Innenwiderstand.

Als einfache Spannungsquelle kann der in Abbildung 2.16 dargestellte V_{BE}-*Multiplizierer* verwendet werden.

V_{BE}-Multiplizierer

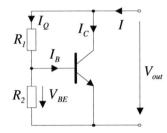

Abbildung 2.16
V_{BE}-Multiplizierer

Bei geeigneter Dimensionierung des Spannungsteilers, so dass $I \approx I_C \gg I_Q \gg I_B$ gilt, und bei hinreichend hoher Stromverstärkung des Transistors gilt mit guter Näherung:

$$V_{out} \approx V_{BE}(I_C) \cdot \frac{R_1 + R_2}{R_2} \approx \text{const} . \qquad (2.43)$$

Mit zunehmendem Strom I übernimmt der Kollektorstrom I_C den zunehmenden Stromanteil. Der Strom I_Q durch den Spannungsteiler bleibt weitgehend unverändert und die Ausgangsspannung bleibt damit näherungsweise konstant.

Tatsächlich ergibt der ansteigende Kollektorstrom eine Erhöhung des Basisstroms und damit einen Anstieg der Spannung am Spannungsteiler und der Ausgangsspannung. Ein Maß dafür, wie stark sich die Stromänderung auf die Ausgangsspannung auswirkt, ist der differentielle Ausgangswiderstand:

$$\begin{aligned} r_{out} &= \frac{\partial V_{out}}{\partial I} \approx \frac{\partial V_{out}}{\partial I_C} = \frac{R_1 + R_2}{R_2} \cdot \frac{\partial V_{BE}}{\partial I_C} \\ &\approx \frac{R_1 + R_2}{R_2} \cdot \frac{1}{g_m} \approx \frac{R_1 + R_2}{R_2} \cdot \frac{V_T}{I_C} \end{aligned} \qquad (2.44)$$

Ein erwünschter niedriger Innenwiderstand ergibt sich nur auf Kosten eines hohen Stromes I_C. Dies bedeutet eine hohe Verlustleistung. Wesentlicher Nachteil der V_{BE}-Multiplizierer-Schaltung ist allerdings die Temperaturabhängigkeit der Basis-Emitterspannung zu etwa -2mV/K.

Bandgap-Referenzspannungsquellen *Bandgap-Referenzspannungsquellen* besitzen diesen Nachteil nicht. Im dedizierten Arbeitspunkt verschwindet deren Temperaturkoeffizient. Gemäß Prinzipschaltbild in Abbildung 2.17 wird eine Spannung mit positivem Temperaturkoeffizient ($K \cdot V_T$) mit einer Spannung mit negativem Temperaturkoeffizient (V_{BE}) addiert. Die Konstante K wird so gewählt, dass der Temperaturkoeffizient der resultierenden Summe der Spannungen verschwindet:

$$\frac{\partial(V_{BE} + K \cdot V_T)}{\partial T} \approx (-2 + K \cdot 0,085)\frac{mV}{°C} = 0. \qquad (2.45)$$

Daraus folgt $K \approx 23,5$ womit sich für $V_{BE} \approx 0,65V$ die Referenzspannung

$$V_{ref} = V_{BE} + K \cdot V_T \approx 1,25V \qquad (2.46)$$

ergibt. Dieser Wert entspricht näherungsweise dem Bandabstand von Silizium. Daher wurde auch die Bezeichnung *Bandgap-Referenzspannungsquelle* für diese Schaltung gewählt. Bei stärker physikalischer Ableitung der Referenzspannung zeigt sich, dass der Zusammenhang mit dem Bandabstand begründet ist.

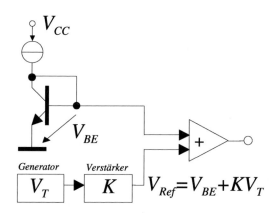

Abbildung 2.17 Prinzip der Bandgap-Referenzschaltung

2.3 Quellenschaltungen

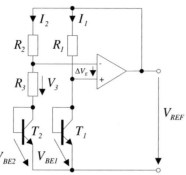

Abbildung 2.18
Realisierung einer Bandgap-Referenzschaltung mit Operationsverstärker

Abbildung 2.18 zeigt eine Realisierung einer Bandgap-Referenz, die auch für CMOS-Schaltungen geeignet ist, da die beiden als Dioden geschalteten Bipolartransistoren durch Substrattransistoren dargestellt werden können. Bei idealem Operationsverstärker mit hoher Verstärkung verschwindet dessen Eingangsspannung und es folgt:

$$\frac{I_1}{I_2} = \frac{R_2}{R_1}. \tag{2.47}$$

Mit der Näherung für den Strom einer Diode $I_D \approx I_S \cdot \exp(\frac{V_D}{V_T})$ folgt bei gleichen Transistoren ($I_{S1} = I_{S2}$)

$$V_3 = V_{BE1} - V_{BE2} \approx V_T \cdot \ln\frac{I_1}{I_2} = V_T \cdot \ln\frac{R_2}{R_1} \tag{2.48}$$

und es ergibt sich die Referenzspannung

$$V_{REF} = V_{BE1} + R_2 \cdot I_2 = V_{BE1} + R_2 \cdot \frac{V_3}{R_3}$$
$$= V_{BE1} + \frac{R_2}{R_3} \cdot V_T \cdot \ln\frac{R_2}{R_1} = V_{BE1} + K \cdot V_T. \tag{2.49}$$

Dies entspricht Gleichung (2.46) und die Konstante K wird mit

$$K = \frac{R_2}{R_3} \cdot \ln\frac{R_2}{R_1} \tag{2.50}$$

bestimmt (siehe auch Abschnitt 5.4)

2.3.2 Konstantstromquelle, Stromspiegel

Stromquellen werden häufig als sogenannte *Stromspiegel* realisiert. Dabei wird z.B., wie in Abbildung 2.19 dargestellt, mit einem Widerstand eine Stromreferenz erzeugt, die eine stromgesteuerte Stromquelle ansteuert. Die gesteuerte Quelle besitzt einen hohen Innenwiderstand. Damit ist der Strom durch die Last weitgehend spannungsunabhängig. Die Last belastet den Referenzstrom nicht. Der Referenzstrom erscheint *gespiegelt* am Ausgang der gesteuerten Quelle.

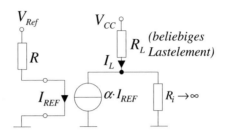

Abbildung 2.19 Prinzip eines Stromspiegels

Eine einfache Realisierung dieses Prinzips ist in Abbildung 2.20 dargestellt. Der variable Widerstand R_L symbolisiert eine variable Last, die mit einem konstanten Strom versorgt werden soll. Wegen des Early-Effekts von T_2 ist der Ausgangswiderstand begrenzt. Die Toleranzen der Transistoren, die Basisströme I_{B1} und I_{B2} sowie der begrenzte Ausgangswiderstand von T_2 führen zu einer Abweichung vom Idealfall $I_{C2} \approx I_{REF}$.

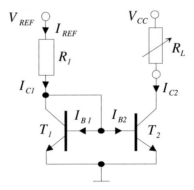

Abbildung 2.20 Einfacher Stromspiegel mit Bipolartransistoren

Der Strom I_{C2} kann um den Faktor n vergrößert werden, wenn die Emitterfläche von T_2 um den Faktor n vergrößert wird, oder besser, wenn n zu T_1 identische Transistoren parallelgeschaltet werden.

Erhält T_2 einen Emitterwiderstand R_E (Widlar-Schaltung, Abbildung 2.21) ergibt sich durch Stromgegenkopplung eine Erhöhung des Ausgangswiderstands. Steigt auf Grund des Early-Effekts (Anstieg des Kollektorpotentials von T_2) I_{C2} an, wird durch den Spannungsabfall an R_E die Basis-Emitterspannung an T_2 reduziert, was der Stromzunahme entgegenwirkt.

2.3 Quellenschaltungen

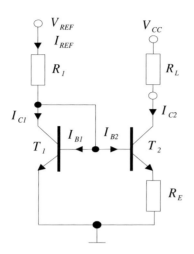

Abbildung 2.21
Widlar-Stromspiegel

In guter Näherung gilt, wenn das Basispotential von T_2 als konstant angenommen wird

$$\Delta I_{C2} \approx \frac{\Delta V_{CE2}}{r_{CE}} - g_m \cdot \Delta V_{BE2}.$$

Mit $\Delta V_{BE2} \approx \Delta I_{E2} \cdot R_E \approx \Delta I_{C2} \cdot R_E$ ergibt sich

$$\Delta I_{C2} \approx \frac{\Delta V_{CE2}}{r_{CE}} - g_m \cdot R_E \cdot \Delta I_{C2}.$$

Damit folgt für den Ausgangsstrom:

$$\Delta I_{C2} \approx \frac{\Delta V_{CE2}}{(1 + g_m \cdot R_E) \cdot r_{CE}}. \tag{2.51}$$

Es ergibt sich ein gegenüber der einfachen Schaltung deutlich größerer *Innenwiderstand*:

Innenwiderstand der Widlar-Quelle

$$r_i = \frac{\Delta V_{CE2}}{\Delta I_{C2}} \approx (1 + g_m \cdot R_E) \cdot r_{CE} \tag{2.52}$$

Wegen $V_{BE2} = V_{BE1} - I_{E2} \cdot R_E$ ist bei gleicher Transistorgröße $I_{C2} < I_{C1}$. Durch Vergrößerung der Emitterfläche von T_2 kann dieser Effekt kompensiert werden.

Abbildung 2.22
Wilson-
Stromspiegel

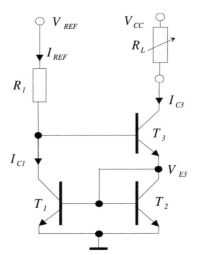

Eine weitere Verbesserung des Innenwiderstands ergibt die Wilson-Schaltung entsprechend Abbildung 2.22.

Erhöht sich z.B. aufgrund von Laständerungen das Kollektorpotential von T_3, bleibt V_{E3} konstant. Es gilt $V_{CE2} = V_{BE2} = V_{BE1}$ und $V_{CE1} = V_{BE2} + V_{BE3}$. Wegen der hohen Stromverstärkung der identischen Transistoren bleibt I_{REF} näherungsweise unverändert und es gilt $I_{C2} \approx I_{C3} \approx I_{C1} \approx I_{REF}$. Für die Änderung des Kollektorstroms von Transistor 2 folgt

$$\Delta I_{C2} = \Delta I_{B3} + \Delta I_{C3} \approx -\Delta I_{C1} + \Delta I_{C3}$$

und $\Delta I_{C3} \approx 2 \cdot \Delta I_{C1}$, da $\Delta I_{C1} \approx \Delta I_{C2}$. Daraus resultiert:

$$\Delta I_{C3} = -\beta_F \cdot \Delta I_{C1} + \Delta V_{C3} \cdot g_{CE3} = -\frac{\beta_F}{2} \cdot \Delta I_{C3} + \Delta V_{C3} \cdot g_{CE}.$$

Innenwiderstand der Wilson-Quelle

Der *Innenwiderstand der Wilson-Quelle* ergibt sich mit $\beta_F \gg 1$ zu:

$$r_i = \frac{\Delta V_{C3}}{\Delta I_{C3}} \approx \left(1 + \frac{\beta_F}{2}\right) \cdot r_{CE3} \approx \frac{\beta_F}{2} \cdot r_{CE3}. \tag{2.53}$$

Dies entspricht einer Erhöhung des Ausgangswiderstands gegenüber der einfachen Stromspiegelschaltung um einen Faktor von etwa $50..75$.

Die untersuchten Stromspiegelschaltungen können entsprechend mit MOS-Transistoren realisiert werden. Abbildung 2.23 zeigt dies für den einfachen Stromspiegel.

2.3 Quellenschaltungen

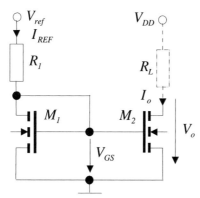

Abbildung 2.23
Einfacher NMOS-Stromspiegel

Für den Referenzstrom gilt hier

$$I_{REF} = \frac{1}{R_1} \cdot (V_{DD} - V_{GS}) = \frac{1}{2} \cdot \beta \cdot (V_{GS} - V_T)^2 \cdot (1 + \lambda \cdot V_{GS})$$

Mit dem Widerstand R_1 wird der Referenzstrom eingestellt. Bei gegebener Dimensionierung von Transistor T_1 bestimmt der Referenzstrom die Steuerspannung V_{GS}, die wiederum den Drainstrom des zweiten Transistors festlegt. Für den Fall, dass beide Transistoren gleich sind, gilt näherungsweise $I_{REF} = I_o$. Über die Dimensionierung der Transistoren kann das Verhältnis von Spiegel- zu Referenzstrom eingestellt werden:

$$\frac{I_o}{I_{REF}} = \frac{W_2/L_2}{W_1/L_1}. \qquad (2.54)$$

Wegen der Kanallängenmodulation hat der Transistor T_2 einen endlichen Ausgangswiderstand. Daraus resultiert der *Innenwiderstand* der Quelle entsprechend zu dem der Bipolarschaltung:

Innenwiderstand des NMOS-Stromspiegels

$$r_i \approx r_{DS}. \qquad (2.55)$$

Nachteilig gegenüber der Bipolarschaltung ist, dass die minimale Ausgangsspannung erheblich größer ist. Es gilt:

$$V_o > V_{o\min} \approx V_{DSAT}, \qquad (2.56)$$

da sonst M_2 im Triodengebiet betrieben wird. Die minimale Ausgangsspannung des Stromspiegels in MOS-Technologie liegt beispielsweise im Bereich von 1V, während sie bei der Bipolarschaltung der erheblich niedrigeren Sättigungsspannung von etwa 150mV entspricht.

Durch Spiegeln der Schaltung und durch Verwendung von PMOS-Transistoren kann ein am Bezugspotential liegender Verbraucher mit Konstantstrom versorgt werden (Abbildung 2.24).

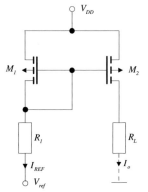

Abbildung 2.24
PMOS-Stromspiegel

MOS-Wilson-Stromquelle Entsprechend der Bipolarschaltung lässt sich mit einer *MOS-Wilson-Stromquelle* (Abbildung 2.25) ein deutlich höherer Innenwiderstand realisieren. Die Gate-Source-Spannung von M_3 ist gleich der Drain-Gate-Spannung von M_1. Eine Erhöhung des Ausgangsstromes I_o bewirkt eine Vergrößerung der Gate-Source-Spannung von M_1. Dies führt zu einer Verkleinerung der Gate-Source-Spannung von M_3. Damit wird der auslösenden Ursache entgegengewirkt.

Eine Kleinsignalberechnung des Innenwiderstandes ergibt:

$$r_i = r_{DS3} \cdot g_{m1} \cdot r_{DS1}. \tag{2.57}$$

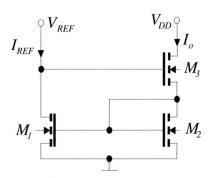

Abbildung 2.25
NMOS-Wilson-Stromquelle

2.4 Einstufige CMOS-Verstärker

Wegen der platzaufwendigen Widerstände werden MOS-Verstärker lediglich mit aktiven Lasten realisiert. Im Folgenden sollen lediglich einige grundlegende CMOS-Verstärker betrachtet werden.

2.4 Einstufige CMOS-Verstärker

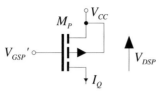

Abbildung 2.26
PMOS-Stromquelle als aktive Last

In Abbildung 2.26 ist als aktive Last eine PMOS-Stromquelle dargestellt. Die konstante Gate-Source-Spannung ergibt einen näherungsweise konstanten Drainstrom, solange der Transistor gesättigt ist. Die Schaltung kann als Ausschnitt der Stromspiegelschaltung in Abbildung 2.24 betrachtet werden. Der Quellenstrom ist in Abbildung 2.27 als Funktion der Drain-Source-Spannung dargestellt. In der Sättigung verhält sich die Quelle wie die rechts dargestellte Ersatzstromquelle. Der Innenwiderstand der Quelle ergibt sich als der Kehrwert des Ausgangsleitwerts des Transistors.

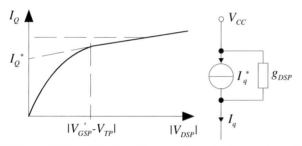

Abbildung 2.27
Kennlinie des Quellenstroms der PMOS-Stromquelle, Ersatzschaltbild in der Sättigung

In Abbildung 2.28 wird die Stromquelle als Last einer Source-Grundschaltung verwendet. Das resultierende Kleinsignal-Ersatzschaltbild ist im unteren Teil der Abbildung für den Fall der Sättigung beider Transistoren dargestellt. Damit ergibt sich für Ausgangsspannung und Spannungsverstärkung:

$$v_o = -\frac{g_{m1} \cdot v_i}{g_{DS1} + g_{DS2}}, \qquad (2.58)$$

$$A_V = -\frac{g_{m1}}{g_{DS1} + g_{DS2}}. \qquad (2.59)$$

Mit den Näherungen für die *Kleinsignalparameter des MOS-Transistors*

Kleinsignalparameter des MOS-Transistors

$$g_m \approx \frac{2 I_D}{V_{GS} - V_T}, \quad g_{DS} \approx \lambda \cdot I_D$$

folgt für die Spannungsverstärkung:

$$|A_V| \approx \frac{2 \cdot I_D}{(V_{GS} - V_T) \cdot \lambda \cdot I_D} \sim \frac{1}{\sqrt{I_D}} \quad . \quad (2.60)$$

Die Spannungsverstärkung nimmt demnach mit abnehmendem Strom zu. Eine besonders hohe Verstärkung ergibt sich bei Übergang in den Bereich des Subthreshold-Stromes.

Abbildung 2.28
Source-Grundschaltung mit Stromquellenlast, resultierendes Kleinsignal-Ersatzschaltbild

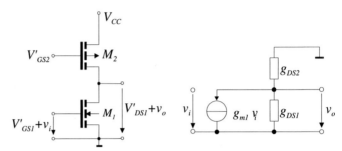

Für niedrige Frequenzen ist die Eingangsimpedanz der Source-Grundschaltung wegen des isolierten Gates sehr hoch. Bei höheren Frequenzen bewirkt die Gate-Kapazität eine Reduktion der Eingangsimpedanz. Für die Ausgangsimpedanz ergibt sich bei niedriger Frequenz gemäß Ersatzschaltbild:

$$r_o \approx \frac{1}{g_{DS1} + g_{DS2}} . \quad (2.61)$$

2.5 Differenzverstärker

Differenzsignal, Gleichtaktsignal

Zwei beliebige Signale v_1, v_2 können eindeutig gemäß Gleichung (2.62) in ein *Differenzsignal* v_D und ein *Gleichtaktsignal* v_C zerlegt werden:

$$v_D = v_1 - v_2, \quad v_C = \frac{v_1 + v_2}{2} . \quad (2.62)$$

Abbildung 2.29
Schaltsymbol des Differenzverstärkers

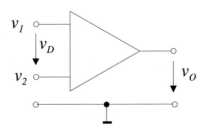

2.5 Differenzverstärker

Aufgabe eines Differenzverstärkers, dessen Schaltsymbol in Abbildung 2.29 gezeigt ist, ist eine hohe Verstärkung des Differenzsignals v_D unabhängig vom Gleichsignal v_C und eine möglichst geringe Verstärkung des Gleichtaktsignals. Das Ausgangssignal ergibt sich zu

$$v_o = A_{VD} \cdot v_D + A_{VC} \cdot v_C. \qquad (2.63)$$

Die *Differenzverstärkung* A_{VD} soll im Vergleich zur *Gleichtaktverstärkung* A_{VC} möglichst groß sein. Das Verhältnis

Gleichtaktverstärkung, Differenzverstärkung

$$\frac{A_{VD}}{A_{VC}} = CMRR \approx 10^4 ... 10^5 \qquad (2.64)$$

wird als *Gleichtaktunterdrückung* (Common Mode Rejection Ratio, *CMRR*) bezeichnet, die im Idealfall möglichst groß sein sollte.

Gleichtaktunterdrückung

Differenzverstärker sind für die monolithische Integration besonders geeignet, weil benachbarte Elemente auf einem Chip in ihren Parametern gut übereinstimmen, während die Absolutwerte der Parameter über eine Charge erheblich streuen können (Tracking). Zudem haben benachbarte Elemente auf einem Chip bei geeigneter Anordnung eine nahezu identische Temperatur. Temperatureffekte können damit als Gleichsignale aufgefasst werden, die hinreichend unterdrückt werden.

Geringe Parameterabweichungen gleicher benachbarter Elemente sind nicht zu vermeiden. Diese Unsymmetrien führen zu einer Ausgangsspannung $V_o \neq 0$ für $V_D = 0$. Als *Eingangs-Offset-Spannung* V_{OS} wird die Spannung bezeichnet, die am Eingang für $V_o = 0$ erforderlich ist.

Eingangs-Offset-Spannung

2.5.1 Bipolarer Differenzverstärker

2.5.1.1 Großsignalverhalten

Der Differenzverstärker ist meist nach dem in Abbildung 2.30 gezeigten Prinzip aus zwei Transistoren mit gekoppelten Emittern aufgebaut. Es soll zunächst das Großsignalverhalten des Differenzverstärkers betrachtet werden. Dabei wird von genau gleichen, idealen Transistoren (z.B. $I_{S1} = I_{S2} = I_S$), gleichen Kollektorwiderständen sowie einer idealen Konstantstromquelle ($R_{EE} \to 0$) ausgegangen.

Abbildung 2.30
Prinzipschaltung eines bipolaren Differenzverstärkers

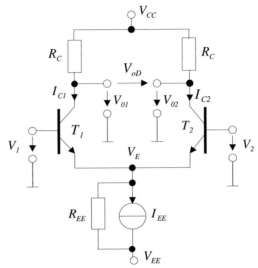

Die Transistoren werden im aktiven Bereich betrieben Für die Basis-Emitterspannung gilt jeweils:

$$V_{BE1} = V_T \cdot \ln\frac{I_{C1}}{I_S}, \quad V_{BE2} = V_T \cdot \ln\frac{I_{C2}}{I_S}. \tag{2.65}$$

Mit der Kirchhoffschen Maschengleichung

$$-V_1 + V_{BE1} - V_{BE2} + V_2 = 0$$

gilt

$$V_D = V_1 - V_2 = V_{BE1} - V_{BE2} = V_T \cdot \ln\frac{I_{C1}}{I_{C2}}. \tag{2.66}$$

Der Quellenstrom I_{EE} teilt sich auf beide Emitterströme auf:

$$I_{EE} = -(I_{E1} + I_{E2}) = \frac{1}{\alpha_f} \cdot (I_{C1} + I_{C2}). \tag{2.67}$$

Die Gleichungen (2.66) und (2.67) können nach den Kollektorströmen gelöst werden:

$$I_{C1} = \frac{\alpha_f \cdot I_{EE}}{1 + \exp\left(-\dfrac{v_D}{v_T}\right)}, \quad I_{C2} = \frac{\alpha_f \cdot I_{EE}}{1 + \exp\left(\dfrac{v_D}{v_T}\right)}. \tag{2.68}$$

2.5 Differenzverstärker

Die grafische Darstellung der Kollektorströme als Funktionen der Differenzeingangsspannung findet sich in Abbildung 2.31. Im Intervall $-V_T \leq V_D < V_T$ sind diese Funktionen weitgehend linear.

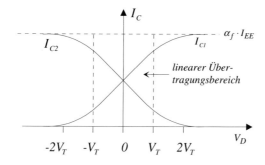

Abbildung 2.31
Kollektorströme als Funktionen der Differenzeingangsspannung

Die Ausgangsspannungen berechnen sich zu

$$V_{o1} = V_{CC} - I_{C1} \cdot R_C = V_{CC} - R_C \cdot \frac{\alpha_f \cdot I_{EE}}{1 + \exp\left(-\frac{v_D}{v_T}\right)} \; ,$$

$$V_{o2} = V_{CC} - I_{C2} \cdot R_C = V_{CC} - R_C \cdot \frac{\alpha_f \cdot I_{EE}}{1 + \exp\left(\frac{v_D}{v_T}\right)} \; .$$

(2.69)

Daraus folgt für die Differenzausgangsspannung:

$$V_{oD} = V_{o1} - V_{o2} = \alpha_f \cdot I_{EE} \cdot \tanh\left(\frac{-V_D}{2 \cdot V_T}\right) \cdot R_C \; . \qquad (2.70)$$

Für $V_D = 0$ ist die Ausgangsspannung $V_{oD} = 0$. Somit ist eine direkte Ankopplung weiterer Differenzverstärkerstufen ohne Übertrager oder Koppelkapazitäten möglich. Für $|V_D| < V_T$ ergibt sich nach Abbildung 2.31 ein lineares Übertragungsverhalten.

2.5.1.2 Kleinsignalverhalten

Die Kleinsignalverstärkung kann durch Differentiation der Ausgangsspannungen in den Gleichungen (2.69) und (2.70) im Arbeitspunkt bestimmt werden.

Durch nachfolgende Überlegung ergibt sich ein Vergleich mit der Emittergrundschaltung und damit ein einfacherer Weg für die Bestimmung der Kleinsignalverstärkung.

Verstärkung des Differenzverstärkers

Bei reiner Gegentaktansteuerung ($V_D \neq 0$, $V_C = 0$, $v_1 = -v_2 = \frac{1}{2}v_D$) bleibt das Emitterpotential konstant. Jeder Zweig wirkt wie eine Emittergrundschaltung mit der *Verstärkung*

$$A_{VD} = \left.\frac{v_{o1}}{v_D}\right|_{v_c=0} = \left.\frac{1}{2}\frac{v_{o1}}{v_1}\right|_{v_c=0} = -\frac{1}{2} \cdot R_C \cdot g_m, \qquad (2.71)$$

die der Hälfte der Verstärkung der Emitter-Grundschaltung entspricht. Wird der Differenzausgang verwendet, verdoppelt sich die Verstärkung.

Bei reiner Gleichtaktansteuerung ($V_D = 0$, $V_C \neq 0$, $v_1 = v_2 = v_C$) wird das Emitterpotential V_E wegen $V_{BE} \approx$ const. um v_C angehoben ($v_E \approx v_C$). Der zusätzliche Strom über R_{EE} verteilt sich auf beide Transistoren:

$$i_{C1} \approx i_{C2} \approx \frac{i_{EE}}{2} \approx \frac{v_C}{2 \cdot R_{EE}}. \qquad (2.72)$$

Gleichtaktverstärkung

Aus der Ausgangsspannung $v_{o1} = -i_C \cdot R_C$ folgt die *Gleichtaktverstärkung*

$$A_{VC} = \left.\frac{v_{o1}}{v_c}\right|_{v_D=0} \approx -\frac{R_C}{2 \cdot R_{EE}} \qquad (2.73)$$

Gleichtaktunterdrückung (CMRR)

und damit die *Gleichtaktunterdrückung*

$$CMRR = \left|\frac{A_{VD}}{A_{VC}}\right| \approx R_{EE} \cdot g_m \approx R_{EE} \cdot \frac{I_{EE}}{2 \cdot V_T} \gg 1. \qquad (2.74)$$

2.5.1.3 Differenzverstärker mit aktiver Last

Bei Widerstandslast sind für geringe Verlustleistung und hohe Verstärkung große Widerstände erforderlich, die viel Platz benötigen. Verwendet man hingegen eine Stromspiegelschaltung aus zwei gleichen Transistoren als aktive Last (siehe Abbildung 2.32), ergibt sich ein erheblich geringerer Platzbedarf.

2.5 Differenzverstärker

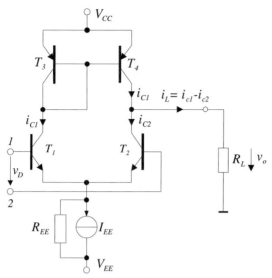

Abbildung 2.32
Differenzverstärker mit Stromspiegellast

Bei Vernachlässigung des Early-Effekts und unter Annahme einer hinreichend hohen Stromverstärkung von T_1 und T_2, folgt aus Symmetriegründen $i_{C1} = -i_{C2}$. Daraus ergibt sich die Ausgangsspannung

$$v_o = i_L \cdot R_L \approx (i_{c1} - i_{c2}) \cdot R_L \approx 2 \cdot i_{c1} \cdot R_L \approx 2 \cdot R_L \cdot g_m \cdot \frac{v_D}{2}.$$

Damit folgt für die Spannungsverstärkung:

$$A_{VD} \approx g_m \cdot R_L. \tag{2.75}$$

Offensichtlich liegen die Ausgangsleitwerte der Transistoren T_2 und T_4 kleinsignalmäßig parallel zum Lastwiderstand. Unter Berücksichtigung des Early-Effekts dieser beiden Transistoren wird die Spannungsverstärkung zu:

$$A_{VD} = \frac{g_m}{g_{CE4} + g_{CE2} + \dfrac{1}{R_L}}. \tag{2.76}$$

2.5.2 CMOS-Differenzverstärker

Der bipolare Differenzverstärker aus Abbildung 2.32 kann direkt in eine CMOS-Schaltung *übersetzt* werden. Die resultierende Schaltung ist in Abbildung 2.33 dargestellt.

Setzt man jeweils identische Transistorpaare M_1, M_2 und M_3, M_4 voraus, gilt $V_{GS1} = -V_{GS2} = \dfrac{V_D}{2}$ und damit

$$\Delta I_{D1} = -\Delta I_{D2} = g_{mN} \cdot \frac{V_D}{2}. \qquad (2.77)$$

Entsprechend wie bei der bipolaren Schaltung ergibt sich, unter Berücksichtigung einer für CMOS-Schaltungen sehr hohen Lastimpedanz, näherungsweise

$$A_{VD} \approx \frac{g_{mN}}{g_{DSN} + g_{DSP}}. \qquad (2.78)$$

Unter Annahme der Symmetrie der Bauelemente verschwindet die Gleichtaktverstärkung, weil sich die Ausgangsspannung aus der Differenz der dann symmetrischen Drainströme ergibt. Tatsächlich ist jedoch die Symmetrie wegen der Elementtoleranzen nicht ideal, so dass sich eine endliche Gleichtaktverstärkung und damit eine endliche Gleichtaktunterdrückung ergibt.

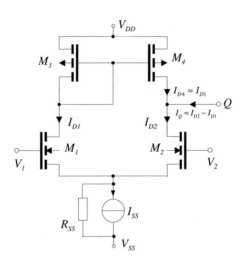

Abbildung 2.33
CMOS-Differenzverstärker mit Stromspiegellast

2.6 Digitale Grundschaltungen

2.6.1 Eigenschaften digitaler Inverter

digitaler Inverter-schaltung

kritische Punkte

Die *Inverterschaltung* ist die Basisschaltung digitaler Schaltungen. Das Schaltsymbol und die qualitative Übertragungskennlinie sind in Abbildung 2.34 dargestellt. Die Punkte $\frac{dv_o}{dv_i} = -1$ werden als *kritische Punkte* bezeichnet. Die kritischen Punkte werden durch die jeweiligen

2.6 Digitale Grundschaltungen

Eingangsspannungen V_{iL}, V_{iH} und durch die zugehörigen Ausgangsspannungen V_{oH}, V_{oL} gekennzeichnet. Die beiden Bereiche der Übertragungskennlinie mit $\left|\frac{dv_o}{dv_i}\right| < 1$ repräsentieren stabile Zustände. Störungen am Eingang erscheinen gedämpft am Ausgang. Der Bereich $\left|\frac{dv_o}{dv_i}\right| > 1$ wird lediglich beim Übergang zwischen den stabilen Zuständen durchquert. In diesem Bereich ist die Verstärkung des Inverters sehr hoch, so dass Störungen am Eingang hochverstärkt am Ausgang erscheinen.

Im Folgenden werden stabile Zustände mit hohem Signalpegel mit $Z = 1$ oder $Z = H$ (1- oder High-Zustand) bezeichnet. Stabile Zustände mit niedrigem Signalpegel werden mit $Z = 0$ oder $Z = L$ (0- oder LOW-Zustand) bezeichnet.

$v_o \geq V_{oH}$ für $v_i \leq V_{iL}$	$Z_o = H$ oder 1 für $Z_i = L$ oder 0
$v_o \leq V_{oL}$ für $v_i \geq V_{iH}$	$Z_o = L$ oder 0 für $Z_i = H$ oder 1

Tabelle 2.1 Definition der stabilen Zustände

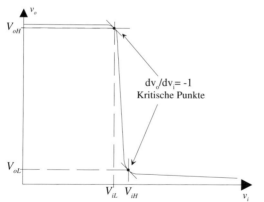

Abbildung 2.34 Schaltsymbol und Übertragungscharakteristik eines Inverters

Abbildung 2.35 zeigt prinzipielle Realisierungen von Invertern mit Schaltern. Dabei ist mit S_R ein Ruhekontakt und mit S_A ein Arbeitskontakt bezeichnet. In Abbildung 2.35a wird eine passive Last mit einem Arbeitskontakt ein- und ausgeschaltet. Dieses Prinzip wird von den inzwischen veralteten NMOS-, PMOS-, RTL- (Resistor-Transistor-Logic) und DTL- (Diode-Transistor-Logic) Schaltkreisfamilien verwendet. Abbildung 2.35b zeigt das Prinzip der Spannungsumschaltung mit zwei komplementär wirkenden Schaltern, angewendet bei den CMOS-Schaltungen. Das Prinzip der Stromumschaltung in Abbildung 2.35c wird bei ECL-Schaltungen (Emitter-Coupled-Logic) verwendet.

Zur Untersuchung des dynamischen Verhaltens von Invertern, wird eine Kette von Invertern betrachtet. Abbildung 2.36 zeigt jeweils das Eingangssignal und das Ausgangssignal eines Inverters in dieser Kette. Man erkennt eine Zeitverzögerung der Flanken von Ein- und Ausgangssignal.

Verzögerungszeit Die *Verzögerungszeiten* der Flanken beziehen sich jeweils auf die Zeitpunkte, bei denen Ein- und Ausgangssignal jeweils 50% des Signalhubs erreichen. Die Verzögerungszeit der abfallenden Flanke wird mit t_{pHL} bezeichnet. Entsprechend wird die Verzögerungszeit der ansteigenden Flanke mit t_{pLH} bezeichnet.

Als Verzögerungszeit zwischen Aus- und Eingangssignal wird der Mittelwert der Flankenverzögerungszeiten definiert:

$$t_p = \frac{t_{pHL} + t_{pLH}}{2}. \tag{2.79}$$

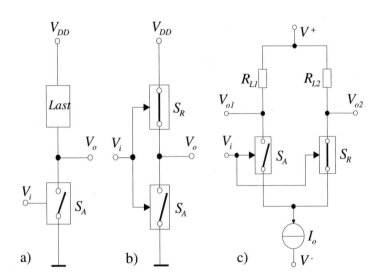

Abbildung 2.35 Prinzipielle Schaltungsrealisierung von Invertern:

a) passive Last mit Schalter,

b) Spannungsumschaltung,

c) Stromumschaltung.

2.6 Digitale Grundschaltungen

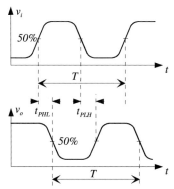

Abbildung 2.36
Dynamisches Verhalten von Invertern, Verzögerungszeiten

Abbildung 2.37 zeigt die Definitionen der Anstiegs- und Abfallzeiten t_{LH} bzw. t_{HL}. Diese werden zwischen den Zeitpunkten mit 10% bzw. 90% des Signalhubs gemessen.

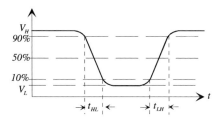

Abbildung 2.37
Anstiegs- und Abfallzeiten der Flanken

Das *dynamische Verhalten von Invertern* ist auf das Laden und Entladen von Kapazitäten zurückzuführen, die mit den Signalknoten verknüpft sind. Abbildung 2.38 zeigt beispielhaft an einem Schaltermodell eines Inverters mit Widerstandslast die Bestimmung der dynamischen Parameter. C_L beschreibt die Kapazität des Signalknotens, die sich aus parasitären Kapazitäten wie Sperrschicht-, Gate-, Leitungskapazitäten, u.a. ergibt. R_L bezeichnet den Lastwiderstand und $R_S \ll R_L$ repräsentiert den Schalterwiderstand.

dynamisches Verhalten von Invertern

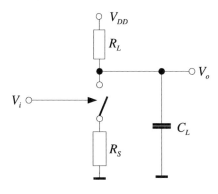

Abbildung 2.38
Bestimmung der dynamischen Parameter eines Inverters.

Als stationäre Zustände ergeben sich:

$$V_o(V_i = 0) = V_H = V_{DD}, \quad (2.80)$$

$$V_o(V_i = V_{DD}) = V_L = \frac{R_S}{R_L + R_S} \cdot V_{DD} \approx 0 \text{ wegen } R_s \ll R_L. (2.81)$$

Für den Low-High-Übergang ergibt sich die Zeitfunktion:

$$V_o(t) = V_H + (V_L - V_H) \cdot \exp\left(-\frac{t}{\tau_{LH}}\right), \quad (2.82)$$

mit $\quad \tau_{LH} = R_L \cdot C_L.$

Mit dieser lassen sich die Zeitpunkte, zu denen 10%, 50% und 90% des Signalhubs erreicht werden, bestimmen. Es ergeben sich damit für die Anstiegszeit

$$t_r = t_{90\%} - t_{10\%} = 2.2\tau_{LH} \quad (2.83)$$

und für die Verzögerungszeit der ansteigenden Flanke

$$t_{pLH} = t_{50\%} = -\tau_{LH} \cdot \ln(0.5) = 0.69 \cdot \tau_{LH}. \quad (2.84)$$

Für den High-Low-Übergang folgt entsprechend:

$$V_o(t) = V_L + (V_H - V_L) \cdot \exp\left(-\frac{t}{\tau_{HL}}\right), \quad (2.85)$$

mit $\quad \tau_{HL} = \frac{R_L \cdot R_S}{R_L + R_S} \cdot C_L$

$$t_f = t_{10\%} - t_{90\%} = 2.2\tau_{HL}, \quad (2.86)$$

$$t_{pHL} = t_{50\%} = 0.69 \cdot \tau_{HL}. \quad (2.87)$$

Verlustleistung des Inverters Die mittlere *Verlustleistung des Inverters* ergibt sich aus der mittleren stationären Verlustleistung und der elektrischen Energie, die pro Signalperiode am Lastkondensator umgesetzt wird. Im H-Zustand verschwindet die stationäre Leistung: $P_{VH} = V_{DD} \cdot I_H \approx 0$. Im L-Zustand ergibt sich $P_{VL} = V_{DD} \cdot I_L \approx \frac{V_{DD}^2}{R_L + R_S} \approx \frac{V_{DD}^2}{R_L}.$

Im Mittel ergibt sich demnach als stationäre Verlustleistung:

$$P_{Vs} \approx \frac{1}{2} \frac{V_{DD}^2}{R_L}. \quad (2.88)$$

2.6 Digitale Grundschaltungen

In jeder Periode wird die Lastkapazität C_L um die Spannungsdifferenz $\Delta V_o = V_H - V_L$ auf- bzw. entladen. Dafür wird der Betriebsspannungsquelle die Energie

$$W_C = V_{DD} \cdot \Delta Q = V_{DD} \cdot C_L \cdot (V_H - V_L) \approx C_L \cdot V_{DD}^2$$

entnommen. Bei einer Periodendauer $T = 1/f$ ergibt sich die dynamische Verlustleistung zu

$$P_{Vd} = \frac{W_C}{T} = f \cdot W_C \approx f \cdot C_L \cdot V_{DD}^2 . \qquad (2.89)$$

Die gesamte Verlustleistung ergibt sich aus der Addition der stationären und dynamischen Verlustleistung:

$$P_V = P_{Vs} + P_{Vd} \approx \frac{1}{2} \frac{V_{DD}^2}{R_L} + f \cdot C_L \cdot V_{DD}^2 . \qquad (2.90)$$

Bei Schaltkreisfamilien, bei denen die stationäre Verlustleistung vernachlässigbar gegenüber der *dynamischen Verlustleistung* ist, ist die Verlustleistung proportional zur Taktfrequenz und zum Quadrat der Betriebsspannung. Dies trifft näherungsweise bei CMOS-Schaltungen zu.

dynamische Verlustleistung

2.6.2 CMOS-Inverter

Abbildung 2.39 zeigt das Schaltbild eines CMOS-Inverters. Im stationären Zustand ist jeweils einer der beiden Transistoren gesperrt. Es fließt kein Querstrom und die stationäre Verlustleistung wird lediglich durch Sperrströme bestimmt.

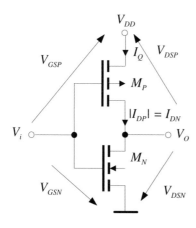

Abbildung 2.39
CMOS-Inverter

Wegen der höheren Beweglichkeit der Elektronen verhält sich der Inverter unsymmetrisch, wenn beide Transistoren mit gleichen Gateabmessungen dimensioniert werden. Ein symmetrisches Verhalten erfordert eine Dimensionierung mit

$$\left(\frac{W}{L}\right)^P \approx 2..3 \cdot \left(\frac{W}{L}\right)^N, \qquad (2.91)$$

da die Beweglichkeit der Löcher um etwa den Faktor 3 kleiner als die der Elektronen ist.

2.6.2.1 Stationäres Verhalten des CMOS-Inverters

Stationäres Verhalten des CMOS-Inverters

In Abbildung 2.40 ist qualitativ das Übertragungsverhalten des CMOS-Inverters dargestellt. Die analytische Untersuchung des stationären Verhaltens des Inverters ist zwar mit einigem Aufwand möglich. Es ist allerdings sinnvoll, sich eines Schaltungssimulators zu bedienen. Das *Übertragungsverhalten* ist durch fünf Betriebsbereiche der Transistoren gekennzeichnet (s. Abbildung 2.40):

Übertragungsverhalten

A: $0 \leq V_i < V_{TN}$, NMOS-Transistor gesperrt, PMOS-Transistor leitet, $V_o \approx V_{DD}$, $I_Q = 0$.

B: $V_{TN} \leq V_i < V_o - |V_{TP}|$, NMOS-Transistor gesättigt, PMOS-Transistor im Triodengebiet, die Ausgangsspannung sinkt mit zunehmender Steigung, der Querstrom I_Q wird durch den NMOS-Transistor beschränkt und steigt näherungsweise quadratisch mit der Eingangsspannung.

C: $V_o - |V_{TP}| \leq V_i < V_o + V_{TP}$, beide Transistoren gesättigt, steiler Abfall der Ausgangsspannung wegen hoher Verstärkung des Inverters, steiler Anstieg des Stromes bis zum Maximum, danach steiler Abfall.

D: $V_o + V_{TN} \leq V_i < V_{DD} - |V_{TP}|$, NMOS-Transistor im Triodengebiet, PMOS-Transistor gesättigt, die Ausgangsspannung sinkt mit abnehmender Steigung, der Querstrom I_Q wird durch den NMOS-Transistor beschränkt und verringert sich näherungsweise quadratisch mit der Eingangsspannung.

E: $V_{DD} - |V_{TP}| \leq V_i < V_{DD}$, NMOS-Transistor leitet, PMOS-Transistor gesperrt, $V_o \approx 0$, $I_Q = 0$.

2.6 Digitale Grundschaltungen

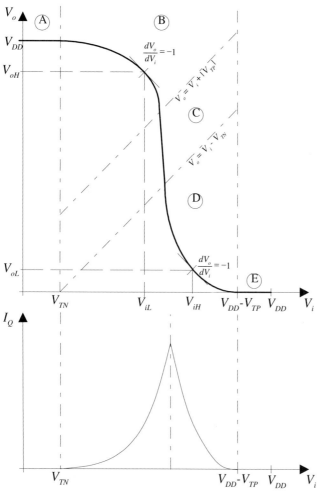

Abbildung 2.40
Übertragungscharakteristik des CMOS-Inverters, Querstrom

Da lediglich im Übergangsbereich $V_{iL} \leq V_i < V_{iH}$ ein wesentlicher Querstrom fließt und da bei üblichen digitalen Schaltungen die Zeitdauer des Übergangs gegen die Taktdauer vernachlässigbar ist, kann in der Regel der Beitrag des Querstroms zur Verlustleistung der digitalen CMOS-Gatterschaltungen vernachlässigt werden.

2.6.2.2 Dynamisches Verhalten des CMOS-Inverters

Zur näherungsweisen Berechnung des *dynamischen Verhaltens des CMOS-Inverters* wird die in Abbildung 2.41 dargestellte Ersatzschaltung verwendet. Die Ersatzkapazität C_T fasst interne Gatterkapazitäten, Leitungskapazitäten, Verdrahtungskapazitäten und Kapazitäten am Eingangsknoten des Folgegatters zusammen. Diese Ersatzkapazität

Dynamisches Verhalten des CMOS Inverters

wird von den Transistoren des CMOS-Gatters auf bzw. entladen, wobei am Eingang ein idealer Impuls vorausgesetzt werden soll.

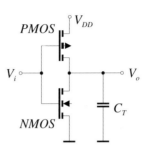

Abbildung 2.41
Ersatzschaltung zur Berechnung der Verzögerungszeiten eines CMOS Inverters

Die Bestimmung der Ersatzkapazität C_T ist relativ aufwendig. Sie enthält die Leitungskapazität sowie die Kapazitäten der vier Transistoren, die mit dem Knoten verknüpft sind. Dabei muss die Spannungsabhängigkeit der Gate- und Substratkapazitäten berücksichtigt werden. Zusätzlich muss ein eventueller Miller-Effekt Berücksichtigung finden. Es wird empfohlen, zur Untersuchung des dynamischen Verhaltens, Simulationswerkzeuge zu benutzen. Unabhängig davon ist das im Folgenden vorgestellte Verfahren nützlich um das grundsätzliche dynamische Verhalten zu untersuchen.

Am Eingang wird eine impulsförmige Ansteuerung vorausgesetzt. Beim LH-Übergang am Eingang ist der NMOS-Transistor des ersten Inverters sofort leitfähig (gesättigt). Der PMOS-Transistor ist sofort gesperrt. Der NMOS-Transistor schaltet demnach die Ersatzkapazität gegen Bezugspotential und entlädt sie über seinen Innenwiderstand. Beim HL-Übergang am Eingang ist entsprechend der NMOS-Transistor sofort gesperrt, während der PMOS-Transistor sofort leitet. Dieser lädt die Ersatzkapazität über seinen Innenwiderstand auf V_{DD}.

Verzögerungszeit
Zur Berechnung der *Verzögerungszeit* wird auf das in Kapitel 2.6.1 dargestellte Verfahren zurückgegriffen. Der Lastwiderstand ist jeweils sehr groß und kann vernachlässigt werden. Der Schalterwiderstand wird entsprechend Abbildung 2.42, hier dargestellt am NMOS-Transistor, zu

$$R_{SN} \approx \frac{V_{DD}}{I_{satN}} \qquad (2.92)$$

gewählt. Entsprechend wird der Ersatzwiderstand des PMOS-Transistors bestimmt. Nach Abbildung 2.42 unterschätzt diese Näherung den Strom. Die resultierenden Verzögerungszeiten werden demnach überschätzt werden.

2.6 Digitale Grundschaltungen

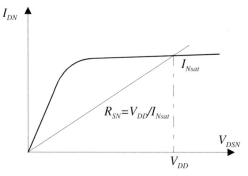

Abbildung 2.42
Approximation des Schalttransistors durch einen Ersatzwiderstand

Entsprechend den Gleichungen (2.84) und (2.87) ergeben sich:

$$t_{pHL} \approx 0.7 \cdot \tau_N \quad \text{mit} \quad \tau_N = R_{SN} \cdot C_T = \frac{V_{DD}}{I_{satN}} \cdot C_T, \quad (2.93)$$

$$t_{pLH} \approx 0.7 \cdot \tau_P \quad \text{mit} \quad \tau_P = R_{SP} \cdot C_T = \frac{V_{DD}}{I_{satP}} \cdot C_T, \quad (2.94)$$

$$t_p = \frac{1}{2} \cdot (t_{PHL} + t_{PLH}) \approx 0.7 \cdot (R_{SN} + R_{SP}) \cdot C_T. \quad (2.95)$$

Unter Voraussetzung symmetrischer Transistoren folgt daraus:

$$t_p \approx 0.7 \cdot \frac{V_{DD}}{I_{sat}} \cdot C_T. \quad (2.96)$$

Mit dem Verfahren der Widerstandsnäherung lassen sich ebenfalls die Anstiegs- und Abfallzeiten näherungsweise sehr einfach berechnen:

$$t_f = t_{10\%} - t_{90\%} \approx -\tau_N \cdot (\ln 0.1 - \ln 0.9) = 2.2 \cdot \tau_N, \quad (2.97)$$

$$t_r = t_{90\%} - t_{10\%} \approx 2.2 \cdot \tau_P. \quad (2.98)$$

2.6.3 CMOS-Gatterschaltungen

Gatterschaltungen realisieren in der Regel invertierte logische Funktionen:

$$y = \overline{f}(\underline{x}) \quad (2.99)$$

Abbildung 2.43 zeigt das Prinzip einer CMOS-Gatterschaltung. Das *Pulldown-Netzwerk* realisiert die logische Funktion mit NMOS-Transistoren, während das *Pullup-Netzwerk* die invertierte logische Funktion mit PMOS-Transistoren realisiert. Ist die logische Funktion erfüllt, leitet das Pulldown-Netzwerk und das Pullup-Netzwerk ist

Pulldown-Netzwerk
Pullup-Netzwerk

gesperrt. Der Signalknoten liegt auf Bezugspotential. Ist die logische Funktion nicht erfüllt, sperrt das Pulldown-Netzwerk und das Pullup-Netzwerk leitet. Der Signalknoten liegt auf dem Potential der Versorgungsspannung. Damit ist die gewünschte, negierte logische Funktion realisiert.

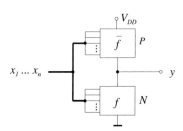

Abbildung 2.43
Prinzipielle Funktionsweise von CMOS-Gatterschaltungen

Die UND-Funktion wird in Schalternetzen durch Serienschaltung realisiert. Entsprechend wird die ODER-Funktion durch Parallelschaltung realisiert. Gemäß dem Prinzip von De Morgan gilt:

$$\overline{A \wedge B} = \overline{A} \vee \overline{B}, \quad \overline{A \vee B} = \overline{A} \wedge \overline{B}. \tag{2.100}$$

Die Negation einer UND-Funktion erfordert den Ersatz der Serienschaltung durch eine Parallelschaltung wobei gleichzeitig die Schalterfunktion negiert wird. Die Negation der Schalterfunktion wird durch den Wechsel der Transistorpolarität erreicht. Entsprechend erfordert die Negation der ODER-Funktion den Ersatz der Parallelschaltung durch eine Serienschaltung einschließlich des Wechsels der Transistorpolarität.

Es ist üblich die Gatter so zu dimensionieren, dass ihr dynamisches Verhalten weitgehend dem eines Inverters entspricht, falls dies möglich ist.

2.6.3.1 NAND-Gatter

CMOS-NAND-Gatter

Abbildung 2.44 zeigt das Beispiel eines *NAND-Gatters*. Das Pulldown-Netzwerk realisiert die UND-Funktion durch Serienschaltung von NMOS-Transistoren. Die invertierte Schaltfunktion wird im Pullup-Netzwerk durch Parallelschaltung von PMOS-Transistoren realisiert.

Für $A = B = 1$ leitet das Pulldown-Netzwerk und das Pullup-Netzwerk sperrt. Für den Ausgangsknoten gilt damit $F = 0$.

Für $A = 1 \wedge B = 0 \vee A = 0 \wedge B = 1 \vee A = 0 \wedge B = 0$ sperrt das Pulldown-Netzwerk und das Pullup-Netzwerk leitet. Für den Ausgangsknoten gilt damit $F = 1$.

Damit gilt $F = \overline{A \wedge B}$.

2.6 Digitale Grundschaltungen

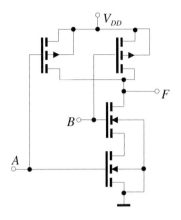

Abbildung 2.44
CMOS-NAND-Gatter mit 2 Eingängen

2.6.3.2 NOR-Gatter

Abbildung 2.45 zeigt ein *CMOS-NOR-Gatter* mit zwei Eingängen. Im Pulldown-Netzwerk wird die ODER-Funktion als Schalterfunktion mit NMOS-Transistoren realisiert. Entsprechend wird im Pullup-Netzwerk die UND-Funktion mit PMOS-Transistoren realisiert.

CMOS-NOR-Gatter

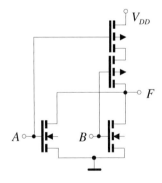

Abbildung 2.45
CMOS-NOR-Gatter mit 2 Eingängen

Für $A = 1 \land B = 0 \lor A = 0 \land B = 1 \lor A = 1 \land B = 1$ leitet das Pulldown-Netzwerk und das Pullup-Netzwerk sperrt. Für den Ausgangsknoten gilt damit $F = 0$.

Für $A = 0 \land B = 0$ sperrt das Pulldown-Netzwerk und das Pullup-Netzwerk leitet. Für den Ausgangsknoten gilt damit $F = 1$.

Damit gilt $F = \overline{A \lor B}$.

2.6.3.3 Komplexe Gatterfunktionen

Komplexe logische Funktionen können wie üblich durch die Verschaltung von Grundgattern (AOI: AND-OR-INVERT) realisiert werden. In der Regel ist es jedoch hinsichtlich Flächenbedarf und Verzöge-

CMOS-Funktionalschaltungen

rungszeit günstiger, diese als *CMOS-Funktionalschaltungen* zu realisieren. Als Beispiel soll die Funktion

$$F = \overline{A \wedge B \vee (D \vee E) \wedge C}$$

untersucht werden. Eine beispielhafte Realisierung mit Grundgattern

$$F = \overline{A \wedge B \vee (D \vee E) \wedge C} = \overline{\overline{A \wedge B} \wedge \overline{(D \vee E) \wedge C}} = \overline{\overline{A \wedge B} \wedge \overline{\overline{(D \vee E)} \wedge C}}$$

erfordert ein NOR2-Gatter, drei NAND2-Gatter und 2 Inverter. Dies ergibt einen Flächenbedarf entsprechend 20 Transistoren. Der längste Signalpfad umfasst fünf Gatter. Die Gesamtverzögerungszeit entspricht damit etwa fünf Verzögerungszeiten eines CMOS-Inverters.

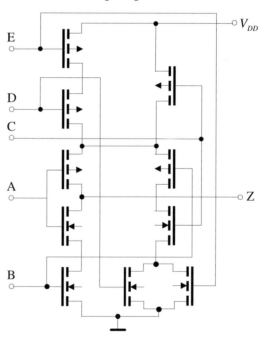

Abbildung 2.46
CMOS-Funktionalschaltung

Abbildung 2.46 zeigt eine Realisierung der Funktion als CMOS-Funktionalschaltung. Die Schaltungen der Netzwerke lassen sich einfach aus der Booleschen Gleichung ableiten. Es werden lediglich 10 Transistoren benötigt. Bemerkt werden sollte allerdings, dass nicht nur die Transistorzahl sondern auch die Transistordimensionierung die Fläche bestimmt. Mit größerem Flächenaufwand kann die Verzögerungszeit reduziert werden. Im Beispielfall kann bei gleichem Flächenaufwand wie für die AOI-Realisierung die Verzögerungszeit etwa um den Faktor 5 reduziert werden. Umgekehrt ergibt sich für eine

2.6 Digitale Grundschaltungen

Verzögerungszeit, die etwa die der AOI-Realisierung betrifft, ein auf etwa 40% reduzierter Flächenbedarf.

2.6.4 Bipolare digitale Grundschaltungen

Die ersten digitalen Standardschaltungen waren bipolar. Es entstand eine Reihe von Schaltkreisfamilien, die heute, bis auf Spezialanwendungen, nahezu jede Bedeutung verloren haben. Insbesondere wurden die TTL-Standardschaltungen weitgehend durch kompatible CMOS-Standardschaltungen abgelöst.

2.6.4.1 RTL (Resistor-Transistor-Logic)

Abbildung 2.47a zeigt einen *RTL-Inverter*. Wegen des Lastwiderstandes ist der Flächenbedarf sehr groß. Ungünstig ist die niedrige Schwellenspannung von 0,7V. Die Verzögerungszeiten sind groß, weil der Transistor im L-Zustand gesättigt ist (gesättigte Logik). Im H-Zustand am Eingang wird dem ansteuernden Gatter erhebliche Steuerleistung entnommen.

RTL-Inverter

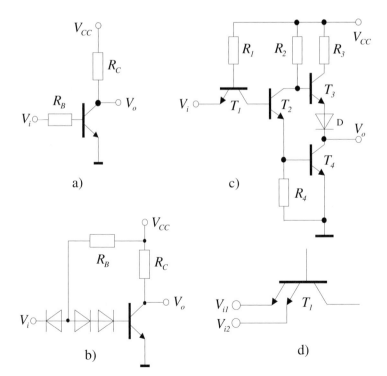

Abbildung 2.47
a) RTL-Inverter
b) DTL-Inverter
c) TTL-Inverter
d) Doppel-Emitter-Transistor

2.6.4.2 DTL (Diode-Transistor-Logic)

DTL-Inverter Die erste Diode am Eingang (s. Abbildung 2.47b) sperrt die Stromaufnahme im H-Zustand am Eingang. Das Steuergatter muss keine Steuerleistung aufwenden. Der Transistor erhält Basisstrom über R_B.
Die nächsten beiden Dioden erhöhen die Schwellenspannung gegenüber RTL um 0,7V. Im L-Zustand am Eingang muss das Steuergatter den über R_B fließenden Strom aufnehmen. DTL ist wie RTL eine gesättigte Logik.

2.6.4.3 TTL (Transistor-Transistor-Logic)

TTL-Inverter Abbildung 2.47c zeigt einen Inverter in TTL-Technologie. Die Dioden der DTL-Schaltung werden durch den Transistor T_1 ersetzt.

Im H-Zustand am Eingang wird Transistor T_1 invers betrieben und ist gesättigt. Durch eine besonders geringe inverse Stromverstärkung, wird der Eingangsstrom im H-Zustand auf etwa 0,1 mA begrenzt. Dadurch wird die erforderliche Treiberleistung minimiert. Im L-Zustand fließt aus dem Eingangsknoten ein Eingangsstrom von ca. −1,1 mA, der vom Ausgang des ansteuernden Gatters aufgenommen werden muss.

Im H-Zustand am Eingang steuert der invers betriebene Eingangstransistor den Transistor T_2 an. Der Emitterstrom von T_2 steuert T_4 an. Der Kollektorstrom von T_2 bewirkt einen Spannungsabfall an R_2. Dies verringert die Basis-Emitterspannung von T_3 so, dass dieser sperrt. Die Ausgangsspannung entspricht der Sättigungsspannung des Transistors T_4 in Höhe von einigen 100 mV.

Bei L-Zustand am Eingang ist der Transistor T_1 vorwärts im gesättigten Zustand. Dadurch wird T_2 und damit T_4 gesperrt. Die Basis von T_3 wird über R_2 mit Basisstrom versorgt. Die Ausgangsspannung ergibt sich näherungsweise zu

$$V_o \approx V_{CC} - V_{BE3} - V_D \approx 5V - 1.4V = 3.6V .$$

Die Diode D hat die Aufgabe, Transistor T_3 im L-Zustand sicher zu sperren.

Bei der TTL-Ausgangsstufe handelt es sich um eine Gegentaktendstufe, die im H-Zustand Treiberleistung liefert und im L-Zustand den Eingangsstrom der Folgegatter aufnehmen kann. Die Verzögerungszeit der TTL-Schaltung wird dadurch minimiert, dass der Eingangs-

2.6 Digitale Grundschaltungen

transistor in beiden Eingangszuständen gesättigt ist. Damit müssen die Ladungsträger nicht aus der Basis ausgeräumt werden.

Es existieren eine Vielzahl von Modifikationen der TTL-Logik, die die Schaltungsparameter weiter verbesserten. Abbildung 2.47d zeigt einen speziellen Eingangstransistor mit zwei Emittern, die als Eingänge eines TTL-Gatters dienen. Liegt einer der Emitter auf Bezugspotential (L-Zustand), übernimmt der betreffende Eingang den Strom über R_1. Der Transistor T_2 erhält keinen Basisstrom mehr und der Ausgang geht in den H-Zustand. Die Schaltung verhält sich wie ein NAND-Gatter. Bei n Eingangsemittern erhält man demnach ein n-faches NAND-Gatter.

2.6.5 BiCMOS-Logik

BiCMOS (Bipolar-CMOS-Technologie) vereint die Vorteile von Bipolar- und CMOS-Schaltungen. Bipolare Schaltungen zeichnen sich in der Regel durch hohe Treiberleistung und geringe Verzögerungszeiten, CMOS-Schaltungen durch geringe Verlustleistungen aus. Nachteilig an der BiCMOS-Technologie sind die zur Erzeugung aufwendigen Technologieschritte.

Bipolar-CMOS-Technologie
BiCMOS

Die Bipolartransistoren werden in n-Wannen mit vergrabener n^+-Schicht (*buried layer*) realisiert (s. Abbildung 2.48). In den n-Wannen können ebenfalls die PMOS-Transistoren erzeugt werden. NMOS-Transistoren werden in p-Wannen oder im Bereich der p-Epitaxie realisiert.

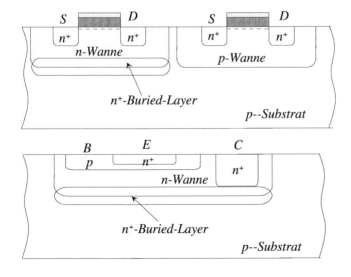

Abbildung 2.48 BiCMOS-Technologie

Die CMOS-Transistoren werden zumeist zur Realisierung der Logikfunktionen genutzt. Die bipolaren Transistoren finden ihren Einsatz bei der Realisierung von Treiberstufen. Diese können als statische oder dynamische Treiber aufgebaut werden. Bei dynamischen Treibern werden die bipolaren Transistoren nur während der Schaltflanken genutzt.

Besonders vorteilhaft ist die BiCMOS-Technologie bei der Realisierung gemischt analog/digitaler Schaltungen. Der analoge Schaltungsteil wird dann in der Regel, wegen der ausgezeichneten Verstärkereigenschaft von bipolaren Transistoren, bipolar realisiert. Der digitale Schaltungsteil wird wegen des geringen Flächenaufwandes in CMOS realisiert. Wird hohe Treiberleistung gefordert, werden entsprechend BiCMOS-Treiber verwendet.

Abbildung 2.49 zeigt beispielhaft eine dynamische BiCMOS-Treiberstufe. Die Transistoren T_2 und T_4 sind stets leitend. Sie dienen als Widerstände.

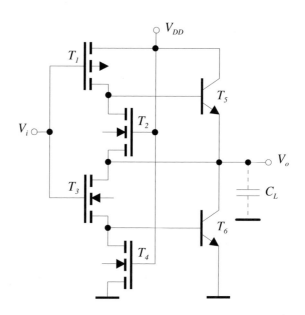

Abbildung 2.49
Dynamische
BiCMOS-
Treiberstufe

Im stationären H- oder L-Zustand sind beide Bipolartransistoren gesperrt und die Transistoren T_1 und T_3 bilden einen CMOS-Inverter.

Im stationären H-Zustand am Ausgang sind Emitter- und Basispotential von T_5 gleich und gleich V_{DD}. Damit ist T_5 gesperrt. Das Basispotential von T_6 wird von T_4 auf Bezugspotential gezogen. T_6 ist demnach ebenfalls gesperrt. Entsprechendes gilt im stationären L-Zustand am Ausgang.

Bei einem LH-Übergang am Eingang wird T_3 sofort leitend während T_1 sofort gesperrt wird. Der Ausgang wird durch die geladene Lastkapazität C_L zunächst auf hohem Potential gehalten. T_3 versorgt T_6 aus der Lastkapazität mit Basisstrom und T_6 entlädt C_L bis sich der stationäre Zustand einstellt. T_5 bleibt während dieses Vorgangs gesperrt, da seine Basis-Emitterspannung von T_2 kurzgeschlossen wird.

Entsprechend kann gezeigt werden, dass beim HL-Übergang am Eingang die Lastkapazität von T_5 aufgeladen wird.

2.7 Literatur

[2.1] Kuik, K.E.: *A Precision Reference Voltage Source*. IEEE J. Solid-State Circuits, Vol. SC-8, pp. 222-226, June 1973

[2.2] Hodges, D.A., Gray, P.R., Brodersen, R.W.: *Potential of MOS Technologies for Analog Integrated Circuits*. IEEE J. Solid-State Circuits, Vol. SC-8, pp. 285-294, June 1973

[2.3] Grebene, A.E., Ed.: *Analog MOS Integrated Circuits*. IEEE Press, 1980

[2.4] Mead, C., Conway, L.: *Introduction to VLSI Systems*. Addison-Wesley Publishing, 1980

[2.5] Sze, S.M.: *Physics of Semiconductor Devices*. John Wiley & Sons, 1981

[2.6] Till, W.C., Luxon, J.T.: *Integrated Circuits: Materials, Devices, and Fabrication*. Prentice Hall, 1982

[2.7] Hodges, D.A., Jackson, H.G.: *Analysis and Design of Digital Integrated Circuits*. Mc Graw-Hill, 1983

[2.8] Muller, R.S., Kamins, T.I.: *Device Electronics for Integrated Circuits*. John Wiley and Sons, 1986

[2.9] Millman, J., Grabel, A.: *Microelectronics*. Mc Graw-Hill Publishing Company, 1987

[2.10] Geiger, R.L., Allen, P.E., Strader, N.R.: *VLSI Design Techniques for Analog and Digital Circuits*. Mc Graw-Hill Publishing Company, 1990

[2.11] Sedra, A.S., Smith, K.C.: *Microelectronic Circuits*. Saunders College Publishing, 1991

[2.12] Hoffmann, K.: *VLSI-Entwurf*. R. Oldenbourg Verlag, 1993

[2.13] Gray, P.R., Meyer, R.G.: *Analysis and Design of Analog Integrated Circuits*. John Wiley and Sons, 1993

[2.14] Laker, K.R., Sansen, W.M.C.: *Design of Intedgrate Circuits and Systems*. John Wiley and Sons, 1994

[2.15] Neamen, D.A.: *Electronic Circuit Analysis and Design*. Irwin, 1996

[2.16] Neamen, D.A.: *Semiconductor Physics & Devices*. Irwin, 1997

[2.17] Taur, Y., Ning, T.H.: *Fundamentals of Modern VLSI Devices*. Cambridge University Press, 1998

[2.18] Baker, R.J., Li, H.W., Boyce, D.E.: *CMOS Circuit Design*. Layout, and Simulation, IEEE Press, 1998

[2.19] Liou, J.J., Ortiz-Conde, A., Garcia-Sanchez, F.: *Analysis and Design of MOSFETs*. Kluwer Academic Publisher, 1998

[2.20] Cheng, Y., Hu, Ch.: *MOSFET Modeling & BSIM3 User's Guide*. Kluwer Academic Publisher, 1999

[2.21] Maloberti F.: *Analog Design for CMOS VLSI Systems*. Kluwer Academic Publishers, 2001

[2.22] Allen, P.E., Holberg, D.R.: *CMOS Analog Circuit Design*. Oxford University Press, 2002

Kapitel 3

Operationsverstärker, Komparatoren und rechnergestützter Entwurf

von Ralf Wunderlich und Klaus Schumacher

3.1 Operationsverstärker

Operationsverstärker (im Folgenden kurz OP genannt, gebräuchlich ist auch die Abkürzung OpAmp für die englische Bezeichnung Operational Amplifier) gehören zu den wichtigsten Baugruppen analoger Schaltungen. Sie fanden ursprünglich in der Regelungstechnik und in Analogrechnern zur Berechnung mathematischer Operationen Verwendung, daher stammt auch die Bezeichnung. — Bezeichnung

Abhängig von den Eingangs- und Ausgangssignalen werden folgende Verstärkerarten unterschieden (Abb. 3.1): — Klassifizierung

- Spannungsverstärker,
- Stromverstärker,
- Transimpedanzverstärker,
- Transkonduktanzverstärker.

Die meisten OP sind Spannungsverstärker, deshalb beziehen sich die folgenden Ausführungen auf diesen Typ. Beispiele für einfache Transkonduktanzverstärker befinden in Kap. 3.1.8 und in der Schaltung in Kap. 4.2.2.3.

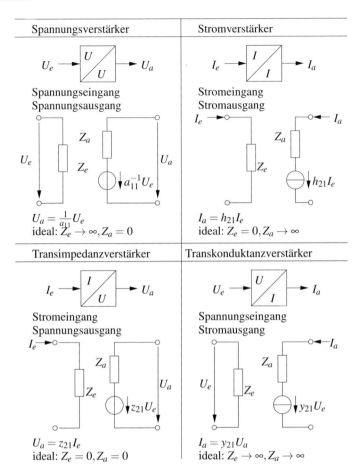

Abbildung 3.1
Verstärker-Grundtypen (Modell, Übertragungsfunktion)

3.1.1 Eigenschaften und Kenndaten von Operationsverstärkern

Bezüglich des inneren Aufbaus besteht kein wesentlicher Unterschied zwischen einem normalen Verstärker und einem OP. Beide dienen zur Spannungs- beziehungsweise zur Leistungsverstärkung. Während bei einem normalen Verstärker jedoch die elektrischen Eigenschaften durch die innere Verschaltung schon vorgegeben sind, kann die Wirkungsweise eines OPs noch durch die äußere Beschaltung in weiten Grenzen bestimmt werden.

Spannungs-
versorgung
Üblicherweise hat ein OP einen invertierenden (-) und einen nicht-invertierenden (+) Eingang, sowie einen einzelnen oder einen differentiellen Ausgang. Wird *eine* Betriebsspannung U_B wie in Abb. 3.2 a) gezeigt verwendet, so sind die Spannungen an den beiden

3.1 Operationsverstärker

Eingängen und am Ausgang auf $U_B/2$ bezogen. Bei einer *dualen* Spannungsversorgung wie in Abb. 3.2 b) sind die Spannungen an den beiden Eingängen und am Ausgang auf 0V bezogen. Weiterhin wird der Eingangs- und Ausgangsspannungsbereich angegeben.

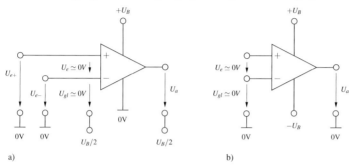

Abbildung 3.2 Potentiale am OP a) mit einer Spannungsversorgung, b) mit dualer Spannungsversorgung

Die *Differenzverstärkung* oder auch offene Verstärkung (engl. open loop gain) beschreibt, um welchen Wert die Eingangsspannung statisch am Ausgang vervielfacht erscheint. Sie beträgt bei einem realen OP ca. $10^3 \ldots 10^7$.

Verstärkung

$$A = \frac{\Delta U_a}{\Delta U_e} = \frac{\Delta U_a}{U_{e+} - U_{e-}} \qquad (3.1)$$

Beim realen Operationsverstärker ist die Ausgangsspannung bei der Eingangsspannung $U_e = 0V$ ungleich Null. Um diesen Versatz in der Kennlinie auszugleichen, muss eine kleine Spannungsdifferenz am Eingang angelegt werden. Diese Spannungsdifferenz wird *Offsetspannung* U_{os} (engl. input offset voltage) genannt. Häufig kann sie vernachlässigt werden. Bei kritischen Anwendungen muss sie jedoch auf Null abgeglichen werden. Nach dem Abgleich verbleibt ein Durchgriff der Betriebsspannung, eine Temperaturdrift (gemessen in $\mu V/K$) sowie eine Langzeitdrift (gemessen in μV/Monat). Neben der Offset*spannung* wird häufig ein Offsetstrom (engl. input offset current) I_{os} angegeben. I_{os} bezeichnet die Stromdifferenz der Ströme in die beiden Eingänge, bei der die Ausgangsspannung Null ist.

Offset

Wird an beide Eingänge eine gleiche Spannung U_{gl} gelegt, so sollte die Ausgangsspannung $U_a = 0V$ bleiben. Bei einem realen Operationsverstärker ist dieses nicht (exakt) der Fall. Die *Gleichtaktverstärkung*

$$A_{gl} = \frac{\Delta U_a}{\Delta U_{gl}} \qquad (3.2)$$

ist nicht genau Null. In Datenblättern wird die *Gleichtaktlagenunterdrückung* als Verhältnis zwischen Differenzverstärkung und Gleichtakt-

Gleichtaktlagen-unterdrückung — verstärkung (eng. Common Mode Rejection Ratio $CMRR$) spezifiziert

$$CMRR = \frac{A}{A_{gl}}. \qquad (3.3)$$

Betriebs-spannungs-unterdrückung — Die *Betriebsspannungsunterdrückung* (engl. Power Supply Rejection Ratio) beschreibt den Einfluss der Betriebsspannung auf die Ausgangsspannung. Sie wird auf den Eingang bezogen

$$PSRR = \frac{U_a/A}{\Delta U_B}. \qquad (3.4)$$

In der Regel wird die Betriebsspannungsunterdrückung in μV äquivalente Eingangsspannungsänderung pro Volt Betriebsspannungsänderung angegeben.

Frequenzgang — Wie in Kapitel 3.1.5 noch gezeigt wird, verläuft der Frequenzgang eines OPs aus Stabilitätsgründen häufig wie ein Tiefpass erster Ordnung. D. h. ab der -3dB Grenzfrequenz nimmt die Verstärkung um 20dB je Dekade ab (Abb. am Rand). Bei der Transitfrequenz hat die Verstärkung den Wert 1 erreicht.

Slew Rate — Unter der maximalen Anstiegsrate (engl. Slew Rate, SR) als Kennparameter eines OPs wird seine maximal mögliche Anstiegsgeschwindigkeit der Ausgangsspannung bei schnellen Änderungen der Eingangsspannung verstanden

$$SR_{max} = \left.\frac{\partial u_a(t)}{\partial t}\right|_{max}. \qquad (3.5)$$

Kann die Ausgangsspannung infolge der endlichen Anstiegsrate dem Eingangssignal nicht mehr schnell genug folgen, kommt es zu Anstiegsverzerrungen. Unter der Annahme einer sinusförmigen Spannung für $u(t)$ mit der Betriebsfrequenz f_0 berechnet sich die Anstiegsrate $SR(t)$ für $u_a(t)$ wie folgt:

$$u_a(t) = \hat{U}\sin(2\pi f_0 t) \implies \frac{\partial u_a(t)}{\partial t} = \hat{U}2\pi f_0 \cos(2\pi f_0 t) = SR(t) \qquad (3.6)$$

Die Anstiegsrate der Spannung $SR(t)$ wird für $t = 0$ maximal, d. h. im Nulldurchgang des Sinus-Signals. Damit ergibt sich die maximale Anstiegsrate für ein Sinus-Signal mit der Betriebsfrequenz f_0 zu

$$SR_{max} = \left.\frac{\partial u_a(t)}{\partial t}\right|_{max} = \hat{U}2\pi f_0 \qquad (3.7)$$

3.1 Operationsverstärker

Die Kapazität zur Frequenzgangkorrektur C_M (vgl. Kap. 3.1.5) beschränkt die Anstiegsgeschwindigkeit der Ausgangsspannung, da sie seitens der Differenzstufe am Eingang nicht unendlich schnell umgeladen werden kann. Der maximale Strom, der zum Umladen zur Verfügung steht, ist der maximale Ausgangsstrom der Differenzstufe I_{Diff}. Damit ergibt sich für die maximale Anstiegsgeschwindigkeit

$$SR_{max} = I_{Diff}/C_M. \tag{3.8}$$

Bei den Eingangswiderständen wird zwischen *Gleichtakt-* und *Differenz-Eingangswiderstand* unterschieden. Die Gleichtaktwiderstände wirken zwischen den beiden Eingängen und Masse, der Differenz-Eingangswiderstand zwischen den Eingängen. Der Differenz-Eingangswiderstand (typisch MΩ Bereich)

Eingangswiderstände

$$r_e = \frac{\partial u_e}{\partial i_e} \tag{3.9}$$

ist im Vergleich zu den Gleichtakt-Widerständen (typisch GΩ Bereich) relativ niederohmig.

Der *Ausgangswiderstand* eines realen Operationsverstärkers

Ausgangswiderstand

$$r_a = \frac{\partial u_a}{\partial i_a} \tag{3.10}$$

ist zwar niederohmig, aber dennoch weit vom idealen Verhalten einer Spannungsquelle entfernt. Oftmals ist auch die Ruhestromaufnahme, die Eingangskapazität, der Kurzschlussstrom oder der Eingangsstrom in den OP von Interesse.

Kennwert	Typische Daten
Differenzverstärkung A	> 80dB
Gleichtaktunterdrückung $CMRR$	> 60dB
Betriebspanunngsunterdrückung $PSRR$	> 60dB
Eingangs-Offsetspannung U_{os}	1mV
Eingangs-Offsetstrom I_{os}	1pA...100nA
Slew Rate SR	1V/μs
Ausgangswiderstand r_A	100Ω
Gleichtakt-Eingangswiderstand r_{gl}	10MΩ
Differenz-Eingangswiderstand r_e	100kΩ
Verstärkung-Bandbreite-Produkt f_T	1MHz

Tabelle 3.1 Typische Kennwerte von Operationsverstärkern

Weitere Größen zur Beschreibung eines OPs (z. B. Verstärkungs-Bandbreite-Produkt, äquivalente Rauschdichten, Transitfrequenz, Phasenreserve) werden im folgenden Verlauf geschildert. Der Tabelle 3.1 können typischen Daten eines OPs entnommen werden.

OP-Gruppe	Beispiel, wesentliche Parameter	Anwendung
allgemeine Anwendungen	μA741 $U_B = \pm 18$V, $A = 2 \cdot 10^5$, $f_T = 1$MHz, $SR = 0,5$V/μs, $U_{os} < 6$mV, $CMRR = 90$ dB	veraltet, aber noch sehr weit verbreitet, viele, bessere PIN-kompatible Typen
Präzisions-OP	LT1013 $U_{os} = 40\mu$V, $A = 8 \cdot 10^6$, $f_T = 1$MHz, $u_n = 22nV/\sqrt{Hz}$, $SR = 0.4$V/μs, $PSRR = 120$dB, $CMRR = 117$dB	Instrumetierungsanwendungen, Audio, Filter, Integratoren
hohe Bandbreite	MAX4414 $f_{-3dB} = 400$MHz, $A = 60$dB, $U_B = 2,7\ldots 5,5$V, Ruhestrom 1,3mA, $U_{os} \leq 6$mV, $SR = 20$V/μs	Video, Leitungstreiber für schnelle DFÜ, Treiber für Wandler
niedrige Leistung	MAX406 Ruhestrom $1,2\mu$A, $U_B = \pm 2,5\ldots \pm 10$V, $U_{os} = 2$mV, $f_T = 8$kHz, $A = 1 \cdot 10^6$, $SR = 20$V/ms	Batterie betriebene (portable) Geräte
niedrige Versorgungsspannung	LM10 $U_B = 1,1\ldots 40$V, Ruhestrom 270μA, $f_T = 100$kHz, $A > 6 \cdot 10^4$ (bei $U_B = 1.5$V), $PSRR = 90$dB, $CMRR = 87$dB	Portable Geräte mit einer Zelle
niedrige Offsetspannung	OP07 $U_{os} = 10\mu$V, Temp.-Drift $0,6\mu$V/Grad, Langzeit-Drift $1,0\mu$V/Monat, $A = 4,5 \cdot 10^5$, $f_T = 0,4$MHz, $u_n = 10nV/\sqrt{Hz}$	hohe Verstärkung, Meßverstärker
niedriges Rauschen	LT1115 $u_n = 0,9nV/\sqrt{Hz}$, $A > 15 \cdot 10^6$, $SR = 15$V/μs, $U_{os} = 50\mu$V, $THD < 0.002\%$	hochverstärkende, rauscharme Meßverstärker, Audio
hohe Ausgangsspannung	LM343 $U_A = \pm 25$V, $U_B = \pm 34$V, $f_T = 1$MHz, $A = 1,8 \cdot 10^5$, $U_{OS} \leq 8$mV, $CMRR = 90$dB, $PSRR = 10\mu$V/V	Schaltungen mit hohen Ausgangsspannungen
hoher Ausgangsstrom	OPA 512 $I_A = 10$A, $U_A = \pm 40$V (bei $U_B = \pm 45$V), $U_B = \pm 10\ldots 45$V, $A = 110$dB (bei $R_l = 1k\Omega$), $f_T = 4$MHz, $CMRR = 100$dB	Schaltungen mit hohen Strömen, Motor-Ansteuerungen, Audio-Endverst.

Tabelle 3.2 Überblick über unterschiedliche OP-Gruppen mit ausgewählten Kennwerten

Die Tabelle 3.2 gibt einen Überblick über einige Operationsverstärker, die jeweils für einen besonderen Zweck, wie z. B. hohe Bandbreite, entworfen wurden. Es wird jeweils ein industrielles Beispiel mit einigen wesentlichen Kenndaten aufgezeigt. Für jede Gruppe gibt es (von unterschiedlichen Herstellern) eine Vielzahl von OPs. Dabei sind Überschneidungen der Kategorien möglich. Häufig sind für diese OPs auch dimensionierte Anwendungsbeispiele erhältlich.

OP-Schaltungen lassen sich besonders einfach und anschaulich berechnen, wenn ein *idealer* OP zugrunde gelegt wird. Das Verhalten eines sinnvoll beschalteten *realen* OPs weicht im interessierenden Frequenzbereich meist nur geringfügig vom idealen Verhalten ab. Es empfiehlt sich, den Einfluss der nichtidealen OP-Eigenschaften erst dann zu untersuchen, wenn unter Annahme eines idealen OPs ein Überblick über die Wirkungsweise der jeweiligen OP-Schaltung geschaffen wurde. Dann sind die Auswirkungen der Nichtidealitäten (z. B. Frequenzverhalten, Eingangs-Offsetspannung, Rauschen) nacheinander zu untersuchen.

Bei einem *idealen* OP handelt es sich um eine *differenzspannungsgesteuerte Spannungsquelle* mit folgenden wesentlichen Eigenschaften:

- unendliche Verstärkung zwischen dem Differenzeingang und dem Ausgang,
- unendliche Bandbreite,
- ideale Spannungsquelle am Ausgang, deshalb Ausgangswiderstand Null, ($r_a = 0\Omega$),
- unendliche Gleichtaktunterdrückung, $CMRR = \infty$,
- kein Betriebsspannungsdurchgriff auf den Ausgang, $PSRR = \infty$,
- unendlich hoher Eingangswiderstand an beiden Differenzeingängen,
- keine Offset- und Driftgrößen,
- Rauschfreiheit,
- Rückwirkungsfreiheit.

Eigenschaften idealer OP

Die Berechnung von gegengekoppelten Schaltung mit OPs ist dann besonders einfach, wenn ein idealer OP zu Grunde gelegt wird. Die praktische Berechnung wird u. a. im folgendem Kapitel *Prinzip der Gegenkopplung* geschildert.

3.1.2 Prinzip der Gegenkopplung

Die prinzipielle Anordnung zur Gegenkopplung eines OPs zeigt Abbildung 3.3. Ein Teil der Ausgangsspannung U_a wird über das Netzwerk im Rückkopplungszweig auf den Eingang geführt und von der Eingangsspannung U_e subtrahiert. Die Gegenkopplungsschaltung stellt

Gegenkopplung

einen Regelkreis im Sinne der Regelungstechnik dar [3.1].

Wird zu der Eingangsspannung ein Teil der Ausgangsspannung addiert, so wird von einer *Mitkopplung* gesprochen.

Charakteristisch für eine Gegenkopplung ist die Tatsache, dass die Ausgangsspannungsänderung gegen die Eingangsspannungsänderung wirkt. Daraus kann gefolgert werden, dass sich ein stabiler Endzustand einstellt. Für diesen Endzustand gilt:

$$U_a = U_d\, A = A\,(U_e - r\,U_a) \Rightarrow V = \frac{U_a}{U_e} = \frac{A}{1+rA}. \qquad (3.11)$$

Für $A \to \infty$ strebt die Verstärkung V des gegengekoppelten Netzwerks gegen $1/r$. Damit wird V bei hinreichend großem Verstärkungsfaktor A des Verstärkers lediglich durch die äußere Beschaltung (Rückkoppelnetzwerk) bestimmt.

Schleifen-verstärkung Die *Schleifenverstärkung* g (die Bezeichnung stammt ebenfalls aus der Regelungstechnik [3.1], engl. loop gain) ist ein Maß für das Verhältnis zwischen der Spannung rU_a am Ausgang des Rückkoppelnetzwerkes und der Eingangsspannung des Verstärkers U_d. Mit den Gleichungen 3.11 ergibt sich für beliebige Eingangsspannungen U_e

$$g = \frac{r\,U_a}{U_d} = rA \approx \frac{A}{V}. \qquad (3.12)$$

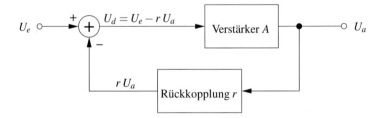

Abbildung 3.3 Prinzip der Gegenkopplung

Die Schleifenverstärkung ist ein wichtiges Maß für die Einstellgenauigkeit. Der Verstärker regelt die Ausgangsspannung so, dass rU_a (abgesehen von einem Fehler durch die endliche Verstärkung A) der Eingangsspannung U_e entspricht. Der Fehler F zwischen der idealen Verstärkung $1/r$ und der Verstärkung V der Anordnung nach Abb. 3.3 berechnet sich mit Gl. 3.11 zu

Fehler

$$F = \frac{1/r - V}{1/r} = r\left(\frac{1}{r} - \frac{A}{1+rA}\right) = \frac{1}{1+g}. \qquad (3.13)$$

3.1 Operationsverstärker

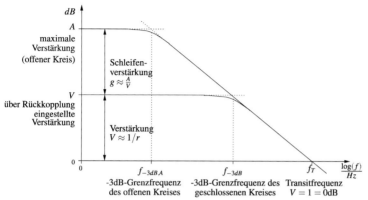

Abbildung 3.4
Frequenz-Verstärkungs-Diagramm

Damit ist die Verstärkung V der gesamten Anordnung für $A \gg 1$ (bzw. $g \gg 1$) weitgehend unabhängig vom Verstärkungsfaktor des Verstärkers (Abbildung 3.4). Die Verstärkung A des unbeschalteten OPs ist um die Schleifenverstärkung g größer als die über die Rückkopplung eingestellte Verstärkung V. Der oben berechnete Fehler ist in der Zeichnung – der besseren Darstellung halber – nicht mit eingezeichnet. Tatsächlich weicht die eingestellte Verstärkung V vom fehlerfreien Wert $1/r$ um $F \cdot 1/r$ ab.

Für höhere Frequenzen ($f > f_{-3dB,A}$) nimmt die Verstärkung des OPs infolge der Kompensationskapazität (siehe Kap. 3.1.5) mit 20dB/Dekade ab. Die Verstärkung V des Regelkreises nimmt jedoch erst mit der -3dB-Grenzfrequenz f_{-3dB} ab. Für den Regelkreis ist die Bandbreite im Vergleich zum OP erhöht. Je niedriger die eingestellte Verstärkung V ist, desto stärker ist die Bandbreite des Regelkreises erhöht. Das für die Klassifizierung der OPs wichtige Produkt aus Verstärkung V und Bandbreite f_{-3dB} (engl. gain-bandwidth) ist konstant und gleich der Transitfrequenz

Frequenzverhalten

Verstärkungs-Bandbreite-Produkt

$$V \cdot f_{-3dB} = A \cdot f_{-3db,A} = f_T. \qquad (3.14)$$

Als Transitfrequenz wird die Frequenz bezeichnet bei dem der Betrag Verstärkung auf 0dB abgefallen ist. Die Knickfrequenz ist diejenige Frequenz bei der die Verstärkung erstmalig um 3dB (also auf $\approx 71\%$) gesunken ist.

OP-Schaltungen lassen sich besonders gut überblicken und berechnen, wenn ein idealer OP zugrunde gelegt wird. Das Verhalten von Schaltungen mit realen OPs weicht im genutzten Frequenzbereich meist nur wenig von dem idealen Verhalten ab. Es ist daher zu empfehlen, von folgenden Grundeigenschaften für eine *Beschaltung des OPs mit Gegenkopplungswirkung* auszugehen:

Berechnung idealer OP-Schaltungen

1. Die Potentiale am OP stellen sich immer so ein, dass die Differenzeingangsspannung U_D Null ist.

2. Es fließen keine Ströme in die Eingänge des OPs.

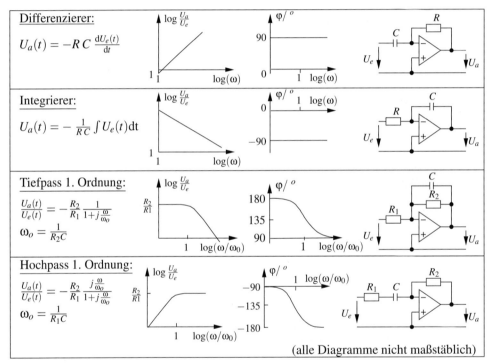

Abbildung 3.5 Ausgewählte dynamische OP-Schaltungen

Die Abbildungen 3.5, 3.6 zeigen ausgewählte dynamische und statische OP-Schaltungen. Sie können leicht mit dem obigen Algorithmus berechnet werden. Sollte es nötig sein, den Einfluss der Nichtidealitäten zu berücksichtigen, so verschafft man sich zunächst einen Einblick über die Schaltung mit einem idealen OP und untersucht dann nacheinander den Einfluss der einzelnen Nichtidealitäten.

3.1 Operationsverstärker

Invertierender Spannungsverstärker:

$$V = \frac{U_a}{U_e} = -\frac{R_2}{R_1}$$

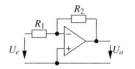

Nicht-invertierender Spannungsverstärker:

$$V = 1 + \frac{R_2}{R_1}$$

Sonderfall Buffer/Impedanzwandler: $R_2 = 0, R_1 = R_{Last} \Rightarrow V = 1$

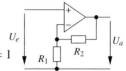

Differenzverstärker:

$$U_a = -U_{e1}\frac{R_3}{R_1} + U_{e2}\frac{R_4(R_1+R_3)}{R_1(R_2+R_4)}$$

Sonderfall: $R_1 = R_3, R_2 = R_4 \Rightarrow U_a = -U_{e1} + U_{e2}$

$$V = \frac{U_A}{U_{e1} - U_{e2}} = -1$$

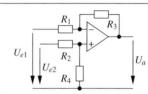

Instrumentenverstärker:

$$U_a = (U_{e1} - U_{e2})\left(1 + 2\frac{R_1}{R_2}\right)$$

Besser als Differenzverstärker (U_{e1}, U_{e2} werden werden nicht belastet, höhere Gleichtaktunterdrückung, geringere Drift, leicht einstellbare Verstärkung über R_2)

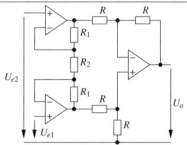

Rechenwerk:

$$U_a = \sum_{i=1}^{n} \alpha_i \cdot (U_{i,p} - U_{i,m})$$

Die Eingänge belasten die Signalspannungsquellen. Ggf. müssen als Impedanzwandler verschaltete Operationsverstärker vorgeschaltet werden.

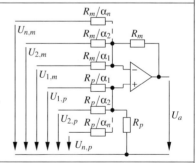

Logarithmierer:

$$U_a = -nU_T \ln \frac{U_e}{I_S R} \qquad I_D = I_S e^{\frac{U_D}{nU_T}}$$

$U_T \approx 25mV, n = 1\ldots 2$

I_S Sättigungssperrstrom

Probleme: Diode hat parasitären ohmschen Serienwiderstand. n ist leicht stromabhängig. Abhilfe: Diode durch Bipolar-Transistor ersetzen.

Abbildung 3.6 Ausgewählte statische OP-Schaltungen

3.1.3 Auswahl von Operationsverstärkern

Operationsverstärker werden in den unterschiedlichsten Ausführungen angeboten.

Zur groben Klassifizierung werden wenige wesentliche Kenngrößen verwendet, wie z. B. hohe Bandbreite, große Leistung, niedriges Rauschen usw. Entsprechend lassen sich Klassen von OPs unterscheiden. Zusätzlich gibt es Spezialverstärker.

Herstelltechnologien für OPs Hinsichtlich der verwendeten Herstellungstechnologie lassen sich die verfügbaren Typen in die Gruppen Bipolar-, BiFET- und CMOS-Operationsverstärker einteilen. Bipolar-OPs haben kleine Eingangsoffset-Spannungen, ein vergleichbar geringes äquivalentes Eingangsrauschen und eine hohe Verstärkung. Die Eingangsströme in Bipolar-OPs sind vergleichsweise hoch.

OPs in CMOS-Technik eignen sich sehr gut für Schaltungen mit niedrigen Versorgungsspannungen und niedrigem Leistungsverbrauch. Ihr Eingangswiderstand ist extrem hoch. Die Eingangsoffset-Spannung und das Rauschen sind jedoch größer, der Betriebsspannungsbereich kleiner. Für die Herstellung von CMOS Schaltungen sind wesentlich weniger Prozessschritte notwendig, die Herstellung ist also kostengünstiger. BiFET-OPs sind trotz des aufwendigen Herstellprozesses weit verbreitet. In BiFET-OPs können gezielt die Vorteile der jeweiligen Technik (Bipolar, CMOS) für einzelne Bauelemente und -gruppen genutzt werden. Eingangsstufen in Bipolar-Technik sind bei relativ kleinen Innenwiderständen der Signalquelle vorteilhaft. FET-Eingangsstufen eignen sich wegen der extrem kleinen Eingangsströme auch für Signalquellen mit Innenwiderständen im $100M\Omega$-Bereich.

Die bereits vorgestellte Tabelle 3.2 auf Seite 136 gibt einen kleinen Überblick über kommerzielle (z. T. Spezial-) Verstärker. Bei dem Entwurf von integrierten OPs ist man in der Regel nicht frei bei der Wahl der Technologie, sondern muss ggf. mit einer für das Problem weniger geeigneten Technologie arbeiten.

3.1.4 Entwurf von Operationsverstärkern

Die meisten OPs haben eine Schaltungsstruktur wie sie in Abbildung 3.7 gezeigt ist. Die Eingangsstufe ist zumeist ein Differenzverstärker mit kleinem Eingangsruhestrom, hohen Eingangswiderstand, guten dynamischen Daten und einer Möglichkeit zum Offsetabgleich mit einem externen Potentiometer. In dieser Differenzstufe kann der

Übergang eines zweiphasigen Signals zu einem einphasigem Signal gemacht werden.

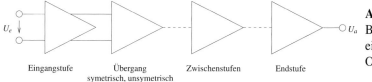

Abbildung 3.7 Blockschaltbild eines typischen OPs

Häufig findet dieses aber in der zweiten Stufe, die dann als Differenzverstärker mit Stromspiegellast ausgeführt ist, statt.

Es folgen weitere Stufen, die zur Erhöhung der Spannungsverstärkung, der Ansteuerung der Endstufe und zur Pegelanpassung der unterschiedlichen Stufen notwendig sind. Die Endstufe dient dazu, einen großen Ausgangsstrom, eine große Ausgangsspannung (möglichst nahe an der Versorgungsspannung) und einen niedrigen Ausgangswiderstand zu erzielen. Sie ist häufig als Klasse AB Verstärker ausgeführt. Damit bei einem Kurzschluss der OP keinen Schaden nimmt, befindet sich in der Endstufe zumeist eine Kurzschlussstrombegrenzung. Häufig sind die Stufen aus den in Kapitel 2 vorgestellten Grundstufen aufgebaut.

Neben dem oben vorgestellten Konzept gibt es im Handel auch OPs die vollständig differentiell aufgebaut sind. Einen Übergang symmetrisch, unsymmetrisch gibt es dann nicht. Am Ausgang stehen zwei (im normalen Betrieb gegenphasige) Ausgangssignale zur Verfügung. Der Vorteil einer solchen Verstärkerstruktur liegt auf der Hand. Schwankungen in der Betriebsspannung und in der gemeinsamen Gleichtaktlage der Eingangsspannungen haben keinen Einfluss auf die Differenz der Ausgangsspannungen. Lediglich die Gleichtaktlage der beiden Ausgangsspannungen schwankt. Bei dem Entwurf eines OPs oder einer Verstärkerstruktur (integriert oder auch mit diskreten Bauelementen) ist eine solche differentielle Struktur zu empfehlen. Ist dieses mit der geplanten Anwendung nicht vereinbar, so sollte der Übergangs symmetrisch nach unsymmetrisch so spät wie möglich gemacht werden.

Vollständig differentielle Struktur

3.1.5 Stabilität

In der Regel ist ein Operationsverstärker mehrstufig aufgebaut. Aufgrund dieses mehrstufigen Aufbaus und der parasitären Kapazitäten (vgl. Kapitel 4.1) verhält sich ein OP wie ein Tiefpasssystem höherer Ordnung.

Tiefpass-system

Für Frequenzen größer der Grenzfrequenz eines Tiefpasses nimmt die Verstärkung mit 20dB/Dekade mehr ab und die Phasenverschiebung zwischen Eingang und Ausgang verschiebt sich um zusätzliche $-90°$ ($f \gg f_{-3dB}$). Die Ausgangsspannung eilt dann der Eingangsspannungsdifferenz um weitere $90°$ nach. Für Frequenzen die (viel) größer als die Knickfrequenz des zweiten Tiefpasses sind, beträgt der Betrag der Phasendrehung $180°$ (oder größer, falls mehr als 2 Stufen).

Als Konsequenz tauschen der invertierende und der nicht-invertierende Eingang des OPs ihre Funktion. In einem Regelkreis – Ausgang und Eingang des OPs sind über ein Rückkoppel-Netzwerk miteinander verbunden – wird aus der Gegenkopplung eine Mitkopplung. Jede kleinste Änderung (z. B. Rauschen, vgl. Kapitel 4) erscheint verstärkt am Eingang. Diese Änderung wird durch den OP verstärkt und wird nun wiederum zu dem Eingangssignal hinzugeführt usw. Der Regelkreis schwingt.

Bode-Diagramm Mit einem *Bode-Diagramm* kann anschaulich das Frequenzverhalten eines Regelkreises untersucht werden. Das Bode-Diagramm besteht aus zwei Graphen, bei denen die Frequenz auf der Abszisse logarithmisch aufgetragen ist. Im ersten Graph wird die Verstärkung in dB, im zweiten Graph die Phase in Grad aufgetragen. Anhand dieser Graphen lässt **Phasenreserve** sich u. a. die *Phasenreserve* (engl. phase margin) ablesen (Abb. 3.23). Die Phasenreserve φ_M gibt an, wie groß der Unterschied zwischen der für Stabilität gerade noch zulässigen Phasendrehung von $180°$ und der tatsächlichen Phase bei der Verstärkung 0dB = 1 ist

$$\varphi_M = 180° - |\varphi(f_{A=1})|. \qquad (3.15)$$

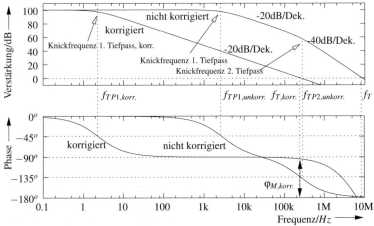

Abbildung 3.8
Bode-Diagramm eines Operationsverstärkers

3.1 Operationsverstärker

Das Bode-Diagramm wurde für einen zweistufigen Operationsverstärker mit und ohne Kompensationskapazität C_M erstellt. Beide Stufen wurden als spannungsgesteuerte Stromquellen (g_{m1}, g_{m2}) mit Lastwiderständen (R_1, R_2) und -kapazitäten (C_1, C_2) modelliert. Damit ergeben sich die Übertragungsfunktionen zu

$G_{\text{unkor.}}[j\omega] = g_{m1}g_{m2}R_1R_2 \cdot \frac{1}{1+\frac{j\omega}{\omega_2}}\frac{1}{1+\frac{j\omega}{\omega_1}}$ mit $\omega_1 = \frac{1}{R_1C_1}, \omega_2 = \frac{1}{R_2C_2}$

und

$G_{\text{kor.}}[j\omega] = g_{m1}g_{m2}R_1R_2 \dots$
$\cdot \frac{(1-j\omega C_M/g_{m2})}{1+j\omega[R_1(C_1+C_M)+ R_2(C_2+C_M)+g_{m2}R_1R_2C_M+j\omega R_1R_2(C_1C_2+C_1C_M+C_2C_M)]}$.

Im Prinzip ist jeder Regelkreis, der die Phase bei $V = 1$ um weniger als 180° dreht stabil. Bei geringen Phasenreserven folgt die Regelung langsamer Änderungen direkt, schnelle Änderungen werden jedoch nur mit einer großen Zeitkonstante ausgeregelt. Schnelle Änderungen werden mit einem Sprung am Eingang des Regelkreises untersucht. In Abbildung 3.24 sind die Sprungantworten eines gegengekoppelten OPs bei unterschiedlichen Phasenreserven dargestellt.

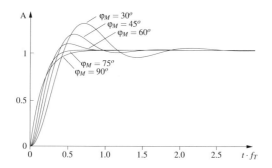

Abbildung 3.9
Sprungantwort eines gegengekoppelten OPs bei unterschiedlichen Phasenreserven

In der Praxis wird der Regelkreis im Frequenzbereich untersucht. Dazu wird die Sprungfunktion im Frequenzbereich $1/s$ mit der Übertragungsfunktion $H(s) = U_a(s)/U_e(s)$ multipliziert und das Ergebnis in den Zeitbereich zurück transformiert. Damit ergibt sich der zeitliche Verlauf der geregelten Größe $u_a(t)$. Es lässt sich zeigen, dass für die Praxis Phasenreserven in der Umgebung von 60° optimal sind.

Soll ein Verstärker universell einsetzbar sein, muss die Phasenreserve im gesamten Verstärkungsbereich ($|A| > 1$) größer 60° sein. Dieses wird durch die Erniedrigung der Grenzfrequenz des ersten Tiefpasses erreicht. Die Grenzfrequenz muss soweit erniedrigt werden, dass die Verstärkung bei der Grenzfrequenz des zweiten Tiefpasses den Wert 0dB unterschreitet. Im obigen Bode Diagramm wurde der zweistufige OP mit einer Miller-Kapazität kompensiert. Durch die zusätzliche Lastkapazität am Ausgang der ersten Stufe wird die Knickfrequenz des ersten Tiefpasses $f_{TP1,unkorr.}$ auf $f_{TP1,korr.}$ so erniedrigt, dass

Universelle Frequenzgangkorrektur

die Verstärkung den Wert 1 unterschreitet, bevor der zweite Tiefpasses f_{TP2} wirksam wird. Damit wird die Phasenreserve von ca. 1° auf ca. 80° erhöht. Für niedrige Frequenzen wird die Phasenverschiebung jedoch auf 90° vergrößert.

Angepasste Frequenzgangkorrektur Die universelle Frequenzgangkorrektur garantiert für jede ohmsche Gegenkopplung eine ausreichende Phasenreserve. Bei dieser Kompensation wird bei einer schwachen Gegenkopplung (hohe Verstärkung) Bandbreite verschenkt. Zur Stabilität wäre dann keine oder eine kleinere Miller-Kapazität erforderlich. Da in integrierten Schaltungen die Beschaltung in der Regel bekannt ist, kann häufig auf eine universelle Korrektur verzichtet werden. Die Stabilität muss dann für die jeweilige Anwendung untersucht werden. Soll der integrierte OP jedoch als Standard-Modul in unterschiedlichen Schaltungen eingesetzt werden, ist eine universelle Frequenzgangkorrektur vorzuziehen.

Es gibt weitere Techniken zur Frequenzkompensation [3.13] (z. B. nested-miller-compensation, wobei die Kompensationskapazitäten auf die einzelnen Stufen verteilt werden).

weitere Techniken zu Stabilitätsuntersuchung Zur Stabilitätsuntersuchung gibt neben dem hier vorgestellten (vereinfachten) Nyquist-Verfahren für die Untersuchung linearer Netzwerke viele weitergehende Methoden wie z. B. das Pol/Nullstellen-Verfahren (weit verbreitet), das Knotenimpedanz-Verfahren und die Methode nach Tuinenga (für nicht rückwirkungsfreie Schaltungen). Für das Pol/Nullstellen-Verfahren muss die Übertragungsfunktion im Laplace Bereich (analytisch) bekannt sein. Die Pole und Nullstellen der (komplexen) Übertragungsfunktion werden bestimmt. Besitzen alle Polstellen einen negativen Realteil, so weist das System eine asymptotisch abklingende Impulsantwort auf und ist somit asymptotisch stabil.

Können die Nichtlinearitäten einer Schaltung nicht vernachlässigt werden, so kann das Popov-Kriterium zur Stabilitätsuntersuchung angewendet werden.

3.1.6 Beispiel eines integrierten Bipolar-Operationsverstärkers

Der hier vorgestellte OP ist dem integrierten Standard-OP μA741 vereinfachend nachempfunden. Er besteht aus drei Verstärkerstufen, die in Abbildung 3.10 gezeigt sind. Der zugehörige Transistor-Schaltplan befindet sich in Abbildung 3.11.

3.1 Operationsverstärker

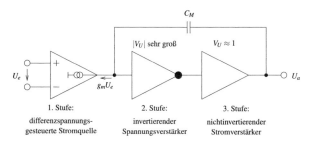

Abbildung 3.10
Verstärkerstufen des OPs

Der Eingangsverstärker besteht aus einer Differenzstufe, einem Stromspiegel und einer Konstantstromquelle. T3 und T4 bilden die Differenzstufe. T1, T2, R8 und P1 ergeben einen Stromspiegel, der das Differenzausgangssignal der Differenzstufe zu einen einzigem Ausgangssignal zusammenfasst. Zusammen betrachtet verhalten sich Differenzstufe und Stromspiegel wie ein Differenzverstärker, d. h. wie eine differenzspannungsgesteuerte Stromquelle. Die aus T5 und R11 gebildete Konstantstromquelle speist einen Referenzstrom in den Differenzverstärker ein. Der eingeprägte Referenzstrom verteilt sich in Abhängigkeit von der Spannung am Eingang der Differenzstufe auf ihre beiden Zweige. Wenn an den Eingängen eine *Differenz*spannung $U_e \neq 0$ auftritt, teilt sich der Strom in den Zweigen des Differenzverstärkers ungleichmäßig auf. Als Folge hiervon ändert sich die Spannung am Ausgang des Differenzverstärkers, damit auch am Eingang der zweiten Stufe und letztendlich am OP-Ausgang.

1. Stufe

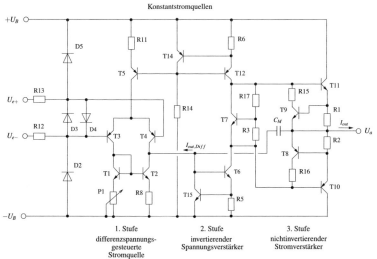

Abbildung 3.11
Vereinfachter Schaltplan Bipolar-OP μA741

Tritt dabei eine positive Differenzspannung U_e mit $U_{e+} - U_{e-} > 0$

auf, so verteilt sich der Strom ungleichmäßig auf die beiden Zweige, da T3 weiter als T4 aufgesteuert wird. Durch den Kollektor von T3 fließt ein im Vergleich zum Ruhestromwert $I_{C5}/2$ um ΔI größerer Strom $I_{C3} = I_{C5}/2 + \Delta I$. Der Kollektorstrom von T4 ist dann um ΔI kleiner als sein Ruhestromwert $I_{C5}/2$. Die Stromspiegelschaltung kopiert den Strom des linken Zweiges in den rechten Zweig. Die an den Kollektorknoten von T2 und T4 entstehende Stromdifferenz $I_{out,Diff} = 2\Delta I$ fließt aus dem Eingang der nachgeschalteten zweiten Spannungsverstärkerstufe in den Differenzverstärkerausgang hinein, das heißt um diesen Strom $2\Delta I$ verringert sich der Basisstrom von T6. Diese Stromänderung bewirkt gemäß dem differentiellen Eingangswiderstand der zweiten Stufe eine Spannungsänderung an ihrem Eingang.

Bei einer negativen Differenzspannung U_e erfolgt der umgekehrte Vorgang, d.h. der größere Teil des Stroms fließt durch den Kollektor von T4. Der Stromspiegel kopiert den geringeren Strom der linken Seite auf die rechte Seite. Es fließt ein Strom $-I_{out,Diff}$ aus dem Ausgang des Differenzverstärkers in die Basis des Transistors T6 hinein. Wiederum bewirkt die Stromänderung gemäß dem differentiellen Eingangswiderstand der zweiten Stufe eine Spannungsänderung an ihrem Eingang, diesmal jedoch mit anderem Vorzeichen.

Offsetkompensation Da bei einem OP die Komponenten der Differenzverstärkerstufe und der Stromspiegelschaltung nie genau symmetrisch sind und auch die Stromspiegelschaltung nicht ideal arbeitet, werden sich auch bei einer Differenzeingangsspannung U_e von 0V die Ströme nicht genau gleich auf beide Zweige verteilen. Die Ausgangsspannung des OPs ist dann ungleich 0V. Um diesen Offset zu beseitigen, befindet sich im linken Zweig der differenzspannungsgesteuerten Stromquelle ein Potentiometer $P1$. In integrierten OPs kann der Offset häufig durch ein externes Potentiometer beseitigt werden. Alternativ kann während der Herstellung der Offset gemessen und mittels *Laser-Trimming* abgeglichen werden.

Alternative Eingangsstufen In vielen integrierten OPs wird die erste Verstärkerstufe auch als Darlington-Differenzstufe ausgeführt. Bei einer Darlington-Schaltung sind zwei Transistoren so hintereinandergeschaltet, dass sich ihre Stromverstärkungswerte β_1 und β_2 zu dem neuen Wert $\beta_{ges} = \beta_1 \beta_2$ multiplizieren. Sie kann daher wie *ein* Transistor mit hoher Stromverstärkung betrachtet werden. Wird eine Darlington-Differenzstufe als erste Verstärkerstufe verwendet, so sind die Eingangsströme in den OP hinein im Vergleich zur einfachen Differenzstufe besonders gering. Nahezu Null wird der Eingangsstrom, wenn der eingangsseitige Transistor der Differenzstufe ein Feldeffekt-Transistor (FET) ist.

3.1 Operationsverstärker

Die zweite Stufe besteht aus einem Verstärkertransistor T6. In manchen Operationsverstärkern ist diese Stufe ebenfalls als Differenzverstärker ausgeführt. In der Regel wird sie jedoch unter Verwendung eines Darlington-Transistors realisiert, so auch im 741. Der Transistor T6 befindet sich in einer Emitterschaltung mit Stromgegenkopplung. Sein Arbeitswiderstand ist der als Stromquelle arbeitende Transistor T12. Diese Stromquelle hat einen sehr hohen differentiellen Innenwiderstand, so dass die statische Spannungsverstärkung der zweiten Verstärkerstufe näherungsweise maximal ist, d.h. nur von der inneren Transistorverstärkung bestimmt wird. Die gesamte Spannungsverstärkung über die ersten beiden Verstärkerstufen beträgt ca 100.000 oder 100dB.

2. Stufe

Die dritte Verstärkerstufe (auch Endstufe genannt) ist ein reiner Stromverstärker für positive und negative Ausgangsströme. Sie wird im Wesentlichen durch die Transistoren T10, T11 und durch eine Pegelverschiebungsschaltung (Klemmschaltung, engl.: clamping circuit) gebildet. Die Basen der Transistoren T10 und T11 können gleichstrommäßig nicht zusammengeschaltet werden, sondern müssen sich vom Potential um die Basis-Emitter-Einsatzspannungen und die Spannungsabfälle über den Emitterwiderständen T1 und T2 unterscheiden. Dazu befindet sich am Eingang der Endstufe eine Pegelverschiebungsschaltung, bestehend aus T7, R17 und R3. Der Transistor T7 regelt seinen Kollektorstrom so, dass der Strom durch R3 und R17 einen Spannungsabfall in Höhe seiner Einsatzspannung über R3 verursacht. Über das Verhältnis von R3 zu R17 lässt sich also ein von der augenblicklichen Aussteuerung des Verstärkers unabhängiger Spannungsabfall einstellen. Dieser Spannungsabfall bestimmt den Ruhestrom in Ausgangszweig. Die Pegelverschiebungsstufe verhält sich wie eine Z-Diode mit einstellbarer Durchbruchspannung.

3. Stufe

Klemmschaltung

Der maximale Ausgangsspannungshub am Ausgang ist im Wesentlichen begrenzt durch die Spannungsabfälle über R6 und R5, den Spannungsabfällen über den Emitterwiderständen R1 und R2 und den Einsatzspannungen von T10 und T11.

Die Kombination von R1 und T9 stellt eine Strombegrenzung für positive Ausgangsströme dar, damit eine Überlastung (Kurzschluss) der Ausgangsstufe des OPs nicht zu ihrer Zerstörung führt. Fließt ein Strom, der einen Spannungsabfall in Höhe der Einsatzspannung über R1 verursacht, so wird T9 aufgesteuert. Es fließt dann ein Kollektorstrom durch T9, der dem Transistor T11 als Teil seines Basisstroms entzogen ist. Dadurch steuert T11 nicht weiter auf. Der Ausgangsstrom ist somit begrenzt. Der Begrenzungsmechanismus für negative Ausgangsströme, bestehend aus R2 und T8 arbeitet äquivalent.

Strombegrenzung

Die *Konstantstromquellen* bestehen aus den Transistoren T5, T12, T14

Konstant- stromquellen	und den Widerständen R11, R6 und R14. Die Verschaltung der Komponenten sorgt weitgehend unabhängig von der Betriebsspannung dafür, dass der Kollektorstrom von T5 und T12 konstant ist. T14 regelt den Basisstrom von T12 so, dass der Emitterstrom von T12 einen Spannungsabfall in Höhe der Einsatzspannung über R6 hervorruft. Demzufolge fällt über R14 eine Spannung ab, die ca. 2 mal der Einsatzspannung unter der Betriebsspannung liegt. Durch die Wahl von R6 und R11 ist der jeweilige Ausgangsstrom bestimmt. Vergrößert sich z. B. die Betriebsspannung um ΔU_B , so erhöht sich der Spannungsabfall über R14 ebenfalls um ΔU_B. I_{B12} erhöht sich entsprechend ungefähr um $\Delta U_B/R14$. Dieser Stromanstieg bewirkt, dass auch die Spannung über R6 ansteigt und T14 stärker aufsteuert. T14 nimmt den um $\Delta U_B/R14$ erhöhten Basisstrom fast vollständig auf, d. h. die Basis-Emitter-Spannung von T12 (bzw. der Basisstrom) verkleinert sich wieder. Der Kollektorstrom von T12 stellt sich trotz erhöhter Betriebsspannung U_B fast genau wieder auf seinen alten Wert ein. Ähnlich regelt die Konstantstromquelle eine Verkleinerung der Betriebsspannung aus. Die Stromquellenschaltung ist also nur schwach abhängig von der Größe der Betriebsspannung, was für gut definierte Ströme in den Strompfaden einer OP-Schaltung erforderlich ist. Der konstante Referenzstrom durch T12 wird mit dem Stromspiegeltransistor T5 in den linken Zweig R11 und T5 übertragen. Dabei bestimmt das Verhältnis der Kollektorwiderstände R11/R6 das Spiegelverhältnis.
Eingangsschutz	Die Dioden D3 und D4 bilden einen Schutz für den Differenzeingang. Sie begrenzen die Differenzeingangsspannung auf einen durch die Durchlassspannung der Dioden vorgegebenen maximalen Wert. Die Eingangswiderstände R12 und R13 begrenzen den Eingangsstrom. Die Schutzdioden D2 und D5 begrenzen den Gleichtaktbereich der Spannung am Eingang des Differenzverstärkers auf Werte, die maximal um die Durchlassspannung über $+U_B$ bzw. unter $-U_B$ liegen. Die elektrische Wirkung der Eingangsschutzschaltung auf den normalen Betrieb des OPs kann vernachlässigt werden. Sie braucht also nicht in Berechnungen zum Verhalten des beschalteten OPs berücksichtigt zu werden. Ein derartiger Eingangsschutz ist in integrierten Operationsverstärkern nicht immer vorhanden.
Miller- Kompensation	Aus Stabilitätsgründen musste eine Miller-Kapazität C_M eingeführt werden. Zur Berechnung der Transitfrequenz wird das Ersatzschaltbild in Abb. 3.12 benutzt. Die Eingangsstufe wird als spannungsgesteuerte Stromquelle modelliert. Die Stufen 2, 3 werden als OP aufgefasst. Die Steilheit g_m der Differenzstufe ist prinzipbedingt genauso groß wie die eines eines Eingangstransistors und beträgt $g_m = s = I_C/(nU_T)$. Durch einen Maschenumlauf, für den Fall dass Eingangsspannung U_e

3.1 Operationsverstärker

und Ausgangsspannung U_a gleich sind, kann die Transitfrequenz zu

$$f_T = \frac{s}{2\pi C_M} = \frac{I_C}{2\pi C_M \cdot nU_T} \qquad (3.16)$$

bestimmt werden. Sie hängt damit direkt von der Höhe der Miller-Kapazität und von dem Strom durch die Eingangstransistoren ab.

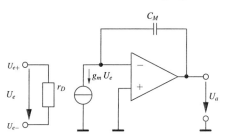

Abbildung 3.12
Kleinsignal-ESB der Frequenzgangkorrektur

Andere interessante und weitergehende Konzepte (low-power, high-speed usw) finden sich u. a. [3.8 - 3.11].

3.1.7 Beispiel eines integrierten CMOS-Operationsverstärkers

In Abbildung 3.14 wird ein Beispiel für einen integrierten, mehrstufigen Operationsverstärker in CMOS-Technik vorgestellt. Der OP ist zu großen Teilen aus den zuvor vorgestellten Grundschaltungen aufgebaut. Zur Verdeutlichung des Signalverlaufes enthält die Abbildung 3.13 ein Blockdiagramm.

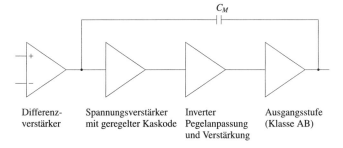

Abbildung 3.13
Beispiel eines CMOS-OP, Blockdiagramm

Das differentielle Eingangssignal wird zunächst in einer Differenzstufe verstärkt. Dessen Ausgangssignal wird einem Spannungsverstärker zugeführt. Die Ausgangsstufe ist ein Stromverstärker, um niederohmige Lasten treiben zu können. Da die Ausgangsstufe mit Spannungen um die halbe Betriebsspannung herum angesteuert werden muss, ist eine Anpassung des Pegels erforderlich.

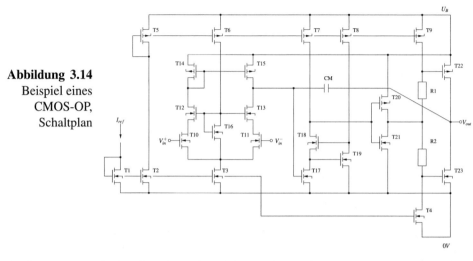

Abbildung 3.14
Beispiel eines
CMOS-OP,
Schaltplan

Referenzströme In den Transistor T1 wird von einer anderen Schaltung ein Referenzstrom gespeist. Dieser Strom wird mehrfach und mit unterschiedlichen Verhältnissen kopiert. Die Referenzströme der einzelnen Stufen werden durch T3, T4, T6...T9 eingespeist. Über den Transistor
1. Stufe, T3 fließt ein konstanter Strom in die Differenzstufe mit Stromspie-
Differenzstufe gellast, die aus T3, T6, T10...T15 gebildet wird. T10, T11 ist das Eingangs-Transistorpaar. Die Kaskode-Transistoren T12, T13 dienen zur Verstärkungserhöhung und zur Reduzierung des Miller-Effektes. Die benötige Referenzspannung ist die Drain-Source-Spannung von T16. Diese Spannung ist gleichbleibend bezogen auf das Drain-Potential von T3, da ein konstanter Strom durch T16 fließt. Die DC-Verstärkung dieser Stufe ist aufgrund der gewählten Transistorgeometrien und Ströme mit $v = 1150$ relativ hoch.

2. Stufe, Die nächste Stufe dient zu einer weiteren Spannungsverstärkung. T17
Spannungs- mit seiner Kaskode T18 sind die wesentlichen Elemente dieser Stufe.
verstärkung Das Lastelement ist die Stromquelle T7. Um einen möglichst großen Ausgangswiderstand und damit eine möglichst große Verstärkung zu

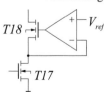

erreichen, muss das Drain-Potential von T17 konstant gehalten werden. Dieses kann durch einen Regelkreis mit einem Verstärker und einem Spannungsfolger erreicht werden (siehe Bild am Rand). In der vorliegenden Realisierung wurde der Verstärker durch T19 mit seiner Stromquelle T8 realisiert. T19 regelt das Gate-Potential der Kaskode und wird über den Stromquellentransistor T8 gesteuert. Die Drain-Source-Spannung von T17 wird damit konstant gehalten. Dieser äußerst einfache Regelkreis ist den häufig benutzen Kaskode-Schaltungen mit festen Bias-Spannungen überlegen.

3.1 Operationsverstärker

Der Inverter T20, T21 dient zur Anpassung des Ausgangspegels dieser Stufe zum Eingangspegel der nächsten Stufe und erhöht zusätzlich die Verstärkung. Aufgrund der Spannungsverhältnisse wurde der bereits vorgestellte Spannungsfolger nicht verwendet. Ein Spannungsfolger hätte die Verstärkung gemindert (auf ca. 75%, abhängig von der Dimensionierung). Ein Nachteil einer jeden Pegelanpassung ist die Einführung eines weiteren Pols, der zur Instabilität führen kann.   **Inverter**

Die Ausgangsstufe ist ein Verstärker der Klasse AB. Die Transistoren T4, T9 speisen einen konstanten Strom in die Ausgangsstufe. Über die Widerstände R1, R2 fällt dann jeweils eine feste Spannung ab. Damit werden die Gate-Source-Spannungen der Ausgangstransistoren T22, T23 im Bezug auf die Eingangsspannung so verschoben, dass beide Transistoren um einen bestimmten Betrag in Sättigung sind und ein definierter Ruhestrom durch die Stufe fließt.   **Ausgangsstufe**

In Abbildung 3.15 wird die Verstärkungs- und Phasenkennlinie des OPs gezeigt. Aufgrund des mehrstufigen Aufbaus ist aus Stabilitätsgründen eine starke Kompensation notwendig. Dabei wird der Ausgang des OPs mit dem Ausgang der Differenzstufe über eine Miller-Kapazität verbunden. Durch die Kompensations-Kapazität C_M wird die Phase schon bei sehr niedrigen Frequenzen um 90° gedreht und die Verstärkung fällt um 20dB je Dekade ab. Die Tiefpässe der OP-Stufen drehen die Phase bei vergleichsweise hohen Frequenzen, so dass sie in der Kennlinie nicht zu sehen sind. Durch eine Kompensation wurde eine hohe Phasenreserve von über 70° erreicht. Sie wurde durch eine niedrige Transitfrequenz erkauft.   **Kompensation**

Der OP hat eine besonders hohe Verstärkung (> 140dB), eine relativ niedrige Transitfrequenz ($\approx$ 5MHz), ist für eine minimale Betriebsspannung von 1,8V ausgelegt und wurde für einen CMOS-Prozess mit einer minimalen Kanallänge von $0,35 \mu$m entwickelt. Sein Ausgangsspannungs-Bereich beträgt bei einer Last von $10 k\Omega$ ca. 1,73V; der maximale Ausgangsstrom ist 1mA.

In anderen Realisierungen für Operationsverstärker wird häufig ein Aufbau mit weniger Stufen und damit mit geringerer Verstärkung gewählt. Der innere Aufbau und die Kenndaten eines OPs sind auf die jeweilige Anwendung abzustimmen. Für die analoge Signalverarbeitung empfiehlt es sich, eine Anzahl unterschiedlicher OPs vorzuhalten, so dass für die jeweilige Anwendung schnell ein passender OP aus einer Bibliothek entnommen werden kann.

Andere Konzepte finden sich u. a. in [3.3], [3.8 - 3.11].

Abbildung 3.15
Verstärkungs-,
Phasenkennlinie

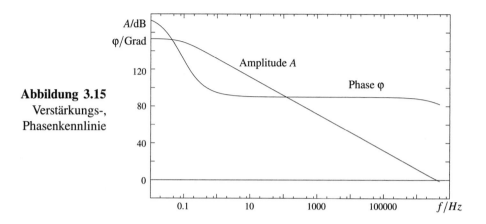

3.1.8 Beispiel eines Transkonduktanzverstärkers in Bipolar-Technik

Ein Transkonduktanz-Verstärker (engl. Operational Transconductance Amplifier OTA) nach der Einteilung in Abbildung 3.1 ist eine spannungsgesteuerte Stromquelle. Abhängig von der Eingangsspannungsdifferenz fließt ein Strom aus den Ausgang hinaus bzw. in den Ausgang hinein. Den prinzipiellen Aufbau eines OTAs (z. B. CA3080) zeigt Abb. 3.16.

Funktion OTA Der Referenzstrom I_{ref} wird durch T1 nach T2 gespiegelt. Die Eingangsspannung liegt am differentiellen Paar T3, T4 an. Der Kollektorstrom von T3 wird über T5, T6, T9 nach T10 gespiegelt.

Abbildung 3.16
Einfacher
Transkonduktanz-
Verstärker

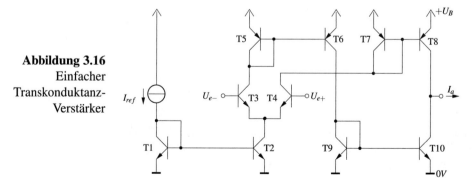

Der Kollektorstrom von T4 wird über T7 nach T8 kopiert, so dass bei

3.1 Operationsverstärker

einer geeigneten Ausgangslast die Stromdifferenz der Kollektorströme $I_{C,T4} - I_{C,T3}$ in den Ausgang hinein bzw. hinaus fließen muss. Der Übertragungsfaktor zwischen Eingangsdifferenz-Spannung $U_{e+} - U_{e-}$ und dem Ausgangsstrom I_a ist die Steilheit g_m der Eingangstransistoren T3, T4

$$I_a = g_m \left(U_{e+} - U_{e-}\right). \tag{3.17}$$

Danach ist der Ausgangsstrom proportional zur Eingangsspannung und zum Strom durch die Eingangstransistoren.

Ist der Referenzstrom über eine Spannung einstellbar, so kann mit dieser Schaltung ein Analog-Multiplizierer aufgebaut werden. Weitere Anwendungsmöglichkeiten sind u. a. Multiplexer, Integratoren und Abtast-Halte-Glieder.

Anwendungen

Der einfache Stromspiegel mit Transistordiode (Bild am Rand) kopiert den Strom jedoch fehlerhaft. Der Strom durch den Kollektor des Transistors im Eingangszweig ist um den zweifachen Basis-Strom erniedrigt. Der Ausgangsstrom beträgt demzufolge

$$I_a = I_e - 2I_B = \left(1 + \frac{2}{\beta_F}\right) I_e \tag{3.18}$$

und weicht um den Faktor $2/\beta_F$ vom idealen Wert ab.

Eine deutliche Verbesserung stellt der so genannte *Wilson-Stromspiegel* dar. Dabei handelt es sich um einen geschlossenen Regelkreis. Der Spannungsabfall über T2 steigt solange an, bis durch den Transistor im Eingangszweig T1 der Strom $I_e - I_B$ fließt.

Wilson-Stromspiegel

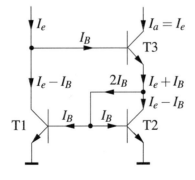

Abbildung 3.17
Wilson-Stromspiegel
(Ströme ideal)

In der Abbildung 3.17 sind die Ströme im stationären Endzustand eingezeichnet. Die Ströme wurden in der Abbildung als ideal angenommen. Doch auch hier kommt es zu einem Fehler

$$I_a = \left(1 - \frac{2}{\beta_F^2 + 2\beta_F + 2}\right) I_e. \tag{3.19}$$

Der Fehler ist jedoch wegen des quadratischen Faktors im Nenner wesentlich geringer als beim Standard-Stromspiegel. In den meisten praktischen Ausführungen eines OTAs werden daher der Wilson-Stromspiegel oder noch weiter verbesserte Stromspiegel verwendet. Die vorgestellten Bipolar-Schaltungen sind ohne Probleme auch in MOS-Technik realisierbar.

3.2 Komparatoren

Während die Umwelt durch analoge Werte geprägt ist, findet die Berechnung beliebiger Funktion weitgehend digital statt. Die Schnittstelle zwischen der analogen Umwelt und der digitalen Verarbeitung wird durch Analog-Digital Wandler hergestellt. Bei diesen Wandlern ist der Komparator häufig das wesentliche Element.

Definition Ein Komparator ist eine Schaltung, die ein analoges Signal mit einem weiteren Signal vergleicht. Am Ausgang der Komparatorschaltung liegt dann ein binäres Signal an, das auf dem Vergleich der beiden analogen Signale basiert. In der Abbildung 3.18 wird das Schaltungssymbol des Komparators, die ideale Übertragungskennlinie und ein Modell als spannungsgesteuerte Spannungsquelle VCVS (engl. **V**oltage-**C**ontrolled **V**oltage-**S**ource) gezeigt.

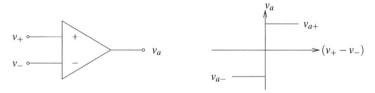

Abbildung 3.18 Idealer Komparator

$$f_a(v_+ - v_-) = \begin{cases} v_{a-} & \text{für } (v_+ - v_-) < 0 \\ v_{a+} & \text{für } (v_+ - v_-) \geq 0 \end{cases}$$

Der Komparator sollte lediglich zwei Zustände annehmen dürfen. In der Realität gibt es jedoch einen stetigen Übergang zwischen diesen beiden digitalen Zuständen. In einem einfachen Modell kann der Übergang als **Verstärkung** eine konstante Verstärkung angenommen werden. Eine Spannung ΔV muss überwunden werden, bis der Komparator von einem Zustand in den dazu komplementären kippt.

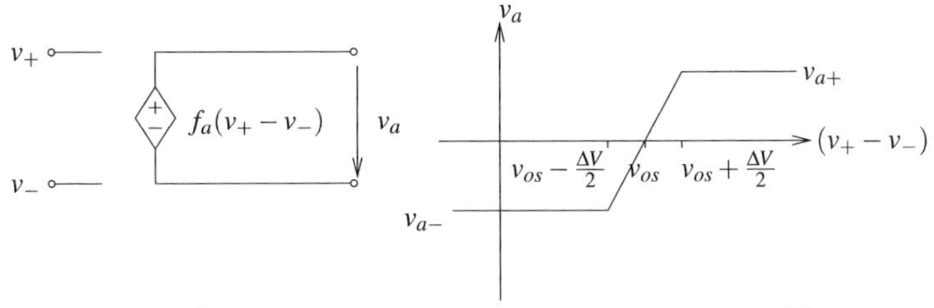

3.2 Komparatoren

$$f_a(v_+ - v_-) = \begin{cases} v_{a-} & \text{für} & (v_+ - v_-) \leq v_{os} - \frac{\Delta V}{2} \\ A_k(v_+ - v_-) & \text{für} & v_{os} - \frac{\Delta V}{2} < (v_+ - v_-) < v_{os} + \frac{\Delta V}{2} \\ v_{a+} & \text{für} & (v_+ - v_-) \geq v_{os} + \frac{v_{os}}{2} \end{cases}$$

Abbildung 3.19 Modell erster Ordnung für einen nicht idealen Komparator

Die Verstärkung in diesem Bereich ergibt sich zu

$$A_K = \lim_{\Delta V \to 0} \frac{v_{a+} - v_{a-}}{\Delta V}. \qquad (3.20)$$

Die Verstärkung ist eine sehr wichtige Größe zur Charakterisierung eines Komparators. Sie definiert die minimale Eingangsspannungsänderung, die zu einem Kippen der Ausgangsspannung von einem binären Zustand in den anderen führt.

Eine weitere Nichtidealität eines realen Komparators ist ein Versatz zwischen der realen und der idealen Ausgangskennlinie. Dieser Versatz ist begründet durch herstellungsbedingte Unpaarigkeiten (vgl. Kap. 4, Nichtidealitäten). Die Größe dieses Versatzes wird als Offsetspannung bezeichnet. In Abb. 3.19 wird die Übertragungskennlinie und ein Modell erster Ordnung für einen nicht idealen Komparator vorgestellt.

Das vorgestellte DC-Modell berücksichtigt Offset und endliche Verstärkung, jedoch keine Effekte im Zeitbereich wie zum Beispiel eine Verzögerung von einer Erregung am Eingang bis zur Antwort am Ausgang. Diese Verzögerung wird *Propagationszeit* (engl. propagation delay) genannt. Die Propagationszeit ist ein wichtiger Parameter, denn in den Schaltungen in denen Komparatoren verwendet werden, ist häufig der Komparator die Begrenzung der Geschwindigkeit. Diese Propagationszeit ist im Allgemeinen eine Funktion der Amplitude am Eingang. Ein größeres Eingangssignal führt zu einer kleineren Verzögerungszeit.

Propagationszeit

3.2.1 Einstufige Komparatoren

Der einfachste Komparator ist der bereits vorgestellte Inverter. Anders als in unserem einfachen Modell werden beim Inverter nicht zwei Eingangsspannungen miteinander, sondern eine Eingangsspannung U_e

wird mit einer durch das Design eingestellten Spannung U_{ref} verglichen. Die Spannung U_{ref} kann durch das Verhältnis der Designgrößen W/L von p- und n-Kanal Transistor bestimmt werden. In der Abbildung sind die Ausgangskurven des Komparator für unterschiedliche W/L Verhältnisse von p- und n-Kanal Transistor aufgezeichnet.

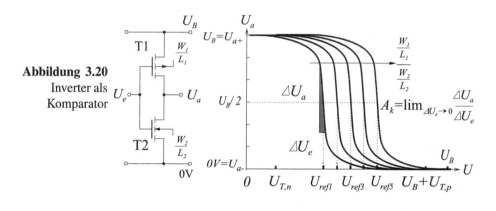

Abbildung 3.20 Inverter als Komparator

Die Spannung U_{ref} ist die Spannung am Eingang bei der der Ausgang genau in der Mitte zwischen den beiden binären Ausgangssignalen U_{a+}, U_{a-} – also beim Push-Pull Inverter $U_B/2$ – befindet. Rechnerisch ergibt sich die Vergleichsspannung zu

$$U_{ref} = \frac{\frac{W_1}{L_1}\beta_1 U_{T1} - \frac{W_2}{L_2}\beta_2(U_B + U_{T2})}{\frac{W_1}{L_1}\beta_1 - \frac{W_2}{L_2}\beta_2} \ldots$$

$$\pm \frac{(U_{T1} - U_{T2} - U_B)\sqrt{\frac{W_1}{L_1}\frac{W_2}{L_2}\beta_1\beta_2}}{\frac{W_1}{L_1}\beta_1 - \frac{W_2}{L_2}\beta_2}. \tag{3.21}$$

Dabei wurde vorausgesetzt, dass die Transistoren in Sättigung arbeiten; Kanallängenmodulation wurde vernachlässigt. Damit ist U_{ref} nicht nur abhängig von Designgrößen, sondern auch von der verwendeten Technologie und der Höhe der Betriebsspannung. D. h. Schwankungen im Herstellprozess und Schwankungen der Versorgungsspannung während des Betriebes (z. B. Rauschen, ggf. Temperaturabhängigkeit) wirken sich unmittelbar auf den Vergleich aus.

Ein verbesserter Komparator ist die bereits vorgestellte Differenzstufe. Der Komparator verstärkt die Differenz zwischen dem invertierenden und nicht invertierenden Eingang. Damit wird das Ergebnis des Komparators unabhängig von Prozess und Betriebsspannung. Die Übertragungsfunktion wurde bereits vorgestellt.

3.2.2 Zweistufige Komparatoren

Eine Kombination der bereits vorgestellten Komparatoren Inverter und Differenzstufe führen zu den Abbildungen 3.21 und 3.22. Sie zeigen eine Differenzstufe mit Stromspiegellast verschaltet mit einem Inverter in einer Ausführung mit Stromquellenlast als Prinzipschaltbild und in einer schaltungstechnischen Realisierung.

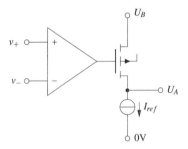

Abbildung 3.21 Prinzip eines zweistufigen Komparators

Die relativ niedrige Verstärkung der Differenzstufe wird mithilfe des Inverters vergrößert. Die Ausgangsspannung der Differenzstufe liegt potentialmäßig näher bei der Betriebsspannung und damit günstig für die Inverterschaltung. Der begrenzte Ausgangsspannungsbereich der Differenzstufe, welcher in einer Einzelschaltung ein Problem ist, kann hier gewinnbringend verwendet werden.

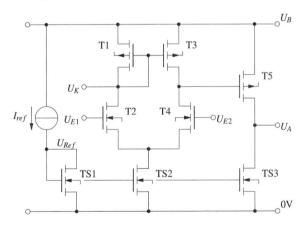

Abbildung 3.22 Zweistufiger Komparator in CMOS-Technik

Die Verstärkung des zweistufigen Komparators kann mit den vorgestellten Näherungen für Differenzverstärker und Inverter zu

$$v_A \simeq \underbrace{\frac{g_{m2}}{g_{DS1}}}_{\text{Differenzverstärker}} \cdot \underbrace{\frac{g_{m5}}{g_{DS5} + g_{DSS3}}}_{\text{Inverter}} \quad (3.22)$$

abgeschätzt werden. Die unerwünschte Verstärkung von Gleichtaktsignalen am Eingang auf den Ausgang errechnet sich zu:

$$v_{CM} \simeq \underbrace{\frac{g_{DSS2}}{(g_{DSL} + g_{mL})(2(1+\eta) + g_{DSS2}/g_{mE})}}_{\text{Gleichtaktverstärkung Differenzstufe}} \cdot \underbrace{\frac{g_{m5}}{g_{DS5} + g_{DSS3}}}_{\text{Verstärkung Inverter}}.$$

(3.23)

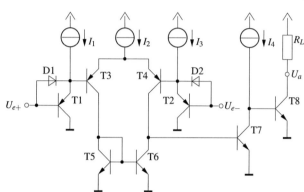

Abbildung 3.23 Komparator mit Bipolar-Transistoren

Diese Komparatorschaltung wurde (leicht modifiziert) auf ihre Abhängigkeit vom Herstellprozess untersucht. Durch eine Vielzahl von Messungen kann statistisch sicher eine Aussage über die äquivalente Eingangsoffset-Spannung gemacht werden. Ergebnisse hierzu befinden sich in Kap. 4.3.5. Eine andere Möglichkeit, einen zweistufigen Komparator aufzubauen, ist die Kombination einer Differenzstufe mit Differenzausgang mit einer Phasenumkehr- und Addierstufe in CMOS-Technik.

Die Abbildung 3.23 zeigt ein Beispiel für einen Komparator in Bipolar Technik. Die npn-Transistoren T1...T4 bilden eine Darlington-Eingangsstufe. T5, T6 stellen eine Stromspiegellast dar. Ihr Ausgang ist mit der zweiten Stufe (T7) verbunden. Die Dioden dienen zur Geschwindigkeitserhöhung. Sie führen Strom zu den Transistoren T3, T4 um deren Streukapazitäten an den Basen zu laden.

3.2.3 Komparatoren mit Hysterese

Komparator „Rauschen"

Wird ein Komparator in der Nähe seines Umschaltpunktes betrieben und gleichzeitig in einer sehr verrauschten Umgebung eingesetzt, so kann die Ausgangsspannung ebenfalls verrauscht sein. Dabei muss aber vorausgesetzt werden, dass die Komparatorschaltung schnell genug und die Höhe des Rauschsignals groß genug ist. Unter solchen Betriebsbedingungen können die oben vorgestellten Komparatoren nicht sinnvoll

3.2 Komparatoren

betrieben werden. Deshalb muss die Übertragungskennlinie auf die speziellen Bedingungen modifiziert werden.

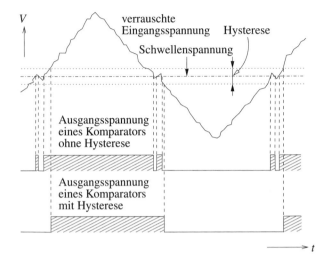

Abbildung 3.24
Komparator ohne/mit Hysterese bei verrauschtem Eingangssignal (nicht maßstäblich)

Der Vorteil eines Komparators mit Hysterese kann anhand von Abbildung 3.24 veranschaulicht werden. Gezeichnet ist der Verlauf der Ausgangsspannung eines Komparators ohne Hysterese und eines Komparators mit Hysterese bei einem verrauschten Eingangssignal.

Eine Hysterese kann so aufgefasst werden, als wenn sich die Spannung mit der ein analoges Eingangssignal verglichen werden soll durch eben diese Eingangsspannung verstellt. Wenn der Eingang die Schwellenspannung überschreitet, so erscheint am Ausgang des Komparators der obere Spannungswert v_{a+} und die (neue) Schwellenspannung wird reduziert und umgekehrt. Die Hysteresekurve in der Abbildung am Rand verdeutlicht diesen Zusammenhang.

Hysteresekurve

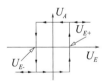

Für Komparatoren mit Hysterese gibt es sehr viele unterschiedliche Schaltungsvorschläge. Alle diese Schaltungen benutzen in irgendeiner Form eine positive Rückkopplung. Das Schaltbild am Rand zeigt einen sehr einfachen Schaltungsvorschlag mit einem OP. Im Bild 3.25 wird ein Schaltungsbeispiel für einen Komparator mit Hysterese gezeigt. Über die Konstantstromquelle TS wird ein Strom I_{DS} in die Schaltung eingeprägt. Die Differenzstufe T1, T2 stellt eine Form von negativer Rückkopplung dar. Wird beispielsweise U_{E1} *erhöht*, dann steuert T1 stärker durch, I_{D1} steigt und U_{A2} wird *erniedrigt*. Die Stromspiegel T3, T4 und T6, T5 verursachen eine positive Rückkopplung. Diese positive Rückkopplung muss stärker sein als die negative, damit eine Hysterese entstehen kann. Deshalb müssen die Stromspiegelverhältnisse k_1, k_2

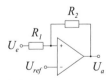

Schaltungsvorschlag

größer als 1 sein, also Stromverstärkungen vorliegen.

$$\frac{W_3}{L_3} < \frac{W_4}{L_4}, \tag{3.24}$$

$$\frac{W_6}{L_6} < \frac{W_5}{L_5} \tag{3.25}$$

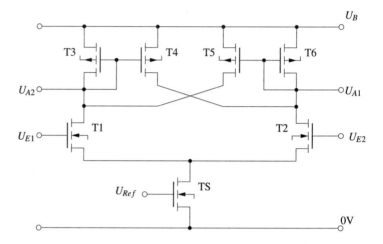

Abbildung 3.25 Schaltungsbeispiel Komparator mit Hysterese

In der Regel soll die Hysteresekurve symmetrisch sein, d. h. die negative und positive Schaltschwelle U_{E-}, U_{E+} sind gleich weit von der idealen Schaltschwelle $U_E = 0V$ entfernt. Daher wird

$$\frac{W_3}{L_3} = \frac{W_6}{L_6}, \tag{3.26}$$

$$\frac{W_4}{L_4} = \frac{W_5}{L_5} \tag{3.27}$$

gewählt. Ebenfalls üblich ist es, die Längen der Transistoren T3 ... T6 gleich zu wählen und nur die Weiten entsprechend obiger Gleichungen anzupassen.

$U_{E1} - U_{E2} \gg 0$ Um die Schaltung zu verstehen, gehen wir von einer ausreichend großen, positiven Eingangsspannung aus. Nahezu der gesamte Referenzstrom fließt dann durch den linken Transistor der Differenzstufe T1. Zugeführt wird der Strom durch den als Diode verschalteten Transistor T3 der Differenzstufe. Der linke Stromspiegel möchte den Strom mit dem Verstärkungsverhältnis k_1 über T4 in den rechten Zweig kopieren.

$$I_{D4} = \frac{W_4/L_4}{W_3/L_3} I_{D3} = k_1 I_{D3} \tag{3.28}$$

3.2 Komparatoren

Da die Stromsumme durch die Konstantstromquelle TS vorgegeben ist und ein Strom dieser Größe bereits durch T3, T1 fließt, gelingt dieser Kopiervorgang nicht. Durch die Transistoren des rechten Zweiges T2, T5 und T6 fließt kein Strom. Die Ausgangsspannung bei einem zweiphasigen Ausgang $U_{A1} - U_{A2}$ ist positiv, bzw. die einphasige Ausgangsspannung U_{A2} erreicht ihren unteren Wert.

Wird nun die Eingangsspannung in Richtung Umschaltpunkt verringert, $U_{E1} - U_{E2} > 0$
so fließt ein Teil des Referenzstromes durch T2. T2 wird durch T4 gespeist. Der Stromverstärkungsfaktor wird noch nicht erreicht. Der Strom durch T1 verringert sich entsprechend der Vergrößerung des Stromes in T2.

Bei $U_{E1} - U_{E2} = 0$ ist der Umschaltpunkt eines Komparators *ohne* Hy- $U_{E1} - U_{E2} = 0$
sterese erreicht. In dieser Schaltung herrscht immer noch der im Absatz zuvor beschriebene Arbeitspunkt.

Die Eingangsspannung wechselt das Vorzeichen und wird noch weiter $U_{E1} - U_{E2} < 0$
erniedrigt. Der Umschaltpunkt wird erreicht, wenn der linke Stromspiegel arbeitet, also Gl. 3.28 erfüllt ist.

Bei einer weiteren Verkleinerung der Eingangsspannung kann der Umschaltpunkt
Strom für T2 nicht mehr durch T4 geliefert werden. Dieser Strom muss über T6 fließen, der Komparator kippt. Der gesamte Strom fließt über T6, T2 in die Quelle TS. Durch die Transistoren T1, T3 und T4 fließt kein Strom. Die Ausgangsspannung $U_{A1} - U_{A2}$ ist negativ.

Ähnliche Überlegungen gelten für eine Erhöhung der Eingangsspannung ausgehend von einem negativen Eingangssignal. In der Abbildung am Rand befindet sich ein Simulationsergebnis für einen Komparator mit starker Hysterese. Deutlich ist die mit $\pm 400 mV$ große Hystereseschleife zu erkennen. Jedoch ist der Ausgangsspannungsbereich nicht optimal. Deshalb wird die Komparatorschaltung entweder um einen Inverter (einphasiger Anschluss an U_{A1}) oder um eine Phasenumkehr- und Addierstufe (zweiphasiger Anschluss an U_{A1} und U_{A2}) erweitert. Hier wurde der Übersichtlichkeit halber darauf verzichtet.

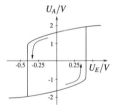

3.2.4 Komparatoren mit Selbstabgleich

Die Eingangsoffset-Spannung, die durch den nicht idealen Herstellprozess entsteht, ist ein sehr großes Problem beim Entwurf von Komparatoren. Insbesondere in hoch genauen Applikationen, wie z. B. bei A/D-Konvertern, kann eine große Eingangsoffset-Spannung nicht toleriert werden. Ein systematischer Offset kann durch ein gutes Design nahezu eliminiert werden, während statistische Offsets verbleiben und nicht vorhergesagt werden können.

Flächen-vergrößerung
Eine Möglichkeit, diesen Offset zu verringern, ist die Flächen der empfindlichen Eingangstransistoren zu vergrößern (Flächengesetz, Gl. 4.36). Dadurch wird der Offset aber nicht beseitigt sondern nur verringert. Außerdem wird die Schaltung durch die erhöhten parasitären Kapazitäten langsamer; wegen des erhöhten Flächenbedarfs steigen die Produktionskosten.

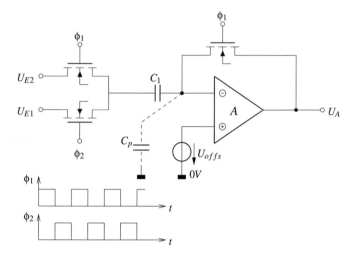

Abbildung 3.26 Komparator mit Selbstabgleich

Selbstabgleich
Komparatoren mit einem *Selbstabgleich* (engl. auto zero technique) arbeiten nicht wie die zuvor beschriebenen Schaltungen zeitkontinuierlich. Während einer ersten Phase wird der vorhandene Offset eingemessen. In einer zweiten Phase wird das um den Offset verschobene Signal mit dem Eingangsoffset verglichen. Eine weit verbreitete Schaltung wird in Abbildung 3.27 gezeigt. Der nicht ideale OP wird dargestellt durch einen offsetfreien Verstärker mit dem Verstärkungsfaktor A und einer Offsetspannung.

Erste Phase
Die Eingangsspannung $U_{E1} - U_{E2}$ wird auf zwei Phasen verteilt eingelesen. Während Phase ϕ_1 wird in der Kapazität C_1 die Spannung $U_{E2} - U_{offs}$ eingespeichert. Der Verstärker ist dazu als Spannungsfolger beschaltet.

Zweite Phase
In der zweiten Phase ϕ_2 wird die Eingangsspannung U_{E1} eingelesen. Der OP arbeitet als Komparator (unbeschaltet). Mit der parasitären Kapazität C_p und C_1 ergibt sich ein kapazitiver Spannungsteiler, der zu einem vom Kapazitätsverhältnis abhängigen Fehler führt. Damit hängt die Ausgangsspannung des Verstärkers nur noch von der Eingangsspannung ab und ist bei ausreichender Verstärkung A und großem Kapazitätsverhältnis C_1/C_p nahezu frei von einer Offsetspannung. Die Eingangsspannungen dürfen

sich während des Einlesens, also für die Dauer der Phasen ϕ_1 und ϕ_2, nicht ändern, ansonsten entsteht ein weiterer Fehler.

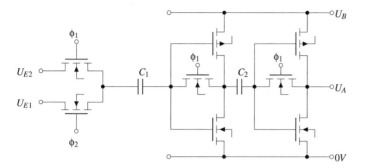

Abbildung 3.27 Komparatorschaltung mit Selbstabgleich

Eine weitere beliebte selbstabgleichende Komparatorschaltung zeigt Abb. 3.27. Zwei Push-Pull Inverter werden kapazitiv miteinander gekoppelt. Während Phase ϕ_1 werden die Aus- und Eingänge jedes Inverters „selbstabgeglichen". In der zweiten Phase ϕ_2 wird das Komparatorergebnis ermittelt. Häufig wird dieser Komparator mit einem D-Flip-Flop gekoppelt, um die Geschwindigkeit durch zusätzliche Verstärkung zu erhöhen.

Weitere Komparatorschaltungen finden sich u. a. in [3.5-6], [3.10] und [3.12].

3.3 Rechnergestützter Entwurf integrierter Schaltungen

Am Beginn eines Fertigunsprozesses einer elektrischen Schaltung befindet sich der Wunsch bzw. die Notwendigkeit elektrische Eingangsparameter auf elektrische Ausgangsparameter umzusetzen. Sind die notwendigen Spezifikationen aufgestellt, so wird nach einer geeigneten Schaltungsidee oder -variante gesucht. In großen Firmen gibt es dazu Datenbanken in denen Schaltungskonzepte katalogisiert sind. Erst danach kann eine Schaltung in groben Zügen dimensioniert werden. Häufig verlässt sich der Schaltungsdesigner dabei auf Handrechnungen und Erfahrungswerten.

Das Verhalten der dimensionierten Schaltung wird mit einem Netzwerkanalyseprogramm untersucht. Da die Handrechnungen und Erfahrungswerte nur sehr ungenau sind, muss die Schaltung mehrfach nachdimensioniert werden. Besser ist eine exakte Dimensionierung. Dazu gibt es unterschiedliche Programme mit denen die Arbeitspunktwerte der Transistoren exakt berechnet werden können (z. B. MOSDIM [3.14], gmos [3.15]). Aber auch mit diesen Programmen muss der Designer, ausgehend von Erfahrungswerten iterativ das W/L-Verhältnis so lange ändern, bis die gewünschten Eigenschaften (z. B. g_m, I_{DS}) bei vorgegebenen Parametern (z. B. U_{GS}, U_{SB}) erreicht werden.

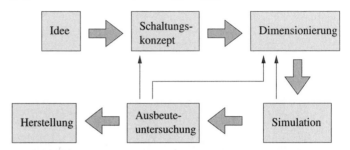

Abbildung 3.28 Flussdiagramm zum Schaltungsentwurf

Ein weiterer Schritt zur vollständigen Automatisierung ist die Dimensionierung des Einzeltransistors (oder auch der Teilschaltung) mit einer analogen Beschreibungssprache. Die Iteration erfolgt automatisch. In Abb. 3.29 wird die Ein-/ Ausgabemaske zur automatisierten Transistordimensionierung gezeigt (YIELD/ACID [3.16]). Nach Dimensionierung und Simulation erfolgt eine Untersuchung der Ausbeute (z. B. mit GAME [4.2], vgl. Kap. 4.3).

Anfang der 70iger Jahre wurde von der Universität Berkeley, Kalifornien ein Programm zur Schaltungssimulation vorgestellt. SPICE (Simulation Programm with Integrated Circuit Emphasis) hat sich sehr stark verbreitet. In vielen z. T. kommerziellen Nachfolgern wird die Beschreibungssprache auch heute noch verwendet (z. B. PSPICE; HSPICE; BONSAI; ELDO). SPICE dient aber nicht der Schaltungsdimensionierung, sondern lediglich der Berechnung.

SPICE Damit ein Netzwerkanalyseprogramm wie SPICE ein Ergebnis liefern kann, muss in einer geeigneten Weise beschrieben werden mit welchen Bauelementen die Schaltung aufgebaut ist und wie diese verschaltet sind. Weiterhin muss bekannt sein, wie sich die Bauelemente verhalten und welche Analysen und Ergebnisse gefordert sind. Aktuelle Netzwerkanalyseprogramme bieten graphische Oberflächen (engl. schematic entry), so dass die Schaltung ähnlich zu Papier und Bleistift auf dem Bildschirm gezeichnet wird. Diese Zeichnung wird in eine so genannte
Netzliste Netzliste überführt. Diese Netzliste kann auch mit einem beliebigen Texteditor als ASCII-Datei erstellt werden. Eine so genannte Steuer-
Steuerdatei datei enthält an die Schaltung angeschlossene Quellen (z. B. Betriebsspannung), Modelle die das Verhalten der Bauelemente beschreiben, die Netzliste bzw. einen Verweis auf die Netzliste und Anweisungen zu den Analysen und gewünschten Ausgaben.

3.3 Rechnergestützter Entwurf integrierter Schaltungen

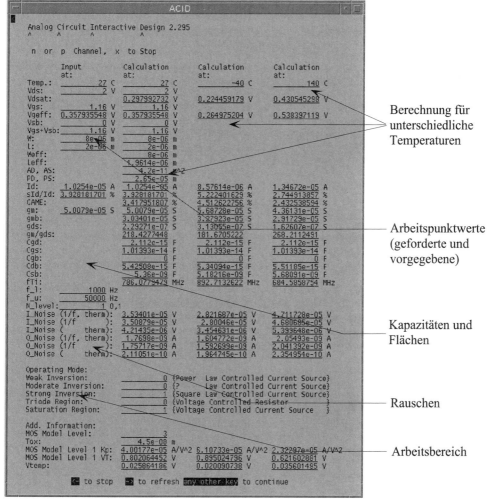

Abbildung 3.29 Automatisierte Transistordimensionierung

Die Steuerdatei beginnt mit einer Titelzeile, die den Titel, aber keine Titelzeile Anweisungen o. ä. enthalten darf. In der letzten Zeile steht die .END-Anweisung. Dazwischen befinden sich die Netzliste, die Modelle letzte Zeile und alle Steuerbefehle. Zeilen die vom Netzwerkanalayseprogramm nicht gelesen werden sollen, beginnen mit einem * als erstes Zeichen. Kommentarzeile Sie werden zur Kommentierung der vorherigen oder nachfolgenden Anweisungen benutzt. Reicht der Platz einer Zeile für die Eingabe nicht aus, oder soll zur Übersichtlichkeit eine weitere Zeile benutzt Folgezeile werden, so wird die Folgezeile mit einem + Zeichen begonnen.

Zur Erstellung einer Netzliste muss jeder Knotenpunkt der Schaltung benannt werden. An jedem Knoten müssen mindestens zwei Elemente angeschlossen sein. Ein Knoten muss dabei den Namen *0* erhalten. Er dient als Bezugsknoten. Die Potentiale der anderen Knoten werden gegenüber dem Bezugsknoten gemessen. Von jedem Knoten muss ein (ggf. sehr hochohmiger) Gleichstrompfad zu diesem Bezugsknoten führen. Jede Masche muss einen von Null verschiedenen Gleichstromwiderstand besitzen. Ist dieses nicht der Fall (z. B. in einer Schaltung mit Induktivitäten) kann ein sehr niederohmiger Hilfswiderstand, der die Netzwerkanalyse nicht beeinflusst, in Reihe geschaltet werden.

Bezugsknoten (margin)

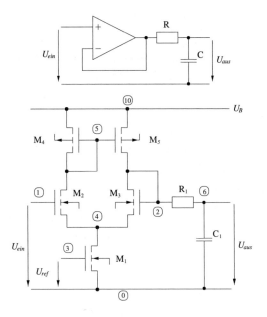

Abbildung 3.30
Beispielschaltung zum Aufstellen einer Netzliste

In der Abbildung 3.30 wird die Umsetzung eines Tiefpassfilters gezeigt. Der OP wird durch die Transistoren M1...M5 mit der Stromquelle M1 gebildet. Sämtliche Knoten wurden benannt, ein Bezugsknoten mit der Bezeichnung 0 wurde vergeben. Jedes Bauelement wird dann durch eine Elementanweisung in der Netzliste beschrieben. Die Elementanweisung gibt an, um welche Art Bauelement es sich handelt (z. B. Widerstand) und zwischen welchen Knoten dieses Bauelement verschaltet ist. Alle Elementanweisungen haben ein ähnliches Format. Sie beginnen mit einem Buchstaben, der die Art des Bauelementes bestimmt (z. B. *R* für Widerstand). Die direkt darauf folgenden Buchstaben legen den Namen fest. Es folgen zwei oder mehrere Knoten (getrennt durch ein oder mehrere Leerzeichen), sein Wert (z. B. $8k\Omega$) ggf. ein Modellname und weitere Optionen (z. B. für Temperaturabhängigkeit).

3.3.1 Elementare Bauelemente

Nachfolgend werden einige Bauelemente kurz aufgeführt. Es bleibt anzumerken, dass diese Liste nicht vollständig ist und nur wesentliche Parameter aufgeführt werden. Optionale Parameter werden in <> Klammern gesetzt. Die hier aufgeführten Elemente und Parameter lassen sich in den meisten SPICE ähnlichen Simulatoren benutzen.

Kapazität
`Cname n1 n2 wert <IC=anfangsbedingung>`
name bezeichnet den Namen des Bauelementes. n1 und n2 sind die Knoten zwischen denen das Bauelement verschaltet ist. Ein positiv gezählter Strom fließt in den Knoten n1 hinein und aus dem Knoten n2 hinaus. Mit wert wird die Größe der Kapazität festgelegt. Die Nomenklatur des Wertes findet sich im Anschluss an diesen Abschnitt. Optional kann eine Anfangsbedingung (Spannung für $t = 0$) angegeben werden.

Induktivität
`Lname  n1 n2 Wert <IC=anfangsbedingung>`
Bezeichnung wie oben. Bei der (optionalen) Anfangsbedingung wird der Strom zum Zeitpunkt $t = 0$ festgelegt.

Gekoppelte Induktivitäten
`Kname Lname1 Lname2 wert`
Lname1 und Lname2 bezeichnen zwei Induktivitäten (die jeweils eine eigene Elementanweisung benötigen), die miteinander gekoppelt sind. wert ist der Kopplungsfaktor der zwischen 0 (keine Kopplung) und 1 (vollständige Kopplung) liegt.

Ohmscher Widerstand
`Rname n1 n2 Wert`
Bezeichnung wie oben. Halbleiter-Widerstände können auch über ihre Geometrie berechnet werden. Die Einbeziehung von Temperaturabhängigkeiten ist möglich.

Diode
`Dname n1 n2 modell <flaeche> <OFF>`
`+ <IC=anfangsbed.> <TEMP=temperatur>`
Der Knoten n1 ist die Anode, Knoten n2 die Kathode. Mit flaeche werden Parameter des Modells skaliert (interessant für unterschiedlich große Dioden in integrierten Schaltungen). Es kann eine Spannung als Anfangsbedingung für eine Analyse im Zeitbereich (Transienten Analyse, UIC-Option) vorgegeben werden. OFF indiziert eine optionale Startbedingung für eine DC-Analyse. Mit temperatur kann eine Temperatur, die verschieden von der Temperatur der übrigen Schaltung

sein darf, angegeben werden.

MOS-Transistor
```
Mname nD nG nS nB modell W=w L=l <AD=wert>
+ <AS=wert> <PD=wert> <PS=wert> <NRD=wert>
+ <NRS=wert> <IC=VDS,VGS,VBS> <TEMP=wert> <OFF>
```
Der MOS-Transistor ist mit seinen Anschlüssen Drain, Gate, Source, Substrat an die Knoten nD, nG, nS, nB angeschlossen. w und l bezeichnen seine Weite und Länge. AD, AS sind die Drain-/ Source-Diffusionsflächen. PD, PS die zugehörigen Umfänge. NRD, NRS geben eine äquivalente Anzahl von Quadraten der Drain-/ Source-Fläche an. Die Anfangsbedingungen (IC, OFF) werden für die Drain-Source, die Gate-Source und die Bulk-Source Spannung angegeben.

Bipolar-Transistor
```
Qname nE nB nC <nB> modell <flaeche> <OFF>
+ <IC=VBE,VCE>
```
Wird kein Substratknoten nB angegeben, so wird das Substrat auf den Bezugsknoten 0 gelegt. Die Anfangsbedingungen werden für die Basis-Emitter und die Kollektor-Emitter Spannung angeben.

Zahlendarstellung
Alle numerischen Werte lassen sich auf mehrere Arten darstellen:
1. als ganze Zahl (z. B. 3100),
2. mit Hilfe von Maßstabsfaktoren (z. B. 3.1k),
3. als Gleitkommazahl (z. B. 3.1E3).

Die zur Verfügung stehenden Maßstabsfaktoren sind in Tabelle 3.3 zusammengestellt. Häufig werden die Faktoren M (für 10^{-3}) und MEG (für 10^6) verwechselt. Buchstaben, die unmittelbar einer Zahl folgen und kein Maßstabsfaktor sind, werden von SPICE ignoriert. Damit ist die Eingabe von Einheiten möglich (z. B. 3100Ohm). Zur Umrechnung von (einem Tausendstel) Inch nach Meter steht der Maßstabsfaktor MIL zur Verfügung.

Tabelle 3.3 Maßstabsfaktoren und ihre Bedeutung

femto	pico	nano	mikro	milli	kilo	Mega	Giga	Tera
10^{-15}	10^{-12}	10^{-9}	10^{-6}	10^{-3}	10^3	10^6	10^9	10^{12}
F	P	N	U	M	K	MEG	G	T

3.3.2 Spannungs- und Stromquellen

```
Vname n1 n2 <<DC> dcwert> <AC <acamp <acphase>>>
```
Eine Gleichspannungsquelle wird mit der Option DC ausgewählt. Der dcwert ist dann die positiv zwischen n1 und n2 gezählte Spannung.

3.3 Rechnergestützter Entwurf integrierter Schaltungen

V1 1 0 DC 10 ist beispielsweise eine 10 Volt Gleichspannungsquelle zwischen den Knoten 1 und 0. — DC/AC Quelle

Eine Wechselspannungsquelle (für eine Frequenzanalyse) kann mit AC kenntlich gemacht werden. acamp bezeichnet die Amplitude der Wechselspannung, mit acphase kann dann optional eine Phase angegeben werden. Eine Quelle kann gleichzeitig für AC und DC Simulationen benutzt werden.

Vname n1 n2 PULSE (v1 v2 td tr tf pw per)
Mit der Pulsquelle können sich wiederholende Impulse mit definierter Anstiegs- (tr) und Abfallzeit (tf) erzeugt werden. v1 bezeichnet den Anfangswert der Spannung, v2 gibt die Amplitude an. td ist eine Verzögerungszeit nach der die Pulsfolge beginnt. pw gibt die Breite des Pulses und per die Periode an. — Pulsquelle

Vname n1 n2 SIN (v1 v2 freq <td> <df> <phase>)
Diese Quelle erlaubt eine sinusförmige Anregung zwischen den Knoten n1 und n2. v1 bezeichnet den Gleichanteil, v2 die Amplitude, freq die Frequenz und phase die Phasenlage. df erlaubt eine gedämpfte Schwingung (1/Zeitkonstante). Mit td kann eine Startzeit der Sinusschwingung angegeben werden. — Sinusförmige Anregung

Vname n1 n2 PWL (t1 v1 t2 v2 ... tn vn)
Mit der Polygonquelle können durch Approximation mittels Geradenstücken beliebige Kurvenformen erzeugt werden. t1 bezeichnet den ersten Zeitpunkt, an dem die Spannung v1 anliegt. t2 bezeichnet den nächsten Zeitpunkt, an dem die Quelle den Spannungswert v2 hat usw. Nach tn bleibt die Spannung konstant vn. — PWL-Quelle

Stromquellen lassen sich analog zu den oben beschriebenen Spannungsquellen behandeln.
Iname n1 n2   <<DC> dcwert> <AC <acamp <acphase>>>
Iname n1 n2 PULSE (v1 v2 td tr tf pw per)
Iname n1 n2 SIN (v1 v2 freq <td> <df> <phase>)
Iname n1 n2 PWL (t1 v1 t2 v2 ... tn vn)
— Stromquellen

Lineare, gesteuerte Quellen sind abhängige Quellen, die durch ihre Eingangsspannung (oder -strom) ihre Ausgangsspannung (oder -strom) steuern.

VCVS Spannungsgest. Spannungsquelle: Ename n1 n2 n3 n4 wert
CCVS Stromgesteuerte Spannungsquelle: Hname n1 n2 Vname wert
VCCS Spannungsgesteuerte Stromquelle: Gname n1 n2 n3 n4 wert
CCCS Stromgesteuerte Stromquelle: Fname n1 n2 Iname wert
— Gesteuerte Quellen

n1 ist der positive, n2 der negative Anschluss. Gesteuert werden die Quellen jeweils mit dem positiven Steuerknoten n3 und dem negativen Steuerknoten n4. `wert` ist der Übertragungswert, der die verlustfreie Umsetzung der Steuerspannung/ des Steuerstroms (Knoten n3 und n4) auf die Ausgangsspannung/ den Ausgangsstrom umsetzt (Knoten n1 und n2). Im Falle der E-Quelle bezeichnet der `wert` den Spannungs-Verstärkungsfaktor.

Nichtlineare gesteuerte Quellen erlauben einen mathematischen (auch nichtlinearen) Zusammenhang zwischen Steuerspannung (bzw. -strom) und Spannungs- oder Stromausgang der Quelle.

Nichtlineare gesteuerte Quellen

`Bname n1 n2 <I=expression> <V=expression>`

Mit `I=expression` wird eine nichtlinear gesteuerte Stromquelle gewählt. `expression` ist ein mathematischer Ausdruck der beliebige Spannungen `V(n3,n4)` und Ströme `I(element)`, sowie die Operationen und Funktionen +, -, *, /, ∧, abs, acos, acosh, asin, asinh, atan, atanh, cos, cosh, exp, ln, log, sin, sinh, sqrt, tan enthalten darf.

3.3.3 Modelle

Einige Bauelemente benötigen ein Modell, andere erlauben es. Mit der Angabe eines Modells können identische Parameter für eine Gruppe von Bauelementen definiert werden. Modelldefinitionen sind häufig sehr umfangreich. Hersteller diskreter Bauelemente und Halbleitertechnologien stellen in der Regel dem Kunden Modelle der von ihnen angebotenen Bauelemente bzw. ihrer Prozesse zur Verfügung. Zweckmäßigerweise werden Bibliotheken zusammengestellt, die mit der Anweisung `.INCLUDE file_name` in die Steuerdatei mit eingebunden werden. Eine Modellbeschreibung sieht wie folgt aus:

.INCLUDE + file_name

Modellbeschreibung

`.MODEL modell_name typ parameter1 parameter2 ...`

`modell_name` gibt den Namen des beschriebenen Modells an, `typ` ist ein Bauteiltyp der folgenden (nicht vollständigen) Liste:

R	Widerstand	PNP	PNP Bipolar-Transistor
C	Kapazität	NMOS	N-Kanal MOS-Transistor
D	Diode	PMOS	P-Kanal MOS-Transistor
NPN	NPN Bipolar-Transistor		

Steuerdatei und Netzliste zu Abb. 3.30

Die bauelementspezifischen Parameter und ihre Bedeutung sind in den Handbüchern der Netzwerkanalyseprogramme hinterlegt. Für unser Beispiel aus Abb. 3.30 ergibt sich folgende Steuerdatei und Netzliste:

```
* Beispiel, Tiefpass
M1    4  3  0   0  NMOS W=8u      L=3.0u
M2    5  1  4   0  NMOS W=14.5u   L=3.0u
M3    2  2  4   0  NMOS W=14.5u   L=3.0u
M4    5  5  10 10  PMOS W=3u      L=5.5u
```

3.3 Rechnergestützter Entwurf integrierter Schaltungen

```
M5    2  5  10 10 PMOS W=3u     L=5.5u
R1    2  6  60k
C1    6  0  2p
* Quellen
Vref  3  0  DC 1.16
Vein  1  0  DC 3      AC  1
VB    10 0  DC 5
* Modelle
.MODEL NMOS NMOS LEVEL=1
+ VTO =0.85      KP=2.6e-5     PHI=0.77
+ GAMMA=1.25     LAMBDA=0.025
.MODEL PMOS PMOS LEVEL=1
+ VTO =-0.80     KP=8e-6       PHI=0.72
+ GAMMA=0.82     LAMBDA=0.047
* Analysen, Ausgaben
.OP
.DC Vref 0.9 1.9 0.01
.PRINT DC V(M1) V(6)
.AC DEC 33 10k 10MEG
.PRINT AC VM(6) VP(6)
.END
```

Die MOS Transistoren werden über das bereits vorgestellte Shichmann-Hodges Modell (Level 1) berechnet. Hier wurden nur wenige Parameter angegeben, alle anderen werden auf Default-Werte gesetzt. Die geforderten Analysen und Ausgaben sowie das Simulationsergebnis werden im Folgendem erläutert.

3.3.4 Analysen

Eine Arbeitspunktanalyse berechnet alle Spannungen und Ströme und die Kleinsignalparameter der Transistoren. Zur Berechnung werden die Induktivitäten kurzgeschlossen und die Kapazitäten als Unterbrechung angenommen. Die Arbeitspunktanalyse wird mit dem Befehl .OP angefordert.

Arbeitspunktanalyse

Bei einer Gleichstromanalyse durchläuft eine Spannungs- oder Stromquelle `quelle` einen festgelegten Wertebereich von `start` bis `stop` (Abstand `inc`). Für jeden der angeforderten Werte wird der Arbeitspunkt berechnet.

Gleichstromanalyse

`.DC quelle start stop inc <quelle2 start2 stop2 inc2>`

Eine zweite Quelle kann optional angegeben werden. Damit wird für jeden Wert der ersten Quelle, jeder Wert der zweite Quelle durchfahren.

Mit der Kleinsignal-Wechselstromanalyse wird mit den linearisierten Gleichungen das Verhalten im Frequenzbereich simuliert. Eine Übersteuerung, Arbeitspunktverschiebung oder auch nichtlineares Verhalten wird nicht berücksichtigt.

Kleinsignal-Wechselstromanalyse

`.AC LIN OCT DEC anzahl fstart fstop`

Wird der Parameter `LIN` gesetzt, dann wird die Frequenz von `fstart` bis `fstop` durchlaufen. `anzahl` ist die Gesamtanzahl der Frequenzpunkte. Wird `OCT` oder `DEC` gesetzt, so wird die Frequenz logarithmisch in Oktaven bzw. Dekaden durchlaufen; `anzahl` ist dabei die Anzahl der Punkte pro Oktave bzw. Dekade.

Mit der Transienten-Analyse kann das zeitabhängige Verhalten einer Schaltung berechnet werden. Zur Berechnung werden die Großsignalgleichungen benutzt.

Transienten-Analyse

`.TRAN tincrement tstop <tstart> <UIC>`

Das Verhalten der Schaltung wird in dem Zeitraum zwischen `tstart` (Default $t = 0$) und `tstop` mit dem Inkrement `tincrement` berechnet. `UIC` ist ein optionales Schlüsselwort, dass SPICE anweist, zu Beginn der Transienten-Simulation keine Arbeitspunktanalyse durchzuführen, sondern die in einer Anweisung der Form

Anfangsbedingungen

`.IC V(knoten1)=wert1 <V(knoten2)=wert2 ... >`

vorgegebenen Anfangswerte zu benutzen.

Weitere Analysearten (mit ausgewählten optionalen Parametern) sind in der nachfolgenden Tabelle aufgeführt:

Weitere Analysen

Rauschen	`.NOISE V(n1) Vquelle LIN OCT DEC anz. fstart fstop`	
Pol-Nullst.	`.PZ nin1 nin2 nout1 nout2 CUR VOL POL ZER PZ`	
Empfindlichk.	`.SENS V(n1,n2) <AC <DEC> <OCT> <LIN>>`	
	`+ anz. start end`	
Ü-Funktion	`.TF V(nout1, nout2) Veingangsquelle`	
Fourier	`.FOUR fharm V(n1,n2) <V(n3,n4) ...>`	
Verzerrungen	`.DISTO LIN OCT DEC anz. fstart fstop <f2_over_f1>`	

.SUBCKT Treten in einer Schaltung bestimmte Schaltungselemente mehrfach auf, so empfiehlt sich die Verwendung des `.SUBCKT`-Aufrufes

```
.SUBCKT modulname ni1 <ni2 ni3...>
Netzliste der Teilschaltung
.ends
```

Ein definiertes Modul lässt sich mehrfach innerhalb einer Netzliste mit der Zeile

3.3 Rechnergestützter Entwurf integrierter Schaltungen

```
Xname na1 <na2 na3...> modulname
```

aufrufen. Die Knoten der Teilschaltung `modulname`, sind nicht identisch mit gleichnamigen Knoten der eigentlichen Netzliste. Die Knoten der Teilschaltung, die eine Verbindung zu den Knoten der eigentlichen Netzliste haben (`ni1 ni2 ni3...`) sind in der `.SUBCKT`-Anweisung aufgeführt. Sie sind identisch zu den Knoten `na1 na2 na3...` der äußeren Netzliste. Es gilt die Zuweisung `ni1=na2 ni2=na2...`

Die Ausgabe der Analyseergebnisse kann mit dem Befehl   Ausgabe

```
.PRINT analyseart af <af2...>
```

erfolgen. `af` hat für Spannungen die Form `V(n1 <,n2>)`. Wird nur ein Knoten angegeben, so wird die Spannung automatisch auf den Bezugsknoten 0 bezogen. Bei einer `.AC` Analyse kann `V` durch `VR`(Realteil), `VI`(Imaginärteil), `VM` (Amplitude), `VP` (Phase), `VDB` (Ausgabe in dB) ersetzt werden. Ströme die durch ein Bauelement fließen, können mit `I(element)` abgefragt werden. `analyseart` ist eine der vorgestellten Analysen (AC, DC, TRAN, NOISE, PZ, SENS, FOUR, TF, DISTO).

Die angeforderten Ergebnisse werden in eine ASCII-Datei in Tabellenform geschrieben und können mit geeigneten Programmen visualisiert werden. Viele Netzwerkanalyseprogramme bieten Werkzeuge zur graphischen Darstellung und Auswertung der Ergebnisse an.

Für das Beispiel aus Abb. 3.30 wurden die Analysen OP, DC, AC angefordert. Bearbeitete Teile des Simulationsergebnisses der `.OP`-Simulation sind unten gezeigt. Bei vielen SPICE Derivaten befinden sich die Ergebnisse in der .OUT Datei. Neben den Spannungen im Arbeitspunkt sind die Kleinsignalparameter der MOS-Transistoren gezeigt.

```
    Node    Voltage           Source        Current
    ----    -------           ------        -------
    V(6)    3.001879e+00      vref#branch   0.000000e+00
    V(10)   5.000000e+00      vein#branch   0.000000e+00
    V(2)    3.001879e+00      vb#branch    -3.43904e-06
    V(1)    3.000000e+00
    V(5)    3.348031e+00
    V(3)    1.160000e+00
    V(4)    1.291433e+00

Mos1: Level 1 MOSFET model with Meyer capacitance model
  device         m5         m4         m3         m2         m1
   model       pmos       pmos       nmos       nmos       nmos
      id   1.73e-06   1.71e-06   1.73e-06   1.71e-06   3.44e-06
```

Simulations-ergebnis der Beispielschaltung aus Abb. 3.30

OP -Analyse

ibd	-7.73e-13	-6.39e-13	-1.16e-12	-1.29e-12	-4.99e-13
ibs	-0	-0	-4.99e-13	-4.99e-13	0
vgs	1.65	1.65	1.71	1.71	1.16
vds	2	1.65	1.71	2.06	1.29
vbs	-0	-0	-1.29	-1.29	0
vth	-0.8	-0.8	1.55	1.55	0.85
vdsat	-0.852	-0.852	0.163	0.161	0.31
gm	4.07e-06	4.01e-06	2.13e-05	2.12e-05	2.22e-05
gds	7.44e-08	7.44e-08	4.15e-08	4.06e-08	8.33e-08
gmb	1.97e-06	1.94e-06	9.28e-06	9.24e-06	1.58e-05
cgs	3.8e-15	3.8e-15	1e-14	1e-14	5.53e-15
:					
power	-3.46e-06	-2.82e-06	2.96e-06	3.51e-06	4.44e-06
temp	27	27	27	27	27

Bei der DC-Simulation wird die Eingangsspannung des Stromquellentransistors M1 von der Schwellenspannung an um Schritte von jeweils 10mV erhöht. Untersucht wird die Höhe des Referenzstromes und die Höhe der Ausgangsspannung. Bei der dritten Analyse wird die frequenzabhängige Verstärkung betrachtet. Dazu wird die Amplitude und Phase der Ausgangsspannung berechnet. Eine graphische Darstellung zeigt die folgende Abbildung.

Abbildung 3.31 Simulationsergebnis DC und AC Analyse

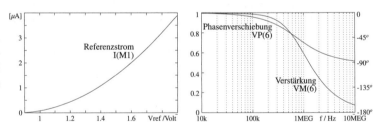

3.4 Literatur

[3.1] Lutz, H., Wendt, W.: *Taschenbuch der Regelungstechnik*, Verlag Harri Deutsch, Frankfurt, 1995

[3.2] Tietze, U., Schenk, Ch.: *Halbleiter-Schaltungstechnik.* Springer-Verlag, Berlin, 2002

[3.3] Schumacher, K.: *Integrationsgerechter Entwurf analoger MOS-Schaltungen.* Oldenburg Verlag, München, 1987

[3.4] Goser, K.: *Großintegrationstechnik.* Hüthing Buch Verlag, Heidelberg, 1990

[3.5] Allen, E. P., Holberg, D. R.: *CMOS Analog Circuit Design.* Oxford University Press, Oxford, 1987

[3.6]   Gray, P. R., Meyer, R. G.: *Analaysis and Design of Analog Integrated Circuits*, John Wiley & Sons, New York, 1993

[3.7]   Unbehauen, R., Cichocki, A.: *MOS Switched-Capacitor and Continous-Time Integrated Circuits and Systems.* Springer Verlag, Berlin, 1989

[3.8]   Huijsing, J. H., van der Plassche, R. J., Sansen, W. (editors): *Analog Circuit Design*, Kluwer Academic Publishers, 1997

[3.9]   de Lange, K.-J., Huijsing J. H.: *Compact Low-Voltage and High-Speed CMOS, BiCMOS and Bipolar Operational Amplifiers*, Kluwer Academic Publishers, 1999

[3.10] Gregorian, R.: *Introduction to CMOS OP-Amps and Comparators*, John Willy & Sons, 1999

[3.11] Laker, K. R., Sansen, W. M. C.: *Design of Analog Integrated Circuits and Systems*, McGraw-Hill, 1994

[3.12] van de Plassche, R.: *Integrated Analog-To-Digital and Digital-To-Analog Converters*, Kluwer Academic Publishers, 1994

[3.13] Eschauzier, R. G. H., Huijsing, J. H.: *Frequency Compensation Techniques For Low Power Operational Amplifiers*, Kluwer Academic Publishers, 1995

[3.14] Oehm, J., Schumacher, K.: *MOS-DIM, ein Dimensionierungprogramm für analoge VLSI-Komponenten*, ITG-Workshop: CAD-Werkzeuge für analoge Schaltungen, München, 1988

[3.15] Rouat, E.: *gmos – GNU MOS Simulator*, http:/geda.seul.org/tools/gmos/

[3.16] YIELD: *Anwenderhandbuch und ADL-Sprachbeschreibung*, Universität Dortmund, 1993

Kapitel 4

Nichtidealitäten integrierter Schaltungen

von Ralf Wunderlich und Klaus Schumacher

Unter Nichtidealitäten sind hier die Effekte gemeint, die häufig beim Entwurf von integrierten Schaltungen in den Modellen erster Ordnung vernachlässigt werden. Dazu zählen insbesondere die parasitären Kapazitäten, das Rauschen und das Paarigkeitsverhalten.

In der Regel wird eine Schaltung zunächst für ihren Arbeitspunkt dimensioniert. Erst in einem zweiten Schritt wird dann ein besonderes Augenmerk auf parasitäre Kapazitäten, die zu Stabilitäts- und/oder Geschwindikeitsproblemen führen können, gerichtet. Soll die Schaltung besonders kleine Spannungen oder Ströme sicher verarbeiten können oder ist die Verstärkung der Schaltung besonders hoch, ist eine Analyse und ggf. Minimierung der Rauscheinflüsse notwendig. Durch den Herstellprozess und die damit verbunden Parameterstreuungen kommt es zu weiteren Nichtidealitäten, die zu Ausbeute- oder Problemen in Bezug auf Genauigkeit führen können (z. B. Komparatoren in einem hochauflösenden A/D-Wandler).

Entwurf

Problematisch ist dieser mehrdimensionale Entwurf, da die Minimierung der nichtidealen Effekte durchaus gegenläufig sein können und nicht immer mit den Spezifikationen vereinbar sind. Soll ein Komparator beispielsweise einen besonders kleinen Offset haben (hohe Auflösung eines A/D-Wandlers) und gleichzeitig besonders schnell sein (hohe Umsetzgeschwindigkeit eines A/D-Wandlers), so kann hier kein Optimum gefunden werden. Wird die Fläche der Eingangstransistoren erhöht, so sinkt (statistisch) die Eingangsoffset-Spannung. Durch die erhöhten parasitären Eingangskapazitäten sinkt jedoch die Geschwindigkeit. Ein Kompromiss zwischen Größe (also Kosten), Geschwindigkeit, Genauigkeit und Ausbeute muss getroffen werden.

Ein Verständnis für die grundlegenden Eigenschaften des Frequenzverhaltens, des Rauschverhaltens und des Paarigkeitsverhaltens ist wichtig für den Entwurf hochwertiger Schaltungen. Leider sind Werkzeuge für den Entwurf rauscharmer Schaltungen mit hoher Ausbeute häufig unzulänglich (z. B. für transientes Rauschen [4.1]) oder nicht weit genug verbreitet (z. B. für Mismatch Untersuchungen [4.2]).

4.1 Parasitäre Kapazitäten in der MOS-Schaltungstechnik

Das dynamische Verhalten eines in MOS-Technik integrierten Systems hängt weitgehend von parasitären Kapazitäten ab, die mit den verschiedenen MOS-Bauelementen und bei ihren Verbindungen untereinander auftreten. Diese Verbindungen können Metall-, Polysilizium- und Diffusionsgebiete mit entsprechenden Verdrahtungskapazitäten sein. Der Schaltungsdesigner muss mit den unterschiedlichen Kapazitäten, ihrem Ursprung und ihren Abhängigkeiten vertraut sein, um durch Layoutoptimierung ungewollte Einflüsse auf das Frequenzverhalten minimieren zu können.

Im Folgenden soll zunächst die Spannungsabhängigkeit der MOS-Kapazität allgemein betrachtet werden, um darauf aufbauend die parasitären Kapazitäten des MOS-Transistors und der Verdrahtung darzustellen. Danach wird kurz auf die Bedeutung der parasitären Gate-Drain-Kapazität eingegangen, wenn sie durch den Miller-Effekt auf den Eingang bezogen vergrößert erscheint.

4.1.1 Spannnungscharakteristik der MOS-Kapazität

Anhand der MOS-Struktur auf p-Substrat nach Abb. 4.1 kann der Verlauf der Kapazität in Abhängigkeit der Spannung U_{GB} zwischen Deckelektrode und Substrat (Bulk) verfolgt werden. Der Kapazitätsverlauf hängt vom Zustand der Halbleiteroberfläche ab, wobei diese je nach Gatespannung eine Anreicherung (Akkumulation), Verarmung oder Inversion in Bezug auf die Dichte der Ladungsträger zeigt.

4.1 Parasitäre Kapazitäten in der MOS-Schaltungstechnik

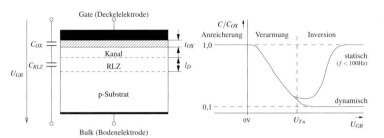

Abbildung 4.1
Schema eines MOS-Kondensators über schwach dotiertem Gebiet mit $C(U)$-Charakteristik

Eine negative Ladung auf der Gateelektrode ($U_{GB} < 0$) bewirkt eine Akkumulationsschicht von Defektelektronen im Silizium an der Si/SiO$_2$-Grenzfläche, die als zweite Platte (Bodenelektrode) eines Kondensators angesehen werden kann. Da die Bodenelektrode in diesem Fall direkt mit dem Substrat verbunden ist, ergibt sich die Kapazität aus der Dicke des Gateoxids t_{ox}, dem Dielektrikum ϵ_{ox} und der Gatefläche A:

$U_{GB} < 0$

$$C = C_{ox} = \frac{\epsilon_{ox}}{t_{ox}} \cdot A \qquad \text{bei Anreicherung.} \qquad (4.1)$$

Eine geringe positive Spannung der Deckelektrode gegenüber dem Bulkmaterial ($U_{GB} < U_T$) führt zu einer Verarmung der Grenzfläche an beweglichen Majoritätsträgern (Löcher), es bildet sich dort eine negative Raumladungszone ionisierter Störstellenatome. Die Weite l_D dieser Depletionschicht hängt von der Grunddotierung des Substratmaterials ab und wird mit steigender Gate-Bulk-Spannung U_{GB} größer. Die spannungsabhängige Kapazität der Raumladungszone (RLZ) im Silizium

$0 < U_{GB} < U_T$

$$C_{RLZ} = \frac{\epsilon_{Si}}{l_D} A \qquad (4.2)$$

nimmt mit steigender Spannung ab.

Im Depletionfall wirkt als Gesamtkapazität zwischen Deckelektrode und Substrat die Reihenschaltung aus C_{ox} und C_{RLZ}:

$U_{GB} > U_T$

$$C = \frac{C_{ox} \cdot C_{RLZ}}{C_{ox} + C_{RLZ}} \qquad \text{bei Verarmung.} \qquad (4.3)$$

Bei einer weiteren Steigerung der Spannung werden Minoritätsträger, in unserem Fall Elektronen, an die Grenzfläche gezogen – es bildet sich eine n-leitende Schicht, d. h. der Leitungstyp ist invertiert. Die entsprechende Gatespannung, der die Inversion folgt, wird als Schwellenspannung U_T definiert. Bei diesem Spannungswert hat die Raumladungstiefe l_D ihren maximalen Wert erreicht.

Für die Gesamtkapazität C der Struktur müssen im Fall der starken Inversion bei Änderung der Vorspannung zwei Aussagen getroffen werden:

- Bei niedrigen Frequenzen ($<$ 100Hz) erhält man wieder für größere Spannungen, $U_{GB} > U_T$, die mit Gl. 4.1 ausgedrückte Oxidkapazität C_{ox}. In unmittelbarer Nähe der Oberfläche wirkt die Inversionsschicht als Bodenelektrode. Zwischen dieser Schicht und dem Substrat ist bei niedrigen Frequenzen ein Austausch von Elektronen und Löchern im Wechsel der Spannung über die RLZ möglich, die Kapazität der Sperrschicht nach Gl. 4.2 wirkt kurzgeschlossen.

- Bei höheren Frequenzen und starker Inversion ist der Austausch von Elektronen und Löchern über die Raumladungszone nicht mehr möglich, die Oberflächenladung kann der sich schnell ändernden Gatespannung nicht folgen. Man erhält die sog. dynamische Kapazität, die wieder aus der Reihenschaltung (Gl. 4.3) der Kapazitäten des Gates C_{ox} und der Raumladungszone C_{RLZ} besteht, wobei C_{RLZ} aufgrund der maximalen Ausdehnung der Verarmungszone ihren kleinsten Wert hat. Die dynamische Kapazität bei starker Inversion ist also spannungsunabhängig und wesentlich kleiner als die Kapazität im Anreicherungsfall.

4.1.2 Parasitäre Kapazitäten des MOS-Transistors

In Abbildung 4.2 ist gezeigt, dass zwischen den vier Anschlüssen des MOS-Transistors insgesamt sieben parasitäre Kapazitäten auftreten können, dabei wurde die Drain-Source-Kapazität bereits vernachlässigt. Bei einem selbstjustierenden Silizium-Gate-Prozess sind auch die zwei Überlappungskapazitäten C_{ov} des Gates über den Diffusionsgebieten der Drain- und Sourceanschlüsse so gering, dass sie in den folgenden Betrachtungen entfallen sollen. Die weiteren Kapazitäten sind im Einzelnen:

C_{SB}, C_{DB} spannungsabhängige, nichtlineare Sperrschicht- Kapazitäten der Source-/Drain- Diffusionsgebiete gegenüber dem Substrat.

4.1 Parasitäre Kapazitäten in der MOS-Schaltungstechnik

C_{GS}, C_{GD} Dünnoxidkapazität der Gateelektrode gegenüber dem Kanal, wobei jeweils die Hälfte von C_{ox} dem Source- und Drainanschluss zugeordnet wird.

C_{GB} Kapazität zwischen Gateelektrode und Substratmaterial unter Berücksichtigung der in Serie liegenden Kapazität der Raumladungszone.

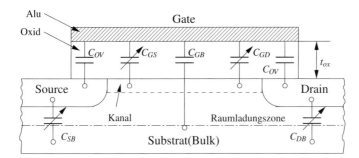

Abbildung 4.2
Parasitäre Kapazitäten des MOS-Transistors

Die Eingangs- bzw. Gatekapazität des Transistors kann nun aus den einzelnen am Gate liegenden Kapazitäten bestimmt werden:

$$C_G = C_{GS} + C_{GD} + C_{GB} . \tag{4.4}$$

Um die Größenordnungen der Kapazitäten abzuschätzen, sollen diese in den drei Betriebszuständen eines n-Typ-Transistors aufgeführt werden.

Zunächst betrachten wir das Verhalten der Gatekapazität anhand der dick eingezeichneten Kurve in Abbildung 4.3. Da einige Anteile der Gatekapazität nach Gl. 4.4 stark spannungsabhängig sind, wird sich eine entsprechende $C(U)$-Charakteristik der Gesamtkapazität ergeben. Die Kurve zeigt, dass im Trioden- sowie im Sättigungsgebiet die Gatekapazität näherungsweise mit der Dünnoxidkapazität C_{ox} nach Abschnitt 4.1.1 beschrieben werden kann. Nur im Bereich um die Schwellenspannung trifft diese Näherung nicht zu

$$C_G = C_{ox} = \frac{\epsilon_{ox}}{t_{ox}} A , \quad \text{mit } \epsilon_{ox} = 3.9 \cdot \epsilon_0 . \tag{4.5}$$

Für einen CMOS-Prozess mit einer Gateoxidstärke von $25 nm$ und einer relativen Dielektrizitätskonstanten des Siliziumdioxids von etwa 3.9 wird der Kapazitätsbelag der Gateelektrode zu

$$C'_{ox} = \frac{3.9 \cdot \epsilon_0}{t_{ox}} = 1.7 \cdot 10^{-3} \frac{pF}{\mu m^2} . \tag{4.6}$$

Mit dieser Technologiekonstanten kann die Eingangskapazität eines MOS-Transistors durch Multiplikation mit der Gatefläche $A = WL$ ermittelt werden.

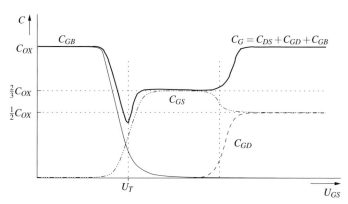

Abbildung 4.3 Qualitativer Verlauf der parasitären Transistorkapazitäten für ansteigende Werte von U_{GS} (U_{DS} =konst.) unter Vernachlässigung der Überlappungskapazitäten

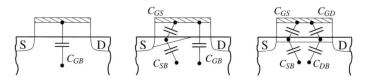

Eine Betrachtung der einzelnen parasitären Kapazitäten in den verschiedenen Betriebszuständen ist mit den Aussagen des Abschnittes 4.1.1 verbunden.

- Bei $U_{GS} \ll U_T$ existiert noch kein leitender Kanal; der MOS-Transistor sperrt:

$$C_{GS} = C_{GD} = 0 \quad \text{und} \quad C_{GB} = C_{ox} .$$

Für $U_{GS} < U_T$ besteht die Gate-Substrat-Kapazität C_{GB} aus der Reihenschaltung von C_{ox} und C_{RLZ}.

- Im Triodengebiet, $U_{GS} - U_T > U_{DS}$, bildet sich ein leitender Kanal. Die Gate-Source- und Gate-Drain-Kapazitäten formieren sich mit jeweils dem halben Wert der Dünnoxidkapazität:

$$C_{GS} = C_{GD} = \frac{1}{2} C'_{ox} WL .$$

Die Gate-Bulk-Kapazität C_{GB} verschwindet oberhalb der Schwellenspannung, da sich der Kanal als Abschirmung zwischen Gate und Bulkmaterial schiebt.

4.1 Parasitäre Kapazitäten in der MOS-Schaltungstechnik   185

- Aufgrund der Abschnürung des Kanals am Drainende in starker Inversion, $U_{GS} - U_T < U_{DS}$, gilt für die Gate-Drain-Kapazität im Sättigungsgebiet $C_{GD} = 0$. Dagegen erreicht die Gate-Source-Kapazität ihren maximalen Wert

$$C_{GS} = \frac{2}{3} C'_{ox} WL \;.$$

Zweidimensionale Analysen vermitteln jedoch, dass C_{GS} auch in der Sättigung des Transistors noch leicht über $2/3 C_{ox}$ ansteigt und dass die Gate-Drain-Kapazität C_{GD} nicht ganz auf 0 absinkt.

4.1.3 Kapazitätskomponenten der Diffusionsgebiete

In integrierten Schaltungen treten Diffusionsgebiete am Drain und Source der Transistoren, als Bodenelektrode eines Kondensatortyps, bei Kontakten und als Verdrahtungsebene auf. Diese hochdotierten Gebiete sind mit spannungsabhängigen Raumladungszonen zum Substratmaterial (Wannenmaterial bei CMOS) umgeben, d. h. es handelt sich um nichtlineare Sperrschichtkapazitäten. Nach [4.6], [4.7] soll eine Abschätzung dieser parasitären Kapazitäten gefunden werden.

Die Diffusionskapazität C_{Diff} ist proportional zur gesamten Diffusionsfläche gegenüber dem Substrat. Die Fläche ergibt sich aus zwei Teilbereichen:

- den Maskenmaßen (Oberfläche) der Diffusionsgebiete, d. h. Weite und Länge, sowie

- der Tiefe der Diffusion multipliziert mit der Länge bzw. Weite (Seitenflächen).

Diese Unterscheidung muss beim Übergang zu feineren Strukturen getroffen werden, denn hier wird die Oberfläche der Diffusionsgebiete reduziert, dafür rücken die Seitenflächen relativ stark in den Vordergrund.

Nimmt man bei einem Technologieprozess die Tiefe der betreffenden hochdotieren Diffusionsgebiete als konstant an, dann kann die parasitäre

- „Seitenkapazität" pro Längeneinheit C'_{jS} als eine Technologiegröße definiert werden. Entsprechend lässt sich die

- „Oberflächenkapazität" pro Flächeneinheit C'_{jF} für die projizierte Oberfläche eines Diffusionsgebietes ermitteln.

Die typischen Werte der auf die Abmessungen bezogenen Diffusionskapazitäten für eine CMOS-Technologie sind in untenstehender Tabelle aufgeführt.

Tabelle 4.1
Auf die Geometrien bezogene Diffusionskapazitäten

	n^+ -Diffusion	p^+ -Diffusion
C'_{jS} [pF/μm]	$1 \cdot 10^{-4}$	$1 \cdot 10^{-4}$
C'_{jF} [pF/μm²]	$9 \cdot 10^{-4}$	$8 \cdot 10^{-4}$

Diese Näherungswerte gelten bei einem inneren Diffusionspotential $\Phi_{Diff} \simeq 0{,}6\mathrm{V}$ ohne angelegte Sperrspannung. Eine äußere Sperrspannung reduziert die Werte, da sich die Raumladungszone ausweitet. Die Spannungsabhängigkeit der betrachteten Sperrschichtkapazitäten C_j kann allgemein mit

$$C_j = C_{j0} \left(1 - \frac{U_j}{\Phi_{Diff}}\right)^{-m} \qquad (4.7)$$

angegeben werden.

U_j Sperrspannung zwischen Substrat und Diffusion (neg.).
C_{j0} Diffusionskapazität für $U_j = 0$, (C_{jS}, C_{jF}).
Φ_{Diff} Diffusionspotential der Substrat/Diffusion-Diode, folgt aus den jeweiligen Dotierungen.

Der Exponent m ist eine weitere Technologiekonstante, die aus der Störstellenverteilung in der RLZ nahe dem pn-Übergang ermittelt werden muss und zwischen $0{,}3$ und $0{,}5$ liegt.

Die gesamte unerwünschte Diffusionskapazität ergibt sich aus der Summe der behandelten Einzelkomponenten. Damit gilt für die parasitäre Kapazität eines Sourcegebietes mit den Abmessungen nach Abb. 4.4.

$$C_{Diff} = C'_{jF}(ab) + 2 \cdot C'_{jS}(a+b)$$

wobei an der Kanalseite der Sourcediffusion die Tiefe des Kanals vernachlässigt wurde.

Verdrahtungskapazitäten zwischen Metall- und Polysiliziumbahnen gegenüber dem Substrat können recht einfach mit dem schon mehrfach benutzten Modell eines Plattenkondensators berechnet werden, $C = (\epsilon/t) \cdot A$, wobei ϵ die Dielektrizitätskonstante des jeweiligen Isolatormaterials, t die Dicke der Isolatorschicht und A die Gesamtfläche der betrachteten Verdrahtung darstellt.

4.1 Parasitäre Kapazitäten in der MOS-Schaltungstechnik

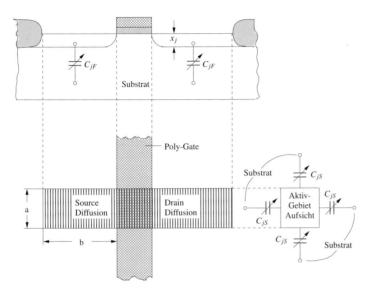

Abbildung 4.4
Auf die Fläche (C_{jF}) und auf die Länge(C_{jS}) bezogene Diffusionskapazitäten.

Durch Randeffekte, z. B. hohe Feldstärken an den Kanten, zeigen die Verbindungen jedoch größere Kapazitätswerte als vorausberechnet. Auch dieser Beobachtung muss beim Übergang zu immer kleineren Strukturen Rechnung getragen werden, indem man mit effektiven Flächen kalkuliert, die den 1, 5- bis 3-fachen Wert der wirklichen Verdrahtung erreichen. Eine entsprechende Überlegung gilt auch für den Abstand paralleler Leitungen.

4.1.4 Auswirkungen der parasitären Kapazitäten

Die parasitären Kapazitäten begrenzen die Geschwindigkeit, mit der ein beliebiger Punkt einer Schaltung umgeladen werden kann. Besonders negativ wirkt sich eine (parasitäre) Kapazität aus, wenn sie zwischen dem Ausgang und dem Eingang eines Spannungsverstärkers geschaltet ist. In Abbildung 4.5 ist ein n-Kanal MOS Transistor mit seinen drei dominanten parasitären Kapazitäten C_{GS}, C_{GD}, C_{DS} eingezeichnet. Der Eingang dieses Ein-Transistor-Verstärkers ist der Gate-, der Ausgang der Drain-Anschluss. Die Verstärkung sei A. Wird nun der Verstärker als Vierpol und die Kapazitäten in einer komplexen Schreibweise dargestellt, so ergibt sich das in Abbildung 4.5 rechts eingezeichnete Ersatzschaltbild.

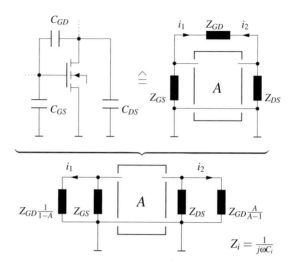

Abbildung 4.5
Vergrößerung der parasitären Gate-Drain-Kapazität durch den Miller-Effekt

Miller-Effekt — Wird nun der Rückkopplungszweig vom Ausgang zum Eingang aufgetrennt, mit der Forderung, dass die Ströme i_1 und i_2 konstant bleiben, so ergeben sich die um $(1-A)$ bzw. $\frac{A-1}{A}$ veränderten Kapazitäten. Die Gate-Drain-Kapazität erscheint am Eingang um den Faktor $(1-A)$ vergrößert und bestimmt damit dominant das Frequenzverhalten.

Miller-Frequenzgangkompensation — Der Miller-Effekt, der sich im obigen Beispiel negativ auf das Frequenzverhalten auswirkt, kann aber auch vorteilhaft eingesetzt werden. Für eine universelle Frequenzgang-Korrektur (vgl. Kap. 3.1.5), wird eine Miller-Kapazität C_M zwischen Ausgang der ersten Stufe und Ausgang der letzten Stufe verschaltet. Wie im obigen Beispiel erscheint C_M dann um $(1-A)$ vergrößert. Das ist vorteilhaft, da der Wert und damit die Fläche der Kapazität C_M drastisch reduziert werden kann.

4.2 Rauschen

Geschichte und Definition — Zufällige zeitliche Schwankungserscheinungen eines elektrischen Signals machen sich beim Telefon, bei Tonabspielgeräten oder im Rundfunk als ein hörbares Rauschen (engl. noise) bemerkbar. Das vom Ohr wahrgenommene Rauschen wird bei elektroakustischen Geräten durch elektrische Ströme und Spannungen erzeugt; es wird daher im übertragenen Sinn von Rauschströmen oder von Rauschspannungen gesprochen. Dabei hat es sich eingebürgert, den Begriff Rauschen ganz allgemein – also auch außerhalb des Tonfrequenzbereiches – zu verwenden. Hier wird im Folgenden Rauschen als eine elektrische Schwankungsgröße in einem beliebigen Frequenzbereich verstanden.

4.2 Rauschen

Die Stärke und Verteilung des Rauschens ist von den zugrundeliegenden physikalischen Ursachen abhängig, die jedoch zum Teil noch nicht vollständig geklärt sind. Daher werden mehr oder weniger empirische Beschreibungen des Rauschverhaltens der Bauteile („Rauschmodelle") verwendet.

Bei dem Entwurf elektronischer Schaltungen spielt das durch die Bauteile der Schaltung hervorgerufene Rauschen eine große Rolle, da es die maximal erreichbare Auflösung von kleinen Eingangssignalen begrenzt. Ist das Nutzsignal kleiner als das selbst erzeugte Rauschen der Schaltung, dann kann es, auch bei noch so großer Verstärkung, nicht mehr detektiert werden; es geht im Rauschen unter. Daher wird versucht rauscharme Bauteile zu verwenden sowie das Rauschen durch geeignete Schaltungstechniken zu minimieren. Die in diesem Zusammenhang gebrauchten Begriffe wie „äquivalentes Eingangsrauschen", „Signal-Rausch-Abstand" und „Rauschzahl" werden später erläutert. — Bedeutung

Die folgenden Ausführungen stellen exemplarisch eine Behandlung von Rauschphänomenen dar, soweit sie für den Schaltungsentwickler relevant sind. Weiterreichende und gute Darstellungen zu diesem Themenbereich finden sich u. a. in den Büchern [4.3], [4.4].

4.2.1 Größen zur Beschreibung

Da Rauschen auf zeitlich zufälligen Vorgängen basiert, ist die Zeitbereichsdarstellung von verrauschten Strömen und Spannungen wenig aussagekräftig. Abbildung 4.6 zeigt beispielsweise den nicht reproduzierbaren zeitlichen Verlauf des Stroms durch einen ohmschen Widerstand R (nicht maßstäblich).

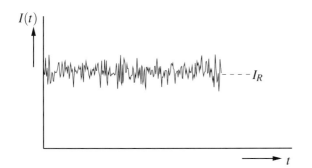

Abbildung 4.6 Zeitlicher Verlauf des Stroms durch einen rauschenden Widerstand (nicht maßstäblich)

Der Gesamtstrom $I(t)$ lässt sich dabei darstellen als Überlagerung eines rauschfreien Gleichanteils I_R und eines dem Rauschstrom entspre- — Zeitbereich chenden Wechselanteils. Dieser Wechselanteil hat einen zeitlichen *Mittelwert* von 0, kann aber durch seinen *Effektivwert* beschrieben werden. Üblich ist es dabei, das Quadrat i_eff^2 dieses Effektivwertes anzugeben:

$$i_\text{eff}^2 = \overline{(I(t) - I_R)^2} = \lim_{T \to \infty} \frac{1}{T} \int_0^T (I(t) - I_R)^2 \, dt \qquad (4.8)$$

Effektivwert Die Größe dieses Effektivwertes kann theoretisch ermittelt und auch gemessen werden. Die Beschreibung des Rauschstroms mittels des quadratischen Effektivwertes erlaubt keinerlei Vorhersage über den zeitlichen Verlauf des Momentanstromes. Es wird jedoch beobachtet, dass häufig nur sehr kleine Stromschwankungen um den Gleichanteil I_R herum auftreten, und nur sehr selten größere „Rauschspitzen". Die Wahrscheinlichkeit für das Auftreten kleiner Rauschstromamplituden ist also relativ gesehen höher. In der Tat kann für jeden Amplitudenwert eine Wahrscheinlichkeit angegeben werden.

Daher wird der Rauschstrom über eine *Wahrscheinlichkeitsdichtefunktion* $p(i)$ beschrieben, die angibt, mit welcher Wahrscheinlichkeit der Rauschstrom einen bestimmten Amplitudenwert annimmt. Im Fall des **Wahrscheinlichkeits-** Widerstandsrauschens entspricht die Wahrscheinlichkeitsdichtefunktion einer Normalverteilung (Gauß-Verteilung) mit dem Mittelwert I_R **dichtefunktion** (dies ist der Gleichanteil) und der Varianz $\sigma^2 = i_\text{eff}^2$ (siehe Abb. 4.7). Gemäß den Eigenschaften einer Normalverteilung liegt das Rauschsignal dabei für 99,7% der Zeit innerhalb von $I_R \pm 3\sigma$, in 0,3% der Zeit aber außerhalb, d. h. das Rauschen kann (mit sehr geringer Wahrscheinlichkeit) sogar unendlich große Momentanwerte annehmen.

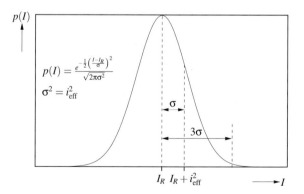

Abbildung 4.7 Wahrscheinlichkeitsdichtefunktion des Stroms I durch einen Widerstand

Nicht alle Arten von Rauschen sind in ihrer spektralen Leistungsdichte frequenzunabhängig, also „weiß" wie das Widerstandsrauschen (siehe Kap. 4.2.2.2). Es ist daher sinnvoll, die Abhängigkeit des Rauschens

4.2 Rauschen

über der Frequenz und somit die Spektralgrößen im *Frequenzbereich*[1] darzustellen.

Der Effektivwert eines Rauschstromes bzw. einer Rauschspannung kann im Frequenzbereich zu

Rauschspannungs-
Rauschstrom-
spektraldichte

$$\sqrt{i_{\text{eff}}^2} = \sqrt{\int_{f_1}^{f_2} i_n^2(f) \, \mathrm{d}f} \qquad (4.9)$$

$$\sqrt{u_{\text{eff}}^2} = \sqrt{\int_{f_1}^{f_2} u_n^2(f) \, \mathrm{d}f} \qquad (4.10)$$

bestimmt werden. Dabei wird $i_n(f)$ als Rauschstrom*spektraldichte* und $u_n(f)$ als Rauschspannungs*spektraldichte* bezeichnet. Die Einheiten von $i_n(f)$ und $u_n(f)$ sind A/$\sqrt{\text{Hz}}$ und V/$\sqrt{\text{Hz}}$.

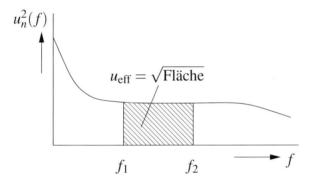

Abbildung 4.8
Spektrale Rauschleistungsdichte $u_n^2(f)$

Aus den Gleichungen 4.9 und 4.10 ist ersichtlich, dass Rauschstrom und -spannung abhängig von dem Frequenzbereich sind in dem das Rauschen betrachtet wird. Die Effektivwerte des Rauschstroms und der Rauschspannung sind abhängig von der *Größe* und (je nach Spektraldichte) von der *Lage* dieses Frequenzbereichs (Abb. 4.8). Der Schaltungsentwickler ist bemüht, die Bandbreite seiner Schaltung so klein wie möglich zu halten, um die Rauscheinflüsse zu minimieren.

4.2.1.1 Korrelationen zwischen Rauschgrößen

Sind zwei oder mehrere Schwankungsgrößen vorhanden, dann kann zwischen ihnen ein Zusammenhang bestehen. Die Kenntnis des Wertes

Abhängigkeiten

---

[1] Genau genommen gibt es kein weißes Rauschen, da ein weißes Rauschen eine unendliche Bandbreite und damit auch eine unendlich hohe Energie hat. Auch das Rauschen eines ohmschen Widerstandes hat eine obere Grenzfrequenz, die bei ca 10^{13} Hz liegt.

einer Größe kann auch Informationen über den Wert der anderen Größe enthalten. Werden beispielsweise zwei in Reihe geschaltete ideale (nicht rauschende) ohmsche Widerstände von einem verrauschten Eingangsstrom durchflossen, so entstehen an den Widerständen Rauschspannungen, die zueinander proportional sind. In diesem Fall gibt es eine *vollständige Korrelation*.

Häufig sind zwei elektrische Rauschgrößen eines Bauelementes teilweise korreliert, da zumeist gemeinsame sowie auch voneinander unabhängige Rauschursachen existieren (vgl. MOS-Transistor, induziertes Gate-Rauschen und thermisches Rauschen).

Berechnung   Das Schwankungsquadrat der Summe zweier Rauschgrößen a_1, a_2 (Spannungen oder Ströme) berechnet sich zu

$$\overline{(a_1 + a_2)^2} = \overline{a_1^2} + \overline{a_2^2} + \overline{2a_1 a_2} = \sigma_1^2 + \sigma_2^2 + 2c_{12}\sigma_1\sigma_2. \quad (4.11)$$

Darin sind σ_1^2, σ_2^2 die Varianzen (Effektivwerte) der Rauschgrößen und
Korrelations- c_{12} der *Korrelationskoeffizient* zwischen den Rauschgrößen:
koeffizient

$$c_{12} = \frac{\overline{a_1 a_2}}{\sqrt{\overline{a_1^2}\,\overline{a_2^2}}} = \frac{1}{\sigma_1\sigma_2} \lim_{T\to\infty} \frac{1}{2T} \int_{-T}^{+T} a_1(t)a_2(t)\,\mathrm{d}t. \quad (4.12)$$

Der Korrelationskoeffizient ist proportional zum zeitlichen Mittelwert des Produktes der Rauschgrößen. Sind die Rauschgrößen statistisch unabhängig, also unkorreliert, ist der Korrelationskoeffizient c_{12} gleich Null, so vereinfacht sich Gl. 4.11 zu

$$\overline{(a_1 + a_2)^2} = \overline{a_1^2} + \overline{a_2^2}. \quad (4.13)$$

Es gibt Fälle, in denen der oben definierte Korrelationskoeffizient $c_{12} = 0$ sein kann, obwohl die entsprechenden Rauschgrößen gleiche Ursachen haben und somit auch korreliert sein müssen. Ein Beispiel hierfür ist eine Serienschaltung aus Widerstand und Kapazität; die korrelierten Spannungen sind zueinander orthogonal und es gilt $c_{12} = 0$ trotz Korrelation!

Kreuzkorrelations-   Ein allgemein gültiges Maß für die Korrelation ist die *Kreuzkorrelati-*
funktion   *onsfunktion*

$$\rho_{12} = \overline{a_1(t)a_2(t+\tau)} = \frac{1}{2T} \lim_{t\to\infty} \int_{-T}^{+T} a_1(t)a_2(t+\tau)\,\mathrm{d}t \quad (4.14)$$

bei der wie beim Korrelationskoeffizienten der Mittelwert über das Produkt der Rauschgrößen gebildet wird, jedoch ist eine Rauschgröße um

4.2 Rauschen

eine variable Zeitspanne τ verschoben. Gilt $\rho_{12}(\tau) = 0$ für alle τ, so sind die Rauschgrößen unkorreliert und es gilt Gl. 4.13. Die Kreuzkorrelationsfunktion $\rho_{12}(\tau)$ kann im Gegensatz zum Korrelationskoeffizienten c_{12} auch dann eine gemeinsame Rauschursache zweier Schwankungsgrößen erkennen, wenn die beiden Rauschpfade von der gemeinsamen Ursache zum Ausgang unterschiedliche Laufzeiten bzw. Phasendrehungen aufweisen, also die Schwankungsgrößen nicht stationär sind.

> Um zwei *unkorrelierte* Rauschgrößen – dargestellt durch Spektraldichten oder Effektivwerte – zusammenzufassen, müssen die Rauschgrößen geometrisch addiert werden:
>
> $$i_n^2(f) = i_{n1}^2(f) + i_{n2}^2(f), \quad i_{eff}^2 = i_{eff1}^2 + i_{eff2}^2.$$

Unkorrelierte Rauschgrößen

Der oben eingeführte Korrelationskoeffizient c_{12} ist lediglich der normierte Wert der Korrelationsfunktion $\rho_{12}(\tau = 0)$. Da eine Zeitfunktion $a(t)$ für eine Rauschgröße nicht angegeben werden kann, geschieht die Berechnung des Korrelationskoeffizienten c_{12} für zwei Rauschgrößen über Modellbeschreibungen der physikalischen Ursachen und ist sehr aufwendig.

4.2.1.2 Äquivalentes Eingangsrauschen

Häufig wird der Begriff der äquivalenten Eingangsrauschspannung oder des äquivalenten Eingangsrauschstroms benutzt. Dabei stellt man sich das Rauschen einer (aus beliebig vielen rauschenden Bauteilen bestehenden) Schaltung konzentriert am Eingang vor. Wird beispielsweise ein Spannungsverstärker untersucht, so wird zunächst die spektrale Rauschspannungsdichte $u_{n,A}(f)$ am Ausgang bestimmt. Anschließend kann die äquivalente spektrale Rauschspannungsdichte $u_{n,E}(f) = u_{n,A}(f)/v$ am Eingang ermittelt werden. Dabei ist v die (Kleinsignal-) Verstärkung.

Äquivalente Eingangsrauschspannungsdichte

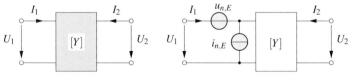

Abbildung 4.9 Äquivalentes Eingangsrauschen am Zweitor

Durch Integration von Gl. 4.10 über den entsprechenden Frequenzbereich ist dann der Effektivwert der äquivalenten Eingangsrauschspannung zu berechnen. Ebenso wie für das Beispiel des Spannungsverstärkers kann jedes rauschende Zweitor durch ein nicht rauschendes Zweitor und zwei vorgeschaltete Ersatzquellen $u_{n,E}(f)$, $i_{n,E}(f)$ dargestellt werden (Abb. 4.9). Die beiden Rauschgeneratoren können dabei korreliert sein. Sind die Rauschgeneratoren korreliert, so steigt die Komplexität in den Berechnungen stark an. Häufig ist es dann einfacher, mit den ursprünglichen Netzwerkgleichungen zu rechnen, als mit dem vorgestellten Modell. Für viele Schaltungen ist die Korrelation jedoch so gering, dass sie vernachlässigt werden kann.

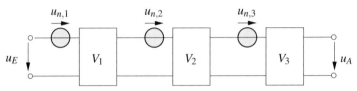

Abbildung 4.10 Blockschaltbild einer Verstärkerkette

Beispiel Abbildung 4.10 zeigt das Blockschaltbild einer Verstärkerkette, bestehend aus drei rauschenden Verstärkern. Für die Verstärker wurde jeweils eine äquivalente spektrale Spannungsdichte am Eingang angegeben. Das Quadrat der äquivalenten spektralen Spannungsdichte am Eingang $u_{n,E}^2$ und der Effektivwert der äquivalenten Eingangsrauschspannung $u_{\text{eff},E}$ der gesamten Verstärkerkette kann zu

$$u_{n,E}^2(f) = u_{n,1}^2(f) + \left(\frac{u_{n,2}(f)}{V_1}\right)^2 + \left(\frac{u_{n,3}(f)}{V_1 V_2}\right)^2 \quad (4.15)$$

$$u_{\text{eff},E} = \sqrt{\int_{f_1}^{f_2} [u_{n,1}^2(f) + \left(\frac{u_{n,2}(f)}{V_1}\right)^2 + \left(\frac{u_{n,3}(f)}{V_1 V_2}\right)^2]\, df} \quad (4.16)$$

berechnet werden, da die äquivalenten Eingangsspannungsdichten unkorreliert sind. Für den Schaltungsentwickler bedeutet dies, dass die erste Verstärkerstufe besonders rauscharm ($u_{n,1}$ klein) und eine möglichst hohe Verstärkung (V_1 groß) haben muss. Die weiteren Stufen sind für das Rauschen weniger kritisch.

4.2.1.3 Signal-Rausch-Abstand und Rauschzahl

SNR Der Signal-Rausch-Abstand SNR (engl. Signal-Noise-Ratio) gibt Auskunft über das Verhältnis zwischen der Signalleistung P_{sign} und der Rauschleistung P_n:

4.2 Rauschen

$$SNR = \frac{P_{sign}}{P_n} = \frac{u_{sign}^2}{u_n^2}, \qquad (4.17)$$

$$SNR_{dB} = 10 \cdot \log_{10} \frac{P_{sign}}{P_n} = 20 \cdot \log_{10} \frac{u_{sign}}{u_n}. \qquad (4.18)$$

Für einen Verstärker ist es interessant, inwiefern sich der Signal-Rausch-Abstand vom Eingang zum Ausgang verschlechtert. Da das Rauschen des Verstärkers sicher unkorreliert zum eingespeisten Rauschen ist, kann sich der Signal-Rausch-Abstand nur verschlechtern. Das Verhältnis zwischen dem Signal-Rausch-Abstand am Eingang und dem Signal-Rausch-Abstand am Ausgang beschreibt die Rauschzahl F: Rauschzahl F

$$F = \frac{(SNR)_{\text{Eingang}}}{(SNR)_{\text{Ausgang}}}, \qquad (4.19)$$

$$F_{dB} = 10 \cdot \log_{10} \frac{(SNR)_{\text{Eingang}}}{(SNR)_{\text{Ausgang}}}. \qquad (4.20)$$

Der ideale rauschfreie Verstärker hat die Rauschzahl $F = 1$ bzw. $F = 0$dB. Der Nutzen des Verstärkers vom Standpunkt des Rauschens liegt darin, dass der Signalpegel angehoben wird und daher größer als der Rauschpegel eines nachgeschalteten Verstärkers wird. Leider wird jedoch nicht nur das Signal, sondern auch das Eingangsrauschen verstärkt und zusätzlich das Eigenrauschen des Verstärkers hinzugefügt.

4.2.2 Physikalische Ursachen und Rauschmodelle

Elektronisches Rauschen entsteht durch kleine Strom- und Spannungsfluktuationen in den integrierten Bauteilen. Es resultiert daraus, dass elektrische Ladung nicht kontinuierlich, sondern in quantisierter Form auf diskreten Ladungsträgern auftritt und transportiert wird. Die physikalisch ungleichmäßigen Transportvorgänge der Ladungsträger im Kristall führen dabei zu kleinen zufälligen Ladungsschwankungen, die als Rauschen in Erscheinung treten. Im Folgenden werden ausgewählte Rauschmechanismen beschrieben und zugehörige Modelle dargestellt.

4.2.2.1 Schrotrauschen

Unter dem *Schrot-Effekt* versteht man die Tatsache, dass der Strom nicht kontinuierlich, sondern aus einer Vielzahl von Ladungsträgern besteht, die jeweils eine (Elementar-)Ladung $\pm q$ transportieren. Jeder Ladungsträger ruft in der (äußeren) Stromzuführung einen Influenzstrom hervor. Die Addition aller Influenzströme ergibt den Gesamtstrom. Wegen der endlichen Elementarladung und den statistisch verteilten Influenzströmen ergibt sich ein Gleichstrom I_0 mit einer Wechselkomponente. Es ergibt sich die Rauschstrom-Spektraldichte

$$i_n^2(f) = 2\, q\, I_0 \tag{4.21}$$

für Frequenzen, die viel kleiner als die reziproke Laufzeit $1/\tau_t$ der Ladungsträger sind. Die Schwankungen i_n sind relativ um so schwächer, je mehr Elektronen an dem Vorgang beteiligt sind, also je größer die mittlere Stromstärke ist ($i_n(f) \sim \sqrt{I_0}$).

Besonders anschaulich und leicht beschreibbar ist dieser Effekt bei Elektronenstrahlröhren, da dort die Laufzeit, infolge eines festen Abstands zwischen Kathode und Anode, konstant ist und jedes Elektron gleich beschleunigt wird. Diese einfachen Verhältnisse lassen sich nur zum Teil auf Halbleiterschaltungen übertragen. In Halbleiterschaltungen haben die Influenzstromimpulse eine andere Form (Beschleunigung ist nicht linear). Sie entstehen nicht zwingend an einem festen Ort und werden auch nicht immer „sofort" abgesaugt, was zu einer Gegenkopplung und somit zu einer Verringerung des Schrotrauschens führt.

4.2.2.2 Thermisches Rauschen

Thermisches Rauschen (engl. thermal noise) wird durch die zufällige, thermisch angeregte Bewegung der Elektronen im Leiter erzeugt. Dabei ist es unerheblich, ob durch diesen Leiter ein Strom fließt oder ob der Leiter stromlos ist, da die thermischen Geschwindigkeiten von Elektronen in einem Leiter viel größer als ihre typischen Driftgeschwindigkeiten sind. Das thermische Rauschen ist direkt proportional zur absoluten Temperatur T und verschwindet beim absoluten Nullpunkt. Die Amplitudenverteilung von thermischem Rauschen wird durch die Gaußfunktion (vgl. Abb. 4.7) beschrieben.

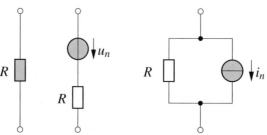

Abbildung 4.11 Ersatzschaltbild eines rauschenden Widerstandes

Ein rauschender ohmscher Widerstand R kann als eine Reihenschaltung, bestehend aus einem rauschfreien ohmschen Widerstand R und ei-

4.2 Rauschen

ner Rauschspannungsquelle oder als eine Parallelschaltung aus rauschfreiem ohmschen Widerstand mit einer Rauschstromquelle dargestellt werden (Abb. 4.11, rauschende Bauelemente bzw. Quellen sind hier und im Folgenden grau hinterlegt dargestellt).

Die Spektraldichten $u_n(f)$, $i_n(f)$ eines ohmschen Widerstandes

$$i_n^2(f) = 4\,k\,T\,\frac{1}{R} \qquad (4.22)$$

$$u_n^2(f) = 4\,k\,T\,R \qquad (4.23)$$

sind nicht frequenzabhängig. Dabei bezeichnet k die Boltzmann-Konstante mit $k = 1.38 \cdot 10^{-23}$ J/K und T die absolute Temperatur in Kelvin. Die Effektivwerte können mit den Gleichungen 4.9, 4.10 und der Beziehung $\Delta f = f_2 - f_1$ zu

$$i_{\text{eff}}^2 = 4\,k\,T\,\frac{1}{R}\,\Delta f \qquad (4.24)$$

$$u_{\text{eff}}^2 = 4\,k\,T\,R\,\Delta f = i_{\text{eff}}^2 \cdot R^2 \qquad (4.25)$$

bestimmt werden. Aus den Gleichungen 4.24 und 4.25 ist ersichtlich, dass Rauschstrom und -spannung im Widerstand direkt proportional zur Bandbreite Δf sind. Rauschstrom und -spannung sind jedoch unabhängig von der *Lage* dieses Frequenzbereichs, also konstant über f. Derartiges Rauschen mit einem konstanten Spektrum wird als *weißes Rauschen* bezeichnet.

4.2.2.3 1/f-Rauschen

Das 1/f-Rauschen (auch Funkel-Rauschen oder engl. flicker noise) tritt in allen aktiven und in einigen passiven Bauelementen auf, sofern sie von einem Strom durchflossen werden. Die Ursachen für das 1/f-Rauschen sind nicht für alle Bauelemente gleich und konnten noch nicht befriedigend erklärt werden. Experimente und unterschiedliche Herstellungsverfahren zeigen, dass viele unterschiedliche Parameter für das 1/f-Rauschen verantwortlich sind. Dementsprechend gibt es auch viele Versuche, das 1/f-Rauschen durch Modelle zu beschreiben.

Sicher ist, dass die Beschaffenheit von Oberflächen und Grenzflächen ein wesentlicher Verursacher ist. Da bei Bipolartransistoren im Gegensatz zu MOS-Transistoren der Strom im Volumen (und nicht an einer Grenzfläche) fließt, sind Bipolartransistoren vom 1/f-Rauschen weniger stark betroffen. Beim MOS-Transistor kann es an Fehlstellen im Oxid und an der Grenzschicht Oxid-Halbleiter zu einer Ladungsspeicherung kommen. Diese Ladungen können dann in den Kanal bzw. auf das Gate tunneln und man erhält für einen begrenzten Frequenzbereich ein $1/f$-Spektrum.

Die Spektraldichte des $1/f$-Rauschen kann bisher nur empirisch bestimmt werden:

$$i_n^2(f) = k_1 \frac{I^a}{f^b} \tag{4.26}$$

wobei I der Strom durch das Bauelement, k_1 eine Konstante (bestimmt durch Technologie, Bauelementart und -größe); a im Bereich von $0,5\ldots 1$ und $b = 0,7\ldots 2,5$ ist.

Messung des $1/f$-Rauschens. Die Messung von $1/f$-Spektren ist interessant, wenn die zu entwickelnde Schaltung bei relativ niedrigen Frequenzen betrieben werden soll. Meist versucht der Schaltungsentwickler dieses zu umgehen, indem er den Frequenzbereich zu höheren Frequenzen hin verlegt, so dass er das $1/f$-Rauschen nicht betrachten muss. Ist dieses nicht möglich, so muss er über das $1/f$-Rauschen nicht nur qualitativ sondern auch quantitativ informiert sein. Des Weiteren wird versucht über die Stärke des Abfalls b der Spektraldichte eine Aussage über die Qualität der Herstellung eine Aussage zu machen, da (nicht erwünschte) Fehlstellen an Grenzflächen ein Wirkungsmechanismus des $1/f$-Rauschen sind. Ein Messaufbau ist insofern schwierig, da sein eigenes Rauschen kleiner sein muss als das zu messende Rauschsignal und alle Bauteile vom thermischen und insbesondere vom $1/f$-Rauschen betroffen sind. Die Abbildung 4.12 zeigt ein solches, erprobtes Konzept [4.5].

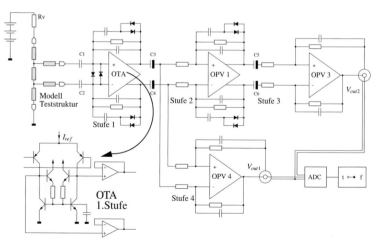

Abbildung 4.12 Messaufbau zur Bestimmung des $1/f^b$-Rauschspektrums

Die gesamte Anordnung ist differentiell aufgebaut, so dass sich Gleichtaktlagenänderungen nicht auswirken. Die erste Verstärkerstufe ist ein Steilheitsverstärker mit extrem hoher Verstärkung. Die Eingangs-, Last- und ein Teil der Stromquellentransistoren sind extrem rauscharme, gepaarte Bipolartransistoren mit sehr geringem Eingangsoffset. Die Ausgänge dieser Stufe sind mit (rauscharmen) Treibern versehen, so dass die Stufe nicht belastet wird. Alle Verstärkerstufen haben einen Tiefpass zur Bandbegrenzung (Messdatenreduktion). Die Stufen 2, 3 weisen eine nichtlineare Bandbegrenzung auf, so dass qualitativ auch große Eingangssignale betrachtet werden können.

4.2.2.4 Induziertes Gate-Rauschen

Das induzierte Gate-Rauschen ist ein Rauschphänomen des Feldeffekttransistors und tritt erst bei sehr hohen Frequenzen in Erscheinung.

Ändert sich der Augenblickswert des Potentials im Kanal des FET an einer beliebigen Stelle um du infolge thermischen Rauschens, so hat dies zwei Konsequenzen. Zum einen ändert sich die Ladung im Kanal und zum anderen ändert sich der Kanalstrom in Folge der geänderten Ladung und Feldstärke. Die Änderung der Kanalladung bewirkt eine entgegengesetzt gleich große Ladungsänderung dq auf der Gateelektrode. Bei einer Frequenz f entsteht ein induzierter Gatestrom $di_G = j\,2\pi f\,dq$.

Da die Rauschkomponente des Drainstromes und des Gatestromes die gleiche Ursache, nämlich das thermische Rauschen im Kanal, haben besteht eine Korrelation zwischen dem thermischen Rauschen und dem induzierten Gaterauschen des Feldeffekttransistors. Die spektrale Rauschstromdichte des induzierten Gate-Stromrauschens

$$i_{n,G}^2 = \frac{kT}{2}\,\frac{(2\pi f)^2\,C_G^2}{g_m} \qquad (4.27)$$

ist abhängig von der Temperatur, der Frequenz und dem Arbeitspunkt des FETs.

4.2.2.5 Stoßrauschen

Beim Stoßrauschen (engl. burst noise oder popcorn noise) springt der Betriebsstrom zwischen zwei (oder mehreren) diskreten Werten wie in Abbildung 4.13 gezeigt. Die Wiederholungsrate dieser Pulse liegt gewöhnlich im Audiobereich (einige kHz oder weniger). Dies ist ein Effekt, der nur bei einem Teil der Halbleiterbauelemente auftritt, insbesondere bei Transistoren und Dioden.

Das Auftreten dieser Störung hängt sehr stark vom Herstellprozess und insbesondere von der Oberflächenbehandlung ab. Als Erklärung dient im Allgemeinen ein Modell, nach dem eine statistisch schwankende Ladung einen Nebenschlußwiderstand zum pn-Übergang ein- bzw. ausschaltet.

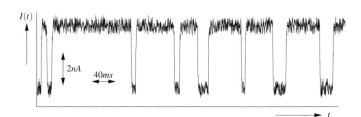

Abbildung 4.13
Zeitlicher Verlauf des Stoßrauschens (Messung)

Nebenschlußwiderstände können nicht gewollte Metallausscheidungen in einer Raumladungszone sein. Als „Schalter" dient dann die Potentialbarriere der durch Metallausscheidung und Halbleiter gebildeten Schottky-Diode. Fängt eine Fehlstelle in unmittelbarer Nähe eine Ladung ein, kann die Potentialbarriere überwunden werden und ein Nebenschlußwiderstand wird aktiv. Dieser Effekt kann nur schlecht durch die oben eingeführten Kenngrößen beschrieben werden, da er sehr stark von der Güte der Herstellung – insbesondere von der Verunreinigung mit Schwermetallionen, die als „Schalter" dienen – und vom verwendeten Layout abhängig ist.

4.2.3 Ersatzschaltbilder

4.2.3.1 Widerstand

Thermisches Rauschen — Monolithisch integrierte Widerstände zeigen thermisches Rauschen wie es bereits in den Gleichungen 4.22, 4.23 beschrieben wurde. Diskrete Metallfilm-Widerstände haben ebenfalls dieses Verhalten. Diskrete Kohleschicht-Widerständen jedoch zeigen zusätzlich einen $1/f$-Anteil, sofern sie von einem Strom durchflossen werden. Dieses ist zu beachten, falls externe Widerstände an eine integrierte Schaltung angeschlossen werden.

Schrotrauschen — In einem stromdurchflossenen Widerstand tritt ebenfalls Schrotrauschen auf. In integrierten Widerständen werden irgendwo im Halbleiter Ladungsträger erzeugt und driften unter dem Einfluss des elektrischen Feldes. Nach ihrer Lebensdauer τ_m rekombinieren sie, bevor sie die zweite Elektrode erreichen. Die durch den Influenzstrom transportierte Ladung $e\bar{v}\tau_m/L$ ist im Vergleich zur Elementarladung e klein

4.2 Rauschen

und daher ist dieser Rauschanteil ebenfalls klein ($\overline{v}$ ist die mittlere Geschwindigkeit, L die Länge des integrierten Widerstandes).

Das Ersatzschaltbild eines rauschenden Widerstandes wurde bereits in Abbildung 4.11 gezeigt. In der Regel reicht es aus, nur das thermische Rauschen eines integrierten Widerstandes beim Schaltungsentwurf zu berücksichtigen.

4.2.3.2 Halbleiterdiode

Die wesentlichen Rauschmechanismen in einer Halbleiterdiode sind das thermische Rauschen der Bahnwiderstände, das Schrotrauschen und das $1/f$-Rauschen. In Abb. 4.14 wird ein Ersatzschaltbild für eine rauschende Diode vorgestellt.

Dabei bezeichnet r_S die Bahn- oder Serienwiderstände, r_D den Kleinsignalwiderstand mit $r_D = kT/eI_D$. Die Rauschspannungsquelle modelliert das thermische Rauschen in den Bahnwiderständen r_S, die Rauschstromquelle modelliert das $1/f$-Rauschen und das Schrotrauschen. Für die Spektraldichten der Rauschgeneratoren gilt:

$$u_{n,t}^2(f) = \underbrace{4\,k\,T\,r_s}_{\text{thermisches Rauschen}} \qquad (4.28)$$

$$i_{n,D}^2(f) = \underbrace{2\,e\,I_D}_{\text{Schrotrauschen}} + \underbrace{k_1 \frac{I_D^\alpha}{f}}_{1/f-\text{Rauschen}} \,. \qquad (4.29)$$

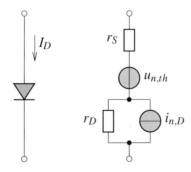

Abbildung 4.14 Kleinsignal-Ersatzschaltbild einer rauschenden Diode

Hierbei bezeichnet k wiederum die Boltzmann Konstante, T die absolute Temperatur, e die Elementarladung und I_D den Strom durch die Diode. k_1 und α sind die bereits beim $1/f$-Rauschen erwähnten technologieabhängigen Konstanten. In Gleichung 4.29 wurden bereits zwei unkorrelierte Größen gemäß Gl. 4.13 zusammengefasst.

4.2.3.3 MOS-Transistor

Im widerstandsbehafteten Kanal des MOS-Transistors entsteht das thermische Rauschen, das beim MOS-Transistor in einem weiten Frequenzbereich dominierend ist.

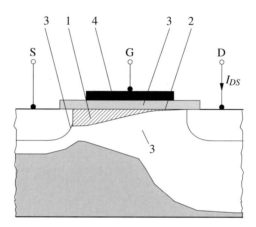

Abbildung 4.15 Zuordnung der Rauscheffekte beim MOS-Transistor

Entstehungsorte des Rauschens
In Abbildung 4.15 werden die Rauscheffekte den Entstehungsorten zugeordnet. Das thermische Rauschen des Kanals ist dort mit (1) gekennzeichnet. Die parasitären Widerstände des MOS-Transistors (z. B. Bahnwiderstände) zeigen ebenfalls thermisches Rauschen (2). Da dieses Rauschen im Vergleich zum Kanalrauschen klein ist, wird es in der Regel vernachlässigt. Das $1/f$-Rauschen (3) entsteht insbesondere in der Raumladungszone, an den Grenzschichten und im Gateoxid. Das induzierte Gaterauschen (4) wird in der Skizze dem Gate zugeordnet, es ist aber mit einer Potentialänderung im Kanal korreliert und kann somit weder Kanal noch Gate eindeutig zugeordnet werden.

Thermisches Rauschen
Die Rauschstromspektraldichte des thermischen Rauschens beim MOS-Transistors lässt sich im Sättigungsbereich zu

$$i_{n,th}^2(f) = 4\,k\,T\,(\frac{2}{3}\,g_m) \tag{4.30}$$

bestimmen. Sie ist abhängig von der absoluten Temperatur und von der Steilheit $g_m \sim \sqrt{W/L \cdot I_{DS}}$, jedoch frequenzunabhängig. Die

$1/f$-Rauschen Spektraldichte des niederfrequenten $1/f$-Rauschens nach Gl. 4.26 lässt sich für den MOS-Transistor zu

4.2 Rauschen

$$i_{n,1/f}^2(f) = \underbrace{\frac{k_F}{L_{\text{eff}}^2 \cdot C_{\text{ox}}'}}_{=k_1 \text{ aus Gl. 4.26}} \frac{I_{DS}^\alpha}{f} \quad (4.31)$$

umformen. Dabei bezeichnet k_F eine Technologiekonstante, L_{eff} die effektive Kanallänge, C_{ox}' die flächenbezogene Dünnoxidkapazität und $\alpha \approx 1$.

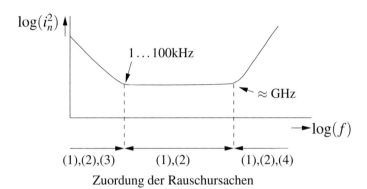

Abbildung 4.16 Rauschstromspektraldichte des MOS-Transistors

Das induzierte Gate-Rauschen wurde bereits durch Gl. 4.27 bestimmt. Das Rauschverhalten des MOS-Transistors im Frequenzbereich und die Wirksamkeit der drei Rauschmechanismen thermisches Rauschen (1),(2), $1/f$-Rauschen und induziertes Gate-Rauschen (4) wird in Abb. 4.16 gezeigt. Da das induzierte Gate-Rauschen erst bei sehr hohen Frequenzen wirksam ist, kann es meist vernachlässigt werden.

Induziertes Gate-Rauschen

Abb. 4.17 zeigt das Kleinsignal-Ersatzschaltbild eines MOS-Transistors bei dem die Rauschstromquellen hinzugefügt wurden. Die beiden unkorrelierten Rauschstromqellen mit den Spektraldichten $i_{n,th}(f)$, $i_{n,1/f}(f)$ können zu einer neuen Rauschstromquelle mit der Spektraldichte

$$\begin{aligned} i_{n,MOS}^2(f) &= i_{n,th}^2(f) + i_{n,1/f}^2(f) \\ &= \frac{k_F}{L_{\text{eff}}^2 \cdot C_{\text{ox}}'} \frac{I_D^\alpha}{f} + 4\,k\,T\,\left(\frac{2}{3}\,g_m\right) \quad (4.32) \end{aligned}$$

zusammengefasst werden. Damit kann der MOS-Transistor kleinsignalmäßig aus dem üblichen Kleinsignal-Ersatzschaltbild zuzüglich einer Stromquelle zwischen Drain und Source mit der Spektraldichte $i_{n,MOS}(f)$ dargestellt werden ($i_{n,G}(f)$ vernachlässigt).

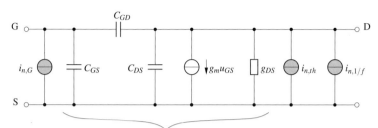

Abbildung 4.17 Kleinsignal-Rausch-Ersatzschaltbild MOS-Transistor

Kleinsignal-ESB eines MOS-Transistors

4.2.3.4 Bipolar-Transistor

Bipolar-Transistoren sind prinzipiell weniger vom niederfrequenten 1/f-Rauschen betroffen als MOS-Transistoren. Das durch die unvermeidbaren Fehlstellen an der Oberfläche entstehende $1/f$-Rauschen fällt weniger ins Gewicht, wenn der Strom durch das Volumen fließt und sich nicht – wie beim MOS-Transistor – direkt unter der Oberfläche befindet. Als Ursache wird die Rekombination von Ladungsträgern in der Raumladungszone der Basis-Emitter-Diode und an den Oberflächen gesehen. Die durch Generations-Rekombinations-Prozesse hervorgerufenen Ladungsschwankungen bewirken eine Schwankung der Emitter-Basis-Spannung. Das $1/f$-Rauschen wird durch eine Rauschquelle zwischen der internen Basis B' und dem Emitter E modelliert. In dieser Quelle $i_{n,B}$ wird üblicherweise auch das zum $1/f$-Rauschen unkorrelierte Schrotrauschen des Basisstroms zusammengefasst. Der Kollektor-Strom ist ebenfalls vom Schrotrauschen betroffen, sein Einfluss wird durch $i_{n,C}$ berücksichtigt.

1/f-Rauschen

Schrotrauschen

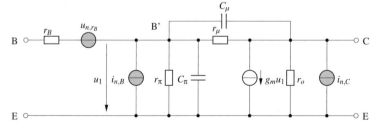

Abbildung 4.18 Vereinfachtes Kleinsignal-Rausch-Ersatzschaltbild eines Bipolar-Transistors

Thermisches Rauschen Bahnwiderstand In dem Basis-Bahnwiderstand r_b tritt, wie in allen anderen ohmschen Widerständen auch, thermisches Rauschen auf. In der Abbildung 4.18 wird dieses durch die Quelle i_{n,r_B} modelliert. Die anderen Widerstände sind lediglich Modellwiderstände haben daher kein

4.2 Rauschen

thermisches Rauschen (eine Ausnahme bildet der hier vernachlässigte Kollektor-Bahnwiderstand).

Mit den Rauschmodellen und Konstanten aus Kapitel 4.2.2 ergeben sich die Spektraldichten zu

$$\begin{aligned}
u_{n,r_b}^2 &= 4\,k\,T\,r_B & \text{therm. Rauschen} \\
i_{n,C}^2 &= 2\,q\,I_C & \text{Schrotrauschen} \\
i_{n,B}^2 &= 2\,q\,I_B & \text{Schrotrauschen} \\
&+ k_1\,\frac{I_B^\alpha}{f^\beta} & \text{1/f-Rauschen.}
\end{aligned} \qquad (4.33)$$

Die obigen Gleichungen gelten für npn- und pnp-Transistoren. Für pnp-Transistoren ist lediglich der Betrag der Ströme in obigen Gleichungen einzusetzen.

4.2.4 Rechnergestützte Rauschanalyse

Die Berechnung der spektralen Rauschdichten einer größeren Schaltung ist von Hand sehr aufwendig. Übliche Simulationsprogramme (insbesondere aus der SPICE-Familie, vgl. Kap. 3.3) unterstützen den Schaltungsentwickler bei seinem Entwurf einer rauscharmen Schaltung. Zur Berechnung der Rauschspannungsdichte an einem gewünschten Punkt der Schaltung wird zunächst der Kleinsignal-Arbeitspunkt berechnet. Danach wird die äquivalente Rauschspannungsdichte jedes Bauelementes ermittelt. Die Übertragungsfunktion jedes Bauelementes zum gewünschten (Ausgangs-)Punkt wird bestimmt und die Rauschspannungsdichte kann durch geometrische Addition ermittelt werden, da die Rauschspannungen der Bauelemente unkorreliert sind. Der Designer kann sich die Rauschspannungsdichte am Ausgang, alle Übertragungsfaktoren und die Spannungsdichten jedes Bauelementes für die angeforderten Frequenzen ansehen und mit diesem Wissen seine Schaltung optimieren.

Kleinsignal-Rauschanalyse

Problematisch ist hierbei die Vernachlässigung von Nichtlinearitäten der Halbleiterbauelemente sowie zeitveränderliches Schaltungsverhalten. So kann eine Schaltung nacheinander unterschiedliche Arbeitspunkte durchlaufen. In diesen unterschiedlichen Arbeitspunkten sind die Rauschspannungsdichten der Bauelemente ebenfalls verschieden. Ein Lösungsansatz hierfür ist eine Rauschanalyse im Zeitbereich [4.1].

4.3 Parameterstreuungen und Genauigkeit bei integrierten Schaltungen

Motivation In den bisherigen Betrachtungen wurde angenommen, dass alle Parameter eines Bauelementes genau bekannt und ideal reproduzierbar sind. Dies ist jedoch in der Praxis nicht der Fall, da die Herstellung integrierter Schaltungen ebenso wie die diskreter Bauelemente durch toleranzbehaftete physikalische Prozesse geschieht, so dass die hergestellen Bauteile statistische Schwankungen in ihren elektrischen Eigenschaften aufweisen. Besonders bei den Hochintegrationstechniken mit ihren meist vorgesehenen hohen Fertigungsstückzahlen ist eine Untersuchung der zu erwartenden Reproduzierbarkeit sehr wichtig, um eine vertretbare Ausbeute an funktionsfähigen Schaltungen in der Fertigung **Beispiel** zu erhalten. Soll ein integrierter Analog-Digital-Wandler beispielsweise **A/D-Wandler** se mit einer Auflösung von 10 Bit bei einem Eingangsspannungsbereich von 1 Volt hergestellt werden, so darf die Schaltung in ihrer LSB-Stufe einen Eingangsoffset von maximal $976\mu V$ haben. Ansonsten sind von den gefertigten Wandlern nur wenige (zufällig) in der Lage die 10 Bit aufzulösen, alle anderen erfüllen die Spezifikation nicht und lösen nur 9 oder weniger Bit auf. Ein Einzelabgleich jedes einzelnen Wandlers (z. B. mithilfe von Laser-Trimming) scheidet aus Kostengründen für die meisten Anwendungen aus.

Um die immer auftretenden Fertigungstoleranzen bereits beim Entwurf einer integrierten Schaltung berücksichtigen zu können, ist die Kenntnis der zugrundeliegenden Ursachen und Gesetze wichtig. In diesem Abschnitt werden daher die wichtigsten physikalischen Ursachen für Fertigungstoleranzen untersucht, der Unterschied zwischen so genannten lokalen und globalen Streuungen erklärt, das Flächen- und das Distanzgesetz der monolithischen Integration erläutert und einige daraus resultierende Konsequenzen für den Schaltungsentwurf zusammengefasst. Als Abschluss wird ein Ausblick auf einen aktuellen, umfassenden Modellierungsansatz gegeben, der eine genauere Beschreibung der Phänomene erlaubt. Alle Angaben in diesem Kapitel gelten speziell für integrierte Bauelemente insbesondere für MOS-Transistoren. Bei diskreten Bauteilen entfallen die systematischen Zusammenhänge; die folgenden Betrachtungen dürfen dort nicht angewendet werden.

4.3.1 Physikalische Ursachen

Wie in jedem physikalischen Prozess, können auch bei der Herstellung von integrierten Schaltungen nicht alle Herstellparameter hundertpro-

4.3 Parameterstreuungen und Genauigkeit bei integrierten Schaltungen

zentig konstant gehalten werden. Als Folge davon entstehen *zufällige* (statistische) oder *systematische* (deterministische) Streuungen der Bauteileparameter. Die wichtigsten betroffenen Parameter beim MOS-Transistor folgen aus der vereinfachten Gleichung zur Beschreibung des MOS-Transistor-Verhaltens

$$I_D = \frac{\beta}{2}\frac{W}{L}(U_{GS} - U_T)^2(1 + \lambda U_{DS}) \quad (4.34)$$

mit $U_T = U_{T0} \pm K_1(\sqrt{\Phi + U_{SB}} - \sqrt{\Phi})$,

$K_1 = \dfrac{t_{ox}}{\epsilon_{ox}}\sqrt{2\epsilon_{Si}qN_B}, \quad \Phi = 2\dfrac{k_BT}{q}\ln\dfrac{N_B}{n_i}$ Gleichung von Shichman-Hodges

die die Abhängigkeit des Drain-Stromes I_D von den drei Anschlussspannungen (U_{GS}, U_{DS} und U_{SB}), den Transistorgeometrien (W und L) sowie von den Technologiekonstanten U_{T0} (Nullfeldschwellenspannung), β (Leitfähigkeitskonstante), Φ (Diffusionspotential) und K_1 (Substrateffektsteuerfaktor) beschreibt.

Die genannten Technologiekonstanten hängen bei der Herstellung von zahlreichen Prozessschritten ab. So wird beispielsweise die Nullfeld-Schwellenspannung U_{T0} durch die Menge der implantierten Dotierstoffe im Kanalbereich beeinflusst, weiterhin durch die Dicke t_{ox} des Gateoxids und dessen genaue Dielektrizitätskonstante ϵ_{ox}. Schwankungen in der Dotierstoffkonzentration, die sich fertigungstechnisch bei der Ionenstrahlimplantation nicht ganz vermeiden lassen, wirken sich daher ebenso auf die Schwellenspannung aus wie Schwankungen von t_{ox}, die wiederum z. B. durch kleine Temperaturabweichungen bei der Oxidation der Wafer im Hochtemperaturofen entstehen können.

Schwankungen von t_{ox} haben gleichzeitig einen Einfluss auf die Leitfähigkeitskonstante β, so dass Änderungen in U_{T0} wegen der gemeinsamen Ursache (Änderung in t_{ox}) immer zu einem gewissen Grad mit Änderungen in β verknüpft sind (Korrelationen). Solche korrelativen Zusammenhänge spielen eine wichtige Rolle für grundsätzliche Überlegungen und bei der Statistiksimulation von integrierten Schaltungen.   Abhängigkeiten im Herstellprozess

Neben den Technologie-„Konstanten" sind auch die Transistorgeometrien W und L durch Ungenauigkeiten in der Maskenherstellung, kleine Maskenverschiebungen beim Belichten, Unterätzungen usw. grundsätzlich toleranzbehaftet. Abb. 4.19 stellt einige Ursachen für physikalische Parameterschwankungen in einem Technologieprozess dar.

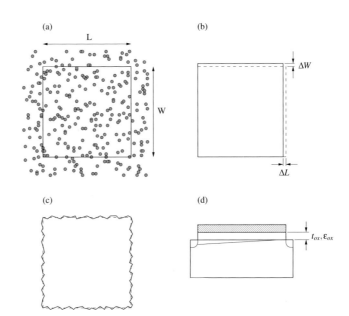

Abbildung 4.19
Schwankungen von Technologieparametern
a) Schwankungen der Dotierstoffkonzentration
b) Maskenfehler
c) Rauhigkeit der Kanten
d) Schwankungen der Oxiddicke u. Dielektrizitätszahl

Alle genannten Schwankungen von physikalischen Herstellparametern führen (gemäß dem Gesetz der Fehlerfortpflanzung) zu Schwankungen der vier oben genannten Transistor-Modellparameter, und damit zu Schwankungen im elektrischen Verhalten des MOS-Transistors.

Obwohl der Technologe bestrebt ist, die Schwankungen der Herstellparameter so gering wie möglich zu halten, muss gleichzeitig der Schaltungsdesigner unter Berücksichtigung der bestehenden Parameterschwankungen seine Schaltungen entwickeln. Dabei ist es für die Schaltungsentwicklung nicht notwendig, alle physikalischen Ursachen im Detail zu kennen, stattdessen reicht eine statistische Charakterisierung der relevanten Modellgrößen aus.

Analogie Rauschen   Die statistischen Parameterschwankungen können auch, in Analogie zum elektrischen Rauschen, als „Realisierungsrauschen" des MOS-Transistors gedeutet werden. Daraus ergibt sich das Ersatzschaltbild in Abb. 4.20(a), in dem die einzelnen Parameterschwankungen als wirkungsäquivalente Rauschspannungs- bzw. -stromquellen eingesetzt sind.

Die einzelnen Rauschquellen können über das MOS-Modell mittels Fehlerfortpflanzung zu einer einzigen ausgangsseitigen Fehlerquelle zusammengefasst werden (Abb. 4.20,b)). Deren Amplitudenwert berechnet sich bei unkorrelierten Rauschgrößen als Wurzel aus der Summe der Quadrate der Einzelanteile.

4.3 Parameterstreuungen und Genauigkeit bei integrierten Schaltungen

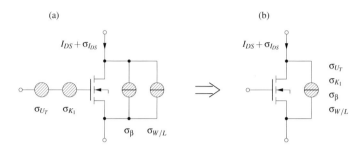

Abbildung 4.20 „Realisierungsrauschen" des MOS-Transistors, dargestellt durch wirkungsäquivalente Rauschquellen

Genaugenommen sind einige der Schwankungen im Prozess nicht zufälliger, sondern systematischer Natur und treten daher immer wieder in ungefähr gleicher Weise auf. Z. B. resultieren aus der vertikalen Anordnung der Wafer im Oxidationsofen oder durch bestimmte Strömungsverhältnisse im Ofen einseitig gerichtete Temperaturgradienten, die regelmäßig auf allen Scheiben wiederkehren. Ähnliche Effekte sind bei vielen Herstellschritten zu beobachten, so z. B. auch bei der Trockenätzung (Plasmaätzung), wo der Gradient allerdings meist konzentrisch von der Scheibenmitte nach außen verläuft (Abb. 4.21).

Gradienten im Herstellprozess

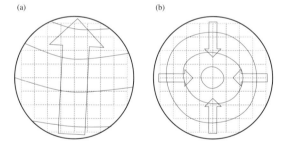

Abbildung 4.21 Parametergradienten
a) Temperaturgradient im Ofen
b) Ätzratengradient beim Plasmaätzen

Vom Schaltungsdesigner müssen diese eigentlich systematischen Schwankungen ebenfalls als zufällig betrachtet werden, da beim Entwurf nicht bekannt ist, an welcher Stelle des Wafers die Schaltung zu liegen kommt. Auch ist eine getrennte Behandlung von Schaltungen aus verschiedenen Wafer-Regionen nicht praktikabel. Die Schwankungen können daher, zumindest im Sinne der Schaltungsentwicklung, als zufällig angesehen werden und erlauben damit eine statistische Betrachtung.

4.3.2 Lokale und globale Streuungen, Mismatch

Für die Schaltungstechnik sind nicht nur die *absoluten* Schwankungen eines bestimmten Parameters auf einem Wafer von Bedeutung, sondern insbesondere auch die *relativen* zwischen zwei nebeneinander liegenden, identischen Bauteilen. Es zeigt sich, dass die relativen Schwankungen bei heutigen Prozessen um eine Größenordnung kleiner sind als die Absoluten.

So ist z. B. die Fertigung von integrierten Widerständen mit einem bestimmten absoluten Wert nur mit einer Toleranz von ca. 2% möglich (abhängig vom Technologieprozess). Der relative Unterschied zwischen zwei gleichen Widerständen, die direkt benachbart auf einem Chip angeordnet sind, ist jedoch sehr viel geringer und liegt in der Größenordnung von 0,2% (dies hängt von der Layout-Größe der beiden Widerstände ab, siehe Abschnitt 4.3.3).

Globale und lokale Schwankungen Die absoluten Parameterschwankungen werden als „global" bezeichnet, da sie global über den ganzen Wafer als zufällig hingenommen werden müssen. Die Relativschwankungen erhalten die Bezeichnung „lokal" und bedingen für benachbarte Bauteile eine höhere Genauigkeit.

Matching Die Relativgenauigkeit von Bauteilen bezeichnet man auch als Paarigkeit, Selbstähnlichkeit oder *Matching* (engl. „to match" = zueinander passen) der Bauteile. Entsprechend wird eine relative Abweichung als Unpaarigkeit oder *Mismatch* bezeichnet.

Man ist bestrebt die gute lokale Reproduzierbarkeit schaltungstechnisch auszunutzen. Dazu werden Schaltungskonzepte verwendet, die auf den Verhältniswerten von gleichen Bauteilen beruhen, anstatt genaue Absolutwerte von bestimmten Bauteilewerten vorauszusetzen. So werden in der *switched-capacitor*-Technik Kapazitätsverhältnisse ausgenutzt. Dort wird z. B. eine wesentlich bessere Reproduzierbarkeit einer integrierten Zeitkonstanten erzielt, indem im relevanten Bauteileverhältnis $R \cdot C_I$ der Widerstand R mit einer geeigneten Technik durch einen Kondensator C_R ersetzt wird, so dass sich anschließend die Zeitkonstante aus dem Verhältnis C_I/C_R zweier sehr gut paariger Kondensatoren bestimmt.

Beispiel Ein Beispiel für eine im Wesentlichen nicht von globalen Streuungen abhängige Schaltung ist der bereits vorgestellte Stromspiegel aus zwei MOS-Transistoren (Abb. 4.22). Das Spiegelverhältnis I_{D2}/I_{D1} hängt dabei im Wesentlichen nur von der Relativgenauigkeit der Transistoreigenschaften ab (abgesehen von systematischen Abweichungen, z. B. auf Grund von unterschiedlicher Kanallängenmodulation der Transistoren).

4.3 Parameterstreuungen und Genauigkeit bei integrierten Schaltungen

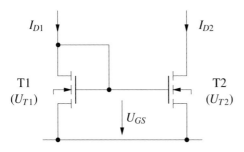

Abbildung 4.22
Stromspiegel, eine von Relativgenauigkeiten abhängige Schaltung

Zur Berechnung des Stromspiegelfehlers SF für $U_{DS1} = U_{DS2}$ wird davon ausgegangen, dass sich alle Parameter P von T2 um ein ΔP von T1 unterscheiden.

Stromspiegelfehler

$$\begin{aligned} SF &= \frac{I_{D2}}{I_{D1}} - 1 \qquad (4.35)\\ &= (1+\frac{\Delta\beta}{\beta})(1+\frac{\Delta W}{W})(1+\frac{\Delta L}{L})^{-1}(1-\frac{\Delta U_T}{U_{GS}-U_T})^2 - 1 \end{aligned}$$

Gleichsinnige Schwankungen durch globale Einflüsse, z. B. Schwankungen der Leitfähigkeitskonstante β, wirken sich nicht auf das Spiegelverhältnis aus, solange sie bei beiden Transistoren gleich sind. Lediglich die geringeren relativen (lokalen) Abweichungen (z. B. $\Delta\beta = \beta_2 - \beta_1$) zwischen beiden Transistoren verursachen einen Spiegelfehler. Während die ersten drei Ausdrücke in obiger Formel einen konstanten Anteil am Fehler ausdrücken, ist der vierte Ausdruck arbeitspunktabhängig (von $U_{GS} - U_T$).

4.3.3 Flächen- und Distanzgesetz

Während für die globalen Streuungen eine einfache Schwankungsbreite vom Technologen angegeben werden kann (z. B. in Form einer Standardabweichung) zeigt sich, dass die lokalen Abweichungen zwischen den Parametern zweier Bauteile von der Layout-Fläche der betreffenden Bauteile abhängig sind. Die Abweichungen werden umso geringer, je größer die Fläche der Bauteile ist.

Abbildung 4.23 veranschaulicht diesen Effekt am Beispiel zweier unterschiedlich großer MOS-Transistoren. Lokale Schwankungen der Implantationsdosis zur Schwellenspannungseinstellung wirken sich bei einer kleinen Fläche stärker aus als bei einer großen, d. h. bei einer Paarigkeitsmessung an kleinen Transistoren wird eine höhere Standardabweichung der Schwellenspannung festgestellt als bei großen.

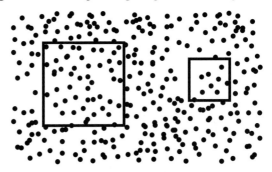

Abbildung 4.23 Auswirkung von lokalen Schwankungen der Implantationsdosis auf Bauteile mit verschiedener Fläche

Eine genauere Untersuchung zeigt, dass die relative Standardabweichung σ_P/P eines MOS-Transistorparameters P proportional zum Kehrwert der Wurzel der Fläche verläuft. Auf einen einzelnen Transistor bezogen wird dies durch das so genannte *Flächengesetz* (engl. law of area) dargestellt:

Flächengesetz

$$\frac{\sigma_P}{P} = \frac{A_P}{\sqrt{W \cdot L}} \qquad (4.36)$$

$\frac{\sigma_P}{P}$ Relative Standardabweichung eines Parameters P
A_P Mismatch-Parameter (Technologiekonstante)
W, L Bauteilabmessungen im Layout

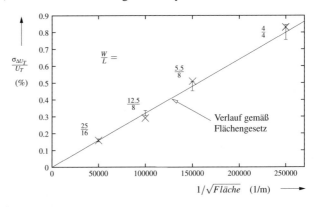

Abbildung 4.24 Flächengesetz: Messwerte von U_T-Mismatch bei verschiedenen Flächen

Das Flächengesetz kann für einen weiten Bereich von Bauteilegrößen verifiziert werden. Abbildung 4.24 zeigt Messwerte von MOS-Stromspiegeln nach Abb. 4.22, bei denen lokales Mismatching der Schwellenspannungen U_T bei verschiedenen Werten von W und L gemessen wurde. Um den proportionalen Zusammenhang besser hervorzuheben ist es üblich, die Abszisse mit $1/\sqrt{W \cdot L}$ zu skalieren, d.h.

4.3 Parameterstreuungen und Genauigkeit bei integrierten Schaltungen

große Flächen liegen links, kleine rechts. Die Steigung der Geraden in Abb. 4.24 entspricht dem Mismatch-Parameter A_{U_T} gemäß Gl. 4.36, dieser hat hier z. B. den Wert $3.2 \cdot 10^{-8}$ m. Die Fehlerbalken kennzeichnen den statistischen Fehler auf Grund des endlichen Stichprobenumfangs der Messung (hier: 337 Exemplare).

Für sehr große Flächen (ab einigen $1000\,\mu m^2$) treten allerdings signifikante Abweichungen der Messwerte vom Flächengesetz auf. Die Paarigkeit nimmt dann nicht mehr im vom Flächengesetz vorhergesagten Maße zu, sondern verschlechtert sich sogar wieder. Eine Modellierung hierfür liefert erst der in Abschnitt 4.3.6 vorgestellte Ansatz.

Für das Flächengesetz wird vorausgesetzt, dass sich die relativ zueinander betrachteten Bauteile in möglichst geringem Abstand zueinander befinden. Tatsächlich zeigen Messungen, dass sich die lokale Unpaarigkeit auch mit der *Distanz D* der Bauelemente zueinander vergrößert. *Distanzgesetz* Dies ist plausibel, da bereits ein linearer Parametergradient über den Wafer (s. Abb. 4.21) eine Parameterdifferenz proportional zum Abstand der Bauteile verursacht.

$$\frac{\sigma P}{P} = A_P D \qquad (4.37)$$

Dieser lineare Einfluss wird vereinfachend als *Distanzgesetz* bezeichnet. Ebenso können für Maskentoleranzen und Kantenrauhigkeiten weitere Gesetze formuliert werden. Die tatsächlichen Verhältnisse sind allerdings komplizierter und werden erst durch das Spektralmodell (s. Abschnitt 4.3.6) zufriedenstellend beschrieben.

4.3.4 Folgerungen für den Schaltungsentwurf

Die Kenntnis der statistischen (lokalen und globalen) Einflüsse auf den MOS-Transistor legt einige Empfehlungen nahe, mit denen ein, gegenüber diesen Einflüssen, robuster Schaltungsentwurf möglich ist. Diese Empfehlungen müssen allerdings vom Schaltungs-Designer mit anderen Randbedingungen in Einklang gebracht werden (z. B. große Fläche ⇒ gute Paarigkeit, aber auch große Kapazität ⇒ evtl. Geschwindigkeitsproblem), so dass hier häufig ein Kompromiss gefunden werden muss.

Grundlage für einen guten Entwurf ist natürlich zunächst auch ein geeignetes Schaltungskonzept, z. B. die Verwendung von symmetrischen Hinweise für den Techniken, mit denen der Anteil der (größeren) Globaltoleranzen ausgeschaltet wird. Folgende Hinweise helfen, bei einem gegebenen Schaltungskonzept die (lokale) Relativgenauigkeit paariger Bauelemente zu verbessern:

- Bauteilfläche so groß wie möglich (siehe Flächengesetz)
- Möglichst dicht zusammen platzieren (siehe Distanzgesetz)
- Gleiche Stromflussrichtung in paarigen Bauelementen
- Common-Centroid-Anordnung verwenden (Gradienten)

Common-Centroid Mittels der *Common-Centroid*-Anordnung (engl. für gemeinsames Zentrum) gelingt in erster Näherung die Ausschaltung von linearen Gradienteneinflüssen auf dem Wafer. Dazu werden die betroffenen Bauteile in jeweils zwei oder $n \cdot 2$ Teile zerlegt (z. B. ein MOS-Transistor mit W und L in zwei parallelgeschaltete MOS-Transistoren mit $W/2$ und L), die dann schachbrettartig abwechselnd ineinander verschachtelt werden. Im einfachsten Fall wird bei zwei paarigen Transistoren jeder in zwei Teile zerlegt, die dann überkreuz angeordnet werden.

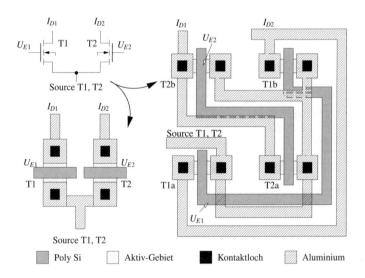

Abbildung 4.25 Common-Centroid-Anordnung für die Eingangstransistoren einer Differenzstufe

Das gemeinsame geometrische Zentrum und damit auch der gemeinsame effektive Parameterwert aus dem Gradienten liegt dann im Zentrum der Anordnung. Abbildung 4.25 zeigt dies am Beispiel der Eingangstransistoren einer Differenzeingangsstufe. Statistiksimulationen belegen, dass auch für die beiden symmetrischen Lastelemente einer Differenzstufe eine Common-Centroid-Anordnung empfehlenswert ist. Ein großer Nachteil der Common-Centroid-Anordnung ist die deutliche Flächenvergrößerung, insbesondere für vergleichsweise kleine Transistoren.

4.3.5 Beispiel

500 Komparatorschaltungen gemäß Abbildung 4.26 wurden gefertigt und vermessen. Die Schaltungen vergleichen die Eingangsspannung U_E mit der an U_{Ref} anliegenden Referenzspannung. Ist die Eingangsspannung geringer als U_{Ref}, erscheint am Ausgang ein Low-Pegel, andernfalls ein High-Pegel (0 V bzw. $+U_B$). Die eigentliche Schaltfunktion erfolgt in der eingangsseitigen Single-Ended-Differenzstufe mit T1, T2, T4 und T5 sowie T3 als Stromquelle. Die nachfolgenden Stufen mit T6, T7 und T8, T9 dienen lediglich als Verstärker und sorgen dadurch für eine steilere Umschaltflanke.

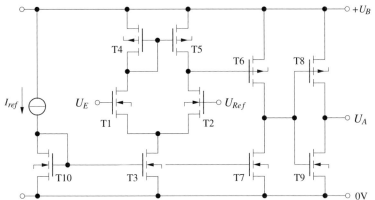

Abbildung 4.26 Komparator-Schaltung

Im Idealfall soll der Umschaltpunkt genau beim Wert von U_{Ref} liegen. Durch lokale Mismatch-Fehler in der Herstellung ist dies jedoch nie genau der Fall, so dass die Schaltschwellen mehr oder weniger stark abweichen. Abbildung 4.27 zeigt die Ergebnisse der Messung der Schaltschwellen von 500 Komparatoren. An U_{Ref} wurde dabei stets eine konstante Spannung von 2,5 Volt angelegt. Einige der gemessenen Komparatoren schalten bereits bei 2,43V, andere erst bei 2,59V. Der Erwartungswert liegt dabei sehr genau bei 2,5V, die Standardabweichung beträgt jedoch ca. 28mV. Es hängt von der Anwendung ab, ob diese Schwankung in der Serienfertigung akzeptabel ist.

Aus der Verteilungsdichtefunktion in Abbildung 4.27 kann auch die erzielte Ausbeute an brauchbaren Schaltungen bei einer vorgegebenen Genauigkeit abgelesen werden. Wenn z. B. durch die Anwendung vorgegeben ist, dass nur Komparatoren verwendet werden können, deren Schaltschwelle bei U_{Ref} genauer als $U_{Ref} \pm 20\text{mV}$ ist, so beträgt die Ausbeute nur ca. 53% der produzierten Schaltungen, dies entspricht der Fläche unter der Dichtefunktion im Bereich 2.48...2.52V. Alle anderen Schaltungen erfüllen die Spezifikation nicht und gelten als Ausschuss.

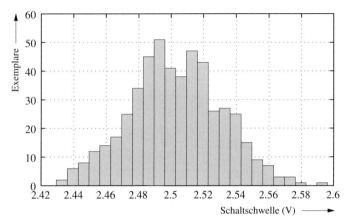

Abbildung 4.27 Verteilungsdichte von gemessenen Schaltschwellen von 500 Komparatorschaltungen

Verursacher Eine genaue Analyse zeigt, dass die Hauptverursacher für die Schwankungen der Schaltschwelle die Unpaarigkeiten der beiden Eingangstransistoren M1 und M2 sind. Die Lasttransistoren M4 und M5 tragen bei der Single-Ended-Differenzstufe nicht so stark zu Symmetrieabweichungen bei. Alle anderen Transistoren haben hauptsächlich einen Einfluss auf die nachfolgende Stufenverstärkung und sind daher nicht für die Genauigkeit der Schaltschwelle relevant. Um eine bessere Reproduzierbarkeit der Schaltschwelle zu erzielen, müssen daher zunächst die beiden Eingangstransistoren gemäß den Hinweisen in Abschnitt 4.3.4 verändert werden, d. h. sie sind u. a. unter Beibehaltung ihrer W/L-Verhältnisse zu vergrößern. Gegebenenfalls kann auch eine Common-Centroid-Anordnung verwendet werden

4.3.6 Genauere Modellierung – Spektralmodell

Genauere Untersuchungen zeigen, dass das in Abschnitt 4.3.4 vorgestellte Flächengesetz, ebenso wie das lineare Distanzgesetz, nur in einem begrenzten Geometriebereich in erster Ordnung gültig sind. Bei großflächigen Bauteilen ergeben sich starke Abweichungen zwischen Messungen und dem Flächengesetz (Abb. 4.28 a)), ebenso zeigen Mismatch-Messungen bei großen Bauteildistanzen einen anderen Verlauf als nach dem linearen Distanzgesetz erster Ordnung erwartet wird (Abb. 4.28 b)). Die gestrichelten Linien deuten jeweils den Verlauf gemäß der Vorhersage durch das Flächen- bzw. Distanzgesetz an.

4.3 Parameterstreuungen und Genauigkeit bei integrierten Schaltungen

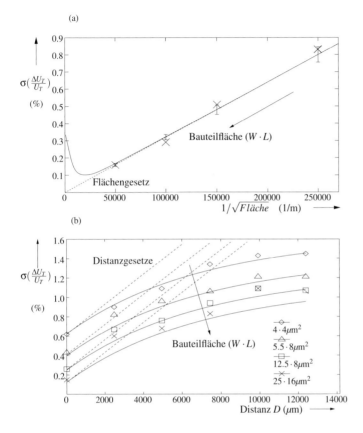

Abbildung 4.28
Abweichungen der Messergebnisse von den Modellen erster Ordnung
a) großflächige Bauelemente
b) große Distanzen

Es zeigt sich, dass ab einer gewissen Strukturgröße die Paarigkeit nicht mehr, wie gemäß Flächengesetz erwartet, zunimmt, sondern stattdessen wieder schlechter wird. Dies ist plausibel, da für sehr großflächige Bauteile eine Art „innere Distanz" relevant wird, die wiederum zu einer Verschlechterung der Paarigkeit führt. Auch die Vorhersage des Distanzgesetzes der linearen Fehlerzunahme wird für große Distanzen nicht bestätigt, stattdessen stellt man eine Art Sättigungskurve fest. Auch dies ist plausibel, da selbst für sehr große Entfernungen keine größere Abweichung erreicht werden kann als die globale Parameterstreuung auf dem Wafer.

Im Folgenden wird daher die Idee eines weiterführenden Ansatzes dargestellt, der eine geschlossene Modellierung erlaubt und auch die beobachteten Abweichungen von den Modellen erster Ordnung korrekt darstellt. Dabei kann hier nur eine stark vereinfachte Darstellung erfolgen, so dass eine detaillierte Herleitung entfällt [4.8].

Analogie Rauschen Die Einstellung von Bauteileparametern im physikalischen Technologieprozess führt, wie bereits in Abschnitt 4.3.1 erläutert, zu kleinen, zufälligen Parametervariationen, die als *ortsfrequentes Parameterrauschen* aufgefasst werden können. Dieses beschreibt quasi die sich in Abhängigkeit vom Ort auf dem Wafer ändernden Parameterwerte. Dabei stellt man sich vor, dass ein bestimmter Parameter, wie z. B. die Schwellenspannung U_T zwar im Mittel den angegebenen Wert besitzt, jedoch tatsächlich an allen Stellen auf dem Wafer mehr oder weniger stark davon abweicht, wie bei einem verrauschten Signal. Jedes Bauteil erfasst durch seine Größe einen bestimmten Bereich aus diesem Parameterrauschen, so dass eine Mittelwertbildung stattfindet, aus der sich der effektiv wirksame Parameterwert für das Bauteil ergibt.

Idee Spektralmodell Die zugrundeliegende Idee ist folgende: Ähnlich wie bei Rauschvorgängen im Zeitbereich kann das ortsfrequente Parameterrauschen durch ein *Spektrum* (Spektraldichte) beschrieben werden, welches allerdings zweidimensional ist (Waferoberfläche). Die Layout-Topologie, d. h. die räumlichen Anordnungen und Abmessungen der Bauteile, bestimmt, welche Stellen des Rauschvorgangs auf dem Wafer *abgetastet* werden. Das Parameter-Mismatch, also die Relativabweichung eines Parameters zwischen zwei Bauteilen im Abstand D mit den Geometrieabmessungen W und L ergibt sich dann aus der Differenz der Mittelwerte beider abgetasteten Bereiche:

$$\Delta p = \frac{1}{WL} \left(\int_{-\frac{L}{2}}^{\frac{L}{2}} \int_{-W-\frac{D}{2}}^{-\frac{D}{2}} p(x,y)\,dy\,dx - \int_{-\frac{L}{2}}^{\frac{L}{2}} \int_{\frac{D}{2}}^{W+\frac{D}{2}} p(x,y)\,dy\,dx \right)$$

(4.38)

Die Abtastung wird im nachrichtentechnischen Sinne durch eine Faltung dargestellt, die nach einer Fouriertransformation durch ein algebraisches Produkt im Frequenzbereich ausgeführt werden kann. Dazu müssen die Fouriertransformierte der „Impulsantwort" der Geometriefunktion $H(u,v)$ (s. Abb. 4.29) und das zweidimensionale ortsfrequente Spektrum $P(u,v)$ bekannt sein. Den beiden Ortskoordinaten x und y entsprechen nach der Transformation die Spektrumskoordinaten u und v.

Gemäß dem Parsevalschen Theorem kann dann über die Leistungsdichte des Rauschsignals die gesuchte Standardabweichung der Parameterdifferenz berechnet werden (Gl. 4.39):

4.3 Parameterstreuungen und Genauigkeit bei integrierten Schaltungen

$$\sigma_{\Delta p} = \sqrt{\int_{-\infty}^{\infty} \int_{-\infty}^{\infty} |H(u,v)|^2 \cdot |P(u,v)|^2 \, du \, dv} \qquad (4.39)$$

Voraussetzung dafür ist, dass der Verlauf des Spektrums $P(u,v)$ bekannt ist; dies ist aber zunächst nicht der Fall. Man bestimmt daher, sozusagen im Umkehrschluss, aus Messungen von $\sigma_{\Delta p}$ bei verschiedenen Geometrien das zweidimensionale Spektrum auf dem Wafer.

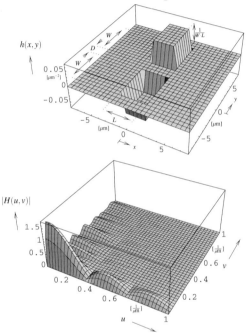

Abbildung 4.29
Impulsantwort und Fouriertransformierte der Geometriefunktion zweier rechteckiger Bauelemente

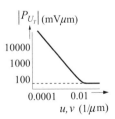

Bei Annahme eines *konstanten Spektrums* (Analogie „weißes Rauschen", gestrichelte horizontale Linie) erhält man genau die Geometrieabhängigkeit gemäß Flächengesetz nach Gl. 4.36. Die Abweichungen bei großen Bauteilegeometrien und großen Distanzen werden durch niederfrequente Rauschanteile mit höherer Amplitude hervorgerufen, die einen Anstieg der Spektraldichte zu niedrigen Frequenzen hin bewirken. Der tatsächliche Verlauf der Spektraldichte ist rechts dargestellt. Diese Darstellung zeigt das Spektrum des Parameters U_T als Schnitt in einer der beiden Frequenzkoordinatenrichtungen u oder v.

Die eingezeichneten Stufen resultieren aus einer diskretisierten Approximation zur numerischen Simulation. Durch Annahme eines Spektrums dieser Art können mit dem Spektralmodell alle bekannten Mismatch-Effekte modelliert werden. Außerdem können auch Berechnungen für andere, z. T. bisher noch nicht untersuchte Layout-Topologien durchgeführt werden, so dass eine simulatorische Vorhersage von bisher noch unbekannten (bzw. nicht verstandenen) Effekten möglich ist.

4.4 Literatur

[4.1] Graefe, M.: *Entwicklung eines integrierten Infrarot-Übertragungssystems mit Hilfe rechnergestützter Analyseverfahren*, VDE Fortschritt-Berichte VDI, 1999

[4.2] General Analysis of Mismatch Effects (GAME), http://www.zkom.de/game

[4.3] Müller, R.: *Rauschen*, 2. Auflage, Springer Verlag, Berlin, 1990

[4.4] Gray, P. R., Meyer, R. G.: *Analysis and Design of Analog Integrated Circuits*, John Wiley & Sons, New York, 1993

[4.5] Wunderlich, R., Oehm, J., Schumacher, K.: *Meßaufbau zur Bestimmung von $1/f^\gamma$-Rauschspektren als Monitor zur Qualitätssicherung*, Proceedings GI/ IEEE/ GMM/ ITG Testmethods and Reliability of Circuits and Systems, Grassau, 2000

[4.6] Schumacher, K.: *Integrationsgerechter Entwurf analoger MOS-Schaltungen*, Oldenburg, 1987

[4.7] Avant!: *Star-HSPICE Manual*, 1999

[4.8] Grünebaum, U., Oehm, J., Schumacher, K.: *Mismatch Modeling and Simulation – A Comprehensive Approach*, in "International Journal of Analog Integrated Circuits and Signal Processing", Kluwer, 2001

Kapitel 5

Lineare Schaltungen

von Laszlo Palotas

In Kapitel 3 sind bereits die einfachsten linearen, mit Operationsverstärkern aufgebauten Schaltungsanwendungen – wie Summierer, Integrierer, Tiefpass und Hochpass ersten Grades, Differenzverstärker, Instrumentierungsverstärker – vorgestellt worden. In diesem Kapitel werden die wichtigsten linearen Anwendungen auf dem Gebiet der analogen integrierten Schaltungstechnik, wie aktive Filter, geschaltete Kondensator- (SC-) Filter, Abtast-Halteschaltungen (*Sample and Holds*), Bandabstandsreferenzen sowie Digital-Analog (DA-) und Analog-Digital (AD-) Umsetzer behandelt.

Lineare Schaltungen

5.1 Aktive Filter

In den Bereichen der Informationstechnik und Telekommunikation, der Signalverarbeitung und Signalübertragung, der Mess- und Regelungstechnik spielen Filter eine grundlegende Rolle. In diesem Zusammenhang sollen unter *Filter* lineare, zeitinvariante Netzwerke (*LZI-Systeme* oder Linear Time Invariant LTI-Systeme) verstanden werden, die entsprechend der im Frequenz- oder Zeitbereich (in der Regel werden Forderungen im Zeitbereich auf den Frequenzbereich zurückgeführt) angegebenen Forderungen (Vorschriften) das Spektrum oder die Form (Laufzeit) der zu übertragenen Signale verändern.

Aktive Filter

Filter
LZI-Systeme

5.1.1 Grundlagen und Übersicht

Die Übertragungseigenschaften eines LZI - Netzwerkes werden im Frequenzbereich durch die Übertragungsfunktion $H(j\omega)$

Übetragungsfunktion

$U_e, \varphi_e \rightarrow \boxed{\text{Filter } H(j\omega)} \rightarrow U_a, \varphi_a$

$$H(j\omega) = \frac{\hat{U}_a}{\hat{U}_e} = \frac{b_0 + b_1(j\omega) + \ldots + b_m(j\omega)^m}{a_0 + a_1(j\omega) + \ldots + a_n(j\omega)^n} \quad (5.1)$$

beschrieben. $H(j\omega)$ stellt die Fouriertransformierte der *Impulsantwort $h(t)$* dar:

Impulsantwort

$$H(j\omega) = \int_{-\infty}^{\infty} h(t) e^{-j\omega t}\, dt . \quad (5.2)$$

Die Übertragungsfunktion wird in unterschiedlichen Darstellungen verwendet. Nach der Darstellungsform

$$H(j\omega) = H(\omega) e^{j\varphi(\omega)} \quad (5.3)$$

Betragsfrequenzgang

Phasenfrequenzgang

erhält man $H(\omega)$, den *Betragsfrequenzgang* (Amplitudenfrequenzgang oder Amplitudencharakteristik) bzw. $\varphi(\omega)$, den *Phasenfrequenzgang* (oder Phasencharakteristik). Es gilt

$$H(\omega) = |H(j\omega)| = +\sqrt{\Re\{H(j\omega)\}^2 + \Im\{H(j\omega)\}^2} \quad (5.4)$$

$$\varphi(\omega) = \arctan \frac{\Im\{H(j\omega)\}}{\Re\{H(j\omega)\}} + k\pi, \quad k = 0,1 \quad (5.5)$$

Beim Filterentwurf verwendet man häufig

$$H(j\omega) = e^{-[a(\omega) + jb(\omega)]} . \quad (5.6)$$

Durch Vergleich mit Gleichung 5.3 ergibt sich

$$\begin{aligned} a(\omega) &= -\ln H(\omega) \quad &\text{(in Neper), oder} \\ a(\omega) &= -20 \log H(\omega) \quad &\text{(in dB)} \end{aligned} \quad (5.7)$$

$$b(\omega) = -\varphi(\omega) \quad (5.8)$$

Dämpfung, Phase

Laufzeit

$a(\omega)$ wird als *Dämpfung* (oder Dämpfungsmaß), $b(\omega)$ als *Phase* (oder Phasenmaß) bezeichnet. Aus $b(\omega)$ und $\varphi(\omega)$ wird die *Laufzeit* (auch Phasenlaufzeit):

5.1 Aktive Filter

$$\tau_p(\omega) = -\frac{\varphi(\omega)}{\omega} = \frac{b(\omega)}{\omega} \qquad (5.9)$$

bzw. die *Gruppenlaufzeit*   Gruppenlaufzeit

$$\tau_g(\omega) = -\frac{\mathrm{d}\varphi(\omega)}{\mathrm{d}\omega} = \frac{\mathrm{d}b(\omega)}{\mathrm{d}\omega} \qquad (5.10)$$

abgeleitet.

Die wesentlichen *Aufgaben des Filterentwurfs* sind: Aufgaben des Filterentwurfs

- Bestimmung der Übertragungsfunktion des Netzwerkes, das die vorgeschriebene Spezifikation im Frequenz- oder Zeitbereich (Amplituden- oder Laufzeitcharakteristik) erfüllt (Approximation).

- Entwurf eines Realisierungsnetzwerkes bzw. einer Realisierungsschaltung für die ermittelte Übertragungsfunktion unter Berücksichtigung der Bauteiletoleranzen.

In diesem Abschnitt werden Realisierungsschaltungen behandelt, die ausschließlich Widerstände, Kapazitäten und aktive Elemente (Operationsverstärker) enthalten. Aus diesem Grund ist der Einsatzbereich der aktiven RC-Filter von etwa 0.1 Hz bis zu einigen MHz begrenzt. Im Hinblick auf realisierbare LZI-Netzwerke spielt die Beschreibung kausaler Systeme ($h(t)=0$ für $t<0$) eine bedeutende Rolle. In der komplexen Frequenzebene können zeitkontinuierliche LZI-Systeme in diesem Fall mit Hilfe der einseitigen *Laplace-Transformation* be-   Laplace-
schrieben werden. Die Systemfunktion (auch Übertragungsfunktion   Transformation
eines LZI-Systems in der komplexen s - Frequenzebene) wird als

$$H(s) = \int_0^\infty h(t)e^{-st}\,\mathrm{d}t \qquad (5.11)$$

dargestellt, wobei $s = \sigma + j\omega$ als komplexe Frequenz bezeichnet wird. Die *Systemfunktion* (analog zu Gleichung 5.1) wird definiert: Systemfunktion

$$H(s) = \frac{U_a(s)}{U_e(s)} = \frac{b_0 + b_1 s + \ldots + b_m s^m}{a_0 + a_1 s + \ldots + a_n s^n}. \qquad (5.12)$$

Schließt die Konvergenzebene die imaginäre Achse $s = j\omega$ ein, (mit $\sigma_{\min} < 0$), dann ist die Systemfunktion mit der Übertragungsfunktion identisch: $H(s = j\omega) = H(j\omega)$. Bei elektrischen Netzwerken, die endlich viele konzentrierte Bauelemente enthalten, ist die Übertragungsfunktion (Systemfunktion) ein gebrochen rationaler Ausdruck mit reellen Koeffizienten. Die Systemfunktion lässt sich in eine Pol/Nullstellen Darstellung überführen:

$$H(s) = k \frac{(s-s_{01})(s-s_{02})...(s-s_{0m})}{(s-s_{\infty 1})(s-s_{\infty 2})...(s-s_{\infty n})} \quad (5.13)$$

Pole und Nulstellen wobei die *Pole* $s_{\infty\nu}$ und *Nullstellen* $s_{\infty\mu}$ entweder reell oder paarweise konjugiert komplex sind. Deshalb kann Gleichung 5.13 auch in folgende Form gebracht werden:

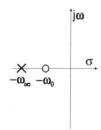

$$H(s) = Ks^{\pm q} \frac{\prod_k \left[1 \pm \frac{s}{\omega_{0k}}\right] \prod_l \left[1 \pm \frac{s}{\omega_{zl}Q_{zl}} + \frac{s^2}{(\omega_{zl})^2}\right]}{\prod_i \left[1 + \frac{s}{\omega_{\infty i}}\right] \prod_j \left[1 + \frac{s}{\omega_{pj}Q_{pj}} + \frac{s^2}{(\omega_{pj})^2}\right]} \quad (5.14)$$

$$\omega_z = \sqrt{\alpha^2 + \beta^2} \text{ bzw. } \omega_p = \sqrt{\alpha^2 + \beta^2}; \quad Q_z = \frac{\omega_z}{2\alpha}; \quad Q_p = \frac{\omega_p}{2\alpha}.$$

Definition der Polfrequenz und Polgüte

In dieser Form der Systemfunktion stellen ω_{0k} und $\omega_{\infty i}$ die auf der negativen reellen Achse liegenden Null- bzw. Polstellen dar (Teilsysteme ersten Grades). ω_z bzw. ω_p sind die Nullstellen- bzw. *Polfrequenzen*, Q_z bzw. Q_p sind die Nullstellen- bzw. *Polgüten* der Teilsysteme zweiten Grades. ω_0, ω_∞, ω_z und ω_p entsprechen jeweils der Strecke vom Koordinatenursprung zu der betreffenden Null- bzw. Polstelle. Es lässt sich zeigen, dass das Netzwerk mit der Systemfunktion $H(s)$ stabil ist, wenn $m \leq n$ und alle Polstellen auf der linken s - Halbebene liegen. Die graphische Darstellung der Pole und Nullstellen eines Systems bezeichnet man als P/N - Schema.

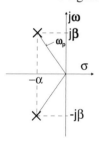

Die Realisierung der approximierten Übertragungsfunktion mit aktiven Bauelementen kann hauptsächlich durch folgende Wege geschehen:

Direkte Methode

direkte Synthese

Direkte Methode: Zur Realisierung der approximierten Übertragungsfunktion wird das Netzwerk – analog zu den passiven RLC-Filtern – als *Ganzes* durch *direkte Synthese* entworfen. Die *direkte Methode* kann in zwei Gruppen unterteilt werden:

a) Bei der ersten Methode werden passive RC-Netzwerke in geeigneter Art und Weise mit aktiven Schaltungen ergänzt bzw. zusammengeschaltet. In diese Gruppe gehören die aus Negativ Impedanz Konvertern (NIC) und passiven RC-Netzwerken aufgebauten Filterschaltungen. Da die Empfindlichkeit bei diesen Filtern gegenüber Veränderungen der Bauteilewerte sehr groß ist, spielen sie eine untergeordnete Rolle.

b) Bei der zweiten Gruppe wird die Übertragungsfunktion zunächst durch ein passives LC-Filter (*Referenzfilter*) realisiert. Die Induktivitäten des Netzwerkes werden anschließend durch aktive RC - Schaltungen ersetzt (Induktivitätssimulation). Die LC-Filter weisen im Durchlassbereich besonders geringe Empfindlichkeit gegenüber Bauteiletoleranzen auf, und diese Eigenschaft lässt sich auch auf aktive Realisierungen übertragen.

Referenzfilter

Kaskadensynthese: Die Übertragungsfunktion wird gemäß Gleichung 5.14 als Produkt von Teilübertragungsfunktionen ersten und zweiten Grades zerlegt (Blöcke). Die Art der Zusammenfassung der Pol- und Nullstellen in Teilsysteme und die Reihenfolge der Blöcke ist beliebig, hat jedoch einen wesentlichen Einfluss auf das Betriebsverhalten der realisierten Schaltung. Die einfache Möglichkeit der Kaskadenschaltung wird durch die sehr kleinen Ausgangswiderstände der Operationsverstärker gewährleistet. Obwohl Kaskadenfilter deutlich ungünstigeres Verhalten gegenüber Bauteiletoleranzen aufweisen, werden sie in der Praxis sehr häufig eingesetzt. Der Grund liegt einerseits in den äußerst einfachen Entwurfsverfahren, andererseits in den besonders günstigen Abgleichmöglichkeiten. In diesem Abschnitt sind deshalb Kaskadenfilter im Mittelpunkt der Ausführungen, die Methode der LC-Referenzfilter wird nur kurz behandelt.

Kaskadensynthese

5.1.2 Normierung

Um zu einer allgemeinen Darstellung zu gelangen, ist es zweckmäßig mit dimensionslosen, normierten Größen zu arbeiten. Durch die Wahl einer *Bezugsfrequenz* (Normierungsfrequenz) ω_N erhält man die normierte Frequenz

Normierung

Bezugsfrequenz

$$\Omega = \frac{\omega}{\omega_N} = \frac{f}{f_N} \qquad (5.15)$$

Alle Impedanzen des Netzwerkes werden auf einen reellen *Bezugswiderstand* (*Normierungswiderstand*) R_N bezogen. Mit R_N und ω_N lassen sich Bezugsgrößen sowohl für die Bauelemente als auch für die Zeit ableiten. Man erhält die *Normierungsgrößen*:

Bezugswiderstand
Normierungswiderstand

$$C_N = \frac{1}{\omega_N R_N}; \quad L_N = \frac{R_N}{\omega_N}; \quad T_N = \frac{1}{\omega_N} . \qquad (5.16)$$

Normierungsgrößen

$S = s/\omega_N$
normierte
komplexe
Frequenz

Die komplexe Frequenz s wird ebenfalls auf ω_N bezogen. Für die *normierte komplexe Frequenz S* erhält man:

$$S = \frac{s}{\omega_N} = \frac{\sigma}{\omega_N} + \frac{j\omega}{\omega_N} = \Sigma + j\Omega. \tag{5.17}$$

$H(S)$
normierte
Systemfunktion

Die Normierung führt zu den *normierten Systemfunktionen*:

$$H(S) = \frac{U_a(S)}{U_e(S)} = \frac{B_0 + B_1 S + \ldots + B_m S^m}{A_0 + A_1 S + \ldots + A_n S^n} \tag{5.18}$$

$$H(S) = KS^{\pm q} \frac{\prod_k \left[1 \pm \frac{S}{\Omega_{0k}}\right] \prod_l \left[1 \pm \frac{S}{\Omega_{zl} Q_{zl}} + \frac{S^2}{(\Omega_{zl})^2}\right]}{\prod_i \left[1 + \frac{S}{\Omega_{\infty i}}\right] \prod_j \left[1 + \frac{S}{\Omega_{pj} Q_{pj}} + \frac{S^2}{(\Omega_{pj})^2}\right]} \tag{5.19}$$

5.1.3 Toleranzschema

Toleranzschema
minimalphasig

Da die Systemfunktionen der hier behandelten Filterschaltungen (Ausnahme Allpass) *minimalphasig* sind (Nullstellen befinden sich nur auf der linken S-Ebene oder auf der imaginären Achse), können Vorschriften *entweder* für die Amplitudencharakteristik (Dämpfungsverlauf) *oder* für die Phasencharakteristik (Gruppenlaufzeit) angegeben werden. Bei *Mindestphasensystemen* besteht durch die Hilbert-Transformation ein eindeutiger Zusammenhang zwischen Dämpfung und Phase.

Mindestphasen-
system

Ein Tiefpassfilter ist dadurch charakterisiert, dass seine Dämpfung bis zu der Grenzfrequenz f_g einen vorgegebenen Wert a_D (Durchlassdämpfung) nicht übersteigt und oberhalb einer Sperrfrequenz $f_S > f_g$ den Wert a_S (Sperrdämpfung) nicht unterschreitet. Diese Vorschrift bezeichnet man als Toleranzschema.

5.1.4 Filtertypen

Filtertypen
TP, HP, BP,
BS, AP
Lochfilter

Dem Dämpfungsverlauf nach können Filter in fünf Hauptgruppen eingeteilt werden: *Tiefpässe (TP), Hochpässe (HP), Bandpässe (BP), Bandsperren (BS)* und *Allpässe (AP)*. Zur Gruppe der Bandsperren gehören auch die *Lochfilter*, die über einen besonders engen Sperrbereich verfügen. Der Entwurf von Hoch- und Bandpässen sowie Band-

5.1 Aktive Filter

sperren wird durch eine geeignete Transformation auf den Entwurf eines Tiefpasses *(Referenztiefpass)* zurückgeführt.

Bei aktiven RC-Filtern kann der Wert von $H(\omega)$ an der Referenzfrequenz $H_0 > 1$ betragen. Deshalb ist es zweckmäßig, die Übertragungsfunktion auf diesen Wert zu normieren *(normierte Übertragungsfunktion)*. Die Normierung der Übertragungsfunktion führt sinngemäß zum normierten Dämpfungsverlauf $A(\omega)$ bzw. Toleranzschema. (Abbildung 5.1)

normierte Übertragungsfunktion

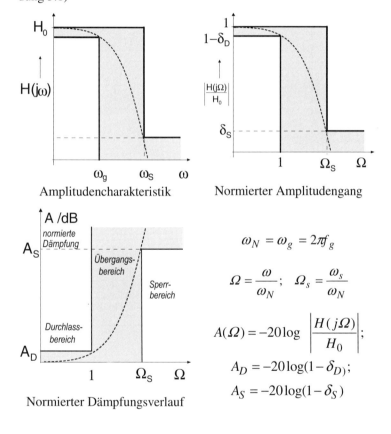

Abbildung 5.1 Amplitudencharakteristik, Dämpfungsverlauf und Toleranzschema eines Tiefpasses

$$\omega_N = \omega_g = 2\pi f_g$$

$$\Omega = \frac{\omega}{\omega_N}; \quad \Omega_s = \frac{\omega_s}{\omega_N}$$

$$A(\Omega) = -20\log\left|\frac{H(j\Omega)}{H_0}\right|;$$

$$A_D = -20\log(1-\delta_D);$$

$$A_S = -20\log(1-\delta_S)$$

In Bild 5.2 sind die typischen, normierten Dämpfungsverläufe und Toleranzschemata der Filtertypen zusammengestellt.

Als Normierungs-(kreis)Frequenz bei Tief- und Hochpässen wird die Grenzfrequenz ($\omega_N = \omega_g = 2\pi f_g$), bei Bandpässen und Bandsperren die Bandmittenfrequenz ($\omega_N = \omega_0 = 2\pi f_0$) des Filters gewählt.

Allpass (AP)

Allpass — Bei Allpässen liegen Pol- und Nullstellen der Systemfunktion symmetrisch zur imaginären Achse (Bild 5.13). Deshalb ist die Betragsübertragungsfunktion (oder Dämpfung) der Allpässe konstant. Sie weisen aber eine frequenzabhängige Phasencharakteristik auf. Man verwendet sie zur Phasenentzerrung und zur Signalverzögerung.

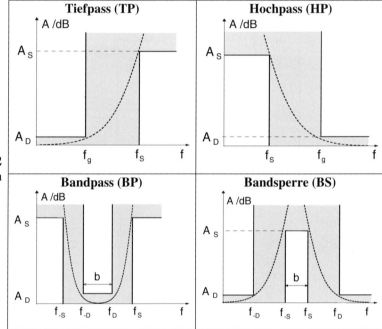

Abbildung 5.2 Filtertypen

5.1.5 Frequenztransformationen

Tiefpass-Referenztiefpass Transformation

- *Tiefpass - Referenztiefpass Transformation*
  Die im Abschnitt 5.1.2 eingeführte Normierung entspricht selbst einer Frequenztransformation (Abbildung 5.2):

$$\omega_N = \omega_g; \quad S = \frac{s}{\omega_N}; \quad \Omega_g = 1; \quad \Omega_s = \frac{\omega_s}{\omega_N} \qquad (5.20)$$

$$A(\Omega) = -20\log\left|\frac{H(j\Omega)}{H_0}\right|; \qquad (5.21)$$
$$A_D = -20\log(1-\delta_D); \quad A_S = -20\log(1-\delta_S).$$

5.1 Aktive Filter

- *Hochpass - Referenztiefpass Transformation*

$$\omega_N = \omega_g; \quad S = \frac{\omega_N}{s}; \quad \Omega_g = -1; \quad \Omega_s = -\frac{\omega_N}{\omega_S} \quad (5.22)$$

Da die Dämpfung eine gerade und die Phase eine ungerade Funktion ist, folgt

$$A_{HP}(\Omega) = A_{TP}\left(\frac{\omega_N}{\omega}\right); \quad B_{HP}(\Omega) = -B_{TP}\left(\frac{\omega_N}{\omega}\right). \quad (5.23)$$

- *Bandpass - Referenztiefpass Transformation*

Die folgende Transformation lässt sich verwenden, wenn die Bedingung $f_{-D} \cdot f_D = f_{-S} \cdot f_S = f_0^2$ erfüllt wird, wobei die Frequenz f_0 als Bandmittenfrequenz bezeichnet wird.

$$\omega_N = \omega_0; \quad S = \frac{1}{B}\left(\frac{s}{\omega_0} + \frac{\omega_0}{s}\right)$$

$$\Omega = \frac{1}{B}\left(\frac{\omega}{\omega_0} - \frac{\omega_0}{\omega}\right); \quad B = \frac{\omega_D - \omega_{-D}}{\omega_0}. \quad (5.24)$$

Eine weitere charakteristische Größe in Gl. (5.24) ist die relative Bandbreite B des Bandpasses. Durch diese Transformation wird der Durchlassbereich des Bandpasses in den Durchlassbereich des Referenztiefpasses (einschließlich seiner negativen Frequenzen) und die Sperrbereiche in den Sperrbereich des Referenztiefpasses transformiert.

- *Bandsperre - Referenztiefpass Transformation*

Der Referenztiefpass von Bandsperrfiltern wird meistens durch folgende Transformation bestimmt, wenn die Bedingung $f_{-D} \cdot f_D = f_{-S} \cdot f_S = f_0^2$, wie beim Bandpass, erfüllt wird:

$$\omega_N = \omega_0; \quad B = \frac{\omega_D - \omega_{-D}}{\omega_0}$$

$$S = B \cdot \left(\frac{s}{\omega_0} + \frac{\omega_0}{s}\right)^{-1}; \quad \Omega = B \cdot \left(\frac{\omega}{\omega_0} - \frac{\omega_0}{\omega}\right)^{-1} \quad (5.25)$$

5.1.6 Approximationsverfahren

Approximations-
verfahren

Da der Entwurf von Hoch- und Bandpässen sowie Bandsperren (siehe Abschnitt 5.1.5) auf den Entwurf von Tiefpässen zurückgeführt werden kann, sollen hier die wichtigsten Verfahren nur für Referenztiefpässe kurz zusammengestellt werden. Die Aufgabe beim Entwurf von aktiven Filtern ist die Bestimmung einer Übertragungsfunktion, mit der die vorgegebene Vorschrift (Amplituden- oder Laufzeitcharakteristik) erfüllt werden kann. Bezüglich des Dämpfungsverlaufs wird die Forderung mit Hilfe einer geeignet gewählten charakteristischen Funktion $K(j\Omega)$ erfüllt.

$$A(\Omega) = -20\log\left|\frac{H(j\Omega)}{H_0}\right| = 20\log\left(\frac{1}{\sqrt{1+|K(j\Omega)|^2}}\right); \qquad (5.26)$$

$$A(\Omega) = 10\log(1+|K(j\Omega)|^2); \quad \rightarrow \quad \frac{H(S)H(-S)}{H_0} = 1 + K(S)K(-S)$$

Dieser Lösungsweg ist vorteilhaft, weil im Gegensatz zu $A(\Omega)$, $|K(j\Omega)|^2$ eine rationale Funktion ist. Man erkennt, dass die Nullstellen der charakteristischen Funktion auch Dämpfungsnullstellen sind, und dort, wo die charakteristische Funktion unendlich wird, treten auch Pole bei der Dämpfung auf. Je nach Wahl der charakteristischen Funktion unterscheidet man zwischen Butterworth-, Tschebyscheff- (Polynomfilter), inverser - Tschebyscheff- bzw. Cauer- (elliptische-) Approximation. Der qualitative Verlauf der Approximationen wird in der Tabelle 5.1 dargestellt.

Butterworth - Approximation (B)

Butterworth-
(Potenz-)
Tiefpass

Die Wahl $|K(j\Omega)| = \varepsilon \Omega^n$ bzw. $K(S) = S^n$ führt zu einem Butterworth- (Potenz-) Tiefpass. Diese haben die Eigenschaft, dass der Dämpfungsverlauf monoton *maximal flach* ansteigt. Aus Gl. 5.26 folgt, dass für gegebene A_D, A_S und Ω_S der erforderliche Filtergrad n ist:

$$n \geq \frac{1}{2}\frac{\log\frac{\varepsilon_S}{\varepsilon}}{\log \Omega_S}; \quad \varepsilon_S = \sqrt{10^{0,1A_S}-1}; \quad \varepsilon = \sqrt{10^{0,1A_D}-1}. (5.27)$$

Die Polstellen der Übertragungsfunktion $H_B(S)$ können durch folgende Gleichungen bestimmt werden:

5.1 Aktive Filter

$$S^B_{\infty k} = \sqrt[n]{\frac{1}{\varepsilon}} e^{j\frac{k\pi}{n}}, \qquad k=1,2,3,.... \quad n \quad ungerade$$

$$S^B_{\infty k} = \sqrt[n]{\frac{1}{\varepsilon}} e^{j\frac{\pi(2k-1)}{2n}}, \qquad k=1,2,3,.... \quad n \quad gerade$$

(5.28)

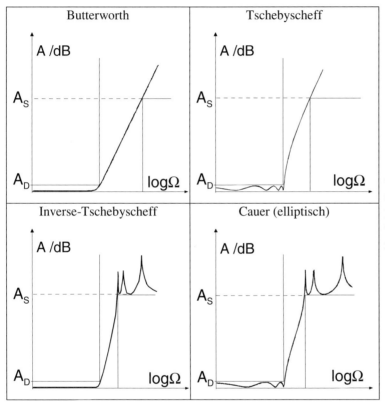

Tabelle 5.1
Qualitativer Verlauf der wichtigsten Approximationen

Tschebyscheff – Approximation (T)

Bei der Funktion $|K(j\Omega)| = \varepsilon T_n(\Omega)$, $T_n(\Omega) = \cos(n \cdot \arccos(\Omega))$ wird der Dämpfungsverlauf des Referenztiefpasses im Durchlassbereich mit gleichmäßiger Welligkeit angenähert (T_n ist das Tschebyscheff Polynom n-ten Grades). Bei vorgegebenem Toleranzschema erhält man für den erforderlichen Filtergrad

Tschebyscheff Approximation

$$n \geq \frac{\operatorname{arcosh}\left(\dfrac{\varepsilon_S}{\varepsilon}\right)}{\operatorname{arcosh}(\Omega_S)}; \quad \varepsilon_S = \sqrt{10^{0,1 A_S}-1}; \quad \varepsilon = \sqrt{10^{0,1 A_D}-1} \quad (5.29)$$

Die Polstellen der Systemfunktion werden durch folgende Gleichung bestimmt:

$$S^T_{\infty k} = \alpha_k + j\beta_k = -\left|\sin\left(\frac{(2k+1)\pi}{2n}\right)\sinh\left(\frac{1}{n}\operatorname{arsinh}\left(\frac{1}{\varepsilon}\right)\right)\right| + \\ j\cos\left(\frac{(2k+1)\pi}{2n}\right)\sinh\left(\frac{1}{n}\operatorname{arsinh}\left(\frac{1}{\varepsilon}\right)\right), \quad k = 1,2,3,... \quad (5.30)$$

Inverse-Tschebyscheff Approximation (IT)

Inverse-Tschebyscheff Approximation

Bei dieser Approximation

$$|K(j\Omega)| = \varepsilon \cdot \frac{T_n(\Omega_S)}{T_n\left(\frac{\Omega_S}{\Omega}\right)}; \quad \varepsilon = \sqrt{10^{0,1 A_D} - 1} \quad (5.31)$$

wird der Dämpfungsverlauf des Referenztiefpasses im Durchlassbereich maximal flach, und der Sperrbereich mit gleichmäßiger Welligkeit angenähert. Der erforderliche Filtergrad lässt sich aus Gl. 5.29 ermitteln. Aus Gl. 5.31 folgt, dass in der Systemfunktion neben Polstellen auch Nullstellen auf der $j\Omega$ - Achse auftreten. Man erhält:

$$S^{(IT)}_{0k} = \frac{\Omega_S}{\cos(2k+1)\frac{\pi}{2n}}; \quad S^{(IT)}_{\infty k} = \frac{\Omega_S}{S^T_{\infty k}} \quad k = 1,2,3,... \quad (5.32)$$

Cauer- (elliptische) Approximation (C)

Cauer (elliptische) Approximation

Bei der von *Cauer* vorgeschlagenen *elliptischen Näherung* wird der Dämpfungsverlauf sowohl im Durchlass- als auch im Sperrbereich mit gleichmäßiger Welligkeit approximiert. Obwohl diese Näherung beim gegebenen Filtergrad über die größte Steilheit im Übergangsbereich verfügt, wird die Realisierung nur mit verhältnismäßig großen Polgüten erreicht, was die Empfindlichkeitseigenschaften des Filters verschlechtert. Außerdem weisen Cauer-Filter wesentlich schlechtere Übertragungseigenschaften im Zeitbereich auf. Die charakteristische Funktion wird durch elliptische Jacobi-Funktionen festgelegt $|K(j\Omega)| = \varepsilon \Psi_n$.

Da das Entwurfsverfahren von Cauer-Tiefpässen mathematisch recht anspruchsvoll ist und für den Filtergrad bzw. für die Pol- und Nullstellen der Systemfunktion keine explizite Beziehungen angegeben werden können, soll an dieser Stelle auf die einschlägige Literatur [5.1],[5.2],[5.3] bzw. Rechenprogramme (wie „Filter" in [5.1] beschrieben, „Filter" der Fa. Maxim [5.21], FilterCAD der Fa. Linear

Technology Corp. [5.18]) verwiesen werden (siehe auch Abschnitt 5.2.5).

Bessel- oder Thomson Approximation (Be)

Bei dieser (von *Thomson* empfohlenen) Approximation soll erreicht werden, dass die Übertragungsfunktion mit einem möglichst linearen Phasenverlauf, oder dementsprechend mit einer konstanten Gruppenlaufzeit $\tau_g(\omega) = \tau_0$ realisiert wird. Es lässt sich zeigen, dass die Gruppenlaufzeit eines *Tiefpasses maximal flach* angenähert wird, wenn der Nenner der Systemfunktion ein *Bessel-Polynom n-ten Grades* ist.

Bessel (Thomson) Approximation

$$H(S) = \frac{a_0}{a_0 + a_1 S + ... + a_n S^n} = \frac{a_0}{B_n(S)}; \quad \text{wobei} \quad (5.33)$$
$$B_1 = 1 + S, \quad B_{n+1}(S) = (2n+1)B_n(S) + S^2 B_{n-1}(S), \quad n = 2, 3, ...$$

Hierbei ist zu beachten, dass bei Gleichung 5.33 für die Normierungskreisfrequenz der Kehrwert der Gruppenlaufzeit ($\omega_N = 1/\tau_0$, und somit $S = s\tau_0$) gewählt wurde. Diese Normierung ist im Hinblick auf die Realisierung noch wenig geeignet. Man wählt in der Praxis als Normierungsfrequenz die 3dB-Grenzfrequenz des Filters (die Frequenz, wo die Dämpfung A_D=3 dB beträgt), ferner wird Gleichung 5.33 faktorisiert:

$$H(S) = K \frac{1}{\prod_i \left[1 + \frac{S}{\Omega_{\infty i}}\right] \prod_j \left[1 + \frac{S}{\Omega_{pj} Q_{pj}} + \frac{S^2}{(\Omega_{pj})^2}\right]}. \quad (5.34)$$

In Tabelle 5.2 sind die Kenngrößen Ω_∞, Ω_p sowie Q_p bis Filtergrad n=8 angegeben. Bei gleichem Schaltungsaufwand steigt die Dämpfung bei Bessel (Thomson) Tiefpässen wesentlich flacher an, als bei den Tiefpässen, die nach Dämpfungsvorschrift entworfen worden sind. Wird die Laufzeitcharakteristik mit gleichmäßiger Welligkeit nach Tschebyscheff approximiert, so erhält man einen günstigeren, steileren Dämpfungsverlauf [5.2].

Approximation für Allpässe

Eine wichtige Rolle spielen Allpässe bei der *Signalverzögerung*. Damit bei Allpassfiltern auch die Gruppenlaufzeit nach Möglichkeit frequenzunabhängig konstant ist, ist es naheliegend die Gruppenlaufzeit – wie bei Bessel-Tiefpässen – maximal flach anzunähern. Da aber bei Allpässen die 3dB-Grenzfrequenz den ursprünglichen Sinn ver-

Approximation für Allpässe

Signalverzögerung

liert, wird als Normierungsfrequenz (ω_N) die Frequenz gewählt, bei der die normierte Gruppenlaufzeit ($T_G = \tau_g 2\pi f_N$) auf das $1/\sqrt{2}$-fache des Wertes bei niedrigen Frequenzen (T_{G0}) abgesunken ist.

Systemfunktion und Gruppenlaufzeit des Allpasses

Die *Systemfunktion und die Gruppenlaufzeit des Allpasses* sind:

$$H(S) = K \frac{\prod_i \left[1 - \frac{S}{\Omega_{\infty i}}\right] \prod_j \left[1 - \frac{S}{\Omega_{pj}Q_{pj}} + \frac{S^2}{(\Omega_{pj})^2}\right]}{\prod_i \left[1 + \frac{S}{\Omega_{\infty i}}\right] \prod_j \left[1 + \frac{S}{\Omega_{pj}Q_{pj}} + \frac{S^2}{(\Omega_{pj})^2}\right]} \quad (5.35)$$

$$T_G(\Omega) = \sum_i \left[\frac{\frac{2}{\Omega_{\infty i}}}{1 + \left(\frac{\Omega}{\Omega_{\infty i}}\right)^2}\right] + \sum_j \left[\frac{\left(1 + \left(\frac{\Omega}{\Omega_{pj}}\right)^2\right) \frac{2}{\Omega_{pj}Q_{pj}}}{1 + \left(\frac{1}{Q_{pj}^2} - 2\right)\left(\frac{\Omega}{\Omega_{pj}}\right)^2 + \left(\frac{\Omega}{\Omega_{pj}}\right)^4}\right] \quad (5.36)$$

Die Kenngrößen des Allpasses sind in Tabelle 5.2 ebenfalls angegeben. Der Frequenzgang der normierten Gruppenlaufzeit bis Filtergrad $n=8$ ist in Abbildung 5.3 dargestellt.

Tabelle 5.2 Filterkenngrößen für Besseltiefpässe und Allpässe

Grad	Bessel-Tiefpass		Polgüte	Allpass		
n	Ω_∞	Ω_p	Q_p	Ω_∞	Ω_p	T_{G0}
1	1	-	-	1,553	-	1,287
2	-	1,2740	0,577	-	1,064	3,255
3	1,3270	1,4530	0,6910	0,876	0,9588	5,301
4	-	1,4190	0,5220	-	0,8198	7,375
		1,5910	0,8060		0,9191	
5	1,5070	1,5610	0,5640	0,771	0,7984	9,462
		1,7600	0,9170		0,9005	
6	-	1,6060	0,5100	-	0,7503	11,557
		1,6910	0,6110		0,7901	
		1,9070	1,0230		0,8910	
7	1,6850	1,7190	0,5330	0,728	0,742	13,657
		1,8240	0,6610		0,788	
		2,0510	1,1270		0,886	
8	-	1,7840	0,5060	-	0,718	15,760
		1,8380	0,5600		0,739	
		1,9580	0,7110		0,788	
		2,1960	1,2260		0,883	

5.1 Aktive Filter

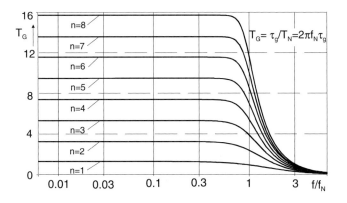

Abbildung 5.3
Frequenzgang der normierten Gruppenlaufzeit

5.1.7 Leapfrog-Filter

Der Entwurf von *Leapfrog-Filtern* gehört zu den direkten Methoden der aktiven Filterrealisierung. Mit Hilfe der klassischen Entwurfsmethoden [5.1] wird die Übertragungsfunktion zunächst durch ein *passives (R)LC-Filter* (Referenzfilter) realisiert, die Induktivitäten des Netzwerkes werden anschließend durch aktive RC-Schaltungen ersetzt. Leapfrog-Filter (*LF-Filter*) stellen eine *direkte Nachbildung* der Signalflussgraphen von *RLC-Abzweigschaltungen* dar, und es werden somit die günstigen Empfindlichkeitseigenschaften der passiven Referenzfilter direkt auf die LF-Filterstrukturen übertragen.

Leapfrog-Filter

LF-Filter
Abzweigschaltung

Einfach realisierbar sind die aus Polynomfiltern abgeleiteten LF-Strukturen. Das *LF-Entwurfsverfahren* soll anhand eines einfachen Beispiels vorgestellt werden. Bild 5.4 zeigt die Schaltung eines RLC - Tiefpasses 3. Grades.

LF-Entwurfsverfahren

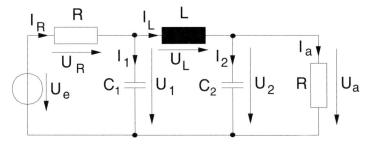

Abbildung 5.4
RLC-Abzweigfilter

Der zum Netzwerk gehörige Signalflussgraph lässt sich mit Hilfe der Schleifen- und Knotengleichungen unter Verwendung der Zweipolbeziehungen zwischen Spannungen und Strömen leicht aufstellen.

$$U_R = U_e - U_1 \quad U_L = U_1 - U_2 \quad U_a = U_2$$
$$I_1 = I_R - I_L \quad I_2 = I_L - I_a$$
(5.37)

Da bei der RC-Realisierung mit Operationsverstärkern die Ein- und Ausgangssignale Spannungen sind, werden die Ströme des Graphen mit Hilfe eines beliebig wählbaren Bezugswiderstandes (in diesem Beispiel R) in Spannungen überführt. Sinngemäß werden auch die Zweipolbeziehungen geändert. Man erkennt, dass die auf R normierten Impedanzen und Admittanzen des Netzwerkes die Systemfunktionen (ideale Summenintegratoren) der Teilblöcke der aktiven RC-Realisierung darstellen. (Abbildung 5.5)

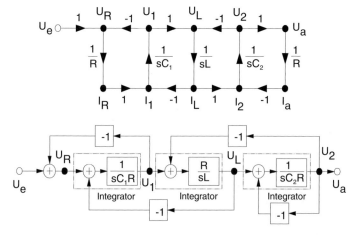

Abbildung 5.5 Signalflussgraph und die zugehörige LF-Struktur

Eine aktive RC-Schaltungsrealisierung mit sieben Operationsverstärkern wird in Abb. 5.6 dargestellt. Es sei noch erwähnt, dass LF-Filter aus der Sicht der Netzwerktheorie zur Gruppe der sogenannten Zustandsfilter (*Filter nach der Zustandsvariablen-Methode*) gehören.

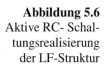

Abbildung 5.6 Aktive RC- Schaltungsrealisierung der LF-Struktur

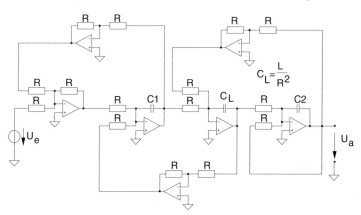

5.1.8 Kaskadensynthese aktiver Filter

Die in Produktform vorliegende Systemfunktion (Gl. 5.19) bildet die Grundlage dieser Synthesemethode, wobei die einzelnen Teilsystemfunktionen (*Teilblöcke*) ersten oder zweiten Grades durch passive oder aktive RC-Schaltungen rückwirkungsfrei in Kette geschaltet werden (Kaskade). Die *Faktorisierung* der Systemfunktion – d.h. sowohl die Art der *Zusammenfassung* von Pol- und Nullstellen zu Teilblöcken, als auch die *Reihenfolge* der Teilblöcke in der Kette – kann einen wesentlichen Einfluss auf das Betriebsverhalten der realisierten Filterschaltung haben. Es hat sich gezeigt, dass es sinnvoll ist, benachbarte (komplexe) Pol- und Nullstellenpaare in Teilblöcken zusammenzufassen, ferner sollen Teilsysteme mit kleineren Polgüten am Anfang der Kaskade stehen, damit die Folgeblöcke nicht übersteuert –werden können (Skalierung) [5.13]. Bei Filtern höherer Ordnung kann ein Optimierungsprozess (rechnerunterstützte Durchrechnung aller Zusammenfassungen und Reihenfolgenkombinationen) – gegebenenfalls unter Verwendung zusätzlicher Trennverstärker – erforderlich sein. Die Toleranzen der RC-Elemente müssen in der Regel kleiner sein als 1%.

Kaskadensynthese aktiver Filter

Teilblöcke

Faktorisierung

5.1.8.1 Realisierung von Teilblöcken ersten Grades

In Tabelle 5.3 sind die Schaltungen mit dem jeweils zugehörigen PN-Schema und den Kenngrößen der Teilsysteme ersten Grades zusammengestellt. Die Systemfunktionen haben nur in dem Frequenzbereich Gültigkeit, in dem der Betrag der Verstärkung des Operationsverstärkers groß genug ist gegenüber $|H_0|$. Bei Standard-Operationsverstärkern nimmt die Verstärkung mit 20dB/Dekade ab, sie beträgt z.B. bei 100kHz nur noch etwa 10!

Realisierung von Teilblöcken ersten Grades

5.1.8.2 Realisierung von Teilblöcken zweiten Grades

Es gibt mehrere Möglichkeiten für die schaltungstechnische Realisierung dieser Teilblöcke. Für die diskrete Realisierung mit einem Operationsverstärker sind Strukturen mit *Einfachmitkopplung* (EM, oder *Sallen-Key*- Schaltungen) bzw. mit *Mehrfachgegenkopplung* (*multiple feedback*, MFB) geeignet. Die Anwendung der Methode der Zustandsvariablen führt zur Struktur der *Universalfilter* mit mehreren Operationsverstärkern. Monolithisch-integrierte aktive Filter haben Universalfilterstruktur, wobei zur Festlegung des Filtertyps bzw. der Grenzfrequenz oft nur einige extern anzuschließende Widerstände notwendig sind.

Realisierung von Teilblöcken zweiten Grades

Einfachmitkopplung (EM)

Mehrfachgegenkopplung (MFB)

Universalfilter

Die allgemeinen Schaltungsstrukturen der Einfachmitkopplung (EM) und der Mehrfachgegenkopplung (MFB) zeigt Abbildung 5.7.

Tabelle 5.3 Teilblöcke ersten Grades

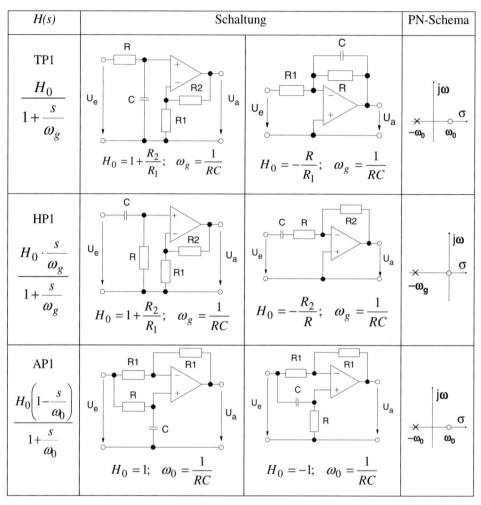

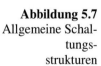

Abbildung 5.7 Allgemeine Schaltungsstrukturen

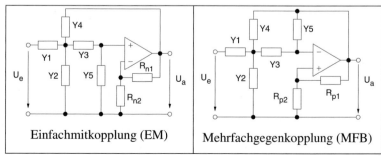

5.1 Aktive Filter

Für die Systemfunktionen der Strukturen der Einfachmitkopplung und Mehrfachgegenkopplung erhält man:

Systemfunktionen für EM und MFB Strukturen

$$H_{EM}(s) = \left(1 + \frac{R_{n1}}{R_{n2}}\right) \frac{Y_1 Y_3}{Y_5(Y_1 + Y_2 + Y_3 + Y_4) + Y_3\left(Y_1 + Y_2 - \frac{R_{n1}}{R_{n2}} Y_4\right)} \quad (5.38)$$

$$H_{MFB}(s) = -\left(1 + \frac{R_{p2}}{R_{p1}}\right) \frac{Y_1 Y_3}{Y_5(Y_1 + Y_2 + Y_3 + Y_4) + Y_3\left(Y_4 - \frac{R_{p2}}{R_{p1}}(Y_1 + Y_2)\right)} \quad (5.39)$$

Die Admittanzen stellen, je nach Wahl, Widerstände oder Kondensatoren dar. Die unterschiedlichen R-C- Kombinationen ergeben eine Vielfalt von Schaltungen, die entweder Tief, Hoch- oder Bandpässe zweiten Grades realisieren. Es lässt sich feststellen, dass bei der Dimensionierung beider Schaltungen für Polgüten $Q_p < 5$ die Widerstände R_{n2} bzw. R_{p1} entfallen können. Die Wahl $Y_2 = 0$ ist bei Gl. 5.38 ebenfalls möglich.

Im Folgenden sind einige Schaltungen mit EM und MFB Struktur zusammengestellt, mit denen die typischen Standardfilter realisiert werden können. Weitere Grundschaltungen mit Dimensionierungsvorschlägen sind u.a. in [5.2] angegeben.

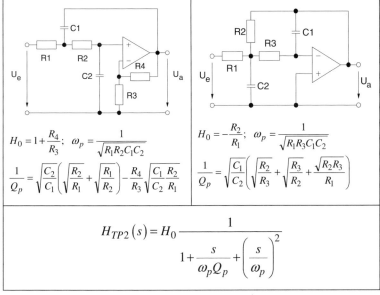
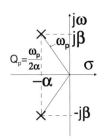

Abbildung 5.8 Tiefpass – Blöcke zweiten Grades

Abbildung 5.9
Hochpass - Blöcke zweiten Grades

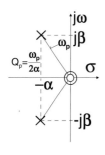

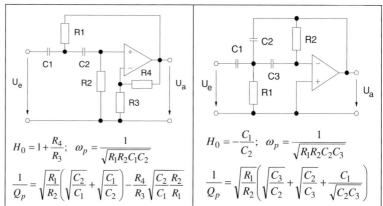

$$H_0 = 1 + \frac{R_4}{R_3}; \quad \omega_p = \frac{1}{\sqrt{R_1 R_2 C_1 C_2}}$$

$$\frac{1}{Q_p} = \sqrt{\frac{R_1}{R_2}}\left(\sqrt{\frac{C_2}{C_1}} + \sqrt{\frac{C_1}{C_2}}\right) - \frac{R_4}{R_3}\sqrt{\frac{C_2}{C_1}\frac{R_2}{R_1}}$$

$$H_0 = -\frac{C_1}{C_2}; \quad \omega_p = \frac{1}{\sqrt{R_1 R_2 C_2 C_3}}$$

$$\frac{1}{Q_p} = \sqrt{\frac{R_1}{R_2}}\left(\sqrt{\frac{C_3}{C_2}} + \sqrt{\frac{C_2}{C_3}} + \frac{C_1}{\sqrt{C_2 C_3}}\right)$$

$$H_{HP2}(s) = H_0 \frac{\left(\dfrac{s}{\omega_p}\right)^2}{1 + \dfrac{s}{\omega_p Q_p} + \left(\dfrac{s}{\omega_p}\right)^2}$$

Abbildung 5.10
Bandpass - Blöcke zweiten Grades

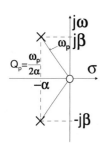

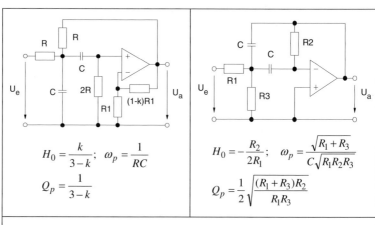

$$H_0 = \frac{k}{3-k}; \quad \omega_p = \frac{1}{RC}$$

$$Q_p = \frac{1}{3-k}$$

$$H_0 = -\frac{R_2}{2R_1}; \quad \omega_p = \frac{\sqrt{R_1 + R_3}}{C\sqrt{R_1 R_2 R_3}}$$

$$Q_p = \frac{1}{2}\sqrt{\frac{(R_1 + R_3)R_2}{R_1 R_3}}$$

$$H_{BP2}(s) = H_0 \frac{\dfrac{s}{\omega_p Q_p}}{1 + \dfrac{s}{\omega_p Q_p} + \left(\dfrac{s}{\omega_p}\right)^2}$$

Universalfilter Ein *Universalfilter* zweiten Grades zeigt Abb. 5.11 (*State Variable Filter*). Die Besonderheit der Schaltung besteht darin, dass sie, je

5.1 Aktive Filter

nachdem, welchen Ausgang man verwendet, gleichzeitig als Tief-, Hoch-, Bandpass, bzw. Bandsperre arbeitet, wobei bei gegebenem Filtertyp Grenzfrequenz und Verstärkung unabhängig voneinander eingestellt werden können.

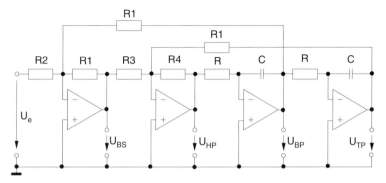

Abbildung 5.11
Universalfilter

Die Kenngrößen der Schaltung:

$$\omega_p = \frac{1}{RC}\sqrt{\frac{R_3}{R_1}}; \quad Q_p = \sqrt{\frac{R_3}{R_1}}\frac{R_4}{R_3};$$

$$H_{0TP} = \frac{R_1^2}{R_2 R_4}; \quad H_{0HP} = \frac{R_1 R_3}{R_2 R_4}; \quad H_{0BP} = -\frac{R_1}{R_2} = H_{0BS} \quad (5.40)$$

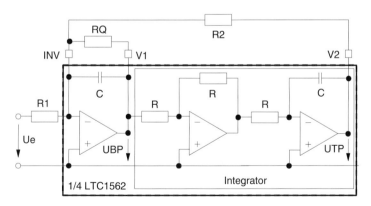

Abbildung 5.12
Universalfilter
Biquad

Eine etwas modifizierte Form der Universalfilterschaltung zeigt Bild 5.12. Sie wird als *Biquad* bezeichnet, und bildet die Grundlage für viele integrierte Filter-IC´s, die oft bis fünf solcher Biquads enthalten. (Z.B.: UAF42, Biquad, Fa. Burr-Brown, LTC1562, 4 Biquads, Fa. Linear Technology, MAX274, 4 Biquads, Fa. Maxim). Die max. erreichbare Grenzfrequenz liegt, je nach Typ zwischen 25kHz bis 300kHz. Filter mit fest vorgegebener Charakteristik (LTC1560-1, Cauer, Fa. Linear Technology) arbeiten bis maximal 1MHz.

Biquad

Bild 5.13 zeigt eine Realisierungsmöglichkeit für Allpässe zweiten Grades. Sie setzt sich aus einem Bandpass und einem Summierer zusammen. Für den Fall, dass der Wert des Kopplungswiderstandes $R_k = 2RQ_p^2$ beträgt, kann mit der gleichen Schaltung eine Bandsperre (BS) realisiert werden.

Abbildung 5.13
Allpass-Block zweiten Grades

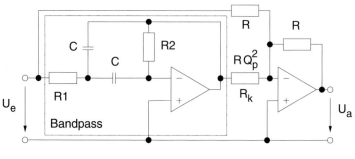

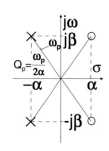

$$H_{AP2}(s) = -\frac{1 - \dfrac{s}{\omega_p Q_p} + \left(\dfrac{s}{\omega_p}\right)^2}{1 + \dfrac{s}{\omega_p Q_p} + \left(\dfrac{s}{\omega_p}\right)^2}; \quad \omega_p = \frac{1}{C\sqrt{R_1 R_2}}; \quad Q_p = \frac{1}{2}\sqrt{\frac{R_2}{R_1}}$$

Beispiel: Ein Signal mit dem Frequenzspektrum von 0 bis 10kHz soll um $\tau_0 = 100\mu s$ verzögert werden. Die Forderung für die normierte Laufzeit ist: $T_{G0} \geq 2\pi f_g \tau_0 = 6.283$. Aus Tabelle 5.3 lässt sich feststellen, dass man die Forderung mit einem Allpass $T_{G0} = 7.375$ vierten Grades erfüllen kann. Die Grenzfrequenz muss demnach (damit die Laufzeit genau $100\mu s$ beträgt) zu $f_g = 11{,}737$kHz gewählt werden. Man kann nun aus Tabelle 5.3 die normierten Polfrequenzen und Polgüten der erforderlichen Teilblöcke 1 und 2 entnehmen und mit Hilfe der Gleichungen in Bild 5.13 die Teilfilter dimensionieren. Bild 5.14 zeigt die dimensionierte Schaltung, wobei für C=1nF und für R=10kOhm gewählt wurde.

Abbildung 5.14
Der realisierte Allpass 4. Grades

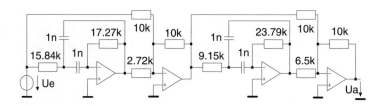

5.2 SC-Filter

Die im Abschnitt 5.1 behandelten aktiven Filter benötigten bei ihrer Realisierung neben dem aktiven Element Operationsverstärker oder Transkonduktanzverstärker, Widerstände und Kondensatoren. Dies bedeutet für die Integration auf einem Mikrochip mit MOS Technologie ungünstige Voraussetzungen, weil die Herstellung eines großen Widerstandes oder einer großen Kapazität in der Regel mehr Chipfläche verbraucht als die aktiven Bauelemente. Ferner sind die Toleranzen der integrierten Widerstände und Kondensatoren kaum unter 10% zu bringen, wodurch genaue Filterschaltungen nicht zu realisieren sind. Realisierbar sind dagegen kleine Kapazitäten großer Ähnlichkeit. Auch wenn der absolute Wert einer integrierten Kapazität nicht exakt kontrollierbar ist, können *Kapazitätsverhältnisse* zweier nebeneinander gefertigten Kondensatoren mit einer Toleranz von 0,05% hergestellt werden. Diese Eigenschaft wird bei den *Schalterkondensator- (Switched-Capacitor, SC-) Filtern* ausgenutzt, wo ein Widerstand durch einen geschalteten Kondensator simuliert wird. Abbildung 5.15 zeigt dieses Prinzip.

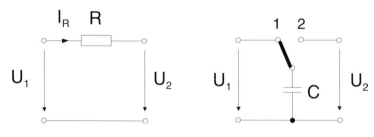

Abbildung 5.15 Äquivalenz zwischen Widerstand und geschaltetem Kondensator

Der Umschalter wechselt mit der Frequenz f_{CLK} von Stellung 1 zu Stellung 2 und umgekehrt. Es wird angenommen, dass die Spannungen U_1 und U_2 während einer Taktperiode $T = 1/f_{CLK}$ konstant bleiben. Beim Wechsel der Schalterstellungen wird eine Ladung von $\Delta Q = C(U_1 - U_2)$ transportiert. Das entspricht während einer Taktperiode T einem mittleren Strom, der andererseits mit dem Strom durch den Widerstand R gleich ist:

$$\bar{I} = \frac{\Delta Q}{T} = \frac{C(U_1 - U_2)}{T} = C(U_1 - U_2)f_{CLK} = I_R = \frac{(U_1 - U_2)}{R}. \quad (5.41)$$

Daraus folgt, dass sich die geschaltete Kondensatoranordnung im Mittel genauso verhält, wie die Schaltung mit dem Widerstand R. Man erhält somit für den nachgebildeten Widerstand:

$$R = \frac{1}{Cf_{CLK}} = \frac{T}{C} \tag{5.42}$$

MOSFET Wechselschalter
Der *Wechselschalter* wird durch zwei einzelne *n*- oder *p*-Kanal MOSFET- Schalter realisiert (der Typ des Kanals wurde deshalb nicht eingezeichnet), wobei bei der Taktgenerierung darauf zu achten ist, dass die Takte Φ_1 und Φ_2 sich nicht überlappen. Das Prinzip der Takterzeugung ist in Abb. 5.16 dargestellt.

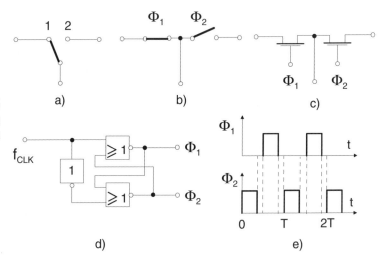

Abbildung 5.16 Taktgenerierung und Zeitdiagramm

5.2.1 SC-Integrator der ersten Generation

Abbildung 5.17 SC-Integrator

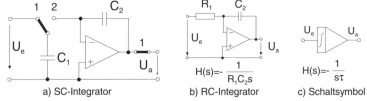

a) SC-Integrator b) RC-Integrator c) Schaltsymbol

Abbildung 5.17 zeigt die Grundschaltung eines idealen SC-Integrators der ersten Generation.

SC-Integrator
Ein RC-Integrator arbeitet *kontinuierlich*, der *SC-Integrator* dagegen *zeitdiskret* (Abtastsystem). Es soll nun gezeigt werden, dass es trotzdem möglich ist, die SC-Schaltungen als zeitinvariante Systeme aufzufassen, wenn die Signale nur zu den Umschaltzeitpunkten der Schalter betrachtet werden.

5.2 SC-Filter

Eine genauere Analyse des SC-Integrators ohne Berücksichtigung der parasitären Effekte und Nichtlinearitäten wird nach Einführung der diskreten Variablen n im Zeitbereich durchgeführt. Es wird angenommen, dass die Ausgangsspannung im Intervall $(n, n+\frac{1}{2})$ abgenommen wird. Der Schalter am Ausgang wird mit Takt Φ_2 gesteuert. Unter Verwendung des Ladungserhaltungssatzes lässt sich mit Hilfe des Zeitdiagramms nach Bild 5.18 die Ladungsbilanz der Schaltung aufstellen:

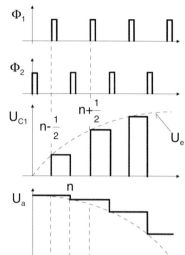

Abbildung 5.18
Funktionsweise des SC-Integrators

$$C_2 u_a\left[n+\frac{1}{2}\right] = C_2 u_a\left[n-\frac{1}{2}\right] - C_1 u_e\left[n-\frac{1}{2}\right] \qquad (5.43)$$

Beide Seiten der Differenzengleichung werden der z-Transformation unterzogen:

$$C_2 U_a z^{1/2} = C_2 U_a z^{-1/2} - C_1 U_e z^{-1/2}. \qquad (5.44)$$

Aus Gleichung 5.44 folgt die z-Systemfunktion der Schaltung:

$$H(z) = \frac{U_a(z)}{U_e(z)} = -\frac{C_1}{C_2}\left(\frac{z^{-1/2}}{z^{1/2} - z^{-1/2}}\right) = -\frac{C_1}{C_2}\left(\frac{z^{-1}}{1 - z^{-1}}\right). \qquad (5.45)$$

Mit $z = e^{j\omega T}$ erhält man nach Umformung die (periodische) Übertragungsfunktion

$$H(j\omega) = H(z = e^{j\omega T}) = -\frac{C_1}{C_2} \frac{e^{-j\frac{\omega T}{2}}}{2j\sin\left(\frac{\omega T}{2}\right)}. \qquad (5.46)$$

Für $\omega T \ll 1$ gilt $\sin\left(\frac{\omega T}{2}\right) \approx \frac{\omega T}{2}$ und somit

$$H(j\omega) = -\frac{C_1}{C_2}\frac{1}{j\omega T}e^{-j\frac{\omega T}{2}}. \qquad (5.47)$$

Das bedeutet, dass der SC-Integrator (im Basisband) wie ein kontinuierlicher RC-Integrator mit der Integrationszeitkonstanten $\tau = R_1 C_2 = C_2 T / C_1 = C_2 / (C_1 f_{CLK})$ arbeitet, wenn die Bedingung

$$\omega T = 2\pi f T \ll 1, \;\; \Rightarrow f \ll \frac{f_{CLK}}{2\pi} \qquad (5.48)$$

erfüllt wird. Der Term $e^{-j\frac{\omega T}{2}}$ in Gleichung 5.47 entspricht einer Verzögerung, die kompensiert werden kann. Die Kompensation würde allerdings die guten Empfindlichkeitseigenschaften der SC-Filter verschlechtern. Zur Beseitigung dieser Verzögerung führt auch ein anderer Weg. Wenn man die Ausgangsspannung im Intervall $(n-\frac{1}{2}, n)$ um eine halbe Periode früher abnimmt, so erhält man für die Ladungsbilanz, die Systemfunktion bzw. die Übertragungsfunktion:

$$C_2 u_a[n] = C_2 u_a[n-1] - C_1 u_e\left[n-\frac{1}{2}\right]$$

$$H(z) = -\frac{C_1}{C_2}\frac{z^{-\frac{1}{2}}}{1-z^{-1}}; \qquad (5.49)$$

$$H(j\omega) = -\frac{C_1}{C_2}\frac{1}{2j\sin\left(\frac{\omega T}{2}\right)} \approx -\frac{C_1}{C_2}\frac{1}{j\omega T}.$$

LDI-SC-Integrator Daraus folgt, dass für $\omega T \ll 1$ mit diesem s.g. *LDI-(lossless discrete integrator)* SC-Integrator die Übertragungsfunktion eines idealen analogen Integrators (ohne Verzögerung) genau realisiert wird. Es ist ferner darauf zu achten, dass das Eingangssignal keine Spektralanteile oberhalb der halben Taktfrequenz enthält. Da Schaltfrequenzen in der Regel 50 bis 100 - mal höher sind als die Grenzfrequenz des SC- Filters, genügt es meistens, ein analoges Vorfilter (Antialising Filter) ersten oder zweiten Grades einzusetzen. Da das Ausgangssignal des SC-Filters immer einen treppenförmigen Verlauf hat (siehe Bild 5.18), kann der Einsatz eines einfachen analogen Nachfilters (Glättungsfilter) erforderlich sein. Durch den Schaltprozess entsteht bei den mit SC-Integratoren aufgebauten Filtern auch ein Grundrauschen, weshalb der Signal/Rauschabstand kleiner ist, als bei den konventionellen RC-Filtern. Das Kapazitätsverhältnis

$$\frac{C_2}{C_1} = \frac{RATIO}{2\pi} \qquad (5.50)$$

ist vom Hersteller fest vorgegeben, der Parameter *RATIO* bewegt sich in der Regel zwischen 50 und 200.

Wie bereits erwähnt ist das Verhältnis $\frac{C_2}{C_1}$ sehr viel genauer realisierbar, als das Produkt *RC*. Unter der Voraussetzung, dass die oben gemachten Bedingungen eingehalten werden, können also SC- Filter wie kontinuierliche RC- aktive Filter (Abschnitt 5.1) behandelt werden. Mit $s = j\omega$ folgt schließlich aus Gleichung 5.49 die Systemfunktion des idealen SC- Integrators:

$$H(s) = -\frac{C_1}{C_2}\frac{1}{sT} = -\frac{1}{s\tau} \quad \text{mit} \quad \tau = \frac{TC_2}{C_1} = \frac{C_2}{C_1 f_{CLK}} \qquad (5.51)$$

wobei die Zeitkonstante mit der Taktfrequenz eingestellt wird.

5.2.2 SC-Schaltungen der zweiten Generation

Der Einfluss der parasitären Kapazitäten konnte bei den SC-Integratorschaltungen der zweiten Generation nach Bild 5.19 verringert werden.

Bei allen Schaltungen ist die Zeitkonstante   Zeitkonstante

$$\tau = \frac{C_2}{C_1 f_{CLK}}.$$

Besonders interessant ist die Schaltung nach Bild 5.18e, wo die Differenz von zwei anliegenden Spannungen integriert wird (*Differenzintegrator*). Wird die Schaltung mit einem Kondensator am invertierenden Eingang des MOS-Verstärkers ergänzt, so wird die Kombination eines *LDI-Differenzintegrators* und eines Summierers realisiert. Es stehen somit alle wichtigen Grundbausteine zur Verfügung, und es können sowohl die aktiven RC-Kaskadenschaltungen in SC-Strukturen, als auch RLC-Abzweigschaltungen mit der Hilfe des Signalflussgraphen in SC-Leapfrog-Filter-Strukturen umgesetzt werden (siehe auch Abschnitt 5.1.7).

Differenzintegrator

LDI-Differenzintegrator

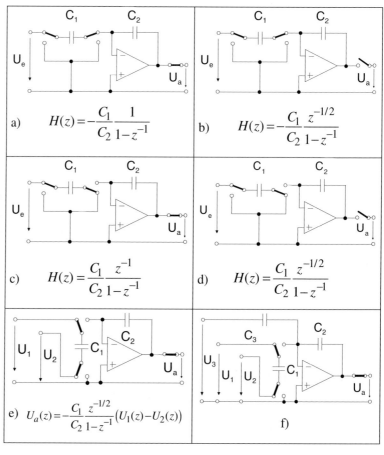

Abbildung 5.19 SC-Integratoren der zweiten Generation [5.14]

Bemerkung: Die im Abschnitt 5.2.1 gewonnenen Ergebnisse lassen sich auch anders formulieren: Die Systemfunktion $H(s)$ eines kontinuierlichen Filters wird in ein zeitdiskretes wertkontinuierliches System mit der Systemfunktion $H(z)$ transformiert, wenn die Bedingung $\omega T \ll 1$ erfüllt ist. Der Koeffizientenvergleich der Gleichungen 5.49 und 5.51 liefert direkt die Transformationsbeziehung im Falle eines LDI-Integrators:

$$s = \frac{1}{T}\frac{1-z^{-1}}{z^{-\frac{1}{2}}} = \frac{1}{T}\frac{z-1}{z^{\frac{1}{2}}}. \tag{5.52}$$

SC-Filter bieten also in diesem Zusammenhang nur eine praktische Realisierungsmöglichkeit zeitdiskreter Systeme.

5.2.3 SC-Filterblock ersten Grades

Prinzipiell lassen sich die vorgestellten SC-Integratoren durch Zuschaltung eines Gegenkopplungswiderstandes zu einem Tiefpass ersten Grades erweitern.

Da aber SC-Filter grundsätzlich *nicht diskret* sondern integriert realisiert werden, geht man von einer anderen Grundstruktur aus. Sie besteht aus einem SC-Integrator und einem vorgeschalteten (invertierenden) Summierer. Auf diese Weise können sowohl Tiefpässe als auch Hochpässe ersten Grades realisiert werden.

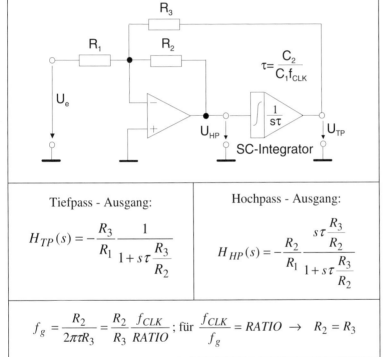

Abbildung 5.20 SC-Tiefpass/Hochpass ersten Grades

Tiefpass - Ausgang:

$$H_{TP}(s) = -\frac{R_3}{R_1} \frac{1}{1 + s\tau \frac{R_3}{R_2}}$$

Hochpass - Ausgang:

$$H_{HP}(s) = -\frac{R_2}{R_1} \frac{s\tau \frac{R_3}{R_2}}{1 + s\tau \frac{R_3}{R_2}}$$

$$f_g = \frac{R_2}{2\pi\tau R_3} = \frac{R_2}{R_3} \frac{f_{CLK}}{RATIO} \; ; \text{ für } \frac{f_{CLK}}{f_g} = RATIO \; \rightarrow \; R_2 = R_3$$

5.2.4 SC-Filterblock zweiten Grades

Die integrierten SC-Filterblöcke zweiten Grades werden fast immer in *Biquad-Struktur* nach dem Prinzipschaltbild nach Abb. 5.21 aufgebaut (siehe auch Abschnitt 5.1.8.2). Im Gegensatz zum kontinuierlichen Fall wird bei SC-Integratoren – wie im Abschnitt 5.2.1 gezeigt wurde – die Integrationszeitkonstante τ durch die Wahl der Taktfrequenz f_{CLK} bestimmt.

Abbildung 5.21
SC-Filterblock
zweiten Grades

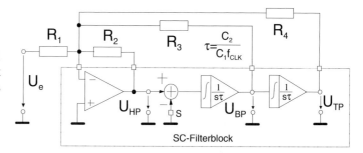

Universal-SC-Filterblock

Der eingerahmte Teil wird auf einem Chip mehrfach aufgebaut, so entstehen *Universal SC-Filterblöcke* vierten, sechsten oder achten Grades (z.B. LTC 1068 der Fa. Linear Technology, [5.18]). Eine typische Beschaltung ist in Abb. 5.21 ebenfalls eingezeichnet. Weitere Grundblöcke erhält man durch die externe Beschaltung des zusätzlich ausgeführten Anschlusses „S". Es gilt für die Schaltung:

$$U_{BP} = (s\tau)U_{TP}; \quad U_{HP} = (s\tau)U_{BP} = (s\tau)^2 U_{TP}$$
$$U_{HP} = -\frac{R_2}{R_1}U_e - \frac{R_2}{R_3}U_{BP} - \frac{R_2}{R_4}U_{TP} \tag{5.53}$$

Daraus folgt für die Systemfunktion am Tiefpassausgang:

$$H_{TP}(s) = -\frac{R_4}{R_1} \frac{1}{1 + \frac{R_4}{R_3}(s\tau) + \frac{R_4}{R_2}(s\tau)^2}$$
$$= H_{0TP} \frac{1}{1 + \frac{s}{\omega_p Q_p} + \left(\frac{s}{\omega_p}\right)^2}. \tag{5.54}$$

Durch Koeffizientenvergleich erhält man die Kenngrößen des SC-Tiefpasses zweiten Grades:

$$H_{0TP} = -\frac{R_4}{R_1}; \quad f_p = \frac{f_{CLK}}{RATIO}\sqrt{\frac{R_2}{R_4}}; \quad Q_p = \frac{R_3}{R_2}\sqrt{\frac{R_2}{R_4}}. \tag{5.55}$$

Mit Hilfe der Gleichungen 5.53 und 5.54 lassen sich leicht die Systemfunktionen an dem Hoch- bzw. Bandpassausgang der Schaltung berechnen. Erweitert man die Schaltung mit einem invertierenden Summierer, wobei an die Eingänge die Ausgangsspannung des Bandpassausganges bzw. die Eingangsspannung zugeführt wird, so erhält man je nach Dimensionierung der Summierer-Widerstände einen

Allpass oder eine Bandsperre zweiten Grades (siehe Abschnitt 5.1.8.2).

5.2.5 Integrierte SC-Filter

Integrierte SC-Filter werden von vielen Halbleiterherstellern als komplette Funktionseinheiten angeboten, die neben den SC-Integratoren und Summierern auch die zugehörige steuerbare Takterzeugung (Oszillatoren) enthalten. Man kann die Filterbausteine in zwei Gruppen aufteilen: Vorkonfigurierte Filter, wobei Filtertyp und Filtergrad fest vorgegeben sind, und durch den Anwender einstellbare Universalfilter. Die meisten Hersteller von SC-Filtern stellen in der Regel Programme kostenlos (Internet) zum Filterentwurf zur Verfügung. Obwohl diese Programme streng genommen für die vom Hersteller angebotenen Filter-ICs zugeschnitten sind, können sie oft als allgemeines Werkzeug zum Filterentwurf eingesetzt werden, zumal die wichtigsten Filterparameter: Polfrequenzen, Polgüten für verschiedene Filtertypen und Approximationen ohnehin berechnet werden. Einige Programme können auch ein SPICE-Circuit-File zur Schaltungssimulation erzeugen. Im Folgenden sind einige Beispiele für integrierte SC-Filter sowie kostenlose Filterentwurfsprogramme zusammengestellt. Neben der Typenbezeichnung ist in Klammern der Filtertyp/Filtergrad (U=Universal, B=Butterworth, T=Tschebyscheff, Be=Bessel, C=Cauer) und die maximale Grenzfrequenz in kHz angegeben. Bei allen Filtern liegt der Dynamikbereich zwischen 70 - 80 dB.

Integrierte SC-Filter

Linear Technologie: LTC1059 (U2,40); LTC1064 (U4,140); LTC1264 (U8,250); LTC1062 (TP,B5,20); LTC1064-3 (TP,Be8,95); LTC1064-4 (TP,C8,100); LTC1164-8 (BP,C8,5); LTC 1068 (U8,200)

Filterprogramme

Filterprogramm: (Windows 9x, NT, 2000)

FCAD(V.2): für SC-Filter (TP,HP,BP,BS), B,T,C,Be

FilterCAD (V.3): SC- und aktive RC-Filter, (TP,HP,BP,BS), B,T,C,Be

Maxim: MAX266 (U4,140); MAX7490/91 (U4, 40); MF10 (U2,30); MAX280 (TP,B5,20); MAX296 (TP,Be8,50); MAX7407 (C8,10) MAX7414 (TP,B5,15); MAX7415 (TP,C5,15); MAX7480 (LP,B8,2)

Filterprogramm: (DOS) *Filter, nur* für aktive RC, MAX274/275

National Semiconductors: MF10 (U4,30); LMF100 (U4,100); MF8 (BP,B4,20); MF6 (LP,B6,20); LMF90 (BS,C4,30); LMF60 (LP,B6,30)

Burr-Brown:

Filterprogramme: (DOS) Filter2, Filter42: nur für aktive RC, UAF42

5.3 Abtast-Halteschaltung (Sample & Hold)

Abtast-Halteschaltung   Obwohl dieser Abschnitt den Eigenschaften und dem grundsätzlichen Aufbau von *Abtast-Halteschaltungen* gewidmet ist, soll zuerst eine sehr kurze Einführung zur Klassifikation von Signalen gegeben werden, damit die wichtigsten Begriffe, die bei der Abtastung, Umsetzung bzw. der Verarbeitung von Signalen in der Praxis auftreten (siehe auch Abschnitte 5.5 DA-Umsetzer, 5.6 AD-Umsetzer) leichter verstanden werden können. Das mathematische Modell einer technischen Einrichtung wird als *System* bezeichnet, wobei aus der Sicht der Informationstechnik uninteressant ist, auf welche Art und Weise das System realisiert wird (Hardware oder Software). *Signale* sind physikalische oder logische Größen, die im Zusammenhang mit dem mathematischen Systemmodell auftreten [5.16]. In diesem Kapitel werden in der Regel determinierte Signale behandelt, also solche Signale, die analytisch vollständig beschreibbar sind und (im günstigsten Fall) durch geschlossene mathematische Ausdrücke angegeben werden können. Mess-Signale enthalten immer kleine *stochastische* Signalanteile, die nicht vollständig beschreibbar sind. Stochastische Signale (Zufallssignale) werden mit Hilfe der Wahrscheinlichkeitsrechnung beschrieben.

System

Signal

5.3.1 Klassifikation von Signalen, Abtasttheorem

Klassifikation von Signalen   Signale können im Zeit- und Wertebereich sowohl *kontinuierlich* als auch *diskret* sein. Sie können deshalb in vier Gruppen eingeordnet werden (Abb. 5.22).

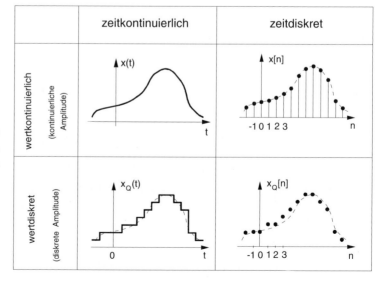

Abbildung 5.22 Klassifikation von Signalen

5.3 Abtast-Halteschaltung (Sample & Hold)

Ein zeitdiskretes Signal $x[n]$ kann dadurch entstehen, dass aus einem zeitkontinuierlichen Signal $x(t)$ zu diskreten Zeitpunkten (im Bild 5.23 äquidistant, nT) die Signalwerte $x(nT)$ entnommen, *abgetastet* werden. [5.14],[5.16],[5.17]

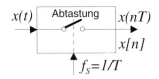

Abbildung 5.23 Abtastung

Bei der Beschreibung von Signalen spielen Signaltransformationen, insbesondere die *Fourier-Transformation* für kontinuierliche (*FTC*) und für zeitdiskrete Signale (*FTD*) eine grundlegende Rolle. Durch die *FTC* wird einer Zeitfunktion $x(t)$ eine von der Frequenz abhängige Funktion $X(\omega)$ (Spektrum) zugeordnet:

Fourier-Transformation

FTC

$$X(\omega) = \int_{-\infty}^{\infty} x(t)\,e^{-j\omega t}\,dt \;. \quad (5.56)$$

Eine hinreichende, aber nicht notwendige Bedingung für die Existenz von $X(\omega)$ ist die absolute Integrierbarkeit der Zeitfunktion $x(t)$.

Die Fouriertransformierte *FTD* eines zeitdiskreten Signals $x[n]$ ist definiert zu:

FTD

$$X\!\left(e^{j\omega T}\right) = \sum_{n=-\infty}^{\infty} x(nT)\,e^{-jn\omega T} \;. \quad (5.57)$$

Man erkennt, dass die *FTD* im Gegensatz zur *FTC* eine periodische Funktion mit der Periode $2\pi/T$ ist.

Das *Abtasttheorem* beschreibt die Voraussetzungen, die beim Abtastprozess und bei der Rekonstruktion des kontinuierlichen Signals eingehalten werden müssen. Als *digital* werden in diesem Kapitel zeit- und wertdiskrete Signale $x_Q[n]$ bezeichnet. Der Übergang vom zeitdiskreten zum digitalen Signal schließt immer eine *Quantisierung* (Näherung) ein, die prinzipiell beliebig fein sein kann (jedoch irreversibel ist). Das Abtasttheorem für Zeitsignale besagt:

Abtasttheorem

digital

Quantisierung

> Ein tiefpassbegrenztes (bandbegrenztes) Signal mit der Grenzfrequenz $\omega_g = 2\pi f_g$ kann vollständig durch seine Abtastwerte beschrieben werden, wenn für die Abtastfrequenz gilt: $\omega_S = 2\pi f_S = 2\pi/T \geq 2\omega_g$.

Der eigentlichen Umsetzung eines zeitkontinuierlichen Signals in ein zeitdiskretes Signal geht also in der Regel eine Tiefpassfilterung (*Antialiasing-Filter*) mit der Grenzfrequenz $\omega_g = \pi/T$ voran.

Antialiasing-Filter

Abtastung Die *Abtastung* kann idealisiert als die Multiplikation eines zeitkontinuierlichen, bandbegrenzten Signals *x(t)* mit einer periodischen *Dirac-*
Dirac-Folge *Folge* $\delta_T(t)$ aufgefasst werden (Abb. 5.24):

$$y(t) = x(t)\delta_T(t) = x(t) \sum_{n=-\infty}^{\infty} \delta(t-nT) = \sum_{n=-\infty}^{\infty} x(t)\delta(t-nT) . \quad (5.58)$$

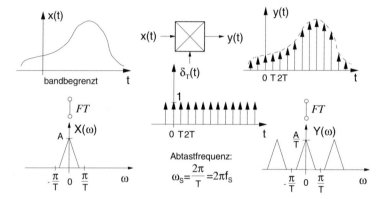

Abbildung 5.24
Abtastung mit
Dirac-Folge

Die Fouriertransformierte von *y(t)* erhält man mit Hilfe des Faltungs-
satzes:

$$Y(\omega) = \frac{1}{T} \sum_{k=-\infty}^{\infty} X\left(\omega - \frac{2\pi k}{T}\right) \quad (5.59)$$

Man erkennt, dass $Y(\omega)$ die periodische Fortsetzung (bis auf den Faktor 1/T) des Spektrums von $X(\omega)$ mit der Periode $2\pi/T$ ist. Hierbei ist $f_S = 1/T$ die Abtastfrequenz. Aus Abb. 5.24 ist ersichtlich, dass y(t)

ideale Tiefpassfil- aus $Y(\omega)$ durch eine *ideale Tiefpassfilterung* (*Interpolation*) fehlerfrei
terung, rekonstruiert (zurückgewonnen) werden kann:
Interpolation

$$x(t) = \sum_{n=-\infty}^{\infty} x(nT)\left(\frac{\sin\{\pi(t-nT)/T\}}{\pi(t-nT)/T}\right) = \sum_{n=-\infty}^{\infty} x(nT) \cdot \text{si}\left(\frac{\pi}{T}(t-nT)\right) (5.60)$$

In der Praxis erfolgt die Rekonstruktion durch ein Filter mit rechteckiger Impulsantwort *r(t)* (anstelle des idealen Tiefpasses mit der Impulsantwort $(\sin(\pi t/T)/(\pi t/T))$):

$$r(t) = \begin{cases} 1 & \text{für } 0 < t < T \\ 0 & \text{für } t < 0 \text{ und } t > T \end{cases} \quad (5.61)$$

5.3 Abtast-Halteschaltung (Sample & Hold)

Am Ausgang des Filters erhält man jetzt nur eine schrittweise approximierte Version (Abb. 5.25) des Eingangssignals $\hat{x}(t)$ mit der Fouriertransformierten $\hat{X}(\omega)$.

$$\hat{X}(\omega) = R(\omega)Y(\omega) = \frac{2}{\omega} e^{-j\frac{\omega T}{2}} Y(\omega) \qquad (5.62)$$

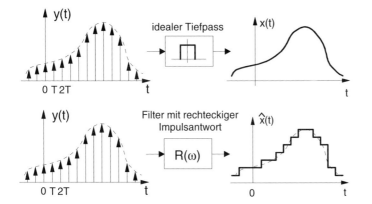

Abbildung 5.25 Signalrekonstruktion

Aus Gleichung 5.62 ist ersichtlich, dass die Fouriertransformierte $\hat{X}(\omega)$ im Vergleich mit $X(\omega)$ (abgesehen von der $T/2$ Verzögerung) im Bereich $|\omega| < \pi/T$ eine $\dfrac{\sin(\omega T/2)}{\omega T/2}$-*Verzerrung* aufweist, und im Spektrum $\hat{X}(\omega)$ auch Frequenzanteile um Vielfache von $2\pi/T$ auftreten. Die störenden Frequenzanteile können jedoch mit einem Tiefpass-Nachfilter verringert werden. Die Verzerrung kann mit Hilfe eines *x/sin(x)* - *Entzerrers* (in der Regel durch zeitdiskrete Operationen) korrigiert werden.

Entzerrer

Die für kontinuierliche Systeme geltenden Eigenschaften (wie Linearität, Zeitinvarianz, Stabilität) lassen sich sinngemäß auch auf zeitdiskrete Systeme übertragen. Bei den in diesem Kapitel behandelten zeitdiskreten Systemen handelt es sich überwiegend um LZI-Systeme (Ausnahme: Multirate-Systems, die zeitvariant sind). Abbildung 5.26 zeigt das Modell der digitalen Verarbeitung eines zeitkontinuierlichen Signals. In den folgenden Abschnitten werden die Bausteine dieses Modells (S/H, AD- und DA- Umsetzer) behandelt.

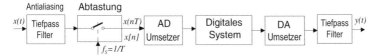

Abbildung 5.26 Modell der digitalen Signalverarbeitung

5.3.2 Aufbau einer Abtast-Halteschaltung

Abtast-Halteschaltung Sample and Hold

Bei der Datenerfassung (siehe Abschnitt 5.6 Analog-Digital Umsetzer) spielen *Abtast-Halteschaltungen* (*Sample and Holds*, S/H auch Track and Hold) eine grundlegende Rolle. Sie haben die Aufgabe, aus einem analogen Signal in einem vorgegebenen Zeitpunkt den Augenblickswert abzutasten (*sample, track*), und bis zu einem anderen Zeitpunkt zu speichern oder halten (*hold*). Abbildung 5.27 zeigt den prinzipiellen Aufbau einer Abtast-Halteschaltung. Ist der Schalter Sw geschlossen, so lädt sich der Kondensator auf die Eingangsspannung auf. Die Operationsverstärker OP1 und OP2 sind Trennverstärker (Impedanzwandler), und verhindern, dass die Eingangsquelle belastet bzw. der Kondensator C nach Öffnen des Schalters entladen wird (Speicherfunktion). Als Schalter werden überwiegend FET, für besonders kurze Einstellzeiten Dioden eingesetzt. Die Speicherkondensatoren müssen hochwertig sein (großer Isolationswiderstand, z.B. Dielektrikum aus Teflon, Polyäthylen, Polypropylen oder Polystyrol) [5.8].

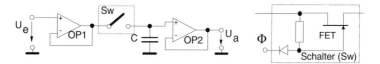

Abbildung 5.27 S/H Prinzip-Schaltung

5.3.3 Die wichtigsten Kenngrößen

Die wichtigsten statischen und dynamischen Kenngrößen einer Abtast-Halteschaltung (S/H) lassen sich mit Hilfe der Abbildung 5.28 leicht erläutern.

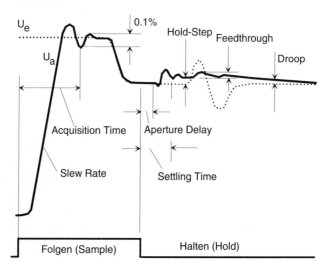

Abbildung 5.28 Zur Definition der Kenngrößen einer Abtast-Halteschaltung

5.3 Abtast-Halteschaltung (Sample & Hold)

Slew-Rate (Anstiegsgeschwindigkeit): ist die maximale Änderungsgeschwindigkeit, die die Ausgangsspannung während der Sample (Folgen oder Track)-Phase erzielen kann (wie bei Operationsverstärkern). — Slew-Rate

Einstellzeit (Acquisition time): ist die Zeitdifferenz zwischen Beginn der Sample-Phase und dem Zeitpunkt, bei dem die Ausgangsspannung bis auf eine vorgegebene Toleranz (0,1%. oder 0.01%, in der Regel bei maximaler Eingangsspannung) eingeschwungen ist. — Einstellzeit Acquisition Time

Aperturzeit (Aperture Delay): ist die Zeitdauer zwischen Beginn der Haltephase und dem Zeitpunkt, bei dem sich der Schalter voll öffnet. — Aperturzeit Aperture Delay

Apertur-Jitter (Aperture-Jitter): ist der Schwankungsbereich der Aperturzeit. Er bestimmt die *maximale* Frequenz des Eingangssignals, die für eine vorgegebene Genauigkeit erreicht werden kann. — Apertur-Jitter

Einschwingzeit (Settling Time): ist die Zeitdauer (nach dem Haltebefehl), bis das Ausgangssignal auf eine definierte Abweichung vom Endwert eingeschwungen ist. — Einschwingzeit Settling Time

Durchgriff (Feedthrough): ist der Betrag des Eingangssignals, der während der Haltephase (trotz geöffnetem Schalter) auf den Ausgang wirkt. Die Ursache liegt am kapazitiven Spannungsteiler, der aus Schalterkapazität und Speicherkondensator gebildet wird. Dieser Effekt steigt mit zunehmender Frequenz des Eingangssignals. — Durchgriff Feedthrough

Pedestal, Hold Step: ist der unerwünschte Spannungssprung des Ausgangssignals, der während des Schaltvorgangs in die Haltephase infolge der Ladungseinkopplung über die Schalterkapazität auftritt. — Pedestal, Hold Step

Haltedrift (Droop): ist die zeitliche Änderung des Ausgangssignals im Speicherzustand. Sie hängt vom Sperrstrom des Schalters, vom Eingangsstrom des Trennverstärkers am Ausgang (Entladestrom) sowie vom Wert des Speicherkondensators ab. — Haltedrift, Droop

5.3.4 Realisierung von S/H Schaltungen

Die wichtigsten Einsatzgebiete von S/H Schaltungen sind die Analog-Digital Umsetzer, wobei sie bereits auf dem Chip eingebaut sind (Sampling ADC). S/H Schaltungen werden überwiegend in monolithischer (BiFet, CMOS, BiCMOS, Bipolar) Technologie, für besonders schnelle Anwendungen in Hybridtechnologie (wesentlich teurer) gefertigt. Für höhere Genauigkeit (durch günstigere Offseteigenschaften) verwendet man die *Über-alles Gegenkopplung*-Strukturen (Abb. 5.29), wodurch die Offsetfehler von OP2 bzw. des Schalters beseitigt werden können. Der Widerstand R mit den Dioden verhindert, dass OP1 im Haltezustand übersteuert wird. Nach diesem Prinzip arbeitet die weit verbreitete S/H-Schaltung LM 398, die von mehreren Herstellern angeboten wird.

Abbildung 5.29
S/H mit Gegen-
kopplung

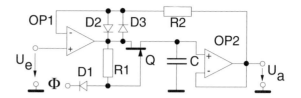

Eine andere gebräuchliche Schaltungsvariante (wie z.B. bei der Schaltung HTC 0300 von Analog Devices) zeigt Abb. 5.30, wo der Speicherkondensator C im Gegenkopplungszweig von OP2 untergebracht ist (Integrator Struktur). Die Ausgangsspannung ist um den Faktor $-R_2/R_1$-mal größer als bei der Schaltung nach Abb. 5.29. Bei den schnellen S/H wird oft der erste Trennverstärker weggelassen.

Abbildung 5.30
S/H mit Integra-
tor-Struktur

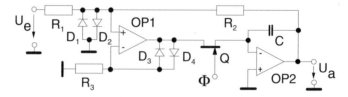

Weitere interessante Schaltungsstrukturen werden in [5.8] beschrieben, wobei durch den Einsatz von zusätzlichen Schaltern und Kapazitäten (Abbildung 5.31) sowohl die Offsetspannung als auch der Clock-Feedthrough kompensiert werden kann (Switched-Capacitor S/H).

Abbildung 5.31
Verbesserte S/H–
Struktur mit Offset
und Feedthrough-
Kompensation

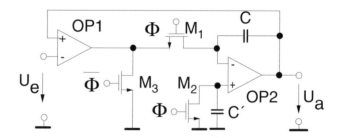

Besonders kurze Einstellzeiten erreicht man durch den Einsatz von Diodenschaltern (Diodenbrücke). Eine prinzipielle praktische Realisierung zeigt Bild 5.32. Im *Track-Zustand* ($U_{trk} > U_{hld}$) ist Transistor Q_2 und somit auch die Diodenbrücke leitend (wobei die Dioden D_5 und D_6 sperren), die Spannung am Kondensator folgt der Eingangsspannung U_e. Im *Hold-Zustand* ($U_{trk} > U_{hld}$) sperrt Q_2, der Strom I_B (2) fließt vom Knoten c2 durch die Diode D_6, somit ist die Kollektorspannung U_{c2} um eine Diodendurchlassspannung positiver als U_a – wodurch die Dioden D_3 und D_4 sperren.

5.3 Abtast-Halteschaltung (Sample & Hold)

Gleichzeitig wird Q_1 leitend, ein Teil des Stromes fließt von der an Knoten c1 angeschlossenen Stromquelle I_B (1), der andere Teil von U_a durch D_5. Dadurch wird U_{c1} um eine Diodendurchlassspannung negativer als U_a, die Dioden D_1 und D_2 sperren ebenfalls.

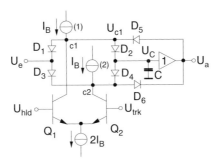

Abbildung 5.32
Sample (Track) und Hold mit Diodenbrücke

Die Kondensatorspannung U_C wird demnach vom Eingang getrennt (Hold). Es sei noch bemerkt, dass die maximale Eingangsspannung bei dieser Schaltung auf zwei Durchlassspannungen (ca. 1,3V) begrenzt ist.

Eine BICMOS-Realisierung wird in Abbildung 5.33 dargestellt. Funktionsweise:

Ist $U_{trk} > U_{hld}$, so wird Q_3 leitend (drei Teilströme: I_B von M_5 durch Q_1, I_B vom M_6 und I_B von M_7 durch D_1 und D_2). Da sowohl Q_1 als auch D_1 leitend sind, wird $U_{a1} = U_e$ (Folgen, Track).

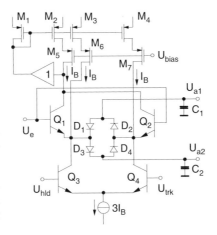

Abbildung 5.33
BiCMOS Sample and Hold

Gleichzeitig sind die Dioden D_3 und D_4 im Sperrzustand, somit ist U_{a2} vom Eingang getrennt (Halten, Hold).

Für den Fall, dass $U_{trk} < U_{hld}$, wird Q_4 leitend, Q_1, D_1 und D_2 sperren, Q_2, D_3 und D_4 leiten. Das hat zur Folge, dass jetzt $U_{a2} = U_e$, und Ausgang 1 (U_{a1}) vom Eingang getrennt wird. Durch diese Schaltungsstruktur lässt sich die Abtastrate verdoppeln.

Einige Beispiele für S/H-Schaltungen:

Typ	Hersteller	Einstellzeit	Genauigkeit	Slew Rate	Technologie
SHC 5320	Burr Brown	1,5µs|	12 bit	45V/µs	Bipolar
AD 781	Analog Dev.	0,6µs	12 bit	60V/µs	BiCMOS
LF 6197	National S.	0,2µs	12 bit	145V/µs	BiFET
SHC 702	Burr Brown	0,5µs	16 bit	160V/µs	hybrid
CS 3112	Crystal	1,0µs	12 bit	4V/µs	CMOS
AD 9101	Analog Dev.	7 ns	10 bit	1800V/µs	Bipolar
CL 940	Comlinear	10ns	8 bit	500V/µs	hybrid
SHC 601	Burr Brown	12ns	10 bit	350V/µs	hybrid
HA 5351	Harris	50ns	12 bit	130V/µs	Bipolar

5.4 Bandabstands-Referenz

Bandabstands-Referenz

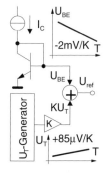

Bandabstands-Referenzen (*Bandgap Voltage Reference*) gehören zur Gruppe der Referenzspannungsquellen. Sie spielen bei der Datenerfassung bzw. Umsetzung (AD- bzw. DA-Umsetzer) eine fundamentale Rolle (siehe auch Kapitel 2).

Die bekannten Referenzspannungsquellen: Zener-Diode, Durchlassspannung einer Diode, Basis-Emitter Spannung U_{BE} eines Transistors, Temperaturspannung U_T haben den Nachteil, dass sie stark temperaturabhängig sind. Kombiniert man die B-E-Spannung eines bipolaren Transistors U_{BE} (negativer Temperaturkoeffizient, TK) mit der Temperaturspannung U_T (positiver TK) in geeigneter Weise, so erhält man eine in erster Näherung temperaturunabhängige und speisespannungsunabhängige Referenzspannung, die Bandabstandsreferenz. Eine mögliche Realisierung einer Bandabstandsreferenz wird in Abb. 5.34 gezeigt.

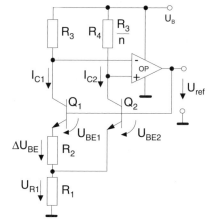

Abbildung 5.34 Bipolare Bandabstandsreferenz

Die bipolaren Transistoren Q_1 und Q_2 werden mit verschiedenen Stromdichten betrieben. Dies wird entweder durch ungleiche Kollektorwiderstände (z.B. bei einer diskreten Realisierung mit Dualtransistoren, $R_4 = R_3/n$, dann wird $I_{C2} > I_{C1}$) oder durch ungleiche Emitterflächen der Transistoren (integrierte Realisierung, $I_{S1} = mI_{S2}$) erreicht. Es wird vorausgesetzt, dass der Operationsverstärker ideal ist.

Der Basisstrom der Transistoren wird vernachlässigt, die I_C - U_{BE} Kennlinie der Transistoren verläuft exponentiell. Es gilt dann:

$$I_{C1}R_3 = I_{C2}R_4 = I_{C2}R_3/n \quad \rightarrow \quad I_{C2} = nI_{C1};$$

$$I_{C1} = I_{S1}\,e^{\frac{U_{BE1}}{U_T}}, \quad I_{C2} = I_{S2}\,e^{\frac{U_{BE2}}{U_T}} \quad \text{wobei} \quad U_T(T) = \frac{kT}{q} \qquad (5.63)$$

$U_T \approx 26\,\text{mV}$ (bei 300K); $\quad k = 1,38 \cdot 10^{-23}\,\text{JK}^{-1}; \quad q = 1,602 \cdot 10^{-19}\,\text{As}$

5.4 Bandabstands-Referenz

$$U_{R1} = R_1(I_{C1} + I_{C2}) = R_1 I_{C1}(1+n); \quad da \ I_{C1} = \frac{\Delta U_{BE}}{R_2}, I_{S1} = mI_{S2}$$

$$und \quad \Delta U_{BE} = U_{BE2} - U_{BE1} = U_T \ln\frac{I_{C2}}{I_{C1}}\frac{I_{S1}}{I_{S2}} = U_T \ln(nm); \quad (5.64)$$

$$U_{R1}(T) = U_T \frac{R_1}{R_2}(1+n)\ln(nm) = KU_T \quad mit \quad K = \frac{R_1}{R_2}(1+n)\ln(nm)$$

Die Ausgangsspannung der Schaltung als Referenzspannung ergibt sich zu

$$U_{ref}(T) = U_{BE2}(T) + U_{R1}(T) = U_{BE2}(T) + KU_T(T) \quad (5.65)$$

Der Faktor K soll so bestimmt werden, dass der Temperaturkoeffizient der Referenzspannung U_{ref} bei der Bezugstemperatur (beispielsweise bei T_0 = 300K) gegen Null geht. Die Temperaturabhängigkeit der Basis-Emitter-Spannung lässt sich näherungsweise im üblichen Arbeitstemperaturbereich nach Gleichung 5.66 angeben [5.7]-[5.8]:

$$U_{BE}(T) \approx U_{BG}\left(1 - \frac{T}{T_0}\right) + U_{BE0}\frac{T}{T_0} - (\eta - 1)U_T \ln\frac{T}{T_0} \quad (5.66)$$

wobei $U_{BG} \approx 1{,}205V$ die *Bandabstands-Spannung (bandgap voltage)* von Silizium, $\eta \approx 3{,}2$ (ein technologieabhängiger Faktor) ist. Der TK der Referenzspannung bei einer Bezugstemperatur wird Null, wenn die Ableitung

Bandabstands-Spannung

bandgap voltage

$$\frac{\partial U_{ref}}{\partial T} = \frac{\partial U_{BE2}(T)}{\partial T} + K\frac{dU_T}{dT} = 0. \quad (5.67)$$

$$U_{BG} = \frac{E_g}{q}$$

Nach einer Zwischenrechnung erhält man:

(siehe auch Abschnitt 1.2.8)

$$\left.\frac{\partial U_{BE2}(T)}{\partial T}\right|_{T=T_0=300K} = -\frac{U_{BG} - U_{BE02}}{T_0} - (\eta - 1)\frac{U_T}{T_0} \approx -2\frac{mV}{K} \quad (5.68)$$

$$\left.\frac{dU_T(T)}{dT}\right|_{T=T_0=300K} = \frac{k}{q} = \frac{U_T}{T_0} \quad (5.69)$$

Aus Gleichung 5.65 mit 5.66, 5.68 und 5.69 folgt schließlich, dass

$$U_{ref} = U_{BE02} + KU_T = U_{BG} + (\eta - 1)U_T \approx 1{,}262V \quad (5.70)$$

Die Ausgangsspannung (Referenzspannung) ist also in guter Näherung gleich der Bandabstandsspannung. Für $U_{BE02} \approx 0{,}65\text{V}$ gilt:

$$K = \frac{U_{BG} + (\eta-1)U_T - U_{BE02}}{U_T} = \frac{1{,}262\text{V} - 0{,}65\text{V}}{0{,}026\text{V}} = 23{,}5 \quad (5.71)$$

Der korrekte Wert von K wird über (siehe Gl. 5.64) R_1, R_2, $n = R_3/R_4$ sowie $m = I_{S1}/I_{S2}$ eingestellt.

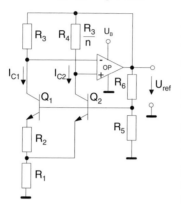

Abbildung 5.35 Verbesserte Bandabstands-Referenz

Für eine bessere Unterdrückung der Eingangsspannungsschwankungen wird die Schaltung so modifiziert, dass nur ein Teil der Ausgangsspannung an die Basisanschlüsse zurückgeführt wird und die Transistoren von der stabilisierten Ausgangsspannung gespeist werden (Abbildung 5.35). Ein weiterer Vorteil der Schaltung ist es, dass mit ihr auch größere Referenzspannungen als 1,262V erzeugt werden können.

Bandabstands-Referenzen lassen sich sowohl in CMOS-Technologie, als auch in SC-Technik [5.8] realisieren. Bei der CMOS-Realisierung (Bild 5.36) werden in der Regel vertikale PNP Biopolartransistoren mit dem s.g. *n-well-Prozess* (*n-Wanne*, Kollektor als *p*-Substrat) verwendet (Q_1, Q_2, Q_3, Q_4). Die Emitterflächen der Transistoren Q_1 und Q_2 sind um den Faktor m größer als die Fläche des Transistors Q_3.

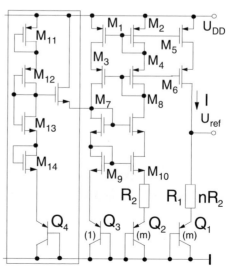

Abbildung 5.36 CMOS Bandabstands-Referenz mit *n-well-* Prozess

5.4 Bandabstands-Referenz

Der Widerstand R_1 ist n-mal größer als der Widerstand R_2 ($R_1=nR_2$). Das Stromverhältnis des aus den MOS-Transistoren M_1-M_2 bzw. M_3-M_4 gebildeten Stromspiegels sei mit v bezeichnet. Man erhält analog für die Referenzspannung:

$$U_{ref} = U_{EB1} + \frac{R_1}{R_2} v U_T \ln(m) = U_{EB1} + K U_T \qquad (5.72)$$

mit $\quad K = \frac{R_1}{R_2} v = \ln(m) = nv\ln(m); \; U_{ref} = U_{BG} + (\eta - 1) U_T.$

Der linke, eingerahmte Teil der Schaltung sorgt dafür, dass bei der CMOS-Bandabstands-Referenz während des Einschaltvorganges der korrekte Arbeitspunkt eingestellt wird [5.15].

Bei der SC- (*switched capacitor*) Realisierung (siehe Abschnitt 5.2) ist die Schaltung weitgehend unempfindlich gegen die Eingangsoffsetspannung des Verstärkers. Eine SC-basierte Schaltung einer Bandabstandsreferenz zeigt Abbildung 5.37 [5.8].

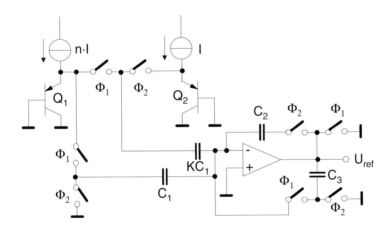

Abbildung 5.37 Bandabstands-Referenz-mit SC-Technik [5.8]

Einige Beispiele für Bandabstands-Referenzen:

Typ	Hersteller	U_{ref}	Toleranz	TK	Ausgangsstrom
AD 1580	Analog Dev.	1,2V	1%	100ppm/K	50µA…10mA
LM 4040	National S.	2,5…10V	1%	25ppm/K	60µA…15mA
LTC1004	Linear Tech.	1,2..2,5V	0,3%	20ppm/K	10µA…10mA
TL 431	Texas Inst.	2,5V	2%	30ppm/K	1µA…100mA
MAX6225	Maxim	2,5..5V	0,02%	1ppm/K	-15…15mA

5.5 Digital-Analog-Umsetzer (DAU)

Digital-Analog-Umsetzer DAU

Digital-Analog-Umsetzer, *DAU* (Digital to Analog Converter, DAC) haben die Aufgabe, digitale Signale in analoge (präziser quasianaloge) Signale umzuwandeln. Das digitale Eingangssignal ist in der Regel eine Dualzahl (oder BCD-Zahl) bei *unipolarem*, und eine Zahl in offsetbinärer (oder Zweierkomplement-) Darstellung bei *bipolarem* Ausgangssignal. Die Ausgangsspannung U_a (oder Ausgangsstrom I_a) bei *unipolarem* (*up*) Ausgang ist proportional zum Produkt aus dem digitalen Eingangssignal Z und einer Referenzspannung U_{ref}, wobei gilt:

digitaler Eingang

$$Z = a_{n-1}2^{n-1} + a_{n-2}2^{n-2} + \ldots a_0 2^0, \quad \text{mit } a_i \subset \{0,1\} \quad (5.73)$$

Digitales Eingangssignal

Oft verwendet man für das *digitale Eingangssignal* die gebrochene Dualzahl X (X<1):

$$X = a_{n-1}2^{-1} + a_{n-2}2^{-2} + \ldots a_0 2^{-n}, \quad \text{mit } a_i \subset \{0,1\}$$
$$X = Z \cdot 2^{-n}, \quad LSB = 2^{-n} \tag{5.74}$$

Amplitudenstufen

Ein *n*-Bit DAU hat 2^n gleich breite *Amplitudenstufen* (Quantisierungsstufen U_{aLSB}). Die größtmögliche duale Eingangszahl beträgt:

$$Z_{max} = 2^n - 1 \tag{5.75}$$

Auflösung der DAU

Die Quantisierungseinheit, d.h. die kleinstmögliche Änderung der Ausgangsspannung (*Auflösung* der DAU) ist:

$$U_{aLSB} = U_{ref} 2^{-n} = U_{ref} \frac{1}{Z_{max}+1} \tag{5.76}$$

und somit

$$U_{a(up)} = Z \cdot U_{aLSB} = U_{ref} \frac{Z}{Z_{max}+1}. \tag{5.77}$$

bipolares Ausgangssignal

Analog erhält man für ein *bipolares* (*bip*) Ausgangssignal:

$$U_{a(bip)} = U_{ref} \left[\frac{2Z}{Z_{max}+1} - 1 \right]. \tag{5.78}$$

Die Stabilitätsanforderungen an die Referenzspannung sind sehr hoch, zumal ihre Änderung als Fehler voll in die Übertragungskennlinie des Umsetzers eingeht. Die Eingabe der Daten in den DAU erfolgt in der

5.5 Digital-Analog-Umsetzer (DAU)

Regel *parallel*, es wird aber zunehmend auch die *serielle Eingabe* verwendet (seriell-parallel-Wandlung am Eingang), wodurch weniger Anschlussleitungen notwendig sind und auch eine galvanische Trennung (z.B. Optokoppler) möglich ist.

Hinsichtlich der Funktionsweise lassen sich DAU einerseits nach parallel oder seriell arbeitenden Verfahren, andererseits nach direkt (Nyquist-Rate Converters) oder indirekt (Oversampling Converters) umsetzenden Prinzipien (bzw. ihre Kombination) unterscheiden. Nach einer anderen Gruppierung [5.2] unterscheidet man zwischen Parallel-, Wäge- bzw. Zählverfahren.

5.5.1 Die wichtigsten Kenngrößen

Auflösung: wird durch die Anzahl der Bits bzw. der Quantisierungsstufen angegeben. Die Auflösung ist nicht durch die Genauigkeit des Umsetzers begrenzt.   Auflösung

Linearität: (auch Nichtlinearität) ist die maximale Abweichung der Eingangsgröße von der durch den Nullpunkt und durch den Vollausschlag verlaufenden Geraden. Ist die Abweichung $\leq \pm \frac{1}{2}$ LSB, so tritt kein Linearitätsfehler auf.   Linearität

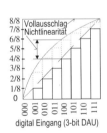

Einschwingzeit (settling time): ist die Zeitdauer, bis das Ausgangssignal auf $< \pm \frac{1}{2}$ LSB vom Endwert eingeschwungen ist, wenn am Eingang eine Signaländerung von 0 auf Z_{max} vorgenommen wird.

Monotones Verhalten liegt vor, wenn bei zunehmendem Eingangssignal auch das Ausgangssignal größer wird oder höchstens konstant bleibt.

Nullpunktfehler (Offset) ist die Ausgangsspannung für $Z=0$, die in Bruchteilen vom Vollausschlag oder eines LSB angegeben wird.   Nullpunktfehler

Glitche sind kurze Störimpulse, die beim Umschalten des digitalen Eingangssignals auftreten können. Grosse Glitche entstehen dann, wenn die Schalter im DA Umsetzer nicht gleichzeitig schalten. Der kritischste Punkt ist die Bereichsmitte. Glitche lassen sich entweder durch einen nachfolgenden Tiefpassfilter verringern oder durch eine nachgeschaltete Abtast-Halteschaltung (Deglitcher-S/H) ausblenden.   Glitche

Signal-Rausch-Verhältnis: (signal-noise-ratio, *SNR*) ist das Verhältnis des Effektivwertes des DAU-Ausgangssignals zur Quadratwurzel aus der Summe der Effektivwertquadrate aller relevanten spektralen Signalanteile im Frequenzbereich $0 < f \leq (f_s/2)$. Wenn nur das Quantisierungsrauschen berücksichtigt wird, ergibt sich (siehe Abschnitt 5.6) $SNR = (6,02n + 1,76)$ dB.   Signal-Rausch-Verhältnis

SNR

Total Harmonic Distortion
: *THD (Total Harmonic Distortion)*. Infolge der Nichtlinearitäten treten Oberwellen auf, wenn der DAU mit den digitalisierten Werten eines sinusförmigen Signals U_1 angesteuert wird. Es gilt:

$$THD = 20\log \frac{\sqrt{(U_2^2 + U_3^2 + U_4^2 + U_5^2 + ...)}}{U_1} \quad (5.79)$$

5.5.2 Parallelverfahren

Parallelverfahren
: Der einfachste Umsetzer ist mit Spannungsteilern aufgebaut (*Resistor-String Converters*). Bei den klassischen, auch heute meist verwendeten Verfahren werden meistens mit Hilfe eines Widerstandsnetzwerkes dual gestufte (*gestaffelte*) Ströme erzeugt und mit einem Summierer dem digitalen Eingangswort entsprechend gewichtet addiert und als Spannung ausgegeben. Die Widerstandsnetzwerke können, aus dual gestuften Widerständen oder aus R-2R-Abzweignetzwerken (Kettenleiternetzwerken, *R-2R resistance ladder*) aufgebaut sein. Das Leiternetzwerk kann auch im Inversbetrieb (siehe Abschnitt 5.5.2.4), mit vertauschtem Ein- und Ausgang betrieben werden (*R-2R Based Converters*).

5.5.2.1 DA Umsetzer mit Spannungsteiler

Abbildung 5.38 zeigt den prinzipiellen Aufbau eines mit Spannungsteilern aufgebauten DAU am Beispiel eines 3-Bit DAU. Mit dem Spannungsteiler werden alle Quantisierungsstufen aus der Referenzspannung zur Verfügung gestellt. Der *1 aus 8 - Decoder* (3 to 1 of 8 Decoder) steuert den MOS-Schalter, dem die entsprechende Ausgangsspannung zugeordnet ist. Nach diesem Prinzip lassen sich bis max. 10-Bit Umsetzer realisieren. Die Anzahl der erforderlichen Schalter ist Z_{max}, weshalb dieser Umsetzer selten verwendet wird.

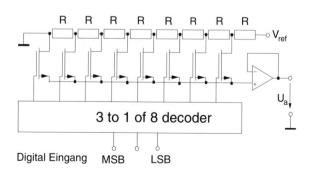

Abbildung 5.38 DAU mit Spannungsteiler

5.5.2.2 DA-Umsetzer mit dual gestuften Widerständen

Bei Umsetzern mit dual gestuften Widerständen (Abb. 5.39) werden die gewichteten Ströme – entsprechend des digitalen Eingangssignals –summiert und nach einer I-U Wandlung als analoge Ausgangsspannung ausgegeben. Im allgemeinen Fall erhält man:

$$U_a = -IR_f = -U_{ref}\frac{R_f}{R}\sum_{i=0}^{n-1}\frac{a_i}{2^i} = -U_{ref}\frac{R_f}{R}X,\ a_i \subset \{0,1\}\ (5.80)$$

Die Stromschalter können durch einfache bipolare Differenzverstärker realisiert werden. Das Prinzip eignet sich allerdings für die Integration nur bei geringen Auflösungen, da Widerstände in monolithischer Technologie in einem verhältnismäßig kleinen Bereich mit entsprechender Genauigkeit realisiert werden können.

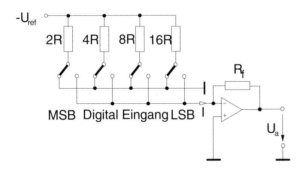

Abbildung 5.39
DAU mit gestuften Widerständen

5.5.2.3 DA-Umsetzer mit dual gestuften Kapazitäten

Anstelle von gestuften Widerstandsnetzwerken werden bei DA-Umsetzern zunehmend gestufte Geschaltete-Kondensator-Netzwerke (SC-Netzwerke) eingesetzt (Abb. 5.40). Der Vorteil dieser Realisierung ist, dass Kapazitätsverhältnisse – wie bereits erwähnt (siehe auch Abschnitt 5.2) – mit großer Genauigkeit hergestellt werden können.

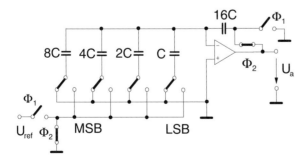

Abbildung 5.40
DAU mit gestuften Kapazitäten

Ein Nachteil liegt allerdings an der wesentlich komplexeren digitalen Ansteuerung. Das digitale Eingangssignal darf sich nur dann ändern, wenn die Eingänge der entsprechenden Kapazitäten bereits auf Masse liegen. Die beim Umschaltvorgang aufgetretenen Glitche sollten mit Hilfe eines Deglitcher – Kondensators verringert werden.

5.5.2.4 DA-Umsetzer mit R-2R Leiternetzwerk

Die in Abb. 5.41 und 5.42 dargestellten Schaltungen eignen sich sehr gut für die Realisierung als integrierte Schaltung, da anstelle von n voneinander sehr stark unterschiedlichen genauen Widerstandswerten die Gewichtung der Stufen (Spannungsschalter- oder Stromschalterbetriebsart) durch ein R-2R Leiternetzwerk realisiert wird.

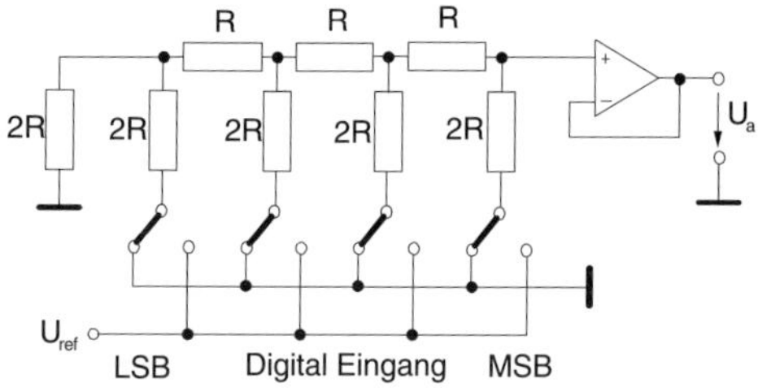

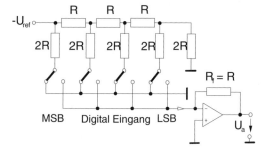

Abbildung 5.41 DAU mit R-2R Leiternetzwerk in Spannungsschalter Betriebsart

Abbildung 5.42 DAU mit R-2R Leiternetzwerk in Stromschalter Betriebsart

$$U_a = -U_{ref} \frac{Z}{Z_{max}+1}$$

Stromschalter-schaltungen *Stromschalterschaltungen* (Abb. 5.42) sind wesentlich mehr verbreitet, als Spannungsschalterschaltungen mit invers betriebenem Leiternetzwerk. Da der Strom zwischen Masse und dem näherungsweise auf Massepotential liegenden Summationspunkt des Verstärkers geschaltet wird, erreicht man kürzere Schalt- und Einschwingzeiten. Es gilt mit $R_f = R$ für die Ausgangsspannung:

$$U_a = -U_{ref} \frac{R_f}{R} \sum_{i=0}^{n-1} \frac{a_i}{2^i} = -U_{ref} X = -U_{ref} \frac{Z}{Z_{max}+1}, \quad a_i \subset \{0,1\} \quad (5.81)$$

Die Referenzspannungsquelle wird mit dem konstanten Widerstand R belastet. Stromschalter DAU werden in der Regel in CMOS-

5.5 Digital-Analog-Umsetzer (DAU)

Technologie realisiert, wobei das R-2R Netzwerk in Form von Dünnfilm-Siliziumchrom-Widerständen auf den CMOS-Chip aufgedampft wird. Der Absolutwert der integrierten Widerstände lässt sich nicht genau festlegen (bis zu 40% Toleranzen sind üblich), dagegen sind die erforderlichen Widerstandsverhältnisse leicht realisierbar. Aus diesem Grund wird der Gegenkopplungswiderstand $R_f = R$ immer mitintegriert. Da bei den CMOS-Realisierungen sowohl positive als auch negative veränderbare Referenzspannungen zulässig sind, spricht man von *Vierquadrant-Multiplizierenden DA-Umsetzern* (Four-Quadrant Multiplying DAC). Eine typische Realisierung des CMOS-Schalters mit der entsprechenden Ansteuerung ist in Abb. 5.43 dargestellt [5.5].

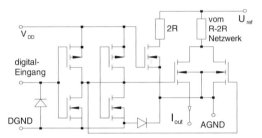

Abbildung 5.43 Realisierung eines CMOS-Schalters

5.5.2.5 DA-Umsetzer in Bipolartechnologie

Mit Hilfe der *Bipolartechnologie* lassen sich dual gewichtete Stromgeneratoren sehr leicht realisieren. Das Prinzip soll am Beispiel eines 12-bit DAU erläutert werden (Abb. 5.44). Die Prinzipschaltung besteht in der Regel aus zwei miteinander verbundenen Chips: aus einem monolithischen integrierten bipolaren Transistorchip und einem Silizium-Chrom-Dünnfilm-Widerstands-Chip, wobei die Widerstände rechnergesteuert mit einem Laser abgeglichen werden.

DA-Umsetzer in Bipolartechnologie

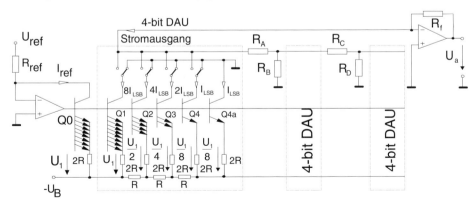

Abbildung 5.44 DAU in Bipolartechnologie

Zweiquadrant-Multiplizierender DAU

Der Umsetzer stellt einen *Zweiquadrant-Multiplizierenden* Typ dar. Die Schalter werden durch bipolare Stromschalter realisiert. Der Ausgangsstrom in diesem Beispiel ist die gewichtete Summe der Ausgangsströme der drei gleich aufgebauten dual gestaffelten Vierfach-Konstantstrom-Generatoren (4-bit DAU), der dann mit einem Summierverstärker in eine Ausgangsspannung umgewandelt wird. Bei den Konstantstromtransistoren besitzen die Emitterflächen das Verhältnis 8:4:2:1, damit alle Transistoren mit identischer Emitterstromdichte betrieben werden. Bei Video-Umsetzern wird das R-2R-Leiternetzwerk im Inversbetrieb eingesetzt.

Es ist auch üblich, anstelle des R-2R Netzwerkes gestufte Widerstände (wie im Abschnitt 5.5.2.4) zu verwenden. Die typische Realisierung eines aus bipolaren Transistoren aufgebauten Schalters ist in Abb. 5.45 dargestellt.

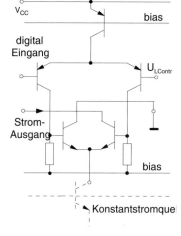

Abbildung 5.45 Realisierung des Stromschalters

Die Ströme der zweiten bzw. dritten *4-bit DAU* werden im Verhältnis 16:1 bzw. 256:1 bei einem bipolaren, und 10:1 bzw. 100:1 bei einem BCD kodierten digitalen Eingangssignal heruntergeteilt. Man erhält beispielsweise für

Dualkode:
$R_f = 5k\Omega$, $R_A = R_C = 14,0625k\Omega$

für BCD-Kode:
$R_f = 4k\Omega$, $R_A = 8,1325k\Omega$,
$R_C = 8,4375k\Omega$, mit
$R_B = 1k\Omega$ und $R_D = 937,5\Omega$

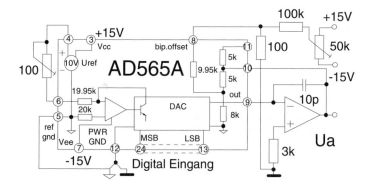

Abbildung 5.46 DAU für unipolare Ausgangsspannung

5.5 Digital-Analog-Umsetzer (DAU)

Abbildung 5.46 zeigt eine Anwendung des bipolaren 12-bit DA Umsetzers AD565A der Fa. Analog Devices für unipolare (0 - 10V), und Abbildung 5.47 für bipolare (-10V ... +10V) Ausgangsspannungen.

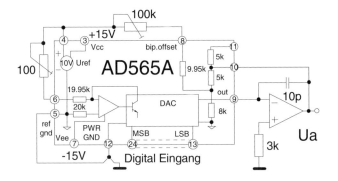

Abbildung 5.47
DAU für bipolare Ausgangsspannung

Bei hochauflösenden bipolaren DA Umsetzern verwendet man die s.g. *MSB-Segmentierung,* die lineare Wichtung der höchstwertigen Bits, damit die hohen Genauigkeitsforderungen leichter erfüllt werden können. Die an die *most-significant-bits* angeordneten Widerstände müssten dabei eine Toleranz < 0.001% haben. Bei dem 16-bit Umsetzer DAC16 von Analog Devices [5.19] werden beispielsweise die fünf höchstwertigen Bits mittels 31 gleichen Stromquellen (125µA) von den restlichen getrennt realisiert (segmentiert), die übrigen 9 Bits mit einem R-2R Abzweignetzwerk im Inversbetrieb verarbeitet.

MSB-Segmentierung

5.5.2 Indirekte (PWM)-DAU

Die Funktionsweise der indirekten (oder *seriellen*) Digital-Analog Umsetzer basiert auf der Umwandlung der digitalen Eingangsinformation in ein pulsbreitenmoduliertes Zwischensignal, wobei das Tastverhältnis zum Digitalwert proportional ist (PWM-Modulator). Der Modulator besteht aus einem Zähler und einem digitalen Komparator, der sowohl diskret als auch mit einem Mikroprozessor realisiert werden kann. Der Ausgang eines – mit einem (periodischen) Taktsignal angesteuerten – *n-bit* Dualzählers (Z_D) wird mit dem Eingangssignal (Z) verglichen. Solange $Z_D < Z$ ist, liegt am Ausgang des Komparators ein High-Signal. Nach jedem Durchlauf von 2^n Taktperioden entsteht somit am Komparatorausgang ein Impuls, dessen Breite dem digitalen Eingangssignal proportional ist. Mit Hilfe eines Tiefpassfilters wird der arithmetische Mittelwert des PWM-Signals – d.h. das gewünschte (quasi)analoge Ausgangssignal erzeugt. Wegen der Mittelwertbildung verfügt der DAU über eine verhältnismäßig lange Einschwingzeit (einige ms). Die Vorteile dieses Prinzips liegen bei Umsetzern hoher Auflösungsforderungen (gute Monotonie und Linearitätseigenschaften).

PWM-DAU

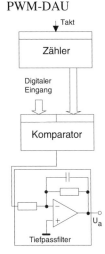

5.5.3 Oversampling DAU

Oversampling DAU

Dieses Verfahren wird zunehmend im Audio-Bereich für *High-End* CD-Player, DAT-Player und Rekorder, Synthesizer, digitale-Audioverstärker und Instrumente (Keyboards) bzw. in der Präzisionsmesstechnik eingesetzt. Um die durch die Abtastung (Nyquistfrequenz, $1/T_1$) verursachten unerwünschten Störfrequenzen außerhalb des Intervalls $|\omega| \le \pi/T_1$ zu unterdrücken, wäre am Ausgang des DAU ein analoger Tiefpass (Rekonstruktionsfilter, Nachfilter) *sehr hohen Grades* (ideales analoges Filter) erforderlich. Beim *Oversampling-Prinzip* wird das bandbegrenzte Eingangssignal mit einem ganzzahligen Vielfachen (R) der *Nyquist-Rate* abgetastet (Überabtastung, *Sampling-Rate-Increaser*, SRI). Die Kombination eines SRI mit dem Interpolationsfaktor R (oder Oversamplingrate *OSR*) und *einem idealen diskreten Tiefpassfilter* mit der Abtastfrequenz $1/T_2$, dem Verstärkungsfaktor R und der Grenzfrequenz π/T_1 bezeichnet man als *Interpolator* (Abb. 5.48, mit $R=3$). Man erkennt, dass das Einfügen von Nullen keine Auswirkung auf das Spektrum des Signals hat (nur um den Faktor R größer geworden). Die Zusammenschaltung eines SRI mit einem diskreten Filter beliebiger Übertragungsfunktion wird *Interpolationsfilter* oder interpolierendes Filter genannt. Interpolationsfilter werden in der Regel mit einem FIR-Tiefpassfilter (das ein ROM, ein RAM und einen (Array)-Multiplizierer enthält) realisiert. In der Praxis können Interpolationsfaktoren bis 512 realisiert werden. Aus Bild 5.48 ist auch ersichtlich, dass das Ausgangssignal $\tilde{y}[nT_2]$ – die interpolierte Version von $x[nT_2]$ – so aussieht, als ob das bandbegrenzte Signal $x(t)$ mit der $R=3$-fachen Frequenz abgetastet worden wäre.

Nyquist-Rate
Sampling-Rate-Increaser

Interpolator

Interpolationsfilter

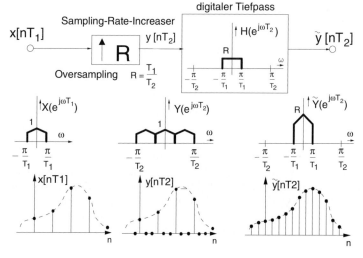

Abbildung 5.48 Interpolator [5.14]

5.5 Digital-Analog-Umsetzer (DAU)

Setzt man bei der DA-Umsetzung einen Interpolator ein (Abbildung 5.49), so erkennt man, dass die Störfrequenzen sich nach der DA-Umsetzung mit erhöhter Abtastfrequenz (im Beispiel $R=2$) mit einem weniger steilen analogen Filter ausreichend unterdrücken lassen.

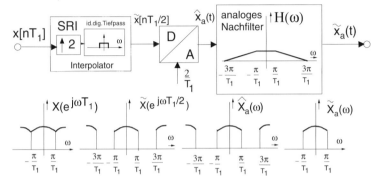

Abbildung 5.49
Oversampling - DA Umsetzer mit Interpolator [5.14]

Ein weiterer Vorteil der *Überabtastung* ist, dass sich das Signal-Rausch-Verhältnis (*SNR*) um $10\log R$ erhöht. (siehe Abschnitt 5.6). Um die Linearitätseigenschaften eines DA-Umsetzers zu verbessern, wird das Oversampling-Prinzip mit einem *Delta-Sigma-Modulator* mit Rauschformung kombiniert (ΔΣ-DA-Umsetzer), wobei die Wortlänge auf 1-Bit reduziert wird (Abb. 5.50). Am Ausgang des *1-bit DA Umsetzers* entsteht eine binäre Impulsfolge, die mit Hilfe eines analogen Tiefpassfilters das Ausgangssignal erzeugt. ΔΣ-1-bit-DA-Umsetzer mit Rauschformung haben einerseits (infolge des Funktionsprinzips) exzellente Linearitätseigenschaften, benötigen keine lasergetrimmte Widerstandsnetzwerke und eignen sich hervorragend für Mixed-Signal-VLSI-Technologie. Auf der anderen Seite haben sie außerhalb des Basisintervalls leider ein wesentlich größeres Quantisierungsrauschen, das mit dem Nachfilter beseitigt werden muss. Es treten auch Stabilitätsprobleme auf, die nur mit einer aufwendigeren nichtlinearen Schaltungstechnik gelöst werden kann.

Überabtastung

Delta-Sigma-Modulator

1-Bit DA Umsetzer

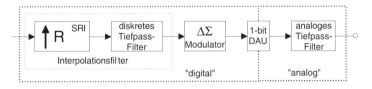

Abbildung 5.50
ΔΣ-DA-Umsetzer

ΔΣ-DA-Umsetzer der zweiten Generation arbeiten deshalb mit *Multi-Bit-ΔΣ Modulatoren* (mit *n-bit* Quantisierer). Bei diesen Umsetzern erzielt man (für gegebene Oversamplingrate und Filtergrade) einen größeren Dynamikbereich, das System lässt sich leichter stabilisieren. Die Linearität hängt vom verwendeten *n*-bit DA-Umsetzer ab, eine Lasertrimmung ist in der Regel auch erforderlich.

Multibit-Delta-Sigma-Modulator

Eine Auswahl von DAU-Typen: (mit Rail=Rail to Rail, Spann.=Spannung)

Typ	Hersteller	Einschwing-zeit/Taktfrequenz	Refe-renz	Auflö-sung/Eingang	Kanäle/Ausgang
MAX 548	Maxim	5µs	extern	8-bit/seriell	1/Rail
AD 7305	Analog Dev.	1µs	extern	8-bit/parallel	4/Rail
LTC 1665	Linear Tech.	30µs	extern	8-bit/seriell	8/Rail
TLV 5621	Texas Instr.	10µs	extern	8-bit/seriell	4/Spann.
TLV 5628	Texas Instr.	10µs	extern	8-bit/seriell	8/Spann.
AD 9708	Analog Dev.	125MHz	+1,2V	8-bit/CMOS	1/20mA
AD 9720	Analog Dev.	400MHz	extern	10-bit/ECL	1/20mA
LTC 1663	Linear Tech.	30µs	1,25V	10-bit/seriell	1/rail
AD 5320	Analog Dev.	10µs	extern	12-bit/seriell	1/Rail
AD 976 2	Analog Dev.	100MHz	+1,2V	12-bit/CMOS	1/20mA
DAC 7615	Burr Brown	10µs	extern	12-bit/parallel	4/Spann.
MAX 537	Maxim	3µs	extern	12-bit/seriell	4/Spann.
LTC 1458	Linear Tech.	20µs	1,2V	12-bit/seriell	4/Rail
TLV 5613	Texas Instr.	1µs	extern	12 bit/parallel	1/Spann.
DAC 716	Burr Brown	10µs	10V	16-bit/seriell	1/Spann.
LTC 1650	Linear Tech.	4µs	extern	16-bit/seriell	1/Spann.
MAX 541	Maxim	1µs	extern	16-bit/seriell	1/Spann.

5.6 Analog-Digital Umsetzer

Analog-Digital Umsetzer ADU

Analog-Digital Umsetzer (*ADU*, Analog-Digital Converter, ADC) erfüllen die Aufgabe, ein analoges Eingangssignal (Spannung oder Strom, im Weiteren nur Spannung) in eine dazu proportionale Zahl (Z, digitales Ausgangssignal) umzusetzen. Die wichtigsten Schritte der Umsetzung sind in der Regel:

Abtastung → *Quantisierung* → *Kodierung,*

wobei diese entweder seriell oder (teilweise) gleichzeitig ablaufen können. Ein *n*-Bit ADU hat 2^n Quantisierungsstufen ($q \equiv U_{eLSB}$):

$$q = U_{eLSB} = FSR \cdot 2^{-n} \tag{5.82}$$

Full Scale Range, FSR

wobei $FSR \equiv U_{e\max}$ der nominelle Vollausschlagbereich (*Full Scale Range*) ist. Analog zum DAU erhält man für die Umsetzerkennlinie eines ADU mit *unipolarem* Eingangssignal (mit $Z_{\max} = 2^n - 1$):

$$U_{e(up)} = Z \cdot U_{eLSB} = U_{e\max} \frac{Z}{Z_{\max} + 1} = FSR \frac{Z}{2^n} \tag{5.83}$$

und mit *bipolarem* Eingangssignal (Z in Offsetbinär-Darstellung):

5.6 Analog-Digital Umsetzer

$$\frac{2Z}{Z_{max}+1} = \frac{U_{e(bip)}}{U_{e\,max}} + 1 \qquad (5.84)$$

Durch die Quantisierung entsteht ein Informationsverlust (*Quantisierungsfehler ε[n]*), der durch hohe Abtastfrequenz sowie durch hinreichend kleine Quantisierungsschritte klein gehalten werden kann. Allerdings führen diese Maßnahmen meistens zu harten Forderungen hinsichtlich der *Umsetzzeit (Conversion Time)*. Neben dem Informationsverlust entsteht auch ein *Quantisierungsrauschen*, das sich dem Nutzsignal überlagert. Unter der Voraussetzung, dass alle Amplitudenwerte des ADU-Eingangssignals gleich wahrscheinlich sind, hat jeder Wert des Quantisierungsfehlers $-q/2 \leq \varepsilon \leq q/2$ die gleiche Wahrscheinlichkeit $p(\varepsilon)$. In der Praxis erweisen sich diese Annahmen als berechtigt für Zufallssignale wie Sprache, Musik, oder dort, wo eine ausreichend große Anzahl von Quantisierungsstufen vorhanden ist. Mit Hilfe der Theorie für stochastische Signale kann gezeigt werden, das ein Signal, bei dem alle Amplitudenwerte zwischen $+A$ und $-A$ mit gleich großer Wahrscheinlichkeit auftreten können, einen Effektivwert von $A/\sqrt{3}$ hat. Somit beträgt der Effektivwert des Quantisierungsfehlers $q/\sqrt{12} = 1LSB/\sqrt{12}$.

Quantisierungsfehler

Umsetzzeit
Quantisierungsrauschen

5.6.1 Einige Kenngrößen, Klassifizierung von ADU

Auflösung: wie beim DAU. Es gibt einen gravierenden Unterschied zwischen Auflösung und Genauigkeit! Ein 16-bit ADU kann beispielsweise eine Genauigkeit aufweisen, die nur 14-bit entspricht.

Auflösung des ADU

$$Dynamikbereich = 20\log\frac{FSR}{q} = n \cdot 6{,}02\text{dB}$$

Dynamikbereich

Umsetzzeit (Conversion Time) ist die Gesamtzeit vom Beginn einer Umsetzung bis zu dem Zeitpunkt, zu dem das digitale Ausgangssignal mit voller Genauigkeit zur Verfügung steht.

Umsetzzeit
Conversion Time

Linearitätsfehler: wie beim DAU

Linearitätsfehler

Nullpunktfehler (Offset): Parallelversatz der realen Umsetzkennlinie (Angabe: in mV oder % *FSR*, lässt sich abgleichen).

Nullpunktfehler
Offset

Absolute Ungenauigkeit ist die maximale Abweichung des analogen Eingangssignals vom wahren Wert.

Absolute Ungenauigkeit

Signal-Rausch-Verhältnis (Signal Noise Ratio, SNR, Störabstand): unter der Voraussetzung, dass der ADU mit einer sinusförmigen Spannung $\hat{U}_e \sin \omega t$ voll ausgesteuert wird, erhält man:

SNR

$$SNR = S/N = (6{,}02 \cdot n + 1{,}76)\,dB \qquad (5.85)$$

Nyquistfrequenz *Nyquistfrequenz* ist diejenige Frequenz des Eingangssignals, die halb so groß ist wie die aktuelle Abtastfrequenz ($f_S/2$).

Dynamische Umsetzfehler *Dynamische Umsetzfehler* treten auf, wenn sich das analoge Eingangssignal während der Umsetzzeit um mehr als ±1/2 LSB ändert.

Analog-Digital Umsetzer lassen sich nach ähnlichen Gesichtspunkten klassifizieren, wie Digital-Analog Umsetzer. Nach der *Art* der Umsetzung: *Direkte* (Spannungsvergleich) oder *indirekte* (mit Zwischengröße Frequenz oder Zeit) ADU, nach der *Technik*: *Parallelverfahren* (parallele ADU, word at a time), *Wägeverfahren* (Stufenumsetzer, digit at a time), *Zählverfahren* (serielle ADU, level at a time) bzw. nach der *Anzahl der Rechenschritte*.

Die wichtigsten Merkmale der verschiedenen Umsetzverfahren sind in Tabelle 5.4 zusammengestellt. Hierbei ist n = Anzahl der Bits, N = Zahl der Stufen.

Tabelle 5.4 Die wichtigsten Merkmale der Umsetzverfahren

Technik	Zahl der Schritte	Zahl der Referenzspannungen	Merkmale
Parallelverfahren	1	$N = 2^n$	sehr schnell, mittlere Genauigkeit, sehr aufwendig
Wägeverfahren	$n = \mathrm{ld}\,N$	$n = \mathrm{ld}\,N$	mittlere Geschwindigkeit und Genauigkeit, S/H erforderlich
Zählverfahren	$N = 2^n$	1	langsam, hohe Auflösung und Genauigkeit, einfach

Apertur-Jitter Die Genauigkeit von ADU wird durch die Unsicherheit des Abtastzeitpunktes Δt_A (*Apertur-Jitter* der Abtast-Halteschaltung) beeinflusst.

Unter der Voraussetzung, dass sich das Eingangssignal sinusförmig mit der Amplitude $\hat{U}$ und der maximalen Kreisfrequenz ω_{max} ändert, ergibt sich die Forderung für den Apertur-Jitter:

$$\Delta t_A < \frac{U_{LSB}}{\hat{U} \cdot \omega_{max}} = \frac{2 U_{LSB}}{U_{max} \cdot \omega_{max}} \qquad (5.86)$$

Bei einem 10-bit Analog-Digital Umsetzer beispielsweise müsste der Apertur-Jitter bei einer Signalfrequenz von 10 MHz kleiner als 31,2 ps sein (wegen $U_{max}/U_{LSB} = 1023$)! Solche Forderungen lassen sich nur schwer erfüllen.

5.6.2 Parallelverfahren

Die parallel arbeitenden extrem schnellen ADU werden u.a. im Bereich der Videosignalverarbeitung, der medizinischen Elektronik und der schnellen digitalen Messtechnik eingesetzt.

5.6.2.1 Flash ADU (Flash Converter)

Mit den *Flash ADU* (Parallel-Analog-Digital Umsetzer) erzielt man von der Funktionsweise her die kürzesten Umsetzzeiten. Die Wirkungsweise soll anhand eines 3-bit ADU erläutert werden (Abb. 5.51).

Flash ADU

Die analoge Eingangsspannung wird mit $2^n-1=2^3-1=7$ unterschiedlichen Referenzspannungen mit Hilfe von $2^n-1=7$ Komparatoren verglichen, die Digitalwerte werden mit flankengetriggerten D-Flip-Flops (digitales Abtast-Halte-Glied, digitale S/H-Schaltung) hinter jedem Komparator zwischengespeichert, damit das Eingangssignal des Prioritätsdecoders für eine Abtastperiode konstant bleibt.

Der Abtastzeitpunkt wird durch die Triggerflanke des Taktsignals (Clock) bestimmt. Um den Apertur-Jitter, der durch die Laufzeitdifferenzen der Komparatoren bestimmt wird so klein wie möglich zu halten, werden Komparator und Speicher in einer Schaltung realisiert (Abbildung 5.52).

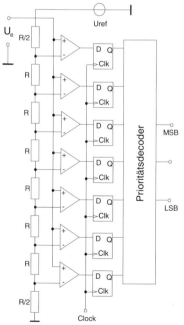

Die Transistoren Q1 und Q2 arbeiten als Komparator (Schalterstellung links), Q3 und Q4 als D-Flip-Flop (*Latch*). Da sowohl der Komparator als auch das Flip-Flop mit Differenzverstärkern aufgebaut ist, liegen die Werte des Apertur-Jitters im Bereich von wenigen Picosekunden.

Abbildung 5.51
Flash ADU

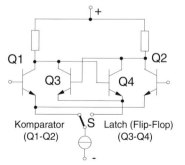

Abbildung 5.52
Komparator-Latch-Schaltung

Beispiele monolithischer Flash-ADU:

Typ	Hersteller	Abtastfrequenz	Apertur-Jitter	Auflösung	Logik
ADC 307	DATEL	500MHz	11ps	8-bit	ECL
Hi 3026	Harris	140MHz	10ps	8-bit	TTL
MAX1150	Maxim	500MHz	2ps	8-bit	ECL
SPT 7750	SPT	500MHz	2ps	8-bit	ECL
AD 9020	Analog Dev.	60MHz	5ps	10-bit	TTL
AD 9060	Analog Dev.	75MHz	5ps	10-bit	ECL

5.6.2.2 Zweischritt-Flash-ADU (Two-Step-A/D Converter)

Zweischritt ADU

Kaskadenumsetzer

Ein wesentlicher Nachteil des reinen Parallelverfahrens liegt daran, dass mit steigender Auflösung die Anzahl der notwendigen Komparatoren und Latches exponentiell zunimmt. Bei den *Zweischritt-ADU* (*Kaskadenumsetzer*, Abbildung 5.53, 10-bit Umsetzer mit digitaler Fehlerkorrektur) werden im ersten Schritt nach der Abtastung nur die höherwertigen Bits (im Beispiel 5-bit) parallel umgesetzt. Dieser, grob quantisierte Wert der Eingangsspannung wird mit Hilfe eines 5-bit DA-Umsetzers (aber mit 10-bit Genauigkeit) in ein analoges Signal rückgewandelt, und dieses von der Eingangsspannung subtrahiert.

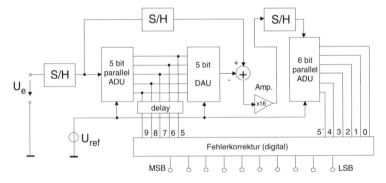

Abbildung 5.53 Zweischritt ADU mit digitaler Fehlerkorrektur

Feinquantisierer

digitale Fehlerkorrektur

Die Differenz wird anschließend (16-fach, 5-bit Genauigkeit) verstärkt, abgetastet, und im zweiten Schritt mit einem 6-bit ADU (mit 6-bit Genauigkeit) parallel umgesetzt (Feinquantisierung). Wenn der Ausgang des *Feinquantisierers* infolge Linearitätsfehler der ersten Umsetzung aus dem vorgesehenen Bereich herausläuft, wird Bit 5 (mittels 5´) korrigiert (*digitale Fehlerkorrektur*). Die Laufzeitprobleme werden durch eine Verzögerung (digital delay) gelöst. Man erkennt, dass durch diese Methode eine ganze Reihe von Komparatoren eingespart wird, es erhöht sich jedoch die Umsetzzeit und das analoge Eingangssignal muss ferner in Abtast-Halteschaltungen zwischengespeichert werden.

5.6 Analog-Digital Umsetzer

Beispiele für Zweischritt-Flash-ADU (auch Half-Flash-Converter):

Typ	Hersteller	Abtastfrequenz	Betriebsspannung	Auflösung	Logik
AD 9283	Analog Dev.	100MHz	+3.3V	8-bit	BiCMOS
Hi 1175	Harris	20MHz	+5V	8-bit	CMOS
ADS 831	Burr Brown	80MHz	+5V	8-bit	CMOS
ADC 1173	National S.	15MHz	+3V	8-bit	CMOS
LTC 1099	Linear Tech.	300kHz	+5V	8-bit	CMOS
SPT 7734	SPT	40MHz	+5V	8-bit	TTL
AD 9071	Analog Dev.	100MHz	+5V	10-bit	BiCMOS
AD 9410	Analog Dev.	200MHz	+5V	10-bit	BiCMOS
ADS 824	Burr Brown	70MHz	+5V	10-bit	CMOS
ADC 10321	National S.	20MHz	+5V	10-bit	CMOS
SPT 7871	SPT	100MHz	±5V	10-bit	TTL
AD 9432	Analog Dev.	100MHz	+5V	12-bit	BiCMOS
ADS 808	Burr Brown	75MHz	+5V	12-bit	CMOS
HI 5875	Harris	65MHz	+5V	12-bit	CMOS
CLC 5956	National S.	65MHz	+5V	12-bit	Bipolar
MAX 1172	Maxim	30MHz	±5V	12 bit	TTL
AD 9260	Analog Dev.	2.5MHZ	+5V	16-bit	BiCMOS
ADC 16061	National	2.5MHz	+5V	16-bit	CMOS

Das Zweischrittverfahren lässt sich zu einem *Mehrschrittverfahren* (*multiple-stage architecture*) verallgemeinern. Die konsequente Weiterentwicklung führt letzten Endes zum *1-bit Pipelined AD Umsetzer* (Abb. 5.54), wobei in jeder Stufe (Digital Approximator, DAPRX) nur ein Bit umgesetzt wird.

Mehrschrittverfahren

1-bit Pipelined AD Umsetzer

Eine Realisierung des 1-bit digital Approximators wird in Abb. 5.55 dargestellt.

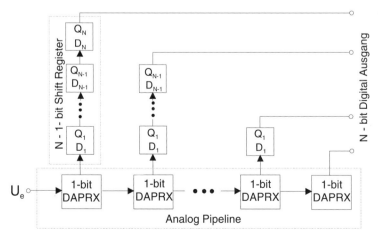

Abbildung 5.54 Pipelined ADU [5.8]

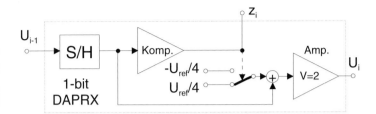

Abbildung 5.55
Ein Bit digital Approximator, DAPRX, [5.8]

Die Pipelined-ADU werden oft in SC-Technologie realisiert, wobei eine Auflösung von 12 bis 15 Bit mit Fehlerkorrektur bei einer Abtastfrequenz von 1-2 MHz erzielt werden kann [5.8].

5.6.3 Wägeverfahren (Successive-Approximation)

Wägeverfahren
Prinzip der sukzessiven Approximation

Die nach dem *Prinzip der sukzessiven Approximation* arbeitenden Analog – Digital Umsetzer zeichnen sich durch verhältnismäßig kleine Umsetzzeit und hohe Genauigkeit bei einem akzeptablen Aufwand aus, und gehören somit zu den meist eingesetzten ADU. Das Umsetzverfahren basiert auf einer schrittweisen (sukzessiven) Annäherung des (mit Hilfe eines DAU zurückgewandelten) Digitalwertes an die Eingangsspannung, wobei die Schrittweite von Stufe zu Stufe um die Hälfte verringert wird. Das Blockschaltbild eines ADU nach dem Wägeverfahren ist in Abb. 5.56 dargestellt.

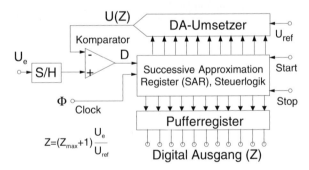

Abbildung 5.56
ADU nach dem Wägeverfahren

Die Umsetzung wird mit dem Signal „Start" (*convert command*) eingeleitet, wobei zuerst der digitale Ausgang (Z) auf Low (Null), und anschließend das höchste Bit (MSB) des DAU auf High (1) gesetzt wird. Der Komparator vergleicht den abgetasteten Wert des Eingangssignals U_e mit der Ausgangsspannung $U(Z)$ des DAU. Ist die Eingangsspannung größer als $U(Z)$, so bleibt das MSB gesetzt, andernfalls wird es zurückgesetzt (das MSB wurde *gewogen*). Dieser Vorgang wird für alle weiteren Bits, bis zum LSB fortgeführt. Das digitale Ausgangssignal steht also erst nach *N* Taktperioden (Wägeschritten) im *Successive Approximation Register*, SAR (das die Umsetzung

5.6 Analog-Digital Umsetzer

steuert) zur Verfügung. Die Umsetzzeit ist ca. das N-fache der DAU- und Komparatoreinschwingzeit, da bei jeder Wägeoperation diese Einschwingzeiten (auf ± ½ LSB) abgewartet werden müssen. Eine mögliche Schaltungsrealisierung für das SAR zeigt Bild 5.57 [5.2].

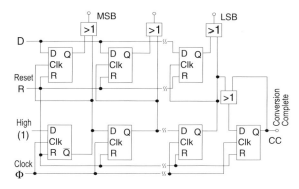

Abbildung 5.57 Successive Approximation Register (SAR)

ADU nach dem sukzessiven Approximationsverfahren werden sowohl in bipolarer- als auch in CMOS-Technologie realisiert, wobei bei den meisten Typen auf dem Chip auch eine S/H Schaltung untergebracht ist. Bei der CMOS-Technologie wird das klassische *R-2R* Abzweignetzwerk oft durch ein SC-Netzwerk ersetzt.

Viele ADU stellen den digitalen Ausgang in serieller Form (1-bit, Komparatorausgang D) zur Verfügung und besitzen mehrere analoge Eingangskanäle.

Einige Beispiele für ADU, die nach dem Wägeverfahren arbeiten:

Typ	Hersteller	Umsetzzeit	Betriebsspannung	Auflösung	Kanäle/Ausgang
MAX1110	Maxim	20μs	+3.3V	8-bit	8/seriell
MAX 1111	Maxim	20μs	+3.3V	8-bit	4/seriell
TLC 0 820	Texas Instr.	2.5μs	+5V	8-bit	1/parallel
TLV 0831	Texas Instr.	13μs	+3.3V	8-bit	1/seriell
TLV 0838	Texas Instr.	13μs	+3.3V	8-bit	8/seriell
LTC 1199	Linear Tech.	2μs	+5V	10-bit	1/seriell
LTC 1197L	Linear Tech.	2μs	+2.7V	10-bit	1/seriell
AD 7858	Analog Dev.	5μs	+3.3V	12-bit	8/seriell
ADS 7852	Burr Brown	2μs	+2.5V	12-bit	8/parallel
MAX 1246	Maxim	6μs	+3.3V	12-bit	4/seriell
ADC 12041	National S.	4μs	+5V	12-bit	1/parallel
TLV 5619	Texas Instr.	1μs	+3.3V	12 bit	1/parallel
AD 976	Analog Dev.	10μs	+5V	16-bit	1/parallel
AD 9771	National	10μs	+5V	16-bit	1/seriell
ADS 7821	Burr Brown	10μs	+5V	16-bit	1/parallel
LTC 1605	Linear Tech.	10μs	+5V	16-bit	1/parallel
MAX 195	Maxim	12μs	+5V	16-bit	1/seriell

5.6.4 Zählverfahren

5.6.4.1 Nachlauf-ADU (Tracking ADC)

Nachlauf-Kompensations-ADU

Beim *Nachlauf- (oder Kompensations-) ADU* (Abb. 5.58) wird das Successive-Approximationsregister durch einen Vorwärts-Rückwärtszähler ersetzt. Hinsichtlich Schaltungsstruktur bzw. Funktionsweise zeigt er eine große Ähnlichkeit mit dem ADU nach dem Wägeverfahren.

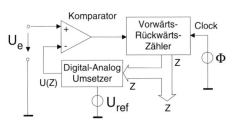

Abbildung 5.58
Nachlauf-ADU (Tracking ADC)

Auch hier vergleicht der Komparator die Eingangsspannung mit der Kompensationsspannung $U(Z)$ des DAU. Ist die Differenz positiv, so zählt der Zähler vorwärts, sonst rückwärts.

Auf diese Weise läuft der Digital-Analog Umsetzer in 1 LSB Schritten der Eingangsspannung nach, da sich die Kompensationsspannung $U(Z)$ nur in Stufen von 1 LSB ändern kann. Bei konstanter Eingangsspannung pendelt das digitale Ausgangssignal ständig um 1 LSB hin und her, da das Taktsignal (*Clock*) nicht abgeschaltet wird. Dieser Effekt lässt sich vermeiden, wenn der Takt mit Hilfe eines Fensterkomparators bei $|U_e - U(Z)| < \frac{1}{2}$ LSB blockiert wird.

5.6.4.2 Zwei-Rampen-ADU (Dual Slope ADC)

Zwei-Rampen-Verfahren

Das *Zwei-Rampen-Verfahren* (oder Zweiflankenumsetzverfahren, *Dual-Slope-Verfahren*) gehört zu den am meisten eingesetzten Umsetzverfahren, wenn keine schnellen Umsetzzeiten (einige ms) aber eine hohe Genauigkeit, Auflösung und Störunterdrückung bei geringem Schaltungsaufwand gefordert wird. Das Blockschaltbild eines Zweirampen AD-Umsetzers ist in Bild 5.59 dargestellt.

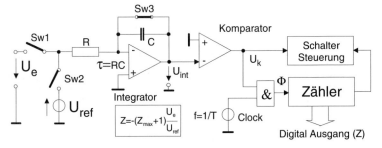

Abbildung 5.59
Zweirampen-ADU (Dual-Slope ADC)

5.6 Analog-Digital Umsetzer

Wirkungsweise:

1) Sw1, Sw2 offen, Sw3 geschlossen: Integratorausgang $U_{int} = 0$.

2) *Phase I:* Zähler Reset, Sw3, Sw2 offen, Sw1 geschlossen. Die Eingangsspannung wird bis $T_1 = (Z_{max} +1)T$ integriert. Wenn U_e negativ ist, wird der Integratorausgang U_{int} positiv, der Komparator gibt den Taktgenerator frei. T_1 wird dann erreicht, wenn der Zähler überläuft, also der Zähler wieder auf Null steht.

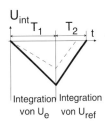

Integration Integration
von U_e von U_{ref}

3) *Phase II:* Sw3, Sw1 offen, Sw2 geschlossen: die negative Referenzspannung wird solange integriert $(T_2 = ZT)$, bis der Integratorausgang Null wird. Der Zähler wird angehalten. Der Zählerstand ist somit proportional der Eingangsspannung. Es gilt (unter der Voraussetzung, dass $U_e = const$):

$$-\frac{1}{RC}U_e(Z_{max}+1)T - \frac{1}{RC}U_{ref}ZT = 0. \qquad (5.87)$$

Da sich in Gleichung 5.87 sowohl die Zeitkonstante RC als auch die Periode des Taktsignals T herauskürzen lässt, gehen diese Parameter in das Umsetzungsergebnis nicht ein. Man erhält:

$$Z = -(Z_{max}+1)\frac{U_e}{U_{ref}} \qquad (5.88)$$

5.6.5 Oversampling AD-Umsetzer

Im Sinne des Abtasttheorems, muss das abzutastende Signal bandbegrenzt sein. In vielen Fällen ist die Erfüllung der Spezifikation des analogen Vorfilters (Antialiasing-Filter) nur durch besonders hohen schaltungstechnischen Aufwand (*ideales* analoges Filter) möglich.

Oversampling AD-Umsetzer

Beim *Oversampling-Prinzip* arbeitet man mit einer höheren Abtastfrequenz (mit einem ganzzahligen Vielfachen R der Nyquist-Rate, oder Oversampling, $R=OSR$), anschließend wird ein Dezimierer eingesetzt, um zur geforderten Abtastrate zurückzukehren.

Oversampling-Prinzip OSR

Ein *Dezimierer* ist die Kettenschaltung *eines idealen diskreten Tiefpassfilters* mit der Grenzfrequenz π/T_2 (und mit der Abtastfrequenz $1/T_1$) und eines *Sampling-Rate-Decreasers* (*SRD, Abtastraten-Verminderer*) mit dem *Dezimierungsfaktor R* (Abb. 5.60, mit $R=3$). Man erkennt, dass im Ausgangsspektrum außerhalb des Basisintervalls keine Aliasfrequenzen mehr auftreten (das Spektrum ist nur um den Faktor R kleiner geworden) [5.14].

Dezimierer

Sampling-Rate-Decreaser, SRD

Dezimierungsfaktor R

Abbildung 5.60
Dezimierer [5.14]

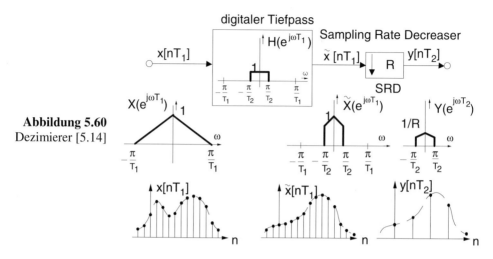

Dezimierungsfilter

Die Zusammenschaltung eines SRD mit einem diskreten Filter *beliebiger* Übertragungsfunktion wird *Dezimierungsfilter* genannt. Dezimierungsfilter werden in der Regel wie Interpolationsfilter mit einem FIR-Tiefpassfilter, das ROM, RAM und Array-Multiplizierer enthält, realisiert.

Abbildung 5.61
Oversampling ADU mit Dezimierer [5.14]

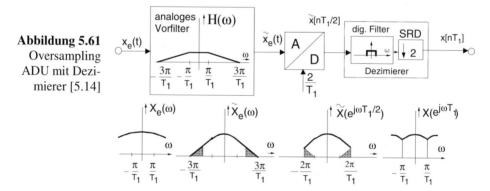

Bei den Oversampling AD Umsetzern (Abb. 5.61) erreicht man, dass durch die Überabtastung die Anforderungen an das analoge Vorfilter leichter zu erfüllen sind. Da der Umsetzer in diesem Beispiel mit der doppelten Abtastfrequenz ($R=2=$Oversamplingrate$=OSR$) arbeitet, beginnt der Sperrbereich des Vorfilters erst bei der Kreisfrequenz $3\pi/T_1$ anstelle von π/T_1. Im Bereich $\pi/T_1 \leq |\omega| \leq 2\pi/T_1$ werden die Aliasfrequenzen durch den Dezimierer vollständig entfernt. Es lässt sich zeigen, dass durch die Überabtastung auch das Signal-Rausch-Verhältnis (*SNR*) vergrößert wird. Für einen Oversampling AD Umsetzer mit der Oversamplingrate *OSR*, mit einem n-Bit Quantisierer

5.6 Analog-Digital Umsetzer

unter der Voraussetzung, dass der AD Umsetzer mit einem sinusförmigen Signal voll ausgesteuert wird, gilt [5.8]:

$$SNR_{max} = [6{,}02 \cdot n + 1{,}76 + 10\log(OSR)]\,dB\,. \tag{5.89}$$

Die Überabtastung verbessert das Signal-Rausch-Verhältnis, jedoch nicht die Linearitätseigenschaften. Es liegt der Gedanke nahe, 1-Bit Quantisierer einzusetzen, da sie in erster Näherung prinzipiell linear arbeiten (nur zwei Stufen). Sollte allerdings ein Signal-Rausch-Verhältnis von $SNR=96dB$ mit einem 1-Bit Oversampling ADU im Audiobereich (f_g=20kHz) erreicht werden, so wäre nach Gleichung 5.89 eine Abtastfrequenz von $f_S = 2 \cdot 20 kHz \cdot 10^9 = 40000 GHz$ erforderlich, was mit Sicherheit nicht praktikabel ist! Eine realisierbare Lösung stellen *1-Bit ΔΣ-AD Umsetzer* mit Rauschformung dar, die im nächsten Abschnitt behandelt werden.

5.6.6 Delta - Sigma AD-Umsetzer (ΔΣ-ADC)

Delta-Sigma-AD-Umsetzer (ΔΣ-AD Converter) gehören zur Gruppe der Oversampling Umsetzer, wobei die Abtastung des Eingangssignals mit R=100 ... 1000-facher Nyquist-Rate erfolgt (Abb.5.62).

Delta-Sigma AD-Umsetzer

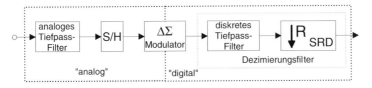

Abbildung 5.62 Blockschaltbild eines Oversampling ADU

Der Umsetzer (ΔΣ-Modulator) quantisiert in der Regel nur 1 Bit, und erzielt durch *Färbung* des Quantisierungsrauschens einen hohen Signal-Rauschabstand für das Eingangssignal.

Färbung (Noise Shaping, Rauschformung) heißt, dass das Quantisierungsrauschen bei tiefen Frequenzen (die für das Nutzsignal entscheidend sind) sehr kleine Werte, bei hohen Frequenzen größere Werte annimmt.

Färbung
Noise Shaping
Rauschformung

Das Prinzipschaltbild eines ΔΣ-Modulators erster Ordnung (mit Rauschformung) ist in Abb. 5.63a, das vereinfachte lineare Modell des Modulators im s-Bereich in Abb. 5.63b gezeigt. Der Modulator stellt eine getaktete Rückkopplungsschleife dar, die aus einem Integrator, einem 1-Bit Quantisierer (1-Bit ADU hoher Abtastrate) im Vorwärtszweig, und aus einem 1-Bit DAU in der Rückkopplung (dieser erzeugt aus der hochfrequenten digitalen Signalfolge das Analogsignal) aufgebaut ist. Durch das D-Flip-Flop wird die notwendige Zeitverzögerung in der Schleife realisiert. Der Quantisierer (1-Bit ADU) ist ein einfacher Komparator, der das Eingangssignal in einen Low- oder High- Pegel konvertiert. Der 1-bit ADU wird als eine Störquelle $Q_e(s)$ nachgebildet.

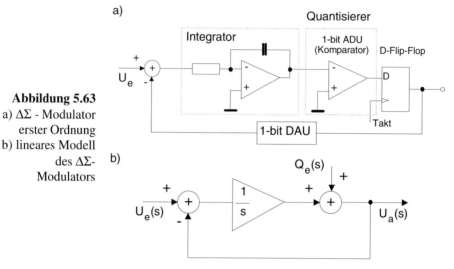

Abbildung 5.63
a) ΔΣ - Modulator erster Ordnung
b) lineares Modell des ΔΣ-Modulators

Die Laplace-Transformierte der Ausgangsspannung ergibt sich zu:

$$U_a(s) = Q_e(s) \cdot \frac{s}{1+s} + U_e(s) \cdot \frac{1}{1+s}. \qquad (5.90)$$

Man erkennt, dass das Störsignal bei tiefen Frequenzen wegen der Hochpass-Systemfunktion $s/(1+s)$ stark abgeschwächt wird.

Es lässt sich zeigen, dass bei einem ΔΣ-Modulator ersten Grades mit der Oversamplingrate OSR das Signal-Rausch-Verhältnis verbessert wird [5.8]:

$$SNR_{max} = [6,02 \cdot n - 3,41 + 30\log(OSR)] \text{ dB}. \qquad (5.91)$$

Ein ΔΣ-Modulator ersten Grades wird oft in SC-CMOS-Technologie realisiert (Abb. 5.64). Der SC-Integrator wird mit Hilfe eines CMOS Operationsverstärkers (z.B. Abb. 3.14) aufgebaut, ein einfacher CMOS - Komparator (siehe Abb. 3.22) arbeitet als 1-bit AD Umsetzer. Die Funktion des 1-bit DA Umsetzers wird von zwei kaskadierten, digitalen Invertern übernommen [5.15].

Es gibt zahlreiche Ausführungsvarianten von Delta-Sigma-Modulatoren. Ein kaskadierter ΔΣ-ADU verwendet Mehrfachmodulatoren, um die Rauschformung (Färbung) höherer Ordnung zu ermöglichen. Der erste Modulator setzt das Eingangssignal um, jeder nachfol-

5.6 Analog-Digital Umsetzer

gende Modulator wandelt den Quantisierungsfehler des vorangegangenen Modulators um.

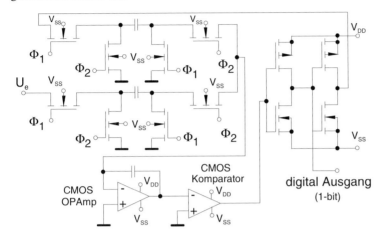

Abbildung 5.64
ΔΣ-Modulator ersten Grades in SC-CMOS-Technologie

Das Prinzipschaltung eines ΔΣ-Modulators zweiten Grades zeigt Abbildung 5.65.

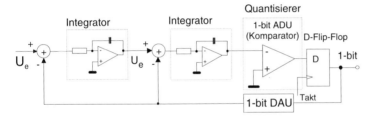

Abbildung 5.65
Prinzipschaltung eines ΔΣ-Modulators zweiten Grades

Das Signal-Rausch-Verhältnis des mit einem ΔΣ-Modulator zweiten Grades aufgebauten AD Umsetzers verbessert sich nach [5.8] zu:

$$SNR_{max} = [6{,}02 \cdot n - 11{,}14 + 50 \log(OSR)]\, dB \qquad (5.92)$$

Einige Beispiele für ΔΣ-ADU:

Typ	Hersteller	Abtastfrequenz	OSR / Mod. Grad	Kanal / Auflösung	SNR(dB)
AD 7720	Analog Dev.	12,5MHz	64 / 7	2 / 16-bit	90
ADMOD79	Analog Dev.	3,57MHz	64 / 5	1 / 18-bit	96
AD 7710	Analog Dev.	19,5-156kHz	64 / 1	2 / 24-bit	95
PCM 1800	Burr-Brown	512kHz	64 / 1	2 / 20-bit	95

Typische Anwendungsgebiete sind: Audiobereich, 6-Digit Multimeter, direkter Anschluss von Messaufnehmern (Dehnungsmess-Streifen, Thermoelemente, Widerstandsthermometer).

5.7 Literatur

[5.1] Mildenberger, O.: *Entwurf analoger und digitaler Filter.* Vieweg-Verlag, Braunschweig/Wiesbaden, 1992

[5.2] Herpy, M., Berka, J-C.: *Aktive RC-Filter.* Franzis-Verlag GmbH, München, 1984

[5.3] Tietze, U., Schenk, Ch.: *Halbleiter Schaltungstechnik.* Springer Verlag, Berlin/Heidelberg, 2002

[5.4] Gray, P. R., Meyer, R.G.: *Analysis and design of analog integrated circuits.* John Wiley & Sons, New York, 1993

[5.5] Seifart, M.: *Analoge Schaltungen.* Verlag Technik Berlin, 1996

[5.6] Schubert, Th. F., Kim, E. M.: *Active and non-linear electronics.* John Wiley & Sons, Inc. New York, 1996

[5.7] Laker, K. R., Sansen, W.M.: *Design of analog integrated circuits and Systems.* McGraw-Hill, New York, 1994

[5.8] Johns, D., Martin, K.: *Analog integrated circuit design.* John Wiley & Sons, Inc. New York, 1997

[5.9] Graf, R. F.: *Converter and filter circuits.* Newnes, Boston/Oxford, 1997

[5.10] Hoeschele, D. F.: *Analog-to-digital and digital-to-analog conversion techniques.* John Wiley&Sons, New York, 1994

[5.11] Graeme, J. G.: *Amplifier applications of Op Amps.* McGraw-Hill, New York, 1999

[5.12] Horowitz, P., Hill, W.: *The art of electronics.* Cambridge University Press, Cambridge/New York, 1990

[5.13] Saale, R.: *Handbuch zum Filterentwurf.* AEG Frankfurt, 1988

[5.14] Enden van den, A.W.M., Verhoeckx, N.A.M.: *Discrete-time signal processing.* Prentice Hall New York, 1989

[5.15] Ehrhardt, D.: *Integrierte analoge Schaltungstechnik.* Vieweg-Verlag, Braunschweig/Wiesbaden, 2000

[5.16] Mildenberger, O. (Hrsg.): *Informationstechnik kompakt.* Vieweg-Verlag, Braunschweig/Wiesbaden, 1999

[5.17] Werner, M.: *Signale und Systeme.* Vieweg-Verlag, Braunschweig/Wiesbaden, 2000

Links:
[5.18] http://www.linear.com, *LinearView, Applications*
[5.19] http://www.analog.com, *Designers Reference Manual*
[5.20] http://www.burr-brown.com
[5.21] http://www.maxim-ic.com
[5.22] http://www.ti.com
[5.23] http://www.national.com
[5.24] http://www.microchip.com

Kapitel 6

Nichtlineare Schaltungen

von Laszlo Palotas

In den vorangegangenen Kapiteln sind in der Regel solche analogen Schaltungen behandelt worden, bei denen im Vordergrund eine lineare Operation (Verstärkung, Addition, Subtraktion, Filterung, Umsetzung des Signals) stand. Hierbei sind die immer vorhandenen Nichtlinearitäten der aktiven Bauelemente als unerwünschte Effekte betrachtet worden. In den Gebieten der Nachrichtentechnik, Telekommunikation, Regelungstechnik und Messtechnik sind *nichtlineare* Operationen mit kontinuierlichen analogen Signalen erforderlich. Zu diesen nichtlinearen Operationen gehören u.a. Gleichrichtung, Modulation und Demodulation, Frequenzsynthese, Frequenzumsetzung, Multiplikation und Division sowie Generierung von Signalen (Oszillatoren). In diesem Kapitel werden einige wichtige nichtlineare Schaltungen behandelt, die mit Hilfe von analogen integrierten Schaltungen diese nichtlinearen Operationen ermöglichen.

Nichtlineare Schaltungen

6.1 Analog-Multiplizierer

Analog-Multiplizierer sind die Basisbausteine zahlreicher Anwendungen, bei denen das Produkt von zwei Spannungen (oder Strömen) benötigt wird (wie AM- Modulator und Demodulator, Phasendetektor, Phasenregelkreis, spannungsgesteuerte Filter und Oszillatoren, RMS-DC-Konverter, Video-Verstärkungsregelung, Frequenzverdopplung). Die Funktionsweise der in diesem Abschnitt behandelten Ein-, Zwei- und Vierquadranten-Multiplizierer basiert auf dem exponentiellen Verlauf der I_C-U_{BE} Kennlinie der bipolaren Transistoren, wobei der Basisstrom vernachlässigt wird. Für einen NPN Transistor gilt:

Analog-Multiplizierer

$$I_C \approx I_S e^{\frac{U_{BE}}{U_T}} \quad \text{oder} \quad U_{BE} \approx U_T \ln\left(\frac{I_C}{I_S}\right) . \tag{6.1}$$

6.1.1 Multifunktionskonverter

Die Multiplikation und Division lässt sich auf Addition und Subtraktion von Logarithmen zurückführen:

$$\frac{xy}{z} = e^{[\ln x + \ln y - \ln z]} .$$

Eine vereinfachte schaltungstechnische Realisierung dieses Prinzips ist in Bild 6.1 dargestellt.

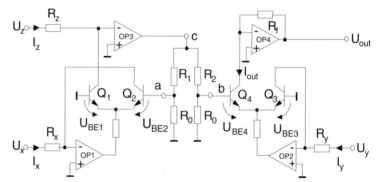

Abbildung 6.1 Multifunktionskonverter

Es wird vorausgesetzt, dass die Schaltung monolithisch integriert wird. In diesem Fall besitzen die Transistoren die gleichen elektrischen und geometrischen Eigenschaften (gleiche Temperatur, gleiche Sättigungsströme). Es gilt dann:

$$\begin{aligned} U_a &= U_{BE2} - U_{BE1} = U_c \frac{R_0}{R_1 + R_0} = U_T \ln \frac{U_x}{R_x I_S} - U_T \ln \frac{U_z}{R_z I_S} \\ U_b &= U_{BE4} - U_{BE3} = U_c \frac{R_0}{R_2 + R_0} = U_T \ln \frac{U_{out}}{R_f I_S} - U_T \ln \frac{U_y}{R_y I_S} \end{aligned} \tag{6.2}$$

Multifunktions- Hieraus folgt die Ausgangsspannung des *Multifunktionskonverters*:
konverter

$$U_{out} = \frac{R_f}{R_y} U_y \left(\frac{R_z}{R_x} \frac{U_x}{U_z} \right)^m , \quad \text{mit} \quad m = \frac{R_0 + R_1}{R_0 + R_2} . \tag{6.3}$$

6.1 Analog-Multiplizierer

Ein Nachteil der Schaltung ist, dass alle Eingangsspannungen immer *positiv* sein müssen ($U_x, U_y, U_z > 0$). Die Widerstände R_1, R_2 werden in der Regel nicht integriert, sie werden vom Anwender so dimensioniert, dass der Bereich $0.2 \le m \le 5$ eingestellt werden kann. Einen Einquadranten-Multiplizierer ($m=1$) erhält man, wenn $R_x = R_y = R_z = R_f$, $R_1 = R_2 = 0$ und $U_z = U_{ref} = 1/K$ gewählt wird (K = Konversionskonstante, scale factor):

Einquadranten-Multiplizierer

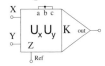

$$U_{out} = \frac{U_x U_y}{U_z} = \frac{U_x U_y}{U_{ref}} = K \cdot U_x U_y. \qquad (6.4)$$

Multifunktionskonverter nach diesem Prinzip werden von mehreren IC Herstellern angeboten, wobei neben den Spannungseingängen oft auch Stromeingänge zur Verfügung stehen, z.B.: LH 0094 (National Semiconductor), AD 538 (Analog Devices). Der Multifunktionsbaustein RC 4200 der Fa. Fairchild Semiconductor verfügt nur über Stromeingänge (current multiplier/divider), und erzeugt den Ausgangsstrom $I_{out} = I_x I_y / I_z$. Prinzipiell lässt sich jeder Einquadranten-Multiplizierer zu einem Vierquadranten-Multiplizierer erweitern, wenn man die bipolaren Eingangssignale durch Addition einer Gleichspannung (Offsetspannung) in unipolare Signale umwandelt (offsetting) und die nach der Multiplikation zusätzlich auftretenden Terme vom Produkt subtrahiert (Gl. 6.5)

$$\frac{U_x U_y}{U_{ref}} = \frac{4}{U_{ref}} \left[\frac{U_x}{2} + \frac{U_{ref}}{2} \right] \left[\frac{U_y}{2} + \frac{U_{ref}}{2} \right] - U_x - U_y - U_{ref}. \qquad (6.5)$$

Liegen die Eingangssignale im Bereich $-U_{ref} < U_x, U_y < U_{ref}$, so ergibt sich für den X bzw. Y Eingang des Einquadranten-Multiplizierers der Bereich $0 < U_X, U_Y < U_{ref}$. Das Blockschaltbild einer möglichen Realisierung wird in Abb. 6.2 dargestellt.

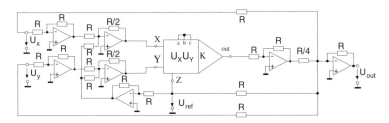

Abbildung 6.2 Erweiterung des Einquadranten-Multiplizierers, (offsetting)

6.1.2 Zweiquadranten-Multiplizierer

Man betrachte die Schaltung eines Differenzverstärkers (Abb. 6.3).

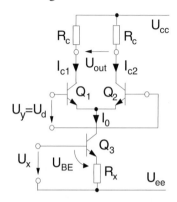

Abbildung 6.3 Differenz-Verstärker als Zweiquadranten-Multiplizierer

Die Differenz der Ausgangsströme ist durch Gl. 6.6 gegeben:

$$I_{c1} = \frac{I_0}{2}\left[1+\tanh\left(\frac{U_d}{2U_T}\right)\right], \quad I_{c2} = \frac{I_0}{2}\left[1-\tanh\left(\frac{U_d}{2U_T}\right)\right]$$

$$I_{out} = I_{c1} - I_{c2} = I_0 \tanh\left(\frac{U_d}{2U_T}\right). \tag{6.6}$$

Ist die Differenzeingangsspannung $U_d \ll U_T$, so erhält man für I_{out}

$$I_{out} \approx \frac{I_0 U_d}{2U_T}. \tag{6.7}$$

Mit Hilfe der Spannung U_x kann der Emitterstrom verändert werden: $I_0 = (U_x - U_{BE})/R_x \approx U_x/R_x$. Es wurde dabei vorausgesetzt, dass $|U_x| \gg U_{BE}$. Da der Emitterstrom I_0 nicht negativ werden kann, stellt der Differenzverstärker mit $U_d = U_y$ einen *Zweiquadranten-Multiplizierer* dar. Die Ausgangsspannung ergibt sich zu:

Zweiquadranten-Multiplizierer

$$U_{out} \approx R_c \frac{I_0 U_d}{2U_T} = \frac{R_c}{R_x} \frac{U_x U_y}{2U_T}. \tag{6.8}$$

Da der Faktor $I_0/4U_T = 1/2r_d$ (mit $r_d = U_T/0.5I_0$, der differentielle Widerstand) die Steilheit der Bipolartransistoren Q1 bzw. Q2 bei $U_d = 0$ (im Arbeitspunkt $0.5I_0$) darstellt, wird dieser Typ Multiplizierer oft als *Steilheits-Multiplizierer* bezeichnet.

Steilheits-Multiplizierer

6.1.3 Vierquadranten - Multiplizierer

Die Modifikation der Schaltung nach Bild 6.3 führt zum Grundbaustein eines *Vierquadranten-Multiplizierers* (Bild 6.4). In der englischsprachigen Literatur wird diese Schaltung häufig als *Gilbert-Cell* (*Gilbert-Zelle*) bezeichnet. Man findet sie in zahlreichen integrierten Schaltungen (Modulator, Phasendetektor, PLL).

Vierquadranten-Multiplizierer

Gilbert Zelle

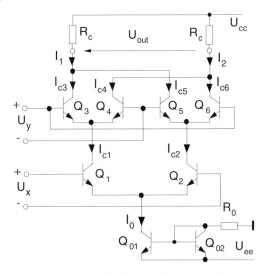

Abbildung 6.4
Vierquadranten-Multiplizierer, *Gilbert-Cell*

Analog zu Gleichung 6.6 sind die Kollektorstromdifferenzen der drei Differenzverstärker durch Gl. 6.9 gegeben

$$I_{c1} - I_{c2} = I_0 \tanh\left(\frac{U_x}{2U_T}\right);$$

$$I_{c3} - I_{c4} = I_{c1} \tanh\left(\frac{U_y}{2U_T}\right); \quad I_{c6} - I_{c5} = I_{c2} \tanh\left(\frac{U_y}{2U_T}\right). \quad (6.9)$$

Der Differenzausgangsstrom der Gesamtschaltung ergibt sich zu

$$I_1 - I_2 = I_{c3} + I_{c5} - (I_{c6} + I_{c4}) = I_{c3} - I_{c4} - (I_{c6} - I_{c5})$$

$$I_1 - I_2 = (I_{c1} - I_{c2}) \tanh\left(\frac{U_y}{2U_T}\right) = I_0 \tanh\left(\frac{U_x}{2U_T}\right) \tanh\left(\frac{U_y}{2U_T}\right). \quad (6.10)$$

Die Differenzausgangsspannung der Anordnung ist somit

$$U_{out} = R_c I_0 \tanh\left(\frac{U_x}{2U_T}\right) \tanh\left(\frac{U_y}{2U_T}\right). \quad (6.11)$$

Setzt man voraus, dass $U_x \ll U_T$ und $U_y \ll U_T$, so wird durch die Schaltung ein Vierquadranten-Multiplizierer realisiert:

$$U_{out} \approx \frac{R_c I_0}{4U_T^2} U_x U_y = k_m U_x U_y. \qquad (6.12)$$

Den Faktor $k_m = \dfrac{R_c I_0}{4U_T^2}$ bezeichnet man als Kleinsignal-Konversionskonstante (*scale factor*) des Vierquadranten-Multiplizierers.

In vielen praktischen Anwendungen (AM – Modulator oder Demodulator, Mischer) ist es erforderlich, dass der Aussteuerungsbereich des X Eingangs vergrößert wird. Dies kann durch die Linearisierung des Transistorpaares Q1-Q2 erreicht werden (Abbildung 6.5a). Wenn R_x extern eingesetzt werden soll, wird Schaltung b) verwendet.

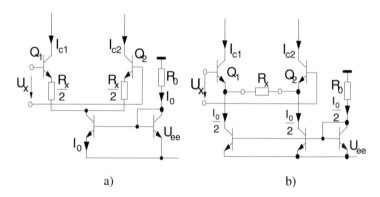

Abbildung 6.5 Linearisierung des Multiplizierers: Spannungs-Strom-Umsetzer

Ist der differentielle Widerstand $r_d = U_T / 0.5 I_0 \ll R_x$, so hängt die Differenz der Kollektorströme nur von U_x und R_x ab:

$$I_{c1} - I_{c2} \approx \frac{2U_x}{R_x}. \qquad (6.13)$$

Spannungs-Strom Umsetzer — Man erhält also einen linearen *Spannungs-Strom Umsetzer*. Die Ausgangsspannung des am X-Eingang linearisierten Vierquadranten-Multiplizierers (*adjustable gain*) ergibt sich dann mit Gl. 6.10 zu

$$U_{out} \approx \frac{R_c}{R_x U_T} U_x U_y \qquad (6.14)$$

wobei $U_y \ll U_T$ sein muss.

6.1 Analog-Multiplizierer

Diese Anordnung wird auch als eigenständige monolithisch integrierte Schaltung mit der Bezeichnung MC1496P, LM1496, LM1596, uA796, N5596 oder SN76514 *Balanced-Modulator* von mehreren Halbleiterherstellern angeboten. Eine Schaltungsanwendung des Modulators wird im Abschnitt 6.1.5 behandelt.

Balanced-Modulator

Die erreichbare Bandbreite (*frequency response*) liegt bei 100MHz.

Die Vergrößerung des Aussteuerungsbereichs des Y-Einganges lässt sich durch eine artanh-*Kompensations-Schaltung* erreichen.

Zunächst wird die Spannungssteuerung (U_y) am Y-Eingang durch eine Differenzstromsteuerung ($I_Y = I_{y1} - I_{y2}$) ersetzt (Abbildung 6.6).

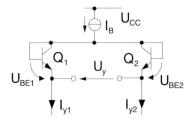

Abbildung 6.6
Die artanh-Kompensations-Schaltung

Anschließend wird die Stromdifferenz mit Hilfe eines weiteren Spannungs-Strom-Umsetzers wieder in eine Spannungssteuerung (U_Y) umgewandelt.
Es gilt nach Abb. 6.6:

$$U_y = U_{BE1} - U_{BE2} = U_T \ln \frac{I_{y1}}{I_{y2}}; \qquad (6.15)$$

$$I_B = I_{y1} + I_{y2}$$

$$\frac{I_{y1}}{I_{y2}} = \frac{1 + \dfrac{I_{y1} - I_{y2}}{I_{y1} + I_{y2}}}{1 - \dfrac{I_{y1} - I_{y2}}{I_{y1} + I_{y2}}} = \frac{1 + \dfrac{I_{y1} - I_{y2}}{I_B}}{1 - \dfrac{I_{y1} - I_{y2}}{I_B}}$$

und (6.16)

$$\text{artanh}(x) = \frac{1}{2} \ln\left(\frac{1+x}{1-x}\right); \quad \text{mit} \quad x = \frac{I_{y1} - I_{y2}}{I_B}.$$

Mit dem Spannungs-Strom-Umsetzer erhält man dann

$$U_y = U_T \ln\frac{I_{y1}}{I_{y2}} = 2U_T \operatorname{artanh}\left(\frac{I_{y1}-I_{y2}}{I_B}\right); \quad I_{y1}-I_{y2} \approx \frac{2U_Y}{R_y}$$

$$\tanh\left(\frac{U_y}{2U_T}\right) = \tanh\left(\operatorname{artanh}\left(\frac{I_{y1}-I_{y2}}{I_B}\right)\right) = \frac{I_{y1}-I_{y2}}{I_B} \approx \frac{2U_Y}{I_B R_y}.$$

(6.17)

Daraus folgt mit den Gleichungen 6.10, 6.11 und 6.13 für die Ausgangsspannung des *vollständig* linearisierten Vierquadranten-Multiplizierers

$$U_{out} = \frac{4R_c}{R_x R_y I_B} U_X U_Y = K_m U_X U_Y. \qquad (6.18)$$

Konversionskonstante Scale Factor

Schaltsymbol des linearisierten Vierquadranten-Multiplizierers

Darin ist $K_m = \dfrac{4R_c}{R_x R_y I_B}$ die *Konversionskonstante (Scale Factor)* des linearisierten Vierquadranten-Multiplizierers. Sie wird meist gleich 0,1/V gewählt. Durch die Kompensationsschaltung wird aus Gleichung 6.18 (U_{out}) auch die Temperaturspannung U_T eliminiert, wodurch die Schaltung über einen kleinen Temperaturkoeffizienten verfügt. Die vereinfachte Gesamtschaltung eines vollständig-linearisierten Vierquadranten - Multiplizierers ist in Abb. 6.7 dargestellt.

Bei der praktischen Realisierung wurde die Grundschaltung mit einem Differenzverstärker (Z-Summiereingang) und einem Operationsverstärker (Ausgangsverstärker, A>>1) ergänzt. Bei einigen Herstellern sind die gestrichelt dargestellten Widerstände nicht mitintegriert, damit der Arbeitspunkt und die Konversionskonstante vom Anwender eingestellt werden kann. Die Ausgangsspannung bei der Schaltung nach Bild 6.7 (wenn $A \to \infty$) ergibt sich zu:

$$U_{out} \approx \frac{2R_z}{R_x R_y I_B} U_X U_Y + U_Z \qquad (6.19)$$

mit den Aussteuerungsgrenzen

$$|U_X| < 0{,}5 R_x I_0; \quad |U_Y| < 0{,}5 R_y I_B.$$

Das Signal am Z-Summiereingang wird in der Regel über einen Spannungsteiler angeschlossen, wobei der Anschluss „os" zum Offsetabgleich dient. (Standardeinstellung: $U_Z = 0$).

6.1 Analog-Multiplizierer

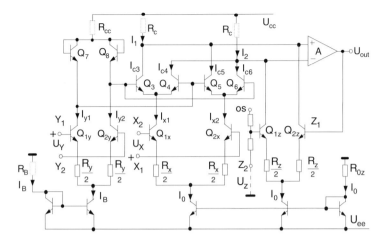

Abbildung 6.7
Vollständig linearisierter Vierquadranten-Multiplizierer

Tabelle 6.1 zeigt eine Auswahl von nach diesem Prinzip arbeitenden Vierquadranten – Multiplizierern, die als monolithisch integrierte Schaltungen erhältlich sind. Zum Schaltungsentwurf werden vom Hersteller in der Regel auch Makromodelle (.SUBCKT) – wie bei Operationsverstärkern – zur Verfügung gestellt. Beim Einsatz der Modelle ist darauf zu achten, dass sie bei den nichtlinearen Quellen oft mehrdimensionale Polynome nach SPICE2G6 Syntax (*POLY[n]*) verwenden, die jedoch in vielen moderneren Simulatoren nicht mehr implementiert sind (z.B. SPICE 3). Bei den Simulatoren PSpice [6.28] bzw. LTSpice [6.29] ist die POLY-Anweisung implementiert.

Typ	Hersteller	Genauigkeit	Bandbreite (3dB)
MPY100	Burr-Brown	0,5%	500kHz
MC1495	Motorola	1%	3MHz
AD534	Analog Devices	0,25%	60MHz
AD633	Analog Devices	1%	1MHz
AD539 (dual)	Analog Devices	0,5%	60MHz
AD734	Analog Devices	0,1%	10MHz
AD834	Analog Devices	2%	500MHz
AD835	Analog Devices	0,5%	25MHZ
MLT04 (quad)	Analog Devices	0,2%	8MHz

Tabelle 6.1
Vierquadranten-Multiplizierer

6.1.4 CMOS-Multiplizierer

Prinzipiell lässt sich der Vierquadrant-Multiplizierer im Kleinsignalbetrieb auch in CMOS-Technik realisieren [6.8]. Eine mit NMOS Transistoren aufgebaute Schaltung wird in Abbildung 6.8 dargestellt.

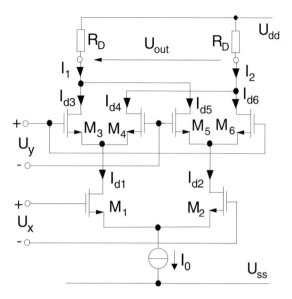

Abbildung 6.8
Vierquadranten-Multiplizierer in CMOS-Technik

Die Drainstrom-Gate-Source-Spannung-Kennlinie eines NMOS Transistors lässt sich beispielsweise durch die Näherungsgleichung (siehe Abschnitt 1.4.5)

$$I_D \approx A(V_{GS} - V_{TS})^2 \quad ; \quad \text{mit } A = \frac{k_n}{2}\frac{w}{l} \tag{6.20}$$

angeben. Hierbei ist w die Kanalbreite, l die Kanallänge, k_n ein von der Oxiddicke abhängiger Faktor, (*transconductance*) in A/V² und V_{TS} die Schwellenspannung. Im Kleinsignalbetrieb erhält man für die Drainstromdifferenz:

$$I_{d1} - I_{d2} = U_x\sqrt{2AI_0}\sqrt{1 - \frac{AU_x^2}{2I_0}} \approx U_x\sqrt{2AI_0} \tag{6.21}$$

und sinngemäß nach Bild 6.8 mit Gl. 6.21

$$I_{d3} - I_{d4} \approx U_y\sqrt{2AI_{d1}}; \qquad I_{d6} - I_{d5} \approx U_y\sqrt{2AI_{d2}}$$
$$I_1 - I_2 = I_{d3} + I_{d5} - (I_{d4} - I_{d6}) \approx U_y\sqrt{2A}\left(\sqrt{I_{d1}} - \sqrt{I_{d2}}\right). \tag{6.22}$$

Wegen $U_x \ll \sqrt{I_0/A}$ gilt $\sqrt{I_{d1}} - \sqrt{I_{d2}} \approx U_x\sqrt{A}$. Die Ausgangsspannung des MOS Vierquadranten-Multiplizierers ergibt sich somit:

$$U_{out} \approx \sqrt{2}AR_D U_x U_y. \tag{6.23}$$

6.1.5 Anwendung von Multiplizierern

6.1.5.1 Gewöhnlicher Amplituden Modulator

Der Zweiquadranten-Multiplizierer nach Bild 6.3 lässt sich als ein gewöhnlicher AM Modulator einsetzen. Wird an den X Eingang das Modulationssignal $u_m(t) = \hat{U}_m(1+m \cdot \cos\omega_m t)$ mit dem Modulationsindex m, an den Y Eingang $u_t(t) = \hat{U}_t \cos\omega_t t$, das sinusförmige Trägersignal eingespeist, so erhält man am Ausgang nach Gleichung 6.8

AM Modulator

$$U_{out} = \frac{R_c}{2U_T R_x} \hat{U}_m \hat{U}_t (1+m \cdot \cos\omega_m t)\cos\omega_t t$$

$$= K_m \left[\cos\omega_t t + \frac{m}{2}\cos(\omega_t + \omega_m)t + \frac{m}{2}\cos(\omega_t - \omega_m)t \right] \quad (6.24)$$

mit $K_m = \dfrac{R_c}{2U_T R_x} \hat{U}_m \hat{U}_t$.

Stellt das Modulationssignal ein Frequenzgemisch dar, so treten im Spektrum des Ausgangssignals neben der Trägerfrequenz zwei Seitenbänder auf: *Zweiseitenband (double sideband, DS) AM*. Ist das Trägersignal rechteckförmig:

Zweiseitenband AM Modulator

$$u_t(t) = \sum_{n=1}^{\infty} a_n \hat{U}_t \cos n\omega_t t; \text{ wobei } a_n = 2\frac{\sin n\pi/2}{n\pi/2}$$

so erhält man für das Ausgangssignal mit Gleichung 6.24

$$U_{out} = K_m \sum_{n=1}^{\infty} a_n \left[\cos n\omega_t t + \frac{m}{2}\cos(n\omega_t + \omega_m)t + \frac{m}{2}\cos(n\omega_t - \omega_m)t \right]. (6.25)$$

6.1.5.2 Lineare Modulation, Mischung

Legt man an den *linearisierten* X Eingang einer Gilbert-Zelle (Vierquadranten-Multiplizierer) das Signal $u_m(t) = \hat{U}_m \cos\omega_m t$, und an den Y Eingang das Trägersignal $u_t(t) = \hat{U}_t \cos\omega_t t$ (wobei $\hat{U}_t \ll U_T$), so erhält man gemäß Gleichung 6.14

$$U_{out} = \frac{R_c \hat{U}_m \hat{U}_t}{2R_x U_T}\left[\cos(\omega_m + \omega_t)t + \cos(\omega_m - \omega_t)t\right]. \quad (6.26)$$

DSSC-Modulator Das Ausgangssignal ist ein Zweiseitenband Signal mit unterdrücktem Träger (*double sideband suppressed carrier, DSSC*). In Abbildung 6.9 ist die vereinfachte Prinzipschaltung eines DSSC – Modulators unter Verwendung der integrierten Schaltung LM 1596 der Fa. National Semiconductors [6.35] dargestellt.

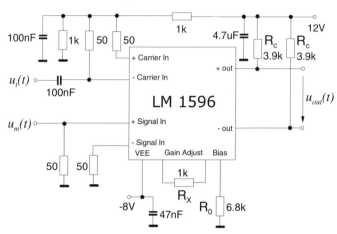

Abbildung 6.9 Linearer Modulator

Frequenzmischung Man kann aber das Ausgangssignal des Modulators auch als *Frequenzmischung* (Transponierung) auffassen. Die *Mischung* entspricht demnach einer speziellen Art der Amplitudenmodulation, der linearen Modulation. Verbindet man die Eingänge des linearen Modulators

Frequenz- (Bild 6.9), so erhält man einen *Breitband-Frequenzverdoppler*. Aus verdoppler Gleichung 6.26 folgt mit $u_e(t) = u_m(t) = u_t(t) = \hat{U}_e \cos \omega_e t$ für das Ausgangssignal:

$$U_{out} = \frac{R_c \hat{U}_e^2}{2 R_x U_T} (\cos 2\omega_e t + 1) \ . \qquad (6.27)$$

6.1.5.3 Spannungsgesteuerte Filter (VCF)

Spannungsgesteuerte Filter State-Variable aktive Filter Die Struktur eines Universalfilters (*State-Variable aktive Filter*) ist bereits im Abschnitt 5.1.8.2 vorgestellt worden. Mit Hilfe von vollständig linearisierten Vierquadranten-Multiplizierern lassen sich die Polfrequenzen (Grenzfrequenzen) der zu realisierenden Tief-, Hoch- bzw. Bandpässe durch eine Steuerspannung (V_c) über zwei Dekaden kontinuierlich verändern.

Abbildung 6.10 zeigt die Schaltung eines Universalfilters zweiten Grades. Die Polkreisfrequenz und die Polgüte der Filter an den Ausgängen der Schaltung ergibt sich zu

6.1 Analog-Multiplizierer

$$\omega_p = \frac{KV_c}{\sqrt{R_1 C_1 R_2 C_2}}; \quad Q_p = \frac{R_{q1}}{R_{q2}} \frac{R_b}{R_f} \sqrt{\frac{R_1 C_1}{R_2 C_2}}. \qquad (6.28)$$

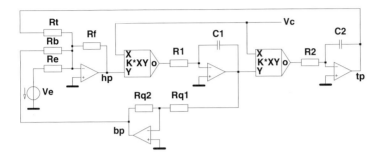

Abbildung 6.10
Spannungsgesteuerter Universalfilter 2. Grades (VCF)

In der Regel wählt man $R_1 = R_2 = R$; $C_1 = C2 = C$; $R_f = R_t = R_b$.
Somit erhält man für die Systemfunktionen an den Tief-, Hoch- bzw. Bandpass-Ausgängen („tp", „hp" bzw. „bp") der Schaltung:

$$H_{tp} = H_0 \frac{1}{1 + \frac{s}{\omega_p Q_p} + \frac{s^2}{\omega_p^2}}; \quad H_0 = -\frac{R_f}{R_e}; \quad H_{bp} = \frac{s}{\omega_p Q_p} H_{tp}$$

$$H_{hp} = \frac{s^2}{\omega_p^2} H_{tp}; \quad \text{mit} \quad \omega_p = \frac{KV_c}{RC}; \quad Q_p = \frac{R_{q1}}{R_{q2}}. \qquad (6.29)$$

Bei Bedarf kann auch die Polgüte der Filter mit einem zusätzlichen Multiplizierer gesteuert werden.

Bemerkung: Verwendet man anstelle von Analog-Multiplizierern Vierquadrant-Multiplizierende *DA-Umsetzer* (Abschnitt 5.5.2.4), so erhält man einen digital-gesteuerten (*digital controlled*) oder programmierbaren (*programmable*) Filter.

6.1.5.4 Synchrondemodulator

Die Schaltung nach Bild 6.9 kann auch als *AM-Demodulator* eingesetzt werden. Legt man an den Signal-Eingang des Vierquadranten-Multiplizierers eine amplitudenmodulierte Spannung mit unterdrücktem Träger (DSSC) $u_{am}(t) = \hat{U}_{am} \cos \omega_m t \cdot \cos \omega_t t$, und an den Träger-Eingang (*carrier input*) das Trägersignal $u_t(t) = \hat{U}_t \cos \omega_t t$, so erhält man gemäß Gleichung 6.14

AM-Demodulator

$$U_{out} = \frac{R_c}{U_T R_x} \hat{U}_{am} \cos\omega_m t \cdot \cos\omega_t t \cdot \hat{U}_t \cos\omega_t t$$

$$= K_m \cos\omega_m t + \frac{K_m}{2} \cos(2\omega_t \pm \omega_m)t \qquad (6.30)$$

mit $\qquad K_{am} = \dfrac{R_c}{2U_T R_x} \hat{U}_{am} \hat{U}_t.$

Der Term $K_m \cos\omega_m t$ stellt das demodulierte Signal dar. Da in der Regel $\omega_m \ll \omega_t$, lassen sich die hochfrequenten Signalanteile mit einem einfachen Tiefpassfilter beseitigen.

Das zur Demodulation notwendige Trägersignal wird mit Hilfe einer PLL-Schaltung (siehe Abschnitt 6.2) aus dem AM – DSSC - Signal erzeugt (*Trägerrückgewinnung*). Den hier behandelten Demodulator bezeichnet man als *Synchrondemodulator* oder Koinzidenzdemodulator.

Synchrondemodulator

Mit dem Synchrondemodulator lässt sich selbstverständlich auch ein amplitudenmoduliertes Signal mit Träger demodulieren. Für den Fall, dass $m > 0$, kann das Trägersignal einfacher aus dem modulierten Signal (ohne PLL) nach einer Verstärkung und anschließender Begrenzung zurückgewonnen werden.

6.1.5.5 Phasendetektor

Der an beiden Eingängen linearisierte Multiplizierer mit der Konversionskonstante K verhält sich bei sinusförmigen Eingangssignalen gleicher Frequenz

$$u_x(t) = \hat{U}_x \sin(\omega t + \varphi), \quad u_y(t) = \hat{U}_y \cos\omega t$$

Phasendetektor jedoch mit unterschiedlicher Phasenlage, wie ein *Phasendetektor*. Man erhält am Ausgang des Vierquadranten-Multiplizierers nach einer Tiefpassfilterung

$$\bar{u}_{out}(t) \approx 0{,}5 K \hat{U}_x \hat{U}_y \sin\varphi = K_d \sin\varphi.$$

Für kleine Phasendifferenzen gilt:

$$\bar{u}_{out}(t) \approx K_d \cdot \varphi.$$

Konversionskonstante des Phasendetektors K_d wird als Umwandlungskonstante oder *Konversionskonstante* des Phasendetektors (*phase detector gain*) bezeichnet.

6.2 Der Phasenregelkreis (PLL)

Der *Phasenregelkreis* (*Phase Locked Loop*, *PLL*) spielt in der Telekommunikation, in der Datenübertragung sowie in der modernen Messtechnik eine fundamentale Rolle. Die Grundidee des PLL wurde bereits im Jahre 1932 von De Bellescise („La réception synchrone", Synchron-Empfänger) veröffentlicht. Zu einem industriellen Einsatz des PLL kam es allerdings erst gegen Ende der 60-er Jahre, wo er bereits als monolithisch-integrierte Schaltung zur Verfügung stand.

Phasenregelkreis
Phase Locked Loop

PLL

6.2.1 Klassifikation von Phasenregelkreisen

Das Blockschaltbild einer PLL-Schaltung zeigt Abb. 6.11.

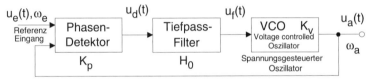

Abbildung 6.11 Blockschaltbild einer PLL-Schaltung

Ein Phasenregelkreis hat vereinfacht die Aufgabe, die Frequenz eines spannungsgesteuerten Oszillators (VCO) so zu verändern, dass sie mit der Frequenz eines Referenzeingangssignals übereinstimmt (Synchronisation). In seltenen Fällen werden auch stromgesteuerte Oszillatoren, CCO, eingesetzt. Die Grundbausteine dieses *klassischen* Phasenregelkreises sind: Der *Phasendetektor*, der *Tiefpassfilter* (*Loop Filter*) und ein *VCO*. Die PLL-Schaltungen lassen sich nach [6.10] in vier Gruppen aufteilen:

1) *Linearer PLL (LPLL):* Bei dem LPLL verwendet man einen analogen Vierquadranten-Multiplizierer (Abschnitt 6.1.3) oder eine S/H-Schaltung (Abschnitt 6.2.9) als Phasendetektor, das Eingangs-(Referenz-)signal ist sinusförmig, das Ausgangssignal kann sowohl eine Sinusschwingung als auch ein Rechtecksignal sein. Alle Bausteine werden mit Hilfe der analogen Schaltungstechnik realisiert. (LPLL sind eigentlich *nichtlinear*, die Bedingungen zur linearen Betrachtungsweise werden im Abschnitt 6.2.2 behandelt).

LPLL

2) *Digitaler PLL (DPLL):* Hier wird der Phasendetektor mittels digitaler Schaltungen (EXOR-Gatter, JK-Flop-Flops, oder D-Flip-Flops, Frequenz-Phasendetektor, PFD) realisiert, Ein- und Ausgangsspannungen sind rechteckförmig.

DPLL

3) *Alles-digital PLL (ADPLL):* Der ADPLL enthält nur digitale Bausteine, das Ein- und Ausgangssignal ist ebenfalls *digital* (Bitfolge oder digitales Wort).

ADPLL

4) *Software PLL (SPLL):* Der SPLL ist die Software-Implementierung des PLL (analog zu Digital-Filter), sie können mit Hilfe von Mikrocontrollern, Mikrorechnern oder Digitalen Signalprozessoren (DSP) realisiert werden.

6.2.2 Der lineare Phasenregelkreis (LPLL)

Linearer Phasen-regelkreis

LPLL

Die Funktionsweise des PLL in Abb. 6.11 mit analogem Vierquadranten-Multiplizierer mit der Konversionskonstante K_m als Phasendetektor lässt sich folgendermaßen beschreiben. Der Multiplizierer (Abschnitt 6.1.3), der das Produkt aus Referenzsignal $u_e(t)$ und Ausgangssignal $u_a(t)$ bildet, liefert eine von der Phasendifferenz abhängige Spannung $u_d(t)$. Das Referenzsignal ist sinusförmig (mit $\hat{U}_e \ll U_T$):

$$u_e(t) = \hat{U}_e \sin[\omega_e t + \varphi_e(t)] = \hat{U}_e \sin \Theta_e(t). \tag{6.31}$$

Die Ausgangsspannung (VCO) ist entweder eine Sinusspannung, oder eine Rechteckspannung, die in eine Fourier-Reihe zerlegt werden kann:

$$u_a(t) = \hat{U}_a \cos[\omega_a t + \varphi_a(t)] = \hat{U}_a \cos \Theta_a(t) \tag{6.32}$$

$$u_a(t) = \frac{4\hat{U}_a}{\pi}\left[\cos[\omega_a t + \varphi_a(t)] + \sum_{n=1}^{\infty}(-1)^n \frac{\cos[(2n+1)\omega_a t + \varphi_a(t)]}{2n+1}\right]. \tag{6.33}$$

Durch die Wahl der „sin" bzw. „cos" Funktionen wurde die im Voraus bekannte $\pi/2$- Phasendifferenz eines *idealen* PLL im eingerasteten Zustand zwischen Ein- und Ausgangsspannung berücksichtigt. Es wird angenommen, dass durch den Tiefpassfilter alle hochfrequenten Frequenzkomponenten (Oberwellen, Summenfrequenzen) unterdrückt werden. In diesem Fall gibt es – bis auf den Faktor $4/\pi$ – prinzipiell keinen Unterschied zwischen den beiden Ausgangssignalen. In den weiteren Betrachtungen wird ein sinusförmiges Ausgangssignal vorausgesetzt (Gl. 6.32), wobei $\hat{U}_a \ll U_T$.

$$\begin{aligned} u_d(t) &= K\hat{U}_e \cos[\omega_e t + \varphi_e(t)] \cdot \hat{U}_a \sin[\omega_a t + \varphi_a(t)] \\ &= \frac{K\hat{U}_e\hat{U}_a}{2}\begin{Bmatrix}\sin[(\omega_e - \omega_a)t + \varphi_e(t) - \varphi_a(t)] \\ + \sin[(\omega_e + \omega_a)t + \varphi_e(t) + \varphi_a(t)]\end{Bmatrix}. \end{aligned} \tag{6.34}$$

Ohne Referenzsignal schwingt der VCO mit der *Freilaufkreisfrequenz* ω_o, da $u_d(t) = 0$ ist. Vorausgesetzt, dass die Grenzkreisfrequenz des Filters $\ll (\omega_e + \omega_a)$ gewählt wird, erhält man für $u_d(t)$:

6.2 Der Phasenregelkreis (PLL)

$$\begin{aligned}\bar{u}_d(t) &= K_d \sin\left[(\omega_e - \omega_a)t + \varphi_e(t) - \varphi_a(t)\right] \\ &= K_d \sin[\psi(t)]\end{aligned} \quad (6.35)$$

mit

$$\psi(t) = \Delta\omega_{off} + \varphi_e(t) - \varphi_a(t) \quad \text{und} \quad \Delta\omega_{off} = \omega_e - \omega_a \quad (6.36)$$

ferner unter Berücksichtigung von Gl. 6.11 bzw. 6.12

$$K_d \approx \begin{cases} R_c I_0 \dfrac{\hat{U}_e \hat{U}_a}{8 U_T^2} & \text{für sinusförmiges Ausgangssignal} \\[1em] \dfrac{R_c I_0}{\pi} \dfrac{\hat{U}_e}{U_T} & \text{für } \hat{U}_e \ll U_T \text{ und } \hat{U}_a \gg U_T \end{cases} \quad (6.37)$$

wobei $\psi(t)$ die Phasenverschiebung (*Phasenfehler*), und $\Delta\omega_{off}$ die Kreisfrequenzdifferenz (*Kreisfrequenzoffset*) zwischen $u_e(t)$ und $u_a(t)$ ist. K_d wird als Phasendetektor-Konstante (*detector gain*) bezeichnet. Die Kennlinie des Phasendetektors ist in Bild 6.12 dargestellt.

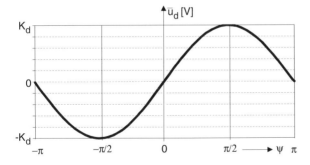

Abbildung 6.12
Kennlinie des Phasendetektors

Wenn $\Delta\omega_{off}$ klein genug ist, um in den Durchlassbereich des Tiefpasses zu gelangen, so entsteht am Ausgang des Filters eine Fehlerspannung, die die Frequenz des VCO so verändert, dass letzten Endes die Kreisfrequenzdifferenz $\Delta\omega_{off}$ Null wird ($\omega_e = \omega_a$). In diesem *eingerasteten* (oder *synchronisierten*) Zustand gilt:

$$\bar{u}_d(t) = K_d \sin[\varphi_e(t) - \varphi_a(t)] = K_d \sin\psi(t). \quad (6.38)$$

Der Tiefpassfilter (*Schleifenfilter, loop-filter*) wird durch seine Systemfunktion $H(s)$, Übertragungsfunktion $H(j\omega)$ oder durch die Impulsantwort $h(t)$ charakterisiert. Für kleine Phasenfehler kann in Gleichung. 6.38 die Sinusfunktion durch das Argument ersetzt werden:

$$\bar{u}_d(t) \approx K_d \cdot \psi(t). \tag{6.39}$$

Somit erhält man am Ausgang des Filters für $u_f(t)$:

$$u_f(t) \approx K_d \int_{-\infty}^{\infty} \psi(\tau) h(t-\tau) d\tau. \tag{6.40}$$

Unter der Voraussetzung, dass die Momentankreisfrequenz des VCO linear von der Spannung $u_f(t)$ abhängt (mit K_v als Konversionskonstante des VCO, *VCO gain*):

$$\frac{d\Theta_a(t)}{dt} = \omega_a + \frac{d\varphi_a(t)}{dt} \quad \text{wobei} \quad \frac{d\varphi_a(t)}{dt} = K_v u_f(t) \tag{6.41}$$

erhält man:

$$\begin{aligned}\frac{d\varphi_a(t)}{dt} &= K_d K_v \int_{-\infty}^{\infty} \psi(\tau) h(t-\tau) d\tau \\ &= K_d K_v \psi(t) * h(t) = K_d K_v [\varphi_e(t) - \varphi_a(t)] * h(t).\end{aligned} \tag{6.42}$$

Die Laplace-Transformierte von Gleichung 6.42 lässt sich direkt als Signal-Fluss-Graph interpretieren:

$$\Phi_a(s) = \frac{K_d K_v}{s} H(s) \cdot [\Phi_e(s) - \Phi_a(s)]. \tag{6.43}$$

Abbildung 6.13
Das lineare Modell des Phasenregelkreises

lineares Modell des Phasenregelkreises — Abb. 6.13 stellt das einfache *lineare Modell* des Phasenregelkreises im *eingerasteten* Zustand dar. Mit Hilfe dieses Modells lassen sich die wichtigsten Eigenschaften und Kenngrößen – wie Fangbereich $\Delta\omega_F$, Ausrastbereich $\Delta\omega_A$, Ziehbereich $\Delta\omega_Z$, Haltebereich $\Delta\omega_H$ (Abschnitt 6.2.2.5) und Einschwingverhalten (Abschnitt 6.2.2.2) – des LPLL ermitteln [6.10].

loop gain — Zur Charakterisierung der PLL-Schleife werden Schleifenverstärkung (*loop gain*) $L(s)$, Systemfunktion (*phase transfer function*) $T(s)$ und

6.2 Der Phasenregelkreis (PLL)

die Fehlerübertragungsfunktion (*error transfer function*) $H_\Psi(s)$ definiert:

$$L(s) = \frac{K_d K_v H(s)}{s}; \quad T(s) = \frac{\Phi_a(s)}{\Phi_e(s)} = \frac{L(s)}{1+L(s)} = \frac{K_d K_v H(s)}{s + K_d K_v H(s)}$$

$$H_\Psi(s) = \frac{\Psi(s)}{\Phi_e(s)} = \frac{\Phi_e(s) - \Phi_a(s)}{\Phi_e(s)} = 1 - T(s) = \frac{s}{s + K_d K_v H(s)}. \tag{6.44}$$

6.2.2.1 Tiefpassfilter (Loop-Filter) beim PLL

Als Schleifenfilter werden beim PLL wegen Stabilitätsproblemen meistens passive oder aktive RC-Filter *ersten Grades* verwendet. Dies führt zu einer Systemfunktion *zweiten Grades* (siehe Abschnitt 5.1.1):

Schleifenfilter bei PLL

$$T(s) = \frac{1 + \dfrac{s}{\omega_z}}{1 + \dfrac{s}{\omega_p Q_p} + \dfrac{s^2}{\omega_p^2}} = \frac{1 + \dfrac{s}{\omega_z}}{1 + \dfrac{2\zeta \cdot s}{\omega_p} + \dfrac{s^2}{\omega_p^2}} \tag{6.45}$$

wobei ω_p die Polfrequenz (oder Eigenfrequenz), Q_p die Polgüte und ζ der *Dämpfungsfaktor* mit $\zeta = 1/(2Q_p)$ des LPLL ist.

ζ: Dämpfungsfaktor

Obwohl die Polfrequenz bzw. Polgüte in der Netzwerktheorie für Teilsysteme zweiten Grades mit *konjugiert komplexen* Polstellen definiert wurde ($Q_p \geq 0.5$), wird sie in der Regelungstechnik oft auch für $Q_p < 0.5$ verwendet (zwei reelle Polstellen), und anstelle der Güte wird mit dem Dämpfungsfaktor gerechnet.

In Tabelle 6.2 sind für die drei meist verwendeten Filtertypen (RCTP1_P, RCTP1_A1 und RCTP1_A2) die Filterparameter, die Systemfunktion sowie die Fehlerübertragungsfunktion der PLL-Schleife angegeben.

Typ T

Ordnung O der PLL-Schleife

Der *Typ T* des LPLL wird durch die *Anzahl der Polstellen der Schleifenverstärkung im Koordinatenursprung*, die *Ordnung O* durch die Anzahl der Polstellen von $L(s)$ bestimmt.

Systemfunktion: $T(s)$

Man erkennt, dass für große Schleifenverstärkungen $L(0) = H(0)K_d K_v \gg 1$ die *Systemfunktion* $T(s)$ und die *Fehlerübertragungsfunktion* $H_\Psi(s)$ des Phasenregelkreises unabhängig vom Filtertyp in guter Näherung identisch sind:

Fehlerübertragungsfunktion: $H_\Psi(s)$

$$T(s) \cong \frac{1+s\dfrac{2\zeta}{\omega_p}}{1+\dfrac{2\zeta}{\omega_p}s+\dfrac{s^2}{\omega_p^2}}; \quad H_\Psi(s) \cong \frac{\dfrac{s^2}{\omega_p^2}}{1+\dfrac{2\zeta}{\omega_p}s+\dfrac{s^2}{\omega_p^2}} . \quad (6.46)$$

Abbildung 6.14 zeigt für diesen Fall die normierten ($\Omega = \omega/\omega_p$) Betragsfrequenzgänge $|T(j\omega)|$ und $|H_\Psi(j\omega)|$ bei unterschiedlichen Dämpfungsfaktoren des LPLL zweiten Grades. Für optimale Regelungseigenschaften wird oft $\zeta = Q_p = 0.707$ gewählt.

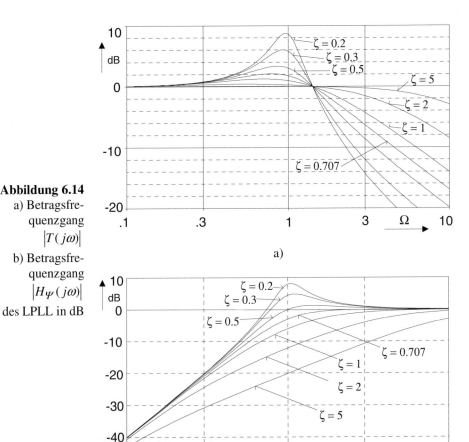

Abbildung 6.14
a) Betragsfrequenzgang $|T(j\omega)|$
b) Betragsfrequenzgang $|H_\Psi(j\omega)|$
des LPLL in dB

6.2 Der Phasenregelkreis (PLL)

Tabelle 6.2 Filterparameter, Systemfunktion und Fehlerübertragungsfunktion der PLL-Schleife bei unterschiedlichen Filtertypen

RCTP	1_P (passiv, $T=1, O=2$)	1_A1 (aktiv, $T=1, O=2$)	1_A2 (aktiv, $T=2, O=2$)
Schaltung	(Schaltbild mit R_1, R_2, C, U_d, U_f)	(Schaltbild mit R_1, C_1, C_2, R_2, OpAmp, U_d, U_f)	(Schaltbild mit R_1, C, R_2, OpAmp, U_d, U_f)
$H(s)$	$H(s) = H_0 \dfrac{1+\dfrac{s}{\omega_z}}{1+\dfrac{s}{\omega_g}}$	$H(s) = -H_0 \dfrac{1+\dfrac{s}{\omega_z}}{1+\dfrac{s}{\omega_g}}$	$H(s) = -H_0 \dfrac{1+\dfrac{s}{\omega_z}}{\dfrac{s}{\omega_g}}$
H_0, ω_z, ω_g	$H_0 = 1$; $\omega_z = \dfrac{1}{R_2 C}$; $H(0)=1$; $\omega_g = \dfrac{1}{(R_1+R_2)C}$	$H_0 = \dfrac{C_2}{C_1}$; $\omega_z = \dfrac{1}{R_2 C_2}$; $H(0) = -H_0$; $\omega_g = \dfrac{1}{R_1 C_1}$	$H_0 = 1$; $\omega_z = \dfrac{1}{R_2 C}$; $H(0) \to \infty$; $\omega_g = \dfrac{1}{R_1 C}$
$\lvert H(j\omega)\rvert$, $H(\omega)$	Bode-Diagramm: ω_g, ω_z, -20dB/Dec	Bode-Diagramm: $20\log H_0$, ω_g, ω_z, -20dB/Dec	Bode-Diagramm: ω_z, -20dB/Dec
ω_p	$\omega_p = \sqrt{K_d K_v \omega_g}$	$\omega_p = \sqrt{H_0 K_d K_v \omega_g}$	$\omega_p = \sqrt{K_d K_v \omega_g}$
ζ	$\zeta = \dfrac{\omega_p}{2}\left(\dfrac{1}{K_d K_v} + \dfrac{1}{\omega_z}\right)$	$\zeta = \dfrac{\omega_p}{2}\left(\dfrac{1}{H_0 K_d K_v} + \dfrac{1}{\omega_z}\right)$	$\zeta = \dfrac{\omega_p}{2}\dfrac{1}{\omega_z}$
$T(s)$	$\dfrac{1 + s\left(\dfrac{2\zeta}{\omega_p} - \dfrac{1}{K_d K_v}\right)}{1 + \dfrac{2\zeta}{\omega_p}s + \dfrac{s^2}{\omega_p^2}}$	$\dfrac{1 + s\left(\dfrac{2\zeta}{\omega_p} - \dfrac{1}{H_0 K_d K_v}\right)}{1 + \dfrac{2\zeta}{\omega_p}s + \dfrac{s^2}{\omega_p^2}}$	$\dfrac{1 + s\dfrac{2\zeta}{\omega_p}}{1 + \dfrac{2\zeta}{\omega_p}s + \dfrac{s^2}{\omega_p^2}}$
$H_\Psi(s)$	$\dfrac{\dfrac{s}{K_d K_v} + \dfrac{s^2}{\omega_p^2}}{1 + \dfrac{2\zeta}{\omega_p}s + \dfrac{s^2}{\omega_p^2}}$	$\dfrac{\dfrac{s}{H_0 K_d K_v} + \dfrac{s^2}{\omega_p^2}}{1 + \dfrac{2\zeta}{\omega_p}s + \dfrac{s^2}{\omega_p^2}}$	$\dfrac{\dfrac{s^2}{\omega_p^2}}{1 + \dfrac{2\zeta}{\omega_p}s + \dfrac{s^2}{\omega_p^2}}$

6.2.2.2 Einschwingverhalten des LPLL

Einschwingverhalten des PLL

Das *Einschwingverhalten* des PLL wird im Wesentlichen durch den verwendeten Tiefpassfilter bestimmt. Obwohl das lineare Modell nur für kleine Phasenfehler gültig ist, lassen sich tendenziell korrekte Aussagen hinsichtlich des Einschwingverhaltens des Phasenregelkreises bei verschiedenen Eingangssignalen treffen. Es sei angenommen, dass das Eingangssignal $\varphi_e(t)$ bzw. die Laplace-Transformierte $\Phi_e(s)$ eines LPLL in Form von

$$\varphi_e(t) = \begin{cases} s(t) \cdot c_0 t^{n-1} & \text{für } n=1 \\ s(t) \cdot c_{n-1} \dfrac{t^{n-1}}{(n-1)!} & \text{für } n=2,3,... \end{cases} \quad \text{bzw.} \quad \Phi_e(s) = \frac{c_{n-1}}{s^n} \quad (6.47)$$

gegeben ist. Hierbei ist *s(t)* die Sprungfunktion. Die Momentankreisfrequenz des Eingangssignals ist dann:

$$\frac{d\Theta_e(t)}{dt} = \omega_e + \frac{d\varphi_e(t)}{dt} = \begin{cases} c_0 \delta(t) & \text{für } n=1 \\ s(t) \cdot c_{n-1} \dfrac{t^{n-2}}{(n-2)!} & \text{für } n=2,3,... \end{cases} \quad (6.48)$$

Bei $n = 1$ handelt es sich um einen *Phasensprung*. Der Fall $n = 2$ stellt einen *Frequenzsprung* und $n = 3$ einen *linearen Frequenzanstieg* (oder *Frequenzrampe*) dar. Nimmt man an, dass die Systemfunktion des Schleifenfilters allgemein nach Gl. 6.49 vorliegt (Kap. 5, Gl. 5.14),

$$H(s) = \frac{K}{s^{T-1}} H'(s)$$

$$\text{mit } H'(s) = \frac{\prod\limits_k \left[1 \pm \dfrac{s}{\omega_{0k}}\right] \prod\limits_l \left[1 \pm \dfrac{s}{\omega_{zl} Q_{zl}} + \dfrac{s^2}{(\omega_{zl})^2}\right]}{\prod\limits_i \left[1 + \dfrac{s}{\omega_{\infty i}}\right] \prod\limits_j \left[1 + \dfrac{s}{\omega_{pj} Q_{pj}} + \dfrac{s^2}{(\omega_{pj})^2}\right]} \quad (6.49)$$

so erhält man für die Schleifenverstärkung bzw. Fehlerübertragungsfunktion mit Gl.6.44

$$L(s) = \frac{K K_d K_v}{s^T} H'(s); \quad H_\Psi(s) = \frac{s^T}{s^T + K K_d K_v H'(s)}. \quad (6.50)$$

Mit Hilfe des Grenzwertsatzes der Laplace-Transformation

6.2 Der Phasenregelkreis (PLL)

$$\lim_{t \to \infty} \psi(t) = \lim_{s \to 0} \{ s\Phi_e(s) \cdot H_\psi(s) \} \quad (6.51)$$

lässt sich der Phasenfehler im *eingeschwungenen Zustand* ($t \to \infty$) ermitteln:

$$\lim_{t \to \infty} \psi(t) = \lim_{s \to 0} \left\{ s \frac{c_{n-1}}{s^n} \frac{s^T}{s^T + KK_dK_vH'(s)} \right\} = \frac{c_{n-1}}{KK_dK_v} \lim_{s \to 0} \frac{1}{s^{n-1-T}} \cdot \quad (6.52)$$

Typ T	n	$n-1$	$n-2$
$\psi(t \to \infty)$	Null	endlich	unendlich

Daraus folgt beispielsweise für den Phasenfehler des PLL im eingeschwungenen Zustand mit dem aktiven Schleifenfilter RCTP1_A2 (Typ $T = 2$, $n = 3$) bei einem linearen Frequenzanstieg:

$$\lim_{t \to \infty} \psi(t) = \frac{c_2}{KK_dK_v} = \frac{c_2}{\omega_p^2} \cdot \quad (6.53)$$

Der Parameter c_2 stellt dabei die *Änderungsgeschwindigkeit* der Kreisfrequenz des Eingangssignals dar. Ein PLL mit einem Schleifenfilter RCTP1_P oder RCTP1_A1 dagegen würde bei der Frequenzrampe als Eingangssignal ausrasten.

6.2.2.3 Nichtlineare Analyse des PLL

Befindet sich der PLL im ausgerasteten Zustand ($\omega_e \neq \omega_a$), so gilt das lineare Modell nicht mehr. Unter Verwendung der Gleichungen 6.35 - 6.37 und 6.41 lässt sich für den Regelkreis eine nichtlineare Differentialgleichung angeben, wobei in der Systemfunktion $H(s)$ des Schleifenfilters der Laplace-Operator s formal durch den Heavisideschen-Differentialoperator ($s \to d/dt$) ersetzt wird:

$$\frac{d\varphi_a(t)}{dt} = K_dK_vH\left(\frac{d}{dt}\right) \cdot \sin\psi(t)$$

wobei $\psi(t) = \Delta\omega_{off}t + \varphi_e(t) - \varphi_a(t); \quad \Delta\omega_{off} = \omega_e - \omega_a \quad (6.54)$

und $\dfrac{d\psi(t)}{dt} = \Delta\omega_{off} - \dfrac{d\varphi_a(t)}{dt} + \dfrac{d\varphi_e(t)}{dt}.$

Die *nichtlineare Differentialgleichung* des PLL mit einem aktiven Schleifenfilter ersten Grades (RCTP1_A2) ergibt sich mit Gl. 6.54 zu:

$$\left(\frac{1}{\omega_g}\frac{d}{dt}\right)\left(\Delta\omega_{off}-\frac{d\psi(t)}{dt}+\frac{d\varphi_e(t)}{dt}\right)=K_d K_v\left(1+\frac{1}{\omega_z}\frac{d}{dt}\right)\sin\psi(t)$$

und mit $\omega_p = \sqrt{K_d K_v \omega_g}$; bzw. $2\zeta = \omega_p/\omega_z$:

$$\ddot{\psi}+2\zeta\omega_p\dot{\psi}\cos\psi+\omega_p^2\sin\psi=\ddot{\varphi}_e. \qquad (6.55)$$

Für den Fall, dass das Eingangssignal ein Phasen- oder Frequenzsprung bzw. eine Frequenzrampe (Gl. 6.48) ist, erhält man:

$$\ddot{\psi}+2\zeta\omega_p\dot{\psi}\cos\psi+\omega_p^2\sin\psi=0 \quad \text{für Phasen- oder Frequenzsprung}$$
$$\ddot{\psi}+2\zeta\omega_p\dot{\psi}\cos\psi+\omega_p^2\sin\psi=c_2 \quad \text{für Frequenzrampe} \qquad (6.56)$$

wobei c_2 die Änderungsgeschwindigkeit der Kreisfrequenz des Eingangssignals ist.

Nichtlineare Differentialgleichungen lassen sich auch mit Hilfe der Simulatoren PSpice oder LTSpice unter Verwendung der ABM (Analog Behavior Modelling)-Eigenschaften lösen. Beispielsweise wird Gleichung 6.55 zunächst nach einer Umstellung als Signal-Fluss-Graph interpretiert (Abbildung 6.15):

$$\frac{\ddot{\psi}}{\omega_p^2}=-\frac{\dot{\psi}}{\omega_p}2\zeta\cos\psi-\sin\psi+\frac{\ddot{\varphi}_e}{\omega_p^2}. \qquad (6.57)$$

Abbildung 6.15 Signal-Fluss-Graph der DGL nach Gl. 6.57

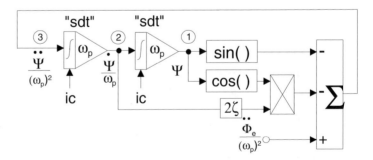

und anschließend mit Hilfe von spannungsgesteuerten Spannungsquellen *direkt* in eine PSpice - Netzliste (*circuit file*) umgesetzt (in diesem Beispiel für Frequenzrampe als Eingangssignal):

6.2 Der Phasenregelkreis (PLL)

```
Nichtlineare Analyse des PLL mit RCTP1_A2
* mit phie=c2*t^2/2
.param pi=3.1415925
.param wp=300
.param zeta=0.7
.param c2={c*wp*wp} ; Frequenzrampe
.param c=0.1
* Anfangsbedingungen
.param ic1=0
.param ic2={pi/ic}
* V(3) -> (1/wp^2)*d^2(psi)/dt^2
* V(2) -> (1/wp)*dpsi/dt
* V(1) -> psi
Eint1  2  0   value={wp*sdt(V(3))+{ic1}}
Eint2  1  0   value={wp*sdt(V(2))+{ic2}}
Esum   3  0   value={-2*zeta*cos(V(1))*V(2)-sin(V(1)) + c2/(wp*wp)}
.probe
.step param c  list  0 0.1 0.5
.step param ic list  10  5  2
.tran 100u 50m 0 UIC
.end
```

Die *Netzliste* ist ohne Änderung auch mit dem Simulator LTSpice (*swcadiii,* [6.29]) lauffähig. Stellt man die Lösung der DGL graphisch in der ($\dot{\psi}-\psi$) - *Phasenebene* dar, so lässt sich leicht feststellen, ob der PLL bei gegebenen Eingangssignalen und Anfangsbedingungen einrastet. Bei $\dot{\psi}=0$ kann der Phasenfehler ermittelt werden.

Netzliste
LTSpice
Phasenebene

Bild 6.16 zeigt das Ergebnis der Simulation für die Frequenzrampe bei unterschiedlichen Anfangsbedingungen (links), bzw. für unterschiedliche Frequenzrampen bei gleichen Anfangsbedingungen (rechts). Man erkennt, dass beim Frequenzsprung (c=0) der Phasenfehler – entsprechend der Einschwinganalyse des linearen PLL Modells - Null wird.

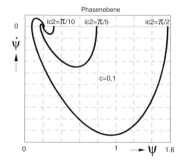 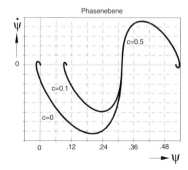

Abbildung 6.16
Lösung der DGL nach Gl. 6.57 in der Phasenebene

6.2.2.4 Abtast-Halteschaltung als Phasendetektor

Abtast-Halteschaltung als Phasendetektor
Oft wird der Phasendetektor bei LPLL anstelle eines analogen Vierquadranten-Multiplizierers mit Hilfe einer *Abtast-Halteschaltung* realisiert [6.1]. Die rechteckförmige Ausgangsspannung $u_a(t)$ des spannungsgesteuerten Oszillators (VCO) gelangt zum Takteingang einer flankengesteuerten monostabilen Kippschaltung. Der Monoflop erzeugt den notwendigen Abtastimpuls für die S/H-Schaltung, die die sinusförmige Eingangsspannung $u_e(t)$ bei dem positiven Nulldurchgang der VCO-Spannung abtastet (Abbildung 6.17).

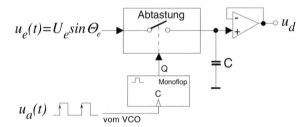

Abbildung 6.17
Phasendetektor mit Sample/Hold-Schaltung

Die Ausgangsspannung des Phasendetektors ergibt sich zu $u_d(t) = \hat{U}_e \sin\psi$, wobei $\psi(t)$ die Phasenverschiebung zwischen $u_e(t)$ und $u_a(t)$ ist.

Der S/H-Phasendetektor hat demnach den gleichen mehrdeutigen Kennlinienverlauf wie der mit einem Analog-Multiplizierer aufgebaute Phasendetektor (Abbildung 6.12). Sinngemäß gelten alle in den vorangegangenen Abschnitten gemachten Aussagen und Beziehungen auch für mit Abtast-Halteschaltung aufgebaute LPLL. Es ist jedoch bei höheren Frequenzen zu beachten, dass wegen der Abtastung die vom Phasenfehler abhängige Ausgangsspannung mit einer Verzögerung gebildet wird. Diese Totzeit kann durch eine komplexe Phasendetektor-Konstante berücksichtigt werden [6.1]. Es folgt aus der Funktionsweise der Schaltung, dass der S/H-Phasendetektor für rechteckförmige Eingangsspannungen nicht geeignet ist. Weitere Phasendetektorschaltungen werden im Abschnitt 6.2.4 (DPLL) vorgestellt.

6.2.2.5 Die wichtigsten Kenngrößen des LPLL

Haltebereich
Haltebereich (hold range): Der Haltebereich gibt die maximale statische Frequenzänderung der Eingangsfrequenz an, bei der ein PLL im synchronisierten Zustand bleibt, vorausgesetzt, dass er vorher im eingerasteten Zustand war (wobei der Phasenfehler im Bereich $|\psi| \leq \pi/2$ bleiben muss). Im Abschnitt 6.2.2.2 wurde bereits das Einschwingverhalten des LPLL untersucht. Es wird nun angenommen,

6.2 Der Phasenregelkreis (PLL)

dass die Momentankreisfrequenz des Eingangssignals statisch um $\Delta\omega_H$ (Frequenzsprung) verändert wird (siehe Gl. 6.48 mit $n=2$):

$$\frac{d\Theta_e(t)}{dt} = \omega_0 + s(t)\cdot c_1 = \omega_0 + \Delta\omega_H \qquad (6.58)$$

wobei $\omega_0 = \omega_a$ die Freilaufkreisfrequenz des VCO ist.

Unter Berücksichtigung der nichtlinearen Kennlinie des Phasendetektors lässt sich Gleichung 6.52 (mit $n = 2$) näherungsweise schreiben:

$$\lim_{t\to\infty}\sin\psi(t) \approx \lim_{s\to 0}\{s\Phi_e(s)\cdot H_\psi(s)\} = \frac{\Delta\omega_H}{KK_dK_v}\lim_{s\to 0}\frac{1}{s^{1-T}}. \qquad (6.59)$$

Daraus folgt (mit Tabelle 6.2)

$$\Delta\omega_H = \pm KK_dK_v \lim_{s\to 0} s^{1-T} = \pm H(0)K_dK_v. \qquad (6.60)$$

Man erkennt, dass der auf ω_o symmetrische Haltebereich $2\Delta\omega_H$ der LPLL vom Typ $T = 1$ nur von der DC-Schleifenverstärkung (*DC loop gain*) abhängt. Für $T > 1$ ist der Haltebereich theoretisch unendlich.

Fangbereich (lock range): Der Fangbereich ist die größte Kreisfrequenzdifferenz zwischen Ein- und Ausgangskreisfrequenz die unterschritten werden muss, damit der LPLL innerhalb von *einer* Schwebung einrastet. Die genauere Angabe des Fangbereiches ist durch die *nichtlineare Analyse* des dynamischen Verhaltens der PLL (Abschnitt 6.2.2.8) möglich. Näherungsweise lässt sich der Fangbereich aus dem linearen Modell auch ermitteln. Man nehme an, dass die Referenzspannung im nicht synchronisierten Zustand des LPLL $u_e(t) = \hat{U}_e \sin(\omega_0 t + \Delta\omega t)$ ist, wobei der VCO mit seiner Freilaufkreisfrequenz schwingt: $u_a(t) = \hat{U}_a \cos\omega_0 t$. Mit Hilfe der Gleichungen 6.34 – 6.40 lässt sich die Steuerspannung des VCO - unter Vernachlässigung der hochfrequenten Frequenzkomponenten – näherungsweise bestimmen:

Fangbereich, lock range

$$u_f(t) \approx K_d K_v |H(\Delta\omega)| \sin(\Delta\omega t). \qquad (6.61)$$

Aus Gl. 6.61 folgt für den Fangbereich als maximale Frequenzabweichung die nichtlineare (implizite) Beziehung [6.10], [6.2]:

$$\Delta\omega_F = K_d K_v |H(\Delta\omega_F)|. \qquad (6.62)$$

Für die in Tabelle 6.2 angegebenen Schleifenfilter kann Gleichung 6.62 in guter Näherung gelöst werden. Da der Fangbereich in der Regel wesentlich größer ist als die Grenzfrequenzen der Tiefpassfilter, erhält man (unter Verwendung der Gleichungen in Tabelle 6.2) für große Schleifenverstärkungen:

$$\Delta\omega_F \approx K_d K_v H_0 \frac{\omega_g}{\omega_z} \approx 2\zeta\omega_p . \qquad (6.63)$$

Für aperiodisches Einrastverhalten (Dämpfungsfaktor $\zeta < 1$) lässt sich die *Fangzeit (lock in time, settling time)*, die der PLL zum Einrasten benötigt angeben [6.10]:

Fangzeit
settling time

$$T_F \approx \frac{2\pi}{\omega_p} . \qquad (6.64)$$

Ziehbereich
pull in range

Der *Ziehbereich (pull in range):* Auch wenn die Frequenzabweichung des Referenzsignals $\Delta\omega > \Delta\omega_F$, kann der LPLL langsamer, innerhalb von *mehreren* Schwebungen zwischen Ein- und Ausgangsfrequenz einrasten. Dieser Ziehprozess oder Ziehvorgang – der stark von den Eigenschaften des verwendeten Schleifenfilters abhängt - lässt sich (exakter) durch eine nichtlineare Analyse ermitteln. Der Ziehbereich ist die größte Kreisfrequenzdifferenz zwischen Ein- und Ausgangskreisfrequenz die unterschritten werden muss, damit der LPLL *noch* einrastet. Nach der ausführlichen Analyse (Anhang 1 in [6.10]) gilt für die in Tabelle 6.2 angegebenen Schleifenfilter RCTP1_P und RCTP1_A1:

$$\Delta\omega_Z \approx \frac{4}{\pi}\sqrt{2\zeta\omega_p K_d K_v - \frac{\omega_p^2}{H_0}} . \qquad (6.65)$$

Beim Schleifenfilter vom Typ RCTP1_A2 wird dagegen $\Delta\omega_Z \to \infty$.

Ziehzeit
pull in time

Die *Ziehzeit (pull in time)* ist die für den Ziehvorgang benötigte Zeit. Man erhält für alle in Tabelle 6.2 aufgeführten Schleifenfilter nach [6.10]:

$$T_Z \approx \frac{\pi^2}{16}\frac{(\Delta\omega_{off})^2 H_0}{\zeta\omega_p^3} \qquad (6.66)$$

wobei $\Delta\omega_{off}$ der Kreisfrequenzoffset bei $t = 0$ ist. Die Ziehzeit ist in der Regel wesentlich größer als die Fangzeit.

6.2 Der Phasenregelkreis (PLL)

Der *Ausrastbereich (pull out range)* ist der maximal zulässige Kreisfrequenzsprung am Referenzeingang, ohne dass der PLL ausrastet. Er lässt sich im Prinzip ebenfalls nur durch eine nichtlineare Analyse (Simulation) bestimmen. Es gilt nach [6.10] näherungsweise: $\Delta\omega_A \approx 1{,}8\omega_p(\zeta+1)$. Bei den meisten LPLL-Schaltungen gilt:

Ausrastbereich, pull out range

$$\Delta\omega_F < \Delta\omega_A < \Delta\omega_Z < \Delta\omega_H.$$

Beim Einrastvorgang des LPLL ist das Rauschen des Eingangssignals von großer Bedeutung. Eine detaillierte Behandlung des Rauschverhaltens würde den Rahmen dieses Kompaktbuches sprengen. Für LPLL-Systeme zweiter Ordnung lassen sich nach [6.10] brauchbare Aussagen treffen. Das Signal-Rausch-Verhältnis SNR_a am Ausgang des LPLL ergibt sich bei gegebenen SNR_e am Eingang zu:

$$SNR_a \approx SNR_e \frac{B_e}{2B_a}; \quad \text{mit} \quad B_a \approx \frac{\omega_p}{2}\left(\zeta + \frac{1}{4\zeta}\right) \tag{6.67}$$

wobei B_e die Bandbreite des Eingangssignals, B_a die Rauschbandbreite des LPLL ist. Damit der LPLL stabil arbeiten kann ist es in der Regel notwendig, dass $SNR_a \geq 4$ ist. Wird diese Bedingung bei der Dimensionierung wegen zu hohen Rauschpegels am Eingang nicht erfüllt, so muss notwendigerweise die Polfrequenz ω_p verkleinert werden, was nach Gl. 6.63 die Verringerung des Fangbereiches zur Folge hätte (kein Einrasten). Das Problem lässt sich durch spezielle schaltungstechnische Einrasttechniken wie *Sweep Technik* oder *geschaltete Filter Technik* (siehe [6.10]) lösen. Eine ausführliche Rauschuntersuchung des Phasenregelkreises findet man auch in [6.11].

6.2.3 Digitaler Phasenregelkreis (DPLL)

Das Blockschaltbild des digitalen PLL zeigt Abbildung 6.18.

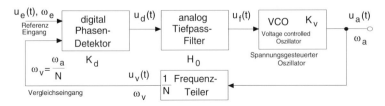

Abbildung 6.18 Der digitale PLL

Der wesentliche Unterschied zum LPLL liegt beim Phasendetektor, der aus logischen Bausteinen aufgebaut wird. Der Frequenzteiler (*di-*

vide-by-N counter) ist in der Schaltung optional, und wird bei der Frequenzsynthese eingesetzt. Es gibt eine große Vielfalt von Phasendetektoren. Zu den wichtigsten Typen gehören: EXOR-Phasendetektor, flankengesteuerte RS- oder JK-Phasendetektoren (*edge controlled PD*, ECPD oder *2-state* PD), Phasen-Frequenzdetektoren (*PFD, 3-state PD, n-state PD*). Sie stehen für alle Logikfamilien (TTL, CMOS bzw. ECL) zur Verfügung.

6.2.3.1 Der EXOR-Phasendetektor

EXOR-PD Die Grundschaltung des *EXOR-PD* mit den zugehörigen Signalverläufen ist in Bild 6.19 dargestellt. Die rechteckförmigen Eingangssignale (Referenzsignal U_e und Vergleichssignal U_v) müssen exakt 50%

Tastverhältnis *Tastverhältnis (duty cycle)* haben. Bei der Bestimmung der Phasendetektor-Kennlinie wird vorausgesetzt, das durch den Schleifenfilter alle hochfrequenten Signale unterdrückt werden. Der Mittelwert des Ausgangssignals $\bar{u}_d$ ist somit im einfachsten Fall das arithmetische Mittel der logischen High- (U_H) bzw. Low- (U_L) Pegel. Daraus folgt, dass das Ausgangssignal des Phasendetektors leider auch von den Änderungen der Versorgungsspannung bzw. der Logikpegel abhängt.

Abbildung 6.19
EXOR-Phasendetektor

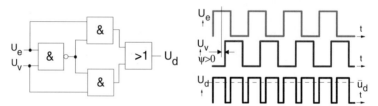

Wird die Phasendifferenz zwischen U_e und U_v exakt $\pi/2$, so ist der Phasenfehler $\psi = 0$, wobei der *elektrische Nullpunkt* der Kennlinie $\bar{u}_{d0} = \bar{u}_d(\psi=0) = 0.5(U_H + U_L)$ beträgt. Oft wird die Phasendetektorkennlinie (durch eine Verschiebung) *symmetrisch* auf den elektrischen Nullpunkt dargestellt. Die *dreieckförmige Phasendetektor-Kennlinie* des EXOR-PD zeigt Abbildung 6.20.

Bemerkung. Bei den mit Vierquadranten-Multiplizierern realisierten Phasendetektoren erhält man prinzipiell den gleichen Kennlinienverlauf, wenn die Eingänge des Multiplizierers übersteuert werden.

Die Kennlinie stellt im Bereich $-\pi/2 < \psi < \pi/2$ eine Gerade dar:

$$\bar{u}_d = K_d \psi + 0.5(U_H + U_L)$$

bzw.
$$\bar{u}_{dsym} = \bar{u}_d - \bar{u}_{d0} = K_d \psi .$$

6.2 Der Phasenregelkreis (PLL)

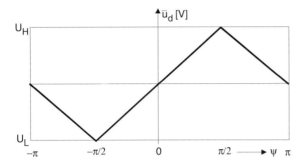

Abbildung 6.20
Kennlinie des EXOR-PD

Die Phasendetektor-Konstante ergibt sich nach Bild 6.20 zu

$$K_d = \frac{(U_H - U_L)}{\pi}. \tag{6.68}$$

Bei TTL und ECL-Realisierungen kann eine Umsetzung der Logikpegel in gut definierte analoge Spannungen erforderlich sein. CMOS-Schaltungen können oft mit symmetrischer Versorgungsspannung betrieben werden, wodurch der elektrische Nullpunkt in guter Näherung 0V beträgt.

6.2.3.2 Zwei-Zustand (two-state) Phasendetektoren (ECPD)

Bei den *Zwei-Zustand* (T*wo-State*) *Phasendetektoren* handelt es sich um flankengesteuerte (oft RS, JK oder D) Flipflop (*edge controlled phase detector*, ECPD) Schaltungen, wobei das Tastverhältnis (Impulsbreite) der Eingangssignale keine Rolle spielt.

Zwei-Zustand, Two-State Phasendetektor

Ein weiterer Vorteil liegt darin, dass der lineare Aussteuerungsbereich der Detektorkennlinie doppelt so groß ist, wie der des EXOR-PD. Nachteilig sind jedoch folgende Eigenschaften:

- Der ECPD ist für Rauschsignale oder Störungen (z.B. kurzzeitiger Ausfall des Eingangssignals) wesentlich empfindlicher als der EXOR-PD.

ECPD
Edge Controlled Phase Detector

- Bei der Mittelwertbildung (Filter) ist ferner zu beachten, dass die Grundfrequenz des Ausgangssignals bei $\psi = 0$ gleich der Frequenz des Eingangssignals ist (also um den Faktor zwei *kleiner* als bei dem EXOR-PD).

Die Schaltung nach Abbildung 6.21 reagiert auf die *negative* Flanke der Eingangssignale. Sie wird beispielsweise bei dem digitalen PLL-IC vom Typ CD74ACT297 der Fa. Texas Instruments [6.34] verwendet. Die Schaltung nach Bild 6.22 wird mit D-Flipflops aufgebaut, und reagiert auf die *positive* Flanke der Eingangssignale.

Abbildung 6.21
Negativ-Flankengetriggertes Flipflop als 2-state Phasendetektor

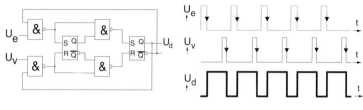

Abbildung 6.22
Positiv-Flankengetriggertes Flipflop als 2-state Phasendetektor

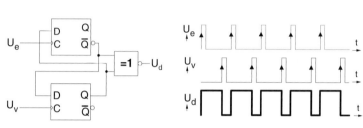

ECPD Phasendetektor

Befindet sich ein mit einem *ECPD - Phasendetektor* aufgebauter DPLL im synchronisierten Zustand, so bleibt er im Bereich von $-\pi < \psi < \pi$ weiterhin eingerastet, wobei das Ausgangssignal in diesem Bereich proportional zum Phasenfehler ist. Die *sägezahnförmige* Kennlinie des Phasendetektors wird in Bild 6.23 dargestellt. Für die Konversionskonstante (*detector gain*) des ECPD erhält man:

$$K_d = \frac{(U_H - U_L)}{2\pi}. \quad (6.69)$$

Abbildung 6.23
Kennlinie des 2-state ECPD

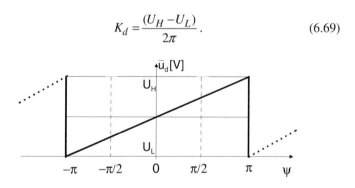

6.2.3.3 Phasen-Frequenzdetektor (PFD)

Phasen-Frequenzdetektor PFD

Einer der häufigsten eingesetzten Phasendetektoren, der *Phasen-Frequenzdetektor (PFD)*, gehört zu der Gruppe der *n-state* Phasendetektoren. Die Bezeichnung *PFD* bringt zum Ausdruck, dass der Detektor im synchronisierten Zustand als Phasendetektor funktioniert, im ausgerasteten Zustand liefert er jedoch ein Ausgangssignal, das von der Frequenzdifferenz der Eingangssignale abhängt. Eine typische Realisierung mit zwei D-Flipflops wird in Abbildung 6.24 (im Bild

6.2 Der Phasenregelkreis (PLL)

links) dargestellt. Es handelt sich dabei um einen einfachen flankengesteuerten *up-down*-Zähler mit den Eingängen R (Referenz) und V (Vergleich) bzw. mit den Ausgängen U (Up) und D (Down). Diese Realisierung wird mit der positiven Flanke der Eingassignale getriggert, die Signale sind für die Fälle $\omega_e > \omega_v$ und $\omega_e < \omega_v$ in Bild 6.25 angegeben. Die Schaltung hat drei Zustände, der vierte Zustand $u_U = U_H$, $u_D = U_H$ tritt prinzipiell nicht mehr auf, da durch das NAND Gatter beide D-Flipflops gleichzeitig zurückgesetzt werden (die aufgetretenen schmalen Nadelimpulse können vernachlässigt werden). Das *Zustandsdiagramm* (Abbildung 6.26) des PFD zeigt, welche Zustandsänderungen die (positiven) Flanken der an den Eingängen R bzw. V angelegten Signale bewirken.

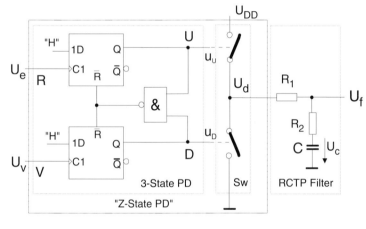

Abbildung 6.24 Phasen-Frequenzdetektor (3-state PD) mit CMOS Ausgang (z-state PD) und RCTP_P Filter

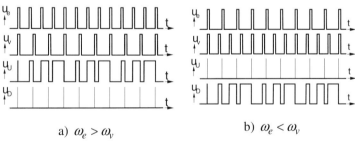

a) $\omega_e > \omega_v$ b) $\omega_e < \omega_v$

Abbildung 6.25 Signale des PFD nach Bild 6.25 für a) $\omega_e > \omega_v$ und für b) $\omega_e < \omega_v$

Man erkennt, dass nicht jede positive Flanke der Signale zu einer Zustandsänderung führt. Analog zum ECPD lässt sich feststellen, dass die gemittelte Kennlinie des PFD ($\bar{u}_d - \psi$, Abbildung 6.27) im synchronisierten Zustand wegen der drei Zustände im Bereich von $-2\pi < \psi < 2\pi$ linear verläuft, wobei die Konstante des PFD um den Faktor zwei kleiner geworden ist:

$$K_d = \frac{(U_H - U_L)}{4\pi} \tag{6.70}$$

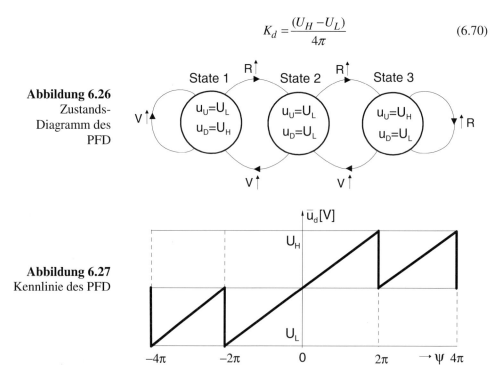

Abbildung 6.26 Zustands-Diagramm des PFD

Abbildung 6.27 Kennlinie des PFD

Die Mehrwertigkeit der Kennlinie hat zur Folge, dass der PFD in Anwendungen, bei denen mit hohem Rauschpegel zu rechnen ist, gänzlich ungeeignet ist. Diesen Fall tritt beispielsweise bei der Rekonstruktion von Taktsignalen (*clock recovery*) auf.

Weitere schaltungstechnische Realisierungen von 3-state Phasen-Frequenzdetektoren in TTL oder ECL Technologie werden von mehreren Halbleiterherstellern angeboten.

Abbildung 6.28 zeigt beispielsweise den *Klassiker* unter den integrierten PFD, die TTL integrierte Schaltung MC4044 der Fa. Motorola [6.36] mit den zugehörigen Signalverläufen für positive und negative Phasenfehler. Der Baustein enthält auch einen EXOR Phasendetektor.

In Abbildung 6.29 ist eine MECL kompatible PFD der Fa. Motorola MC12040 [6.36] dargestellt. Eine schnellere aber funktional identische Realisierung MCH12040/MCK12140 wird von der Fa. Onsemi angeboten [6.37]. An die ECL Realisierung wird in der Regel ein Differenzverstärker angeschlossen, wobei mit dem Verstärker auch der symmetrisch aufgebaute Schleifenfilter realisiert wird. Zusammen mit dem integrierten spannungsgesteuerten Oszillator MC12149 (siehe Abschnitt 6.3.5) der Fa. Motorola lässt sich ein breitbandiges 800MHz PLL-Subsystem realisieren.

6.2 Der Phasenregelkreis (PLL)

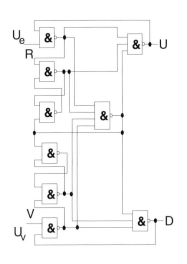 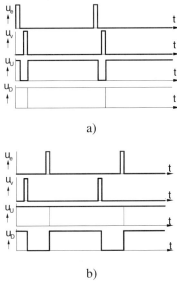

Abbildung 6.28
MC4044 TTL -
PFD der Fa. Motorola [6.36]
und Signale für
a) positive und
b) negative Phasendifferenz

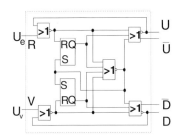 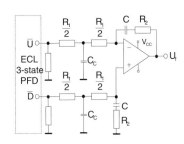

Abbildung 6.29
MC12140 PFD
der Fa. Motorola
mit Differenzverstärker und Filter
[6.36]

6.2.3.4 Z-state PFD

Bei der CMOS Realisierung des PFD nach Abb. 6.24 wird die Schaltung am Ausgang mit zwei Schaltern (Sw, s.g. *Charge Pump*) ergänzt. Nach Bild 6.26 schaltet der obere PMOS Transistor in *State* 3 durch (Ausgang ist „H"), in *State* 1 dagegen ist der untere NMOS Transistor leitend (Ausgang ist „L"). In *State* 2 sind beide Transistoren gesperrt, der Ausgang befindet sich im hochohmigen „High-Z" Zustand. Deshalb wird oft dieser PFD als *Z-state PFD* [6.11] oder *PFD mit 3-state Ausgang* bezeichnet. Die gemittelte Kennlinie ist allerdings für positive bzw. negative Phasenfehler nicht mehr symmetrisch, K_d hängt von der am Kondensator C auftretenden Spannung ab. Sie ist im stationären Zustand gleich der VCO Spannung bei der Freilauffrequenz [6.11]. Wegen des hochohmigen Ausganges verhalten sich die Schleifenfilter RCTP1_P bzw. RCTP1_A1 näherungsweise wie der aktive

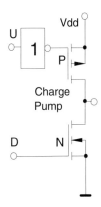

Filter RCTP_A2 (Integrator, kein statischer Phasenfehler) mit sehr günstigen Offseteigenschaften. Die modifizierte Systemfunktion ergibt sich somit näherungsweise:

$$H(s) = H_0 \frac{1 + \dfrac{s}{\omega_z}}{\dfrac{s}{\omega_g}}; \text{ wobei } \quad H_0 = 1 \text{ für RCTP\_P} \qquad H_0 = -\frac{C_2}{C_1} \text{ für RCTP\_A1.} \tag{6.71}$$

Als Phasendetektor der integrierten PLL Schaltungen wird der Z-state PFD von mehreren Herstellern, wie Texas Instruments, Harris Semiconductors, Fairchild Semiconductors, Motorola, Philips unter den Nahmen CD4046BC, HEF4046B, MC14046B, 54/74HC/HCT4046A, 54/74HC/HCT7046A, 74HC/HCT9046A angeboten.

6.2.3.5 Phasendetektor mit Frequenzteiler

In einigen Applikationen (z.B. PM-Demodulator) ist es wünschenswert, den linearen Bereich der gemittelten PD-Kennlinie (im eingerasteten Zustand) zu erweitern.

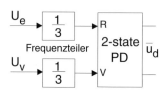

Abbildung 6.30 Bereichserweiterung mit Frequenzteiler

Nach Abbildung 6.30 wird die Bereichserweiterung mit Hilfe von zwei Frequenzteilern und einem (2-state) ECPD realisiert, wobei die Kennlinie im Bereich $-3\pi < \psi < 3\pi$ linear verläuft.

6.2.3.6 n-state Phasendetektor

n-state Phasendetektor

Eine andere Möglichkeit der Erweiterung des Phasenbereichs besteht darin, dass man den 3-state PD mit einem Schieberegister kombiniert. Bild 6.31 zeigt eine Realisierungsmöglichkeit eines *6-state PD* mit dem angepassten aktiven Schleifenfilter RCTP1_A2 mit einem linearen Phasenbereich $-5\pi < \psi < 5\pi$ [6.11]. Die Eingänge des PD sind wegen des invertierenden Schleifenfilters vertauscht.

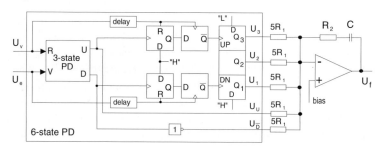

Abbildung 6.31 6-state Phasendetektor

6.2.4 Modell und Kenngrößen des DPLL

Im Prinzip lässt sich der DPLL mit Frequenzteiler im synchronisierten Zustand mit dem gleichen linearen Modell des LPLL beschreiben, man braucht lediglich in die Schleife einen Verstärkerblock mit der Übertragungsfunktion $1/N$ einzufügen (Bild 6.32).

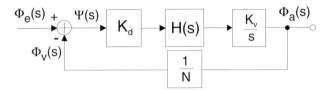

Abbildung 6.32 Das lineare Modell des DPLL im synchronisierten Zustand

Daraus folgt, dass die in Tabelle 6.2 angegebenen Beziehungen weiterhin gültig sind, wenn in die Gleichungen formal anstelle der VCO Konstanten K_v einfach $K_o = K_v/N$ eingesetzt wird. Die Näherungsgleichungen der wichtigsten DPLL-Kenngrößen für die in Tabelle 6.2 angegebenen Schleifenfilter sind nach [6.10] sinngemäß in Tabelle 6.3 zusammengestellt.

Kenn-größe	Phasendetektor		
	EXOR	ECPD	z-state PFD
$\Delta\omega_H$	$\dfrac{\pi}{2}H(0)K_d K_o$	$\pi H(0)K_d K_o$	∞
$\Delta\omega_F$	$\pi\zeta\omega_p$	$2\pi\zeta\omega_p$	$4\pi\zeta\omega_p$
T_F	$2\pi/\omega_p$	$2\pi/\omega_p$	$2\pi/\omega_p$
$\Delta\omega_Z$	$\dfrac{\pi}{2}\sqrt{2\zeta\omega_p NK_o K_v - \dfrac{\omega_p^2}{|H_0|}}$	$\pi\sqrt{2\zeta\omega_p NK_o K_v - \dfrac{\omega_p^2}{|H_0|}}$	∞
T_Z	$\dfrac{4}{\pi^2}\dfrac{(\Delta\omega_{off})^2|H_0|}{\zeta\omega_p^3}$	$\dfrac{1}{\pi^2}\dfrac{(\Delta\omega_{off})^2|H_0|}{\zeta\omega_p^3}$	Gleichung 6.72
$\Delta\omega_A$	$2{,}46\omega_p(\zeta+0{,}65)$	$5{,}78\omega_p(\zeta+0{,}5)$	$11{,}55\omega_p(\zeta+0{,}5)$

Tabelle 6.3 Kenngrößen des DPLL

Die Ziehzeit des DPLL hängt neben dem Kreisfrequenzoffset $\Delta\omega_{off}$ bei $t=0$ sowohl vom Typ des verwendeten Schleifenfilters als auch vom logischen Pegel des Z-state PFD ab. Es gilt nach [6.10]:

$$T_Z \approx \frac{2}{\omega_g} \ln\left[\frac{0{,}5K_v |H_0|(U_H - U_L)}{0{,}5K_v |H_0|(U_H - U_L) - \Delta\omega_{off}}\right]$$

für RCTP1_P und RCTP1_A1 (6.72)

$$T_Z \approx \frac{2}{\omega_g} \frac{\Delta\omega_{off}}{0{,}5K_v(U_H - U_L)} \quad \text{für RCTP1\_A2.}$$

Das Signal-Rausch-Verhältnis SNR_a am Ausgang des DPLL kann mit Hilfe von Gleichung 6.67 berechnet werden.

6.2.5 Der alles digital PLL (ADPLL)

ADPLL   Obwohl ein ADPLL – wie bei der Klassifikation von PLL (Abschnitt 6.2.1) beschrieben – nur mit digitalen Bausteinen aufgebaut ist, sollte er jedoch bei den nichtlinearen Schaltungen – am Beispiel einer vollständig digitalen PLL Schaltung der Fa. Texas Instruments CD74ACT297 bzw. SN54/74LS297 – kurz behandelt werden [6.34]. Solche integrierten ADPLL ICs werden nämlich in der Zukunft – insbesondere im Bereich der Datenkommunikation – die in den vorangegangenen Abschnitten behandelten klassischen LPLL und DPLL immer mehr verdrängen. Das vereinfachte Blockschaltbild des CD74ACT297 wird in Abbildung 6.33 dargestellt. Als Phasendetektoren enthält der Baustein die bereits vorgestellten EXOR-PD (Bild 6.19) bzw. ECPD (Bild 6.21). Als *Schleifenfilter* werden zwei aus

Modulo *K* Counter   Flipflops aufgebaute 17 stufige Vorwärtszähler (*Modulo K Counter*) verwendet (im Bild nicht alle eingezeichnet), wobei die Größe *K* mit Hilfe der Eingänge A,B,C und D (*K Modulo Control*) programmiert werden kann:

D	C	B	A	Modulo K
L	L	L	L	Inhibited
L	L	L	H	2^3
L	L	H	L	2^4
⋮	⋮	⋮	⋮	⋮
H	H	H	H	2^{17}

6.2 Der Phasenregelkreis (PLL)

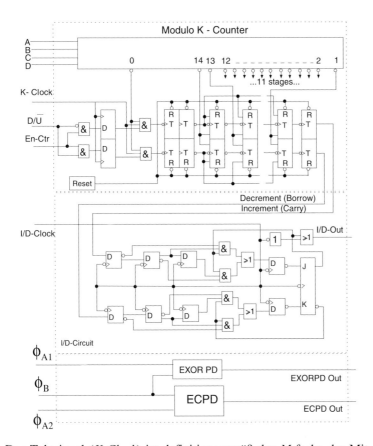

Abbildung 6.33
Vereinfachtes, schematisches Blockschaltbild des CD74ACT297 nach SCHC297C [6.34]

Das Taktsignal (*K-Clock*) ist definitionsgemäß das *M*-fache der Mittenfrequenz (*Center Frequency*, f_0) des ADPLL. Mit dem Eingang $D/\overline{U}$ wird gesteuert, ob am *Incrementausgang* (*carry*) oder am *Decrementausgang* (*borrow*) Impulse erzeugt werden. Die Rolle des spannungsgesteuerten Oszillators (VCO) wird durch einen digital gesteuerten Oszillator (*Digital Controlled Oscillator, DCO*) übernommen. Als DCO wird ein Increment/Decrement- Zähler (*I/D-circuit*) mit dem Takteingang I/D-Clock verwendet, der durch die Ausgangssignale des *K*-Zählers *carry* und *borrow* gesteuert wird. Treten keine *carry* und *borrow* Impulse auf, so untersetzt der I/D Zähler die Frequenz des I/D-Clock um den Faktor 2 (Frequenzteiler). Nach Auftreten eines Carry Impulses wird am I/D-Out ein halber Impuls zugefügt (Frequenzerhöhung), im Falle eines Borrow - Impulses wird aus dem Ausgangssignal ein halber Impuls entfernt (Frequenzverminderung).

Eine genaue Analyse der Vorgänge zeigt [6.10], dass

$$\frac{1}{3}f_{ID-Clk} < f_{ID-Out} < \frac{2}{3}f_{ID-Clk} \qquad (6.73)$$

wodurch der Haltebereich eingeschränkt wird.

Ripple Die getaktete Arbeitsweise eines ADPLL führt zwangsläufig dazu, dass beim Ausgangssignal das Tastverhältnis in der Regel nicht mehr konstant ist. Dieser Effekt wird oft als *Ripple* bezeichnet. Durch geeignete Dimensionierung bzw. mit zusätzlichen schaltungstechnischen
Ripple- Maßnahmen lässt sich der Ripple reduzieren (*Ripple-Cancellation*).
Cancellation Bei einem ADPLL würde beispielsweise kein Ripple auftreten, wenn die Bedingung $K=M/4$ bei EXORPD, und $K=M/2$ bei ECPD eingehalten wird.

In Abbildung 6.34 wird die Schaltung eines ADPLL mit Hilfe der integrierten Schaltung CD74ACT297 der Fa. Texas Instruments [6.34] und eines externen Frequenzteilers (1/N Counter) dargestellt, wobei als Phasendetektor der EXORPD eingesetzt wurde. Der ECPD wird hier zur Reduzierung des Ripple verwendet.

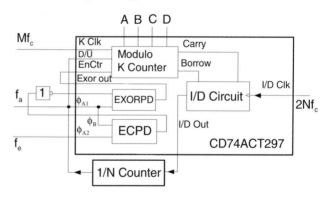

Abbildung 6.34
ADPLL mit Ripple Unterdrückung

Bei der praktischen Dimensionierung sollte der Teilfaktor N

$$N > N_{\min} = \frac{2M}{K} \qquad (6.74)$$

gewählt werden.

Für den Haltebereich des ADPLL ergibt sich dann:

$$\Delta f_H = f_0 \frac{M}{2KN} \text{ für } N > N_{\min}, \text{ und } \Delta f_H = \frac{f_0}{3} \text{ für } N < N_{\min}. \qquad (6.75)$$

6.2 Der Phasenregelkreis (PLL)

Der ADPLL wird oft als FSK Demodulator (*Frequency Shift Keying Decoder*) eingesetzt. Am Ausgang des extern angeschlossenen zusätzlichen D-Flipflops liegt das dekodierte Datensignal an. Weitere Applikationen findet man in SDLA005B [6.34].

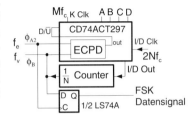

Abbildung 6.35 ADPLL als FSK Demodulator

6.2.6 Anwendungen des PLL

Phasenregelkreise werden von mehreren Halbleiterherstellern entweder als eigenständige monolithisch integrierte Schaltung oder als Teil einer komplexeren Schaltung angeboten. Sie arbeiten in einem breiten Frequenzbereich von 0.01Hz bis 150MHz. Eine kleine Auswahl von integrierten PLL Schaltungen ist in Tabelle 6.4 zusammengestellt.

Bezeichnung	Hersteller	Typ	Bemerkung
NE/SE567	Philips	LPLL/Bipolar	0.01Hz ... 500kHz
NE/SE564	Philips	LPLL/Bipolar	1Hz ... 50MHz
NE/SA568	Philips	LPLL/Bipolar	1Hz ... 150MHz
LM565	National Semicond.	LPLL/Bipolar	bis 500kHz
XR2211A	EXAR	LPLL/Bipoar	0.01Hz ... 300kHz
XR2212	EXAR	LPLL/Bipolar	0.01Hz ... 300kHz
XR215A	EXAR	LPLL/Bipolar	0.5Hz ... 25MHz
CD4046BC	Fairchild Semicond.	DPLL/CMOS	bis 1,6MHZ
HEF4046B	Philips	DPLL/CMOS	bis 18MHz
MC14046B	Motorola	DPLL/CMOS	bis 1.9MHz/bei 15V
CD54/74HC4046A	Texas Instrument	DPLL/CMOS	bis 18MHz
CD54/74HCT7046A	Texas Instrument	DPLL/CMOS	bis 18MHz
74/HC/HCT4046A	Philips	DPLL/CMOS	bis 17MHz
74HCT9046A	Philips	DPLL/CMOS	bis 17M Hz
TLC2932	Texas Instruments	DPLL/CMOS	bis 50MHz
TLC2934	Texas Instruments	DPLL/CMOS	bis 130MHz
MC14510x	Motorola	CMOS	Freq. Synthesizer
MC14515x-2	Motorola	CMOS	Freq. Synthesizer
MC141570	Motorola	CMOS	Freq. Synthesizer
MC145219x	Motorola	CMOS	Freq. Synthesizer
ADF411x	Analog Devices	BICMOS	Freq. Synthesizer
SN54/74LS297	Texas Instruments	ADPLL/LSTTL	50MHz/K-Clock
CD74ACT297	Texas Instruments	ADPLL	110MHz/K-Clock

Tabelle 6.4 Eine Auswahl von integrierten Phasenregelkreisen (PLL-ICs)

Die Behandlung der typischen Anwendungsgebiete der Phasenregelkreise – wie Modems, FM Modulation und Demodulation, FSK Modulation und Demodulation, Telemetrie-Empfänger, Signalrekonstruktion, Trägerrückgewinnung, Synchron AM Demodulation, Tracking Filter, Ton-Decoder, quarzgesteuerte PLL, Datensynchronisation, Frequenzsynthese und Multiplikation, Motorsteuerung, Spannungs-Frequenz-Umsetzer, DECT, GSM, WLAN, Satellite Receivers – würde den Umfang dieses Kapitels sprengen. In den folgenden Abschnitten werden einige oft eingesetzte Applikationen des LPLL bzw. des DPLL vorgestellt.

6.2.6.1 Anwendungen des LPLL

LPLL werden überwiegend in der Telekommunikation eingesetzt. Als typisches Beispiel soll der LPLL als FM Demodulator bzw. als FSK Demodulator unter Verwendung der integrierten Schaltung XR215A der Fa. EXAR behandelt werden. Bei der *FM Demodulation* wird eine LPLL so dimensioniert, dass die Freilauffrequenz des VCO näherungsweise mit der Trägerfrequenz des frequenzmodulierten Eingangssignals übereinstimmt. Da die VCO-Frequenz der Schwingung des FM Eingangssignals folgt, stellt die Steuerspannung des VCO das gewünschte demodulierte NF Signal dar. Der bipolare LPLL Baustein XR215A enthält neben einer Gilbert-Zelle (Multiplizierer, Abschnitt 6.1.3) als Phasendetektor und einem emittergekoppelten spannungsgesteuerten Oszillator (VCO, Abschnitt 6.4) auch einen Breitband-Operationsverstärker. Abbildung 6.36 zeigt die Beschaltung des XR215A als FM Demodulator.

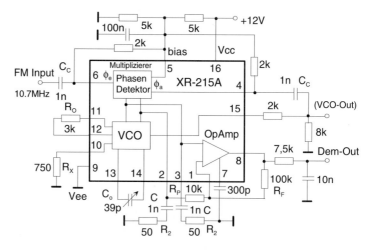

Abbildung 6.36 FM Demodulator mit der integrierten Schaltung XR215A der Fa. EXAR [6.41]

Die notwendigen externen Bauelemente der Schaltung sind für den Fall dimensioniert, dass die Trägerfrequenz der frequenzmodulierten Eingangsspannung 10,7MHz, und der Frequenzhub 75kHz beträgt. Als Schleifenfilter wurde – wegen des differentiellen Phasendetektorausganges – ein symmetrisch aufgebautes passives RC-Netzwerk vom Typ RCTP1_P gewählt, wobei der Widerstand R_1 dem Ausgangswiderstand des Phasendetektors entspricht $R_1 = 6\text{k}\Omega$. Nach Datenblatt gelten folgende Beziehungen: Die Freilauffrequenz des VCO lässt

6.2 Der Phasenregelkreis (PLL)

sich näherungsweise aus $f_0 \approx \frac{2{,}2 \cdot 10^{-4}}{C_0}\left(1+\frac{600}{R_x}\right)$ berechnen, wobei für Frequenzen > 5MHz $R_x = 750\Omega$ empfohlen wird.

Die Konversionskonstante des VCO ist durch die Gleichung

$$K_v \approx \frac{0{,}7}{C_0 R_0}\,[\text{rad/s/V}]$$

gegeben, die Phasendetektorkonstante beträgt $K_d \approx 1\text{V/rad}$, wenn die Amplitude des FM Eingangssignals < 25mV und die Spannungsamplitude am Vergleichseingang des PD > 1,5V beträgt, also übersteuert wird. Werden beide Eingänge des PD übersteuert, so erhält man für $K_{d\,\max} \approx 2\text{V/rad}$. Das differentielle gefilterte Ausgangssignal des PD wird mit der invertierenden Operationsverstärkerschaltung weiter verstärkt, wobei $A_v = -\frac{R_F}{R_1 + R_P}$. Das demodulierte Signal kann am Ausgang des *Deemphasis*-Netzwerkes (Dem-Out) abgenommen werden. Der Gegenkopplungswiderstand R_F lässt sich auch als Potentiometer einbauen, womit auch eine Lautstärkeregelung einfach gelöst werden kann.

Bemerkung: Der VCO des XR215A ist so aufgebaut, dass in Reihe zum Abstimmkondensator C_0 ein Quarz geschaltet werden kann. So erhält man einen quarzgesteuerten PLL FM Demodulator, wobei der Fangbereich bei ca. ±1kHz (bei einem 10MHz Quarz) liegt.

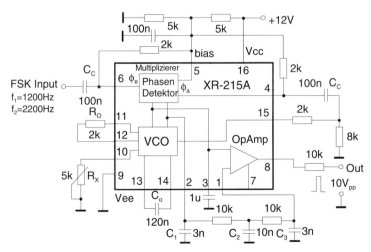

Abbildung 6.37
1200 Baud FSK Demodulator mit der integrierten Schaltung XR215A der Fa. EXAR [6.41]

FSK Demodulator Bild 6.37 zeigt eine typische Beschaltung des XR215A als ein 1200 Baud *FSK Demodulator* für die Eingangsfrequenzen 1200Hz und 2200Hz [6.41]. Der Kondensator C_1 bildet mit dem Ausgangswiderstand R_1 des PD den Schleifenfilter. Das zusätzliche RC Netzwerk sorgt für weitere Filterung des Ausgangssignals (Nachfilter). Der andere Ausgang des PD ist wechselstrommäßig kurzgeschlossen und stellt dabei den Arbeitspunkt des als Komparator geschalteten Operationsverstärkers ein. Durch die Verschiebung des DC-Pegels wird ein binäres Ausgangssignal erzeugt (Out).

6.2.6.2 Anwendungen des DPLL

Frequenzsynthese Die Frequenzsynthese und Multiplikation gehören zu den wichtigsten Anwendungen des DPLL. Sie werden in der Fernsehtechnik, bei den AM/FM Empfängern, in der Mobilkommunikation (GSM, CDMA), bei Wireless LAN, bei Scannern, bei Video-Modems – um einige Beispiele zu nennen – eingesetzt.

Die Grundstruktur des DPLL (Bild 6.18) stellt bereits einen Frequenzmultiplizierer dar, zumal die Ausgangsfrequenz des DPLL genau das *N*-fache der Frequenz des Eingangssignals ist $f_a = Nf_e$. Abbildung 6.38 zeigt ein einfaches Beispiel zur Frequenzsynthese mit dem CMOS DPLL 74HC7046 der Fa. Philips [6.32]. Bei der Schaltung soll die quarzstabile Ausgangsfrequenz im Bereich von 2MHz...3MHz in 100kHz Schritten mit einer Fangzeit von 1ms mit Hilfe eines programmierbaren Frequenzteilers eingestellt werden.

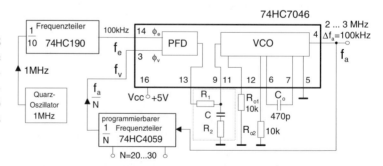

Abbildung 6.38 Frequenzsynthese mit dem integrierten DPLL Baustein 74HC7076 der Fa. Philips

Das Referenzsignal mit der Frequenz $f_e = 100$kHz wird aus einem 1MHz Quarzoszillator mit dem Frequenzteiler 74HC190 erzeugt. Als Phasendetektor wurde der Z-state PFD des DPLL gewählt, der Schleifenfilter ist vom Typ RCTP1_P (Tabelle 6.2). Nach der Aufgabenstellung bewegt sich der Teilfaktor des programmierbaren Frequenzteilers (74HC4059) im Bereich N=20...30. Da $U_H \approx 5$V und $U_L \approx 0$V ist, erhält man aus Gleichung 6.70 für die Konversionskonstante des Pha-

6.2 Der Phasenregelkreis (PLL)

sendetektors $K_d \approx 5V/4\pi = 0{,}397$. Die geforderte Fangzeit bestimmt die Polfrequenz des Filters (Tabelle 6.2): $\omega_p \approx 2\pi/T_F = 6283/s$. Die Einstellung der mittleren Freilauffrequenz $f_o \approx 2{,}5\text{MHz}$ sowie die Bestimmung der Konversionskonstante des VCO erfolgt mit Hilfe von drei Kennlinien des Datenblattes: [$f_{VCO} - U_f$], [$f_0 - R_{01}, C_0$] sowie der [$f_{off} - R_{02}, C_0$] - Kennlinie.

Man erhält: $R_{01} = R_{02} = 10\text{k}\Omega$; $C_0 = 470\text{pF}$ und $K_v \approx 2 \cdot 10^6 \text{ rad/s/V}$. Die Filterparameter werden für $\zeta = 0{,}7$ bei einem mittleren Teilungsfaktor $N_m = \sqrt{20 \cdot 30}$ bestimmt. Die Kreisfrequenzen ω_g und ω_z ermittelt man mit Hilfe von Tabelle 6.2 und Gleichung 6.71. Man erhält: $\omega_g = \omega_p^2/K_d K_o = 1243/s$; $\omega_z = \omega_p/2\zeta = 4488/s$, wobei $K_o = K_v/N_m$. Für eine wirksame Filterung soll der Filterkondensator möglichst groß gewählt werden. Es ist dabei darauf zu achten, dass der PFD nicht belastet wird ($R_1 + R_2 > 500\Omega$). Mit der Wahl von C=330nF ergeben sich für $R_1 = 2{,}2\text{k}\Omega$ und $R_2 = 820\Omega$, die Bedingung ist also erfüllt.

Für VCO Frequenzen > 100MHz eignen sich die CMOS-DPLL Bausteine in der Regel nicht mehr. Deshalb werden für den höheren Frequenzbereich (bis einige GHz) zur Frequenzsynthese spezielle DPLL Schaltungsstrukturen verwendet, die aus einem CMOS Frequenzsynthesizer – Baustein (siehe Tabelle 6.3), aus einer extern realisierten Hochfrequenz-VCO Schaltung und aus einem *Prescaler* (Vorteiler) bestehen. Das hochfrequente VCO-Signal wird mit Hilfe der Prescaler in S-TTL, ECL oder GaAs Technologie soweit heruntergeteilt, bis das Signal von dem CMOS-Frequenzsynthesizer-Baustein verarbeitet werden kann.

Am folgenden Beispiel soll die Funktionsweise des DPLL Frequenzsynthesizers mit *Dual-Modulus-Prescaler* kurz erläutert werden. Am Ausgang einer Frequenzsynthesizer-Schaltung sollen alle Frequenzen im Frequenzbereich von 150MHz ...175MHz in 5kHz Schritten (Kanalraster) quarzstabil, lückenlos generiert werden. Das Blockschaltbild der Frequenzsynthesizer – Schaltung nach [6.36] mit den integrierten CMOS ICs MC145152-2 als Frequenzsynthesizer, MC12017 als Dual-Modulus-Prescaler und mit dem aus einem Operationsverstärker MC33171 aufgebauten Schleifenfilter zeigt Abbildung 6.39. Der Baustein MC145152-2 ist ein Parallel-Input Frequenzsynthesizer, der einen (Quarz)Reference-Oszillator mit dem zugehörigen programmierbaren Referenz-Frequenzteiler (12-Bit *R Counter*) zur Erzeugung des Referenzsignals, zwei programmierbare Frequenzteiler (10-Bit

DPLL mit Dual-Modulus-Prescaler

N Counter und *6-Bit A-Counter*) mit Steuerlogik (*Control Logic*) sowie einen Phasendetektor enthält. Der Teilfaktor R des Referenz-Frequenzteilers lässt sich mit den Eingängen *RA0...RA2* für die Werte 8, 64, 128, 256, 512, 1024, 1160 und 2048 einstellen. Die beiden Frequenzteiler *N Counter* und *A Counter* sind Rückwärtszähler, wobei N im Bereich von 3 ... 1023, und A im Bereich von 0 ... 63 programmiert werden (Eingänge *N0 ... N9, A0 ... A5*; *Channel Programming*) kann. Der *Prescaler* MC12017 ist ein Frequenzteiler, dessen Teilfaktor in Abhängigkeit des vom *Control Logic* kommenden Steuersignasl *MC* zwei Werte annehmen kann: $P=64$ oder $P+1=65$.

Die Steuerung ist so ausgelegt, dass der Teilfaktor N_{total} der gesamten Schaltung:

$$N_{total} = A(P+1)+(N-A)P = N \cdot P + A \quad (6.76)$$

beträgt, wobei die Bedingung $N \geq A$ stets zu erfüllen ist. Die Frequenz des Ausgangssignals ergibt sich zu

$$f_a = \frac{f_q}{R}(N \cdot P + A). \quad (6.77)$$

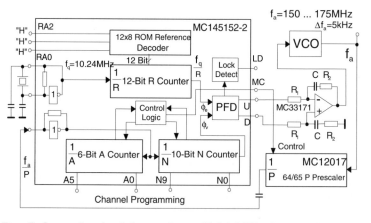

Abbildung 6.39 Frequenzsynthese-Schaltung mit den ICs *Frequency Synthesizer* MC145152-2 und *Dual-Modulus-Prescaler* MC12017 der Fa. Motorola [6.36]

Das Referenzsignal wird aus einem 10,24 MHz Quarzoszillator gewonnen, wobei wegen des geforderten 5kHz Kanalrasters für $R=2048$ eingestellt wird. Da der kleinste Teilfaktor 150MHz/5kHZ=30000, der größte 175MHz/5kHz=35000 sein muss, erhält man nach Gleichung 6.77 für die Einstellbereiche der N bzw. A *Counter*: $N=468$ . . 546; $A=0$ ... 63. Der spannungsgesteuerte Oszillator (VCO) kann beispielsweise mit den integrierten Schaltungen MC1648 oder MC12148 (für höhere Frequenzen) der Fa. Motorola realisiert werden, wobei die Veränderung der Oszillatorfrequenz durch eine externe Varaktordiode erfolgen muss (siehe auch Abschnitt 6.3).

Eine weitere Möglichkeit der Erzeugung höherer Ausgangsfrequenzen besteht darin, dass man die DPLL Frequenzsynthese-Schaltungen mit einer Multiplizierschaltung als Mischstufe kombiniert (Abbildung 6.40).

Ist die Frequenz des lokalen Oszillators f_{LO}, so wird die vom Mischer erzeugte relevante Frequenzkomponente nur die Frequenzdifferenz $f_a - f_{LO}$ mit $f_a = Nf_e$, zumal durch den PLL alle anderen Kombinationsfrequenzen ausgefiltert werden. Somit ergibt sich für die Frequenz des Ausgangssignals $f_a = N \cdot f_e + f_{LO}$. Schließt man den Mischer außerhalb der PLL-Schleife an, so benötigt man noch einen externen Bandpassfilter, um die unerwünschten Kombinationsfrequenzen zu beseitigen.

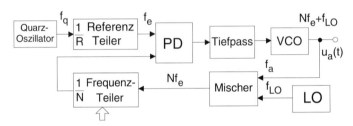

Abbildung 6.40 Frequenzsynthese mit DPLL und Mischstufe

6.3 Oszillatoren

Oszillatoren sind *nichtlineare* elektronische Schaltungen, die zur Erzeugung von elektrischen Schwingungen eingesetzt werden. Neben den klassischen Anwendungen in der Nachrichtentechnik als Trägersignale der Information (Nachricht) spielen sie in der Telekommunikation (spannungsgesteuerte Oszillatoren, VCO in PLL-Schaltungen, Lokaloszillatoren bei Überlagerungsempfängern), in der Mobilkommunikation (GSM, UMTS) und in vielen anderen Datenübertragungsanwendungen (HF-Oszillatoren bei Wireless LAN oder Bluetooth) eine außerordentlich wichtige Rolle.

In diesem Abschnitt werden nur Schaltungen beschrieben, die harmonische Schwingungen erzeugen (Sinusoszillatoren, harmonische Oszillatoren).

Nach einer kurzen Einführung in die Theorie der linearen und nichtlinearen Schwingungen werden einige Näherungsverfahren zur Analyse quasilinearer Schwingungssysteme vorgestellt. Daran schließt sich die Behandlung der wichtigsten LC- und RC- und Quarz-Oszillator-Grundschaltungen an.

Oszillatoren

6.3.1 Lineare Oszillatoren

Abbildung 6.41
Prinzip der Entdämpfung eines Parallelschwingkreises

a)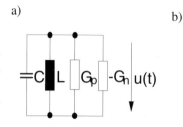

b)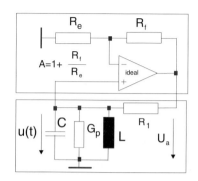

linearer Oszillator

Die einfachste Möglichkeit der Erzeugung einer sinusförmigen Schwingung besteht darin, einer schwingfähigen Schaltung (z.B. Parallelschwingkreis) Energie zuzuführen. Um eine ungedämpfte Schwingung zu erhalten, müssen die unvermeidlichen Verluste der Bauelemente L und C (mit dem Leitwert G_P berücksichtigt) entweder durch einen negativen Leitwert G_n einer Tunneldiode (Abb. 6.41a, siehe auch Abschnitt 6.3.2) oder mit Hilfe eines rückgekoppelten Verstärkers kompensiert werden (Abb. 6.41b). Die Systeme nach Bild 6.41 a) und b) werden als *lineare Oszillatoren* bezeichnet. Die Differentialgleichung der Schaltungen lässt sich leicht aufstellen:

$$\frac{d^2 u(t)}{dt^2} + \frac{\omega_0}{Q}\frac{du(t)}{dt} + \omega_0^2 u(t) = 0 \quad \text{mit} \quad \omega_0 = \frac{1}{\sqrt{LC}}$$

und $Q = \dfrac{\omega_0 C}{G_p - G_n}$ wobei (6.78)

$$G_n = \frac{(A-1)}{R_1} = \frac{R_f}{R_1 R_e} \quad \text{für Schaltung b).}$$

Die Lösung der Differentialgleichung unter Berücksichtigung der Anfangsbedingungen (z.B. für $u(0) = u_C(0) = U_C$ und $i_L(0) = 0$) lautet:

$$u(t) = \frac{U_C}{\sin\varphi} e^{-\frac{\omega_0}{2Q}t} \sin(\omega_0 t + \varphi) \quad \text{mit} \quad \varphi = \arctan 2Q. \quad (6.79)$$

Für $G_p > |G_n|$ und $Q > 1/2$ stellt die Lösung eine exponentiell gedämpfte Schwingung dar. Bei $Q < 0$ oder $G_p < |G_n|$ nimmt die Amplitude der Schwingung exponentiell zu. Nur für den Fall

6.3 Oszillatoren

$Q \to \infty$ oder $G_p = |G_n|$ erhält man eine ungedämpfte Sinusschwingung mit der von den Anfangsbedingungen abhängigen Amplitude U_C und der Kreisfrequenz ω_0.

Das Prinzip der Oszillatorschaltung nach Abbildung 6.41b kann verallgemeinert werden: der lineare Oszillator kann als ein durch ein frequenzabhängiges Netzwerk rückgekoppelter Verstärker aufgefasst werden.

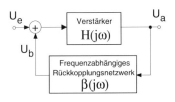

Abbildung 6.42 Prinzip des linearen Oszillators

Der Oszillator ist schwingungsfähig, wenn die komplexe Schleifenverstärkung des Systems gleich Eins ist:

Schwingbedingung: $\underline{L}(j\omega) = \underline{H}(j\omega) \cdot \underline{\beta}(j\omega) = 1$

Amplitudenbedingung: $|\underline{L}(j\omega)| = |\underline{H}(j\omega)| \cdot |\underline{\beta}(j\omega)| = 1$ (6.80)

Phasenbedingung: $\varphi_H(j\omega) + \varphi_\beta(j\omega) = 0, 2\pi, ...$

Schwingbedingung

Da jedoch weder die Anfangsbedingungen, die Entdämpfung noch die Schwingbedingungen mit mathematischer Genauigkeit eingestellt werden können, ist der lineare Oszillator zur Erzeugung von Schwingungen konstanter Amplitude ungeeignet.

6.3.2 Nichtlineare Oszillatoren

Mit einer linearen Beschreibung lassen sich also die wichtigsten Eigenschaften wie: Konstante Amplitude, konstante Frequenz, Oberwellengehalt sinusförmiger Oszillatoren nicht ermitteln. Bei den praktischen Realisierungen muss die Schwingamplitude durch den Einsatz von nichtlinearen Bauelementen entweder begrenzt oder geregelt werden. Die Analyse solcher Schaltungen führt automatisch zur Theorie nichtlinearer dynamischer Systeme. Es gibt eine kaum überschaubare Fülle von Aufsätzen und Büchern zur Theorie selbstschwingender nichtlinearer Systeme. In diesem Abschnitt werden nur Oszillatorschaltungen behandelt, die mit Hilfe von nichtlinearen, gewöhnlichen Differentialgleichungen zweiten Grades beschrieben werden können.

Nichtlineare Oszillatoren

Man betrachte die typische Schaltung eines LC-Oszillators mit einer Tunneldiode nach Abb. 6.43a. Die Durchlasskennlinie der Tunneldiode 1N3719 der Fa. American Microsemiconductor [6.42] wird in Bild 6.43b dargestellt. Man erkennt, dass die Kennlinie zwischen der *Höckerspannung* U_h=65mV und der *Talspannung* U_t=350mV einen negativen *differentiellen Leitwert* aufweist. Der Arbeitspunkt der Dio-

Tunneldiode

LC-Oszillator mit Tunneldiode

Abbildung 6.43
a) LC-Oszillator mit Tunneldiode
b) Durchlasskennlinie der Tunneldiode 1N3719

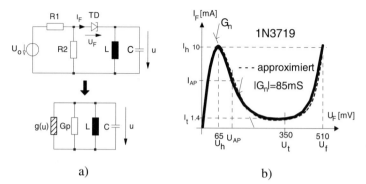

a) b)

Die Strom-Spannungskennlinie der Tunneldiode lässt sich für eine Schaltungssimulation durch folgende Gleichung annähern:

$$i(u) = I_h \left\{ \left(\frac{u}{U_h}\right)^N \exp\left(1 - \left(\frac{u}{U_h}\right)^N\right) + k_1 \exp\left(\frac{u}{NU_T}\right) + k_2 \frac{u}{U_h} \right\}. \quad (6.81)$$

Die Parameter N, k_1, k_2 können mit einem Optimierer ermittelt werden. (Für die Diode 1N3719 ergeben sich die Werte: $N=1.3$, $k_1=0.15\mu$, $k_2=28.5m$). Für weitere Untersuchungen soll Gleichung 6.81 im Arbeitspunkt (im Bereich des negativen Leitwertes) durch ein Polynom dritten Grades approximiert werden:

$$i = -G_n u + G_3 u^3. \quad (6.82)$$

Nach einer Zwischenrechnung erhält man für die Differentialgleichung der Schaltung nach Bild 6.43a):

$$\frac{d^2 u(t)}{dt^2} + \frac{G_n - G_p}{C}\left(\frac{3G_3}{G_n - G_p} u^2(t) - 1\right)\frac{du(t)}{dt} + \frac{1}{LC} u(t) = 0 \quad .(6.83)$$

Geht man mit den Abkürzungen:

$$\omega_0 = \frac{1}{\sqrt{LC}}; \quad x = \frac{u}{U_N}; \quad U_N = \sqrt{\frac{G_n - G_p}{3G_3}}; \quad \varepsilon = \frac{(G_n - G_p)}{\omega_0 C} \quad (6.84)$$

nichtlineare, autonome Differentialgleichung in Gl. 6.83 ein, so erhält man eine *normierte, nichtlineare, autonome* Differentialgleichung zweiten Grades der Form

6.3 Oszillatoren

$$\ddot{x} + \varepsilon \cdot (x^2 - 1)\omega_0 \dot{x} + \omega_0^2 x = 0 \ . \tag{6.85}$$

Van der Polsche Differentialgleichung

Gleichung 6.85 ist die bekannte *van der Polsche Differentialgleichung* [6.12]. Der Parameter ε wird oft als *Nichtlinearitätsfaktor*, der Term $\varepsilon(x^2-1)\omega_0$ als nichtlinearer Dämpfungskoeffizient bezeichnet. Die van der Polsche Differentialgleichung stellt den Spezialfall der nichtlinearen Differentialgleichungen zweiter Ordnung vom Typ:

Nichtlinearitätsfaktor

$$\ddot{x} + \varepsilon f(x, \dot{x}) + \omega_0^2 x = 0 \tag{6.86}$$

dar. Bei kleinem ε spricht man von *quasilinearen* Systemen.

Quasilineares System

6.3.3 Quasilineare Systeme zweiter Ordnung

Es gibt zahlreiche Näherungsverfahren zur Lösung von quasilinearen Differentialgleichungen, wie die *Mittelungsmethode nach van der Pol*, *Methode der Perturbation*, *Methode der harmonischen Balance* um einige zu nennen [6.13],[6.15],[6.19]. Im Folgenden soll die Mittelungsmethode zur Lösung der Differentialgleichung nach Gl. 6.86 für kleine ε vorgestellt werden. Es sei bemerkt, dass dieses Verfahren den Sonderfall der wesentlich allgemeineren *asymptotischen Methoden* nach [6.14] darstellt.

quasilineare Differentialgleichung Mittelungsmethode

Der Grundgedanke des Lösungsansatzes besteht darin, dass sich die Lösung $x(t)$ nur geringfügig von der bekannten Lösung $x_0(t)$, der zum Grenzfall $\varepsilon = 0$ gehörenden linearen Differentialgleichung

$$\begin{aligned}&\ddot{x}_0 + \omega_0^2 x_0 = 0 \\ &x_0(t) = A\cos(\omega_0 t + \varphi); \quad \dot{x}_0(t) = -A\omega_0 \sin(\omega_0 t + \varphi)\end{aligned} \tag{6.87}$$

unterscheidet. Man nimmt an, dass $x(t)$ ebenfalls periodisch, aber nicht unbedingt sinusförmig ist, ferner dass die Grundkreisfrequenz ω nur wenig von ω_0 abweicht. Die Lösung $x(t)$ bzw. ihre Ableitung $\dot{x}(t)$ wird sinngemäß in der Form

$$x(t) = a(t)\cos[\omega_0 t + \varphi(t)] = a\cos\psi; \quad \psi = \omega_0 t + \varphi(t) \tag{6.88}$$

$$\dot{x}(t) = -a(t)\omega_0 \sin[\omega_0 t + \varphi(t)] = -a\omega_0 \sin\psi \tag{6.89}$$

gesucht, wobei $a(t)$ und $\psi(t)$ sich langsam veränderliche Funktionen der Zeit sind. Die Ableitungen der Gleichungen 6.88 und 6.89 ergeben dann:

$$\dot{x}(t) = -a(\omega_0 + \dot{\varphi})\sin\psi + \dot{a}\cos\psi \qquad (6.90)$$

$$\ddot{x}(t) = -a\omega_0(\omega_0 + \dot{\varphi})\cos\psi - \dot{a}\omega_0\sin\psi. \qquad (6.91)$$

Die beiden Ausdrücke für $\dot{x}(t)$ nach Gl. 6.89 und Gl. 6.90 stimmen nur dann überein, wenn gilt:

$$-a\dot{\varphi}\sin\psi + \dot{a}\cos\psi = 0. \qquad (6.92)$$

Geht man mit den Gleichungen 6.90 und 6.88 in Gl. 6.86 ein, so erhält man nach einer Zwischenrechnung:

$$a\omega_0\dot{\varphi}\cos\psi + \dot{a}\omega_0\sin\psi = \varepsilon \cdot f(a\cos\psi, -a\omega_0\sin\psi) \qquad (6.93)$$

Das Gleichungssystem 6.92 und 6.93 lässt sich für $\dot{a}$ bzw. $\dot{\varphi}$ auflösen. Man erhält:

$$\dot{a} = \frac{\varepsilon}{\omega_0} f(a\cos\psi, -a\omega_0\sin\psi)\sin\psi$$
$$\dot{\varphi} = \frac{\varepsilon}{a\omega_0} f(a\cos\psi, -a\omega_0\sin\psi)\cos\psi \qquad (6.94)$$

Leider kann Gl.6.94 in der Regel allgemein nicht gelöst werden. Man kann jedoch in erster Näherung davon ausgehen, dass sich $\dot{a}$ und $\dot{\varphi}$ nur langsam ändern, und sie durch ihre Mittelwerte ersetzt werden können:

$$\dot{a} = F(a) = \frac{\varepsilon}{2\pi\omega_0} \int_0^{2\pi} f(a\cos\psi, -a\omega_0\sin\psi)\sin\psi\,d\psi$$
$$\dot{\varphi} = \Phi(a) = \frac{\varepsilon}{2\pi a\omega_0} \int_0^{2\pi} f(a\cos\psi, -a\omega_0\sin\psi)\cos\psi\,d\psi \qquad (6.95)$$

Ist $a(t)$ konstant oder periodisch, so erhält man einen Grenzzyklus. Ist dagegen $a(t)$ nicht periodisch aber $a(t \to \infty) \to A$, so beschreibt die Näherungslösung das Einschwingverhalten des Systems, d.h. wie das System zum *Grenzzyklus* gelangt.

Bei der van der Polschen Differentialgleichung gilt:

$$f(x, \dot{x}) = (x^2 - 1)\omega_0 \dot{x} \qquad (6.96)$$

6.3 Oszillatoren

Mit Gl. 6.88 und 6.89 ergibt sich für die Mittelwerte:

$$\frac{da}{dt} = F(a) = \frac{a\varepsilon\omega_0}{2}\left(1 - \frac{a^2}{4}\right); \quad \frac{d\varphi}{dt} = \Phi(a) = 0. \quad (6.97)$$

Die Differentialgleichung 6.97 lässt sich leicht durch Trennung der Variablen lösen. Man erhält dann für die *erste* Näherung für $x(t)$ mit den Anfangsbedingungen $a(t=0) = a_0$ und $\varphi(t=0) = 0$

$$x(t) = \frac{2}{\sqrt{1 + \left(\frac{4}{a_0^2} - 1\right)e^{-\varepsilon\omega_0 t}}} \cos\omega_0 t \quad (6.98)$$

Man erkennt, dass die Näherungslösung der Differentialgleichung für $t \to \infty$ eine sinusförmige Schwingung mit der von den Anfangsbedingungen unabhängigen, normierten Amplitude von $a = 2$ liefert.

Eine genauere Näherungslösung liefert die *Methode der Perturbation nach Poincaré* [6.13]. Bei dieser Methode wird der Lösungsansatz in Form einer Potenzreihe des kleinen Parameters ε angesetzt:

    Methode der Perturbation

$$\begin{aligned} x &= x_0 + \varepsilon x_1 + \varepsilon^2 x_2 + \dots \\ \omega^2 &= \omega_0^2 + \varepsilon\omega_1^2 + \varepsilon^2\omega_2^2 + \dots \end{aligned} \quad (6.99)$$

Die unbekannten Koeffizientenfunktionen werden rekursiv ermittelt. Der Nachteil der Methode liegt darin, dass über die Stabilität der Schwingung – im Gegensatz zu asymptotischen Methoden – keine Aussage getroffen werden kann. Dafür wird die *stationäre Schwingung* gut beschrieben. Man erhält beispielsweise mit der Methode der Perturbation eine bessere Näherungslösung für die van der Polsche Differentialgleichung:

$$x(t) \approx 2\left[\left(1 - \frac{7\varepsilon^2}{96}\right)\cos\omega t - \frac{\varepsilon}{8}\sin 3\omega t + \frac{5\varepsilon^2}{192}\cos 5\omega t\right];$$

    Lösung der van der Polschen Differentialgleichung

$$\text{mit } \omega \approx \omega_0\sqrt{1 - \frac{\varepsilon^2}{8}} \text{ und } \varepsilon \ll 1 \quad (6.100)$$

Für $\varepsilon = 0.25$ ist die Schwingfrequenz $\omega = 0{,}996\omega_0$, wobei der relative Oberwellengehalt der Schwingung bereits $k_3 \approx 3{,}1\%$, $k_5 \approx 0{,}16\%$ beträgt.

Methode der harmonischen Balance

Bei der *Methode der harmonischen Balance* wird die periodische Lösung der *quasilinearen* Differentialgleichung in Form einer *Fourierreihe* angenommen. Mit diesem Verfahren lassen sich Näherungslösungen allerdings *nur* für den stationären Zustand des Oszillators angeben. Es gibt viele Varianten dieser Methode. Es sei bemerkt, dass die - im Bereich der Regelungstechnik oft eingesetzte *Methode der Beschreibungsfunktionen* - ebenfalls als eine Implementierung der Methode der harmonischen Balance anzusehen ist. Am Beispiel der van der Polschen Differentialgleichung (Gl. 6.85) soll die prinzipielle Vorgehensweise bei dieser Methode kurz erläutert werden. Der Einfachheit halber wird die normierte Zeitvariable $\tau = \omega_0 t$ eingeführt. Die van der Polsche Differentialgleichung hat somit die Form:

$$\ddot{x} + \varepsilon \cdot (x^2 - 1)\dot{x} + x = 0 \tag{6.101}$$

wobei $\dot{x}$ jetzt die Ableitung nach der normierten Zeit bedeutet. Die erste Näherungslösung wird demnach als der einfachste Ansatz nach Fourier in der Form

$$x(\tau) = a\cos k\tau; \quad \dot{x} = -ak\sin k\tau; \quad \ddot{x} = -ak^2\cos k\tau \tag{6.102}$$

gewählt. Setzt man Gl. 6.102 in Gleichung 6.101 ein, so erhält man

$$\left(-k^2 + 1\right)a\cos k\tau - \varepsilon ak\left(\frac{a^2}{4} - 1\right)\sin k\tau - \frac{\varepsilon a^3 k}{4}\sin 3k\tau = 0 . \tag{6.103}$$

Nach Vernachlässigung der dritten Oberwelle erhält man wegen der *harmonischen Balance*: $k = 1$ bzw. $a = 2$. Man erkennt, dass die erste Näherungslösung mit der Lösung nach der Mittelungsmethode für $t \to \infty$ (also im stationären Zustand des Systems) übereinstimmt. Im nächsten Abschnitt wird gezeigt, dass die van der Polsche Differentialgleichung bei kleinen ε - Werten zur Beschreibung der meisten LC-Oszillatorschaltungen mit Amplitudenbegrenzung geeignet ist.

6.3.4 LC-Oszillator-Grundschaltungen

LC-Oszillator

LC-Oszillatoren spielen in der Regel im Bereich der Hoch- und Höchstfrequenztechnik – von einigen MHz bis in den GHz Bereich – oft als spannungsgesteuerte *Oszillatoren (voltage controlled oscillators*, VCO) eine wichtige Rolle.

Zu den ältesten LC-Oszillatorschaltungen gehört der s.g. Meißner Oszillator, der bereits im Jahre 1913 – damals noch in Röhrentechnik – realisiert worden ist.

6.3 Oszillatoren

Es handelt sich dabei um einen selektiven Verstärker mit *transformatorischer Rückkopplung*. Abbildung 6.44 zeigt die Prinzipschaltung des mit einem bipolaren Transistor aufgebauten Meißner-Oszillators.

Transformatorische Rückkopplung

Wegen der bipolaren Spannungsversorgung wird der Arbeitspunkt des Transistors einfach durch Stromgegenkopplung mit Hilfe von R_e eingestellt. Um die Schwingbedingung zu erfüllen, wird die 180° Phasendrehung des Verstärkers bei der Resonanzfrequenz durch die Phasenverschiebung zwischen Primär- und Sekundärwicklung (L - L_s) des Übertragers kompensiert.

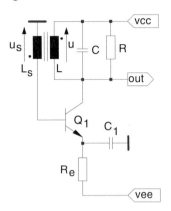

Abbildung 6.44
Meißner Oszillator

Durch die Punkte an den gekoppelten Induktivitäten wird die gleiche Polarität der Anschlüsse gekennzeichnet. Die Primärwicklung L des Transformators stellt gleichzeitig das frequenzbestimmende Element des LC-Schwingkreises dar. Mit dem (nicht eingebauten) Widerstand R werden die unvermeidbaren Verluste der reaktiven Bauelemente berücksichtigt. Das Übersetzungsverhältnis des Transformators wird so gewählt, dass die Schleifenverstärkung des Systems bei der Resonanzfrequenz größer als Eins ist. Die Begrenzung der Amplitude der Schwingung erfolgt entweder durch die nichtlineare Eingangskennlinie, oder durch die ausgangsseitige Übersteuerung des Transistors, wobei die Kollektor-Basis-Diode in jeder Schwingperiode kurzzeitig leitend wird. Beide Begrenzungsarten können bei dieser einfachen Schaltung zu einem verhältnismäßig hohen Oberwellengehalt der Schwingung führen. Zu große Übersteuerung wird durch die entsprechende Wahl der Übersetzung

$$\left|\frac{u_s}{u}\right| = |\ddot{u}| = \frac{M}{L} \approx \frac{\sqrt{L_s L}}{L} = \sqrt{\frac{L_s}{L}} = \frac{N_s}{N} \qquad (6.104)$$

vermieden. Hierbei ist M die Gegeninduktivität, N bzw. N_s die Windungszahl der Primär- bzw. der Sekundärwicklung des Übertragers.

Die Schwingfrequenz des Oszillators wird näherungsweise durch die Resonanzfrequenz des *LC*-Kreises bestimmt:

$$f_o \approx \frac{1}{2\pi\sqrt{LC}} \qquad (6.105)$$

Spannungsteiler-rückkopplung Wird die transformatorische Rückkopplung durch eine *Spannungsteilerrückkopplung* ersetzt, so erhält man die s.g. Dreipunktschaltungen. Bei der kapazitiven Dreipunktschaltung (Colpitts-Oszillator) wird die Kapazität C, bei der induktiven Dreipunktanordnung (Hartley-Oszillator) wird die Induktivität L als Spannungsteiler aufgebaut.

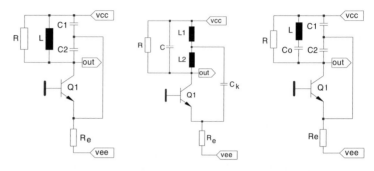

Abbildung 6.45 Dreipunktschaltungen;
a) Kapazitive Dreipunktschaltung
b) Induktive Dreipunktschaltung in Basisschaltung
c) Clapp-Oszillator

a) Colpitts-Oszillator b) Hartley-Oszillator c) Clapp-Oszillator

Der Einfluss der Transistorkapazitäten kann bei der Clapp-Schaltung verringert werden. Die Schaltung ist die Modifikation der Colpitts-Schaltung, wobei die Induktivität L durch die Reihenschaltung einer Induktivität und eines Kondensators $C_0 \ll C_1; C_0 \ll C_2$; ersetzt wird (Abbildung 6.45 c).

Wesentlich bessere Eigenschaften erzielt man mit den Grundschaltungen, wenn der (einstufige) Verstärker durch einen Differenzverstärker ersetzt wird. (Abbildung 6.46)

Abbildung 6.46 Meißner-Oszillator
a) mit bipolarem Differenzverstärker,
b) mit MOS-Differenzverstärker

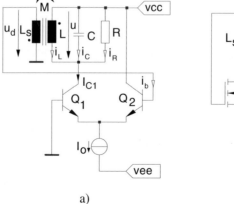
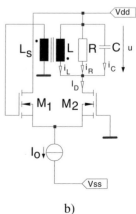

a)   b)

6.3 Oszillatoren

Man betrachte beispielsweise die Schaltung des Meißner-Oszillators nach Bild 6.46a).

Die Transferkennlinie des Differenzverstärkers wird im Bereich

$-75mV < u < 75mV$

(I_o=0.3mA) nach Gleichung 6.6 durch ein Polynom dritten Grades angenähert:

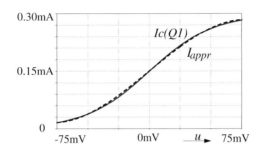

Abbildung 6.47 Transferkennlinie eines bipolaren Differenzverstärkers (Näherung gestrichelt dargestellt)

$$I_{c1} = \frac{I_0}{2}\left[1+\tanh\left(\frac{u_d}{2U_T}\right)\right] \approx \frac{I_0}{2} + S_1 \cdot u_d - S_3 \cdot u_d^3. \quad (6.106)$$

Vernachlässigt man den Basisstrom, so lässt sich die Differentialgleichung der Schaltung leicht aufstellen. Man erhält nach einer Zwischenrechnung (mit S_1=2,6mA/V; S_3=145mA/V³):

$$\frac{d^2u}{dt^2} + \frac{1}{LC}\left(\frac{L}{R} - S_1 M + 3S_3 \frac{M^3}{L^3} \cdot u\right)\frac{du}{dt} + \frac{u}{LC} = 0 \quad (6.107)$$

wobei $u = \frac{L}{M}u_d$; mit $M \approx \sqrt{L \cdot L_s}$.

Führt man die Abkürzungen nach Gleichung 6.109 ein, so erhält man auch für diese Oszillatorschaltung die autonome, nichtlineare Differentialgleichung nach van der Pol:

$$\ddot{x} + \varepsilon \cdot (x^2 - 1)\omega_0 \dot{x} + \omega_0^2 x = 0 \quad (6.108)$$

$$U_N = \sqrt{\frac{S_1\frac{M}{L} - \frac{L}{R}}{3S_3\left(\frac{M}{L}\right)^3}}; \quad \omega_0 = \frac{1}{\sqrt{LC}}$$

$$\varepsilon = \omega_0 L\left(S_1\frac{M}{L} - \frac{1}{R}\right) = \sqrt{\frac{L}{C}}\left(S_1\frac{M}{L} - \frac{1}{R}\right) \quad (6.109)$$

$$x = \frac{u}{U_N}; \quad \dot{x} = \frac{dx}{dt}; \quad \ddot{x} = \frac{d^2x}{dt^2}; \quad \ddot{u} = \frac{M}{L}.$$

Für die mit NMOS Transistoren aufgebaute Schaltung gelten im Prinzip die gleichen Beziehungen. Abbildung 6.48 zeigt als Beispiel die Transferkennlinie eines NMOS-Differenzverstärkers mit typischen Parameterwerten (L=5µm; W=15µm; VTO=1.83V; IS=200e-18A; KP=50µA/V^2) im Aussteuerungsbereich -2V < u < 2V (bei gleichem Arbeitspunkt von I_0=0.3mA), wobei S_1=100µA/V; S_3=8µA/V^3.

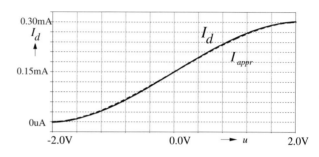

Abbildung 6.48
Transferkennlinie eines NMOS-Differenzverstärkers

Colpitts-Oszillator

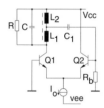

Hartley-Oszillator

Es ist leicht nachzuweisen, dass alle mit Differenzverstärkern aufgebauten Oszillatoren in guter Näherung mit der van der Polschen Differentialgleichung beschrieben werden können, solange die Amplitudenbegrenzung durch die nichtlineare Transferkennlinie im quasilinearen Aussteuerungsbereich realisiert wird. Bei den Dreipunktschaltungen wird die Übersetzung $\ddot{u}$ durch das Verhältnis der Kapazitäten (C_1, C_2) bzw. Induktivitäten (L_1, L_2) eingestellt. Die Schwingfrequenz wird aus Gleichung 6.105 berechnet, wobei

$$C = \frac{C_1 C_2}{C_1 + C_2} \text{ für Colpitts, } L = L_1 + L_2 \text{ für Hartley}$$

und

$$\frac{1}{C} = \frac{1}{C_1} + \frac{1}{C_2} + \frac{1}{C_0} \text{ für den Clapp-Oszillator gilt.}$$

Mit Hilfe der Gleichungen 6.84, 6.98, 6.100 und 6.109 können die Oszillatorschaltungen den Forderungen entsprechend (Schwingamplitude, Oberwellengehalt) dimensioniert werden.

6.3.5 Spannungsgesteuerte LC-Oszillatoren (VCO)

Spannungsgesteuerter LC-Oszillator

Die im vorangegangenen Abschnitt behandelten Oszillatorschaltungen lassen sich insbesondere im Hinblick auf Hochfrequenzanwendungen, weiter vereinfachen. Abbildung 6.49 zeigt Prinzipschaltungen für eine positive bzw. negative Spannungsversorgung. Die Besonderheit dieser mit Differenzverstärker aufgebauten Schaltungen liegt darin, dass die Mitkopplung durch eine direkte Verbindung realisiert wird. Man kann beispielsweise die Schaltung nach 6.49a) auch so interpretieren, dass das Signal vom Kollektor des Transistors Q1 durch einen

6.3 Oszillatoren

Emitterfolger (Q2) als *Impedanztransformator* an den Emitter von Q1 zurückgeführt wird. Man bezeichnet diesen Oszillatortyp oft als emittergekoppelten Oszillator, die mit MOS Transistoren aufgebaute Schaltung (Bild 6.49b) als sourcegekoppelten LC-Oszillator.

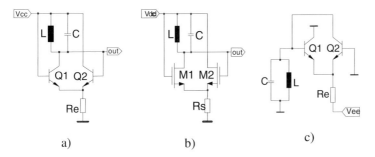

Abbildung 6.49
a),c) Emittergekoppelte Oszillatoren
b) Sourcegekoppelter Oszillator

Die Prinzipschaltung wurde als integrierter, *Low Power* Hochfrequenzoszillator von der Fa. Motorola unter der Bezeichnung MC12149 realisiert. Bild 6.50 zeigt eine typische Anwendung der integrierten Schaltung als spannungsgesteuerter LC-Oszillator (*Voltage Controlled Oscillator*). Zusammen mit dem integrierten Baustein MC12202 lässt sich ein 1,1GHz PLL-Subsystem realisieren. Der Oszillator ist für den Frequenzbereich von 200MHz bis 1,3 GHz bei einer Versorgungsspannung von 2,7V bis 5,5V konzipiert. Die typische Stromaufnahme beträgt ca. 15mA, bei 3V Speisespannung.

MC12149 Voltage Controlled Oscillator

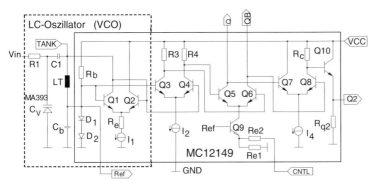

Abbildung 6.50
Emittergekoppelter, spannungsgesteuerter Oszillator (VCO) mit MC 12149 der Fa. Motorola [6.36]

Die Schwingfrequenz des Oszillators wird mit Hilfe der Varaktordiode MA393 der Fa. Matsushita verändert. Die Sperrschichtkapazität eines *pn*-Übergangs kann aus

$$C_V = C_{j0}\left(1 - \frac{V_{in}}{V_D}\right)^{-p} \tag{6.110}$$

Sperrschichtkapazität

berechnet werden (siehe Kapitel 1 Gleichungen 1.14, 1.36 bzw. 1.37). Im Spannungsbereich von $-4V < V_{in} < -1V$ kann die C_V-V_{in} Kennlinie bei dieser Diode in guter Näherung als linear betrachtet werden. Die Kapazitätsänderung beträgt ca. 3,7pF<C_V <11pF. L_T wurde durch eine Multilayer-Chip-Induktivtät realisiert. Die Schwingfrequenz des Oszillators wird neben L_T, C_V und den MD-HF-Kondensatoren auch durch die parasitäre Kapazität C_p bzw. Induktivität L_p der Anordnung beeinflusst:

$$f_o \approx \frac{1}{2\pi\sqrt{LC}}; \quad \text{wobei} \quad C = \frac{C_i C_b}{Ci + C_b};$$
$$\text{mit} \quad C_i = \frac{C_1 C_V}{C_1 + C_V} + C_p; \quad \text{und} \quad L = L_T + L_p. \tag{6.111}$$

Drei weitere Differenzverstärkerstufen sorgen dafür, dass die Ausgangsspannung des VCO von den Eingängen (Prescaler) des angeschlossenen PLL-Synthesizer-Blocks entkoppelt wird. Am CNTL Eingang lässt sich die Ausgangsamplitude verändern. Die Konversionskonstante K_v des VCO beträgt ca. 20MHz/V.

Bei vielen Anwendungen in der Telekommunikation (z.B. bei den UMTS spezifizierten QPSK Modulationsverfahren) ergibt sich die Forderung nach differentiellen Ausgangssignalen des spannungsgesteuerten Oszillators. Abbildung 6.51 zeigt den Weg der prinzipiellen Entstehung der differentiellen Implementierung aus einem sourcegekoppelten LC-Oszillator.

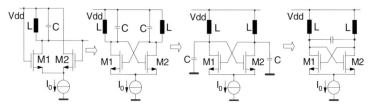

Abbildung 6.51 Differentielle Schaltung des LC-Oszillators

In [6.24] wird über einen voll-integrierten, spannungsgesteuerten Oszillator im 4GHz-Band für Mobilfunksysteme der 3. Generation unter Verwendung eines 0,12um CMOS-Prozesses berichtet (UMTS Spezifikation), der nach diesem Prinzip arbeitet. Der symmetrische Aufbau einerseits und die Verwendung von PMOS Transistoren andererseits machten es möglich, dass der Oszillator trotz des differentiellen Ausganges (out, $\overline{\text{out}}$) mit nur einem LC-Schwingkreis auskommt (Abbildung 6.52a). Abbildung 6.52b zeigt die realisierte Schaltung des VCO, wobei auch die Induktivitäten auf dem Chip integriert wurden (*planare Spiralspule*). Zur Verstimmung (tune-Anschluß) der Oszillatorfrequenz sind die mitintegrierten MOS-Varaktoren (*Mvar1*, *Mvar2*) eingesetzt. In Abhängigkeit des verwendeten Prozesses erzielt man bei MOS-Varaktoren eine maximale Kapazitätsänderung von 2,5

6.3 Oszillatoren

bei einer Güte von ca. 20. Die Leistungsaufnahme des VCO beträgt 1,65mW.

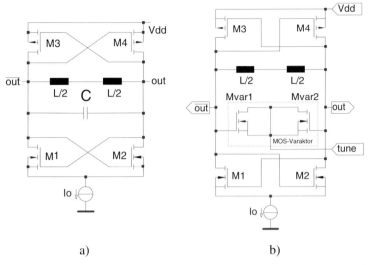

Abbildung 6.52
a) Komplementär CMOS Oszillator
b) VCO Realisierung

Eine SiGe BiCMOS Schaltungsvariante des spannungsgesteuerten Oszillators mit differentiellem Ausgang wird in [6.23] vorgestellt. Abbildung 6.53 zeigt die Prinzipschaltung des in B7HFC Technologie (Infineon [6.45]) realisierten 5GHz VCO für WLAN Anwendungen mit einer Leistungsaufnahme von 9mW. Bemerkenswert ist bei dieser Technologie, dass für die Transitfrequenz der NPN-Transistoren etwa 75GHz erreicht werden kann.

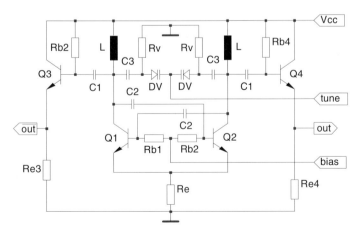

Abbildung 6.53
SiGe BiCMOS 5GHz VCO mit differentiellem Ausgang [6.23]

Die Versorgungsspannung des VCO beträgt 3V. Die AC-gekoppelten Emitterfolger arbeiten als 50Ω Ausgangstreiber.

6.3.6 RC-Oszillatoren

RC-Oszillator Bei LC-Oszillatoren würden die Bauteile für Frequenzen < 10kHz sehr groß werden. Bei tiefen Frequenzen verwendet man deshalb Oszillatoren nach dem Prinzip der mitgekoppelten Verstärker (siehe Abb. 6.42), bei denen die frequenzabhängige Rückkopplung durch RC-Netzwerke realisiert wird. Für RC-Rückkopplungsnetzwerke kommen Schaltungen mit Resonanzcharakter (wie bei einem Schwingkreis) in Frage. Da passive RC-Netzwerke im Vergleich zu LC-Schwingkreisen allerdings eine sehr geringe Güte aufweisen (maximal 0.5), muss für eine akzeptable Frequenzkonstanz der Phasengang des Rückkopplungsnetzwerkes bei der Oszillatorfrequenz (Phasenbedingung) einen steilen Nulldurchgang haben.

6.3.6.1 Wien-Brücken Oszillator

Wien-Brücken Oszillator Bei dem *Wien-Brücken Oszillator* wird das frequenzabhängige Netzwerk durch eine Wien-Robinson-Brücke realisiert (Abb. 6.54a).

Abbildung 6.54
a) Wien-Robinson Brücke
b) Phasengang der Brücken-Übertragungs-Funktion

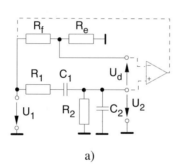
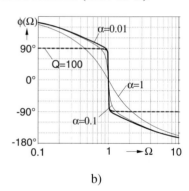

a)

b)

Es wird angenommen, dass $R_1 = R_2 = R$ und $C_1 = C_2 = C$. Dies entspricht in der Regel auch den praktischen Realisierungen. Die Übertragungsfunktion des RC-Netzwerkes:

$$\beta(j\omega) = \frac{U_2}{U_1} = \frac{j\omega CR}{1 - \omega^2 (CR)^2 + 3j\omega CR} \quad (6.112)$$

weist bei der Resonanzkreisfrequenz (gewünschte Oszillatorfrequenz)

$$\omega_0 = \frac{1}{RC} \quad (6.113)$$

6.3 Oszillatoren

eine Phasenverschiebung von Null und eine Dämpfung von $\beta(\omega_0) = 1/3$ auf. Es wird angenommen, dass der Verstärker keinen zusätzlichen Phasenbeitrag verursacht. Aus der Schwingbedingung folgt demnach, dass im idealen Fall durch das Gegenkopplungsnetzwerk eine dreifache Verstärkung eingestellt werden muss.

$$\frac{U_d}{U_1} = \frac{R_e}{R_e + R_f} = \frac{1}{3} \qquad (6.114)$$

Die Brücke darf jedoch nicht abgeglichen werden, da wegen der Schwingbedingungen eine unendlich hohe Verstärkung nach Gl. 6.80 erforderlich wäre. Man wählt deshalb $R_f = 2R_e + \alpha$, wodurch die Brücke geringfügig verstimmt wird. Setzt man diese Bedingung in Gleichung 6.114 ein, und arbeitet man mit der normierten Frequenz Ω

$$\frac{U_d}{U_1} = \frac{R_e}{R_e + 2R_e + \alpha} = \frac{1}{3+\alpha}; \quad \Omega = \frac{\omega}{\omega_0} \qquad (6.115)$$

so erhält man für die Brücken-Übertragungsfunktion:

$$H_B = \frac{U_2}{U_1} - \frac{U_d}{U_1} = \frac{j\omega CR}{1-\omega^2(CR)^2 + 3j\omega CR} - \frac{1}{3+\alpha}$$

$$H_B(j\Omega) = -\frac{1}{3+\alpha} \frac{1-\Omega^2 - j\alpha\Omega}{1-\Omega^2 - 3j\Omega}. \qquad (6.116)$$

Aus Gleichung 6.116 ergibt sich schließlich der Phasengang der Brückenübertragungsfunktion:

$$\varphi(\Omega) = \arctan \frac{(\Omega^2-1)(3+\alpha)\Omega}{(\Omega^2-1)^2 - 3\alpha\Omega^2}. \qquad (6.117)$$

Der Phasengang wurde in Bild 6.54 für $\alpha=0,01$; $\alpha=0,1$ und $\alpha=1$ dargestellt. Bemerkenswert ist die Tatsache, dass die Phasensteilheit der verstimmten Wien-Brücke in der Nähe der Resonanzfrequenz bei $\alpha=0,01$ der Phasensteilheit eines LC-Schwingkreises bei einer Güte von 100 entspricht (im Bild gestrichelt dargestellt). Da die für die Verstimmung notwendigen Widerstände sich nicht mathematisch genau einstellen lassen, muss einer der beiden Widerstände in Abhängigkeit der Schwingamplitude geregelt werden. Eine einfache Realisierungsmöglichkeit wird in Abb. 6.55 angegeben [6.1]. Zum Brückenwiderstand R_e wird ein Feldeffekttransistor J_1 in Reihe geschaltet, dessen Kanalwiderstand durch das gleichgerichtete Ausgangssignal verändert wird (siehe auch Kapitel 1). Die Amplitude der Ausgangsspannung hängt im Wesentlichen von den Schaltungsparametern des Feldeffekttransistors ab.

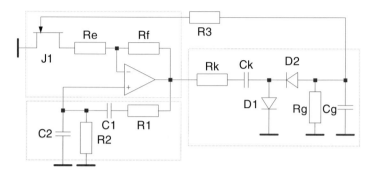

Abbildung 6.55 Wien-Brücken Oszillator mit Amplitudenregelung

Abbildung 6.56 zeigt eine günstigere Lösung zur Amplitudenstabilisierung. Hier wird der Betrag der Ausgangsspannung des Oszillators mit einem Zweiweggleichrichter gebildet und sein Mittelwert mit einer Referenzspannung verglichen. Die Ausgangsamplitude ergibt sich zu [6.1]:

$$U_a \approx \frac{\pi}{2} U_{ref} . \qquad (6.118)$$

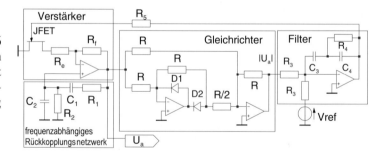

Abbildung 6.56 Wien-Brücken Oszillator mit Präzisionsamplitudenstabilisierung

6.3.6.2 Synthese nichtlinearer Schwingsysteme

Bei den bisher behandelten nichtlinearen Oszillatorschaltungen ergaben sich Signale, die neben der harmonischen Grundschwingung auch Oberwellen, d.h. Verzerrungen enthielten. Es stellt sich allgemein die Frage, wie man nichtlineare Schwingungssysteme mit vorgegebenem Zeitverhalten entwickeln kann. Im Folgenden sollen die Ausführungen auf solche dynamischen Systeme zweiter Ordnung mit einem Freiheitsgrad eingeschränkt werden, die durch gewöhnliche Differentialgleichungen beschrieben werden können. Dies entspricht einem System von zwei Differentialgleichungen erster Ordnung in der Form:

6.3 Oszillatoren

$$\frac{dx_1}{d\tau} = G_1(x_1, x_2); \quad \frac{dx_2}{d\tau} = G_2(x_1, x_2); \quad \text{mit} \quad \tau = \omega t \quad (6.119)$$

wobei x_1 und x_2 die normierten Zustandsvariablen des Systems sind. Sind der Einfachheit halber

$$x_1(\tau) = x_1(\tau + 2\pi); \quad \text{und} \quad x_2(\tau) = x_2(\tau + 2\pi) \quad (6.120)$$

die geforderten stationären, periodischen Lösungen des Gleichungssystems 6.119, so stellen sie nach Eliminierung der normierten Zeit τ in der Zustandsebene den zu Gl. 6.119 gehörigen *Grenzzyklus* dar: Grenzzyklus

$$c(x_1, x_2) = q$$

Es wird dabei vorausgesetzt, dass $c(x_1, x_2) > 0$ (mit Ausnahme eines Punktes $P(u,v)$, wo $c(u, v)=0$) eine stetige, eindeutige und differenzierbare Funktion ist. Man definiert eine Hilfsfunktion in Form

$$C(x_1, x_2) = c(x_1, x_2) - q . \quad (6.121)$$

Mit Hilfe der qualitativen Theorie der nichtlinearen Differentialgleichungen kann nachgewiesen werden [6.16], dass das folgende System der Differentialgleichungen

$$\begin{pmatrix} \dfrac{dx_1}{d\tau} \\ \dfrac{dx_2}{d\tau} \end{pmatrix} = \begin{pmatrix} f_{11}(x_1, x_2) \cdot C(x_1, x_2) & f_{12}(x_1, x_2) \\ -f_{12}(x_1, x_2) & f_{22}(x_1, x_2) \cdot C(x_1, x_2) \end{pmatrix} \begin{pmatrix} \dfrac{dC}{dx_1} \\ \dfrac{dC}{dx_2} \end{pmatrix} \quad (6.122)$$

einen *stabilen Grenzzyklus* nach Gl. 6.121 besitzt, wenn die geeignet stabiler gewählten Funktionen f_{11} und f_{22} negativ definit sind. Die Spezialfälle Grenzzyklus $f_{11} = 0; f_{22} \neq 0$ oder $f_{22} = 0; f_{22} \neq 0$ sind jedoch erlaubt. Die Stabilität der stationären Lösungen wird durch die Bestimmung der Funktion f_{12} gewährleistet. Differenziert man die Funktionen in Gleichung 6.120, so erhält man nach Eliminieren der Zeit eine Funktion

$$F(\dot{x}_1, \dot{x}_2) = 0 . \quad (6.123)$$

Setzt man Gleichung 6.122 in Gleichung 6.123 unter der Berücksichtigung, dass im stationären Fall $C(x_1, x_2) = 0$ ein, so lässt sich die unbekannte Funktion f_{12} bestimmen.

Es ist leicht einzusehen, dass durch die entsprechende Wahl der Funktionen f_{11} und f_{22} sowohl die Bedingung hinsichtlich der stabilen stationären periodischen Lösungen, als auch die für das Einschwingverhalten gestellten Forderungen erfüllt werden können.

Beispiel 1: Gesucht ist das System der Differentialgleichungen, deren Lösungen im stationären Fall *exakt* zwei phasenverschobene Sinusschwingungen sind.

$$x_1(\tau) = \sin(\tau) \text{ und } x_2(\tau) = \sin(\tau + \varphi)$$
$$\dot{x}_1(\tau) = \cos(\tau) \text{ und } \dot{x}_2(\tau) = \cos(\tau + \varphi)$$
(6.124)

Man erhält nach Eliminieren der normierten Zeit für die Funktionen:

$$C(x_1, x_2) = x_1^2 + x_2^2 - 2x_1 x_2 \cos\varphi - \sin^2\varphi$$
$$F(\dot{x}_1, \dot{x}_2) = \dot{x}_1^2 + \dot{x}_2^2 - 2\dot{x}_1 \dot{x}_2 \cos\varphi - \sin^2\varphi$$
(6.125)

Wählt man für die Funktionen $f_{11} = 0$ und $f_{22} = -\varepsilon/2$ (wobei ε eine beliebige positive Zahl ist), so erhält man aus Gleichung 6.125

$$f_{12} = \frac{1}{2\sin\varphi}$$
(6.126)

und somit für das System der zwei Differentialgleichungen:

$$\frac{dx_1}{d\tau} = \frac{1}{\sin\varphi}(x_2 - x_1 \cos\varphi)$$
$$\frac{dx_2}{d\tau} = \frac{1}{\sin\varphi}(x_2 \cos\varphi - x_1)$$
$$-\varepsilon(x_2 - x_1 \cos\varphi)(x_1^2 + x_2^2 - 2x_1 x_2 \cos\varphi - \sin^2\varphi).$$
(6.127)

Grenzzyklus des Zweiphasen-Oszillators $C(x_1, x_2) = 0$

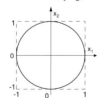

Wählt man $\varphi = \pi/2$, so geht Gleichung 6.127 in die bekannte Differentialgleichung [6.26] des nichtlinearen *Zweiphasenoszillators* über, der exakt eine Sinus- bzw. Cosinusschwingung erzeugt:

$$\dot{x}_1 = x_2$$
$$\dot{x}_2 = -x_1 - \varepsilon(x_1^2 + x_2^2 - 1)x_2$$
(6.128)

Führt man die neue Variable $x_1 = x$ ein, so erhält man aus Gl. 6.128 die nichtlineare, normierte, autonome Differentialgleichung zweiter Ordnung des Zweiphasenoszillators:

$$\ddot{x} + \varepsilon(x^2 + \dot{x}^2 - 1)\dot{x} + x = 0.$$
(6.129)

Man erkennt die Verwandtschaft mit der van der Polschen Differentialgleichung, der Unterschied liegt beim nichtlinearen Dämpfungskoeffizienten. Die van der Polsche Differentialgleichung hat nur für kleine

ε - Werte (quasilineares System) eine näherungsweise sinusförmige Schwingung. Gleichung 6.129 liefert dagegen im stationären Fall unabhängig von ε exakte sinus- bzw. cosinusförmige Schwingungen mit der normierten Amplitude $\hat{x} = 1$, da der Dämpfungskoeffizient in jedem Zeitpunkt Null wird. Eine schaltungstechnische Realisierung dieses Oszillators wird im nächsten Abschnitt angegeben.

Beispiel 2: Man erhält analog für ein System, dessen Lösungen im stationären Fall *exakt* zwei um $\pi/2$ phasenverschobene Dreieckschwingungen darstellen (Zweiphasen-Dreieckoszillator), folgende Differentialgleichungen [6.25]:

Grenzzyklus des Dreieckoszillators $C(x_1, x_2) = 0$

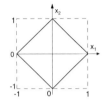

$$\begin{aligned} \dot{x}_1 &= \text{sign}(x_2) \\ \dot{x}_2 &= -\text{sign}(x_1) - \varepsilon(|x_1| + |x_2| - 1)\text{sign}(x_2) \end{aligned} \quad (6.130)$$

Eine schaltungstechnische Realisierung wird im Abschnitt 6.4 Funktionsgeneratoren behandelt.

6.3.6.3 Zweiphasenoszillatoren

Die schaltungstechnische Realisierung von Differentialgleichungen kann auch dadurch erfolgen, dass man die Gleichungen mit Hilfe von Differenzierern, Integratoren, Summierern, Multiplizierern – wie bei den Analogrechnern – *programmiert*. Man bezeichnet solche Realisierungen oft als *Analogrechner-Oszillatoren* [6.1]. Eine andere Bezeichnung *State Variable Oscillator* (wie beim Filterentwurf) basiert auf der Entwurfsmethode in der Zustandsebene. Die programmierte Differentialgleichung wird dann mittels integrierten Operationsverstärkern, Multiplizieren bzw. mit anderen Multifunktionsmodulen realisiert. Man kann in der Schaltungstechnik besser integrieren als differenzieren. Deshalb werden die Differentialgleichungen durch Integratoren programmiert. Da mit Operationsverstärkern aufgebaute Integratoren (siehe Kapitel 3) Widerstände und Kondensatoren enthalten, gehört diese Realisierung zur Gruppe der RC-Oszillatoren.

Zweiphasenoszillator

Analogrechner-Oszillator

State Variable Oscillator

Abbildung 6.57 zeigt die Prinzipschaltung der programmierten Realisierung der Differentialgleichung nach Gl. 6.129 (exakt sinusförmig schwingender Oszillator). Der obere gestrichelt eingerahmte Teil der Schaltung stellt die Realisierung eines linearen Oszillators $\ddot{x} = -x$ dar, wobei sich die von den Zeitkonstanten der Integratoren abhängige Resonanzfrequenz durch die Verwendung von zwei Vierquadrantenmultiplizierern verändern lässt (Frequenzmodulation).

Man kann anstelle von Analog-Multiplizierern auch Vierquadrant-Multiplizierende *DA-Umsetzer* verwenden und erhält dann einen digital-gesteuerten (*Digital Controlled*) oder programmierbaren (*pro-*

Digital Controlled Oscillator

grammable) Oszillator. Im unteren Teil der Schaltung wurde der nichtlineare Dämpfungsterm $\varepsilon(x^2+\dot{x}^2-1)\dot{x}$ mit drei weiteren Multiplizierern realisiert. Mit der Steuerspannung U_{amp} kann die Amplitude der Schwingung eingestellt werden. Man erhält somit für die Schwingfrequenz und Schwingamplitude (x-Ausgang):

$$f_0 = \frac{KU_f}{2\pi RC}; \quad \hat{U} = \sqrt{K \cdot U_{amp}}. \tag{6.131}$$

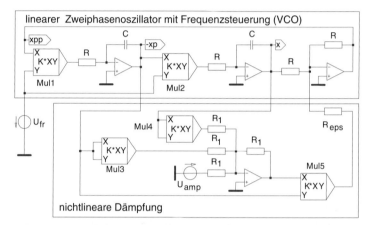

Abbildung 6.57 Zweiphasenoszillator mit Frequenzsteuerung.

Obwohl die oben beschriebene Schaltung theoretisch exakt sinusförmige Schwingungen liefert, enthält die Schwingung durch die nichtidealen Eigenschaften der verwendeten integrierten Vierquadranten-Multiplizierer insbesondere bei höheren Frequenzen wieder Oberwellen.

Eine Sinusschwingung mit sehr kleinem Klirrfaktor lässt sich dadurch günstiger realisieren, indem man die Amplitude des linearen Zweiphasenoszillators mit einer speziellen schnellen Amplitudenregelung einstellt. Es wurde bereits gezeigt, dass die Amplitude des linearen Oszillators nur von den Anfangsbedingungen abhängt. Die Grundidee dieser Regelung besteht darin, dass man die Anfangsbedingungen des Oszillators quasi nach jeder Periode neu einstellt. In jeder Periode der Schwingung wird die durch die positive oder negative Dämpfung verlorene oder zugewonnene Energie des Systems durch die Energie eines zugeführten kleinen positiven oder negativen Impulses kompensiert. Den prinzipiellen Aufbau der praktischen Realisierung zeigt Abbildung 6.58. Das Steuersignal für die Impulse wird mit Hilfe eines Fensterkomparators erzeugt. Um die Übersteuerung der Komparatoreingänge zu vermeiden, wird das Eingangssignal jeweils mit zwei antiparallel geschalteten Dioden begrenzt. Die Ausgangsspannung von OP1 wird beim Verstärker OP4 mit der Referenzspannung verglichen

6.3 Oszillatoren

und die verstärkte Differenz über den vom Fensterkomparator gesteuerten P-Kanal JFET Schalter an den Eingang des Summenintegrators geführt. Mit dem Widerstand R_{dn} wird eine kleine negative Dämpfung eingestellt, damit der Oszillator sicher anschwingt.

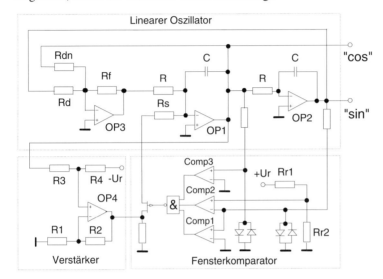

Abbildung 6.58
Zweiphasensinusoszillator mit schneller Amplitudenregelung und mit sehr kleinem Klirrfaktor

Die durch die schnelle Amplitudenregelung entstandene minimale Verzerrung kann noch weiter verringert werden, wenn gewährleistet wird, dass der Mittelwert der zu- bzw. abgeführten Energie Null wird. Dies kann durch einen zusätzlichen *langsamen* Regelkreis erreicht werden. Die Frequenz des Oszillators lässt sich hier auch digital steuern, wenn man vor die Integratoren jeweils einen multiplizierenden DA-Umsetzer schaltet. Um einen großen Frequenzbereich durchstimmen zu können, werden die frequenzbestimmenden Kondensatoren mit Hilfe von Reed-Relais zugeschaltet. Unter Verwendung von schnellen Operationsverstärkern und Komparatoren können sinus- bzw. cosinusförmige Spannungen mit einem Klirrfaktor $k < 0.01\%$ im Frequenzbereich $10Hz < f < 200kHz$ bei einer Schwingamplitude von einigen Volt erzielt werden.

6.3.7 Quarzoszillatoren

Wenn Oszillatoren mit besonders hoher Frequenzstabilität benötigt werden, setzt man einen Schwingquarz als frequenzbestimmendes Element anstelle von LC- oder RC-Netzwerken in die Oszillatorschaltungen ein. Bei einem Schwingquarz (piezoelektrischer Kristall) kann man mit elektrischen Feldern mechanische Schwingungen erzeugen, deren Frequenzkonstanz um mehrere Zehnerpotenzen größer ist, als die von Schwingkreisen. Man kann einen Schwingquarz hinsichtlich

Symbol des Schwingquarzes

seiner elektrischen Eigenschaften jedoch wie einen Schwingkreis betrachten (Abbildung 6.59).

Abbildung 6.59
Ersatzschaltbild des Schwingquarzes

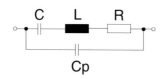

Die Parameter des Ersatzschaltbildes sind: L die dynamische Induktivität, R Verlustwiderstand, C die serielle Kapazität und C_p die Parallelkapazität, die von den Elektroden und Zuleitungen gebildet wird.

Nach dem Ersatzschaltbild (unter Vernachlässigung von R) besitzt der Schwingquarz eine Serien- und eine Parallelresonanz:

$$f_s = \frac{1}{2\pi\sqrt{LC}}; \quad \text{und} \quad f_p = \frac{1}{2\pi\sqrt{LC}}\sqrt{1+\frac{C}{C_p}} \approx f_s\left(1+\frac{1}{2C_p}\right). \quad (6.132)$$

Ein 1MHz Quarz hat beispielsweise folgende Parameter:

$$L = 1,6\text{H}; \quad C = 0,016\text{pF}; \quad R = 60\Omega; \quad C_p = 16\text{pF}.$$

Mit diesen Werten ergibt sich eine äquivalente Güte von

$$Q = \frac{1}{R}\sqrt{\frac{L}{C}} = 1.67 \cdot 10^5.$$

Ein Quarzkristall lässt sich auch auf Oberwellen erregen. Im Frequenzbereich bis ca. 30MHz werden Quarze bei der Grundfrequenz betrieben. Sie werden als *Grundwellen-Quarzoszillatoren* bezeichnet. Oberhalb von 30MHz bis ca. 300MHz werden Quarze in Oberwellenerregung eingesetzt. Hierfür muss ein selektiver Verstärker eingesetzt werden, dessen Verstärkung bei der gewünschten Oberwelle ein Maximum besitzt (*Oberwellen Quarzoszillatoren*). Abbildung 6.60 zeigt eine kleine Zusammenstellung von Prinzipschaltungen für Grundwellen-Quarzoszillatoren. Wird ein geringer Leistungsbedarf gefordert (Uhren, Mikroprozessoren), so verwendet man oft die s.g. Pierce-Schaltung. Sie kann mit Bipolartransistoren (Abbildung 6.60a), mit selbstleitenden JFET, oder mit CMOS Invertern (Abbildung 6.60c) realisiert werden. Prinzipiell können alle Dreipunktschaltungen zur Realisierung von Quarzoszillatoren verwendet werden. Abbildung 6.60d zeigt einen Colpitts - Quarzoszillator mit Bipolartransistor, Abbildung 6.60e eine mit JFET aufgebaute Schaltungsvariante. In Abbildung 6.60f wird der emittergekoppelte Quarzmultivibrator dargestellt. Von der Halbleiterindustrie werden komplette Quarzoszillatormodule in einem Frequenzbereich von 1MHz . . . 60MHz in verschiedenen Ausführungen zur Verfügung gestellt, mit denen problemlos TTL, CMOS oder ECL Schaltungen direkt angesteuert werden können.

Grundwellen-Quarzoszillator

Oberwellen-Quarzoszillator

6.3 Oszillatoren

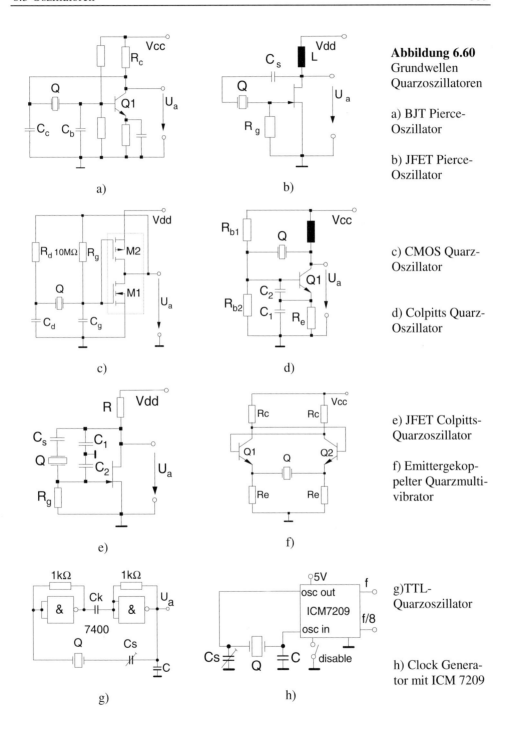

Abbildung 6.60 Grundwellen Quarzoszillatoren

a) BJT Pierce-Oszillator

b) JFET Pierce-Oszillator

c) CMOS Quarz-Oszillator

d) Colpitts Quarz-Oszillator

e) JFET Colpitts-Quarzoszillator

f) Emittergekoppelter Quarzmultivibrator

g) TTL-Quarzoszillator

h) Clock Generator mit ICM 7209

6.4 Funktionsgeneratoren

Funktions-
generator

Bei der Gruppe der *Funktionsgeneratoren* (Relaxationsoszillatoren) steht die Kurvenform im Mittelpunkt des Schaltungsentwurfs. Sie werden sowohl in der Digitaltechnik (Taktgeneratoren) als auch in der Telekommunikation (VCO bei DPLL) bzw. in der Messtechnik (Funktionsgeneratoren, Impulsgeneratoren, Referenzoszillatoren, Spektrumanalysatoren) eingesetzt.

6.4.1 Relaxationsschwingungen

Man betrachte die Schaltung eines RC-Oszillators nach Abb. 6.61a.

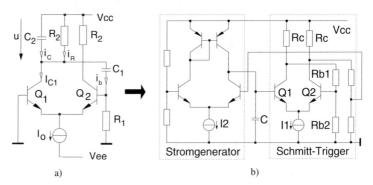

Abbildung 6.61
a) RC-Oszillator mit Differenzverstärker,
b) Prinzip des Dreieckgenerators

Es lässt sich zeigen, dass die Schaltung mit den Abkürzungen (unter Verwendung von Gl. 6.106)

$$\omega_0 = \frac{1}{R_1 C_1 R_2 C_2}; \quad U_N^2 = \frac{S_1 R_1 R_2 C_2 - R_1 C_1 - R_2 C_2 - R_1 C_2}{3 S_3 R_1 R_2 C_2};$$

$$x = \frac{u}{U_N}; \quad \varepsilon = S_1 \sqrt{R_1 R_2} \sqrt{\frac{C_2}{C_1}} - \sqrt{\frac{R_1 C_1}{R_2 C_2}} - \sqrt{\frac{R_2 C_2}{R_1 C_1}} - \sqrt{\frac{R_1 C_2}{R_2 C_1}} \qquad (6.133)$$

ebenfalls mit der van der Polschen Differentialgleichung beschrieben werden kann ($\ddot{x} + \varepsilon \cdot (x^2 - 1)\dot{x} + x = 0$). Es stellt sich noch die Frage, wie verhält sich das Schwingsystem, wenn ε sehr große Werte annimmt ($\varepsilon \to \infty$). Führt man die Substitution $y = x$, $\dot{y} = \dot{x}$ ein, so erhält man nach Integration der van der Polschen Differentialgleichung die Rayleigh-Differentialgleichung:

$$\ddot{y} + \varepsilon \cdot \left(\frac{\dot{y}^2}{3} - 1\right) \dot{y} + y = 0. \qquad (6.134)$$

6.4 Funktionsgeneratoren

Setzt man $y = \varepsilon x_1$, $\tau = \varepsilon \tau_1$, so geht Gleichung 6.134 in

$$\frac{1}{\varepsilon^2}\frac{d^2 x_1}{d\tau_1^2} - \left(\frac{dx_1}{d\tau_1} - \frac{1}{3}\left(\frac{dx_1}{d\tau_1}\right)^3\right) + x_1 = 0 \qquad (6.135)$$

über, und schließlich erhält man mit $x_2 = \dfrac{dx_1}{d\tau_1} = \dot{x}_1$ für $\varepsilon \to \infty$

$$a)\ \frac{1}{\varepsilon^2}\frac{dx_2}{dx_1} = \frac{x_2 - \frac{1}{3}x_2^3 - x_1}{x_2} \quad \to \quad b)\ x_1 = x_2 - \frac{1}{3}x_2^3. \qquad (6.136)$$

Gleichung 6.136b stellt die Lösung in der $(x_2 - x_1)$-Zustandsebene dar. Den zeitlichen Verlauf der Lösung der Rayleigh-Differentialgleichung (Gl. 6.134) zeigt Abbildung 6.62a. Man erkennt, dass der Übergang von der fast idealen harmonischen Lösung (quasilineareres System, $\varepsilon \ll 1$) zur näherungsweise rechteck- bzw. dreieckförmigen Schwingung bei $\varepsilon = 10$ fließend ist. Der fast rechteckförmige Grenzzyklus wird in Abbildung 6.62b dargestellt.

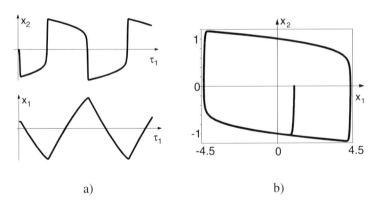

Abbildung 6.62
Lösung der Rayleigh-Differentialgleichung für $\varepsilon = 10$;
a) Der zeitliche Verlauf
b) Grenzzyklus in der Zustandsebene

Abbildung 6.63a zeigt die theoretische Lösung in der Zustandsebene für $\varepsilon \to \infty$. Dieser Fall tritt praktisch auf, wenn in der Schaltung des RC Oszillators nach Abbildung 6.61a der Wert des Kondensators C_1 gegen Null geht.

In der Literatur bezeichnet man oft solche nichtharmonischen Schwingungen als *Relaxationsschwingungen*. Im Grenzfall lässt sich auch die Periode der Relaxationsschwingung (nach Integration) angeben. Man erhält für den Fall, dass $R_1 = R_2 = R$ und $C_1 \to 0$

Relaxationsschwingungen

$$T = 1{,}614RC_2\left(S_1R - 2\right) \qquad (6.137)$$

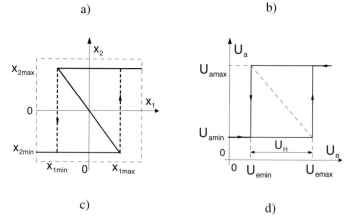

Abbildung 6.63
a), b), c) Grenzzyklen und d) Übertragungskennlinie eines Schmitt-Triggers

bipolarer Stromgenerator

Schmitt-Trigger

Um exakte *Dreieck-Rechteck-Schwingungen* zu generieren, geht man von einem idealisierten Grenzzyklus nach Bild 6.63b oder 6.63c aus. Bei der praktischen Realisierung trennt man also die Funktionen der Originalschaltung, wie in Bild 6.61b gezeigt wurde. Ein Differenzverstärker mit aktiver Last (siehe Kapitel 2) stellt eigentlich einen *bipolaren Stromgenerator* (Konstantstromquelle) dar, da die Polarität des Ausgangsstromes durch die differentielle Eingangsspannung des Verstärkers verändert werden kann. Die Prinzipschaltung besteht demnach aus einem steuerbaren bipolaren Stromgenerator und einem Schmitt-Trigger (siehe Abschnitt 6.4.2), der durch seine Übertragungskennlinie den gewünschten Grenzzyklus realisiert [6.17]. Die Kapazität C wird mit dem Strom I_2 solange geladen bzw. entladen, bis die entsprechende Triggerschwelle erreicht wird. Nach Erreichen einer Triggerschwelle kippt der Ausgang des Schmitt-Triggers um (Rechteckspannung) und schaltet somit auch die Polarität des Konstantstromgenerators um. Würde man anstelle des bipolaren Stromgenerators zwei unterschiedliche vom Schmitt-Trigger geschaltete Stromquellen für den Lade- bzw. Entladevorgang einsetzen, so erhielte man asymmetrische Dreiecksignale (Sägezahn) bzw. Rechteckspannungen

6.4 Funktionsgeneratoren

mit unterschiedlichem Tastverhältnis. Man bezeichnet deshalb diese Oszillatoren als Funktionsgeneratoren.

Eine andere Möglichkeit Dreieck-Rechteckgeneratoren mit Schmitt-Triggern aufzubauen besteht darin, entweder die Ausgangsspannung des Schmitt-Triggers *direkt*, oder eine konstante Spannung, deren Polarität vom Schmitt-Trigger-Ausgang gesteuert wird, an den Eingang eines Integrators zu legen. Solche Schaltungen werden in den nächsten Abschnitten behandelt.

6.4.2 Schmitt-Trigger

Die Grundschaltung eines mit bipolaren bzw. mit MOS-Transistoren aufgebauten Schmitt-Triggers zeigt Abbildung 6.64a) und b).

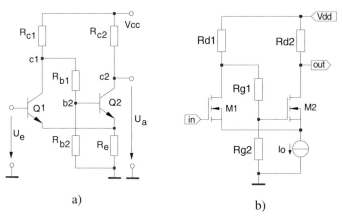

Abbildung 6.64 Schmitt-Trigger Schaltungen a) bipolare und b) MOS Realisierung

Man betrachte die Schmitt-Trigger Schaltung nach Bild 6.64a). Unter der Voraussetzung, dass der Basisstrom der Transistoren vernachlässigt werden kann, lassen sich die Triggerschwellen der Anordnung leicht berechnen. Man erhält nach einer Zwischenrechnung:

$$U_{e\min} = k \cdot V_{CC} \left(\frac{1 + \dfrac{R_{c1} \cdot U_{BE0}}{R_e \cdot V_{CC}}}{1 + \dfrac{kR_{c1}}{R_e}} \right) \text{ mit } k = \frac{R_{b2}}{R_{b1} + R_{b2} + R_{c1}}$$

Triggerschwellen des Schmitt-Triggers

(6.138)

$$U_{e\max} = k \cdot V_{CC}; \quad U_{a\min} = V_{CC}\left(k - \frac{U_{BE0}}{V_{CC}}\right); \quad U_{a\max} = V_{CC}$$

wobei $U_{BE0} \approx 0{,}7\,\text{V}$.

Für die Schalthysterese des Schmitt-Triggers ergibt sich dann:

Schalthysterese
$$U_H = U_{e\max} - U_{e\min} = k^2 \cdot V_{CC} \frac{R_{c1}}{R_e} \frac{\left(1 - \frac{U_{BE0}}{V_{CC}}\right)}{1 + \frac{kR_{c1}}{R_e}}. \quad (6.139)$$

Wird anstelle des Emitterwiderstandes R_e ein Konstantstromgenerator I_0 eingesetzt, so ergibt sich für die Parameter des Schmitt-Triggers:

$$U_{e\min} = k \cdot (V_{CC} - R_{c1} I_0) \text{ mit } k = \frac{R_{b2}}{R_{b1} + R_{b2} + R_{c1}}$$

$$U_{e\max} = k \cdot V_{CC}; \; U_{a\min} = V_{CC} - R_{c2} I_0; \; U_{a\max} = V_{CC} \quad (6.140)$$

$$U_H = U_{e\max} - U_{e\min} = k R_{c1} I_0$$

Gleichung 6.140 gilt sinngemäß auch für die MOS-Realisierung, wenn man für

$$R_{c1} \to R_{d1}; \; R_{c2} \to R_{d2}; \; R_{b1} \to R_{g1}; \; R_{b2} \to R_{g2}; \; V_{CC} \to V_{DD}$$

einsetzt.

Bei vielen digitalen integrierten Schaltungen werden Schmitt-Trigger nach diesem Prinzip realisiert. Bild 6.65 zeigt den typischen Aufbau eines TTL Gatters mit Schmitt-Trigger-Eingang. (Beispiel: SN74132).

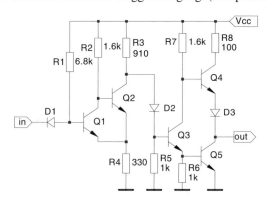

Abbildung 6.65
TTL-Gatter mit Schmitt-Trigger-Eingang

Schmitt-Trigger lassen sich einfach auch mit Operationsverstärkern bzw. mit integrierten Komparatoren realisieren. Abbildung 6.66 zeigt eine invertierende (Übertragungskennlinie wie in Bild 6.63b) bzw. eine nichtinvertierende (Übertragungskennlinie nach Bild 6.63c) Schaltung.

6.4 Funktionsgeneratoren

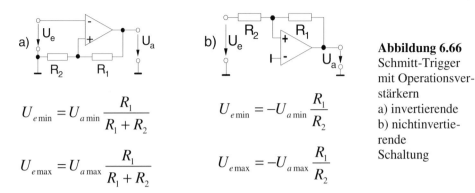

Abbildung 6.66 Schmitt-Trigger mit Operationsverstärkern
a) invertierende
b) nichtinvertierende Schaltung

$$U_{e\min} = U_{a\min} \frac{R_1}{R_1 + R_2} \qquad U_{e\min} = -U_{a\min} \frac{R_1}{R_2}$$

$$U_{e\max} = U_{a\max} \frac{R_1}{R_1 + R_2} \qquad U_{e\max} = -U_{a\max} \frac{R_1}{R_2}$$

Die Schalthysterese der beiden Schaltungen ergibt sich zu:

$$U_{Hinv} = (U_{a\max} - U_{a\min}) \frac{R_1}{R_1 + R_2}$$
$$U_{Hni} = -(U_{a\max} - U_{a\min}) \frac{R_1}{R_2}$$
(6.141)

6.4.3 Funktionsgeneratoren mit steuerbarer Frequenz

Bei den Funktionsgeneratoren lässt sich die Schwingfrequenz in der Regel leicht verändern (*voltage controlled oscillator*, VCO).

6.4.3.1 Funktionsgenerator mit Operationsverstärker

Eine mit einem invertierenden Integrator und mit nichtinvertierendem Schmitt-Trigger aufgebaute Schaltung zeigt Abbildung 6.67 [6.1].

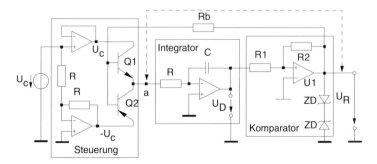

Abbildung 6.67 Spannungsgesteuerter Funktionsgenerator (VCO)

Würde man den Ausgang des Komparators (Schmitt-Trigger) mit dem Eingang des Integrators (Punkt a) direkt verbinden (gestrichelte Linie), so erhielte man einen Festfrequenzgenerator. Die Amplitude der

Dreieckspannung $\hat{U}_D$ wird durch die Schalthysterese des Schmitt-Triggers U_H bestimmt. Die Ausgangsspannung des Komparators ist wegen der Zenerdioden symmetrisch:

$$U_{R\max} = -U_{R\min} \approx U_Z + U_F = \hat{U}_R$$

wobei U_Z die Durchbruchspannung oder Z-Spannung, $U_F \approx 0{,}7V$ die Spannung im Durchlassbereich der Zenerdioden ist. Es gilt somit:

$$\hat{U}_D = \frac{|U_H|}{2} = \hat{U}_R \frac{R_1}{R_2}. \tag{6.142}$$

Der Kondensator C wird von $-\hat{U}_D$ auf $\hat{U}_D$ mit dem Strom $\hat{U}_R/R$ geladen bzw. von $\hat{U}_D$ auf $-\hat{U}_D$ entladen, bis die entsprechende Triggerschwelle erreicht wird. Die Schwingfrequenz des einfachen Funktionsgenerators beträgt deshalb:

Schwingfrequenz des einfachen Funktionsgenerators

$$f = \frac{\hat{U}_R}{2 \cdot R \cdot C \cdot 2\hat{U}_D} = \frac{1}{RC} \frac{R_2}{4R_1}. \tag{6.143}$$

Die Frequenz des Funktionsgenerators lässt sich durch die Steuerschaltung (Abbildung 6.67, Block Steuerung) verändern. Man schaltet anstelle der Komparatorausgangsspannung eine Steuerspannung U_c an den Eingang des Integrators, deren Polarität durch den Schmitt-Trigger mit Hilfe der Transistoren Q1 und Q2 geändert wird. Damit erhält man für die Schwingfrequenz des spannungsgesteuerten Funktionsgenerators (VCO):

Schwingfrequenz des spannungsgesteuerten Funktionsgenerators (VCO)

$$f = \frac{U_c}{2 \cdot R \cdot C \cdot 2\hat{U}_D} = \frac{1}{RC} \frac{R_2}{4R_1} \frac{U_c}{(U_Z + U_F)}. \tag{6.144}$$

Man erkennt, dass die Frequenz des Funktionsgenerators proportional zur Steuerspannung U_c ist.

6.4.3.2 Funktionsgenerator mit Konstantstromquellen

Erweitert man die Grundschaltung des im Abschnitt 6.4.1 behandelten Dreieckgenerators (Bild 6.61b), so erhält man die vereinfachte Prinzipschaltung eines FM- und AM-modulierbaren Funktionsgenerators [6.17]. Die Schaltung (Abbildung 6.68) besteht aus drei bipolar-gesteuerten Stromgeneratoren gleicher Struktur. Die mit dem Kondensator C abgeschlossene erste bipolare Konstantstromquelle (Q1 - Q4, I_1, links im Bild 6.68) stellt einen bipolaren Integrator dar. Der

6.4 Funktionsgeneratoren

Schmitt-Trigger wird aus einer steuerbaren bipolaren Referenzspannungsquelle (Q5 – Q8, I_{ref}, R_{ref}) und einem Nullkomparator (Q9 - Q12, I_k) aufgebaut. Da der Nullkomparator die Polarität des Ladestromes und das Vorzeichen der Referenzspannung gleichzeitig umschaltet, entsteht eine symmetrische Dreieck- bzw. Rechteckspannung gleicher Amplitude:

$$\hat{U}_D = \hat{U}_R = I_{ref} R_{ref}. \qquad (6.145)$$

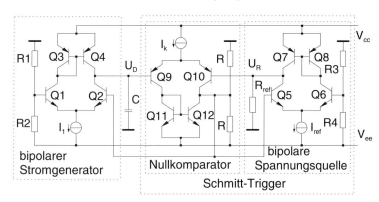

Abbildung 6.68 Modulierbarer Funktionsgenerator mit Stromquellen [6.17]

Die Schwingfrequenz ergibt sich zu

$$f = \frac{1}{4 R_{ref} C} \frac{I_1}{I_{ref}}. \qquad (6.146)$$

Es ist leicht einzusehen, dass die Frequenz des Oszillators durch die Veränderung des Stromes I_1 bei konstantem Referenzstrom I_{ref} gesteuert werden kann (*Current Controlled Oscillator*, CCO).

Current Controlled Oscillator, CCO

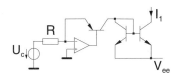

Wird der Strom I_1 mit Hilfe einer Steuerspannung U_c verändert, so erhält man einen spannungsgesteuerten Oszillator (VCO) mit

U-I Umsetzer

$$I_1 \approx U_c / R$$

Werden dagegen I_1 und I_{ref} gleichzeitig (synchron) verändert, so erhält man eine amplitudenmodulierte Dreieck- bzw. Rechteckspannung. Bei den praktischen Realisierungen werden die Stromgeneratoren mit Wilson-Stromspiegeln (siehe Kapitel 2) aufgebaut und der Dreieck- bzw. Rechteckausgang jeweils mit einem Impedanzwandler vom Nullkomparator entkoppelt. Mit Funktionsgeneratoren mit Konstantstromquellen erzielt man Schwingfrequenzen von 0.001Hz bis einigen MHz, wobei die Frequenzänderung (Abstimmbereich, *Sweep Range*) mehrere Dekaden betragen kann.

Abstimmbereich

Sweep Range

6.4.3.3 Integrierte Funktionsgeneratoren

Integrierte Funktionsgeneratoren

Funktionsgeneratoren stehen in monolithisch integrierten Schaltungen zur Verfügung, wie der Baustein LM566C der Fa. National Semiconductor [6.35], NE/SE566 der Fa. Philips Semiconductors [6.32], XR-8038A Precision Waveform Generator der Fa. EXAR [6.41] oder MAX038 High Frequency Waveform Generator der Fa. MAXIM [6.33] um einige Beispiele zu nennen. Diese Module erzeugen in der Regel neben Dreieck- /Rechteckspannungen auch eine sinusförmige Ausgangsspannung (siehe Abschnitt 6.4.3.4 Dreieck-Sinus-Umsetzer). Sie werden als Frequenzmodulatoren, Pulsbreitenmodulatoren, spannungsgesteuerte Oszillatoren (VCO) in PLL-Anwendungen, Frequenz-Synthesizer, FSK-Generatoren, Tongeneratoren oder als Taktgeneratoren eingesetzt. Stellvertretend für diese Schaltungen soll die vereinfachte Prinzipschaltung des Funktionsgenerators LM566C betrachtet werden (Abbildung 6.69).

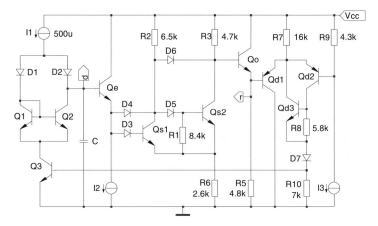

Abbildung 6.69 Vereinfachte Schaltung des Funktionsgenerators LM566C

Funktionsweise: Es wird zunächst angenommen, dass Transistor Q3 gesperrt ist. Der Kondensator C wird durch den – mit einer Spannung U_c steuerbaren – Strom I_1 über die Diode D2 solange geladen, bis seine Spannung die Triggerschwelle des Schmitt-Triggers erreicht. Der Transistor Qe mit I_2 stellt einen Impedanzwandler dar. Der Schmitt-Trigger schaltet dann über einen Emitterfolger nach der Pegelumsetzung Q3 durch, und der Strom I_1 fließt über D1- Q1- Q3 zur Masse ab. Wegen des Stromspiegels Q1- Q2 wird jetzt C über den Transistor Q2 mit I_1 entladen. Der Ladestrom I_1 des spannungsgesteuerten Präzisionsstromgenerators wird mit Hilfe eines externen Widerstandes R eingestellt. Man erhält für die Schwingfrequenz [6.35]

$$f \approx \frac{2.4(V_{cc} - U_c)}{RCU_c}$$

wobei die Bedingungen
$0.75 V_{cc} \leq U_c \leq V_{cc}$ und $2k\Omega \leq R \leq 20k\Omega$ zu erfüllen sind. Die Pinbelegung des Funktionsgenerators LM566C zeigt Bild 6.70. Die maximale Versorgungsspannung ist 24V, die maximale Schwingfrequenz ist bei C=2,7pF und beträgt 1MHz ($\hat{U}_D \approx 1,2V$; $\hat{U}_R \approx 2,7V$).

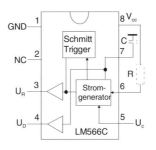

Abbildung 6.70
Pinbelegung des Funktionsgenerators LM 566C

6.4.3.4 Dreieck-Sinus-Umsetzer

Sinusförmige Spannungen können auch aus symmetrischen Dreieckspannungen mit Hilfe eines *Sinus-Funktionsnetzwerkes* (nichtreaktiver Filter, nichtlinearer Sinuswandler, [6.1], [6.7],[6.15], [6.19]) erzeugt werden. Die geforderte Kennlinie des Sinuswandlers ist im Idealfall:

Dreieck-Sinus-Umsetzer
Sinus-Funktionsnetzwerk

$$U_S = \hat{U}_S \sin\left(\frac{\pi}{2}\frac{U_D}{\hat{U}_D}\right) \text{ für } |U_D| \leq \hat{U}_D; \text{ mit } \hat{U}_S = \frac{2}{\pi}\hat{U}_D. \quad (6.147)$$

Die bei den Funktionsgeneratoren meist verwendete Methode beruht auf der stückweisen linearen Approximation der nichtlinearen Übertragungskennlinie. Abbildung 6.71 zeigt die Prinzipschaltung eines Sinuswandlers als Diodennetzwerk für $\hat{U}_D = 5V$ (passend zum Funktionsgenerator nach Bild 6.68), wobei die Kennlinie mit 12 Knickpunkten angenähert wurde.

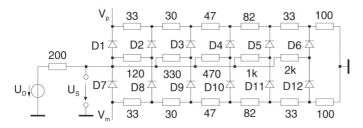

Abbildung 6.71
Dreieck-Sinus-Diodennetzwerk mit 12 Knickpunkten (alle Widerstände in Ohm)

Die entsprechenden Knickspannungen werden aus stabilisierten und einstellbaren Referenzspannungen $V_p = -V_m \approx 2,6V$ mittels zwei Spannungsteilerketten erzeugt, wobei auch die Temperaturabhängigkeit der Diodendurchlassspannungen kompensiert werden kann.

Unter Berücksichtigung der Asymmetrie, des Linearitäts- und Amplitudenfehler des Dreiecksignals lässt sich mit dem behandelten Diodennetzwerk (mit 12 optimal gewählten Stützstellen) in der Praxis ein Klirrfaktor von ca. 1% realisieren.

Abbildung 6.72
Dreieck-Sinuswandler mit JFET

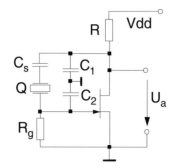

Ein weiterer, sehr einfach aufgebauter Dreieck- Sinus-Wandler basiert auf der nichtlinearen Übertragungskennlinie eines Sperrschichtfeldeffekttransistors. Die Schaltung nach Bild 6.72 ist mit dem N-Kanal JFET 2N3819 realisiert. Die Amplitude der Dreieckspannung (hier ca. 4,5V) hängt von der Abschnürspannung (VTO) des JFET ab.

Die Amplitude der Sinusspannung U_S beträgt etwa 0,9V. Mit dem JFET vom Typ BF244B sollte die Dreiecksignalamplitude ca. 3,5V betragen. Die Amplitude der Sinusspannung beträgt dann 0,7V. Der erreichbare Klirrfaktor bei optimaler Ansteuerung liegt auch unter 2%.

Abbildung 6.73
Dreieck-Sinuswandler mit Differenzverstärker

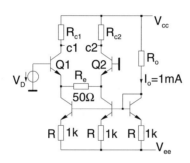

Dreieck - Sinuswandler lassen sich auch mit gegengekoppelten Differenzverstärkern realisieren, wobei die Sinusfunktion durch die nichtlineare Transferkennlinie des linearisierten Verstärkers angenähert wird (siehe auch Abbildung 6.5). Die optimale Annäherung ergibt sich bei $R_e \approx 2U_T / I_o$ [6.19].

Die Amplitude der Dreieckspannung ist ca. $6U_T$, die sinusförmige Ausgangsspannung wird zwischen den beiden Kollektoren abgenommen. Bei der vorliegenden Schaltung beträgt die Amplitude der Sinusspannung ca. 5V bei $R_{c1}=R_{c2}=5,1\mathrm{k}\Omega$. Der Oberwellengehalt der Sinusschwingung ist $k < 1\%$.

6.4.3.5 Zweiphasen Dreieck-Rechteckgenerator

Im Abschnitt 6.3.6.2 wurde bereits die nichtlineare Differentialgleichung (6.130) eines Zweiphasen-Dreieckgenerators behandelt. Mit Hilfe des Prinzips der Funktionsgeneratoren lässt sich das Differentialgleichungssystem auch für $\varepsilon = 0$ nachbilden und realisieren:

$$\begin{aligned} \dot{x}_1 &= \mathrm{sign}(x_2) \\ \dot{x}_2 &= -\mathrm{sign}(x_1) \end{aligned} \quad (6.148)$$

Gleichung 6.148 kann direkt in eine Netzliste für den Schaltungssimulator LTSpice umgesetzt werden.

6.4 Funktionsgeneratoren

```
Zweiphasendreieckgenerator
Eint1 x1   0 VALUE={sdt(V(x1p))+ic1}
Rint1 x1   0 1meg
Eint2 x2   0 VALUE={sdt(V(x2p))+ic2}
Rint2 x2   0 1meg
Esgn1 x1p  0 VALUE={sgn(V(x2))}
Rsgn1 x1p  0 1meg
Esgn2 x2p  0 VALUE={-sgn(V(x1))}
Rsgn2 x2p  0 1meg
.tran 1u 8 0 1m
.param ic1=1 ic2=0
.end
```

LTSpice – Netzliste des idealisierten Differentialgleichungssystems (Gleichung 6.148) für den Zweiphasendreieckgenerator

Die schaltungstechnische Realisierung wird in Abbildung 6.74 dargestellt. Man erkennt den direkten Weg, wie die Netzliste in eine Schaltung umgesetzt wird. Der einzige Unterschied bei der Umsetzung ist der Einsatz des zusätzlichen Widerstandes R_{k3}. Die Gegenkopplung über diesen Widerstand sorgt dafür, dass die Schleife wegen der nichtidealen Eigenschaften der aktiven Bauelemente (Asymmetrie, Offsetfehler) stabilisiert wird [6.1].

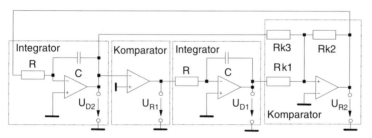

Abbildung 6.74
Zweiphasen Dreieck-Rechteckgenerator

Abbildung 6.75 zeigt den zeitlichen Verlauf der Dreieck- und Rechteckspannungen des Zweiphasengenerators nach Bild 6.74. Anhand der Zeitverläufe lässt sich feststellen, dass die zusätzliche Gegenkopplung auf die Funktionsweise des Zweiphasenoszillators keinen Einfluss hat, da U_{D2} bei den Scheitelwerten von U_{D1} den Wert Null hat, und somit zum Zeitpunkt des Umschaltens die Triggerschwelle des Komparators nicht verändert wird.

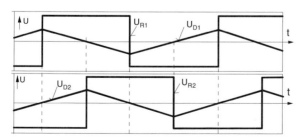

Abbildung 6.75
Zeitlicher Verlauf der Ausgangsspannungen des Zweiphasen-Dreieck-Rechteckgenerators

Wird der Zweiphasen-Dreieck-Rechteckgenerator mit zwei Dreieck-Sinuswandlern ergänzt, so erhält man eine alternative Schaltung eines

Zweiphasen-Sinusgenerators, wobei die aufwendige Amplitudenstabilisierung der Sinusoszillatoren entfällt.

6.4.3.6 Spannungs-Frequenz Umsetzer (VFC)

Voltage to Frequency Converter, VFC

Die bisher behandelten spannungsgesteuerten Funktionsgeneratoren (VCO) können selbstverständlich auch als Spannungs-Frequenz-Umsetzer (*voltage to frequency converter*, VFC) betrachtet werden. Bei den speziellen VFC-Schaltungen steht im Gegensatz zu VCO's nicht die Signalform oder die maximal erreichbare Schwingfrequenz, sondern die Linearität der Spannungs-Frequenz Kennlinie in einem möglichst großen Durchstimmbereich (*wide dynamic range*) im Vordergrund. Solche VFC- Schaltungen – die auch als monolithisch integrierte Schaltungen zur Verfügung stehen – werden oft in der Messtechnik (Digital-Voltmeter, Datenfernübertragung) zusammen mit einem Zähler als einfache Analog-Digital Umsetzer eingesetzt. Abbildung 6.76 zeigt eine einfache, mit Operationsverstärkern aufgebaute Schaltung eines Präzisions-Spannungs-Frequenz Umsetzers [6.31].

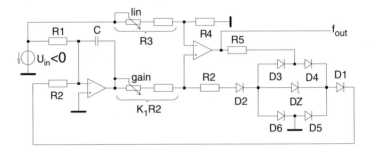

Abbildung 6.76 Präzisions- Spannungs-Frequenz Umsetzer

Die Schaltung arbeitet mit negativer Eingangsspannung U_{in}. Der Kondensator C wird – ähnlich wie beim spannungsgesteuerten Funktionsgenerator (Abschnitt 6.4.3.1) – geladen bzw. entladen, jedoch mit konstanter Entladezeit t_d:

$$t_d = \frac{K_1 \left(U_Z + \frac{U_{in}}{K_2} \right) C}{\frac{U_Z}{R_2} + \frac{U_{in}}{R_1}} = K_1 R_2 C \quad \text{für} \quad R_1 = K_2 R_2 . \quad (6.149)$$

Die Ausgangsfrequenz des Umsetzers ergibt sich zu

$$f_{out} = \frac{|U_{in}|}{R_1 C K_1 U_Z} \quad \text{für} \quad R_1 = K_2 R_2 \quad \text{mit} \quad K_2 = \frac{R_3 + R_4}{R_4} . \quad (6.150)$$

6.4 Funktionsgeneratoren

Bei geeigneter Dimensionierung ist der Linearitätsfehler kleiner als 0.03% über den gesamten Aussteuerbereich von 1:10.000.

6.4.4 Emittergekoppelter Multivibrator

Da bei den mit emittergekoppelten Schmitt-Triggern (Abschnitt 6.4.2) aufgebauten Funktionsgeneratoren die Transistoren im Sättigungsbereich arbeiten, ist die erreichbare maximale Schwingfrequenz stark begrenzt. Für höhere Frequenzen (bis einige Hundert MHz) verwendet man deshalb *emittergekoppelte Multivibratoren*. Die Transistoren werden dabei nicht in die Sättigung ausgesteuert, wodurch die Speicherzeiten in erster Näherung wegfallen. Die Grundschaltung eines emittergekoppelten Multivibrators mit den zugehörigen Spannungsverläufen zeigt Abbildung 6.77 [6.1], [6.3].

Emittergekoppelter Multivibrator

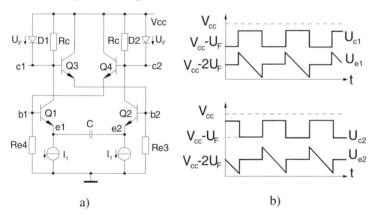

Abbildung 6.77
a) Grundschaltung eines emittergekoppelten Multivibrators
b) Spannungsverläufe

Es wird vorausgesetzt, dass der Strom I_1 groß genug ist, um die Dioden D1 und D2 zu öffnen. Die Basisströme werden vernachlässigt, die Basis-Emitter-Spannungen der leitenden Transistoren sind gleich: $U_{BE}=U_F$. Es sei zunächst angenommen, dass Q1 sperrt und Q2 leitet. Dann ist das Basispotential von Q1 und das Emitterpotential von Q2: $U_{b1} = U_{e2} = V_{CC} - 2U_F$. Solange Q1 sperrt, fließt der Strom I_1 durch den Kondensator C und der Emitter von Q1 wird immer negativer. Q1 wird dann leitend, wenn sein Emitter um $3U_F$ unterhalb von V_{CC} liegt. Da das Basispotential von Q2 um U_F abfällt, sperrt Q2 und sein Kollektor liegt auf V_{CC}. Damit springt aber das Emitterpotential von Q1 auf $U_{e1} = V_{CC} - 2U_F$ und von Q2 (über C) auf $U_{e2} = V_{CC} - U_F$. Nun fließt der Strom des rechten Stromgenerators über den Kondensator solange, bis das Emitterpotential von Q2 um $3U_F$ unterhalb von V_{CC} liegt. Durch den symmetrischen Aufbau der Schaltung lässt sich die Ladung des Kondensators während einer halben Periode berechnen:

$$Q = I_1 \frac{T}{2} = C \cdot \Delta U = C \cdot 2U_F. \tag{6.151}$$

Daraus folgt für die Schwingfrequenz des Multivibrators:

$$f = \frac{1}{T} = \frac{I_1}{4CU_F}, \tag{6.152}$$

wobei U_F die Durchlassspannung der Dioden ist. Mit Hilfe der Spannungsverläufe (Bild 6.77 b) lässt sich leicht feststellen, dass die Spannung am Kondensator C eine symmetrische Dreieckspannung mit der Amplitude von U_F ist.

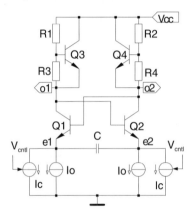

Abbildung 6.78
Emittergekoppelter Multivibrator als VCO der integrierten PLL-Schaltung XR215A

Emittergekoppelte Multivibratoren werden bei vielen integrierten PLL-Schaltungen als spannungsgesteuerte Oszillatoren (VCO) eingesetzt. Im Abschnitt 6.2.6.1 wurden bereits einige Applikationen mit der integrierten Schaltung XR215A der Fa. EXAR behandelt. Der spannungsgesteuerte Oszillator wurde mit einem emittergekoppelten Multivibrator nach Abbildung 6.78 realisiert.

Die obere Grenze der Schwingfrequenz liegt bei ca. 25MHz, und über den Steuereingang (V_{cntl}) kann die Frequenz im Verhältnis von 8:1

Sweep Range   verändert (*Sweep Range*) werden.

Bei PLL-Anwendungen ist die Frequenzstabilität des Oszillators von großer Bedeutung. Aus Gleichung 6.152 folgt:

$$\frac{1}{f}\frac{df}{dT} = \frac{1}{I_1}\frac{dI_1}{dT} - \frac{1}{U_F}\frac{dU_F}{dT} - \frac{1}{C}\frac{dC}{dT}. \tag{6.153}$$

Um eine akzeptable Temperaturenabhängigkeit (Frequenzstabilität) zu erzielen, werden zur Temperaturkompensation der Durchlass-Spannungen der Dioden (bzw. der Basis-Emitter-Spannungen) bei den praktischen Realisierungen aufwendige Konstantstromgenerator-Schaltungen verwendet.

Als typisches Beispiel hierfür zeigt Abbildung 6.79 den VCO-Ausschnitt der ersten monolithisch-integrierten PLL-Schaltungsserie NE560, NE561, NE562 [6.3].

6.4 Funktionsgeneratoren

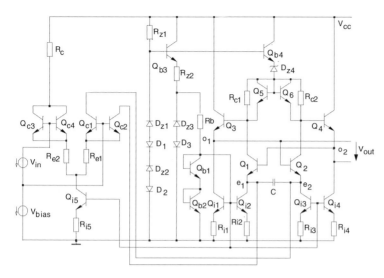

Abbildung 6.79
VCO der PLL- IC
NE560B [6.3]

Eine detaillierte Analyse der Schaltung ist in [6.3] angegeben.

Abbildung 6.80 zeigt eine modifizierte Schaltung des emittergekoppelten Multivibrators, die in der monolithisch integrierten PLL FSK Demodulator/Tone Decoder Schaltung XR2211A der Fa. EXAR eingesetzt wurde [6.41]. Die Schaltung ist so ausgelegt, dass die Freilauffrequenz des Oszillators aus

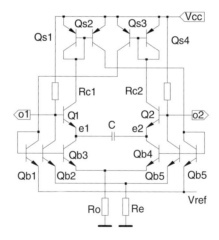

Abbildung 6.80
VCO des PLL-Demodulator IC
XR2211A der Fa.
EXAR [6.41]

$$f_0 = \frac{1}{CR_0}$$

berechnet wird.

6.4.5 Digitale Funktionsgeneratoren

Bei der digitalen Wellenformsynthese wird der im Prinzip beliebige Verlauf der periodischen Signalform zahlenmäßig beschrieben und die Ausgangsgröße analog oder digital ausgegeben. Das Blockschaltbild eines digitalen Funktionsgenerators zeigt Abbildung 6.81. Das Taktsignal des Zählers – der die Periode einer Schwingung quantisiert – wird mit Hilfe eines Oszillators erzeugt, dessen Frequenz durch den programmierbaren Frequenzteiler stufenweise verändert werden kann.

Der Zähler adressiert den ROM oder RAM-Speicher, wo die entsprechenden *Abtastwerte* der zu erzeugenden Signalform zu jedem Zeitschritt einer Periode abgespeichert sind. Das Ausgangssignal des Speichers stellt bereits den digitalen Ausgang dar. Das digitale Signal wird dann mit Hilfe eines multiplizierenden ADU in ein analoges Signal umgesetzt. Ein nachgeschalteter Tiefpassfilter kann die unerwünschten Frequenzanteile beseitigen.

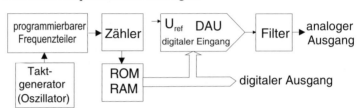

Abbildung 6.81 Blockschaltbild eines digitalen Funktionsgenerators

Bedingt durch die stürmische Entwicklung der hochintegrierten digitalen Schaltkreise, stehen in den letzten Jahren spezielle, integrierte DDS – (*Direct-Digita-Synthesizer*) Schaltungen zur Verfügung, die zur digitalen Erzeugung von Sinus/Cosinus – Schwingungen auch für höhere Frequenzen bestens geeignet sind. In diese Gruppe gehören die CMOS *Complete DDS-* Schaltungen AD9831, AD9851 oder AD9854 des Herstellers Analog Devices [6.30]. Beim AD9854 DDS-IC handelt es sich um einen *NCO (Numeric-Controlled-Oszillator)* mit einer internen Taktfrequenz (*Master Clock*) von 300MHz. Die Einstellung der Frequenz erfolgt mittels eines 32 Bit Frequenzwortes. Der Baustein verfügt über zwei Ausgangskanäle, deren Phasenbeziehung frei programmierbar ist. Das analoge Ausgangssignal – dessen Amplitude ebenfalls frei programmierbar ist – wird mit Hilfe eines 10Bit DAU erzeugt. Die Haupteinsatzgebiete dieser DDS Bausteine liegen neben der Erzeugung von frequenzstabilen Sinussignalen im Bereich der digitalen Kommunikation (SSB Upconversion von Quadrature DDS Signalen im 800MHz – 2500MHz Bereich).

DDS
Direct-Digital-Synthesizer

NCO
Numeric-Controlled-Oscillator

6.5 Literatur

[6.1] Tietze, U., Schenk, Ch.: *Halbleiter Schaltungstechnik.* Springer Verlag, Berlin/Heidelberg, 2002

[6.2] Seifart, M.: *Analoge Schaltungen.* Verlag Technik Berlin, 1996

[6.3] Gray, P.R., Meyer, R.G.: *Analysis and design of analog integrated circuits.* John Wiley&Sons, Inc. New York, 1993

[6.4] Schubert, Th. F., Kim, E. M.: *Active and non-linear electronics.* John Wiley & Sons, Inc. New York, 1996

[6.5] Laker, K. R., Sansen, W.M.: *Design of analog integrated circuits and Systems.* McGraw-Hill, Inc. New York, 1994
[6.6] Johns, D., Martin, K.: *Analog integrated circuit design.* John Wiley & Sons, Inc. New York, 1997
[6.7] Horowitz, P., Hill, W.: *The art of electronics.* Cambridge University Press, Cambridge/New York, 1990
[6.8] Ehrhardt, D.: *Integrierte analoge Schaltungstechnik.* Vieweg-Verlag, Braunschweig/Wiesbaden, 2000
[6.9] Meyer, M.: *Kommunikationstechnik.* Vieweg Verlag Wiesbaden, 1999
[6.10] Best, R. E.: *Phase Locked Loops.* McGraw-Hill New York London Tokyo, 1997
[6.11] Wolaver, D. H.: *Phase-Locked Loop Circuit Design.* P T R Prentice Hall, Englewood Cliffs, New Jersey, 1991
[6.12] Van der Pol, B.: *Nonlinear theory of electric oscillations.* Proc. IRE 22 (1934) S.1051-1086
[6.13] Andronov, A.A., Witt, A.A., Chaikin, S,E.: *Theorie der Schwingungen.* Berlin, Akademie Verlag, 1965
[6.14] Bogoljubov, N.,N., Mitropolski, J.,A: *Asymptotische Methoden in der Theorie der nichtlinearen Schwingungen.* Akademie Verlag Berlin, 1965
[6.15] Philippow, E.: *Nichtlineare Elektrotechnik.* Akademische Verlagsgesellschaft Geest&Portig K.-G. Leipzig, 1971
[6.16] Palotas, L.: *Exakte Synthese nichtlinearer Oszillatoren (Nemlineáris oscillátorok egzakt szintézise).* Hiradástechnika, XXV, (1974) 11 S. 366-371
[6.17] Palotas, L., Simon, G.: *Ein Beitrag zum Entwurf von über mehrere Dekaden modulierbaren spannungsgesteuerten Oszillatoren.* VII. Int. Konferenz über nichtlineare Schwingungen, Akademie Verlag Berlin, Band II, 2, Jahrgang 1977 Nr. 6N, S. 191 – 200
[6.18] Irving, M., Gottlieb, P.E.: Practical Oscillator Handbook. Newnes Oxford Boston, 1997
[6.19] Kurz, G., Mathis, W.: *Oszillatoren.* Hütig Buch Verlag Heidelberg, 1994
[6.20] Rhea, R. W.: *Oscillator Design & Computer Simulation.* McGraw-Hill New York London Tokyo, 1998
[6.21] Razavi, B.: *RF Microelectronics.* Prentice Hall, 1998
[6.22] Andreani, P., Mattisson, S.: *On the Use of MOS Varactor in RF VCO.* Journal of Solid-State Circuits, Juni 2000
[6.23] Klepser, B.-U., Tränkle, G.: *SiGe BiCMOS Voltage-Controlled Oscillators and Phase-Locked-Loop Frequency Synthesiser for 5 GHz Wireless LAN Applications.* Analog 2002, GMM Fachbericht 38, VDE Verlag Berlin und Offenbach GmbH, 2002, S. 133 – 138

[6.24] Konstanznig, G., Pappenreiter, Weigel, R., Kepler, J.: *Design eines voll-integrierten spannungsgesteuerten Oszillators mit 1,65 mW Leistungsaufnahme im 4 GHz – Band für Mobilfunksysteme der 3. Generation unter Verwendung eines 0.12µm CMOS-Prozesses*. Analog 2002, GMM Fachbericht 38, VDE Verlag Berlin und Offenbach GmbH, 2002, S. 311–316

[6.25] Genin, R., Jezequel, Genin, J.: *Simplified method for generating precise triangular waves*. Electronics Letters, 1978, Vol. 14 Nr. 6

[6.26] Fujita, H.: *On a nonlinear but perfectly sinusoidal oscillator*. Proc. Fijihara Mem. Fac. Engng. Keio University (Tokyo) 16 (1964) Nr. 61 pp 29-34

[6.27] Graf, R.F.: *Oscillator Circuits*. Newnes Boston Oxford, 1997

Links:

[6.28] http://www.cadence.com, *PSpice Reference Manual 2001*

[6.29] http://www.linear.com, *Data Sheets, LTSpice (swcadiii, 2003), DN7-1*

[6.30] http://www.analog.com, *Analog Dialogue*, 33-3, 33-5, 33-7

[6.31] http://www.burr-brown.com, *Data Sheets*

[6.32] http://www.philips.de, *Data Sheets, AN189*

[6.33] http://www.maxim-ic.com, *Data Sheets*

[6.34] http://www.ti.com, *Data Sheets, SDLA005B, ICAN8823, SDLS155, SCAA033A, SLAA011B, SCHS297C*

[6.35] http://www.national.com, *Data Sheets, AN-46, AN-006*

[6.36] http://www.motorola.com, *MECL, Data Sheets, AN1410, AN535, AN827*

[6.37] http://www.onsemi.com, *Data Sheets, AN1410/D, MCH12140/D, MC100EP40/D, AND8040/D*

[6.38] http://www.st.com (SGS-Thompson Microelectronics), *Data Sheets*

[6.39] http://www.harris.com, *SCHA002, SCHA003*

[6.40] http://www.faichildsemi.com, *Data Sheets*

[6.41] http://www.exar.com, *Datasheets, XR215Av101*

[6.42] http://www.americanmicrosemi.com, *Data Sheets*

[6.43] http://www.uta.fi, *VCO Design*

[6.44] http://www.electronics-tutorials.com, *Oscillators*

[6.45] http://www.infineon.de

Kapitel 7

Digitaltechnik

von Klaus Fricke
unter Mitarbeit von Bernd Heil[*]

7.1 Einführung

Die Digitaltechnik erzielt ihre Bedeutung aus der Beschränkung auf 2 Signalzustände. Man betrachtet nur die logischen Werte 0 und 1, die jeweils einem Spannungspegelbereich zugeordnet sind, der Low bzw. High genannt wird. Dies bezeichnet man als *positive Logik*. Die umgekehrte Zuordnung heißt *negative Logik*.

positive und negative Logik

Die Verarbeitung der Spannungspegel geschieht in Bauelementen, die durch ihre stark nichtlineare Kennlinie eine Verbesserung der *Störsicherheit* bewirken. In Abbildung 7.1 ist als Beispiel die Kennlinie eines Inverters gezeigt. Liegt die Eingangsspannung in den durch Low_e oder $High_e$ gekennzeichneten Bereichen, so liegt die Ausgangsspannung in den Bereichen $High_a$ bzw. Low_a. Der Abstand zwischen diesen Bereichen ist der Störabstand U_s. Er ist ein Maß dafür, wie gut sich ein Spannungspegel den logischen Größen 0 und 1 zuordnen lässt.

Störsicherheit

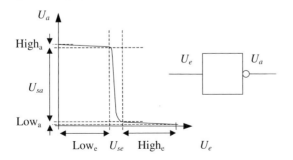

Abbildung 7.1 Übertragungskennlinie eines Inverters und Schaltsymbol

---

[*] Dipl.-Ing. Bernd Heil ist wissensch. Mitarbeiter an der Fachhochschule Fulda

Man erkennt, dass sich der Störabstand am Ausgang U_{sa} gegenüber dem Störabstand am Eingang U_{se} verbessert hat. Daher können beliebig viele Gatter aneinandergereiht werden, ohne den Störabstand zu verschlechtern. Dazu müssen allerdings einige Designregeln wie z.B. das maximale Fanout [7.3] eingehalten werden. Dank der Beschränkung auf zwei Signalzustände können Digitalschaltungen mit Hilfe der booleschen Algebra analysiert werden. Man kann daher mit einer einfachen Theorie arbeiten, die insbesondere die Realisierung arithmetischer und logischer Operationen erleichtert.

7.2 Codes

Definition Code   Ein *Code* ist definiert als die Abbildung der Zeichen eines Zeichenvorrates auf die Zeichen eines anderen Zeichenvorrates. Dieser Vorgang wird Codierung genannt. Der umgekehrte Vorgang, bei dem aus dem codierten Zeichen wieder das ursprüngliche gewonnen wird, muss natürlich auch möglich sein.

Aufbau eines Codes   Ein Code setzt sich aus Zeichen zusammen. Die Zusammensetzung mehrerer Zeichen eines Codes nennt man ein Wort. Hier werden nur Codes betrachtet, deren Wörter alle die gleiche Länge n haben. Mit einem Zeichenvorrat von N Zeichen kann man dann N^n verschiedene Wörter der Länge n bilden. Ein sogenannter Minimalcode verwendet alle N^n möglichen Wörter eines Codes, ein redundanter Code verwendet weniger als N^n Wörter. Hier sollen nur die für die Digitaltechnik wichtigsten Codes behandelt werden. Eine weitergehende Einführung findet man in [7.4].

7.2.1 Binärcode

Aufbau des Binärcodes   In der Digitaltechnik wird in vielen Fällen der *Binärcode* angewendet. Der Binärcode ist analog zum üblichen Dezimalsystem aufgebaut. Anstelle der Basis 10 tritt die Basis 2. Eine Binärzahl besteht aus einem Wort, dass aus den Zeichen $c_i \in \{0,1\}$ gebildet wird, die auch Bits genannt werden. Den einzelnen Zeichen werden entsprechend ihrer Stellung i im Wort Gewichte 2^i zugeordnet. Die positiven i ($i \geq 0$) bezeichnen die Bits vor dem Komma, die negativen i die Bits hinter dem Komma. Daher kann man eine Zahl mit den Bits c_i einer Binärzahl darstellen als:

$$\begin{aligned} z_D = c_{n-1}2^{n-1} + c_{n-2}2^{n-2} + \ldots \\ + c_1 2^1 + c_0 2^0 + c_{-1} 2^{-1} + \ldots + c_{-m} 2^{-m} \end{aligned} \qquad (7.1)$$

7.2 Codes

z_D nennt man die äquivalente Dezimalzahl. Diese Gleichung kann auch verwendet werden, um eine Binärzahl in eine Dezimalzahl umzuwandeln. Die der Binärzahl $101001{,}01_B$ äquivalente Dezimalzahl ist daher:

$$z_D = 1 \cdot 2^5 + 0 \cdot 2^4 + 1 \cdot 2^3 + 0 \cdot 2^2 + 0 \cdot 2^1 \\ + 1 \cdot 2^0 + 0 \cdot 2^{-1} + 1 \cdot 2^{-2} = 41{,}25_D \quad (7.2)$$

Entsprechend den Gewichten 2^i wird der Binärcode auch 8421-Code genannt. In Tabelle 7.1 sind der Binärcode und ein *verwandter Code*, der Hexadezimalcode den entsprechenden Dezimalzahlen gegenübergestellt. Der Hexadezimalcode entsteht aus dem Binärcode, indem man immer 4 Zeichen zusammenfasst. Die entsprechenden 2^4 Worte werden den 16 Hexadezimalzeichen 0,1,2,3,4,5,6,7,8,9,A,B,C,D,E,F, wie unten in der Tabelle gezeigt, zugeordnet. Die Buchstaben A bis F, die den Dezimalzahlen 10 bis 15 entsprechen, werden auch Pseudotetraden genannt.

Verwandte Codes

Dez	Binär	Hex	Dez	Binär	Hex	Dez	Binär	Hex
0	00000	00	8	00100	08	16	01000	10
1	00000	01	9	00100	09	17	01000	11
2	00001	02	10	00101	0A	18	01001	12
3	00001	03	11	00101	0B	19	01001	13
4	00010	04	12	00110	0C	20	01010	14
5	00010	05	13	00110	0D	21	01010	15
6	00011	06	14	00111	0E	22	01011	16
7	00011	07	15	00111	0F	23	01011	17

Tabelle 7.1 Dezimal-, Binär- und Hexadezimalcode

7.2.2 Einschrittige Codes (Gray-Codes)

In vielen Fällen benötigt man Codes, bei denen sich von einem Wort zum nächsten nur ein Zeichen ändert. Diese Codes nennt man *Gray-Codes*. Sie werden in Anwendungen verwendet, bei denen der Wechsel zwischen zwei Zuständen erkannt werden muss. Beim Binärcode wechseln zwischen zwei Zeichen oft mehrere Bits. Kann nicht garantiert werden, dass dieser Wechsel gleichzeitig erfolgt, wie zum Beispiel bei Codierschienen in Werkzeugmaschinen, kommt es zu Fehlern. Auch bei sequentiellen Schaltungen sind diese Codes sinnvoll anzuwenden.

Anwendungen des Gray-Codes

Unten ist ein einschrittiger Code für die Ziffern 0 bis 9 dargestellt. Ein Code ist zyklisch, wenn er sich auch beim Wechsel zwischen der niedrigsten und höchsten Stelle nur um ein Bit unterscheidet. Zyklische Gray-Codes können für alle gerade Anzahlen von Zuständen kon-

Aufbau des Gray-Codes

struiert werden, da jede Eins, die hinzugefügt worden ist, in einem weiteren Zustand wieder entfernt werden muss.

Tabelle 7.2 Dezimal-, Gray-, und zyklischer Graycode

Dezimal-Code	Gray-Code	Zykl.Gray-Code	Dezimal-Code	Gray-Code	Zykl.Gray-Code
0	0000	0000	5	0111	0111
1	0001	0001	6	0101	0101
2	0011	0011	7	0100	0100
3	0010	0010	8	1100	1100
4	0110	0110	9	1101	1000

7.2.3 BCD-Codes

In binär-codierten Dezimalcodes (BCD-Codes) werden die einzelnen Ziffern einer Dezimalzahl durch einen binären Code codiert. Es eignen sich alle Binärcodes, der Gray-Code, ein zyklischer Gray-Code, der 8421-Code und der 2421-Code.

Tabelle 7.3 Verschiedene BCD-Codes

Dezimal-Code	8421-Code, Binär-Code	2421-Code, Aiken-Code	Gray-Code, Glixon-Code	Excess3-Code
0	0000	0000	0000	0011
1	0001	0001	0001	0100
2	0010	0010	0011	0101
3	0011	0011	0010	0110
4	0100	0100	0110	0111
5	0101	0101	0111	1000
6	0110	0110	0101	1001
7	0111	1101	0100	1010
8	1000	1110	1100	1011
9	1001	1111	1000	1100

7.3 Schaltalgebra

Die boolesche Algebra, auch Schaltalgebra genannt, bildet die theoretische Grundlage der Digitaltechnik. Sie arbeitet mit *Schaltvariablen*, die nur die Werte 0 oder 1 annehmen können, so dass man damit Schaltungen modellieren kann, die zwei eindeutig unterscheidbare Signalzustände verarbeiten. — Schaltvariablen

Mit Schaltvariablen können Funktionen gebildet werden, die man *Schaltfunktionen* oder Binärfunktionen nennt. Eine Funktion mit den Schaltvariablen $x_1, \ldots x_n$ nennt man n-stellige Binärfunktion. Sie kann dargestellt werden durch $y = f(x_1, x_2, \ldots x_n)$. Ihr Wertebereich ist wieder das binäre Zahlensystem mit den Elementen 0 und 1. Es ist auch üblich, die Eingangsvariablen als Eingangsvektor zu bezeichnen. — Schaltfunktion

Funktionen können durch Wahrheitstabellen definiert werden, in denen die Funktionswerte zu den möglichen 2^n Kombinationen der n Eingangsvariablen aufgelistet sind. Eine Funktion, die die Eingangsvariable x mit der Ausgangsvariablen y verknüpft, ist die Funktion NOT, die durch einen Inverter realisiert wird.

Name	Wahrheitstabelle			Funktion	Schaltsymbol
Negation, Not, Komplement	x	1	0	$y = \neg x$ $y = \bar{x}$	$x -\!\!\boxed{1}\!\!\circ\!- y$
	y	0	1		

Tabelle 7.4 Wahrheitstabelle, Schaltsymbol des Inverters

In der Regel verwendet man *zweistellige Binärfunktionen*. Die wichtigsten zweistelligen Binärfunktionen sind UND, ODER, NAND, NOR, Äquivalenz, und EXOR (auch Exklusiv-Oder, Antivalenz). — Zweistellige Binärfunktionen

Sie sind in Tabelle 7.5 dargestellt.

Alle denkbaren n-stelligen Binärfunktionen können auf eine Kombination zweistelliger Binärfunktionen zurückgeführt werden. Alle Funktionen lassen sich insbesondere entweder durch (UND, ODER, NOT) oder nur durch NAND oder nur durch NOR darstellen. Diese Kombinationen von Funktionen nennt man daher „vollständig".

In Tabelle 7.5 werden alle Funktionen auch durch die Verwendung von UND, ODER und NOT dargestellt.

Tabelle 7.5 zweistellige Binärfunktionen. y_3, y_2, y_1, y_0 siehe Tabelle 7.6

Name	y_3, y_2, y_1, y_0	Funktion	Schaltsymbol
NOR	0,0,0,1	$y = \neg(x_0 \vee x_1)$ $y = (\overline{x_0 \vee x_1})$	$x_0, x_1 \to \geq 1 \to y$
EXOR	0,1,1,0	$y = (\neg x_0 \wedge x_1) \vee (x_0 \wedge \neg x_1)$ $y = x_0 \leftarrow\mapsto x_1$	$x_0, x_1 \to =1 \to y$
NAND	0,1,1,1	$y = \neg(x_0 \wedge x_1)$ $y = (\overline{x_0 \wedge x_1})$	$x_0, x_1 \to \& \to y$
UND AND	1,0,0,0	$y = x_0 \wedge x_1$	$x_0, x_1 \to \& \to y$
Äquivalenz	1,0,0,1	$y = (x_0 \wedge x_1) \vee (\neg x_0 \wedge \neg x_1)$ $y = x_0 \leftrightarrow x_1$	$x_0, x_1 \to = \to y$
ODER OR	1,1,1,0	$y = x_0 \vee x_1$	$x_0, x_1 \to \geq 1 \to y$

Tabelle 7.6 Definition des Ergebnisvektors y_3, y_2, y_1, y_0 für Tabelle 7.6

x_0	1	0	1	0
x_1	1	1	0	0
y	y_3	y_2	y_1	y_0

7.3.1 Rechenregeln

Hier sind die wichtigsten Rechenregeln der booleschen Algebra aufgelistet. Die Gesetze können durch die Verwendung von Wahrheitstabellen bewiesen werden, da es in der booleschen Algebra möglich ist, alle Kombinationen der Eingangsvariablen einzeln zu behandeln.

Kommutativgesetze
$$x_0 \wedge x_1 = x_1 \wedge x_0 \quad (7.3)$$

$$x_0 \vee x_1 = x_1 \vee x_0 \quad (7.4)$$

Assoziativgesetze
$$(x_0 \wedge x_1) \wedge x_2 = x_0 \wedge (x_1 \wedge x_2) \quad (7.5)$$

$$(x_0 \vee x_1) \vee x_2 = x_0 \vee (x_1 \vee x_2) \quad (7.6)$$

$$x_0 \wedge (x_1 \vee x_2) = (x_0 \wedge x_1) \vee (x_0 \wedge x_2) \quad (7.7)$$

Distributivgesetze

$$x_0 \vee (x_1 \wedge x_2) = (x_0 \vee x_1) \wedge (x_0 \vee x_2) \quad (7.8)$$

$$x_0 \wedge (x_0 \vee x_1) = x_0 \quad (7.9)$$

Absorptionsgesetze

$$x_0 \vee (x_0 \wedge x_1) = x_0 \quad (7.10)$$

$$x_0 \wedge 1 = x_0 \quad (7.11)$$

Existenz der neutralen Elemente

$$x_0 \vee 0 = x_0 \quad (7.12)$$

$$x_0 \wedge \neg x_0 = 0 \quad (7.13)$$

Existenz der komplementären Elemente

$$x_0 \vee \neg x_0 = 1 \quad (7.14)$$

$$x_0 \wedge x_1 = \neg(\neg x_0 \vee \neg x_1) \quad (7.15)$$

De Morgansche Theoreme

$$x_0 \vee x_1 = \neg(\neg x_0 \wedge \neg x_1) \quad (7.16)$$

Zu einer beliebigen booleschen Funktion

$$y = f(x_0, x_1, \ldots x_n, \wedge, \vee, \leftarrowmapsto, \leftrightarrow, 1, 0)$$

Shannonscher Satz

ist die invertierte Funktion

$$\neg y = f(\neg x_0, \neg x_1, \ldots \neg x_n, \vee, \wedge, \leftrightarrow, \leftarrowmapsto, 0, 1).$$

$$(x_0 \wedge x_1) \vee (x_0 \wedge \neg x_1) = x_0 \quad (7.17)$$

wichtige Regel

$$(x_0 \vee x_1) \wedge (x_0 \vee \neg x_1) = x_0 \quad (7.18)$$

7.3.2 Reihenfolge der Auswertung und Schreibweise

Schreibweise mit Klammern

Da die Reihenfolge der Auswertung von UND und ODER zunächst nicht festgelegt ist, muss diese durch Klammern gekennzeichnet werden:

$$f(x_3, x_2, x_1, x_0) = (x_1 \wedge \neg x_2) \vee (x_1 \wedge x_3) \vee (x_0 \wedge x_3) \vee (x_0 \wedge x_1 \wedge x_3) \quad (7.19)$$

Vereinfachte Schreibweise Es hat sich aber eine *vereinfachte Schreibweise* eingebürgert, bei der man die Konjunktionszeichen und die Klammern weglassen kann. Es werden zuerst die Konjunktionen gebildet und anschließend die Disjunktionen. Die obige Gleichung wird dann zu:

$$f(x_3, x_2, x_1, x_0) = x_1 \neg x_2 \lor x_1 x_3 \lor x_0 x_3 \lor x_0 x_1 x_3 \qquad (7.20)$$

Kompliziertere Funktionen sind in dieser Schreibweise leichter zu lesen.

7.3.3 Kanonische disjunktive Normalform (KDNF)

Da jede binäre Funktion allein auf AND, OR und NOT zurückgeführt werden kann, ist es möglich jede Funktion in einer Weise darzustellen, die auch kanonische disjunktive Normalform genannt wird. Wir betrachten als Beispiel eine 4-stellige Schaltfunktion, die durch die folgende Tabelle gegeben ist. In der Tabelle sind, der besseren Übersichtlichkeit wegen, auch die Dezimaläquivalente zu den Eingangsvektoren angegeben.

Tabelle 7.7 Beispielfunktion

dez	x_2	x_1	x_0	y	dez	x_2	x_1	x_0	y
0	0	0	0	1	4	1	0	0	1
1	0	0	1	0	5	1	0	1	0
2	0	1	0	1	6	1	1	0	1
3	0	1	1	0	7	1	1	1	0

Die in diesem Beispiel gezeigte Funktion hat 4 Kombinationen der Eingangsvariablen x_i, bei denen der Funktionswert 1 wird. Diese Funktion wird als *KDNF* folgendermaßen dargestellt:

KDNF

$$f(x_2, x_1, x_0) = \neg x_2 \neg x_1 \neg x_0 \lor \neg x_2 x_1 \neg x_0 \lor x_2 \neg x_1 \neg x_0 \lor x_2 x_1 \neg x_0 \qquad (7.21)$$

Minterm Die 4 Terme, die auf der rechten Seite der Formel 7.21 aufgelistet sind, werden auch *Minterme* genannt. Ein Minterm nimmt genau dann den Wert 1 an, wenn der entsprechende Eingangsvektor anliegt. Der erste Minterm der Funktion $\neg x_2 \neg x_1 \neg x_0$ wird nur für $(x_2, x_1, x_0) = (0,0,0)$ gleich 1. Man bezeichnet diesen Minterm auch mit seinem Dezimaläquivalent: m_0. Die obige Funktion ist also durch ihre Minterme m_i mit $i = (0,2,4,6)$ vollständig beschrieben.

7.3.4 Kanonische konjunktive Normalform (KKNF)

Die zur kanonischen disjunktiven Normalform duale Darstellung ist die kanonische konjunktive Normalform. Sie setzt sich aus einer Konjunktion der *Maxterme* zusammen. Ein Maxterm ist die disjunktive Verknüpfung aller Eingangsvariablen, die entweder invertiert oder positiv auftauchen. Die Maxterme werden immer genau dann 0, wenn der entsprechende Eingangsvektor anliegt. Wir betrachten wieder das obige Beispiel.

Maxterm

$$f(x_3, x_2, x_1, x_0) = (x_2 \vee x_1 \vee \neg x_0)(x_2 \vee \neg x_1 \vee \neg x_0)$$
$$(\neg x_2 \vee x_1 \vee \neg x_0)(\neg x_2 \vee \neg x_1 \vee \neg x_0) \quad (7.22)$$

Man erkennt, dass der erste Maxterm nur für $(x_2, x_1, x_0) = (0,0,1)$ gleich 0 wird. Dieser Maxterm hat das Dezimaläquivalent 1. Die Funktion kann durch ihre Maxterme M_i mit $i = (1,3,5,7)$ beschrieben werden. Die *KKNF* realisiert also die Funktionswerte einer Schaltfunktion, die gleich Null sind.

KKNF

7.3.5 Darstellung im Karnaugh-Veitch-Diagramm

Es stellt sich die Frage, wie man Funktionen möglichst einfach darstellen und vereinfachen kann. Das ist mit Hilfe des *Karnaugh-Veitch-Diagramms* auf graphische Weise möglich. Ein Karnaugh-Veitch-Diagramm für 4 Variablen zeigt Abbildung 7.2.

Aufbau des Karnaugh-Veitch-Diagramms

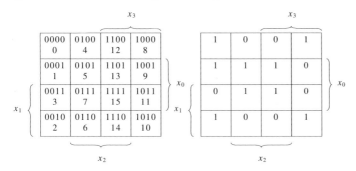

Abbildung 7.2 Karnaugh-Veitch-Diagramm mit den Mintermen 0,1,2,5,7,8,10,13, 15

Die Variablen sind an den Rändern des Diagramms markiert. Die Klammern kennzeichnen die Gebiete im Diagramm, in denen die Eingangsvariable gleich 1 ist. In das rechte Diagramm sind die Eingangsvariablen, die zu jedem Feld gehören, in die Felder eingetragen. Ein Karnaugh-Veitch-Diagramm für 4 Variablen hat für jede Kombination der Eingangsvariablen ein Feld, also $2^4 = 16$ Felder. Das Diagramm ist so konstruiert, dass sich bei einem horizontalen und vertikalen Übergang von einem Feld zum Nächsten immer nur eine Eingangsvariable ändert. Im rechten Diagramm sind die Funktionswerte einer Beispielfunktion eingetragen.

Vereinfachen der Funktion Zum *Vereinfachen der Funktion* versucht man, möglichst große, konvexe Gebiete aus nebeneinander liegenden Feldern zu bilden, in denen der Funktionswert 1 ist. Diese Felder können nun durch die Randvariablen einfacher dargestellt werden. Damit wird implizit die Regel

$$(x_0 \wedge x_1) \vee (x_0 \wedge \neg x_1) = x_0 \qquad (7.23)$$

benutzt. Es sind nur Zusammenfassungen mit 2,4,8,16 usw. Feldern möglich. Eine systematische Methode ist in [7.3] dargestellt.

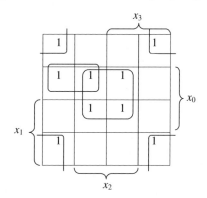

Abbildung 7.3
Karnaugh-Veitch-Diagramm mit zusammengefassten Mintermen

Das quadratische Feld in der Mitte wird durch den Term $x_0 x_2$ beschrieben. Die vier Einsen in den Ecken des Diagramms können durch $\neg x_0 \neg x_2$ dargestellt werden. Man muss sich dazu vorstellen, dass die unteren und oberen Kanten des Diagramms miteinander verbunden sind. Zusammen mit dem Zweier-Feld, welches durch $\neg x_3 \neg x_1 x_0$ dargestellt wird, erhält man eine minimierte Funktion:

$$f(x_3, x_2, x_1, x_0) = \neg x_2 \neg x_0 \vee \neg x_3 \neg x_1 x_0 \vee x_2 x_0 \qquad (7.24)$$

Disjunktive Minimalform DMF Diese Funktion wird also durch drei Terme, die auch Produktterme genannt werden, dargestellt. Die Produktterme bestehen, wenn mehrere Felder zusammengefasst wurden, aus weniger Variablen als die Minterme, die ja alle Variablen enthalten. Die minimierte Form wird auch als *disjunktive Minimalform (DMF)* bezeichnet.

In den untenstehenden Bildern 7.4 und 7.5 sind Karnaugh-Veitch-Diagramme für 2,3 und 5 Variablen dargestellt. Beim Diagramm mit 5 Variablen kann man auch Felder zusammenfassen, die symmetrisch zur senkrechten Mittellinie des Diagramms liegen. So beschreibt der Term $x_0 x_2$ die beiden mittleren Vierer-Blöcke der beidseitig der Mittel-

7.3 Schaltalgebra

linie liegenden quadratischen Teildiagramme. Das Verfahren wird sehr unübersichtlich, wenn die Anzahl der Variablen größer als 5 wird.

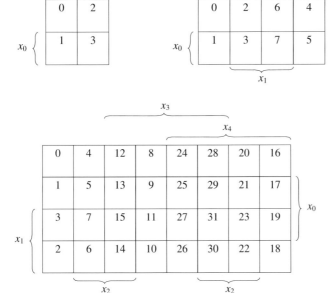

Abbildung 7.4
Karnaugh-Veitch-Diagramm für 2 und 3 Eingangsvariablen mit deren Dezimaläquivalenten

Abbildung 7.5
Karnaugh-Veitch-Diagramm für 5 Eingangsvariablen mit deren Dezimaläquivalenten

7.3.6 Unvollständig definierte Schaltfunktionen

Oft sind Schaltfunktionen unvollständig definiert. Das ist der Fall, wenn das Verhalten einer Schaltung bei bestimmten Eingangszuständen beliebig ist. In Abbildung 7.6 ist ein Beispiel gegeben, bei dem die undefinierten Funktionswerte mit X markiert sind. Diese Funktionswerte können beliebig gleich 1 oder gleich 0 gesetzt werden. Die undefinierten Werte werden auch mit „*don't care*" bezeichnet.

don't care-Terme

Im vorliegenden Fall bietet sich die folgende Realisierung an:

$$f(x_3, x_2, x_1, x_0) = x_1 x_2 \vee \neg x_0 x_1 \qquad (7.25)$$

Setzte man alle X=0, so erhielte man die aufwendigere Realisierung:

$$f(x_3, x_2, x_1, x_0) = \neg x_0 x_1 \neg x_2 \vee x_1 x_2 \neg x_3 \qquad (7.26)$$

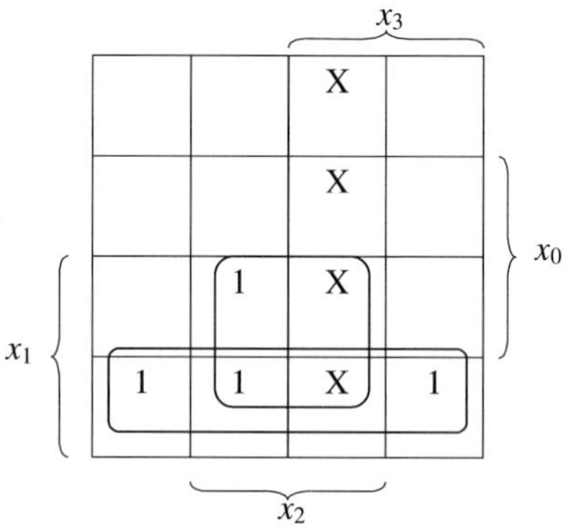

Abbildung 7.6
Karnaugh-Veitch-
Diagramm mit
„don't care"-
Termen

7.3.7 Schaltnetze

Definiton Schalt- Die Realisierung einer booleschen Funktion nennt man *Schaltnetz* oder
netz kombinatorische Schaltung. Ein wichtiges Merkmal eines Schaltnetzes ist, dass es keine Rückkopplungen aufweisen darf. Als Beispiel sei das Schaltbild der Funktion aus Gleichung 7.24 angeführt.

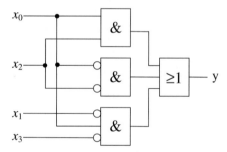

Abbildung 7.7
Zweistufiges
Schaltnetz zu der
Funktion aus
Gl. 7.24

Ein UND-ODER-Schaltnetz, welches auf obige Art und Weise minimiert wurde, ergibt also ein zweistufiges Schaltnetz. Wenn man die Laufzeiten durch die Inverter vernachlässigt, muss das Signal also maximal 2 Gatter durchlaufen.

Bei vielen Realisierungen kann durch ein mehr als zweistufiges Schaltwerk Aufwand gespart werden, allerdings auf Kosten der Verzögerungszeit.

Der Ausgang eines Schaltnetzes ist im Idealfall nur vom Zustand der Eingänge zum gleichen Zeitpunkt abhängig. Bei Schaltwerken, die im Folgenden behandelt werden, müssen auch die Eingangswerte von weiter zurückliegenden Zeitpunkten berücksichtigt werden.

7.4 Flipflops

Schaltnetze haben keine Rückkopplungen. Das ist anders bei den sogenannten sequentiellen Schaltungen, die man sich als rückgekoppelte Schaltnetze vorstellen kann. Dadurch sind die Ausgänge nicht nur von den aktuell anliegenden Eingangssignalen abhängig, sondern auch von den vorangehenden. Damit erhält die Schaltung ein Gedächtnis. Eine Anwendung sequentieller Schaltungen ist daher die Speicherung von Daten. In diesem Kapitel werden die üblicherweise zur Speicherung von Daten verwendeten Flipflops vorgestellt.

7.4.1 RS-Flipflop

Das RS-Flipflop kann man sich durch zwei NOR-Gatter realisiert denken. Die Abkürzungen S und R für die Eingangssignale bedeuten „Setzen" bzw. „Rücksetzen". Der Ausgang wird hier mit Q, ein zweiter Ausgang wird auch als invertierender Ausgang $\neg Q$ bezeichnet. Die invertierende Funktion des zweiten Ausgangs ist allerdings nur unter bestimmten Voraussetzungen erfüllt.

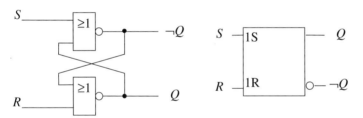

Abbildung 7.8
RS-NOR-Flipflop mit Schaltsymbol

Um die *Funktion* der Schaltung zu verstehen, betrachten wir die 4 verschiedenen Möglichkeiten der Eingangssignale S und R in Bild 7.8:

Funktion RS-Flipflop

$S = 1, R = 0$ Wegen $S = 1$ ist der Ausgang des oberen NOR-Gatters auf $\neg Q = 0$. Da beide Eingänge des unteren NOR-Gatters auf 0 liegen, erhält man $Q = 1$. Man sagt, das Flipflop sei gesetzt.

$S = 0, R = 1$ Aus Symmetriegründen wird der Ausgang nun $Q = 0$ und $\neg Q = 1$. Das Flipflop ist zurückgesetzt, da $Q = 0$ ist.

$S = 0, R = 0$ Für diesen Fall muss man eine Annahme über den Zustand des Flipflops vor dem Anliegen von $S = R = 0$ machen. War der Ausgang $Q = 1$, so ist der untere Eingang des oberen NOR-Gatters auf 1 und dessen Ausgang bleibt auf $\neg Q = 0$. Da beide Eingänge des unteren Gatters auf 0 sind, bleibt auch $Q = 1$ erhalten.

Für diese Eingangssignalkombination bleibt also ein vorher eingestellter Zustand des Flipflops erhalten.

$S = 1, R = 1$ Beide NOR-Gatter haben mindestens eine 1 am Eingang. Daher sind beide Ausgänge gleich 0. Da man inverse Eingänge wünscht, wird dieser Fall in der Regel ausgeschlossen.

Das Verhalten von Flipflops wird in Tabellen (Abbildung 7.9) festgehalten, in denen auf der linken Seite die Eingangsvariablen (hier S und R) stehen und auf der rechten Seite der Ausgang Q zum Zeitpunkt m, hier gekennzeichnet durch Q^{m+1}. Damit ist es möglich, das Verhalten des Flipflops abhängig von der Vorgeschichte des Ausgangs Q^m darzustellen.

S	R	Q^{m+1}
0	0	Q^m
1	0	1
0	1	0
1	1	verboten

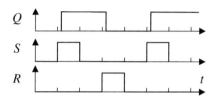

Abbildung 7.9 Wahrheitstabelle und Zeitverhalten des RS-NOR-Flipflops

7.4.2 Taktgesteuertes RS-Flipflop

Nachteilig am einfachen RS-Flipflop ist, dass es durch kurze Störimpulse gesetzt oder rückgesetzt werden kann. Das kann zum Teil verhindert werden, wenn man einen Takt C einführt, der die Eingänge während des niedrigen Taktpegels abkoppelt. Man kann dies erreichen, indem man die Eingänge R und S jeweils mit dem Takt UND-verknüpft (Abbildung 7.10).

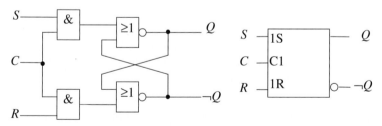

Abbildung 7.10 Schaltbild und Schaltsymbol des taktpegelgesteuerten RS-Flipflops

Man erkennt im untenstehenden Zeitdiagramm, dass ein Setzimpuls ignoriert wird, wenn das Taktsignal C fehlt. In diesem ansonsten idealisierten Diagramm wurde eine Zeitverzögerung des Ausgangssignals berücksichtigt. Auch dieses Flipflop hat die verbotene Eingangskombination $S = R = 1$.

7.4 Flipflops

S	R	C	Q^{m+1}
0	0	1	Q^m
1	0	1	1
0	1	1	0
1	1	1	verboten
X	X	0	Q^m

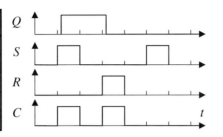

Abbildung 7.11
Wahrheitstabelle und Zeitverhalten des taktpegelgesteuerten RS-Flipflops

7.4.3 D-Flipflop

Das D-Flipflop kann man sich aus dem RS-Flipflop entstanden denken, indem man $S = D$ setzt und $R = \neg D$. Nun kann die verbotene Kombination der Eingangsvariablen $S = R = 1$ nicht mehr auftreten.

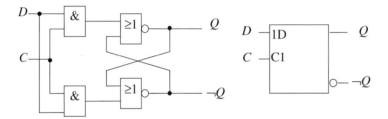

Abbildung 7.12
Schaltbild und Schaltsymbol des taktpegelgesteuerten D-Flipflops

Welche Information gespeichert wird, entscheidet sich am Ende des Taktintervalls. Wenn dann $D = 1$ ist, wird $Q = 1$ gespeichert. Während $C = 1$ ist, wirkt das D-Flipflop wie ein reines Verzögerungsglied. Daher rührt der englische Name „Delay Flipflop".

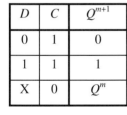
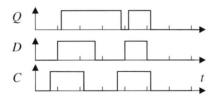

Abbildung 7.13
Wahrheitstabelle und Zeitverhalten des taktpegelgesteuerten D-Flipflops

D	C	Q^{m+1}
0	1	0
1	1	1
X	0	Q^m

7.4.4 Taktflankengesteuertes D-Flipflop

Um die Zeit, während der das Flipflop für Störimpulse am Eingang empfindlich ist, zu reduzieren, kann man taktflankengesteuerte Flipflops verwenden. Diese Flipflops speichern die am D-Eingang anliegende Information zum Zeitpunkt der ansteigenden Taktflanke. Der Sachverhalt ist in der Wahrheitstabelle und im Zeitdiagramm durch einen nach oben zeigenden Pfeil angedeutet. Ohne steigende Taktflanke bleibt der vorhandene Wert im Flipflop gespeichert.

Abbildung 7.14 Wahrheitstabelle und Zeitverhalten des flankengesteuerten D-Flipflops

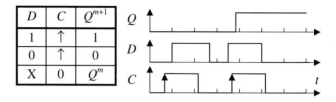

D	C	Q^{m+1}
1	↑	1
0	↑	0
X	0	Q^m

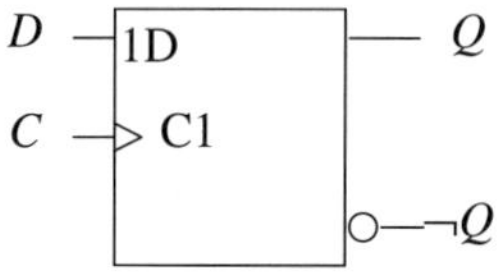

Abbildung 7.15 Schaltsymbol des flankengesteuerten D-Flipflops

7.4.5 Master-Slave-D-Flipflop

Aufbau des Master-Slave-Flipflops

Eine weitere Klasse von Flipflops sind die *Master-Slave-Flipflops*. Das Master-Slave-D-Flipflop kann man sich aus zwei D-Flipflops entstanden denken (Abbildung 7.16). Diese Schaltung bewirkt, dass die Information erst mit der fallenden Flanke des Taktsignals an den Ausgang Q weitergegeben wird. Dies wird aus dem Zeitdiagramm deutlich. Im Schaltbild sind Master-Slave-Flipflops durch zwei Winkel an den Ausgängen gekennzeichnet. Master-Slave-Flipflops werden für Schieberegister und synchrone sequentielle Schaltungen verwendet, um die erforderlichen Zeitbedingungen einhalten zu können [7.3].

Abbildung 7.16 Schaltung und Schaltsymbol des Master-Slave D-Flipflops

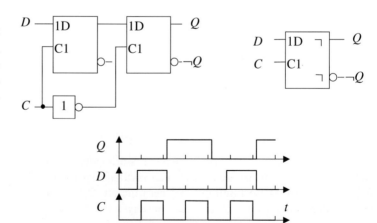

Abbildung 7.17 Zeitverhalten des Master-Slave D-Flipflops

7.4.6 JK-Flipflop

Das universellste Flipflop ist das JK-Flipflop. Das JK-Flipflop entsteht aus dem RS-Flipflop durch die Rückkopplung der Ausgänge Q und $\neg Q$ auf die Eingänge R und S über zwei UND-Gatter:

$$S = CJ\neg Q^m \text{ und } R = CKQ^m \qquad (7.27)$$

Daher kann das JK-Flipflop nur gesetzt werden, wenn es rückgesetzt war und nur rückgesetzt werden, wenn es gesetzt war. Es ist durch diese Vorgehensweise sichergestellt, dass R und S nicht gleichzeitig 1 sein können.

Ein Problem entsteht, wenn $J = K = 1$ ist, da dann das Flipflop entsprechend den obigen Formeln abwechselnd gesetzt und rückgesetzt wird. Das Flipflop würde also schwingen, wenn man nicht gepufferte Master-Slave-Flipflops verwenden würde.

Die Wahrheitstabelle zeigt, dass sich das JK-Flipflop für alle Eingangssignale außer $J = 1$, $K = 1$ wie ein RS-Flipflop verhält.

Im Fall $J = 1$, $K = 1$ ändert sich der Ausgang Q bei jeder fallenden Taktflanke.

C	J	K	Q^{m+1}
1	0	0	Q^m
1	0	1	0
1	1	0	1
1	1	1	$\neg Q^m$
0	X	X	Q^m

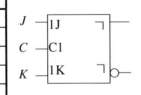

Abbildung 7.18 Wahrheitstabelle und Schaltsymbol des JK-Flipflops

7.4.7 T-Flipflop

Das T-Flipflop arbeitet wie ein JK-Flipflop, bei dem die Eingänge J und K verbunden sind. Die verbundenen Eingänge erhalten den Namen T (von engl. *„Toggle-Flipflop"*).

Toggle-Flipflop

Ein T-Flipflop wechselt für $T = 1$ bei jeder steigenden Flanke seinen Ausgangszustand Q, bei $T = 0$ behält es ihn bei. Das T-Flipflop kann gut für Zähler eingesetzt werden.

7.5 Synchrone Schaltwerke

7.5.1 Aufbau eines Schaltwerks

Schaltwerke oder sequentielle Schaltungen enthalten ein Schaltnetz, dessen Ausgänge auf die Eingänge des Schaltwerks zurückgeführt sind. Man unterscheidet zwischen synchronen und asynchronen Schaltwerken. Die im letzten Kapitel behandelten Flipflops gehören zu den asynchronen Schaltwerken.

Aufbau eines Schaltwerks
Synchrone *Schaltwerke* enthalten, wie in Abbildung 7.19 gezeigt, getaktete Flipflops, die den geschlossenen Kreis aus dem Schaltnetz SN1 und den Rückkopplungsleitungen entkoppeln. Die Flipflops wirken als Pufferspeicher, die die Ausgangssignale, durch den Takt kontrolliert, wieder auf den Eingang geben. Dadurch können Instabilitäten vermieden werden. Schaltwerke mit getaktetem Pufferspeicher nennt man synchrone Schaltwerke oder synchrone sequentielle Schaltungen. Die rückgekoppelten Signale im Taktzyklus m nennt man Zustandsvariablen z^m. In der Regel verwendet man mehrere Zustandsvariablen, so dass z^m ein Vektor wird. Ein Schaltwerk mit n Zustandsvariablen kann 2^n unterschiedliche Zustände annehmen.

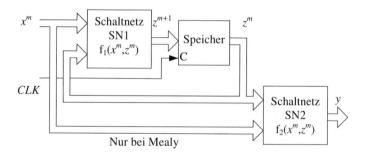

Abbildung 7.19 Synchrones Schaltwerk. Das Schaltnetz SN2 wird beim Moore-Schaltwerk nicht von x^m angesteuert.

Auf das Schaltnetz SN1 wirken die Eingangsvariablen x^m. Man erkennt, dass das Schaltnetz SN1 aus den Eingangswerten x^m und den Zustandsvariablen z^m die neuen Zustandsvariablen z^{m+1} ermittelt. $m+1$ kennzeichnet den folgenden Taktzyklus. Die Übergänge von einem Zustand zu einem anderen werden also durch das Schaltnetz SN1 bestimmt.

Mealy-Schaltwerk
Die Ausgangsvariablen y werden durch das Schaltnetz SN2 erzeugt. Sie sind beim *Mealy-Schaltwerk* von den Zustandsvariablen z^m und den Eingangsvariablen x^m abhängig.

Beim *Moore-Schaltwerk* fehlt die Abhängigkeit von den Eingangsvariablen x^m. Dadurch sind die Werte der Ausgangsvariablen beim Moore-Schaltwerk den Zuständen eindeutig zugeordnet. Das Mealy-Schaltwerk kann daher schneller als das Moore-Schaltwerk auf Änderungen der Eingangsvariablen reagieren.

Moore-Schaltwerk

7.5.2 Beispiel für die Entwicklung eines Schaltwerks

Hier soll nun die Konstruktion eines Schaltwerks an Hand eines Beispiels erläutert werden. Es soll ein synchrones Mealy-Schaltwerk entworfen werden, welches einen *Parkautomaten* realisiert, der Parkscheine für 1,50 Euro ausgibt. Die Münzen können in beliebiger Reihenfolge eingeworfen werden. Ist der Betrag von 1,50 Euro erreicht oder überschritten, so soll ein Parkschein ausgegeben werden und gegebenenfalls Wechselgeld zurückgezahlt werden.

Beispiel Parkautomat

Der Parkautomat hat einen *Münzprüfer*, der nur 50 Cent und 1 Euro Stücke akzeptiert. Der Ausgang des Münzprüfers gibt nach jedem Taktsignal entsprechend der Wahrheitstabelle 7.8 an, was eingeworfen wurde. Es ist ausgeschlossen, dass der Münzprüfer $M = 11$ ausgibt und dass mehr als eine Münze innerhalb einer Taktperiode eingeworfen wird. Ein Parkschein wird mit dem Ausgangssignal $S = 1$ ausgegeben, gleichzeitig wird der Münzeinwurf mechanisch gesperrt, andernfalls ist der Münzeinwurf möglich. Mit dem Signal $R = 1$ wird ein 50 Cent-Stück zurückgegeben.

Münzprüfer

Einwurf	Ausgang des Münzprüfers $M = (x_1, x_0)$
Keine Münze eingeworfen, Falsche Münzen werden automatisch zurückgegeben	00
50 Cent eingeworfen	01
1 Euro eingeworfen	10

Tabelle 7.8 Funktion des Münzprüfers

Zustandsdiagramm

Zuerst wird das *Zustandsdiagramm* konstruiert. In einem Zustandsdiagramm werden die einzelnen Zustände durch Kreise markiert. Die Übergänge zwischen den Zuständen sind durch Pfeile markiert. An den Pfeilen stehen die Bedingungen für die Übergänge, hier ist es das Ausgangssignal des Münzprüfers. Nach einem Querstrich stehen die Ausgangssignale, die in diesem Fall aus dem Steuersignal für den Drucker S und dem Steuersignal für die Rückgabe eines 50 Cent-Stückes R bestehen. Zur Konstruktion des Diagramms geht man so vor:

Zustandsdiagramm

Abbildung 7.20
Zustands-
diagramm
Notation: x_1x_0/SR

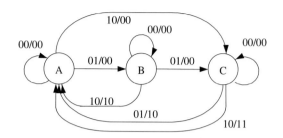

Zustand A Man benötigt zunächst einen Zustand, in dem sich das Schaltwerk befindet, wenn der Automat auf Kunden wartet. Er ist hier zunächst willkürlich mit A bezeichnet. Ein weiterer Zustand, hier mit B bezeichnet, wird erreicht, wenn man ein 50 Cent-Stück einwirft. Konsequenterweise wird am Pfeil die Bedingung $M = 01$ für den Übergang notiert. Genau dieses Ausgangssignal liefert der Münzprüfer, wenn ein 50 Cent-Stück eingeworfen wird. Nach dem Querstrich steht $S = 0$, $R = 0$, da noch kein Parkschein ausgegeben werden soll und kein Rückgeld gezahlt werden soll. Da auch zuerst ein 1 Euro-Stück eingeworfen werden kann, benötigt man einen weiteren Zustand C. Die Bedingung für den Übergang ist $M = 10$. Für die Ausgänge gilt auch hier $S = 0$, $R = 0$. Wird keine Münze eingeworfen oder werden falsche Münzen eingeworfen, so liefert der Münzprüfer das Ausgangssignal $M = 00$. Das wird als Bedingung für den Übergang verwendet, der auf den Zustand A zurückführt. Man nennt dies einen reflexiven Übergang. Auch hier ist $S = 0$, $R = 0$.

Zustand B Im Zustand B hat der Kunde bereits 50 Cent eingeworfen. Wir fügen zuerst den reflexiven Übergang ein, der bewirkt, dass ohne Münzeinwurf das Schaltwerk im Zustand B verbleibt. Wenn ein weiteres 50 Cent-Stück eingeworfen wird, soll das Schaltwerk in den selben Zustand gehen, in den es kommt, wenn nur insgesamt ein 1 Euro-Stück eingeworfen wurde. Das ist der Zustand C. Wirft der Kunde noch 1 Euro ein, dann hat er den Preis für den Parkschein bezahlt. Daher geht das Schaltwerk wieder in den Startzustand A und die Ausgänge werden $S = 1$, $R = 0$, da ein Parkschein, aber kein Rückgeld ausgegeben werden soll.

Zustand C Im Zustand C hat der Kunde bereits 1 Euro eingeworfen. Wir fügen den reflexiven Übergang ein. Wenn ein weiteres 50 Cent-Stück eingeworfen wird, dann hat der Kunde den Preis für den Parkschein bezahlt. Daher geht das Schaltwerk wieder in den Startzustand A und die Ausgänge werden $S = 1$, $R = 0$, da ein Parkschein, aber kein Rückgeld ausgegeben werden soll. Wirft der Kunde noch ein 1 Euro-Stück ein, so hat er insgesamt 2 Euro bezahlt. Daher geht das Schaltwerk in den Zustand A.
Diesmal sind die Ausgangssignale: $S = 1$, $R = 1$.

7.5 Synchrone Schaltwerke

Es ist wichtig zu kontrollieren, ob in allen Zuständen alle möglichen Bedingungen für Übergänge durch entsprechende Pfeile berücksichtigt sind.

Kontrolle

Hier sind es 3 Möglichkeiten, nämlich $M = (00, 01, 10)$.

Zustandsfolgetabelle

Nun werden die Zustände codiert. Da das Schaltwerk drei Zustände hat, muss man mindestens zwei Zustandsvariablen z_1^m und z_0^m einführen. Dann wählt man eine Codierung. Die Wahl der Codierung hat einen Einfluss auf den Realisierungsaufwand. Hier wird willkürlich folgende Codierung verwendet:

Zustand	Codierung $z_1\, z_0$
A	00
B	01
C	11

Tabelle 7.9 Codierung der Zustände

Die *Zustandsfolgetabelle* kann nun mit Hilfe des Zustandsdiagramms konstruiert werden. Die Zustandsfolgetabelle 7.10 enthält die Folgezustände $z_1^{m+1} z_0^{m+1}$ in Abhängigkeit von dem Eingangsvektor $M = (x_1, x_0)$ und dem alten Zustand $z_1^m z_0^m$.

Zustandsfolgetabelle

Daraus kann später das Schaltnetz SN1 konstruiert werden. Wir beginnen in einem beliebigen Zustand des Zustandsdiagramms, z.B. Zustand A mit der Codierung 00. Für $M = (0,0)$ bleibt das Schaltwerk im Zustand A. Wir tragen daher die Codierung für diesen Zustand 00 in das linke obere Feld des Diagramms ein. Für $M = (0,1)$ geht das Schaltwerk in den Zustand B mit der Codierung 01, für $M = (1,1)$ geht es in den Zustand C = 11. Da die Eingangskombination $M = (1,1)$, wie in der Aufgabenstellung vorgegeben, nicht auftreten kann, darf man die entsprechende Spalte mit jeweils einem X für einen unspezifierten Zustand markieren.

Daneben wird eine zweite Tabelle gezeichnet, die *Ergebnistabelle*, in die die Werte der Ausgangsvariablen S und R eingetragen werden. Da für alle Übergänge aus dem Zustand A = 00 die Ausgangsvariablen $S = R = 0$ sind, tragen wir dies in die erste Zeile der Ergebnistabelle ein. Nur für $M = (1,1)$ schreiben wir ein X.

Ergebnistabelle

Auf diesem Weg wird die gesamte Tabelle gefüllt. Für den nicht verwendeten Zustand 10 können wir die gesamte Zeile mit einem X markieren, da der Folgezustand zunächst beliebig ist.

$z_1^m z_0^m$	$M=(x_1, x_0)$				$M=(x_1, x_0)$			
	00	01	11	01	00	01	11	01
00	00	01	X	11	00	00	X	00
01	01	11	X	00	00	00	X	10
11	11	00	X	00	00	00	X	11
10	X	X	X	X	X	X	X	X
	$z_1^{m+1} z_2^{m+1}$				SR			

Tabelle 7.10 Zustandsfolgetabelle und Ergebnistabelle

Ansteuertabelle

Ansteuerung der Flipflops

Aus der Zustandsfolgetabelle muss nun das Schaltnetz SN1 entwickelt werden, welches die Flipflops in der Rückkopplung ansteuert. Wir betrachten für diese Aufgabe Tabelle 7.11, in der die erforderlichen Eingangssignale für die am häufigsten verwendeten Flipflops in Abhängigkeit vom alten Zustand z^m und neuen Zustand z^{m+1} des Schaltwerks angegeben sind.

Man erkennt, dass D- und T-Flipflops jeweils nur ein Ansteuernetzwerk pro Flipflop erfordern, während RS- und JK-Flipflops für jeden Eingang ein Ansteuernetzwerk benötigen. Trotzdem kann der Aufwand für die Realisierung mit RS und JK-Flipflops geringer sein, da diese Freiheitsgrade durch die don't care-Zustände erlauben, wodurch die Ansteuernetzwerke in der Regel einfacher werden.

z^m	z^{m+1}	D-FF	T-FF	RS-FF		JK-FF	
		D	T	R	S	J	K
0	0	0	0	X	0	0	X
0	1	1	1	0	1	1	X
1	0	0	1	1	0	X	1
1	1	1	0	0	X	X	0

Tabelle 7.11 Ansteuerung verschiedener Flipflops abhängig von den alten und neuen Zuständen.

Wir wollen für unser Schaltwerk D-Flipflops in der Rückkopplung verwenden. Weil das D-Flipflop als Ansteuersignal nach Tabelle 7.11 den neuen Zustand benötigt, ist $D_i = z_i^{m+1}$ das Ansteuersignal des Flipflops der Zustandsvariablen i.

7.5 Synchrone Schaltwerke

$z_1^m z_0^m$	$x_1 x_0$				$x_1 x_0$			
	00	01	11	10	00	01	11	10
00	00	0 1	X	11	00	00	X	00
01	0 1	1 1	X	00	00	00	X	1 0
11	1 1	0 0	X	00	00	00	X	1 1
01	X	X	X	X	X	X	X	X
		$D_1 D_2$				SR		

Tabelle 7.12
Ansteuertabelle für die Flipflops

Da die Reihenfolge der Zustandsvariablen so gewählt wurde, dass ein Karnaugh-Veitch-Diagramm vorliegt, kann man aus dem Diagramm direkt die *Ansteuergleichungen* für die Flipflops und die Ausgangssignale ablesen:

Ansteuergleichungen

$$D_0 = z_0^{m+1} = \neg x_0 \neg x_1 z_0^m \vee x_0 \neg z_1^m \vee x_1 \neg z_0^m$$
$$D_1 = z_1^{m+1} = \neg x_0 \neg x_1 z_1^m \vee x_0 z_0^m \neg z_1^m \vee x_1 \neg z_0^m$$
$$S = x_1 z_0^m$$
$$R = x_1 z_1^m$$

(7.28)

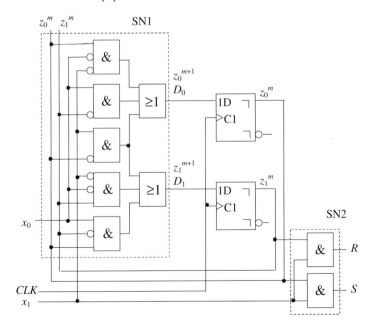

Abbildung 7.21
Gesamtschaltung des Schaltwerks

7.6 Standard-Schaltnetze

7.6.1 Multiplexer

Multiplexer Ein häufig verwendetes Schaltnetz ist der *Multiplexer*. Er hat die Aufgabe, einen von mehreren Eingängen I_i, gesteuert durch einen Auswahlvektor x, auf einen Ausgang y zu führen. Dies wird durch die in Abbildung 7.22 gezeigte Schaltung erreicht. Mit dem Enable-Eingang $\neg En$ wird der Baustein eingeschaltet. Ist er auf 0, und liegt an den Auswahleingängen zum Beispiel $x_1=1$, $x_0=0$ an, was einer dezimalen 2 entspricht, so wird der Eingang I_2 auf den Ausgang y durchgeschaltet. Das wird erreicht, indem nur das entsprechende UND-Gatter mit Hilfe der Auswahleingänge x_i für den Dateneingang durchgeschaltet wird. Die Schaltung wird als 4:1-Multiplexer bezeichnet.

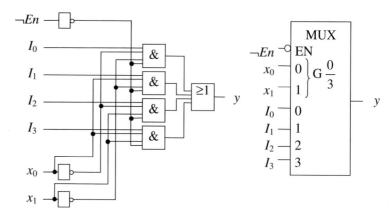

Abbildung 7.22 Multiplexer mit Schaltsymbol

7.6.2 Code-Wandler

Aufgabe von Code-Wandlern *Code-Wandler* stellen die Zuordnung des Codewortes eines Codes zum Codewort eines anderen Codes her. Sie sind daher für die Codierung und Decodierung verwendbar. In der Regel werden Codierer als Schaltnetze realisiert, in manchen Fällen ist der Realisierungsaufwand mit einer sequentiellen Schaltung geringer.

Als Beispiel soll hier eine Wandlung vom Binär-Code in einen 1 aus 8-Code (Octal-Code) dargestellt werden. Die Zuordnung der beiden Codes ist in Tabelle 7.13 dargestellt. Der 1 aus 8-Code hat in jedem 8 Bit langen Codewort nur ein 0-Element.

7.6 Standard-Schaltnetze

Für die *Realisierung* betrachten wir die Tabelle 7.13. Man liest daraus ab, dass y_0 nur den Funktionswert 0 hat, wenn alle Eingangsvariablen gleich 0 sind, also $y_0 = \neg(\neg x_2 \neg x_1 \neg x_0)$. Auch bei den anderen Ausgangsvariablen stellt man fest, dass diese immer durch den entsprechenden invertierten Minterm beschrieben werden: $y_i = \neg m_i$.

Realisierung von Code-Wandlern

Binär-Code	1 aus 8-Code
$x_2 x_1 x_0$	$y_7 y_6 y_5 y_4 y_3 y_2 y_1 y_0$
0 0 0	1 1 1 1 1 1 1 0
0 0 1	1 1 1 1 1 1 0 1
0 1 0	1 1 1 1 1 0 1 1
0 1 1	1 1 1 1 0 1 1 1
1 0 0	1 1 1 0 1 1 1 1
1 0 1	1 1 0 1 1 1 1 1
1 1 0	1 0 1 1 1 1 1 1
1 1 1	0 1 1 1 1 1 1 1

Tabelle 7.13
Wahrheitstabelle des Codewandlers

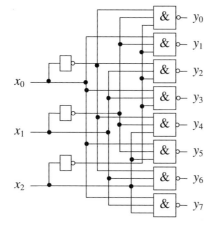
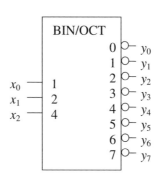

Abbildung 7.23
Codewandler von binär nach octal mit Schaltsymbol

Die Schaltung in Abbildung 7.23 kann auch als 1:4-*Demultiplexer* verwendet werden. Dazu wird der Eingang x_2 als Dateneingang verwendet. Mit den Eingängen x_0 und x_1 kann einer der Ausgänge y_0 bis y_3 ausgewählt werden auf den der Dateneingang geschaltet wird. Mit einem 4:1-Multiplexer und dem 1:4-Demultiplexer können 4 Signale über eine einzige Leitung im Zeitmultiplex übertragen werden, wenn die Steuerleitungen x_i synchronisiert sind.

Demultiplexer

7.6.3 Arithmetische Schaltungen

Addition

Genau wie im Dezimalsystem reicht es, die Addition für eine Stelle zu betrachten. Dabei muss ein Übertrag von der letzten Stelle c_0 berücksichtigt werden. Bei der Summenbildung entsteht die Summe F und ein Übertrag c_1 (Carry) in die nächste Stelle.

Volladdierer Eine derartige Schaltung heißt *Volladdierer*.

Abbildung 7.24 Addition von x, y und dem Übertrag der vorhergehenden Stelle c_0. Man erhält die Summe F und den neuen Übertrag c_1.

x	y	c_0	c_1	F
0	0	0	0	0
0	0	1	0	1
0	1	0	0	1
0	1	1	1	0
1	0	0	0	1
1	0	1	1	0
1	1	0	1	0
1	1	1	1	1

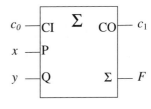

Aus Abbildung 7.24 kann man die folgenden Formeln ablesen:

$$F = \neg c_0 \neg x y \lor \neg c_0 x \neg y \lor c_0 \neg x \neg y \lor c_0 x y \qquad (7.29)$$

$$c_1 = xy \lor c_0(x \lor y) \qquad (7.30)$$

Ripple Carry-Adder

Will man mehrstellige Zahlen addieren, so kann man mehrere Volladdierer kaskadieren, indem der Übertrag des ersten Addierers in den folgenden eingespeist wird. Dadurch durchläuft der Übertrag alle Volladdierer. Bei großen Zahlen entstehen lange Laufzeiten.

7.6 Standard-Schaltnetze

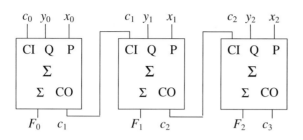

Abbildung 7.25
Ripple-Carry-Adder für 3 Stellen

Carry-Look-Ahead Addierer

Der Carry-Look-Ahead Addierer ist bezüglich der Laufzeit optimiert. Man verwendet wie beim Ripple-Carry-Addierer eine Kaskade von Addierern, die allerdings keinen Übertragsausgang haben müssen. Die Überträge der einzelnen Volladdierer werden durch ein besonderes Schaltnetz berechnet, welches man *Carry-Look-Ahead-Generator* nennt. Der Übertrag c_1 wird wie oben in Gleichung 7.30 berechnet:

Carry-Look-Ahead-Generator

$$c_1 = \underbrace{x_0 y_0}_{g_0} \vee c_0 \underbrace{(x_0 \vee y_0)}_{p_0} = g_0 \vee c_0 p_0 \qquad (7.31)$$

In dieser Gleichung wurden die Abkürzungen $g_i = x_i y_i$ und $p_i = x_i \vee y_i$ verwendet. $g_1 = 1$ bedeutet, dass ein Übertrag generiert wird („*carry generate*"). $p_i = 1$ leitet einen Übertrag c_0 weiter („*carry propagate*").

carry generate, carry propagate

Nach dem gleichen Verfahren wird die Gleichung für c_2 aufgestellt, in die man Gleichung 7.31 einsetzt:

$$c_2 = \underbrace{x_1 y_1}_{g_1} \vee c_1 \underbrace{(x_1 \vee y_1)}_{p_1} = g_1 \vee c_1 p_1 = g_1 \vee g_0 p_1 \vee c_0 p_0 p_1 \quad (7.32)$$

Genauso verfährt man mit der Gleichung für c_3:

$$c_3 = \underbrace{x_2 y_2}_{g_2} \vee c_2 \underbrace{(x_2 \vee y_2)}_{p_2} = g_2 \vee c_2 p_2$$
$$= g_2 \vee g_1 p_2 \vee g_0 p_1 p_2 \vee c_0 p_0 p_1 p_2 \qquad (7.33)$$

Damit hat man ein 3-stufiges Schaltnetz entwickelt. Man beachte aber, dass der Aufwand für große Wortlängen stark zunimmt. Man beschränkt sich daher in der Praxis auf Wortbreiten von 4 Bit. Größere Wortbreiten erzielt man durch Kaskadierung [7.3].

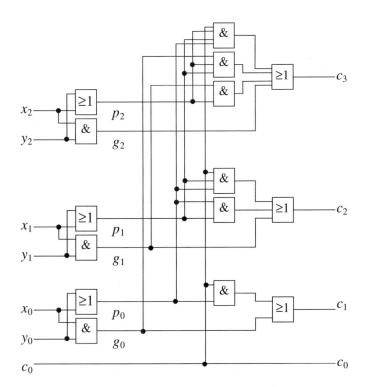

Abbildung 7.26
Carry-Look-Ahead-Generator

Subtraktion

Die Subtraktion wird auf die Addition zurückgeführt [7.3]. Dazu verwendet man die Zweierkomplement-Darstellung einer Binärzahl.

7.6.4 Zähler

Man unterscheidet zwischen asynchronen und synchronen Zählern. Asynchrone Zähler sind mit weniger Aufwand aufzubauen, haben aber, insbesondere bei großen Wortbreiten, eine geringere Grenzfrequenz.

Asynchroner Modulo-16-Binärzähler

Funktionsbeschreibung Die einfachste Möglichkeit Binärzähler aufzubauen ist die Aneinanderreihung von negativ flankengesteuerten T-Flipflops (Abbildung 7.27). Die T-Eingänge der Flipflops sind auf 1 gesetzt, so dass diese bei jeder negativen Flanke am Eingang T ihren Ausgangszustand wechseln. Man erhält daher das in Abbildung 7.28 gezeigte Impulsdiagramm. Es ist in diesem Bild eine Periode von 16 verschiedenen Zählerständen gezeigt. Danach beginnt der Zyklus von neuem. Da das Ausgangssignal einer jeden Stufe die halbe Frequenz der vorherigen Stufe aufweist, kann die Schaltung auch als Frequenzteiler verwendet werden. Die Schaltung hat den Nachteil, dass sich bei längeren Ketten eine Zeitverschiebung der Ausgangssignale der hinteren Stufen ergibt. Dadurch werden die an den Ausgängen Q_i ablesbaren Binärzahlen nicht der Reihenfolge nach durchlaufen.

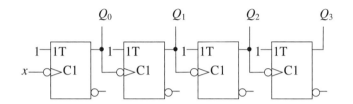

Abbildung 7.27
Modulo-16-Binärzähler aus vier T-Flipflops

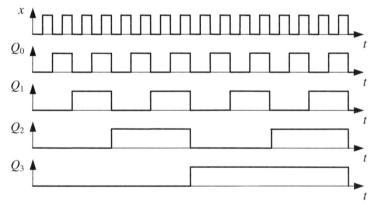

Abbildung 7.28
Impulsdiagramm des Modulo-16-Binärzählers aus Abbildung 7.27

Synchroner 4-Bit-Dualzähler

Nun soll ein synchroner Dualzähler entworfen werden. Alle Flipflops werden nun vom Taktsignal *CLK* getriggert. Die Flipflops schalten daher alle gleichzeitig. Die Eingänge der einzelnen T-Flipflops werden durch die Ausgänge der vorhergehenden Flipflops angesteuert. Man erkennt in Bild 7.28, dass das Flipflop i immer genau dann seinen Zustand wechselt, wenn die Ausgänge aller vorhergehenden Flipflops 1 sind. Damit erhält man die folgenden Ansteuergleichungen für die Eingänge T_i der Flipflops:

$$T_0 = 1 \qquad (7.34)$$

$$T_1 = Q_0^m \qquad (7.35)$$

$$T_2 = Q_0^m Q_1^m \qquad (7.36)$$

$$T_3 = Q_0^m Q_1^m Q_3^m \qquad (7.37)$$

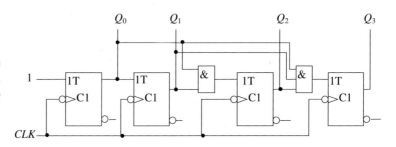

Abbildung 7.29 Synchroner 4-Bit-Dualzähler

7.7 Literatur

[7.1] Borucki, L.: *Digitaltechnik*. Teubner, Stuttgart, 4. Auflage, 1996

[7.2] Fabricius, E.D.: *Modern Digital Design and Switching Theory*. CRC Press, Boca Raton, 1992

[7.3] Fricke, K.: *Digitaltechnik*. Vieweg, Braunschweig, Wiesbaden, 2. Auflage 2001

[7.4] Grams, T.: *Codierungsverfahren*. BI, Mannheim, 1986

[7.5] Groß, W.: *Digitale Schaltungstechnik*. Vieweg, Wiesbaden, Braunschweig, 1994

[7.6] Klar, H.: *Integrierte Digitale Schaltungen MOS/BICMOS*. Springer, Berlin, Heidelberg, 1993

[7.7] Kühn, E.: *Handbuch TTL- und CMOS-Schaltungen*. Hüthig, Heidelberg, 4. Auflage, 1993

7.7 Literatur

[7.8] Lichtberger, B.: *Praktische Digitaltechnik*. Hüthig, Heidelberg, 2. Auflage, 1992

[7.9] Millman, J. und Grabel, A.: *Microelectronics*. McGraw-Hill, New York, 2. Auflage, 1988

[7.10] *MOS-Memory Data Book*. Hrsg.: Houston: Texas Instruments, 1993

[7.11] Naylor, D. und Johnes, S.: VHDL: *A Logic Synthesis Approach*. Chapman & Hall, London, 1997

[7.12] Pernards, P.: *Digitaltechnik*. Hüthig, Heidelberg, 3. Auflage, 1992

[7.13] Prince, B.: *Semiconductor Memories*. John Wiley, Chichester, 2. Auflage, 1991

[7.14] Reifschneider, N. : *CAE-gestützte IC-Entwurfsmethoden*. Prentice-Hall, München, 1998

[7.15] Schiffmann, W. und Schmitz, R.: *Technische Informatik*. Band 1 Grundlagen der digitalen Elektronik. Springer, Berlin, 1992

[7.16] Schiffmann, W. und Schmitz, R.: *Technische Informatik*. Band 2 Grundlagen der Computertechnik. Springer, Berlin, 1992

[7.17] Schneider-Obermann, H.: *Kanalcodierung*. Vieweg, Braunschweig, Wiesbaden, 1998

[7.18] Tocci, R.: *Digital Systems*. Prentice-Hall, Englewood Cliffs, 1988

[7.19] Urbanski, K. und Woitowitz, R.: *Digitaltechnik*. Springer, Berlin, Heidelberg, 1997

Kapitel 8

Programmierbare Logik und VHDL

von Georg Fries

8.1 Einführung

Im vorangegangenen Kapitel wurden digitaltechnische Grundlagen behandelt und wichtige Einzelfunktionen wie Multiplexer, Addierer oder Flipflop betrachtet. Wie aber können Schaltwerke mit *anwendungsspezifischer Funktionalität* realisiert werden? Hierzu existieren drei prinzipielle Möglichkeiten:

Anwendungsspezifische Funktionalität

Die erste Variante besteht darin, Standardbausteine auf einer Leiterplatte zur gewünschten Gesamtfunktionalität zu verdrahten. Bei der zweiten Alternative wird das System in Software realisiert, z.B. durch Programmierung von Mikroprozessoren (Kap. 9). Schließlich kann die gewünschte Funktionalität mit anwendungsspezifischen ICs (ASIC) implementiert werden.

Eine wichtige Klasse dieser ASICs heißt *programmierbare Logik*. Ihr Vorteil besteht darin, dass der Entwickler die Bausteine vor Ort programmieren kann. Das erfordert leistungsfähige Verfahren wie den Entwurf mit einer Hochsprache. Die Grundidee ist hier, die Schaltung mit einer Beschreibungssprache wie *VHDL* funktional zu entwerfen und nach sorgfältiger Simulation automatisch zu synthetisieren.

Programmierbare Logik

VHDL

Dieses Kapitel befasst sich mit der programmierbaren Logik. Nach der Betrachtung der verschiedenen Bausteinklassen wird der Entwurf mit VHDL behandelt. Äquivalent zur Modellierung von Analogschaltungen mit SPICE (Kap. 3) können digitale Systeme mit *VHDL-Modellen* beschrieben und simuliert werden. Die Modellierung mit einer Hochsprache ermöglicht damit einen effizienten und fehlerarmen Entwurf digitaler Systeme.

VHDL-Modell

8.2 ASIC-Klassen

Es existieren vielfältige Technologien zur Realisierung von Schaltnetzen und Schaltwerken mit anwendungsspezifischer Funktionalität. Abbildung 8.1 teilt digitale ICs anhand ihres Herstellungsprozesses in die beiden Gruppen *Standardbaustein* und *ASIC* ein.

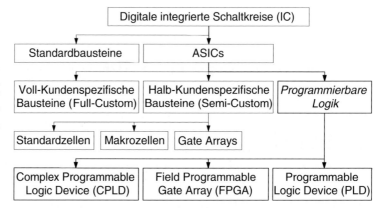

Abbildung 8.1 Klassifikation digitaler integrierter Schaltkreise

Standardbaustein — Zur Gruppe der *Standardbausteine* zählen z.B. die Mitglieder der CMOS-Logikfamilien, welche Komponenten wie Inverter, einzelne Gatter, Flipflops, Multiplexer oder Zähler auf jeweils einem IC integrieren. Die *anwendungsspezifische Funktionalität* des zu entwickelnden Systems wird durch Auswahl geeigneter Bausteine mit anschließender Verdrahtung auf einer Platine erzielt [8.22]. Weit höher integrierte Standardbausteine sind Mikroprozessoren, Mikrocontroller, Schnittstellen- oder Speicherbausteine. Sie sind universell verwendbar und erhalten ihre Funktionalität durch ein Software-Programm.

ASIC = Application Specific Integrated Circuit — Die zweite IC-Klasse bilden die *ASICs* (*Application Specific Integrated Circuit*). Bei dieser Entwurfsvariante legt der Anwender die spezifische Funktionalität des Bausteins selbst fest. Für Full-Custom- und Semi-Custom-ICs geschieht dies bereits in der Herstellungsphase, denn der Anwender definiert mit Hilfe von Entwicklungstools einen Teil der Masken, die der Technologiehersteller später zur Produktion des ASICs benötigt.

8.2.1 Full-Custom-IC

Masken — ASICs werden mit Hilfe von *Masken* gefertigt. Ein Teil dieser Masken definiert die auf dem IC integrierte Transistorstruktur, die übrigen Masken dienen zur Herstellung der Verbindungsstrukturen. Der Anteil an kundenspezifischen Belichtungsmasken – also die Anzahl der Mas-

8.2 ASIC-Klassen

ken, die der Entwickler anwendungsspezifisch festlegt – variiert bei den einzelnen Entwurfsstilen. Je weniger kundenspezifische Masken benötigt werden, umso schneller und zuverlässiger wird die Entwicklung durchzuführen sein, da auf getestete und optimierte Strukturen zurückgegriffen werden kann, die der Hersteller bereits im Vorfeld produziert. Der jeweilige *Entwurfsstil* dient als Kriterium zur Unterscheidung der ASIC-Typen.

Beim *Full-Custom-Entwurf* sind *alle* Masken kundenspezifisch. Der Chip wird sowohl auf Transistorebene als auch auf der Verbindungsebene vollständig entworfen. Der Entwickler hat dadurch alle Freiheitsgrade und kann eine maßgeschneiderte Schaltung mit hoher Performance, höchster Gatterdichte, geringer Verlustleistungsaufnahme und optimierter Chipfläche für seine Anwendung entwickeln, welche dann in großer Stückzahl gefertigt wird. Da jedoch alle Masken zu definieren sind, ist mit einem hohen Aufwand an Zeit und Kosten zu rechnen, und das Risiko einer Fehlentwicklung ist hier in der Regel höher als bei den übrigen ASIC-Gruppen.

Full-Custom-Entwurf

8.2.2 Semi-Custom-IC

Beim *Semi-Custom-Entwurf* wird auf optimierte, vorgefertigte Basiselemente in Form von Zellen oder Blöcken zurückgegriffen. Eine ASIC-Entwicklung ist in diesem Fall mit kürzeren Entwurfszeiten und auch für mittlere Stückzahlen noch wirtschaftlich durchführbar. Der Entwickler kann die anwendungsspezifische Funktionalität mit einer Hardwarebeschreibungssprache wie VHDL definieren (vgl. Kap. 8.5). Der Technologiehersteller fertigt danach den Chip entweder als Zellen-Entwurf – bestehend aus Standard- und/oder Makrozellen – oder als Gate Array.

Semi-Custom-Entwurf

8.2.2.1 Standardzellen-Entwurf

Beim *Standardzellen-Entwurf* wird die Schaltung aus vorgegebenen, so genannten Standardzellen aufgebaut. Beispiele für Standardzellen sind einfache NAND- oder NOR-Gatter, Inverter, Multiplexer oder Flipflops. Der Technologieanbieter stellt dem Entwickler die Zellen als universell verwendbare Bibliothek zur Verfügung. Das Layout jeder Zelle steht fest und die Komponenten sind ausgetestet und optimiert. Wie beim Full-Custom-Entwurf müssen auch beim Standardzellen-Entwurf alle Masken für den Herstellungsprozess kundenspezifisch erzeugt werden. Dies ist aber wesentlich schneller möglich, da auf vorgefertigte Zellen zurückgegriffen wird. Für die Produktion des ASICs ist demnach im Wesentlichen die Auswahl der Zellen sowie deren Verteilung und Verdrahtung auf dem Chip festzulegen. Die Standard-Zellen besitzen in der Regel eine einheitliche Höhe und

Standardzellen-Entwurf

werden daher nahtlos zu Zellreihen aneinander gefügt. Zwischen diesen Zellreihen können Kanäle zur Verdrahtung frei bleiben [8.22].

Makrozellen-Entwurf Der *Makrozellen-Entwurf* ist die konsequente Weiterentwicklung des Standardzellen-Entwurfs: Neben den Standardzellen werden zusätzlich Makrozellen verwendet, die zum Teil automatisch aus Standardzellen zusammengesetzt werden und frei auf dem Chip platzierbar sind. Makrozellen sind besonders für regelmäßige Strukturen wie Speicher geeignet.

Abbildung 8.2 zeigt schematisch einen ASIC mit Makrozellen-Entwurf. Wir erkennen zwei mal zwei Reihen mit Standardzellen, die alle die gleiche Höhe besitzen und durch einen Verdrahtungskanal getrennt sind. In dem vergrößerten Ausschnitt rechts sind die Funktionen der verwendeten Standardzellen zu sehen. Die untere Hälfte des ASICs beinhaltet 7 Makrozellen $A,...,F$ mit unterschiedlichen Dimensionen. Am Rand sind I/O-Pads zum Anschluss der Eingangs- und Ausgangssignale angeordnet.

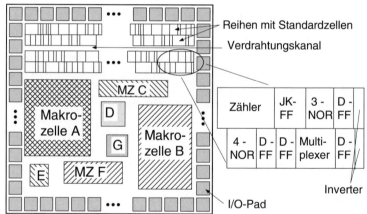

Abbildung 8.2 Beispiel eines Makrozellen-Entwurfs

8.2.2.2 Gate Arrays

Gate Array *Gate Arrays* sind vorgefertigte hochintegrierte Schaltkreise, auf denen Transistoren, Logik-Gatter (*Gates*) oder Logik-Blöcke in einer regelmäßigen Struktur (*Array*) angeordnet sind. Im Unterschied zu den Standardzellen steht demnach nicht nur das Layout der Logik-Gatter fest, sondern diese sind bereits auf dem IC platziert. Damit sind alle Masken für die Transistorstrukturen vom Hersteller vorgegeben. Der Anwender definiert nur die Masken für die Verdrahtung, was eine Vereinfachung gegenüber dem Zellen-Entwurf darstellt.

Abbildung 8.3 zeigt schematisch ein Gate Array. Die dargestellte Matrix besteht aus 3-fach NAND Gattern. Es handelt sich um eine so

8.2 ASIC-Klassen

genannte *Sea of Gates* Architektur, da keine Kanäle für Verbindungsstrukturen zwischen den Gattern existieren. Wie bei den Standardzellen werden dem Entwickler universell verwendbare vordefinierte *Funktionszellen*, die auf den Basiszellen des gewählten Gate Arrays beruhen, in einer Zellbibliothek zur Verfügung gestellt. Die Fertigungsschritte eines Gate Arrays können bis auf die Verdrahtung vorab durchgeführt werden – diese bestimmt somit die anwendungsspezifische Funktionalität.

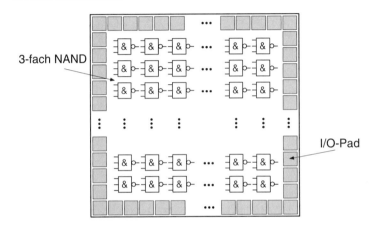

Abbildung 8.3
Gate Array mit Sea of Gates Struktur

8.2.3 Programmierbare Logik

Die dritte ASIC-Gruppe, die *programmierbare Logik*, vereint wesentliche Vorteile der ASICs und der Standardbausteine: Programmierbare Logik ICs sind in hoher Stückzahl gefertigte Standardprodukte, die kundenspezifisch zum Einsatz kommen, ohne das der Anwender am Herstellungsprozess beteiligt ist. Die anwendungsspezifische Funktionalität wird nicht durch Definition von Masken, sondern durch *Konfiguration* des vollständig gefertigten ICs erzielt, in dem die innere Verdrahtung und bei den FPGAs zusätzlich auch die integrierten Logik-Funktionen durch *programmierbare Schalter* festgelegt werden.

Programmierbare Logik

Es existiert eine reiche Palette an Produkten, die sich zum einen in Architektur, Komplexität und Geschwindigkeit unterscheiden, zum anderen in der Art der *Programmier-Technologie* (Abschnitt 8.4.5). Die beiden wichtigsten Gruppen der programmierbaren Logik sind die PLDs und die FPGAs. Bei den *PLDs* (Programmable Logic Device) konfiguriert der Anwender die Verdrahtung der auf dem IC bereitgestellten Gatter. Wir betrachten diese Bausteine in Abschnitt 8.3. Die *FPGAs* (Field Programmable Gate Array) sind ähnlich wie der zuvor beschriebene ASIC-Typ Gate Array aufgebaut. Der dort notwendige letzte Fertigungsschritt beim Halbleiterhersteller entfällt jedoch, da die

PLD

FPGA

Verdrahtung wie bei den PLDs nicht beim Technologieanbieter, sondern vom Anwender konfiguriert wird. Im Gegensatz zu den PLDs kann bei den FPGAs nicht nur die Verdrahtung, sondern auch die Funktion der einzelnen auf dem Chip integrierten Logik-Blöcke *vor Ort* programmiert werden.

Aktuelle Custom-ASICs sind in der Regel den aktuellen FPGAs in Logikdichte, Geschwindigkeit und Verdrahtbarkeit um bis zu eine Größenordnung überlegen, da die Konfigurierbarkeit der FPGAs auf Kosten dieser Baustein-Parameter erkauft wird. Dennoch erweist sich sowohl die Gatterzahl als auch die Schaltgeschwindigkeit der neuesten FPGAs für viele Anwendungen als gänzlich ausreichend, so dass programmierbare Logik heute oft dort eingesetzt werden kann, wo früher nur Full-Custom-ASICs verwendet wurden. FPGAs sind zu vollwertigen Bausteinen herangereift, die die aktuell erforderlichen kurzen Produktentwicklungszeiten erst ermöglichen.

8.3 PLD

**PLD =
Programmable
Logic
Device**

PLDs (Programmable Logic Device) sind matrixförmige Schaltungen mit logischen Gattern und programmierbaren Schaltern zur Verbindung dieser Gatter. Abbildung 8.4 zeigt den prinzipiellen Aufbau: Eine UND-Matrix, gefolgt von einer ODER-Matrix, die logische Verknüpfungen in zweistufiger disjunktiver Form leisten. Eine spezielle, anwendungsspezifische Schaltfunktion wird mittels Personalisierung – also durch eine Programmierung – der beiden Matrizen realisiert.

Abbildung 8.4
Allgemeine PLD-Struktur

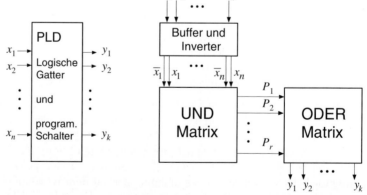

Das Device besitzt n Eingänge und k Ausgänge. Ein PLD kann somit k unterschiedliche logische Funktionen y_j aus n Eingangsvariablen x_i bilden. Die Eingangsstufe des PLD stellt jedes Eingangssignal auch invertiert bereit. Mittels UND-Matrix werden zunächst n Variablen konjunktiv zu r verschiedenen Produkttermen P_l verschaltet. Diese können dann mit der ODER-Matrix disjunktiv zu k zweistufigen Ausgangsfunktionen y_j verknüpft werden.

8.3.1 PAL und PLA

Tabelle 8.1 zeigt die Unterschiede zwischen den beiden möglichen PLD-Varianten PAL und PLA. Beim *PAL (Programmable AND-Array Logic)* ist die ODER-Matrix fest vorgegeben, die UND-Matrix ist programmierbar.

PAL = **P**rogrammable **AND**-**A**rray **L**ogic

Sind beide Matrizen konfigurierbar, so erhält man ein *PLA (Programmable Logic Array)*. Wird dagegen die UND-Matrix fest verdrahtet – und zwar als $1:n$-Demultiplexer (Kap 7.6.2), so erhalten wir einen Speicherbaustein (*ROM, Read Only Memory*). Speicher bilden eine eigene Bausteinklasse und sind streng genommen keine PLDs – sie werden hier aber berücksichtigt, da sie als so genannte Look-Up-Table die Basis für die FPGA-Programmierung bilden.

PLA = **P**rogrammable **L**ogic **A**rray

ROM = **R**ead **O**nly **M**emory

	UND-Matrix	ODER-Matrix
PAL	programmierbar	vordefiniert
PLA	programmierbar	programmierbar
(ROM)	vordefiniert	programmierbar

Tabelle 8.1 PLD Varianten

Zum Verständnis entwickeln wir für alle 3 Varianten das Schaltnetz eines *Volladdierers*. Zu implementieren sind die Gleichungen für die Summe F und das Carry c_1 in Abhängigkeit der Variablen x, y, und c_0. Die Zahl der Eingänge beträgt damit $n=3$ und die der Ausgänge $k=2$.

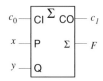

Volladdierer

$$F = \neg x \neg y c_0 \vee \neg x y \neg c_0 \vee x \neg y \neg c_0 \vee x y c_0 \quad (8.1)$$

$$c_1 = \neg x y c_0 \vee x \neg y c_0 \vee x y \neg c_0 \vee x y c_0 = xy \vee x c_0 \vee y c_0 \quad (8.2)$$

Abbildung 8.5 implementiert den Volladdierer in einem ROM. Zur besseren Übersicht wählen wir eine vereinfachte Verbindungsdarstellung, die rechts im Bild erläutert wird. Die ausgefüllten Quadrate sind fest verdrahtete Verbindungen. Die nicht ausgefüllten Quadrate sind programmierte Verbindungen. Das ROM stellt alle 8 Minterme zur Verfügung, die mit 3 Variablen gebildet werden können. Die beiden Ausgangsfunktionen werden damit in der kanonischen disjunktiven Normalform (Kap. 7.3.3) erzeugt. Wir erkennen, dass die Wahrheitstabelle direkt in das ROM übertragbar ist. Dieses Prinzip heißt *Look-Up-Table (LUT)*. Überall dort, wo in der Wahrheitstabelle eine '1' steht, wird in der ODER-Matrix eine Verbindung hergestellt.

Look-Up-Table

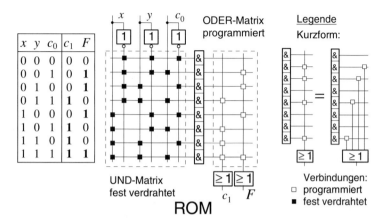

Abbildung 8.5 Volladdierer als Look-Up-Table: Die Wahrheitstabelle wird direkt in das ROM umgesetzt.

Abbildung 8.6 zeigt links die Implementierung auf einem PAL. Hier werden die beiden Gleichungen (8.1) und (8.2) direkt umgesetzt. Auf der rechten Seite ist das PLA abgebildet. Es bietet die Möglichkeit, Produktterme mehrfach zu nutzen. Durch Verwendung der booleschen Funktion für das negierte Carry $\neg c_1$ (Gl. 8.3) können wir diese Flexibilität ausnutzen und den Addierer mit nur 5 Produkttermen realisieren:

$$\neg c_1 = \neg x \neg y \vee \neg x y \neg c_0 \vee x \neg y \neg c_0 \qquad (8.3)$$

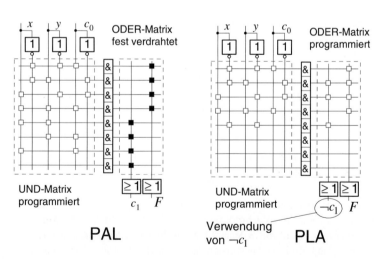

Abbildung 8.6 Implementierung des Volladdierers auf einem PAL und einem PLA

PLAs sind zwar flexibler, besitzen jedoch aufgrund der programmierbaren ODER-Matrix längere Signallaufzeiten als PALs. Daher werden PALs in der Regel bevorzugt.

8.3 PLD

Einfache PAL-Typen sind heute weitgehend von universelleren PALs verdrängt worden. Diese so genannten *GALs (Generic Array Logic)* besitzen an allen Anschluss-Pads programmierbare Makrozellen mit I/O-Zellen, die sich wahlweise als Input/Output und als Register/Tristate einstellen lassen. Mit Hilfe der Register können Zustandsmaschinen aufgebaut und Rückführungen der Ausgänge auf die Eingänge realisiert werden. In der Makrozelle lässt sich übrigens auch die Negation des Carrys $\neg c_1$ in unserem Beispiel neutralisieren, da jedes Ausgangssignal in der Makrozelle invertiert werden kann.

**GAL =
Generic
Array
Logic**

8.3.2 CPLD

PALs und PLAs sind zur Implementierung kleinerer Schaltungen gut geeignet. Da die UND-Matrix mit zunehmender Zahl der Eingänge rasch an Größe gewinnt, liegt die Anzahl der I/O-Zellen in der Regel um 32, was die Gesamtzahl an Eingangsvariablen und Ausgangsfunktionen für die zu implementierende Funktion darauf begrenzt.

Für die Realisierung von größeren Schaltwerken wurde das Konzept der GALs weiterentwickelt zu den so genannten *CPLDs (Complex PLD)*. Den Aufbau eines CPLDs zeigt Abbildung 8.7 schematisch. Im Prinzip sind auf jedem Baustein mehrere in der Abbildung als PAL-ähnliche Blöcke bezeichnete PLDs matrixförmig angeordnet. Diese können wiederum mit einer programmierbaren zentralen Verbindungsmatrix untereinander verschaltet werden und über die I/O-Blöcke mit den Ein- und Ausgangs-Pads verbunden werden. Kommerzielle CPLDs besitzen 2 bis weit über 500 solcher PAL-ähnlichen Blöcke.

**CPLD =
Complex
PLD**

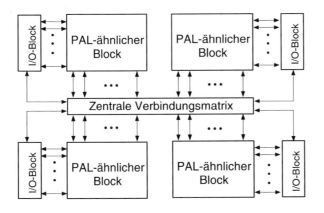

Abbildung 8.7
Aufbau eines CPLDs

8.4 FPGA

FPGA =
Field
Programmable
Gate
Array

FPGAs sind feldprogrammierbare Logikbausteine. Der Name steht für *Field Programmable Gate Array*. Dieser Bausteintyp wird mit einer Struktur von mehreren identischen, programmierbaren Logik-Blöcken und Verdrahtungsressourcen vom Hersteller unabhängig von der späteren Anwendung vorgefertigt. *Field Programmable* bedeutet, dass die endgültige Funktionalität des Bausteins vom Anwender programmiert oder – korrekter formuliert – *konfiguriert* wird.

8.4.1 Schematischer Aufbau eines FPGA

Die meisten FPGA-Strukturen lassen sich als Variante des in Abbildung 8.8 dargestellten Schemas beschreiben. Wir erkennen eine Matrix bestehend aus konfigurierbaren Logik-Blöcken (LB), welche hier beispielhaft mit 4 Eingängen und 2 Ausgängen dargestellt sind. Die I/O-Blöcke mit einem oder zwei Ein- und Ausgängen sind außen angeordnet. Die vielfältigen Verdrahtungsressourcen werden mit programmierbaren Verbindungspunkten konfiguriert, welche jeweils zu Switch-Matrizen zusammengefasst sind. Es existieren auch außerhalb dieser Matrizen Verbindungspunkte. Jeder programmierbare Switch erzeugt eine kurze Signalverzögerung, daher werden so genannte Long Lines verwendet, um eine schnelle Verbindung über eine große Distanz ohne dazwischen geschaltete Switch-Matrix zu realisieren. Nicht dargestellt sind die Taktgeneratoren und weitere spezielle Ressourcen wie z.B. Speicher, Multiplizierer oder sogar Prozessoren, die modernere FPGA-Architekturen optional bereitstellen.

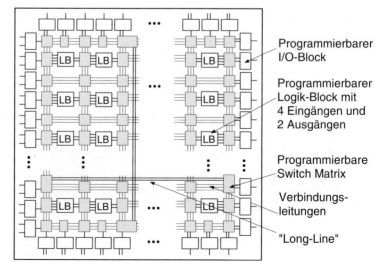

Abbildung 8.8
Schematischer FPGA Aufbau

8.4.2 Programmierbare Logik-Blöcke

Der Aufbau der *Logik-Blöcke* ist bei den einzelnen Bausteinfamilien sehr unterschiedlich. Generell ist die so genannte Granularität der FPGAs feiner als die der CPLDs, denn die Logik-Blöcke sind einfacher aufgebaut als die PAL-ähnlichen Blöcke der CPLDs. Dafür ist die Zahl der Blöcke pro Baustein erheblich größer – neuere FPGAs integrieren bereits weit über 10000 Logik-Blöcke auf einem IC.

Logik-Block

In den Logik-Blöcken werden boolesche Funktionen realisiert. Jeder Block kombiniert einige wenige Eingangssignale – typisch sind 3 bis 10 – zu einer oder zwei Ausgangsfunktionen. Der innere Aufbau eines Logik-Blocks entspricht nicht dem der PLDs. Es werden keine konfigurierbaren UND/ODER-Matrix-Strukturen, sondern Funktionsgeneratoren verwendet. Wie ist ein Funktionsgenerator aufgebaut? Es gibt zwei Typen, die wir im Folgenden betrachten: Die booleschen Funktionen können entweder mittels einer Look-Up-Table (LUT-Architektur) oder mit Multiplexern (MUX-Architektur) generiert werden.

8.4.2.1 LUT-basierter Funktionsgenerator

Hier wird die zu implementierende boolesche Funktion nicht durch eine Verknüpfung der zur Funktion isomorphen Gatter erzeugt, sondern mit Hilfe eines Speichers realisiert. Wir haben das Prinzip einer *Look-Up-Table (LUT)* bereits bei dem Volladdierer-Beispiel in Abbildung 8.5 kennen gelernt: Die Funktionswerte werden aus der Wahrheitstabelle in den Speicher übertragen. Bei der Konfiguration des Logik-Blocks wird demnach für jede mögliche Eingangskombination der zugehörige Funktionswert abgespeichert. Eine LUT wird als statisches RAM (Random Access Memory) mit n Adressleitungen und einer Datenleitung implementiert. Abbildung 8.9 zeigt den Aufbau einer Look-Up-Tabelle mit zwei Adressleitungen, die als 2-LUT bezeichnet wird. In den Speicherzellen stehen als Beispiel die Funktionswerte einer UND-Verknüpfung, welche in Abhängigkeit der Variablen x_0, x_1 an den Auswahleingängen der drei Multiplexer auf den Ausgang F durchgeschaltet werden.

LUT: Look-Up-Table als Funktionsgenerator

x_1	x_0	F
0	0	0
0	1	0
1	0	0
1	1	1

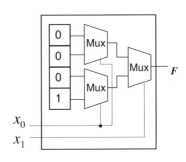

Abbildung 8.9 Aufbau einer 2-LUT und Implementierung einer UND-Verknüpfung

Mit einer n-LUT kann jede boolesche Funktion mit bis zu n Variablen dargestellt werden. Für n Variablen sind also 2^n Einträge erforderlich. In Abbildung 8.10 realisieren wir folgende Funktion:

$$F = f(x_0, x_1, x_2) = (\neg x_2 \wedge x_1) \vee x_0 \qquad (8.4)$$

Dazu wird eine 3-LUT mit $2^3 = 8$ Speicherzellen benötigt. In der Konfigurationsphase werden die 8 Funktionswerte in die LUT hineingeschrieben. Diese ändern sich nicht im Wirkbetrieb des FPGA. Die drei an den Adress-Eingängen verwendeten Variablen ändern sich indessen – sie repräsentieren die Eingangssignale.

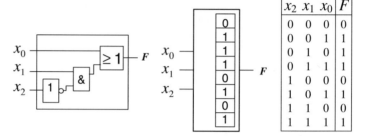

Abbildung 8.10 Implementierung einer Funktion mit 3 Variablen auf einer LUT

Die Logik-Blöcke innerhalb eines FPGAs verfügen meist über mehrere LUT-Sektionen. Die Zahl der Eingänge n pro LUT liegt zwischen 3 und 5.

8.4.2.2 MUX-basierter Funktionsgenerator

Multiplexer als Funktionsgenerator

Die zweite Variante der Funktionsgenerierung basiert auf *Multiplexern (MUX)*. Hier werden die Eingangssignale an die drei Auswahleingänge des Multiplexers angeschlossen. (Abbildung 8.11).

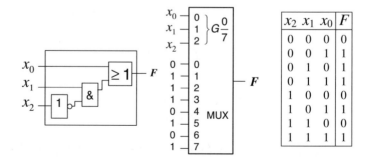

Abbildung 8.11 Implementierung einer Funktion mit 3 Variablen auf einem MUX

Ein 2^n-Input Multiplexer kann jede Funktion mit n Variablen realisieren durch Verbinden der Eingangsvariablen mit den Auswahl-Eingängen des Multiplexers, wobei die Daten-Eingänge auf die gewünschten Funktionswerte von F gesetzt werden. Die Dateneingänge sind hier also konstant und die Auswahleingänge ändern sich im Wirkbetrieb. Ändern sich die Eingangsvariablen, so wird ein neuer Dateneingang selektiert und durchgeschaltet.

8.4.2.3 Logik-Zelle

Jedes Schaltwerk benötigt Flipflops. Die Realisierung von Flipflops mittels LUTs ist langsam und unzuverlässig. Daher werden Flipflops direkt auf den Logik-Blöcken implementiert und mit einem Funktionsgenerator kombiniert. Diese Kombination bezeichnen wir als *Logik-Zelle* (Abbildung 8.12). Eine Zelle besteht aus einem Funktionsgenerator und einem D-Flipflop. Die Logik-Blöcke sind je nach Bausteinfamilie aus 2 bis 4 solcher Logik-Zellen aufgebaut. Mit dem *sel*-Signal am Multiplexer kann zwischen dem kombinatorischen und dem FF-Ausgang umgeschaltet werden.

Logik-Zelle

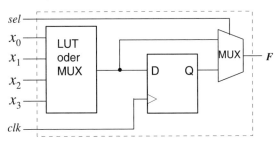

Abbildung 8.12
Logik-Zelle als Basis des FPGA Logik-Blocks

8.4.2.4 Spartan-II Logik-Block

Um den detaillierten Aufbau eines Logik-Blocks zu verstehen, betrachten wir exemplarisch die Struktur des *Spartan-II* FPGAs von der Firma *Xilinx* [8.14]. Ein Logik-Block setzt sich aus 4 Logik-Zellen zusammen, die in zwei identischen *Slices* organisiert sind. Abbildung 8.13 zeigt den Aufbau einer Slice. Wir erkennen die beiden 4-Input-LUTs G und F mit den Eingangsvariablen $G1,...,G4$ und $F1,...,F4$. Den LUT Ausgängen sind 2 D-Flipflops nachgeschaltet. Die Ausgangsfunktionen X und Y stehen damit sowohl taktsynchron an den Flipflop-Ausgängen *(XQ, YQ)* als auch kombinatorisch *(X, Y)* zur Verfügung. *SR* und *BY* sind synchrone Set- und Reset-Signale. Die Carry & Control-Logik leistet eine schnelle Berechnung des Carrys in Arithmetik-Schaltungen. Diese Carry Chain ist mit 50 ps pro Bit sehr viel schneller als die anderen Funktionen des FPGAs. Zur Realisierung einer 5-LUT können die beiden 4-LUTs G und F zusammengeschaltet werden (Abbildung 8.14). Die dafür notwendige fünfte Eingangsvariable wird über den Eingang *F5IN* zugeführt und steuert den Auswahleingang eines in der Control-Logik enthaltenen 2:1-Multiplexers. Die beiden Slices eines Logik-Blocks können auf die gleiche Art zu einer 6-LUT verschaltet werden.

Slice

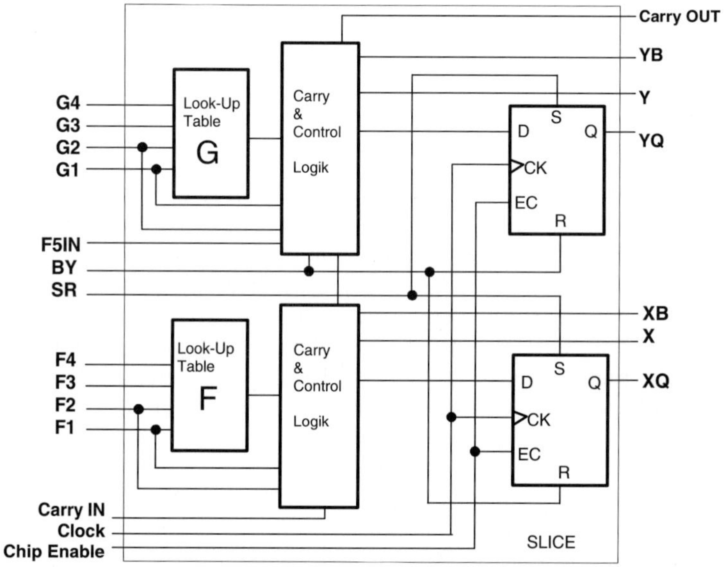

Abbildung 8.13
Aufbau einer Slice des *Spartan-II* FPGAs (Xilinx)

Die 4-LUT ist im Prinzip ein 16x1 Speicher. Die Logik-Blöcke können daher auch als RAM konfiguriert werden. Beide LUTs zusammen ergeben ein 32x1 RAM.

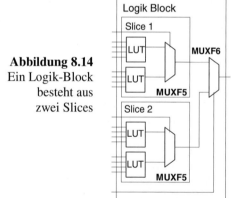

Abbildung 8.14
Ein Logik-Block besteht aus zwei Slices

Der Multiplexer *MUXF5* kombiniert zwei *LUTs* zu einem 4:1 Multiplexer oder zu einer 5-LUT, die alle Funktionen mit 5 Variablen erzeugen kann. Es lassen sich auch einige Funktionen mit bis zu 9 Variablen generieren.

Der Multiplexer *MUXF6* kombiniert zwei *Slices* zu einem 8:1 Multiplexer oder zu einer 6-LUT, die alle Funktionen mit 6 Variablen erzeugen kann. Es lassen sich auch einige Funktionen mit bis zu 19 Variablen generieren.

8.4.3 Ein- und Ausgabe-Blöcke (I/O-Blöcke)

I/O-Block Zur Verbindung mit externen Ressourcen besitzen die FPGAs I/O-Blöcke. Abbildung 8.15 zeigt den *I/O-Block* des *Spartan-II* FPGAs. Der I/O-Block ist als Eingabe-, als Ausgabe- oder als bidirektionaler Block konfigurierbar. Wir erkennen den Eingangspfad, den Ausgangspfad und die Logik zur Kontrolle des Tristate-Ausgangs.

8.4 FPGA

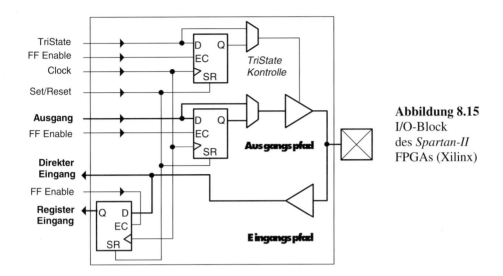

Abbildung 8.15
I/O-Block
des *Spartan-II*
FPGAs (Xilinx)

8.4.4 Verbindungsressourcen

Die Verdrahtung belegt rund 90 Prozent der Chipfläche und die langsamste Verbindung begrenzt die Systemgeschwindigkeit. Daher darf die Bedeutung der *Verbindungsressourcen* nicht unterschätzt werden. Die Hersteller teilen den beschränkten Platz rationell unter Erzielung von möglichst kurzen Signallaufzeiten auf. Wir betrachten wieder das Konzept des *Spartan-II* FPGAs (Abbildung 8.16).

Verbindungsressourcen

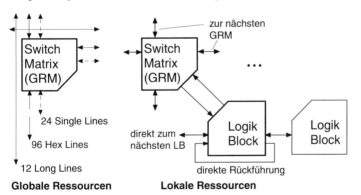

Abbildung 8.16
Globale und lokale Verbindungsressourcen

Jedem Logik-Block ist eine *generelle Routing-Matrix (GRM)* zugeordnet. Diese verknüpfen einerseits die zur Verfügung stehenden Leitungen untereinander – anderseits ermöglichen sie den Logik-Blöcken den Zugriff auf diese globalen Leitungen. Es gibt globale und lokale Verbindungsressourcen. Pro GRM existieren 24 *Single Lines*, die die Switch-Matrix mehrfach mit den 4 benachbarten GRMs

GRM =
Generelle
Routing-Matrix

verbinden. Die gepufferten *Hex Lines* verbinden alle GRM, die jeweils 6 Blöcke voneinander entfernt sind. Die gepufferten *Long Lines* verlaufen über den ganzen Chip. An lokalen Ressourcen existieren direkte Rückführungen innerhalb eines Logik-Blocks und direkte Verbindungen zu den 4 unmittelbar benachbarten Logik-Blöcken.

8.4.5 Programmier-Technologie

Programmier-Technologie: Antifuse

Flash-basiert

SRAM-basiert

Die Konfiguration der FPGAs erfolgt unterschiedlich. Bei den *Antifuse-FPGAs* wird der Chip durch das gezielte Brennen von Schmelzbrücken irreversibel konfiguriert und kann danach nicht mehr verändert werden. Als Funktionsgeneratoren werden hier oft Multiplexer eingesetzt. *Flash-* oder *EPROM-basierte FPGAs* lassen sich mehrfach neu konfigurieren und behalten ihre Konfiguration auch ohne Stromversorgung. Die häufigste Programmier-Technologie ist die *SRAM-basierte* Programmierung, welche in der Regel LUTs als Funktionsgeneratoren verwendet. Alle programmierbaren Elemente werden hier mit Speicherzellen konfiguriert. Abbildung 8.17 zeigt die Konfiguration einer LUT, eines Transistor-Schalters und eines Multiplexers zur Signalauswahl. Beim Einschalten wird eine Bit-Folge in die SRAM-Zellen geladen. Diese „Personality" des Chips lässt sich beliebig oft und schnell umkonfigurieren. Die Konfiguration ist jedoch flüchtig – sie muss daher bei jedem Einschalten erneut geladen werden.

Abbildung 8.17
SRAM-Programmierung, Konfigurationsbits sind eingerahmt

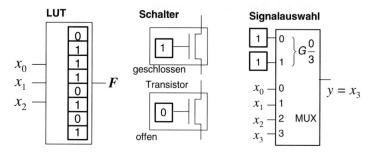

Aktuell sind die Hersteller *Altera* und *Xilinx* mit den beiden SRAM-basierten Bausteintypen *Stratix* und *Virtex* führend. Tabelle 8.2 vergleicht die Parameter dieser High-End Bausteine. Die Logik-Zellen basieren auf einer 4-LUT mit nachgeschaltetem D-Flipflop. Ferner stellen die ICs jeweils Multiplizierer und RAM zur Implementierung von schnellen Signalverarbeitungsalgorithmen bereit.

Tabelle 8.2 Kenndaten der SRAM FPGAs *Stratix* und *Virtex*

	Logik-Zellen	Max. I/O	RAM	18x18 Multiplizierer
Xilinx *Virtex* XC2V800	104.882	1108	3 Mbit	168
Altera *Stratix* EP1S80	79.040	1283	7,4 Mbit	88

8.5 VHDL Einführung

Die Anzahl der Gatter pro Chip in digitalen Systemen wächst rasant. Diese zunehmende Komplexität und die heutzutage stark verkürzten Entwicklungszeiten erhöhen die Anforderungen an den Schaltungsentwickler. Ist der Entwurf mittels grafischer Schaltplaneingabe (*Schematic Entry*) für elementare digitale Systeme noch praktikabel, so erfordern komplexe Systeme mit hoch integrierten, programmierbaren Logikbausteinen leistungsfähigere Verfahren wie den *strukturellen Entwurf* mit einer *Hardwarebeschreibungssprache*. Die Grundidee dieses Hochsprachenentwurfs besteht darin, die Schaltung mit einer Beschreibungssprache auf einer höheren Abstraktionsebene *funktional* zu entwerfen und zu simulieren. Anschließend erfolgt *automatisch* die Schaltungssynthese, welche aus dem Quellcode der Beschreibungssprache eine optimierte, an die Zieltechnologie (ASIC, FPGA, PLD) angepasste Repräsentation des Systems auf Gatterebene erzeugt.

Struktureller Entwurf mit einer Hochsprache

Die etablierten Sprachen im Schaltungsentwurf sind *Verilog* und *VHDL* – wir behandeln hier die wesentlichen Elemente von VHDL.

VHDL unterstützt den strukturellen Entwurf, da die einzelnen Funktionseinheiten des Gesamtsystems – die so genannten *Komponenten* – separat modelliert und anschließend auf einfache Weise miteinander verknüpft werden können. Diese Modularität erlaubt es, analog zu Software-Bibliotheken, einen Vorrat an wieder verwendbaren Funktionsbibliotheken anzulegen [8.12]. Ferner wird dadurch die Aufgabenteilung im Entwicklerteam erleichtert: Die Komponenten des Gesamtsystems können unabhängig voneinander entworfen und simuliert werden, was das frühzeitige Entdecken von Fehlern erleichtert und die Entwicklungszeit verkürzt.

Aufteilung des Systems in Komponenten

8.5.1 Struktureller Entwurf mit VHDL

Was ist VHDL? Es ist eine *Beschreibungssprache* für digitale Hardware. Beschreiben bedeutet hier *Modellieren*. VHDL ermöglicht es einerseits, die Systemschnittstellen, also die Ein- und Ausgangssignale des Systems zu beschreiben. Andererseits erlaubt es die Modellierung des kompletten strukturellen Aufbaus der Schaltung – inklusive ihres funktionalen Verhaltens.

Beschreibungssprache

Der Name steht für *VHSIC* (Very High Speed Integrated Circuit) *Hardware Description Language*. Ursprünglich als Mittel zur Dokumentation und Simulation digitaler Systeme konzipiert, wird die Sprache aufgrund ihrer ausgezeichneten Modellierungseigenschaften in vielen Electronic Design Automation Systemen (EDA) zur Synthese

VHSIC
Hardware
Description
Language

digitaler Schaltungen eingesetzt. VHDL wurde 1987 als IEEE Standard [8.6] standardisiert und seitdem zweimal erweitert. Wir beziehen uns im Folgenden auf die aktuelle Version VHDL-2001 [8.7].

Abbildung 8.18 untergliedert den strukturellen VHDL-Entwurf in drei Phasen: Die Spezifikation, den Entwurf und die Implementierung.

Spezifikation auf Systemebene
Die Modellierung des Systems startet mit einer *formalen Systemspezifikation*. Ergebnis sind Text-Dateien mit VHDL-Modellen, welche den Aufbau des Gesamtsystems und seine Einzelkomponenten beschreiben. Die Modellierung des Verhaltens dieser Komponenten erfolgt hier abstrakt in *algorithmischer* Form. Dennoch ist auf dieser abstrakten Ebene bereits eine rein *funktionale* Simulation der Schaltung mit Hilfe eines VHDL-Simulators möglich.

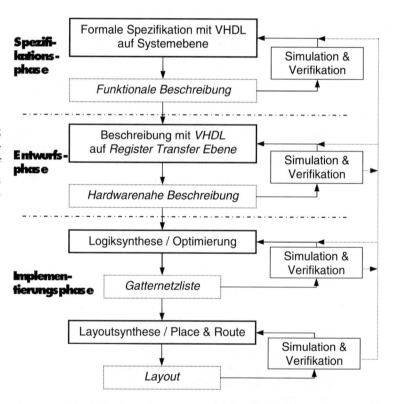

Abbildung 8.18 Struktureller VHDL-Entwurf (nach [8.15],[8.12])

Entwurfsphase
Die anschließende *Entwurfsphase* konkretisiert die zuvor definierten VHDL-Modelle. Ergebnis ist eine Hardware-nahe *synthesefähige* Beschreibung in Form von endlichen Zustandsautomaten (Kap. 7.5). Die Modelle enthalten bereits alle *Register* (Flipflops) der späteren Schaltung. Daher wird diese Beschreibungsebene als *Register-Transfer-*

RTL

8.5 VHDL Einführung

Level (RTL) bezeichnet. Die Modellierung der zwischen diesen Registern angeordneten Schaltnetze verbleibt weiterhin funktional.

Die *Implementierungsphase* besteht aus 2 Teilschritten. Zunächst erfolgt die *Logiksynthese*. Sie erzeugt aus dem VHDL-Quellcode eine optimierte Schaltung auf Gatterebene. In diesem automatischen Schritt werden auch die zuvor funktional definierten Schaltnetze in konkrete Gatter in Form einer Gatternetzliste umgesetzt. Diese ASCII-Datei listet alle Gatter mit ihren Anschlüssen auf und beschreibt vollständig deren Verdrahtung.
 — Implementierung 1. Teil: Logiksynthese

Der letzte Schritt ist die Erstellung des Layouts, welches die Zuordnung aller Gatter der Gatternetzliste zu den physikalischen Funktionsblöcken der verwendeten programmierbaren Logikbausteine umfasst. Diese *Layoutsynthese* erfolgt ebenfalls automatisch mit einer in der Regel vom Bauteilehersteller bereitgestellten Schaltungsbibliothek. Auf dieser Ebene kann das Zeitverhalten der Schaltung so berechnet werden, wie es in der Ziel-Hardware endgültig zu erwarten ist.
 — Implementierung 2. Teil: Layoutsynthese

In jeder Designphase wird die bisher definierte Funktionalität des Modells durch *Simulation verifiziert* und gegebenenfalls werden zuvor erzeugte Beschreibungen auf höheren Ebenen nachträglich korrigiert. Zur Simulation wird eine *Testbench* erzeugt, welche genauso wie das zu testende Modell in einer VHDL-Datei beschrieben wird. Sie liefert Testsignale (Stimuli) für die zu testende Komponente und überprüft, ob sich die Ausgangssignale korrekt gemäß der Spezifikation ändern.
 — Simulation und Verifikation / Testbench

Da die Implementierungsphase weitgehend automatisch verläuft, besteht die primäre Aufgabe des Schaltungsdesigners darin, eine synthesefähige Beschreibung der Komponente einschließlich einer Testbench zu entwerfen. Dazu kann der VHDL-Quelltext direkt mit einem Text-Editor eingeben werden. Wie bei anderen modernen Softwareentwicklungssystemen ist es jedoch möglich, diese Aufgabe durch *grafische Eingabemethoden* zu vereinfachen: Die Definition der *Struktur* eines VHDL-Modells kann durch grafische Eingabe von Blockdiagrammen erfolgen, die *Funktionalität* kann durch Eingabe von Flussdiagrammen, Zustandsdiagrammen oder Wahrheitstabellen festgelegt werden. Anhand der jeweils genutzten grafischen Elemente erfolgt anschließend eine teilautomatische Generierung des VHDL-Quelltexts. Ganz ohne Kenntnisse der Hardwarebeschreibungssprache ist ein Entwurf trotzdem nicht möglich.
 — Grafische VHDL-Generierung

In den folgenden Abschnitten betrachten wir grundlegende Konzepte von VHDL. Wir beschränken uns auf einen kleinen Ausschnitt dieser mächtigen Sprache mit dem Ziel, die für einen strukturellen Entwurf notwendigen Elemente, wie *Entity/Architecture*, *Komponente*, *Signal* und *Prozess* zu verstehen. Für eine tiefer gehende Beschreibung sei auf die Spezialliteratur im Abschnitt 8.6 verwiesen.

8.5.2 Strukturelle Elemente von VHDL

VHDL-Entwurf   Ein komplettes, in VHDL modelliertes System heißt *VHDL-Entwurf*. Komplexere VHDL-Entwürfe werden in der Regel zur besseren Übersicht in funktionale Untereinheiten aufgeteilt, welche wir im Folgenden als *Komponenten* bezeichnen. Jede Komponente besteht aus drei Einheiten: Einer *Entity*, einer *Architecture* und einer optionalen *Configuration* (Abbildung 8.19). Jede Einheit bildet einen abgeschlossenen Block von Anweisungen, der einzeln simuliert werden kann.

Komponenten

Abbildung 8.19 Design-Units einer VHDL-Komponente

Entity Schnittstellen-Definition	**Architecture** Interne Beschreibung als Verhalten und / oder Struktur	**Configuration** Aktuelle Zuordnung (optional)

VHDL-Komponente

8.5.2.1 Entity

Entity   Die *Entity* definiert die Schnittstelle und beschreibt nach dem Prinzip einer *Black-Box* die externe Sichtweise durch Festlegung von Namen, Ein- und Ausgangssignalen sowie weiteren Deklarationen wie z.B. zusätzliche Bibliotheken. Die *Entity* kann das komplette System oder eine Komponente der Schaltung repräsentieren, also ein Board, einen Chip, eine Funktion oder ein einzelnes Gatter. Der interne Aufbau der Funktionseinheit – das Verhalten, die Struktur und der Datenfluss –

Architecture   wird erst durch die Definition einer *Architecture* festgelegt. Zur Unterstützung von Alternativen können mehrere Architekturen für eine *Entity* deklariert werden. Die Auswahl der aktuell verwendeten

Configuration   *Architecture* erfolgt dann über eine *Configuration*. Als erstes Beispiel betrachten wir in Abbildung 8.20 das Design eines EXOR-Gatters.

```
entity exor_gatter is
    port(a, b: in bit;      -- Portliste
         y: out bit);
```
Abbildung 8.20 VHDL Beschreibung eines EXOR-Gatters
```
end entity exor_gatter;

architecture exor_datenfluss of exor_gatter is
begin
    y <= (a and not b) or (not a and b);   -- Zuweisung
end architecture exor_datenfluss;

configuration zuordnung of exor_gatter is
    for exor_datenfluss
    end for;
end configuration zuordnung;
```

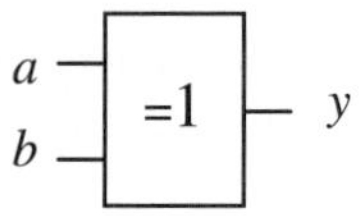

8.5 VHDL Einführung

Die *Entity*-Deklaration mit dem Namen `exor_gatter` definiert in einer so genannten *Portliste* die Eingangssignale *a* und *b* sowie das Ausgangssignal *y*. Die *Configuration* mit dem Namen `zuordnung` ordnet der *Entity* eine *Architecture* namens `exor_datenfluss` zu. Diese beschreibt den Inhalt der Black-Box, also die Funktionalität des EXOR-Gatters, Das geschieht hier in Form einer Signalzuweisung. Ein *Entity/Architecture*-Paar wird als *Design-Entity* bezeichnet.

Portliste

Design-Entity

8.5.2.2 Signal und Port

Wie werden die Komponenten untereinander verbunden? Dazu gibt es die wichtige *Objektklasse* der *Signale*. Ähnlich wie Variablen in einer Programmiersprache sind Signale die Datenträger in VHDL. Sie dienen zur Kommunikation zwischen den Komponenten und beschreiben damit die Verdrahtung der Entwurfseinheiten. In VHDL existieren 4 Objektklassen: *Signal*, *Variable*, *Konstante* und *Datei*.

Objektklasse Signal

Alle Objekte besitzen einen speziellen *Datentyp*. Dieser beschreibt sowohl die Werte, die das Objekt annehmen kann, als auch die Operatoren, die auf die Objekte anwendbar sind. Alle Objekte müssen deklariert werden. Eine Signaldeklaration beginnt mit dem Schlüsselwort `signal` gefolgt vom Signalnamen und dem Datentyp:

Datentyp

```
libray ieee;
use ieee.std_logic_1164.all;
...
signal select, en : bit;
signal daten : std_logic_vector(15 downto 0);
```

Das Beispiel deklariert zwei Einzelsignale vom Typ `bit`. Weiterhin wird ein 16 Bit breiter Datenbus mit dem Namen `daten` vom Typ `std_logic_vector` deklariert. Dieser Typ wird im so genannten *Package* `ieee.std_logic_1164` definiert, welches als Erweiterung des VHDL Standards in einer IEEE-Bibliothek enthalten ist.

Tabelle 8.3 beschreibt die Datentypen für binäre Signale. Hierbei steht 'Z' für *hochohmig* und '–' für *don't care*. Die Zustände 'L' und 'H' repräsentieren die weichen Zustände, die durch Pull-Up- bzw. Pull-Down-Widerstände entstehen [8.15].

In der *Entity*-Deklaration des EXOR-Gatters haben wir die Portliste kennen gelernt. Sie deklariert spezielle *Port*-Signale (*Ports*), die die Kommunikation der *Entity* nach außen beschreiben. Weil innerhalb der *Port*-Deklaration nur Signale als Objekte erlaubt sind, ist das Schlüsselwort `signal` hier optional und wird in der Portliste meist weggelassen. Die *Ports* besitzen neben ihrem Datentyp eine weitere Eigenschaft, den so genannten *Mode*. Er definiert den Datenfluss. Tabelle 8.4 erläutert die Bedeutung der Signalmodi.

Port

Mode

Tabelle 8.3
Datentypen
für binäre
Signale und
Signalgruppen
[8.19]

Datentyp	Werte	Anmerkungen
`bit`	'0' und '1'	2-wertiger Logiktyp
`bit_vector`	'0' und '1'	2-wertiger Logiktyp für Felder

`std_logic`	'0' Forcing 0
	'1' Forcing 1
	'-' Don't care
	'Z' High Impedance
	'U' Unititialized
	'X' Forc. Unknown
	'W' Weak Unknown
	'L' Weak 0
	'H' Weak 1
		9-wertiger Logiktyp, definiert im Package IEEE 1164. Der Datentyp ist ein Standardtyp für Logikentwürfe. Der Zugriff erfolgt durch:
		`libray ieee;`
		`use`
		`ieee.std_logic_1164.all;`

`std_logic_vector`	'0', '1', '-', 'Z' 'U', 'X', 'W', 'L', 'H'.	9-wertiger Logiktyp für Felder

Tabelle 8.4
Modi für
Port-Signale
[8.19]

Mode	Datenfluss	Besonderheit
`in`	Von außen in die *Entity*	Externer Treiber steuert den Port.
`out`	Aus der *Entity* nach außen	Treiber innerhalb der *Entity*. Rückkopplung vom Ausgang auf innere Eingänge ist *nicht* erlaubt.
`buffer`	Aus der *Entity* nach außen	Treiber innerhalb der *Entity*. Rückkopplung vom Ausgang auf innere Eingänge ist erlaubt.
`inout`	Bidirektional, von außen in die *Entity* und umgekehrt	Treiber können innerhalb oder außerhalb angeordnet sein. Rückkopplung auf innere Eingänge ist erlaubt.

Variable

Konstante

Die *Variablen* werden in Prozessen (Abschnitt 8.5.3.3) benötigt. Sie dienen zur Speicherung von Daten oder z.B. als Zähl-Variable für Schleifen-Konstrukte. *Variablen* und *Konstanten* müssen auch deklariert werden. Jede erhält einen Namen, einen Typ und optional einen Wert – wobei der Wert von Konstanten nicht verändert werden kann:

```
constant number_of_bits : integer := 32;
constant pi : real := 3.14159;
constant max_time : time := 300 sec;
variable mean : real;
variable array_index : integer := 0;
variable start, stop, delay : time;
```

8.5.2.3 Architecture und Component

VHDL unterscheidet zwischen zwei grundlegenden *Architekturstilen*: Die *Verhaltensbeschreibung* (Behavioral Description) und die *Strukturbeschreibung* (Structural Description). — Architekturstil

Der erste Architekturstil, die *Verhaltensbeschreibung*, modelliert das Systemverhalten auf algorithmischer Ebene durch einen Satz von *Anweisungen*. Unser EXOR-Beispiel in Abbildung 8.20 verwendet diesen Architekturstil: Das Verhalten des Gatters wird mit dem Zuweisungsoperator "<=" und den in VHDL vordefinierten logischen Operatoren and, not und or funktional beschrieben. — Beschreibung des Verhaltens

Es existieren zwei Anweisungstypen: Einfache funktionale Abläufe können mit *nebenläufigen* Anweisungen beschrieben werden, die zueinander parallel ausgeführt werden. Komplexere Funktionalitäten werden mit *sequentiellen* Anweisungen modelliert, welche zu einem *Prozess* zusammengefasst werden. Innerhalb eines Prozesses werden diese Anweisungen dann nicht parallel, sondern sequentiell ausgeführt – analog zu Anweisungen in einer höheren Programmiersprache. Den Prozess-Begriff und die beiden Anweisungstypen besprechen wir in den Abschnitten 8.5.3.2 und 8.5.3.3. — Nebenläufige Anweisung / Sequentielle Anweisungen in einem Prozess

Der zweite Architekturstil, die *Strukturbeschreibung,* unterstützt den modularen Systementwurf: Das Gesamtsystem wird aus mehreren Komponenten erzeugt. Jede dieser Komponenten beschreibt einen Teil der digitalen Schaltung, die wiederum Komponenten enthalten kann. — Beschreibung der Struktur

Wie erzeugen wir diese Komponenten? Jede Design-Entity kann mittels der *Component*-Deklaration als Komponente deklariert werden. Sie wird damit als Baustein für andere Komponenten verfügbar [8.19]. Zur Verdeutlichung betrachten wir in Abbildung 8.23 einen Halbaddierer, den wir aus 2 Komponenten erzeugen: Einem EXOR-Gatter und einem UND-Gatter (Abbildung 8.21). Die Funktionstabelle des Halbaddierers zeigt, dass sich die Summe *sum* durch eine EXOR-Verknüpfung der Eingänge x_0, x_1 ergibt und das Carry *cry* aus einer UND-Verknüpfung der Eingangssignale x_0, x_1 resultiert. — Component

```
-- Entity Deklaration UND
entity und_gatter is
   port(u1, u2: in bit;
        u_out: out bit);
   end entity und_gatter;

-- Verhaltensbeschreibung UND
architecture und_verhalten of und_gatter is
begin
   u_out <= u1 and u2;
end architecture und_verhalten;
```

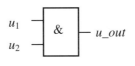

Abbildung 8.21
Entity Deklaration und Architecture eines UND-Gatters

Abbildung 8.22
Entity Deklaration eines Halbaddierers

```
-- entity Deklaration Halbaddierer
entity ha is
    port(x0, x1:   in  bit;
         cry, sum: out bit);
end entity ha;
```

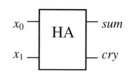

Abbildung 8.23
Funktionstabelle und Architecture eines Halbaddierers

```
-- Strukturbeschreibung Halbaddierer
architecture ha_struktur of ha is
    -- Komponenten-Deklaration:
    component und_gatter
        port(u1, u2: in bit;
             u_out: out bit);
    end component und_gatter;
    component exor_gatter
        port(a, b: in bit;
             y: out bit);
    end component exor_gatter;
begin
    -- Komponenten-Instanzen:
    und_instanz : und_gatter
        port map(x0, x1, cry);
    exor_instanz: exor_gatter
        port map(a => x0, b => x1, y => sum);
end architecture ha_struktur;
```

x_1	x_0	sum	cry
0	0	0	0
0	1	1	0
1	0	1	0
1	1	0	1

Komponenten-Deklaration

Die *Komponenten-Deklaration* in der *Architecture* des Halbaddierers stimmt bis auf das geänderte Schlüsselwort component mit der entsprechenden *Entity*-Deklaration überein. Im zweiten Teil der *Architecture* werden die Komponenten mit dem port map Befehl *instanziiert*. Dies entspricht einer Verdrahtung der einzelnen Module, die Signale werden quasi mit den Pins verbunden. Diese Zuordnung kann Positions- oder Namensbezogen (=>) erfolgen. Beide Möglichkeiten sind im Beispiel dargestellt. Da mehrere Instanzen einer Komponenten-Deklaration existieren können, erhält jede Instanz einen Namen, in unserem Beispiel und_instanz und exor_instanz.

Komponenten-Instanz

8.5.2.4 Package

Package

Eine Komponenten-Deklaration kann auch global in einem so genannten *Package* erfolgen. Das *Package* stellt eine zentrale Sammlung von mehrfach genutzten Komponenten, Typen, Funktionen oder Unterprogrammen dar, die durch das Einfügen einer use-Deklaration den jeweiligen Designeinheiten bekannt gemacht werden, welche den Zugriff darauf benötigen. Hersteller von VHDL-Tools bieten anhand von *Packages* VHDL-Ergänzungen an. Ein *Package* zur Deklaration von Datentypen haben wir bereits weiter oben mit dem ieee.std_logic_1164-*Package* betrachtet.

8.5.3 Elemente zur Verhaltensbeschreibung

Nachdem wir die Strukturelemente kennen, betrachten wir jetzt die verschiedenen Möglichkeiten zur Verhaltensbeschreibung mit Hilfe von *Anweisungen*. Wir behandeln die *nebenläufigen Anweisungen* und die innerhalb der Prozesse ablaufenden *sequentiellen* Anweisungen. Zuvor erweist sich ein Blick auf die VHDL-Syntax als hilfreich.

8.5.3.1 Syntax, lexikalische Elemente und Operatoren

Tabelle 8.5 erklärt die lexikalischen Elemente von VHDL. *Identifier* sind Namen. Sie bestehen aus Buchstaben, dem Zeichen '_' und Ziffern. Das erste Zeichen des Namens muss ein Buchstabe sein. VHDL unterscheidet nicht zwischen Groß- und Kleinschreibung. Tabelle 8.6 führt die reservierten Wörter der Sprache alphabetisch auf. Diese werden im Quelltext fett gedruckt und dürfen nicht als Bezeichner verwendet werden. Kommentare beginnen mit "--" und gelten bis zum Zeilenende. Einzelne Zeichen werden in Hochkommas gesetzt – Zeichenketten dagegen in Anführungszeichen.

Identifier

Kommentare

Die Syntaxbeschreibung erfolgt in der gängigen Darstellung der Backus-Naur Form (BNF). Wichtig ist die Bedeutung der Klammern:

Backus-Naur Form (BNF)

[] Eckige Klammern beschreiben eine *Option* – der eingeschlossene Begriff kann, muss aber nicht verwendet werden.
{} Geschweifte Klammern beschreiben eine *mehrfach wiederholbare Option* – der eingeschlossene Begriff kann, muss aber nicht verwendet werden, und er darf mehrfach wiederholt werden.

Element	Erklärung
Identifier	*Namen (Bezeichner)*: Diese bestehen aus: `'A'-'Z'`, `'a'-'z'`, `'0'-'9'`, sowie dem `'_'`
Reservierte Wörter	*Schlüsselwörter*, die für die VHDL Syntax reserviert sind, Tabelle 8.6 listet alle reservierten Wörter auf
Kommentar	*Kommentare* können an beliebige Stellen im Quellcode beginnend mit `"--"` eingefügt werden
Special Symbol	*Reservierte Zeichen* mit einer besonderen Bedeutung: `; < > := <= () [] & * +`
Literal	*Literale* sind Zahlen, z.B.: `Integer (24, 0, -152)` oder `Real (23.1, 45E3, 12.0E-06)`
Character	*Zeichen* werden in Hochkommas gesetzt, z.B. `'A'`,`'a'`
String	Strings sind *Zeichenketten*, die in Anführungszeichen gesetzt werden: `"Dies ist eine Zeichenkette"`
Bit String	`B"0101"` -- entspricht 5, binäre Darstellung `X"FF"` -- 255, in hexadezimaler Darstellung

Tabelle 8.5 Lexikalische Elemente von VHDL

Tabelle 8.6
Reservierte Wörter
in VHDL

abs	bus	function	literal	others	report	to
access	case	generate	loop	out	return	transport
after	component	generic	map	package	rol	type
alias	configuration	group	mod	port	ror	unaffected
all	constant	guarded	nand	postponed	select	units
and	disconnect	if	new	procedure	severity	until
architecture	downto	impure	next	process	shared	use
array	else	in	nor	protected	signal	variable
assert	elsif	inertial	not	pure	sla	wait
attribute	end	inout	null	range	sll	when
begin	entity	is	of	record	sra	while
block	exit	label	on	register	srl	with
body	file	library	open	reject	subtype	xnor
buffer	for	linkage	or	rem	then	xor

Operatoren   Tabelle 8.7 führt die Standard-*Operatoren* auf. Es existieren 7 Operatorklassen mit vorgegebener *Priorität*. Die unterschiedliche Priorität bestimmt die Bearbeitungsreihenfolge, wenn gleichzeitig mehrere Operatoren in einem Ausdruck vorkommen. Die stärkste Bindung besitzen demnach die Operatoren ******, not, und abs. Innerhalb einer Klasse gilt gleiche Priorität. In synthesefähigen Entwürfen werden neben den booleschen Operatoren am häufigsten die addierenden und die vergleichenden Operatoren eingesetzt.

Tabelle 8.7
Operatoren und
ihre
Prioritätenfolge

Operator	Anmerkung	Priorität
and, nand, or, nor, xor, xnor	**boolesche Operatoren**	niedrig
=, /= <, <= >, =>	**Vergleichend:** Vergleich auf: gleich, ungleich Vergleich auf: kleiner, kleiner gleich Vergleich auf: größer, größer	
sll, srl **sla, sra** **rol, ror**	**Schieben und Rotation:** Shift logisch re, li, '0' wird nachgezogen Shift arithmetisch, rechts, links Rotate, rechts, links	
+, -, &	**Addierend:** Addition, Subtraktion, Verkettung	
+, -	**Vorzeichen:** Vorzeichen positiv, negativ	
*, / **mod, rem**	**Multiplizierend:** Multiplikation, Division Modulo-Operator, Remainder-Operator	
**, abs, not	**Sonst:** Exponent, Absolutwert, Negation	hoch

8.5.3.2 Nebenläufige Anweisungen

Alle Anweisungen innerhalb einer *Architecture* werden parallel ausgeführt. Die wichtigsten Anweisungsarten sind: Nebenläufige Anweisung, Komponenteninstanz-Anweisung und Prozess-Anweisung. Die nebenläufigen Anweisungen sind *Signalzuweisungen*, die mit dem Symbol "<=" die Datenübergabe an ein Signal beschreiben:

> Signalzuweisung

```
[label :] signal_name <= waveform ;
```

Den zugewiesenen Signalverlauf bezeichnen wir von nun an mit waveform. Er lässt sich mit Hilfe des Schlüsselworts after zeitabhängig definieren. Die Zuweisung kann eine Konstante, ein zweites Signal oder ein boolescher Ausdruck sein. Anstelle von waveform ist somit Folgendes in die Signalzuweisung einzusetzen:

```
   signal_wert [ after zeit_wert ]
{, signal_wert [ after zeit_wert ] }
```

Der zeit_wert ist eine Zeitangabe. Als Beispiel beschreiben wir einen Impuls z mit einer Dauer von 10 ns:

```
z <= '0' after 0 ns, '1' after 10 ns, '0' after 20 ns;
```

Wir betrachten im Folgenden die 3 Varianten der Signalzuweisung.

Nebenläufige Signalzuweisung

Die *nebenläufige* Signalzuweisung weist einem Signal seinen Wert ohne boolesche Bedingung direkt zu. Als Beispiel modellieren wir das Verhalten des Addierers mit zwei Signalzuweisungen, die parallel ausgeführt werden. Die dazugehörige *Entity* zeigt Abbildung 8.22.

> Nebenläufige Signalzuweisung

```
architecture verhalten of ha is
begin
   sum <= x0 xor x1;
   cry <= x0 and x1;
end architecture verhalten;
```

Selektive Signalzuweisung

Die Syntax der selektiven Signalzuweisung lautet:

```
with boolescher_ausdruck select
    signal_name <=    waveform when auswahl
                   { , waveform when auswahl }
                   [ , waveform when others ];  -- sonst
```

Die Ausführung der *selektiven* Signalzuweisung kann nur von *einem* booleschen Ausdruck gesteuert werden. Sie trifft eine Auswahl aus einer Reihe von gleichberechtigten Möglichkeiten und entspricht daher funktional gesehen einer Multiplexer-Struktur, die sich gut

> Selektive Signalzuweisung

synthetisieren lässt. Die when others Verzweigung ist erforderlich, falls die Anzahl der aufgeführten Signalwerte kleiner ist als die Anzahl der prinzipiell möglichen Signalwerte [8.10].

Als Beispiel betrachten wir den 4:1-Multiplexer in Abbildung 8.24. Die 4 Eingange $i_0,...,i_3$ und die beiden Auswahleingänge x_0, x_1 sind als bit_vector definiert. In Abhängigkeit der Auswahleingänge wird dem Ausgangssignal y eines der 4 Eingangssignale zugewiesen – ein Eingang wird auf den Ausgang geschaltet. Zur Verdeutlichung der Unterschiede zwischen den einzelnen Zuweisungsarten werden wir später weitere *Architecture*-Varianten für die *Entity* mux definieren.

```
entity mux is
    port (x : in bit_vector (1 downto 0);
          i : in bit_vector (3 downto 0);
          y : out bit);
end entity mux;

architecture with_verhalten of mux is
begin
    with x select
        y <= i(0) when "00",
             i(1) when "01",
             i(2) when "10",
             i(3) when "11";
end architecture with_verhalten;
```

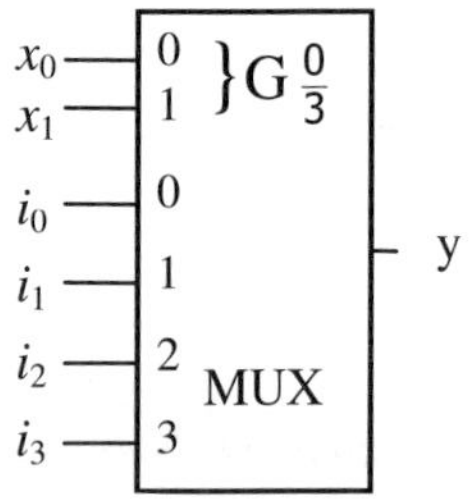

Abbildung 8.24 4:1-Multiplexer

Bedingte Signalzuweisung

Die Syntax für die *bedingte* Signalzuweisung lautet:

```
signal_Name <= {waveform  when boolescher_ausdruck else}
                waveform [when boolescher_ausdruck ];
```

Bedingte Signalzuweisung

Der Vorteil gegenüber der selektiven Signalzuweisung besteht darin, dass in den einzelnen Bedingungen völlig unterschiedliche Signale bzw. Signalkombinationen abgefragt werden können. Zwei Beispiele für mögliche Bedingungen sind:

```
y <= '1' when en = '1' else 'Z';  -- Tri-State-Ausgang

u <= v1 when adr = "00" else
     v2 when adr = "11" else
     v3 when a and b = '1';
```

Die einzelnen Bedingungen werden im Unterschied zur selektiven Signalzuweisung in der spezifizierten Reihenfolge abgefragt, was in der Hardwarerealisierung zu einer Schachtelung von Gatterstufen führt [8.10]. Die Signallaufzeit hängt damit von der *Position* der Bedingung innerhalb der Anweisung ab.

8.5 VHDL Einführung

Die entsprechende *Architecture*-Variante für den 4:1-Multiplexer aus Abbildung 8.24 mit einer bedingten Signalzuweisung lautet wie folgt:

```
architecture when_verhalten of mux is
begin
    y <= i(0) when x = "00" else
         i(1) when x = "01" else
         i(2) when x = "10" else
         i(3);
end architecture when_verhalten;
```

8.5.3.3 Sequentielle Anweisungen in Prozessen

Die zuvor betrachteten nebenläufigen Signalzuweisungen stehen direkt im Anweisungsteil der *Architecture*. Hier können aber auch ein oder mehrere Prozesse vereinbart werden. Diese kommunizieren über lokale Signale dieser *Architecture*, welche dort im Deklarationsteil mit dem Schlüsselwort `signal` zu vereinbaren sind. Die *Anweisungen* innerhalb eines Prozesses sind *sequentiell*. Sie werden im Unterschied zu den zuvor betrachteten nebenläufigen Anweisungen *aufeinander folgend* ausgeführt und sind mächtiger als parallele Anweisungen. So kann jede nebenläufige Anweisung durch einen äquivalenten Prozess ersetzt werden – umgekehrt gilt dies nicht.

Sequentielle Anweisung

Der Prozess selbst ist in Bezug auf andere Anweisungen in der *Architecture* nebenläufig – mehrere Prozesse innerhalb einer *Architecture* werden demnach parallel zueinander ausgeführt.

Deklaration von Prozessen

Die Syntax für einen Prozess lautet:

```
[process_label :]
process [ sensitivity_list ] [is]
    [ deklarationen ]
begin
    sequentielle_anweisungen
end process [process_label];
```

Im Deklarationsteil werden lokale Variablen deklariert. Die Schlüsselworte `begin`/`end` schließen die sequentiellen Anweisungen ein. Bevor die Anweisungen eines Prozesses ausgeführt werden können, muss er aktiviert werden. Die Aktivierung erfolgt entweder mit einer Empfindlichkeitsliste (*Sensitivity List*) oder über eine `wait`-Anweisung. In die Empfindlichkeitsliste gehören alle Signale, die vom Prozess gelesen werden sollen. Ändert sich ein sensitives Signal oder ist die `wait`-Bedingung erfüllt, dann wird der Prozess aktiviert. Nach Ausführung der letzten Anweisung des Prozesses wird dieser bis zu einer erneuten Aktivierung beendet [8.19]. Prozesse mit Empfindlich-

Process

Sensitivity List

Wait

keitsliste sind in der Regel leichter zu synthetisieren. Die beiden Möglichkeiten zur Prozessaktivierung verdeutlichen wir am Beispiel des Halbaddierers. Der Prozess ha_sens wird durch die Signale x_0, x_1 seiner Empfindlichkeitsliste aktiviert. Der Prozess ha_wait beinhaltet eine wait-Anweisung, die den Prozess aktiviert, wenn sich x_0 oder x_1 ändern:

```
ha_wait: process is                ha_sens: process(x0, x1) is
begin                              begin
    sum <= x0 xor x1;                  sum <= x0 xor x1;
    cry <= x0 and x1;                  cry <= x0 and x1;
    wait on x0, x1;                end process ha_sens;
end process ha_wait;
```

Sequentielle Signalzuweisung

Sequentielle Signalzuweisung

Die *sequentielle Signalzuweisung* weist einem Signal innerhalb eines Prozesses direkt einen Wert zu. Sie unterscheidet sich formal nicht von der nebenläufigen Direktzuweisung. In einem Prozess können einem Signal mehrmals unterschiedliche Werte zugewiesen werden. Tatsächlich übernommen wird jedoch der Wert der *letzten* Zuweisung.

Case-Anweisung

Case-Anweisung

Die case-Anweisung entspricht der nebenläufigen with-select-Anweisung und kann wie diese nur von *einem* Signal gesteuert werden. Sie wird mit folgender Syntax beschrieben:

```
[case_label :]
case ausdruck is
    { when wert    => sequentielle_anweisungen }
    [ when others  => sequentielle_anweisungen ]
end case [case_label];
```

Als Beispiel betrachten wir wieder eine Variante des 4:1-Multiplexers:

```
architecture case_verhalten of mux is
begin
    case_mux : process(x,i)       -- sensitivity list
    begin
        case x is
            when "00" => y <= i(0);
            when "01" => y <= i(1);
            when "10" => y <= i(2);
            when "11" => y <= i(3);
        end case;
    end process case_mux;
end architecture case_verhalten;
```

If-Anweisung

Die if-Anweisung entspricht der nebenläufigen when-else-Anweisung und besitzt folgende Syntax:

If - Anweisung

```
[if_label :]
if boolescher_ausdruck then
    sequentielle_anweisungen
{ elsif boolescher_ausdruck then
    sequentielle_anweisungen }
[ else
    sequentielle_anweisungen ]
end if [if_label];
```

Das if-Konstrukt erlaubt in den elsif-Zweigen die Abfrage unterschiedlicher Bedingungen. In einem case-Konstrukt ist nur eine Bedingung möglich. Mehrere elsif-Zweige bilden eine Rangfolge. Bei der Synthese führt dies zu unterschiedlichen Gatterlaufzeiten, abhängig davon, welche der Bedingungen wahr wird. Ein case-Konstrukt wird dagegen parallel synthetisiert. Die Anzahl der elsif-Zweige ist beliebig, der else-Zweig kommt nur einmal vor – beide können weggelassen werden. Die Variante des Multiplexers lautet:

```
architecture if_verhalten of mux is
begin
    if_mux: process(x,i)
    begin
        if    x = "00" then
            y <= i(0);
        elsif x = "01" then
            y <= i(1);
        elsif x = "10" then
            y <= i(2);
        else
            y <= i(3);
        end if;
    end process if_mux;
end architecture if_verhalten;
```

Loop-Anweisung

Abschließend betrachten wir die beiden Schleifen-Konstrukte for und while – hierfür existieren keine nebenläufigen Entsprechungen. Die for-Schleife legt die Anzahl der Schleifendurchläufe fest. Die while-Schleife wird dagegen solange durchlaufen, bis die Schleifenbedingung nicht mehr zutrifft. Zur Beeinflussung der Schleifendurchläufe können die Befehle exit und next verwendet werden. Mit exit wird die Schleife verlassen. Mit next wird der aktuelle Durchlauf

For - Schleife

While - Schleife

Next, Exit

abgebrochen und ein neuer Durchlauf gestartet. Die Syntax der loop-Anweisungen lautet:

```
[loop_label :]
for bezeichner in bereich loop
    sequentielle_anweisungen
end loop [loop_label];

[loop_label :]
while boolescher_ausdruck loop
    sequentielle_anweisungen
end loop [loop_label];

next [loop_label] [when boolescher_ausdruck];
exit [loop_label] [when boolescher_ausdruck];
```

Die Verwendung einer while-Schleife erfolgt in Abschnitt 8.5.4.2.

8.5.4 VHDL-Beispiele

8.5.4.1 D-Flipflop als Basis der RTL Beschreibung

Zur Modellierung auf der *Register Transfer Ebene* (Abbildung 8.18) spielen *Register* eine zentrale Rolle. Sie haben die Aufgabe, Ergebnisse zu speichern und die Signalwerte für einen Taktzyklus konstant zu halten [8.15]. Das flankengesteuerte *D-Flipflop* erfüllt diese Aufgabe, indem es entweder mit der positiven oder der negativen Taktflanke den Wert am Eingang d an den Ausgang q überträgt:

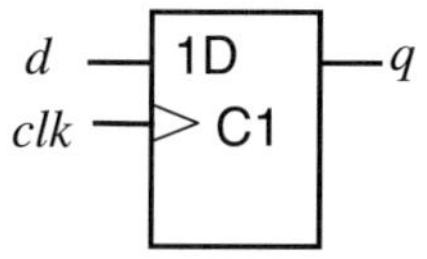

RTL Synthese mit D-Flipflops

```
entity dff is
    port (clk, d: in bit; q: out bit);
end entity dff;
```

Abbildung 8.25 D-Flipflop

```
architecture verhalten of dff is
begin
    dff_proc: process(clk)
    begin
        if clk'event and clk = '1' then
            q <= d;
        end if;
    end process dff_proc;
end architecture verhalten;
```

Das Taktsignal steht in der *Sensitivity List* des Prozesses. Die Erkennung der positiven Taktflanke erfolgt durch die Bedingung:

```
if [elsif] clk_name'event and clk_name = '1'
then
    sequentielle_anweisungen
end if;
```

8.5 VHDL Einführung

Die in der if-Bedingung verwendete Formulierung 'event ist ein in VHDL definiertes so genanntes *Signalattribut*. Es kann für beliebige Signale angewendet werden und bezeichnet einen Signalwechsel. In Kombination mit der 2. Bedingung clk = '1' bzw. clk = '0' wird so eine ansteigende bzw. eine abfallende Flanke beschrieben.

Signalattribut

Durch die Klammer if[elsif]...clk'event...end if wird ein *taktsynchroner Rahmen* definiert. Soll ein Flipflop asynchron gesetzt bzw. gelöscht werden, so erfolgt dies außerhalb des taktsynchronen Rahmens, d.h. in der if-Abfrage vor der Flankenabfrage. Die Taktflanke selbst wird in diesem Fall im elsif-Zweig abgefragt. In die process-Sensitivitätsliste von Flipflops gehören – außer dem Taktsignal – alle Signale, die das Flipflop asynchron steuern.

Taktsynchroner Rahmen

8.5.4.2 Digitale Signalverarbeitung

VHDL eignet sich auch zur Hardware-Implementierung von Signalverarbeitungsalgorithmen. Als Beispiel wird die Kosinusfunktion in eine Potenzreihe entwickelt:

Digitale Signalverarbeitung

$$\cos(x) = \sum_{n=0}^{\infty} (-1)^n \frac{x^{2n}}{(2n)!} \equiv 1 - \frac{x^2}{2!} + \frac{x^4}{4!} - \frac{x^6}{6!} \pm ... \qquad (8.5)$$

Der Quelltext (nach [8.2]) zeigt die Benutzung von Variablen in Prozessen. Die while-Schleife bricht ab, wenn der aktuell berechnete Term term kleiner ist als ein Millionstel ($1 \cdot 10^{-6}$) der Summe summe.

```
entity cos is
    port (x : in real; ergebnis : out real);
end entity cos;

architecture reihe of cos is
begin
    reihen_summe : process (x) is
        variable summe, term : real;
        variable n : natural;
    begin
        summe := 1.0;
        term  := 1.0;
        n     := 0;
        while abs term > abs (summe / 1.0E6) loop
            n    := n + 2;
            term := (-term) * x**2 / real(((n-1)*n));
            summe := summe + term;
        end loop;
        ergebnis <= summe;
    end process reihen_summe;
end architecture reihe;
```

Abbildung 8.26 Potenzreihe in VHDL

8.5.4.3 Synthesebeispiel Multiplexer

Abschließend betrachten wir die Design-Schritte (Abbildung 8.18) für die Implementierung des 4:1-Multiplexers auf einem Xilinx FPGA. Zuerst wird der VHDL-Code grafisch mit dem Blockdiagrammeditor erzeugt. Dieses Blockdiagramm entspricht der *Entity*. Nachdem die Funktion in VHDL modelliert wurde, erfolgen die Logiksynthese und die Layoutsynthese. Das Ergebnis der Platzierung auf dem Chip zeigt Abbildung 8.28.

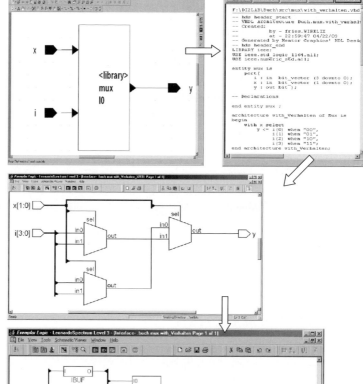

Abbildung 8.27.a
4:1-Multiplexer Blockschaltbild und erzeugter VHDL Code

Abbildung 8.27.b
Ergebnis der Logiksynthese

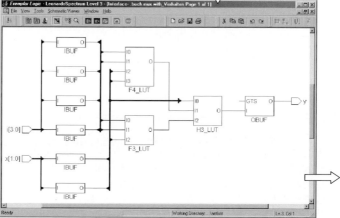

Abbildung 8.27.c
Ergebnis der Layoutsynthese für FPGA XC4003 mit I/O-Buffern (IBUF, OBUF) und Look-Up-Tables (LUT)

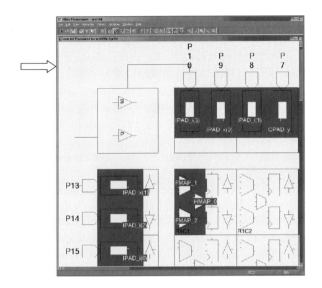

Abbildung 8.28
Platzierung auf dem FPGA (Floorplan)

8.6 Literatur

Zur VHDL Vertiefung werden hier [8.2], [8.24] oder [8.9] vorgeschlagen – deutschsprachig [8.10], [8.15] oder [8.19]. Weiterhin sei auf die am Ende der Literaturangaben aufgeführten Links verwiesen.

[8.1] Armstrong, J. R., Gray, G. F.: *VHDL Design Representation and Synthesis.* Prentice-Hall, Englewood Cliffs, NJ, 2000

[8.2] Ashenden, P.: *The Designer's Guide to VHDL.* Morgan Kaufmann, San Francisco, 2. Auflage, 2001

[8.3] Bashker, J.: *A VHDL Primer.* Prentice-Hall, Englewood Cliffs, NJ, 3. Auflage, 1999

[8.4] Brown, S. D., Vranesic, Z.: *Fundamentals of Digital Logic with VHDL Design.* McGraw-Hill, New York, 2000

[8.5] Heinkel, U. [u. a.]: *The VHDL Reference: A Practical Guide to Computer-Aided Integrated Circuit Design Including VHDL-AMS.* John Wiley & Sons, New York, 2000

[8.6] IEEE Std. 1076-1987: *IEEE Standard VHDL Language Reference Manual.* 1991

[8.7] IEEE Std. 1076-2001: *IEEE Standard VHDL Language Reference Manual.* 2002

[8.8] Mäder, A,: *VHDL kompakt.* http:tech-www.informatik.uni-hamburg.de/vhdl/doc/kurzanleitung/vhdl.pdf. 2002

[8.9] Perry, D. L.: *VHDL.* McGraw-Hill, New York, 4. Auflage, 2002

[8.10] Reichardt, J., Schwarz, B.: *VHDL- Synthese. Entwurf digitaler Schaltungen und Systeme.* Oldenbourg, München, 2001

[8.11] Sharma, A. K.: *Programmable Logic Handbook, PLDs, CPLDs, FPGAs.* McGraw-Hill, New York, 1998

[8.12] Sikora, A., Drechsler R.: *Software-Engineering und Hardware Design.* Hanser-Verlag, München, Wien, 2002

[8.13] Smith, M. J. S.: *Application-Specific Integrated Circuits.* Addison-Wesley, New York, 1997

[8.14] *Spartan-IIE 1.8 V FPGA Family: Functional Description.* Xilinx Inc. 2002

[8.15] Stockmayer, F., Kreutzer, H.: *Entwurfsspezifikation durch Hochsprachen.* In Jansen, D. (Hrsg.): *Handbuch der Electronic Design Automation.* Hanser-Verlag, München, Wien, 2001

[8.16] Stockmayer, F., Kreutzer, H.: *Synthese.* In Jansen, D. (Hrsg.): *Handbuch der Electronic Design Automation.* Hanser-Verlag, München, Wien, 2001

[8.17] Sulimma, K.: *Praktikum – Hardwareentwurf mit FPGAs.* Praktikum http://www.sulimma.de/prak/ss01/ , 2001

[8.18] Yalamanchili, S.: *Introductionary VHDL: From Simulation to Synthesis.* Prentice-Hall, Englewood Cliffs, NJ, 2001

[8.19] Urbanski, K., Woitowitz, R.: *Digitaltechnik.* Springer, Berlin, Heidelberg, New York, 3. Auflage, 2000

[8.20] *Virtex-II Platform FPGAs: Detailed Description.* Xilinx Inc, 2002

[8.21] Wakerly, J. F.: *Digital Design: Principles and Practices.* Prentice-Hall, Englewood Cliffs, NJ, 3. Auflage, 2003

[8.22] Wannemacher, M.: *Das FPGA-Kochbuch.* Internat. Thomson Publishing, 1998

[8.23] Zeidman, B.: *Designing with FPGAs and CPLDs.* CMP Books, New York, 1. Auflage, 2002

[8.24] Zwolinski, M.: *Digital System Design and VHDL.* Prentice-Hall, Englewood Cliffs, NJ, 2. Auflage, 2000

Links:

[8.25] *The Hamburg VHDL Archive,* Universität Hamburg, http://tech-www.informatik.uni-hamburg.de/vhdl/vhdl.html

[8.26] *VHDL - FAQ,* http://www.vhdl.org/vi/comp.lang.vhdl

[8.27] *VHDL-Online,* Uni Erlangen, http://www.vhdl-online.de/~vhdl/

[8.28] *VHDL Simili,* (freier, funktional limitierter VHDL-Simulator), http://www.symphonyeda.com/

[8.29] *Xilinx Web-Pack Integrated Software Environment* http://www.xilinx.com/ise/products/webpack_faq.htm

[8.30] *SIMPLORER 6 SV,* http://www.ansoft.com

Kapitel 9

Mikroprozessoren und Mikrocontroller

von Klaus Fricke

unter Mitarbeit von Bernd Heil[*]

9.1 Grundsätzlicher Aufbau

Im Folgenden soll zunächst der grundsätzliche Aufbau eines Mikroprozessors kurz beschrieben werden. Anschließend werden spezielle Technologien behandelt, mit denen eine Leistungssteigerung von Mikroprozessoren möglich ist.

Die meisten Rechner beruhen auf dem Prinzip des von Neumann-Rechners. In Abbildung 9.1 ist ein von Neumann-Rechner gezeigt, der aus einem Mikroprozessor, einem Speicher und einer Ein- und Ausgabe-Einheit besteht. Der Mikroprozessor ist aus einem Rechenwerk und einem Leitwerk aufgebaut. Das Leitwerk holt die Befehle des Programms aus dem Speicher und steuert damit das Rechenwerk. Im Speicher werden neben dem Programm auch die Daten gespeichert. Diese gemeinsame Speicherung von Daten und Programm ist ein wesentliches Kennzeichen des von Neumann-Rechners. Der von Neumann-Rechner verarbeitet immer genau einen Befehl, indem immer ein Datenwert verarbeitet wird. Man nennt ihn daher auch Single Instruction- Single Data Rechner.

_{von Neumann-Prinzip}

Der Mikroprozessor, der Speicher, sowie die Ein- und Ausgabeeinheit sind durch Busse verbunden. Auf dem Datenbus werden Daten und Programmbefehle transportiert. Der Adressbus enthält die Information, an welchem Ort im Speicher sich ein Datum oder ein Befehl befindet. Der Steuerbus spricht die einzelnen Komponenten an, unter-

_{Busstruktur}

---

[*] Dipl.-Ing. Bernd Heil ist wissensch. Mitarbeiter an der Fachhochschule Fulda

scheidet, ob gerade gelesen oder geschrieben wird und versorgt das System mit einem gemeinsamen Reset-Signal.

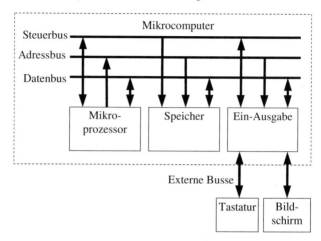

Abbildung 9.1 Mikrocomputer nach dem Prinzip des von Neumann-Rechners

Aufbau eines Mikroprozessors

Ein Mikroprozessor (Abbildung 9.2) enthält in der einfachsten Form ein Rechenwerk, welches aus einer arithmethisch-logischen Einheit (ALU) aufgebaut ist, in der in der Regel zwei Operanden miteinander verknüpft werden können. Die Operanden werden im Akkumulator und in einem Hilfsregister zwischengespeichert. Die ALU kommuniziert direkt mit dem Flag-Register. Im Flag-Register werden Informationen über das Ergebnis der letzten Operation gespeichert. Übliche Flags sind das Überlauf-Flag (Overflow), dass z.B. einen Überlauf bei einer Addition anzeigt, das Carry-Flag, welches einen Übertrag anzeigt und das Null-Flag (Zero-Flag), welches bedeutet, dass alle Bits einer Operation gleich 0 sind. Auch ein Vorzeichen-Flag kann in der Regel abgefragt werden. Das Ergebnis einer Operation wird oft im Akkumulator abgespeichert.

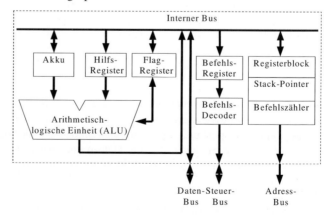

Abbildung 9.2 Prinzipieller Aufbau eines Mikroprozessors

9.1 Grundsätzlicher Aufbau

Das *Leitwerk* des von Neumann-Rechners wird mit Hilfe des Befehlsregisters, des Befehlsdecoders sowie des Befehlszählers realisiert. Der Befehlszähler ist ein Zähler, der die Adresse des nächsten auszuführenden Befehls im Speicher enthält. Im Befehlsdecoder werden die Befehle decodiert, die im Befehlsregister zwischengespeichert werden. — Leitwerk

Außerdem enthält ein Mikroprozessor in der Regel einige *Register*, in denen Adressen und Daten zwischengespeichert werden können. Ein besonderes Register, der Stackpointer, enthält die Adresse des zuletzt im Stack abgelegten Datums. Die Funktion des Stacks ist unten kurz erklärt. — Register

Die Komponenten eines Mikroprozessors kommunizieren intern über Busse miteinander. Hier ist nur ein einziger Datenbus gezeigt, über den Adressen und Daten geführt werden. Es gibt aber Mikroprozessoren, die über das von Neumann-Prinzip hinausgehen, mit mehreren Daten- und Adressbussen. Extern hat ein Mikroprozessor, der nach dem von Neumann-Prinzip arbeitet, je einen Datenbus, Adressbus und einen Steuerbus. — Busstruktur

Nicht im Diagramm angegeben ist die *Interruptsteuerung*, die es ermöglicht den Programmablauf zu unterbrechen, um Aufgaben zu lösen, die von außen an den Prozessor gestellt werden. — Interruptsteuerung

9.1.1 Speicherorganisation

Der Speicher eines Mikrocomputers gliedert sich in mehrere Bereiche, um den unterschiedlichen Anforderungen gerecht zu werden:

In einem *Schreib-Lesespeicher* (RAM), der meistens als Halbleiterspeicher aufgebaut ist, werden die Daten und Programme abgelegt, die für eine aktuelle Aufgabe benötigt werden. Wesentlich ist, dass Daten mit einer geringen Zugriffszeit transferiert werden können. Oft wird ein Cache (siehe unten) zwischen CPU und RAM geschaltet, der eine noch geringere Zugriffszeit hat als das RAM. — Schreib-Lesespeicher

Große Datenmengen werden in *Massenspeichern* gespeichert. Das sind Schreib-Lese-Speicher, die mit magnetischen Speichermedien arbeiten: Magnetbänder, Floppy-Laufwerke und Festplatten. Sie zeichnen sich durch geringe Kosten pro gespeichertem Bit aus. Außerdem sind sie nicht flüchtig, so dass sie auch zur Datenspeicherung bei abgeschaltetem Rechner verwendet werden können. — Massenspeicher

In einem *Festwertspeicher* (ROM = read only memory) gespeicherte Daten können vom Mikroprozessor nicht geändert werden. Die Daten werden in einem Halbleiterprozess in das ROM implementiert. Daher werden im ROM hauptsächlich die zum Hochfahren eines Rechners — Festwertspeicher

(Booten) benötigten Programme gespeichert. Es werden auch, insbesondere bei der Entwicklung von Mikroprozessorsystemen, PROM, EPROM und EEPROM verwendet, da sie mit einem Programmiergerät einfach beschrieben und geändert werden können.

9.1.2 Befehlsformat

Die vom Mikroprozessor ausführbaren Befehle heißen Maschinenbefehle. Sie haben, je nach Funktion, eine Länge von mehreren Worten. Das erste Wort ist der Operationscode, danach folgen oft noch ein oder mehrere Adressen, wenn der Befehl auf den Speicher zugreift. Ein Beispiel für den Transfer eines Datums vom Akkumulator in einen Speicherplatz sei der Befehl STA 10E6H. Dieser Befehl ist in der Assemblersprache notiert. Das sogenannte *Mnemonic* STA bedeutet Store Accumulator. Es läßt sich leichter merken als der dazugehörige Maschinencode. Der Befehl STA 10E6H ist hier als ein Zweiwortbefehl dargestellt. 10E6H sei die hexadezimale Adresse, unter der der Inhalt des Akkumulators abgespeichert werden soll. Die beiden Worte sollen in diesem Beispiel jeweils 16Bit umfassen.

Mnemonic

Tabelle 9.1 Befehl in Assembler-, Hexadezimal- und Maschinencode-Notation.

	Operationscode	Adresse
Assembler	STA	10E6
Hexadezimal	24FE	10E6
Maschinencode	0010 0100 1111 1110	0001 0000 1110 0110

9.1.3 Befehlsausführung

Es wird im Folgenden davon ausgegangen, dass der Befehl STA 10E6 unter den Adressen 1000 und 1001 im Speicher des Rechners steht, der jeweils 16 Bit breite Worte unter einer Adresse speichert.

Tabelle 9.2 Ausschnitt Speicher mit Beispiel

Adresse (Hex)	Inhalt (Hex)
1000	24FE
1001	10E6
1002	...

Reihenfolge bei der Befehlsausführung

Er wird folgendermaßen ausgeführt. In der ersten Phase, der Holphase, wird der Operationscode aus dem Speicher geholt. Dazu wird der augenblickliche Inhalt des Befehlszählers, 1000H, auf den Adressbus gelegt. Der Speicher gibt dann den Inhalt der entsprechenden Speicheradresse, nämlich den Operationscode 24FE, über den Datenbus an

9.1 Grundsätzlicher Aufbau

den Mikroprozessor. Dann wird der Befehlszähler um Eins erhöht, so dass er 1001 beträgt. Der Operationscode wird decodiert. Danach ist bekannt, dass der Mikroprozessor noch ein weiteres Wort, die Adresse des Operanden lesen muss. Dazu wird wieder der Inhalt des Befehlszählers 1001 auf den Adressbus gelegt. Auf dem Datenbus wird dann der Inhalt dieses Speicherplatzes, die Adresse 10E6, vom Speicher zum Mikroprozessor transferiert. Jetzt ist der gesamte Befehl vom Mikroprozessor gelesen worden und die Ausführung kann beginnen. Der Mikroprozessor legt dazu die Adresse 10E6, auf den Adressbus und den Inhalt des Akkumulators auf den Datenbus. Der Speicher speichert den Inhalt des Akkumulators unter der Adresse 10E6 ab.

Man sieht, dass es sich um einen streng sequentiellen Ablauf handelt, bei dem die Busse intensiv genutzt werden. Sie sind der „*Flaschenhals*" der von Neumann-Architektur, denn sie sind ein entscheidender Faktor in der Begrenzung der Geschwindigkeit des Rechners.

Von Neumann „Flaschenhals"

9.1.4 Adressierungsarten

Im obigen Beispiele enthielt der Befehl die Adresse des Operanden. Es gibt aber noch weitere Methoden, dem Prozessor die Operanden kenntlich zu machen. Im Folgenden sind daher die wichtigsten Adressierungsarten aufgelistet. Bei vielen Prozessoren sind nicht alle Adressierungsarten vorhanden.

Register-Adressierung (Register)

Bei dieser Art der Adressierung wird der Operand aus einem Register entnommen. Man unterscheidet zwischen impliziter und expliziter Register-Adressierung. Bei der impliziten Register-Adressierung ist das zu verwendende Register implizit im Befehlscode enthalten (z.B.: CLA = Clear Accumulator). Eine explizite Register-Adressierung erfordert die Nennung des zu verwendenden Registers z.B.: MOVE R1,R2 = Move Register R2 to Register R1.

Direktoperand-Adressierung (Immediate)

Diese Adressierungsart wird auch „Unmittelbare Adressierung" genannt. Hier enthält der Befehl das zu verwendende Datum direkt. Das Datum wird in der Regel mit # gekennzeichnet. Bsp.: LDA #10F2H = Lade Akkumulator mit der hexadezimalen Konstante 10F2.

Direkte Adressierung

Bei der direkten Adressierung steht die Adresse als Operand im Befehl. Bsp.: LDA B012H = Lade Akkumulator mit dem Inhalt des Speicherplatzes mit der hexadezimalen Adresse B012. Alternativ kann der Speicherplatz auch mit einer symbolischen Adresse gekennzeichnet werden. Bsp.: LDA Variable2 = Lade Akkumulator mit dem Inhalt des Speicherplatzes mit der Adresse Variable2. Für Variable2 wird durch ein Assemblerprogramm eine konkrete Adresse eingesetzt.

Registerindirekte Adressierung

Die registerindirekte Adressierung setzt voraus, dass die Adresse vorher in einem Register abgelegt wurde. In einem Befehl mit registerindirekter Adressierung wird das Register genannt, in dem die Adresse steht, in der das Datum zu finden ist. Bsp.: LDA (R1) = Lade den Akkumulator mit dem Inhalt des Speicherplatzes auf den das Register R1 zeigt.

Postinkrement, Postdekrement
Es ist oft auch möglich, den Inhalt des verwendeten Registers nach dem Speicherzugriff um 1 zu erhöhen (*Postinkrement*) oder zu reduzieren (*Postdekrement*). Auch vor dem Speicherzugriff ist bei manchen Prozessoren entsprechend ein Präinkrement und ein Prädekrement möglich. Damit können zyklische Speicherzugriffe effizient programmiert werden. Eine weitere Besonderheit stellt die registerindirekte Adressierung mit *Displacement* dar. Dazu wird zu jeder Adresse ein Displacement addiert.

Displacement

Felder
Um *Felder* ansprechen zu können, wird die indizierte Adressierung verwendet. Zu der im Befehl stehenden Adresse wird ein variabler Index addiert. Die dafür verwendeten Register heißen Indexregister.

Speicherindirekte Adressierung

Der Befehl enthält eine Adresse, unter der die Adresse des Operanden zu finden ist. Oft wird dabei ein zusätzliches Displacement verwendet. Bsp.: LDA (1E24) = Lade den Akkumulator mit dem Inhalt des Speicherplatzes, dessen Adresse im Speicherplatz 1E24 steht.

9.1.5 Befehle

Es existieren die folgenden Befehlstypen:

Transferbefehle

Transferbefehle verschieben Daten zwischen Registern, Speicherplätzen und den IO-Schnittstellen. Insbesondere ist manchmal auch die Verschiebung ganzer Blöcke möglich. Bsp.: MOVE R1,R2 = Verschiebe Inhalt von Register R2 zu Register R1.

Arithmetische Befehle

Welche arithmetischen Befehle möglich sind hängt stark von der Hardware des Mikroprozessors ab. Wenn nur eine *ALU* vorhanden ist, können direkt nur Addition und Subtraktion durchgeführt werden. Auch die Verwendung verschiedener Zahlenformate wie Festkommadarstellung und Gleitkommadarstellung müssen von der ALU unterstützt werden. Manche Prozessoren bieten auch die Multiplikation und die Division an. In der Regel sind die arithmetischen Befehle in Zusammenhang mit allen Adressierungsarten möglich. Bsp.: ADD R3,R4 = Register R3 plus Akkumulator nach R4 abspeichern.

ALU

Logische Befehle

Die logischen Befehle werden auch in der ALU bearbeitet. Auch sie können mit allen Adressierungsarten verarbeitet werden. Bsp.: ORA #0010H = ODER-Verknüpfung von Akkumulator und 0010H in den Akkumulator abspeichern.

Sprungbefehle

Sprungbefehle ermöglichen die Steuerung des Programmablaufs. Es gibt unbedingte Sprünge, die immer ausgeführt werden. Dagegen erlauben bedingte Sprungbefehle einen Sprung abhängig von Bedingungen, die durch die Flags vorgegeben werden. Die Sprungziele können durch Marken angegeben werden. Bsp: BZ MARKE1 = Branch on Zero = Springe wenn Zero-Flag gesetzt zur Marke1.

Steuerbefehle

Jeder Mikroprozessor benötigt ein Reihe von Befehlen, mit denen der Prozessor gesteuert wird. Dazu gehören Befehle, mit denen die Reaktion auf ein Interrupt-Signal (siehe unten) kontrolliert werden kann sowie Befehle für das Anhalten des Prozessors und die Initialisierung der Statusregister, in denen die Arbeitsweise des Prozessors festgehalten wird.

Unterprogrammbefehle

Unterprogrammbefehle arbeiten mit dem Stapelspeicher oder *Stack*. Der Stack ist ein Speicherbereich, der nach dem Prinzip last in - first out funktioniert, wie ein Papierstapel, auf den Dokumente gelegt und von oben wieder entnommen werden. Im einfachsten Fall ist er so organisiert, dass er einen Bereich im Arbeitsspeicher einnimmt. Ein spezielles Register, das Stackregister (Stackpointer) enthält die Adresse des obersten besetzten Speicherplatzes. Dieser Speicherplatz wird Top of Stack (TOS) genannt. Bei jeder Ablage auf den Stack wird der

Stack, Stackpointer

Stackpointer dekrementiert, bei jedem Lesen aus dem Stack wird der Stackpointer inkrementiert. So ist es möglich, die Rücksprungadressen bei geschachtelten Unterprogrammaufrufen zu speichern.

Unterprogramme Die Unterprogrammbefehle dienen dazu, *Unterprogramme* aufzurufen und zu beenden. Beim Aufrufen eines Unterprogrammes wird der Befehlszähler auf den Stack gerettet, damit die Rücksprungadresse erhalten bleibt. Bsp.: CALL 21FEH = der Befehlszähler wird auf den Stack gerettet. Es wird zu der Adresse 21FEH gesprungen, an der das Unterprogramm beginnt, der Stackpointer wird dekrementiert. Beim Rücksprung wird die Adresse, bei der das Hauptprogramm verlassen wurde, vom Stack geholt und dort die Ausführung des Programms fortgesetzt. Bsp.: RET = Rücksprungadresse vom Stack holen und in den Befehlszähler laden, Stackpointer inkrementieren.

Tabelle 9.3 Arbeitsspeicher, links Programm-Bereich, rechts Stack-Bereich

\multicolumn{3}{c}{Programm}	\multicolumn{2}{c}{Stack}
Adr.	Inhalt	Kommentar	Adr	Inhalt
1000	CALL 1010	Aufruf 1. Un-		
1001	...		FFFD	
...	...		FFFE	1012
1010	...	Beginn 1. Unterprogr.	FFFF	1001
1011	CALL 1020	Aufruf 2.Unterprogr.		
1012	...	Befehle		
1013	RET	Rücksprung		
...	...			
1020	...	Beginn 2. Unterprogr.		
1021	...	Befehle		
1022	RET	Rücksprung		

Beispiel Als Beispiel ist in Tabelle 9.3 der Arbeitsspeicher eines Mikroprozessors in zwei Ausschnitten gezeigt. Links ist der Bereich gezeigt, in dem das Programm in Assemblernotierung notiert ist. Rechts ist der Bereich gezeigt, der als Stack verwendet wird. Er beginnt bei der Adresse FFFF und wächst nach oben, zu den Speicherplätzen mit den niedrigeren Adressen. Beim Aufruf des 1. Unterprogramms wird die Adresse, die auf den Call-Befehl folgt, auf den Stack gerettet. Dann geht die Ausführung des Programms bei der Adresse 1010 weiter, wo der erste Befehl des ersten Unterprogramms steht. In diesem Unterprogramm erfolgt der Aufruf des zweiten Unterprogramms. Bei diesem Aufruf wird die Adresse, die diesem Call-Befehl folgt, nämlich 1012 auf den Stack gerettet. Der Zustand des Stack ist zu diesem Zeit-

9.1 Grundsätzlicher Aufbau

punkt im rechten Bild festgehalten. Nun wird das 2. Unterprogramm durchlaufen. Beim Return-Befehl RET in der Adresse 1022 wird die Rücksprungadresse 1012 vom Stack geholt und in den Befehlszähler geladen, wodurch das 1. Unterprogramm ab dieser Adresse weiter ausgeführt wird. Beim Erreichen des RET-Befehls in der Zeile 1013 wird die Adresse 1001 vom Stack geholt. Dort wird mit der Ausführung des rufenden Programms fortgefahren.

Auch die Befehle zum *Retten von Registern* gehören unter die Kategorie Unterprogrammbefehle. Sie nutzen den Stack auf die gleiche Weise. — Retten von Registern

9.1.6 Interrupt

Mit Hilfe von Interrupts ist es möglich, ein laufendes Programm zu unterbrechen, wenn ein dringendes Problem zu lösen ist. Das kann eine von außen an den Prozessor gestellte Aufgabe sein, wie zum Beispiel eine Benutzereingabe über die Tastatur oder ein Reset. Man nennt dies einen externen Interrupt. Er wird über eine oder mehrere spezielle Leitungen dem Prozessor zugeführt. Es kann aber auch ein Ereignis im Prozessor selbst auftreten, wie eine Division durch Null oder ein Überlauf bei einer arithmetischen Operation. Dies ist ein interner Interrupt. Der Ablauf des Programms wird dann für die Bearbeitung dieser Aufgabe unterbrochen. — Ablauf eines Interrupts

Interrupts haben in der Regel eine *Priorität*, um bei gleichzeitigem Auftreten von mehreren Interrupts entscheiden zu können, welche Aufgabe am dringendsten ist. — Priorität

Es gibt sperrbare Interrupts, die mit dem Befehl Enable Interrupt eingeschaltet und mit dem Befehl Disable Interrupt ausgeschaltet werden können. Bei nicht sperrbaren Interrupts gibt es diese Möglichkeit nicht. Viele Prozessoren bieten auch die Möglichkeit, verschiedene Interrupts einzuschalten, während andere ausgeschaltet sind. Man nennt das Maskieren von Interrupts. — Sperren von Interrupts

Beim Auftreten eines Interrupts wird zunächst der laufende Befehl zu Ende bearbeitet. Dann werden alle Register und der Inhalt des Befehlszählers in den Stack gerettet. Dann wird die Adresse der *Interrupt-Service-Routine* festgestellt. Diese Adresse ist für jeden Interrupt spezifisch. Sie steht im ROM oder wird von einem externen Interrupt-Controller geliefert. Nun kann die Interrupt-Service-Routine ausgeführt werden. Für die Dauer der Bearbeitung der Interrupt-Service Routine werden alle anderen Interrupts gesperrt. Nach der Ausführung der Interrupt-Service-Routine werden die Inhalte der Register und der Inhalt des Befehlszählers vom Stack geholt, um das Programm wieder an der alten Stelle fortzusetzen. — Interrupt-Service-Routine

Reset   Ein *Reset* bricht ein laufendes Programm ab, insbesondere auch eine Interruptbearbeitung. Das Programm wird anschließend ab Adresse 0000H ausgeführt.

9.1.7 Cache

Ein Cache ist ein schneller Speicher, der zwischen dem Arbeitsspeicher und der CPU angeordnet wird. Er soll die von der CPU aktuell benötigten Daten und Befehle mit geringer Zugriffszeit bereitstellen. Es gibt Daten- und Befehlscaches. Ein Cache hat eine Kapazität von etwa 32kByte und ist damit relativ klein gegenüber dem Arbeitsspeicher von vielleicht 64Mbyte. Die Zugriffszeit des Cache soll so bemessen sein, dass sie dem CPU-Takt entspricht. Der Arbeitsspeicher hat eine weit höhere Zugriffszeit. Als weitere Stufe ist in der Regel ein Massenspeicher wie zum Beispiel eine Festplatte vorgesehen. Somit nehmen die Kosten pro Byte Speicherplatz mit zunehmender Entfernung vom Prozessor ab und die Zugriffszeit nimmt zu.

Abbildung 9.3 Speicherhierarchie

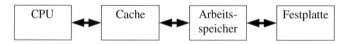

Cache Hit, Cache Miss   Will der Prozessor auf ein Datum zugreifen, so gibt es die Möglichkeit, dass es im Cache enthalten ist (*Cache Hit*) oder dass es nicht enthalten ist (*Cache Miss*). Im Falle eines Cache Miss muss ein Datenabgleich mit dem Arbeitsspeicher durchgeführt werden. Beim Lesen wird das fehlende Datenwort aus dem Arbeitsspeicher sowohl in den Cache als auch in den Arbeitsspeicher übertragen. Der Prozessor muss, da dieser Vorgang mehrere CPU-Takte in Anspruch nimmt, einige Wartetakte einlegen. Tritt ein Cache Miss beim Schreiben auf, so kann nach zwei Verfahren vorgegangen werden.

- Beim Durchschreibeverfahren wird das Datum sowohl in den Cache als auch in den Arbeitsspeicher geschrieben.

- Beim Rückschreibeverfahren wird das Datum nur in den Cache geschrieben. Dabei wird es durch ein spezielles Flag, dass Dirty-Bit markiert. Dieses bewirkt, dass das Datum, wenn es aus dem Cache verdrängt wird, im Arbeitsspeicher aktualisiert wird.

Datenkonsistenz   In beiden Fällen wird also die *Datenkonsistenz* sichergestellt. Beim Rückschreibeverfahren allerdings erst nach dem Verdrängen des Datums aus dem Cache. Das kann zu Problemen führen, wenn auf den Arbeitsspeicher von verschiedenen Stellen zugegriffen wird, wie das bei Multi-Prozessor-Systemen und beim DMA-Zugriff der Fall ist.

9.1 Grundsätzlicher Aufbau

Entscheidend für die Funktion des *Cache* ist ein schneller Vergleich, ob ein Datum im Cache enthalten ist oder nicht. Dafür gibt es verschiedene Strategien [9.4]:

Aufbau des Cache

- Vollassoziativer Cache: Im Wesentlichen wird in einem einzigen Vergleichsschritt festgestellt, ob das Datum im Cache vorhanden ist.
- Direct-mapped Cache: Die Speicher-Adresse wird dafür in zwei Teile, einen höherwertigen Teil, den „Tag", und einen niederwertigen Teil, den Index, unterteilt. Lediglich der Tag wird durch einen Vergleich abgeglichen, während der Index durch einen Zeilendecoder ausgewählt wird. Der Hardwareaufwand ist bei diesem Verfahren geringer als beim vollassoziativen Speicher.
- Set-Associative Cache: Er ist ein Kompromiss zwischen den beiden oben aufgeführten Verfahren.

Wichtig ist die *Ersetzungsstrategie* für den Cache, mit der erreicht werden soll, dass die Wahrscheinlichkeit für ein Cache Hit möglichst groß wird. Oft wird das „Least Recently Used"-Verfahren verwendet. Es wird dabei immer der Block überschrieben, dessen Verwendung am längsten zurückliegt.

Ersetzungsstrategie

9.1.8 Direct Memory Access

Mit dem einem Direct Memory Access (DMA) kann der Flaschenhals der von Neumann- Architektur umgangen werden, wenn Daten außerhalb der CPU verschoben werden sollen. Das ist zum Beispiel der Fall, wenn Daten von der Festplatte zur Peripherie verschoben werden sollen. Ohne DMA würde jedes Datum zunächst in die CPU eingelesen und dann zur Peripherie geschickt. Beim DMA wird die CPU vom Bus abgekoppelt und die Daten werden über den nun freien Bus direkt verschoben. Die Kommunikation wird von einem DMA-Controller gesteuert. Die CPU kann inzwischen weiterarbeiten, soweit sie nicht auf den Bus zugreifen muss.

Aufgaben des DMA

Ein *DMA-Transfer* wird in der Regel wie folgt durchgeführt: Ein DMA-Transfer wird mit einem DMA-Request-Signal angefordert, wobei bei mehreren Anfragen die Priorität beachtet wird. Die Anfragen können vom Prozessor oder aber von einem Peripheriegerät kommen. Der DMA-Controller fordert daraufhin mit dem Hold Request Signal (HRQ) den Zugriff auf den Bus bei der CPU an. Der Prozessor antwortet, wenn er den Bus freigeben kann, mit Hold Acknowledge (HLDA) und koppelt den Bus ab, indem er seine Busausgänge hochohmig macht. Der DMA-Controller übernimmt nun die Master-Funktion über den Bus. Wenn der DMA-Controller den Bus nicht mehr benötigt, signalisiert er der CPU das Ende des Transfers,

DMA-Transfer

indem er das Hold-Signal auf Low setzt. Oft ist die maximale Zeit, in der der DMA-Controller über den Bus verfügen darf begrenzt, um der CPU Gelegenheit zu geben, auf den Bus zuzugreifen, so dass auch sie effizient ausgelastet werden kann.

9.1.9 Pipeline

Befehlspipeline

Eine Pipeline ist ein Verfahren, mit dem periodisch ablaufende Vorgänge im Rechner durch einen erhöhten Hardwareaufwand beschleunigt werden können. Hier wird als Beispiel eine Befehlspipeline beschrieben. Mit jedem neuen Takt kommt ein neuer Befehl in die Pipeline und ein fertig ausgeführter Befehl verlässt die Pipeline. Die Pipeline enthält also immer eine Sequenz von mehreren aufeinanderfolgenden Befehlen des Programms, die von Takt zu Takt um eine Stufe weiterrücken. Als Beispiel sei angenommen, dass die Pipeline 4 Stufen hat, in denen der Reihe nach die folgenden 4 Operationen durchgeführt werden:

Operation Code Fetch	Laden des Operationscodes
Decode	Decodieren des Operationscodes
Load Operand	Laden des Operanden
Execute	Ausführen des Befehls

Abbildung 9.4
4-stufige Pipeline

Programmbeispiel

Der Vorteil dieser Vorgehensweise ist, dass in jedem Takt immer ein Befehl ausgeführt wird. Man hat also, vorausgesetzt die vier Zyklen sind gleich lang, die Geschwindigkeit vervierfacht. Die Funktion dieser Pipeline sei am untenstehenden Programmbeispiel demonstriert.

```
        MOVE  R2,R1    ;Register R1 nach R2
        ADD   R3,R4    ;R4 plus Akku nach R3
        SUB   R2,R1    ;R2 minus Akku nach R1
        BNZ   Marke    ;Sprung nach Marke, wenn
                       ;Akku gleich Null
        BEF1  X1       ;Befehl mit Operand X1
        BEF2  X2       ;Befehl mit Operand X2
        BEF3  X3       ;Befehl mit Operand X3
Marke   BEF4  X4       ;Befehl mit Operand X4
```

9.1 Grundsätzlicher Aufbau

Man erkennt in Abbildung 9.5, dass der Befehl MOVE in 4 aufeinanderfolgenden Takten bearbeitet wird. Zur Vermeidung von Konflikten im Takt 4, darf der folgende ADD-Befehl nicht auf das Register R2 zugreifen. Daher dürfen Befehle in der Regel nicht auf Registerinhalte zugreifen, die im vorhergehenden Befehl geändert wurden.

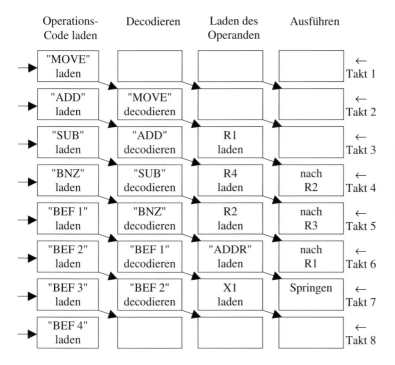

Abbildung 9.5 Ort-Zeitdiagramm zu obigem Programm-Beispiel

Nach dem bedingten Sprung BNZ ist die weitere Befehlsfolge nicht eindeutig bestimmbar. Die Pipeline muss, falls der Sprung erfolgt, wie es hier angenommen wurde, von den nicht benötigten Befehlen (BEF1, BEF2, BEF3) geleert werden, und der neue Befehle BEF4 geladen werden. Um diesen Effizienzverlust zu vermeiden, werden bei vielen Prozessoren verzögerte Sprünge (delayed branches) eingeführt. Sie bewirken, dass ein oder zwei Befehle, die auf den Sprung folgen, auf jeden Fall noch ausgeführt werden, bevor der Sprung erfolgt.

Verhalten bei Sprüngen

9.1.10 Architekturen

Die Rechnerarchitektur hat sich lange Zeit zu immer komfortableren Befehlssätzen hin entwickelt. Man nennt diese Architekturen, die meist über etwa 200 verschiedene Maschinenbefehle verfügen, *CISC-*

CSIC/RISC-Architekturen

Architekturen (Complex Instruction Set Computer). In den 70er Jahren wurde die *RISC-Architektur* (Reduced Instruction Set Computer) geschaffen, die von diesem Konzept abrückt. Man hatte festgestellt, das in den meisten Programmen nur ein geringer Teil der verfügbaren Maschinenbefehle verwendet wird. Man wählte daher die Strategie, nur einen kleinen aber vollständigen Befehlsvorrat zu implementieren. Es wurde aber Wert darauf gelegt, dass die meisten Befehle in einem Maschinenzyklus ausgeführt werden. In der letzten Zeit nähern sich die beiden Architekturen jedoch wieder aneinander an.

Weitere Literatur zum Thema Rechnerarchitektur: [9.2], [9.3], [9.9] und [9.15].

Tabelle 9.4 Gegenüberstellung CISC-RISC

Merkmal	CISC	RISC
Register	viele allgemeine, Hardware-Stack	viele Register
Datentypen	Integer: Bit, Byte, Halbwort, Wort. Fließkomma: Single, Double, Extended Precicion	wenige
Adressierungsarten	etwa 15 verschiedene	wenige
Anzahl Maschinen-befehle	200 Befehle, verschiedene Befehlsformate	wenige, Befehlsformat fest
Adressierbarkeit	viele Befehle mit direkter Adressierung des Hauptspeichers	Load und Store, sonst nur Register-Befehle
Befehls-Ausführungszeit	oft mehrere Zyklen	in einem Zyklus
Steuerwerk	mikroprogrammierbar	fest verdrahtet

9.2 CISC-Mikroprozessoren

9.2.1 Einleitung

CISC-Mikroprozessoren sind Mikroprozessoren mit einem breiten Einsatzgebiet. Sie werden hier am Beispiel des Intel 80386 vorgestellt. Ihre typischen Kennzeichen sind:

- Die Taktrate ist sehr hoch.
- Ein großer Speicherbereich kann adressiert werden.
- Es gibt viele und komplexe Maschinenbefehle.
- Die Maschinenbefehle sind durch Mikrocodierung definiert.
- Es sind viele Adressierungsarten verfügbar.

9.2.2 Aufbau des Intel 80386

Die Intel-Mikroprozessor-Familie hat sich aus dem 8-Bit-Prozessor 8086 entwickelt und wurde im 80186, 80286, 80386, 80486 [9.8], [9.11], [9.14] und dem Pentium [9.7] weiterentwickelt. Hier soll der 80386 exemplarisch beschrieben werden [9.1], [9.12]. Der 80386 hat als erster Intel-Prozessor 32Bit breite Daten- und Adressbusse. Er kann damit 4 GByte direkt adressieren. Der „Protected-Mode" ist so ausgelegt, dass mehrere Anwendungsprogramme (Tasks) quasi gleichzeitig ausgeführt werden können.

80x86-Familie

9.2.3 Architektur des 80386

Die Architektur des 80386 ist in Abbildung 9.6 dargestellt. Das Businterface steuert den Datentransfer über den 32Bit breiten Datenbus und den ebenso breiten Adressbus. Die über den Datenbus transportierten Befehle werden von der Prefetch-Einheit aufgenommen. Diese Einheit nutzt Zeiten, in der der Prozessor nicht auf den Bus zugreifen muss, um Befehle auf Vorrat einzulesen. Diese werden in der Prefetch-Queue gespeichert. Sie kann maximal 4 Befehle zu je 32 Bit Länge aufnehmen. Aus der Prefetch-Queue werden die Befehle in den Befehlsdecoder übernommen, in dem die Befehle in den Mikrocode übersetzt werden. Die decodierten Befehle werden im Befehlsspeicher, der 3 Befehle aufnehmen kann, zwischengespeichert.

In der Steuereinheit der Ausführungseinheit werden die Befehle in Steuerbefehle für die Register und die ALU umgesetzt. Der 80386 hat acht Register mit je 32Bit Breite. Die ALU hat ein 64Bit breites, kaskadiertes Schieberegister um auch Multiplikationen und Divisionen ausführen zu können. Die Adressberechnung geschieht in der Segment-Einheit und der Paging-Einheit. Die Adressberechnung wird durch die Schutzeinheit überwacht.

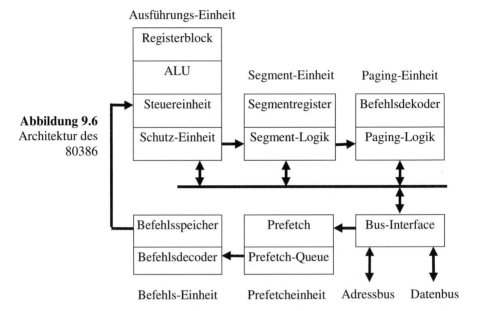

Abbildung 9.6 Architektur des 80386

9.2.4 Register

Der 80386 hat 8 allgemeine 32Bit-Register, EAX, EBX, ECX, EDX, EBP, ESI, EDI und ESP (Bild 9.7). Aus Gründen der Kompatibilität mit älteren Prozessoren sind alle Register auch als 16Bit-Register AX, BX, CX, DX, BP, SI, DI, SP ansprechbar und bei 4 Registern ist das obere und untere Byte getrennt mit AH, AL usw. adressierbar. Diese Register dienen hauptsächlich als Speicher für arithmetische und logische Operanden.

Beim 80386 werden Programme, Daten und der Stack in seperaten Segmenten gespeichert. Es gibt daher die 16Bit-langen Segmentregister, in denen die Informationen über die aktuellen Segmente gespeichert werden.

Zusätzlich gibt es die Steuerregister CR0, CR1, CR2 und CR3, die Speicherverwaltungsregister und die Debugregister.

Nicht gezeigt ist der 32Bit breite Befehlszähler (Instruction-Pointer) EIP. Er speichert den Offset im jeweils aktuellen Code-Segment.

9.2 CISC-Mikroprozessoren

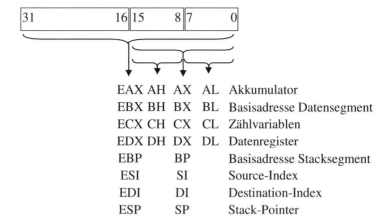

Abbildung 9.7
Struktur der allgemeinen Register

Abk.	Name
CS	Codesegment
DS	Datensegment
SS	Stacksegment
ES	Extrasegment
FS	Extrasegment
GS	Extrasegment

Tabelle 9.5
Segmentregister

Bit	Flag	Beschreibung
0	CF	Carry oder Borrow vom MSB
2	PF	Parity Bit, zeigt gerade Anzahl Einsen an
4	AF	Half Carry, Übertrag aus Bit 3
6	ZF	Zero-Flag, Akkumulator = 0
7	SF	Sign-Flag, Vorzeichen (1 = Negativ)
8	TF	Trap-Flag, zeigt Trap an
9	IF	Interrupt Enable, erlaubt Interrupts
10	DF	Direction-Flag, inkrementiert ESI und EDI
11	OF	Overflow, Überlauf Bit
12, 13	IOPL	Input/Output Privileg Level
14	NT	Nested Task Bit, für Unterbrechung von Tasks
16	RS	Resume Bit, unterbricht Fehlersuchoption
17	VM	aktiviert den Virtual-8086-Mode

Tabelle 9.6
Status Register
EFLAG

Statusregister EFLAG — Das *Statusregister EFLAG* enthält neben den Flags für Carry, Überlauf, Null, Negativ und Half Carry auch die Flags für die Kontrolle der Interrupts und für die Aktivierung des Virtual 8086 Modes, in dem der Prozessor die Funktion eines 8086 emuliert. Zusätzlich wird der augenblickliche Privileg Level in den Bits 12 und 13 gespeichert. Im Protected-Mode bilden sie die obere Grenze für die Zugriffsberechtigung von Ein und Ausgabebefehlen. Andernfalls wird eine Exception erzeugt.

9.2.5 Speicherorganisation

9.2.5.1 Segmentierung

Unterteilung des logischen Adressraums — Die Segmentierung dient der *Unterteilung des logischen Adressraums*. Daher wird ein Segment in der Regel ein Programm oder einen Datenbereich oder den Stack usw. umfassen. Entsprechend gibt es Code-Segmente, Stack-Segmente und Datensegmente. Die Segmente sind unterschiedlich groß, sie können unter Umständen auch den gesamten Adressraum von 4GByte umfassen. Eine Adresse wird durch die Angabe des Segments und durch einen Offset vom Beginn des Segmentes spezifiziert. Jeder Task hat eigene Segmente, z.B. ein Codesegment, ein Datensegment und ein Stacksegment, auf dass nur er zugreifen darf. Die Segmentierung ist daher eine wichtige Voraussetzung für die Multi-Task-Fähigkeit des 80386, da sie Schutzmechanismen erlaubt, die verbotene Zugriffe auf Daten anderer Tasks verhindern.

9.2.5.2 Betriebsarten

Der 80386 hat folgende Betriebsmodi:

Real Mode
1. Nach dem Einschalten des Prozessors beginnt er im *Real Mode* zu arbeiten. In diesem Zustand emuliert der 80386 einen 8086-Prozessor, so dass ältere Software damit bearbeitet werden kann. Der Real-Mode dient der Vorbereitung auf den Protected Mode. Dieser kann eingeschaltet werden, indem das PE-Bit im Register CRO gesetzt wird.

Protected-Mode
2. Im *Protected-Mode* wird die unten beschriebene virtuelle Speicheradressierung verwendet. Der Programmierer kann das Paging verwenden. Der Prozessor kann auch im Multi-Tasking-Betrieb arbeiten, wobei ein Schutz der Speicherbereiche der einzelnen Tasks untereinander gewährleistet ist. Im Protected-Mode kann durch das Setzen des Flags VM im Register EFLAG der Virtual 8086-Mode aufgerufen werden. In dieser Betriebsart emuliert der 80386 einen 8086-Prozessor.

9.2 CISC-Mikroprozessoren

9.2.5.3 Virtuelle Adressierung

Im Protected-Mode, der hier allein dargestellt wird, werden die Inhalte der Segmentregister als Segment-Selektoren (Bild 9.8) interpretiert.

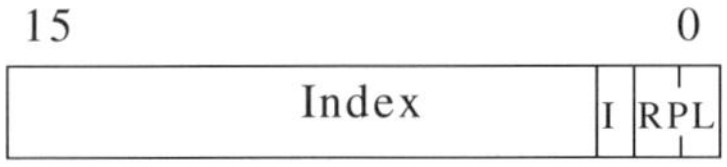

```
 15                            0
┌──────────────────┬──┬────┐
│      Index       │ I│RPL │
└──────────────────┴──┴────┘
```

Abbildung 9.8
Segment-Selektor

Die Bits 0 und 1 enthalten den *Requestor's Privilege Level RPL*. Der RPL gibt an, ab welcher Privilegierungsstufe ein Programm auf das Segment zugreifen kann. Die Priviligierungsstufe CPL eines Programms ist identisch dem RPL-Wert aus dessen Code-Segment. Es gibt 4 Privileg-Stufen nach folgender Tabelle, wobei eine höhere Priviligierungsstufe durch einen niedrigeren Wert ausgedrückt wird.

Requestor's Privilege Level RPL

Anwendung	Privileg-Stufe
Betriebssystem-Kern	0
Alle anderen Betriebssysteme	1
Betriebssystem-Erweiterungen	2
Anwenderprogramme	3

Tabelle 9.7
Privileg-Stufen

Damit wird z.B. der Schutz des Betriebssystem-Kerns vor unerlaubten Zugriffen möglich. Ausnahmen in genau definierten Fällen sind über „Gates" möglich. Das Bit 2, hier mit I bezeichnet, ist der *Table-Indicator*. Wenn er gleich 1 ist, werden globale Adressen, wenn er gleich 0 ist, werden lokale Adressen verwendet. Lokale Adressen sind für die Benutzung innerhalb der im Moment aktiven Task reserviert, globale können von allen Tasks verwendet werden.

Table-Indicator

Mit dem *Index*, der in den Bits 3-15 des Segment-Selektors steht, werden bis zu 2^{13} verschiedene Segmente im lokalen sowie 2^{13} verschiedene Segmente im globalen Adressraum ausgewählt. Zum Index wird noch eine Basisadresse addiert, die in den Registern GDTR für den globalen und LDTR für den lokalen Adressraum steht.

Index

Zu jedem Segment gehört ein *Segment-Descriptor* (Bild 9.9), in dem dessen Größe, Position im Speicher und Typ beschrieben wird. Die Segment-Deskriptoren werden in Tabellen gespeichert. Man unterscheidet die lokale und die globale Segment-Descriptor-Tabelle.

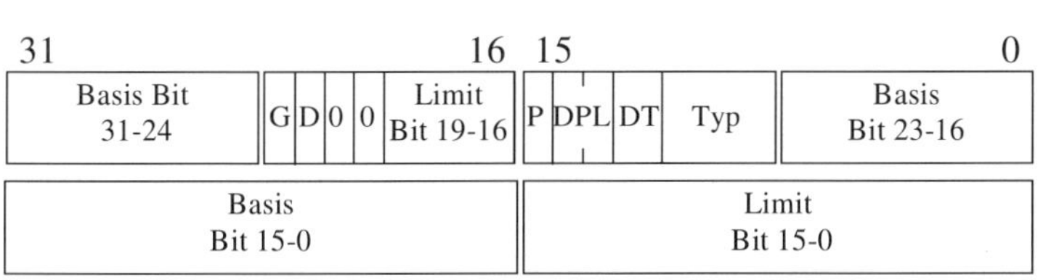

Segment-Descriptor

```
 31                        16 15                        0
┌─────────┬────┬──┬───────┬──┬───┬──┬────┬────────────┐
│Basis Bit│G D │00│ Limit │P │DPL│DT│ Typ│  Basis     │
│  31-24  │    │  │Bit    │  │   │  │    │  Bit 23-16 │
│         │    │  │19-16  │  │   │  │    │            │
├─────────┴────┴──┴───────┼──┴───┴──┴────┴────────────┤
│         Basis           │           Limit           │
│        Bit 15-0         │          Bit 15-0         │
└─────────────────────────┴───────────────────────────┘
```

Abbildung 9.9
Segment-Deskriptor

Im Segment-Descriptor ist die 32 Bit-lange Basisadresse des Segments festgehalten. Die Länge (das Limit) des Segments ist durch den 20-Bit-Inhalt des Segment-Descriptors gegeben, wenn das Granularity-Bit G = 0 ist. Ein Segment ist dann maximal 1MByte lang. Für G =1 wird das Limit aus dem Produkt des 20-Bit-Limits und 2^{12} gebildet. Dann wird also die *Granularität* der Segmente eine Seite (Page) von 4k. Es sind dann insgesamt 4GByte adressierbar. Durch die Angabe eines Limits wird es für die Schutzeinheit möglich festzustellen, ob eine Adresse im Segment liegt. Ein Zugriff auf eine Adresse außerhalb des Limits ist nicht erlaubt, er führt zu einer Ausnahme (Exception).

Granularität

Das Feld DT und die daneben liegenden 4 Typbits bestimmen die Art des Segments:

Applikationssegment

1. DT =1. Es handelt sich um ein *Applikationssegment*, in dem Programmcode oder Programmdaten gespeichert werden Das Typfeld enthält das EXE-Bit, welches zwischen ausführbaren Programmen und nicht ausführbaren Datensegmenten unterscheidet. Mit Hilfe der Typbits wird festgelegt, ob aus dem Segment nur gelesen werden kann, oder ob auch ein Überschreiben möglich ist. Damit ist ein Schutz von Programmen gegen versehentliches Überschreiben möglich.

Systemsegment

2. DT=0. Es handelt sich um ein *Systemsegment* oder ein Gate. Diese Segmente werden zum Management von „parallel ablaufenden" Tasks und für die Speicherverwaltung eingesetzt. Man unterscheidet zwischen Task-State-Segment (TSS), lokaler Deskriptortabelle (LDT) und Gate.

9.2.6 Task-Management

Task-Gate-Deskriptor, Task-State-Segment (TSS)

Der Aufruf einer neuen Task geschieht über einen *Task-Gate-Deskriptor*, der auf ein *Task-State-Segment (TSS)* (Bild 9.10) verweist. Der Programmierer kann durch die Verwendung der Task-Gate-Deskriptoren verschiedene Tasks aufrufen und durch die Verwendung eines Timers den Eindruck einer parallelen Abarbeitung erwecken. Die zur Ausführung einer Task erforderliche Information befindet sich im (TSS), so dass diese auch nach einer Unterbrechung der Task wieder zur Verfügung stehen. Das TSS enthält den Selektor für die lokale Deskriptortabelle LDT. Die Selektoren für die Segmentregister CS, DS, FS, GS, und SS werden beim Aktivieren der Task in die Segmentregister geladen. Ebenso wird der Instruction Pointer EIP und das Flagregister EFLAG und die allgemeinen Register gerettet. Das Retten geschieht automatisch beim Task-Wechsel.

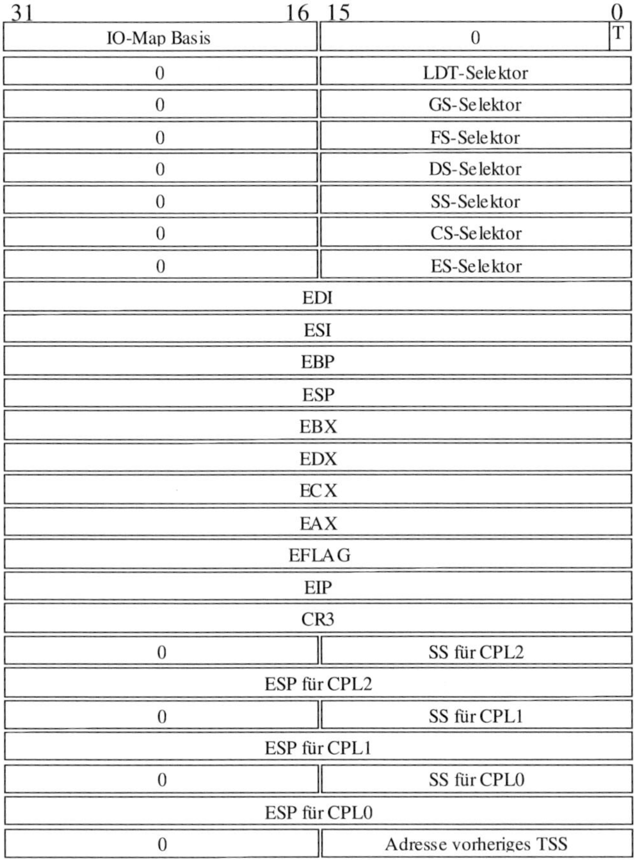

9.2 CISC-Mikroprozessoren

31	16	15	0
IO-Map Basis		0	T
0		LDT-Selektor	
0		GS-Selektor	
0		FS-Selektor	
0		DS-Selektor	
0		SS-Selektor	
0		CS-Selektor	
0		ES-Selektor	
EDI			
ESI			
EBP			
ESP			
EBX			
EDX			
ECX			
EAX			
EFLAG			
EIP			
CR3			
0		SS für CPL2	
ESP für CPL2			
0		SS für CPL1	
ESP für CPL1			
0		SS für CPL0	
ESP für CPL0			
0		Adresse vorheriges TSS	

Abbildung 9.10 Task-State-Segment (TSS)

9.2.7 Paging

Der 80386 bietet dem Benutzer einen sogenannten *virtuellen Speicher* von 64TBytes. Der Rechner kann aber nur 4GBytes direkt adressieren. Daher muss der Arbeitsspeicher, der in der Regel auch wesentlich kleiner ist als 4GBytes, durch einen Massenspeicher mit sehr großer Kapazität im Hintergrund ergänzt werden. Dazu wird der Speicherplatz in Seiten (Pages) mit einer festen Größe von typisch 4kBytes aufgeteilt. Die Paging-Einheit des 80386 hat die Aufgabe, im Arbeitsspeicher diejenigen Seiten oder Pages zur Verfügung zu stellen, die im Moment benötigt werden. Dazu wird bei jedem Speicherbefehl geprüft, ob die jeweilige Seite im Arbeitsspeicher vorhanden ist. Sie wird gegebenenfalls aus dem Massenspeicher nachgeladen. Das Paging-Verfahren steht nur im Protected-Mode zur Verfügung. Es ist optional und wird, für den Benutzer unsichtbar, durch die Paging-Einheit durchgeführt.

Virtueller Speicher

9.2.8 Berechnung der Adressen

Effektive Adresse, lineare Adresse

Die Adressen werden nach den folgenden Formeln berechnet:

Effektive Adresse = Basis + Displacement + Index × Skalierung

Lineare Adresse = Segment-Basis-Adresse + Effektive Adresse

Basis und Index werden aus dem Basisregister und dem Indexregister genommen. Als Basis- und Indexregister können einige der allgemeinen Register des Prozessors verwendet werden. Das Displacement steht im Befehl. Die Skalierung wird dem verwendeten Datentyp entsprechend aus Tabelle 9.8 entnommen:

Tabelle 9.8 Skalierung

Typ	Skalierung
Byte	1
Wort	2
Doppelwort	4
Quadwort	8

9.2.9 Adressierungsarten

Der 80386 verwendet die folgenden Adressierungsarten:

Register

Die Operanden stehen in einem der allgemeinen Register des Prozessors. Bsp: MOV ECX,EDX = in das Register ECX wird der Inhalt von EDX geladen.

Immediate

Die Operanden, die im Befehl selbst enthalten sind, können 32Bit, 16Bit oder 8Bit lang sein. Bsp.: MOV EBX,3F3CH = in das Register EBX wird die Konstante 3F3C geladen.

Direkt

Für diese Adressierung wird die effektive Adresse verwendet. Sie enthält die Elemente Displacement, Basisadresse, Index und Skalierungsfaktor. Bsp.: MOV EDX, [EBX+ESI×4+0FFh] = die effektive Adresse wird mit einem festen Displacement von 00FF gebildet, der Index steht im Register ESI, die Basis im Register EBX, der Skalierungsfaktor ist 4. Mit dieser Adressierungsart können sehr effektiv Felder angesprochen werden. Es müssen nicht notwendigerweise alle angesprochenen Elemente wie Displacement, Basis, Index und Skalie-

9.2.10 Interrupts

Der 80386 kennt neben den bei Mikroprozessoren üblichen *Hardware- und Software-Interrupts* noch die sogenannten *Exceptions* oder Ausnahmebedingungen. Software-Interrupts entstehen zum Beispiel durch den INT-Befehl. Es ist möglich, auf einen Interrupt aus der im Moment aktiven Task heraus die Interruptbehandlung durchzuführen oder aus einer anderen Task heraus.

<small>Hardware-, Software-Interrupts, Exceptions</small>

Der 80386 hat nicht maskierbare Interrupts (NMI) und maskierbare Interrupts INTR.

Die *maskierbaren Interrupts* sind zustandsgesteuert. Ein Interruptsignal muss mindestens 4 Taktperioden auf 1 liegen, damit es erkannt werden kann. Die Abfrage erfolgt immer am Ende eines Befehls. Mit Hilfe des Interrupt-Controllers 8259A können bis zu 8 Interrupt-Quellen an den 80386 angeschlossen werden. Wünscht man eine höhere Anzahl von Interruptanschlüssen, können mehrere 8259A-Bausteine kaskadiert werden. Wenn der 8259A einen Interrupt detektiert, gibt er ihn über die INTR-Leitung an den 80386 weiter. Während der Behandlung des Interrupts gibt der 8259 eine Interrupt-Vektor-Nummer im Bereich 32-255, die vom Programmierer festgelegt wurde, an den 80386 weiter.

<small>maskierbare Interrupts</small>

Die *nicht maskierbaren Interrupts* werden für essentielle Fehler (z.B. Hardware-Fehler) verwendet. Sie sind flankengetriggert, um eine sichere Auslösung zu garantieren.

<small>nicht maskierbare Interrupts</small>

Die *Interrupt-Deskriptor-Tabelle IDT* kann bis zu 256 Gate-Deskriptoren für die bis zu 256 zu unterscheidenden Interrupts enthalten. Das IDT-Register enthält die Basisadresse und das Limit der IDT. Verwendet man mehrere IDT, so kann man durch neues Initialisieren des IDT-Registers die jeweils aktuelle IDT aktivieren. Im Protected Mode enthält das IDT für jeden Interrupt einen Gate-Deskriptor. Als Gate-Deskriptoren sind Task-Gates, Interrupt-Gates und Trap-Gates möglich.

<small>Interrupt-Deskriptor-Tabelle IDT</small>

Wird ein *Task-Gate* aktiviert, so wird beim Interrupt ein Wechsel des Tasks ausgelöst. Das Task-Gate wählt in der GDT einen TSS-Deskriptor, der das Interrupt Task-Status-Segment (TSS) einer Interrupt-Task beschreibt. Durch den Wechsel der Task beim Interrupt wird der Kontext der zur Zeit des Interrupts aktuellen Task automatisch gerettet.

<small>Task-Gate</small>

Tabelle 9.9
Interrupts

Interrupt-Vektor	Fehlerursache
0	Divisionsfehler
1	Einzel-Schritt
2	NMI-Interrupt
3	Breakpoint
4	Overflow
5	Feldgrenze überschritten
6	Unerlaubter Operationscode
7	Koprozessor fehlt
8	Doppelfehler
9	Reserviert
10	Task-Status-Segment ungültig
11	Segment fehlt
12	Stack-Überlauf, Stack-Segment fehlt
13	Globale Schutzverletzung
14	Paging-Fehler
15	Reserviert
16	Koprozessorfehler
32-255	Für externe INTR-Interrupts

Interrupt-Gates und Trap-Gates

Interrupt-Gates und Trap-Gates bewirken dagegen keinen Task-Wechsel bei einem Interrupt. Beide Verfahren rufen eine sogenannte Interrupt-Prozedur auf. Sie rufen mit Hilfe eines Selektors einen Segmentdeskriptor auf und bestimmen durch Addition eines Offsets in diesem Segment den Beginn der auszuführenden Interrupt-Prozedur.

Exceptions

Exceptions werden in ihrer Behandlung unterschieden je nachdem, ob der Abbruch auf Grund eines Befehls auftrat, der wiederholbar ist oder nicht. Exceptions werden entweder bei Problemen bei der Befehlsausführung vom Prozessor ausgelöst oder sie werden vom Programmierer durch das Setzen von Breakpoints erzwungen. Es gibt folgende Exceptions:

1. Faults: Der Fehler trat während der Ausführung eines Befehls auf. Die Rücksprungadresse, die auf den Stack gerettet wurde, zeigt auf den entsprechenden Befehl, so dass er oder die gesamte Prozedur wiederholt werden kann.
2. Traps: Hier ist im Stack die Adresse zu finden, die als nächstes auszuführen gewesen wäre. Bei Sprüngen ist dies das Sprungziel. Eine Wiederholung ist nicht möglich.
3. Aborts: Es liegt ein irreparabler Fehler vor. Eine Wiederholung der Prozedur ist nicht möglich.

9.3 Mikrocontroller

Mikrocontroller werden bevorzugt für Steuerungsaufgaben eingesetzt. Sie werden hier am Beispiel des MC68HC11 von Motorola vorgestellt [9.5], [9.6], [9.10]. Die meisten Mikrocontroller sind durch die Integration der folgenden Komponenten auf einem Chip in der Lage diese Aufgaben ohne weitere Hardware auszuführen:

- Ein Timer erlaubt die Ausführung von zeitlich definierten Vorgängen.
- Mit einem Watchdog wird der korrekte Ablauf des Programmes sichergestellt.
- Parallele und serielle Schnittstellen dienen der Kommunikation mit Sensoren und Aktoren.
- In der Regel sind mehrere Interrupts für die Reaktion auf Ereignisse vorhanden.
- Oft werden AD- oder DA-Wandler auf dem Chip bereitgestellt.
- Mikrocontroller haben in der Regel flüchtige und nichtflüchtige Speicher auf dem Chip integriert.

9.3.1 Architektur des 68HC11

Die Architektur des 68HC11 (Bild 9.11) zeichnet sich insbesondere durch 5 Schnittstellen Port A bis Port E aus. Ein Teil der Pins sind wahlweise als Eingang oder Ausgang programmierbar.

Port A teilt seine Anschlüsse mit einem 8-Bit AD-Wandler. Die 6 Ausgänge von Port D werden gemeinsam mit zwei seriellen Schnittstellen genutzt, nämlich dem seriellen Peripherie-Interface (SPI) und dem SCI-System. Die Ports B und C verwenden beide die Leitungen STRA und STRB für einen Handshake-Betrieb, so dass sie als vollwertige parallele Schnittstellen verwendet werden können.

Auch die Ports B und C haben eine zweite Funktion. In der Betriebsart Extended kann ein externer Speicher an den Mikroprozessor angeschlossen werden. Dann gibt Port C die unteren 8 Bit des Daten- und Adressbusses aus, wobei die Handshake-Leitung STRA nun zum Adress-Strobe-Signal AS wird, welches anzeigt, dass Port C Adressen und nicht Daten enthält. Port B enthält das obere Adress-Byte. Damit sind 64kByte Speicherbereich adressierbar.

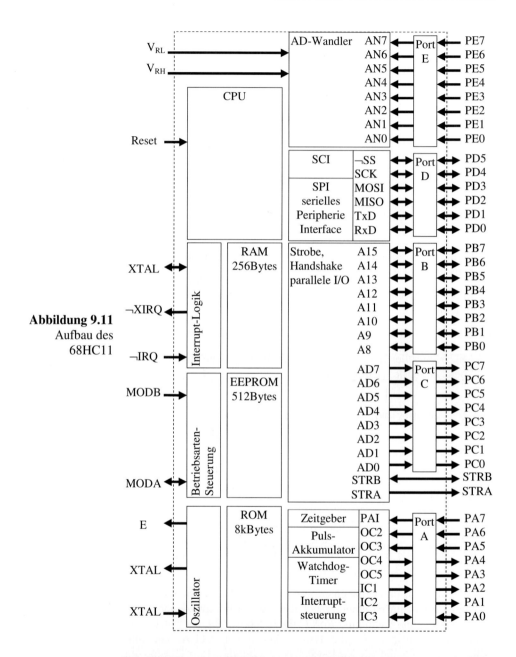

Abbildung 9.11 Aufbau des 68HC11

Der Speicher des 68HC11 ist in ein ROM, ein RAM und ein EEPROM aufgegliedert. Mit den Anschlüssen MODA und MODB kann die Betriebsart eingestellt werden.

9.3.2 Register

Die meisten arithmetischen Operationen werden mit Hilfe der beiden 8-Bit-Akkumulatoren A und B durchgeführt. Der Akkumulator D ist aus den Akkumulatoren A und B zusammengesetzt. Zur Unterstützung der indizierten Adressierung werden die beiden Indexregister X und Y verwendet. Der Befehlszähler und der Stackpointer haben jeweils eine Breite von 16Bit, so dass das Programm und der Stack im vollen Adressbereich liegen können.

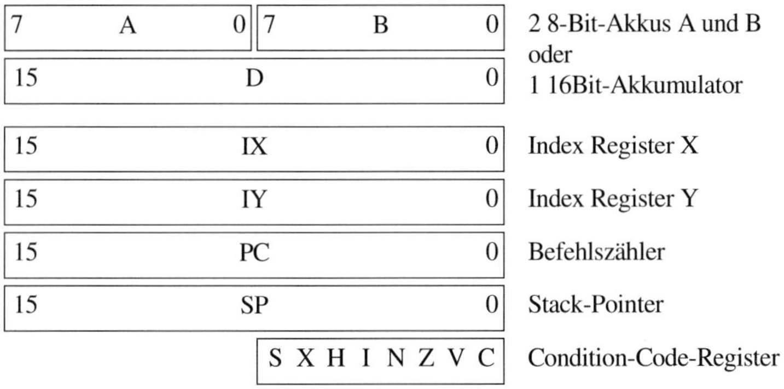

Akkumulatoren

7	A	0	7	B	0	2 8-Bit-Akkus A und B oder
15			D		0	1 16Bit-Akkumulator
15			IX		0	Index Register X
15			IY		0	Index Register Y
15			PC		0	Befehlszähler
15			SP		0	Stack-Pointer
			S X H I N Z V C			Condition-Code-Register

Abbildung 9.12 Struktur der Register

Flag	Beschreibung
C	Carry oder Borrow vom MSB
V	Overflow, Überlauf
Z	Zero, Akkumulator = 0
N	Negativ
I	I-Bit, maskierbare Interrupts sperren
H	Half Carry, Übertrag aus Bit 3
X	X-Bit, nicht maskierbaren Interrupt XIRQ sperren
S	Stop disable, Stop ausschalten

Tabelle 9.10 Condition-Code-Register

Das *Condition-Code-Register* (Tabelle 9.10) enthält die Flags für Carry, Überlauf, Null, Negativ und das Half Carry für die BCD-Arithmetik. Außerdem können mit dem Setzen der Bits I und X die maskierbaren und die nicht maskierbaren Interrupts gesperrt werden.

Condition-Code-Register

Die nicht maskierbaren Interrupts werden aber nur ein einziges Mal nach einem Reset gesperrt. Wird dann das Bit X gelöscht, kann es nicht wieder gesetzt werden.

9.3.3 Betriebsarten

Bild 9.13 zeigt die Anordnungen von RAM, ROM und EEPROM des 68HC11 bei den verschiedenen Betriebsarten. Zusätzlich ist der Register-Block eingezeichnet, der standardmäßig ab der Adresse 1000H die 64 Register enthält, mit denen die Ports, der Timer, die Taktüberwachung, der Watchdog usw. konfiguriert werden. Mit den Leitungen MODA und MODB kann die Betriebsart des 68HC11 eingestellt werden:

Single Chip
: MODA = 0, MODB =1: Diese Betriebsart heißt Mode 0 oder *Single Chip*. Anwenderprogramm und Interrupt-Vektoren liegen im internen ROM des Mikrocontrollers.

Expanded Multiplexed
: MODA = 1, MODB = 1: Mode 1 oder *Expanded Multiplexed*. Bei dieser Betriebsart wird an den Ports B und C der externe Speicher angeschlossen. Mit dem Bit ROMON im Register CONFIG wird das interne ROM aktiviert.

Special Bootstrap
: MODA = 0, MODB = 0: Mode 0 oder *Special Bootstrap*. Bei dieser Betriebsart wird ein Bootprogramm gestartet, welches ab dem Speicherplatz BF40H im Speicher steht. Mit Hilfe dieses Programmes wird über die serielle Schnittstelle ein vom Anwender erstelltes Programm in das RAM geladen. Die Interrupt-Vektoren liegen bei dieser Betriebsart im RAM.

Tabelle 9.11 Belegung der Register CONFIG und INIT

Name	Bit7	Bit6	Bit5	Bit4	Bit3	Bit2	Bit1	Bit0
CONFIG	0	0	0	0	NOSEC	NOCOP	ROMON	EEON
INIT	RAM3	RAM2	RAM1	RAM0	REG3	REG2	REG1	REG0

Register CONFIG und INIT
: Mit dem Bit NOSEC können die Betriebsarten auf Special Bootstrap und Single Chip eingeschränkt werden. Mit NOCOP kann die interne Taktüberwachung ausgeschaltet werden.

Das interne EEPROM kann mit EEON eingeschaltet werden. Das INIT-Register bietet die Möglichkeit die Default-Konfiguration (RAM ab 0000H und Register ab 1000H) zu verändern, indem die Bits RAM3 bis RAM0 und REG3 bis REG0 gesetzt werden. Ihr Inhalt, multipliziert mit 1000H, bildet den neuen Anfang des jeweiligen Bereichs. Dies ist sinnvoll, da der 68HC11 eine vereinfachte Adressierung für Adressen kleiner 0100H bietet. Daher wird man, falls man oft auf Ports zugreift, deren Adressen im Registerblock liegen, diesen in den Speicherbereich ab 0000H schieben.

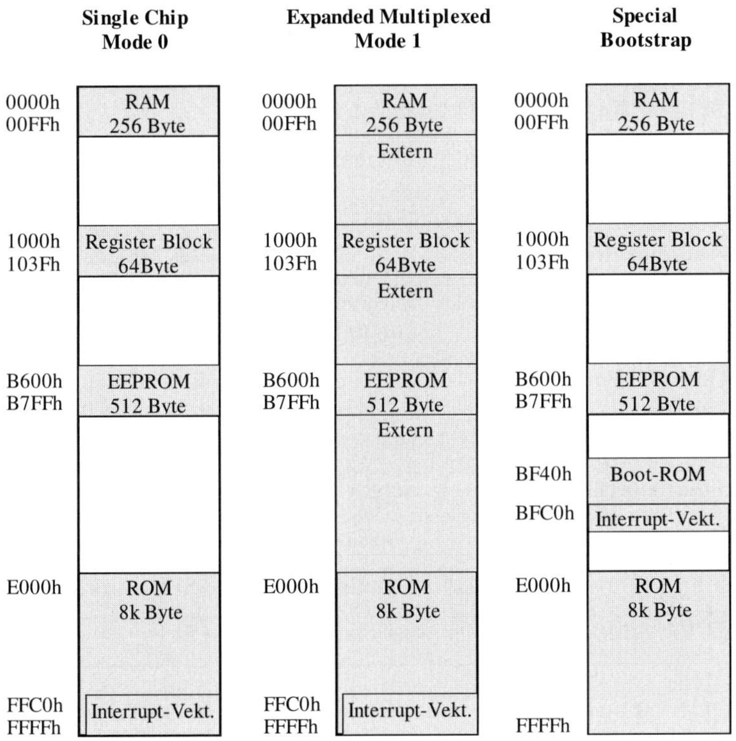

9.3 Mikrocontroller

	Single Chip Mode 0	Expanded Multiplexed Mode 1	Special Bootstrap
0000h – 00FFh	RAM 256 Byte	RAM 256 Byte / Extern	RAM 256 Byte
1000h – 103Fh	Register Block 64 Byte	Register Block 64 Byte / Extern	Register Block 64 Byte
B600h – B7FFh	EEPROM 512 Byte	EEPROM 512 Byte / Extern	EEPROM 512 Byte
BF40h			Boot-ROM
BFC0h			Interrupt-Vekt.
E000h	ROM 8k Byte	ROM 8k Byte	ROM 8k Byte
FFC0h – FFFFh	Interrupt-Vekt.	Interrupt-Vekt.	

Abbildung 9.13
Speicher in den verschiedenen Betriebsarten

9.3.4 Interrupts

Der 68HC11 besitzt zwei Gruppen von Interrupts. Die nicht maskierbaren Interrupts sind in Tabelle 9.12 aufgelistet. Sie haben eine feste Priorität.

Interrupt	Prio	Beschreibung
RESET	1	Externer Reset
CMR	2	Interrupt der Taktüberwachung
COP	3	Interrupt des Watchdogs
XIRQ	4	Externer Interrupt an XIRQ
ILLEGAL OPCODE	5	Zeigt illegalen Operationscode an
SWI	6	Software Interrupt mit d. Befehl SWI

Tabelle 9.12
Nicht maskierbare Interrupts

Die mit dem X-Bit im Condition-Code Register maskierbaren Interrupts haben defaultmäßig die in Tabelle 9.13 angegebene Priorität. Die Priorität kann aber über die Bits PSEL3, PSEL2, PSEL1 und PSEL0 im Register HPRIO verändert werden.

Tabelle 9.13 Maskierbare Interrupts

Interrupt	Prio	Beschreibung
IRQ	7	Externer Interrupt an IRQ
Real Time Interrupt	8	Real-Time Interrupt des Timers
Input Capture 1 bis 3	9-11	Interrupt, wenn Inhalt der Input Capture Register gleich Zähler TCNT ist
Output Capture 1 bis 5	12-16	Interrupt, wenn Inhalt der Output Capture Register gleich Zähler TCNT ist
Timer Überlauf	17	Zeigt Überlauf des Zählers TCNT an
Puls-Akkumulator	18	Überlauf des Puls-Akkumulators
SPI	19	Serielle Schnittstelle SPI
SCI	21	Serielle Schnittstelle SCI

9.3.5 Timer

Funktionsmöglichkeiten des Timers

Der 68HC11 ist mit einem Timer ausgestattet, der es erlaubt, Ereignisse zu zählen, Zeitperioden zu messen und Funktionsverläufe zu erzeugen. Der Timer beruht auf einem 16Bit-Zähler TCNT. Er beginnt nach einem Reset bei 0000 zu zählen. Ein Überlauf dieses Zählers wird mit dem Flag TOF im Register TFLG2 angezeigt. Dieses Flag bleibt stehen, bis es vom Programm wieder gelöscht wird. Ist das Bit TOI im Register MSK2 gleich 1, wird der entsprechende Interrupt beim Überlauf des Zählers ausgelöst. Soll der Zähler in Zusammenhang mit einer festen Periode betrieben werden, so kann das Real-Time-Interrupt-Flag RTIF verwendet werden. Wenn das entsprechende Maskenbit RTII gesetzt ist, wird der Real-Time-Interrupt periodisch ausgelöst. Die Zeitbasis wird mit Hilfe der Bits PR1 und PR0 eingestellt. Ein Vorteiler, programmierbar durch PR1 und PR0, ist dem Zähler TCNT vorgeschaltet.

Input Capture-Register

Für die Dokumentation externer Ereignisse werden die *Input Capture-Register* TIC1, TIC2 und TIC3 verwendet, die den Eingängen PA2, PA1, PA0 zugeordnet sind. Wenn ein Ereignis an diesen Eingängen auftritt, wird der augenblickliche Zählerstand von TCNT in das entsprechende Input Capture-Register kopiert und das Flag ICxF gesetzt. Der entsprechende Interrupt wird ausgelöst, wenn das Maskenbit ICxI gleich 1 ist. Die Art des Ereignisses, welches detektiert wird (z.B.

9.3 Mikrocontroller

ansteigende Flanke), wird durch die Bits EDGxA und EDGxB im Register TCTL2 festgelegt.

Die 5 *Output-Compare-Register* TOC2 bis TOC5 werden verwendet, um Ausgangssignale an den Ausgängen PA6 bis PA3 zu erzeugen. Wenn der Inhalt eines Output-Compare-Regiters gleich dem Zählerstand von TCNT ist, wird abhängig von OCxI ein Interrupt ausgelöst, das Flag OCxF gesetzt und ein Ereignis an dem entsprechenden Ausgang ausgelöst. Die Art des Ereignisses (z.B. Polarität ändern) wird durch die Bits OMx und OLx im Register TCTL1 definiert. Das Output-Compare-Register TOC1 kann die Ausgänge PA7 bis PA3 gleichzeitig manipulieren.

Output-Compare-Register

Zusätzlich hat der 68HC11 einen 8-Bit-Zähler, den *Puls-Akkumulator*, der als Ereigniszähler oder Zeitmesser verwendet werden kann. Dafür wird der Eingang PA7 verwendet.

Puls-Akkumulator

Name	Adr (hex)		Flag	Interrupt Maske	Reaktion auf Eingangsflanke	Def. Ausgangssignal
TCNT	100E	100F	TOF RTII	TOI RTIF	-	-
TIC1	1010	1011	IC1F	IC1I	EDG1B, EDG1A	-
TIC2	1012	1013	IC2F	IC2I	EDG2B, EDG2A	-
TIC3	1014	1015	IC3F	IC3I	EDG2B, EDG2A	-
TOC1	1016	1017	OC1F	OC1I	-	OC1M, OC1D
TOC2	1018	1019	OC2F	OC2I	-	OM2,OL2
TOC3	101A	101B	OC3F	OC3I	-	OM3,OL3
TOC4	101C	101D	OC4F	OC4I	-	OM4,OL4
TOC5	101E	101F	OC5F	OC5I	-	OM5,OL5

Tabelle 9.14 Inhalt der Register für den Timer

Name	Adr (hex)	Bit7	Bit 6	Bit 5	Bit 4	Bit 3	Bit 0-2
OC1M	100C	OC1M7	OC1M6	OC1M5	OC1M4	OC1M3	0
OC1D	100D	OC1D7	OC1D6	OC1D5	OC1D4	OC1D3	0

Tabelle 9.15 Inhalt der Register OC1M und OC1D

Tabelle 9.16 Inhalt verschiedener Register

Reg.	Bit7	Bit6	Bit5	Bit4	Bit3	Bit2	Bit1	Bit0
TCTL1	OM2	OL2	OM3	OL3	OM4	OL4	OM5	OL5
TCTL2	0	0	EDG1B	EDG1A	EDG2B	EDG2A	EDG3B	EDG3A
TMSK1	OC1I	OC2I	OC3I	OC4I	OC5I	IC1I	IC2I	IC3I
TFLG1	OC1F	OC2F	OC3F	OC4F	OC5F	IC1F	IC2F	IC3F
TMSK2	TOI	RTII	PAOVI	PAII	0	0	RP1	PR0
TFLG2	TOF	RTIF	PAOVF	PAIF	0	0	0	0
PACTL	DDRA7	PAEN	PAMOD	PEDGE	-	-	RTR1	RTR0

9.3.6 Parallele Schnittstellen

Für die Kommunikation mit anderen Geräten sind 5 parallele Ports Port A bis Port E vorhanden, die verschiedenartig konfiguriert werden können. Die Ports benutzen Anschlüsse des 68HC11, die alternativ auch für den Timer, für den AD-Wandler oder als Adress- und Datenleitungen für den externen Speicher vorgesehen sind. Die Sende- und Empfangsregister der Ports heißen PORTA, PORTB usw. Gemäß Bild 9.11 können einige Pins als *Ein-* oder *Ausgänge* programmiert werden. Das geschieht für die Ports C und D, deren jeweils 8 Datenleitungen alle bidirektional verwendet werden können, mit Hilfe der 8 Bits der Register DDRC bzw. DDRD. In Port A kann nur die Richtung der Leitung 7 mit Bit DDRA im Register PACTL umgeschaltet werden. Eine 0 bedeutet jeweils, dass die entsprechende Leitung als Eingang geschaltet ist.

Programmierung als Ein- und Ausgang

Die Ports B und C können zusammen mit den Leitungen STRA und STRB einen *Handshake*-Betrieb durchführen. Die Funktion des Handshakes wird mit den Bits im Register PIOC definiert. Es wird zwischen Input-Handshake, Output-Handshake und Simple Strobed Handshake unterschieden. STRB dient als Signalisierung für Empfangsbereitschaft (Verwendung als Input) oder als Signal für gültige Daten am Ausgang (Verwendung als Output). An STRA wird eine Quittung der Gegenstation erwartet, wenn gültige Daten auf der Leitung liegen (Verwendung als Input) oder wenn die Gegenstation die Daten erhalten hat (Verwendung als Output). Jede aktive Flanke von STRA setzt das Bit STAF im Register PIOC. Wenn dann zusätzlich ein Interrupt ausgelöst werden soll, muss das Bit STAI in diesem Register vorher auf 1 gesetzt werden.

Handshake

9.3.7 Serielle Schnittstellen

Der 68HC11 ist auch mit einer seriellen Schnittstelle ausgestattet. Sie kann so konfiguriert werden, dass sie der *RS232*-Norm entspricht. Sie arbeitet mit den Leitungen Bit 0 und Bit 1 von Port D, die nun die Funktionen der Empfangsleitung RxD bzw. Sendeleitung TxD übernehmen. Die empfangenen Daten können aus dem Register SCDR gelesen werden, die gesendeten Daten werden in das gleiche Register geschrieben. — RS232-Schnittstelle

Die Ports werden durch das Setzen der Bits TE (Sendeleitung) und RE (Empfangsleitung) im Register SCCR2 aktiviert. Die Übertragungsgeschwindigkeit wird durch die Bits SCR0, SCR1, SCR2, SCP0 und SCP1 im Register BAUD eingestellt. Wenn diese Bits gleich 1 sind bewirken sie Teiler durch 2, 4, 16, 3 und 4, außer wenn SCP0 und SCP1 beide gleich 1 sind wird nicht durch 12 sondern durch 13 geteilt. Die Baudrate ergibt sich aus dem Produkt von Quarzfrequenz mal 0,015625 geteilt durch das Produkt der eingestellten Teiler. Durch das Register SCCR2 wird mit den Bits TIE, TCIE, RIE und ILIE definiert, ob ein Interrupt durch ein empfangenes oder ein gesendetes Byte ausgelöst wird. Alternativ kann ein Programm auch die Flags TDRE und RDRF abfragen, mit denen signalisiert wird, ob ein Byte gesendet oder empfangen wurde. NF und FE zeigen Fehler an. — Konfigurierung

Name	Bit 7	Bit 6	Bit 5	Bit 4	Bit 3	Bit 2	Bit 1	Bit 0
BAUD	-	0	CSP1	SCP0	-	SCR2	SCR1	SCR0
SCCR2	TIE	TCIE	RIE	ILIE	TE	RE	RWU	SBK
SCSR	TDRE	TC	RDRF	IDLE	OR	NF	FE	0

Tabelle 9.17 Inhalt der Register für die serielle Schnittstelle

9.3.8 AD-Wandler

Ein integrierter AD-Wandler mit 8 Kanälen und einer Auflösung von 8Bit ist an den Eingängen PE0 bis PE7 vorhanden. Für die Funktion des Wandlers ist es wichtig, dass die Taktrate größer als 1MHz ist. Ansonsten muss ein interner zusätzlicher Taktgenerator genutzt werden, der mit CSEL=1 im Register OPTION aktiviert wird. Wenn CCF im Register ADCTL gleich 1 ist, ist die Umsetzung beendet und alle 4 Ergebnisregister ADR1 bis ADR4 enthalten das gewandelte Eingangssignal.

Ein-Kanal-Operation (MULT=0)

Mit SCAN =1 wird eine Betriebsweise gewählt, bei der ein ausgewählter Kanal viermal nacheinander gemessen wird. Die Ergebnisse werden der Reihe nach in ADR1 bis ADR4 gespeichert. Dann wird die Wandlung beendet, bis ein neues Kommando in das Register ADCTL geschrieben wird. Für SCAN gleich 1 werden nach der 4. Wandlung die alten Ergebnisse überschrieben. Der Eingangskanal PEx wird mit dem Dezimaläquivalent an den Bits CD,CC,CB,CA ausgewählt.

Mehr-Kanal-Operation (MULT=1)

In die Register ADR1 bis ADR4 werden bei CD=0, CC=0 die gewandelten Signale von den Pins PE0 bis PE3, bei CD=0, CC=1 die gewandelten Signale von den Pins PE4 bis PE7 eingetragen. Die Bits CB und CA haben keine Bedeutung.

Tabelle 9.18 Inhalt der Register für den AD-Wandler

Name	Bit 7	Bit 6	Bit 5	Bit 4	Bit 3	Bit 2	Bit 1	Bit 0
ADCTL	CCF	0	SCAN	MULT	CD	CC	CB	CA
OPTION	ADPU	CSEL	IRQE	DLY	CME	0	CR1	CR0

9.3.9 Adressierungsarten

Der 68HC11 kennt die unten angegebenen Adressierungsarten. Die aufgeführten Formate für die Befehle gelten nicht für alle Fälle. Insbesondere wird, wenn das Indexregister Y involviert ist, ein zusätzliches Befehls-Byte benötigt.

Inherent

Der Befehlscode enthält die benötigten Register implizit. Bsp: SEC = setze Carry-Bit im Condition Code Register.

Abbildung 9.14 Befehlsformat Inherent

Befehlscode

Immediate

Dies sind 2 oder 3Byte-Befehle, die als Operanden die zu verarbeitende Zahl selbst enthalten, wie zum Beispiel LDAA #56H = Lade Akkumulator A mit der hexadezimalen Konstante 56.

Abbildung 9.15 Befehlsformat Immediate

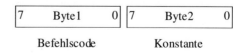

Befehlscode Konstante

Extended

Die 16Bit-Adresse ist der Operand bei dieser Adressierungsart. Bsp: STAA 1200H = der Inhalt des Akkumulators A wird in die Speicherstelle mit der Adresse 1200H geschrieben.

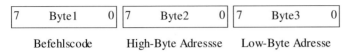

Abbildung 9.16
Befehlsformat
Extended

Direct

Dies ist eine vereinfachte Adressierungsart im Speicherbereich 0000H bis 00FFH. Da das High-Byte der Adresse immer 00H ist, muss nur das Low-Byte angegeben werden und der Befehl kann um 1 Byte kürzer sein als bei der Adressierung Extended. Bsp: STAA 50H = der Inhalt des Akkumulators A wird in die Speicherstelle mit der Adresse 50H geschrieben.

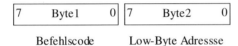

Abbildung 9.17
Befehlsformat
Direct

Indexed

Bei der indizierten Adressierung wird die Adresse aus der Summe einer Basis und dem Inhalt eines der 16Bit breiten Indexregister X oder Y bestimmt. Bsp.: STAA 1000H,Y = der Akkumulator A wird in den Speicherplatz mit der Adresse 1000H + Y abgespeichert.

Abbildung 9.18
Befehlsformat
Indexed

Relativ

Diese Adressierungsart wird nur für Sprünge verwendet. Der Operand gibt im Zweierkomplement an, wie der Sprung relativ zur aktuellen Adresse ausgeführt werden soll. Bsp.: BRA 03H = Sprung um 3 Bytes nach vorn.

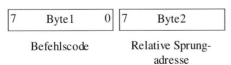

Abbildung 9.19
Befehlsformat
Relativ

9.3.10 Befehle

Transferbefehle Die *Transferbefehle* des 68HC11 sind für die Adressierung der Peripherie und für den Arbeitsspeicher gleich. Dadurch stehen eine Vielzahl von Befehlen für die Adressierung im Peripheriebereich zur Verfügung. Die Adressierungsart Direct kann für die Peripherie oder für das RAM verwendet werden, wenn diese mit Hilfe des Registers INIT in den Bereich 0000H bis 00FFH gelegt wurden.

Arithmetische Befehle Der 68HC11 verfügt über etwa 30 *arithmetische Befehle* für die Addition, Subtraktionen, Vergleich zweier Zahlen, Dekrementieren und Inkrementieren. Zusätzlich gibt es einen Befehl für die Multiplikation und zwei für die Division. Da diese Operationen durch Mikroprogrammierung mit Hilfe der ALU erzeugt werden, dauern sie relativ lange. Neben Befehlen für 8-Bit-Operationen gibt es auch Befehle für 16-Bit-Arithmetik.

Bit-Manipulation Wichtig für Steuerungs- und Regelungsaufgaben ist die *Manipulation einzelner Bits*. Der 68HC11 stellt hierfür Befehle für das Setzen, Rücksetzen und Testen einzelner Bits zur Verfügung.

Shiften Die Akkumulatoren A,B oder D sowie ein Speicherinhalt können durch Befehle arithmetisch *geshiftet* werden, was bedeutet, dass das MSB erhalten bleibt, um Zweierkomplementzahlen manipulieren zu können. Mit den gleichen Operanden kann auch eine Rotation unter Einbeziehung des Carrys im Condition-Code-Register durchgeführt werden. Die logischen Schiebebefehle schieben bei einem Rechtsshift von links her Nullen in das Register, das LSB kommt ins Carry-Bit. Bei einem Linksshift werden von rechts Nullen nachgeschoben, das höchstwertige Bit wird in das Carry-Bit übertragen.

Stack-Befehle und Index-Register-Befehle Eine Vielzahl von *Stack-Befehlen und Index-Register-Befehlen* erlauben es, die 16-Bit-Indexregister auf dem Stack zu abzulegen, die Akkumulatoren zu den Indexregistern zu addieren und Stackpointer sowie Indexregister zu dekrementieren und inkrementieren.

Condition-Code-Register Alle Bits des *Condition-Code-Registers* können durch den Transfer des Akkumulators A in das Condition-Code-Register verändert werden. Die Bits: Carry, Interrupt Mask Bit und Overflow Bit können durch spezielle Befehle gesetzt oder rückgesetzt werden.

Sprünge, Verzweigungen Verzweigungsbefehle werden immer relativ adressiert. Damit ist nur ein Bereich von −128 bis +127 möglich. Will man weiter nach Vorn oder nach Hinten springen, muss dies mit einem unbedingten Sprung realisiert werden. Für alle Verzweigungsbefehle existiert immer der Befehl mit der komplementären Bedingung. Mit Hilfe einer Maske im Befehl ist es möglich, die Bedingungen für einen Sprung auf einzelne Bits zu beziehen. Sprünge können auch mit der Adressierungsart Extended adressiert werden.

9.4 Signalprozessoren

9.4.1 Einleitung

Digitale Signalprozessoren (DSP) sind Mikroprozessoren, deren Architektur, Befehlssatz und Schnittstellen für den Einsatz in der digitalen Signalverarbeitung ausgelegt sind. Typische Kennzeichen derartiger Prozessoren sind:

- Hohe Taktrate
- Hoher Datendurchsatz durch Hardware-Parallelität
- Realisierung der meisten Operationen in einem Takt
- Multi-Busstruktur mit mehreren Daten-, Programm- und Adressbussen
- Schnellerer Speicherzugriff durch on-Chip-Speicher
- Mehrfacher Speicherzugriff in einem Prozessortakt
- Integrierte Schnittstellen auf dem Chip

Man unterscheidet insbesondere zwischen Festkomma- und Gleitkomma–Arithmetik. Einige typische *Einsatzgebiete* von digitalen Signalprozessoren sind: digitales Radio, GPS, digitale Filterung, Korrelation, Funktionsgeneratoren, Spektralanalyse mit der FFT und Festplattensteuerungen.

Einsatzgebiete

9.4.2 Architektur des TMS320C54x

Es soll im Folgenden beispielhaft der digitale Signal-Prozessor TMS320C54x der Firma Texas Instruments beschrieben werden [9.12], [9.13]. Er ist in CMOS–Technologie aufgebaut. Seine Taktrate beträgt 40 MHz. Durch eine 6-stufige Pipeline wurde erreicht, dass der DSP die meisten Befehle in einem Zyklus abarbeiten kann. Die Zeit für eine Festkomma-Prozessor-Operation ist daher in den meisten Fällen auf 25ns (ein Zyklus) begrenzt. Der DSP arbeitet mit einer Havard–Architektur (Bild 9.20). Dies bedeutet, dass Daten und Befehle über unterschiedliche Busse aus zwei Speichern, dem Daten- und dem Programmspeicher der CPU zugeführt werden. Dadurch kann eine wesentliche Beschleunigung der Befehlsausführung erreicht werden.

Abbildung 9.20 Harvard-Architektur

Eine Übersicht über die Architektur des TMS320C54x gibt Abbildung 9.21. Man erkennt, dass 8 Busse zur Verfügung stehen. Es ist gleichzeitig eine Multiplikation und eine Addition sowie eine Operation der Arithmetic Logic Unit (ALU) möglich.

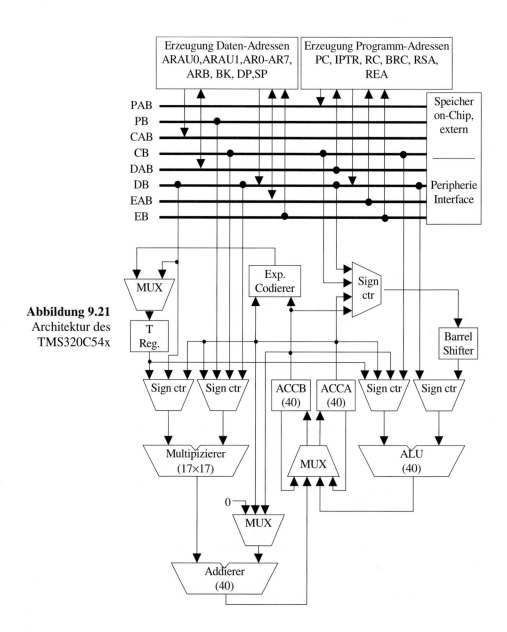

Abbildung 9.21 Architektur des TMS320C54x

9.4.2.1 Die Akkumulatoren A und B

Die Akkumulatoren haben eine Breite von 32 Bit zuzüglich 8 Guard-Bits, mit denen Überläufe in iterativen und akkumulierenden Berechnungen vermieden werden können.

Abbildung 9.22
Die Akkumulatoren A (oben) und B (unten)

Akkumulator A

| 39 | AG | 32 | 31 | AH | 16 | 15 | AL | 0 |

Akkumulator B

| 39 | BG | 32 | 31 | BH | 16 | 15 | BL | 0 |

Die Akkumulatoren können mit Shift abgespeichert werden. Mit dem Befehl STH (Store Akkumulator High) und einem Shift von 4Bit nach links wird bei A= 0FF 5678 1234h mit

`STH A,4,VAR`

Speichern mit Shift

die Variable VAR = 6781h abgespeichert. Ein negativer Shift ist auch möglich. Wenn ein Akkumulator-Inhalt in einen Speicher abgespeichert werden soll, wird, wenn das SST-Bit im PMST-Register = 1 ist, eine Sättigung durchgeführt. Nachdem der spezifizierte Shift erfolgt ist, wird für einen positiven Überlauf und SXM = 0 der Wert 7FFF FFFFh abgespeichert. Wenn SXM = 1 ist, wird 7FFF FFFFh oder 8000 0000h je nach Richtung des Überlaufs in den Speicher geschrieben. Der Akkumulator bleibt unverändert.

Shift und Sättigung

9.4.2.2 ALU

Die 40-Bit *ALU* kann die meisten Funktionen in einem Taktzyklus ausführen. Das Ergebnis wird in der Regel in einem der Akkumulatoren gespeichert. Es sind aber auch Speicher zu Speicher-Operationen möglich. In den einen Eingang der ALU wird entweder der Ausgang des *Barrelshifters* geladen oder ein Wert aus dem Speicher über den Bus DB (vergl. Bild 9.20). In den anderen Eingang kommt entweder einer der Akkumulator-Inhalte, ein Speicherinhalt über den Bus CB oder der Inhalt des T-Registers. Wenn ein Datum aus dem Speicher geladen wird (16Bit) so werden die höheren Bits bei SXM=0 mit Nullen geladen, sonst werden sie vorzeichenrichtig ergänzt. Bei einem *Überlauf* wird entsprechend dem OVM-Bit verfahren (vergl. Kap. 9.4.2.5) und das Overflow–Flag (OVA oder OVB) gesetzt.

ALU

Barrelshifter

Überlauf

9.4.2.3 Bus-Struktur

Der TMS320C54 besitzt acht globale Busse. Er hat 3 Datenbusse CB, DB, EB. Dazu gehören die drei Adressbusse CAB, DAB, EAB. Die Befehle, in manchen Fällen auch ein zweiter Datenstrom, werden der CPU über den Programmbus PB geliefert. Die Programm-Adressen werden über den Programm-Adressbus PAB transportiert.

- Der Programmbus (PB) holt den Befehlscode und Operanden bei der Immediate Adressierung vom Programmspeicher.

- Drei Datenbusse (CB, DB und EB) sind mit der Daten-Adress-Erzeugung der On-Chip Peripherie und dem Datenspeicher verbunden. Die Busse CB und DB befördern Operanden, die aus dem Datenspeicher gelesen wurden. Der Bus EB befördert die Daten, die in den Speicher geschrieben werden sollen.

- Vier Adressbusse (PAB, CAB, DAB und EAB) befördern Adressen, die zum Ausführen der Befehle benötigt werden.

Auxiliary Register, Arithmetic Units

Die beiden *Auxiliary Register* mit den *Arithmetic Units* (ARAU0 und ARAU1) können bis zu zwei Daten-Speicher-Adressen (Data Memory Addresses) pro Zyklus erzeugen.

Der Datenbus PB ist in der Lage, Datenoperanden zum Multiplizierer und Addierer für Multiplizier- und Akkumulier-Befehle oder in den Datenspeicher bei Transferbefehlen in den Programmspeicher zu befördern. Der TMS320C54 hat einen bidirektionalen Bus zum Zugriff auf seine On-Chip-Peripherie. Der Bus ist verbunden mit den Bussen DB und dem EB. Zugriffe, welche den Bus benutzen, benötigen zwei oder mehr Zyklen zum Lesen und Schreiben, was von der peripheren Struktur abhängig ist.

9.4.2.4 Speicher-Organisation

Daten und Programmspeicher

Der Speicher (Bild 9.23) gliedert sich in einen *Daten- und einen Programmspeicher*. Betrachtet man die Speichertechnologie, so kann man unterscheiden zwischen einem 2K × 16Bit ROM und einem 10K × 16Bit Dual Access-RAM (DARAM).

DARAM

Auf einen *DARAM* kann man von zwei Seiten zugreifen, wodurch die Effektivität erhöht wird. Externe Speicher mit einer Kapazität von 192K × 16Bit können adressiert werden.

Der TMS32C54 hat ein Host-Port Interface HPI (ein 8Bit-Parallel-Port) auf dem Chip, über den mit einem externen Prozessor kommuniziert werden kann. Zusätzlich existiert ein Buffered Serial Port (BSP), ein synchroner serieller I/O-Port und ein TDM-Port.

9.4 Signalprozessoren

Die CPU *Memory-Mapped Register* des DSP liegen alle auf der Datenseite 0 und sind daher besonders leicht zu adressieren:

Memory-Mapped Register

- Interrupt Register (IMR, IFR)
- Status Register (ST0, ST1)
- Akkumulatoren (A, B)
- Temporary Register (T)
- Transition Register
- Auxiliary Register
- Stack Pointer Register (SP)
- Circular Buffer Size Register (BK)
- Block Repeat Register (BRC, RSA, REA)
- Prozessor Mode Status Register (PMST)

Der Speicher des TMS320C54x (Bild 9.23) gliedert sich in einen Programm- und einen Datenspeicher. Mit Hilfe des Status-Bits OVLY im PMST-Register wird der On-Chip-DARAM auch im Programmspeicher verfügbar. Sonst ist er nur im Datenbereich verwendbar. Das Status-Bit MP/¬MC deaktiviert den On-Chip-ROM im Programmspeicher.

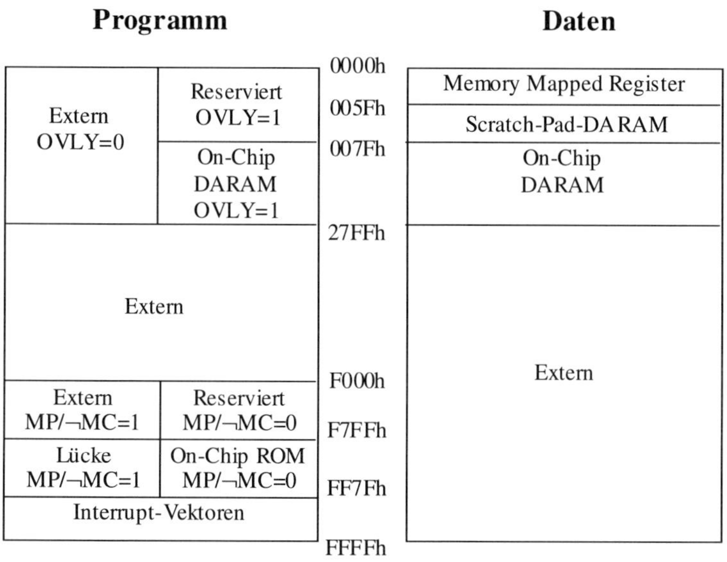

Programm

Extern OVLY=0	Reserviert OVLY=1	0000h
		005Fh
	On-Chip DARAM OVLY=1	007Fh
Extern		27FFh
		F000h
Extern MP/¬MC=1	Reserviert MP/¬MC=0	F7FFh
Lücke MP/¬MC=1	On-Chip ROM MP/¬MC=0	FF7Fh
Interrupt-Vektoren		FFFFh

Daten

| Memory Mapped Register |
| Scratch-Pad-DARAM |
| On-Chip DARAM |
| Extern |

Abbildung 9.23 Speicheraufbau des TMS320C54x

9.4.2.5 Die Status-Register

In den Status-Registern ST0, ST1 und mit dem Prozessor Mode Status Register PMST wird die Arbeitsweise des Prozessors festgelegt.

Abbildung 9.24
Die Statusregister ST1, ST2 und PMST

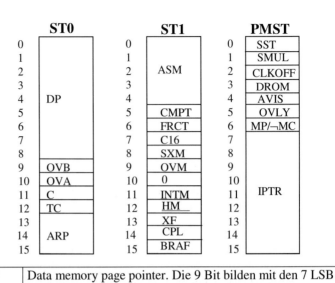

Tabelle 9.19 Beschreibung der Bits in ST1, St2 und PMST

DP	Data memory page pointer. Die 9 Bit bilden mit den 7 LSB eines Operationscodes die 16Bit lange Adresse in der Adressierungsart Direkt, wenn in ST1 das Bit CPL = 0.
OVB	Overflow Flag für Akkumulator B. Überlauf des Akk. B
OVA	Overflow Flag für Akkumulator A. Überlauf des Akk. A
C	Carry-Bit bei einer Addition. Wird gelöscht, wenn eine Subtraktion ein Borrow generiert.
TC	Test/Control Flag. Dieses Flag zeigt das Ergebnis einer Bit-Test-Operation der ALU mit den Befehlen BIT, BITF, BITT, CMPM, CMPR und SFTC an.
ARP	Auxiliary Register Pointer. Dieser 3-Bit-Pointer wählt das Auxiliary Register für die indirekte Adressierung aus.
ASM	Accumulator Shift Mode. Das 5-Bit breite ASM-Feld gibt den Shift des Akkumulators zwischen –16 und 15 im Zweierkomplement an. Das gilt für Befehle mit paralleler Speicherung und STH, STL, ADD, SUB, LD.
CMPT	Compatibility Mode-Bit. Für CMPT= 1 wird ARP bei indirekter Adressierung aktualisiert, außer wenn AR0 angesprochen wird. Für CMPT = 1 wird ARP nicht aktualisiert.
FRCT	Fractional Mode-Bit. FRCT = 1 bewirkt, dass nach einer Multiplikation um 1 nach links geshiftet wird, um das eine (überflüssige) Vorzeichen-Bit zu eliminieren.
C16	Dual 16-Bit/Double-Precision Arithmetic Mode. C16 = 0 schaltet den Double-Precision Arithmetic Mode ein.

9.4 Signalprozessoren

SXM	Sign-Extension Mode. Wenn SXM = 1, werden bei Schiebe-Operationen 1 und 0 vorzeichenrichtig nachgeschoben.
OVM	Overflow Mode-Bit. Beim Auftreten eines Überlaufs wird bei OVM = 1 abhängig von der Richtung des Überlaufs (00 7 FFF FFFFh) oder (FF 8000 0000h) in den Akku geladen. Für OVM = 0 bleibt der Inhalt unverändert.
INTM	Interrupt Mode-Bit. INTM = 0 aktiviert alle nichtmaskierten Interrupts. INTM wird beim Auftreten eines maskierbaren Interrupts gesetzt.
HM	Hold Mode: Wenn HM = 1 ist, reagiert der Prozessor auf ein Halt-Signal.
XF	XF (external Flag) Status-Bit: Zeigt Status des XF-Pins an.
CPL	Compiler Mode-Bit. Wenn CPL = 0 wird bei der direkten Adressierung der Data Page Pointer (DP) verwendet. Sonst wird stattdessen der Stack-Pointer (SP) verwendet.

9.4.2.6 Multiplizierer, Addierer

Der TMS320C54x hat einen 17Bit×17Bit Hardware-Multiplizierer, der mit dem dazugehörigen 40Bit Addierer Multiplizier- und Akkumulier-Befehle (multiply and accumulate = MAC) ausführen kann. Bei wiederholter Anwendung mit dem REPEAT-Befehl kann er diesen Befehl in einem Taktzyklus ausführen. Bei der Multiplikation gilt folgendes:

Für die Multiplikation vorzeichenbehafteter Zahlen wird angenommen, dass ein 16Bit langer Operand mit Vorzeichen aus einem 17Bit-Wort mit „Sign-Extension" besteht. Vorzeichenlose 16Bit-Operanden erhalten eine 0 vor ihr MSB. Der Ausgang des Multiplizierers wird bei FRCT = 1 um ein Bit nach links verschoben, um das eine Vorzeichenbit zu kompensieren, welches bei der Multiplikation zweier vorzeichenbehafteter Zahlen entsteht.

Der Multiplizierer enthält eine Einrichtung zum Runden, eine Null-Erkennung, und eine Überlauf-Logik.

9.4.2.7 Die Pipeline

Der TMS320C54x hat eine 6-stufige Pipeline mit den Stufen:

- Program Prefetch: Die Adresse des Befehlszählers wird auf den Programm-Adressbus PAB gegeben.

- Program Fetch: Der Operationscode wird vom Programm-Bus in das Befehlsregister (Instruction Register = IR) geladen.
- Decode: Der Befehlscode wird interpretiert, die Art des Speicherzugriffs wird ermittelt.
- Access: die Daten-Adressen-Erzeugung (DAGEN) führt den Daten-Zugriff über den Daten-Bus DAB durch. Ein zweiter Zugriff erfolgt gegebenenfalls über CAB. Auch die Auxiliary-Register ARx und der Stackpointer SP werden in dieser Stufe aktualisiert. Dies ist bezüglich der Lese-Operationen der erste Lese-Zyklus der Pipeline.
- Read: Die zu lesenden Operanden, werden von den Daten-Bussen gelesen, wodurch der zweite Lese-Zyklus vollendet wird. Gleichzeitig wird der zweite Schreibzyklus durchgeführt.
- Execute: Der Befehl wird ausgeführt. Mit Hilfe des EB-Busses werden Daten geschrieben.

Raum – Zeitdiagramm der Pipeline

Im *Raum – Zeitdiagramm der Pipeline* (Bild 9.25) ist die untenstehende Befehlssequenz ausgeführt. Man erkennt, dass die im Speicher unter den Adressen 1002h und 1003h stehenden Ein-Wort-Befehle aus der Pipeline wieder entfernt werden müssen. Der Sprung erfolgt nach Takt 4, wenn der Befehl Goto 2000h decodiert worden ist.

```
Adresse   Befehl
1000h     Goto        2000h
1002h     Befehl I1
1003h     Befehl I2
          ...
2000h     Befehl I3
```

Um diesen Zeitverlust zu vermeiden, kann man verzögerte Sprünge verwenden, bei denen der nächste Zwei-Wort-Befehl oder die nächsten beiden Ein-Wort-Befehle auf jeden Fall noch vor dem Sprung ausgeführt werden.

Bei manchen Befehlsfolgen kann es vorkommen, dass die Hardware nicht ausreicht, um den Befehl korrekt auszuführen. Man bezeichnet das als einen Pipelinekonflikt. Der TMS320C54x versucht zunächst diese Konflikte durch Umorganisation des Befehls zu beheben. Geht das nicht, unterbleiben (ohne weitere Fehlermeldung) Schreib- oder Leseoperationen. Der Programmierer muss daher solche Konflikte erkennen und durch das Einschieben von NOP-Befehlen (no operation) zu vermeiden.

9.4 Signalprozessoren

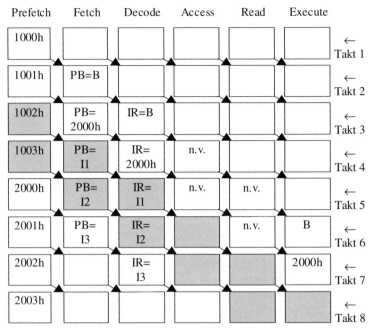

Abbildung 9.25 Raum–Zeitdiagramm der 6-stufigen Pipeline

9.4.3 Adressierung

Für den TMS320C54x ist zusätzlich zur Assemblernotation ein algebraischer Befehlssatz verfügbar, der die Programmierung vereinfacht. Er wird im Folgenden verschiedentlich angewendet.

9.4.3.1 Immediate Adressierung

Es wird zwischen kurzer Immediate-Adressierung mit 3,5,8 oder 9Bit-Operand und langer Immediate-Adressierung mit 16Bit-Operand unterschieden. Die Immediate-Adressierung wird mit # angezeigt. Bsp.:

```
DP = #90h
```

(Der Data-Page-Pointer wird mit 90h initialisiert).

9.4.3.2 Direkte Adressierung mit DP

Bei der direkten Adressierung enthält der Befehl die unteren 7Bit der Daten-Speicheradresse, die im Befehlsregister (IR) gespeichert werden. Diese 7 Bit zeigen auf die Adresse auf der Datenseite, die durch die 9Bit des Data-Page-Pointers (DP) angegeben wird. Das Compiler Mode Bit CPL = 0 in ST1 wählt DP als Zeiger für die Datenseite. Bsp:

```
ADD VAR1,B
```

Die unteren 7 Bit der Variablen VAR1 werden im Operationscode gespeichert. Der Data-Page-Pointer muss vorher auf die Seite gesetzt werden, auf der VAR1 steht. Z.B. mit DP = #VAR1 wird in den Data-Page-Pointer die Adresse VAR1 geladen. Die Adresse ergibt sich zu:

Abbildung 9.26 Direkte Adressierung

| 15 | DP | 7 | 6 | IR | 0 |

9.4.3.3 Direkte Adressierung mit SP

Alternativ zu der Adressierung mit DP kann auch die Summe des 16Bit-Inhaltes des Stackpointers (SP) und den 7 Bit im Befehl als Adresse verwendet werden. Dazu muss CPL =1 sein.

9.4.3.4 Memory-Mapped Register-Adressierung

In dieser Adressierung können die Memory-Mapped-Register geändert werden, ohne den Data-Page-Pointer verändern zu müssen. Dazu werden die 9 höchsten Bits der Adresse zu Null gesetzt, was eine Adressierung der Datenseite 0 bedeutet. Der algebraische Befehlssatz erfordert keine speziellen Befehle für diese Adressierung. Die Adressierung wird an Hand des verwendeten Registers erkannt:

```
A = AR4 ; Inhalt des Auxiliary-Registers 4 nach
        ; A, DP beliebig.
```

9.4.3.5 Indirekte Adressierung

Die indirekte Adressierung erlaubt mit einer in einem der 8 Auxiliary-Registern ARx gespeicherten 16-Bit-Adresse die Ansprache eines Speicherplatzes im gesamten 64K großen Adressraum. Die indirekte Adressierung wird durch einen Stern (*) gekennzeichnet.

Das Auxiliary-Register kann nach dem Zugriff inkrementiert oder dekrementiert werden, außerdem ist eine zirkulare Adressierung und eine Bit-Reversed-Adressierung möglich. Die unterschiedlichen Varianten sind in Tabelle 9.20 aufgelistet.

Es ist auch möglich, zwei Operanden indirekt zu adressieren. Bsp:

```
B = A +  *AR5 +   *    *AR4+  , T = *AR4+
```

B wird mit der Summe aus A und dem Produkt der Inhalte der Speicherplätze geladen, auf die AR5 und AR4 zeigen. T wird mit dem Inhalt des Speicherplatzes geladen, auf den AR4 zeigt. Anschließend zeigen AR4 und AR5 auf den nächstfolgenden Speicherplatz.

9.4 Signalprozessoren

`*ARx`	ARx enthält die Daten-Speicher-Adresse	
`*ARx-,` `*ARx+`	Nach dem Zugriff wird ARx dekrementiert /inkrementiert	
`*+ARx`	Vor dem Zugriff wird ARx inkrementiert	
`*ARx-0,` `*ARx+0`	Nach dem Zugriff: ARx -AR0, ARx + AR0	
`*ARx-0B,` `*ARx+0B`	Nach dem Zugriff: ARx -AR0 bzw. ARx +AR0 mit invertierter Carry – Weiterleitung	**Tabelle 9.20** Indirekte Adressierung
`*ARx-%,` `*ARx+%`	Nach dem Zugriff: ARx wird mit zirkularer Adressierung dekrementiert /inkrementiert	
`*ARx-0%,` `*ARx+0%`	Nach dem Zugriff: ARx-AR0 bzw ARx + AR0 mit zirkularer Adressierung	
`*ARx(lk)`	ARx +lk wird Adresse. lk=16Bit Adresse, ARx bleibt unverändert	
`*+ARx(lk)`	Vor dem Zugriff wird ARx inkrementiert, ARx +lk wird Adresse. lk=16Bit Adresse	
`*+ARx(lk)%`	Vor dem Zugriff wird ARx inkrementiert, ARx + lk (zirkular) wird Adresse	
`*(lk)`	lk=16Bit Adresse	

9.4.4 Spezielle Befehle

Ein FIRS-Befehl dient der Realisierung symmetrischer FIR-Filter. Es wird eine Multiplikation und Akkumulation (MAC) parallel mit einer Addition ausgeführt. Der LMS-Befehl führt eine MAC-Operation und eine Addition mit Rundung durch. Der SQDST-Befehl bietet eine MAC-Operation und eine Subtraktion parallel an, um einen Euklidschen Abstand zu berechnen. Im Folgenden wird ein typischer MAC-Befehl genauer beschrieben.

Typische DSP-Befehle

9.4.5 Die Multiply-Accumulate-Befehle

Für die Operation „Multiplizieren und Akkumulieren und Daten Shiften" steht der Befehle *MACD* zur Verfügung, der den Prozessor optimal nutzt. Bei diesem Befehl wird der eine Operand über den Datenbus geladen und der andere über den Programmbus. In Verbindung mit dem REPEAT-Befehl kann nach Füllen der Pipeline eine Multiplikation und eine Addition pro Takt ausgeführt werden. Man beachte,

MACD-Befehl

dass bei einer Wiederholung des Befehls der Befehlscode nicht mehr neu geladen werden muss, so dass der Programmbus frei für das Laden eines Operanden ist. Die Syntax ist:

MACD Smem,Pmem,src

Er wird folgendermaßen ausgeführt:

Pmem → PAR
If (RC)≠ 0
Then
       (Smem)×(Pmem adressiert durch PAR)+src → src
       (Smem)→ T
       (Smem)→ Smem +1
       (PAR)+1→ PAR
Else
       (Smem)×(Pmem adressiert durch PAR)+src → src
       (Smem)→ T
       (Smem)→ Smem +1

Der MACD-Befehl multipliziert einen Operanden aus dem Datenspeicher Smem (bei einem Einfachzugriff) mit einem Operanden aus dem Programmspeicher Pmem, addiert das Produkt zu einem Akkumulator src und speichert es in src. Smem wird in das temporäre Register und in die nächsthöhere Adresse kopiert. Bei wiederholter Anwendung des Befehls wird die Adresse Pmem in das Programm-Adressregister PAR kopiert und bei jeder Wiederholung inkrementiert. Bei einer wiederholten Anwendung des Befehls mit dem REPEAT-Befehl, der den Repeat-Counter RC setzt, dauert er einen Takt-Zyklus.

Beispiel: Faltung   Beispiel: Es soll die Faltung einer 10 Abtastwerte dauernden Impulsantwort mit dem diskreten Eingangssignal $x(i)$ berechnet werden:

$$y_i = \sum_{k=0}^{9} h(k)x(i-k) \qquad (9.1)$$

Bei der Echtzeitbearbeitung wird immer nur der aktuelle Ausgangswert mit $i = 0$ berechnet:

$$y_0 = \sum_{k=0}^{9} h(k)x(-k) \qquad (9.2)$$

Impulsantwort im Programmspeicher   Im Speicher (s. Bild 9.27) soll die Impulsantwort $h(k)$ im Programmspeicher abgelegt sein. Das Label IMP soll bei Beginn der Rechnung auf die Adresse des letzten Wertes der Impulsantwort $h(9)$ zeigen, die Werte von $h(8)$ usw. sollen an den nächsthöheren Adressen stehen.

9.4 Signalprozessoren

Der andere Operand, das *Eingangssignal x(i)* ist *im Datenspeicher* abgelegt. Er wird durch das Auxiliary Register 1 adressiert. Es zeigt zu Beginn der Multiplikation auf den ältesten Eingangswert $x(-9)$. Nach jedem Takt wird der Inhalt von AR1 um 1 dekrementiert, wie durch *AR1- spezifiziert werden muss. Die jüngeren Eingangswerte müssen auf den Speicherplätzen mit immer niedrigeren Adressen stehen, damit der MACD-Befehl die älteren Speicherwerte mit den jüngeren überschreiben kann. Bild 9.27 zeigt die Anordung der Impulsantwort und des Eingangssignals im Speicher.

Eingangssignal im Datenspeicher

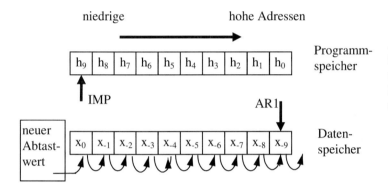

Abbildung 9.27 Speicherorganisation beim MACD-Befehl zum Beispiel

Der *Assemblercode für das Beispiel Faltung* ist daher mit der beschriebenen Anordnung der Daten und der Impulsantwort im Speicher, zusammen mit dem RPTZ Befehl nur zwei Zeilen lang. Der RPTZ-Befehl setzt den Repeat-Counter RC. Das Argument muss um eins niedriger sein als die Anzahl der zu durchlaufenden Schleifen. Das Ergebnis der Rechnung steht im Akkumulator. Als Kommentar ist die Ausführung des Befehls aus mathematischer Sicht angegeben.

Assemblercode für das Beispiel Faltung

```
RPTZ    #9              ;Nächsten  Befehl   10    mal
                        ;ausführen, k = 9
MACD    *AR1-,IMP,A     ;A= x(-k) * h(k) + A
                        ;x(-k) ⇒ x(-k-1)
                        ;k=k-1
```

9.5 Literatur

[9.1] Brumm, P. und Brumm, D.: *80386 Das Handbuch für Programmierer und Systementwickler*. Markt u. Technik, Haar bei München, 1998

[9.2] Coy, W.: *Aufbau und Arbeitsweise von Rechenanlagen*. Vieweg, Braunschweig, 1992

[9.3] Erhard, W.: *Rechnerarchitektur: Einführung und Grundlagen*. B.G. Teubner, Stuttart, 1995

[9.4] Flick, Th. und Liebig, H. : *Mikroprozessortechnik*. Springer Berlin, Heidelberg, New York, 4. Auflage, 1994

[9.5] *MC68HC11A8. Technical Data*. Motorola, 1991

[9.6] *MC68HC11A8. Programming Reference Guide*. Motorola, 1990

[9.7] Messmer, H.P.: *Pentium*. Addison-Wesley, Bonn, 1994

[9.8] Messmer, H.P.: *PC-Hardwarebuch*. Addison-Wesley, 4.Auflage, Bonn, 1997

[9.9] Oberschelp, W. und Vossen, G.: *Rechneraufbau und Rechnerstrukturen*. Oldenbourg, 6. Auflage, München, 1994.

[9.10] Rose, M.: *Mikroprozessor 68HC11. Architektur und Applikation*. Hüthig, Heidelberg, 1994

[9.11] Thies, K.-D.: *Die innovativen 80286/80386-Architekturen*. te-wi, München 1988

[9.12] *TMS320C54x DSP Reference Set*. Texas Instruments, 1996

[9.13] *TMS320C54x Algebraic Instruction Set*. Texas Instruments 1996

[9.14] Weber, H.: *Die Intel-Mikroprozessor-Familie 80286, 80386, 80486*. Oldenbourg, München, 1994

[9.15] Wilkinson, B.: *Computer Architecture*. Prentice Hall, New York, 1991

Kapitel 10

Netze, Busse, Schnittstellen

von Klaus Fricke

unter Mitarbeit von Bernd Heil[*]

Der Datenaustausch zwischen einzelnen Rechnern oder deren Komponenten erhält in der Informationstechnik ebenso wie in der Automatisierungstechnik eine immer größere Bedeutung. In diesem Kapitel werden verschiedene Aspekte dieser Kommunikation behandelt. Zuerst werden grundlegende Aspekte durch das OSI-ISO-Referenzmodell beschrieben. Die Beschreibung konkreter Systeme wird dann in den Unterkapiteln Busse, Netze und Schnittstellen durchgeführt. Diese 3 Begriffe sind nicht scharf voneinander zu trennen.

10.1 ISO-OSI-Referenzmodell

Das OSI-ISO-Referenzmodell wurde von der International Standards Organization als ein einheitliches Modell für die Definition von Kommunikationsnetzen entwickelt. Es kann für Busse und Kommunikationsnetze verwendet werden. Es besteht aus 7 übereinander liegenden Schichten (Abbildung 10.1).

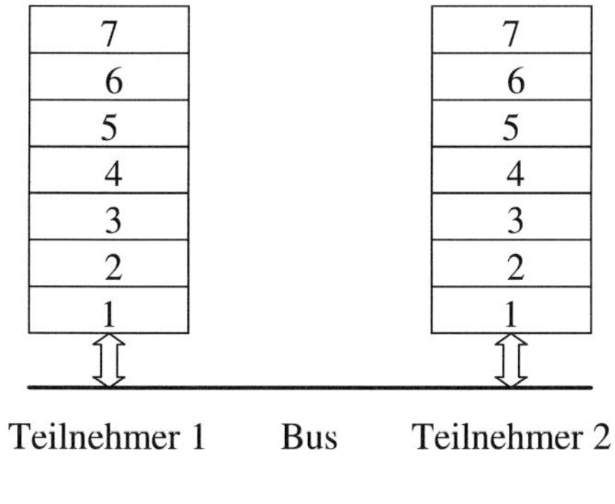

Abbildung 10.1
OSI-ISO-Referenzmodell

---

[*] Dipl.-Ing. Bernd Heil ist wissensch. Mitarbeiter an der Fachhochschule Fulda

Beim Senden einer Nachricht durchläuft diese die Schichten im Sender von oben nach unten, im Empfänger in umgekehrter Richtung. In Sender und Empfänger kommunizieren Prozesse der gleichen Schichten miteinander. In einem Netz müssen nicht immer alle Schichten realisiert sein. So entfällt bei der Übertragung zwischen 2 Punkten zum Beispiel die Vermittlungsschicht.

Tabelle 10.1 Definition der Schichten im ISO-OSI-Referenzmodell

7	Application Layer / Anwendungsschicht	Festlegung der Kommunikationsfunktion des Netzes
6	Presentation Layer / Darstellungsschicht	Codierung der Daten für optimale Übertragung
5	Session Layer / Steuerungsschicht	Kommunikationssteuerung, Aufbau und Abbau der Verbindung
4	Transport Layer / Transportschicht	Herstellen einer zuverlässigen Verbindung
3	Network Layer / Vermittlungsschicht	Erstellung eines optimalen Verbindungswegs (Routing)
2	Data Link Layer / Sicherungsschicht	Sicherung der fehlerfreien Übertragung, Festlegung des Datenformats, des Sicherungscodes
1	Physical Layer / Bitübertragung	Physikalische Schicht, Festlegung des Übertragungsmediums, Bitrate, elektrische Spezifikation

10.2 Verbindungsstrukturen

Wenn Netze, oder Teile davon, miteinander verbunden werden sollen, verwendet man verschiedene Geräte, die in verschiedenen Ebenen des OSI-ISO-Referenzmodells eine Verbindung herstellen.

10.2.1 Repeater

Physikalische Verbindung

Die einfachsten Verbindungsstrukturen sind Repeater. Sie schaffen eine Verbindung in der Schicht 1. Damit stellen sie eine *physikalische Verbindung* zwischen zwei Teilen eines Netzes dar. Sie haben keine eigene Hardwareadresse. Sie werden eingesetzt, wenn zum Beispiel die Dämpfung eines Kabels für die zu überbrückende Entfernung zu

10.2 Verbindungsstrukturen

groß ist. Es kann aber in einem Repeater auch in eine andere Codierung umgesetzt werden oder von einem Lichtwellenleiter auf ein Koaxialkabel übergegangen werden.

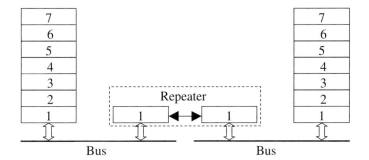

Abbildung 10.2
Repeater

10.2.2 Bridges

Sie verbinden zwei Teile eines Netzwerks in der Schicht 2, in der Sicherungsaspekte bearbeitet werden. Bridges eignen sich daher für die Ausführung von Sicherheitsprüfungen zwischen verschiedenen Teilen eines Netzes. Zusätzlich können sie die Aufgaben eines Repeaters übernehmen. Bridges legen Tabellen über die MAC-Adressen (Hardware-Adresse eines Teilnehmers) der angeschlossenen Teilnehmer in den beiden Teilnetzen an, mit deren Hilfe die Datenpakete gezielt weitergereicht werden. Auch Bridges haben keine eigene Hardwareadresse und können daher nicht direkt angesprochen werden.

Sicherung

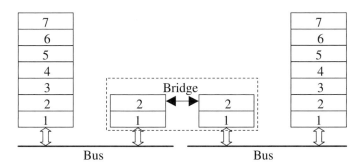

Abbildung 10.3
Bridge

10.2.3 Router

In Routern ist die Verbindung noch eine Ebene höher angesiedelt. Daher können sie auch Vermittlungsaufgaben übernehmen. Sie arbeiten im Unterschied zu den Bridges mit den Adressen der Vermitt-

Vermittlung, Aufteilung in Sub-Netze

lungsschicht, den IP-Adressen. Damit können sie die Wege von Datenpaketen durch das Netz optimieren. Es ist möglich, mit Routern Netze in verschiedene Sub-Netze aufzuteilen.

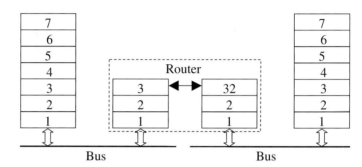

Abbildung 10.4 Router

10.2.4 Gateway

Kopplung LAN-WAN

Gateways verbinden in der obersten Schicht 7 des OSI-ISO-Referenzmodells. Damit können sie beliebige *Kopplungen* realisieren. Sie werden daher zum Beispiel eingesetzt, wenn ein *LAN* (Local Area Network) an ein *WAN* (Wide Area Network) angekoppelt werden soll.

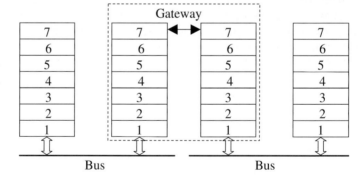

Abbildung 10.5 Gateway

10.3 Busse

gemeinsamer Übertragungsweg

Das Kennzeichen für einen Bus ist der *Übertragungsweg*, den alle Teilnehmer *gemeinsam* nutzen. Dadurch erreicht man eine hohe Modularität: Neue Teilnehmer können leicht angeschlossen oder bestehende Teilnehmer entfernt werden. Auch der Aufwand für die Verkabelung ist geringer, als wenn jeder Teilnehmer direkt mit seinem Kommunikationspartner verbunden wäre.

10.3.1 Bus-Arbitierung

Wenn viele Teilnehmer sich einen Bus teilen, ist es zur Vermeidung von Konflikten unerlässlich, den Bus einem einzelnen Teilnehmer zuzuteilen. Man nennt dies Busarbitrierung [10.5, 10.7]. In den meisten heutigen Systemen wird dem Busteilnehmer, der eine Nachricht absetzen will, ein Zeitschlitz zugeteilt, den er nutzen kann, um Nachrichten zu senden oder diese anzufordern. Dieses am häufigsten angewendete Verfahren heißt Zeitmultiplex. Ein alternatives Verfahren ist das Frequenzmultiplex, bei dem dem einzelnen Teilnehmer ein Frequenzbereich zugeteilt wird.

Wenn die Auswahl des Teilnehmers erfolgt, der Zugriff auf den Bus haben soll, sind die Kriterien entscheidend, nach denen dies geschieht. Einzelne Teilnehmer können eine höhere *Priorität* haben als andere. Es kann aber auch nach dem augenblicklichen Bedarf zugeteilt werden. Eine weitere Möglichkeit ist es, den Teilnehmern der Reihe nach den Bus zuzuteilen, indem man ein festes Zeitraster vorgibt. Die Zuteilung kann von einer zentralen Instanz oder dezentral erfolgen.

            Priorität

Dezentrale Zuteilungsverfahren sind:

- Token Passing. Ein Token (Spielmarke) wird herumgereicht. Derjenige Teilnehmer, der im Besitz des Tokens ist, darf auf den Bus zugreifen.
- CSMA (Carrier Sense Multiple Access). Bei diesem Verfahren wird nur gesendet, wenn der Bus als frei erkannt wurde. Wird in der Zeit unmittelbar nach dem Beginn des Sendens ein Konflikt erkannt, weil ein anderer Busteilnehmer auch begonnen hat zu senden, wird die Übertragung abgebrochen. Dieses Verfahren heißt CSMA/CD (CD für Collision Detect). Alternativ kann auch eine Kollision an einer fehlenden Quittung des Empfängers erkannt werden. In beiden Fällen wird die Nachricht nach einer Wartezeit wiederholt.
- Daisy-Chain. Für dieses Verfahren ist eine Leitung erforderlich, mit der die Teilnehmer den Bus reservieren können. Die Leitung wird durch alle Teilnehmer geschleift.

Dezentrale Zuteilungsverfahren

Die *zentralen Zuteilungsverfahren* sind:

Zentrale Zuteilungsverfahren

- Ein festes Zeitraster wird jedem Teilnehmer zugeteilt. Damit ist die Zuteilung deterministisch.
- Polling: Die Zuteilungsinstanz fragt alle Teilnehmer periodisch ab, ob eine Zuteilung des Busses erforderlich ist.
- Die Teilnehmer können die Zuteilung des Busses über eine spezielle Leitung bei der zentralen Zuteilungsinstanz anfordern.

Bus-Master und Bus-Slave   Innerhalb eines Busses können die einzelnen Teilnehmer verschiedene Funktionen übernehmen. Man unterscheidet zunächst zwischen *Bus-Master und Bus-Slave*. Der Bus-Master hat den Zugriff auf den Bus. Er kann senden oder aber steuern, welcher Teilnehmer sendet oder empfängt.

10.3.2 Topologie

Busse können linienförmig, ringförmig oder sternförmig angeordnet werden, wie es in Abbildung 10.6 gezeigt ist. Es kann auch eine weitergehende Vernetzung zwischen den Teilnehmern geben, so dass es mehrere Wege für eine Nachricht gibt.

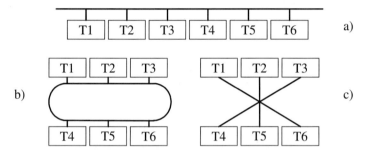

Abbildung 10.6 Topolgien von Netzen

10.3.3 Parallele Busse - serielle Busse

Man unterscheidet zwischen parallelen Bussen und seriellen Bussen. Parallele Busse sind natürlicherweise schneller, sie haben aber den Nachteil eines größeren Aufwandes. Sie werden daher für die Übertragung über kleine Entfernungen bevorzugt, während auf größeren Entfernungen serielle Busse dominieren. Ein paralleler Bus überträgt in der Regel ein Byte gleichzeitig, er arbeitet daher Byte-seriell.

10.3.4 Schnittstellen

Eine Busdefinition umfasst verschiedene Schnittstellen-Definitionen, die in allen Ebenen des ISO-OSI-Referenzmodells liegen können. Alle Teilnehmer müssen diese Schnittstellendefinitionen für die richtige Funktionsweise einhalten. Für die Ankopplung an den Bus gibt es genormte Schnittstellendefinitionen wie die RS232-Schnittstelle, die RS485-Schnittstelle usw., die weiter unten dargestellt werden. Sie werden von verschiedenen Bussystemen aufgegriffen und sind Teil der jeweiligen Busdefinition. Schnittstellendefinitionen können auch Vereinbarungen über den Austausch von Informationen enthalten. Diese Vereinbarungen werden auch Protokolle genannt.

10.4 Beispiele für Bus-Systeme

10.4.1 LON-Bus

Der LON-Bus (Local Operating Network) ist ein Feldbus, der für die Gebäudeautomatisierung geschaffen wurde. Er ist so ausgelegt, dass möglichst viele Funktionen dezentral ausgeführt werden können. Dafür wird ein Netz von Knoten aufgebaut, die Aufgaben wie Datenerfassung, Datenausgabe, Steuerung und Beobachtung übernehmen. Es ist möglich, ein hierarchisches Netz mit Sub-Netzen aufzubauen. Ein Sub-Netz kann bis zu 127 Teilnehmer haben. Die Ebene darüber sind Bereiche, die bis zu 255 Sub-Netze enthalten können. Insgesamt sind bis zu 32000 Teilnehmer möglich. Der Bus kann als Zweidrahtleitung, 230V-Netzleitung, Lichtwellenleiter oder über andere Medien realisiert sein. *(Physikalischer Aufbau)*

Das *Zuteilungsverfahren* ist CSMA. Durch ein spezielles statistisches Verfahren sollen Kollisionen weitgehend vermieden werden. *(Zuteilungsverfahren)*

Der Teilnehmer wird in Form eines intelligenten Knotens oder Neurons realisiert. Ein *Netzwerkknoten* (Abbildung 10.7) enthält einen Neuron-Chip der Typen 3120 oder 3150, die sich durch unterschiedliche Speicherorganisation unterscheiden. Der 3120 hat einen 1kByte RAM und 10kByte ROM, während der 3150 2kByte RAM, 512Byte EEPROM und eine Schnittstelle für externe Speicher mit bis zu 58kByte besitzt. *(Netzwerkknoten)*

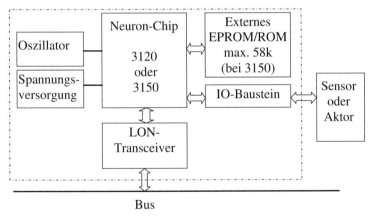

Abbildung 10.7 Netzwerkknoten mit Neuron-Chip

Ein Neuron-Prozessor der Variante 3150 ist in Abbildung 10.8 dargestellt. Er hat einen internen 16Bit-Adressbus und einen 8Bit-Datenbus, der auch nach außen geführt ist, damit eine Speichererweiterung angeschlossen werden kann. Der MAC-Prozessor ist für die Kommunikationshardware zuständig. Über die Kommunikationsschnittstelle steuert er die LON-Transceiver an. Der MAC-Prozessor kontrolliert neben den physikalischen Eigenschaften der Verbindung (symmetrischer Betrieb, asymmetrischer Betrieb) auch, ob eine Kollision entsprechend dem CSMA-Verfahren stattgefunden hat.

Netzwerkprozessor
Im *Netzwerkprozessor* werden die Daten aus dem Applikationsprozessor abgearbeitet und verschiedene Dienste innerhalb der Schichten 3 bis 6 des OSI-ISO-Referenzmodells übernommen. Er protokolliert den Status der Knoten und dokumentiert aufgetretene Fehler.

Applikationsprozessor
Im *Applikationsprozessor* werden die Anwendungsprogramme abgearbeitet. Der Applikationsprozessor übernimmt daher die Dienste der Schicht 7 des OSI-ISO-Referenzmodells.

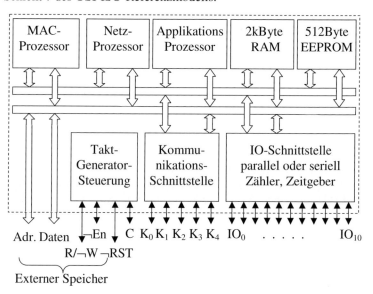

Abbildung 10.8 Neuron-Prozessor 3150

Programmiersprache Neuron-C
Der Anwender wird durch ausgereifte Tools bei der Implementierung von Steuerungs- Regelungs- und Überwachungsaufgaben unterstützt. Die dafür zur Verfügung gestellte *Programmiersprache Neuron-C* basiert auf ANSI-C. Es sind Netzwerkvariablen definiert, die bei einer Wertänderung innerhalb des gesamten Netzes in allen Knoten, die diese Variable verwenden, aktualisiert werden. Literatur: [10.14, 10.6].

10.4.2 P-Net-Bus

Der P-Net-Bus ist ein Feldbus. Er wurde als Sensor-Aktor-Bus entwickelt, kann aber auch darüber hinaus eingesetzt werden. Der P-Net-Bus benutzt die Schichten 1,2,3,4 und 7 des OSI-ISO-Modells.

10.4 Beispiele für Bus-Systeme

P-Net benötigt ein zweiadriges abgeschirmtes Kabel, welches zur Vermeidung von Reflexionen zu einem Ring verbunden wird. Die Ankopplung der Teilnehmer geschieht über die Standard RS485-Schnittstelle. Die maximale Länge des Rings beträgt 1200m mit maximal 1235 Teilnehmern. — Physikalischer Aufbau

Das *Zuteilungsverfahren* ist das Multi-Master-Prinzip mit bis zu 32 Mastern mit jeweils einer eigenen P-Net-Adresse. Die Zugriffsberechtigung jeweils für das Absetzen eines einzigen Telegramms rotiert zwischen den Mastern. Das wird erreicht, indem jeder Master den Bus beobachtet. Nachdem ein Telegramm verschickt wurde, wird in einem Zähler in jedem Master auf die P-Net-Adresse des nächsten Masters weitergezählt. Wenn die Adresse des Zählers mit der eigenen P-Net-Adresse übereinstimmt, kann genau ein Telegramm abgesetzt werden. Da die Zeit zwischen den Telegrammen von jedem Master überwacht wird, wird auch beim Ausbleiben eines Telegramms weitergezählt. Beim Erreichen der höchsten Adresse werden alle Zähler zurückgesetzt. — Zuteilungsverfahren

Die *Telegramme* haben eine maximale Länge von 93Bytes. Sie enthalten die Quell-Adresse, die Empfänger-Adresse, ein Kontroll- und Status-Byte, eine Information über die Länge der Datenbytes, die Datenbytes und ein Prüfbyte. — Telegramme

Mit Hilfe von Routern (Verbindung in Schicht 3) ist es möglich, das P-Net in Segmente zu unterteilen. Außerdem kann man den Übergang zu anderen Netzen mit ihnen realisieren.

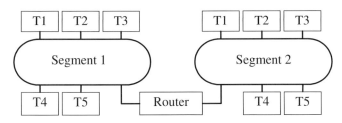

Abbildung 10.9 Segmentiertes P-Net

Die Schicht 7 des OSI-ISO-Referenzmodells enthält beim P-Net-Bus das *Anwendungsprogramm*. Darin sind die Basisdienste „Load" und „Store" definiert, mit denen die Übertragungsobjekte zwischen den Busteilnehmern übertragen werden können. Übertragungsobjekte sind Datenvariablen, die mit einer „Softwire-Nummer" adressiert werden. Benötigt ein Programm externe Variablen, werden diese angefordert, initiiert durch das Anwendungsprogramm. Nach dem Erhalt des Wertes wird das Anwendungsprogramm fortgesetzt. Die verwendeten einfachen Datenformate sind Boolean, Byte, Character, Word, Integer, Longinteger, Real und Longreal. Aus diesen lassen sich die komplexen Variablentypen Array, String, Record und Buffer ableiten. — Anwendungsprogramm

10.4.3 CAN-Bus

Das Bus-System CAN (Controller Area Network) wurde für den Einsatz im KFZ konzipiert. Es wurde von der Firma Bosch entwickelt. Bei diesem Bussystem stehen die Sicherheit der Datenübertragung und eine geringe Reaktionszeit im Vordergrund. Der CAN-Standard füllt im Wesentlichen die Schicht 2 des OSI-ISO-Referenzmodells aus.

Zuteilungsverfahren Die Arbitrierung geschieht über ein CSMA/CD-Verfahren. Dazu senden die Teilnehmer ihre Nachrichten mit einem Identifier-Feld, welches den Typ der Nachricht beschreibt, an dem der oder die Empfänger erkennen, ob die Nachricht an sie gerichtet ist. Die Nachrichtenobjekte mit der höchsten Priorität haben die niedrigste Nummer. Da die Übertragungsstrecke physikalisch so ausgelegt ist, dass bei einer Überlagerung einer Null und einer Eins die Null dominiert, wird automatisch die Nachricht mit der höchsten Priorität bevorzugt. Ein Teilnehmer, der eine Nachricht mit einer niedrigeren Priorität absetzen will erkennt, dass sein Identifier überschrieben wird und stoppt seine Nachricht.

Rahmenaufbau Die übertragenen Botschaften sind relativ kurz, so dass kurze Antwortzeiten eingehalten werden können. Es sind 4 verschiedene Rahmen möglich:

- Data Frame: der Rahmen für die Übertragung von Nachrichten
- Remote Frame: wird zur Anforderung von Daten ausgesendet
- Error Frame: wird ausgesendet, wenn ein Fehler erkannt wurde
- Overload Frame: signalisiert die Auslastung des Bussystems

Entsprechend den verschiedenen Implementierungen des CAN-Busses sind verschiedene Rahmen möglich. Hier wird ein Rahmen des Extended CAN gezeigt (Abbildung 10.10). Der Rahmen beginnt mit einem Start of Frame Bit (SOF). Danach erfolgt die Arbitrierung mit dem Identifier-Feld (ID). Dieses Feld enthält die Codierung für das zu übertragende Nachrichtenobjekt. Es dient, wie oben dargestellt, der Arbitrierung. Das RTR-Bit dient der Unterscheidung, ob ein Data Frame oder ein Remote Frame vorliegt. Im Control-Feld wird unter Anderem die Länge des Datenfeldes festgehalten. Das Datenfeld kann 0 bis 8 Bytes aufnehmen. Nach den Daten folgt die CRC-Fehlersicherung und ein Begrenzungsbit (DEL). Das Acknowledge-Feld (ACK) wird vom Sender mit einer 1 ausgesendet. Wenn ein Teilnehmer richtig empfangen hat, antwortet er mit einer 0, die die 1 überschreibt. Daraus kann der Sender schließen, dass mindestens ein Teilnehmer die Nachricht richtig empfangen hat, so dass diese also richtig abgeschickt wurde. Nach einem weiteren Begrenzungsbit kommt das End of Frame Feld (EOF), welches den Rahmen abschließt. Nach dem

10.4 Beispiele für Bus-Systeme

Ende des Rahmens müssen 3 Bit auf 1 sein, bevor der nächste Rahmen beginnt.

SOF	ID	RTR	Control	Daten	CRC	DEL	ACK	DEL	EOF
1	11	1	6	0-64	15	1	1	1	7

Abbildung 10.10 Rahmen des CAN-Busses mit Angabe der Anzahl der Bits

Wenn ein Fehler von einem Teilnehmer festgestellt wird, sendet er einen Fehler-Rahmen (Error Frame) aus, der den gerade übertragenen Rahmen überschreibt. Die vergeblichen Sendeversuche werden in einem Fehlerzähler dokumentiert. Der sendende Teilnehmer erkennt daran, dass seine Sendung nicht angekommen ist und setzt seine Botschaft erneut ab. Wenn sich bei einem Teilnehmer Fehler häufen, was durch Auswertung des Fehlerzählers festgestellt werden kann, wird angenommen, dass die Fehler von diesem Teilnehmer ausgehen. Er wird dann in einen sicheren Zustand geschaltet. Literatur [10.10].

10.4.4 Profi-Bus

Der Profi-Bus (Process Field Bus) gehört zur Klasse der Feldbusse. Er ist offen und herstellerunabhängig. Der Profi-Bus benutzt, aufgrund der Anforderungen an ein Bussystem im Feldbereich, die Schichten 1,2 und 7 des OSI-ISO-Referenzmodells.

Der Profi-Bus verwendet als Leitung eine abgeschirmte, verdrillte Zweidrahtleitung. Der Profi-Bus wird als eine linienförmige Busleitung mit kurzen Abzweigungen zu den einzelnen Busteilnehmern realisiert. Die Schnittstelle ist durch die RS485-Schnittstelle definiert (siehe unten). Die Übertragungsgeschwindigkeiten liegen zwischen 9,6 und 500kBit/s. — Physikalischer Aufbau

Das verwendete *Zuteilungsverfahren* ist das Token-Passing in Kombination mit dem Master/Slave-Verfahren. Das Token, das im Bus herumgereicht wird, entscheidet wer als Master fungiert. Der Master hat den alleinigen Zugriff auf den Bus. Slaves dürfen nur auf Anfragen antworten. In diesem Verfahren muss sichergestellt sein, dass die Umlaufzeit des Tokens nicht zu groß wird, um jedem Busteilnehmer die erforderliche Kommunikation zu ermöglichen. Andernfalls können keine Echtzeitbedingungen garantiert werden. — Zuteilungsverfahren

Der Profi-Bus verwendet drei verschiedene *Telegramme*, die alternativ verwendet werden können (Abbildung 10.11). Die unterschiedlichen Telegramme werden durch das unterschiedliche Startbyte SD1 bis SD3 unterschieden. Der Informationsbereich ist unterschiedlich lang. Er enthält ein Byte, welches die Zieladresse DA enthält, eins mit der Quelladresse SA und ein Steuerbyte FC (Frame Control). Die Anzahl — Telegramme der Datenbytes D ist im ersten Telegramm 0, im zweiten 8 und im dritten Telegramm variabel. Daher wird im dritten Telegramm die Anzahl der Datenbytes in den Bytes LE und zur Sicherheit wiederholt im Byte LER angegeben. Alle drei Telegramme schließen mit dem Prüfbyte FCS und dem Ende-Byte ED.

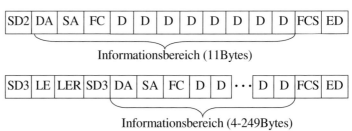

Abbildung 10.11 Telegramme des Profibusses

Dienste

Die Kommunikation zwischen den Bus-Teilnehmern und dem Benutzer ist in Schicht 7 geregelt. Sie stellt verschiedene *Dienste* zur Verfügung. Neben dem Anwendungsdienst ist ein Verwaltungsdienst und ein Netzmanagementdienst vorgesehen.

Die Anwendungsdienste umfassen die Variable Access Gruppe, mit der Schreib- und Lesevorgänge möglich sind. Zusammenhängende Variablenbereiche können in der Domain Access Gruppe übertragen werden. Alarme werden durch die Event Management Gruppe geregelt. Die Programmierung von Busteilnehmern über den Bus kann mit Hilfe der Program Invocation Gruppe durchgeführt werden.

In den Verwaltungsdiensten wird die Verwaltung und Diagnose des Profi-Busses ermöglicht. Weitere Aufgaben im Bereich Verwaltung, Diagnose und Überwachung werden durch die Netzmanagementdienste bereitgestellt. Literatur [10.2].

10.4.5 Bitbus

Der Bitbus ist ein serieller Feldbus, der weltweit eine große Verbreitung besitzt. Er ist ein offenes System, welches den Schichten 1, 2 und 7 des OSI-ISO-Referenzmodelles zugeordnet ist. Die Schicht 7 übernimmt dabei auch Aufgaben, die zu den Schichten 3 bis 6 gehören.

Physikalischer Aufbau

Der Bus arbeitet mit einer verdrillten, geschirmten Zweidrahtleitung. Als Schnittstelle wird die RS485-Schnittstelle verwendet. Das Zuteilungsverfahren ist das Master-Slave-Prinzip mit einem festen Master,

10.4 Beispiele für Bus-Systeme

der in der Regel der Leitrechner ist. Die Struktur des Netzes entsteht durch eine Hierarchie, bei der ein Slave die Master-Funktion für ein Subnetz übernehmen kann (Abbildung 10.12). Mit Hilfe von Repeatern kann das Netz physikalisch verlängert werden.

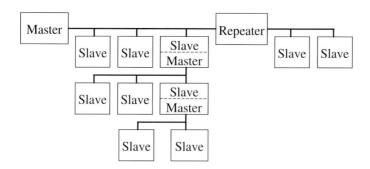

Abbildung 10.12 Struktur des Bit-Busses

10.4.6 InterBus-S

Der InterBus-S, 1981 von Phoenix Contact eingeführt, ist ein Feldbus für den Sensor- und Aktorbereich.

Der InterBus-S ist mit Twisted-Pair-Kabeln aufgebaut. Die physikalische Schnittstelle ist die RS485-Schnittstelle. Alternativ kann auch eine Glasfaserverbindung verwendet werden. Es lassen sich zwischen zwei Teilnehmern Distanzen von bis zu 400m überbrücken, die Gesamtausdehnung des Systems kann bis zu 13km betragen. Es können bis zu 256 Teilnehmer angeschlossen werden. Die Busleitung wird, wie in Abbildung 10.13 gezeigt, auch mit der Rückleitung durch alle Teilnehmer geführt. Mit sogenannten Busklemmen können Abzweigungen realisiert werden, die als Subsysteme bezeichnet werden. Busklemmen können dazu verwendet werden, Fehler zu lokalisieren, indem Zweige an diesen Stellen abgeklemmt werden.

Physikalischer Aufbau

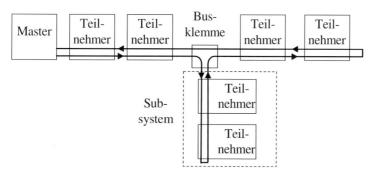

Abbildung 10.13 DIN-Messbus mit Busklemme zur Realisierung von Subsystemen

Zuteilungsverfahren	Der InterBus-S arbeitet nach dem Master-Slave-Zugriffsverfahren. Der Master ist an die höhere Ebene des Steuerungssystems angekoppelt. Die Netzstruktur ist ringförmig. Sie besteht aus einer Schieberegisterkette, die in den einzelnen Busteilnehmern realisiert ist. In dieser Schieberegisterkette wird ein Summenrahmen übertragen, der die gleiche Länge wie die Schieberegisterkette hat. Jeder Teilnehmer entnimmt seinem Bereich des Summenrahmens den ihn betreffenden Teil der Information oder fügt Information hinzu. Daher besitzt der Bus ein deterministisches Zeitverhalten mit einer geringen Zugriffszeit, die im Wesentlichen von der Anzahl der Busteilnehmer und der Übertragungsrate abhängt. Die Übertragungsrate beträgt normalerweise 500kBit/s. Damit ergeben sich Übertragungszeiten im ms-Bereich.
Summenübertragungsrahmen	Der *Summenübertragungsrahmen* hat die in Abbildung 10.14 gezeigte Struktur. Er beginnt mit einem 16Bit langen Loopback-Wort. Es wird als Erstes ausgesendet und dient, nachdem es wieder beim Master angelangt ist, der Fehlerdiagnose des Systems. Es folgen die Datentelegramme zu jeweils 16 Bit, in die die einzelnen Busteilnehmer die Daten schreiben. Sollen an einen Busteilnehmer auch Parameter übergeben werden, so ist dies durch ein zweites 16Bit-Wort möglich, wie es hier für den Teilnehmer n-1 gezeigt ist. Nach den Daten der Busteilnehmer folgt das CRC-Check-Wort mit einer Länge von 16Bit. Es wird von jedem Teilnehmer nach CCITT neu gebildet und vom folgenden Teilnehmer überprüft. In das Control-Wort tragen die Teilnehmer ein, ob sie einen Fehler vorgefunden haben. In den Zeiten, in denen der Master keine Daten aussendet, werden statt dessen Statustelegramme verschickt. Bleiben diese für mehr als 25ms aus, so wird ein Fehler angenommen und die Teilnehmer gehen in einen sicheren Zustand. Literatur: [10.3, 10.14, 10.1].

Abbildung 10.14 Summenübertragungsrahmen des InterBus-S

Loop Back	Daten Teiln. 1	Daten Teiln. 2	....	Daten Teiln. n-1	Param. Teiln. n-1	Daten Teiln. n	CRC Check	Control

10.4.7 DIN-Messbus

Physikalischer Aufbau	Der DIN-Messbus ist für die Datenübertragung im Bereich der Mess- und Prüftechnik konzipiert. Er ist in der DIN 66348 genormt. Er verwendet jeweils eine verdrillte Zweidrahtleitung für einen Hin- und einen Rückkanal, die an den Enden reflexionsfrei abgeschlossen sind.
	Die Netzstruktur ist linienförmig mit Abzweigungen für die Busteilnehmer. Es wird die Schnittstelle RS485 verwendet, die maximal 32

10.5 Systembusse

Teilnehmer erlaubt. Die maximale Kabellänge beträgt ohne zusätzliche Verstärker maximal 500m.

Die Daten werden in 7Bit langen Worten im ASCII-Format übertragen. Ein Wort wird durch ein Paritätsbit gesichert. Die Datenrate liegt im Normalfall zwischen 110 und 19200 Baud. Jeder Teilnehmer hat eine feste Adresse.

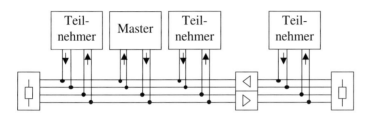

Abbildung 10.15 DIN-Messbus mit Master, 3 Teilnehmern, Zwischenverstärker und Leitungsabschlüssen

Der DIN-Messbus arbeitet mit einem festen Master, der den Ablauf der Kommunikation steuert. In der Aufforderungsphase fordert er einen Teilnehmer zum Senden oder Empfangen von Daten auf. In der Datenübermittlungsphase werden die Datenblöcke mit einer maximalen Länge von 128 Zeichen übertragen. In der Abschlussphase wird der Empfang quittiert. Literatur: [10.13].

Zuteilungsverfahren

10.5 Systembusse

Im Folgenden werden einige Systembusse kurz beschrieben, die auf dem „Motherboard" eines Computers die Aufgabe haben, die Verbindung zwischen Prozessor, Arbeitsspeicher und den Erweiterungskarten herstellen. Es werden in der Regel mehrere gekoppelte Bussysteme verwendet, die den unterschiedlichen Datenraten der angeschlossenen Komponenten optimal angepasst sind. Rechnerbusse können *synchron* mit dem Prozessortakt arbeiten. Man nennt dies einen „Local-Bus". Alternativ kann ein Bus *asynchron* mit einem eigenen Zyklus betrieben werden.

synchroner, asynchroner Betrieb

10.5.1 ISA-Bus

Der zuerst eingeführte rechnerunabhängige ISA-Bus (Industry Standard Architecture) wurde zunächst für einen 8-Bit-Bus ausgelegt aber später auf 16 Bit erweitert. Dazu kommen 16 Adressleitungen. Die Taktfrequenz beträgt 8MHz. Dieser Bus wurde für die 80286-Prozessoren von Intel entwickelt. Obwohl er für die heutigen Prozessoren unterdimensioniert ist, wird er zusätzlich zum PCI-Bus für weniger anspruchsvolle Erweiterungskarten verwendet.

10.5.2 EISA-Bus

Eine Verbesserung des ISA-Busses ist der EISA-Bus (Extended Industrial Standard Architecture). Er hat einen 32Bit breiten Datenbus und einen ebenso breiten Adressbus. Er ist mit dem ISA-Bus kompatibel, daher beträgt die Taktfrequenz auch 8MHz. Die Kartenstecker sind so konstruiert, dass sie auch die Aufnahme von ISA-Karten erlauben. Der EISA-Bus ist eine Antwort der IBM-Konkurrenz auf den MCA-Bus.

10.5.3 MCA-Bus

Der MCA-Bus (Microchannel Architecture) wurde von IBM als Nachfolger des ISA-Busses entwickelt. Er wurde aber von den meisten Herstellern nicht angenommen. Er ist nicht mehr mit dem ISA-Bus kompatibel. Die Taktrate ist asynchron zur CPU und beträgt 10MHz auf einem 32Bit breiten Datenbus und einem 32 Bit breiten Adressbus.

10.5.4 VLB-Bus

Burst-Mode

Der VLB-Bus (Vesa-Local-Bus) ist eine Entwicklung, die als Alternative zu EISA- und MCA-Bus gelten kann. Das Ziel war, einen preisgünstigen Bus für Grafikkarten zu entwickeln. Es ist ein 32Bit breiter Bus, der prinzipiell einen nach außen fortgesetzten Bus der Intel 80486-Prozessoren darstellt. Der Bustakt und der Prozessortakt werden synchronisiert. Ein *Burst-Mode* ist möglich, wenn ein Block von Daten übertragen werden soll. Dabei muss nur die erste Adresse spezifiziert werden. Dann folgen die Daten ohne weitere Adressierung, so dass eine hohe Datenrate erreicht wird. Die maximale Übertragungsrate beträgt im Burst-Mode bis zu 80MByte/s. Die maximale Anzahl der Teilnehmer hängt vom Prozessortakt ab. Literatur: [10.9, 10.15].

10.5.5 PCI-Bus

Der PCI-Bus ist ein verbreiteter Industriestandard, der in IBM-kompatiblen Rechnern und in Macintosh-Systemen eingesetzt wird. Er ist daher weitgehend von der CPU unabhängig einzusetzen. Er hat einen Bus mit einer Breite von 64Bit, auf dem Daten und Adressen im Zeitmultiplex übertragen werden. Die Zyklusdauer beträgt 30ns. Die maximale Übertragungsrate beträgt 132MByte/s. Es ist möglich, große Datenblöcke im Burst-Mode zu übertragen. Wichtig ist die Fähigkeit der PCI-Karten, die Masterfunktion zu übernehmen, so dass ein Datenaustausch zwischen zwei beliebigen PCI-Karten möglich ist. Damit wird der Prozessor entlastet und die DMA-Funktion übernommen. Eine Erkennung und Konfiguration neuer Karten kann automatisch durchgeführt werden. Literatur: [10.9].

10.5.6 VME-Bus

Der VME-Bus (Versa Module Europa-Bus) ist ursprünglich als Systembus konzipiert worden. Er wird aber heute als rechnertypunabhängiger Bus in vielen Bereichen eingesetzt. Er eignet sich für 16-, 24- und 32-Bit-Übertragungen. Er unterstützt Multiprozessoranwendungen, wobei aber kein Verfahren zu Sicherstellung der Speicher-Kohärenz zur Verfügung steht. Literatur: [10.11].

10.6 Peripheriebusse

Mit Peripheriebussen werden Peripheriegeräte wie Modems, Drucker usw. an Rechner angeschlossen.

10.6.1 IEC-Bus, IEEE 488-Bus

Der IEC-Bus ist ein Bussystem, welches im Wesentlichen für den rechnergestützten Betrieb von Laborgeräten geschaffen wurde. Die Busstruktur kann linear oder sternförmig sein. Sie wird mit Kabeln erzeugt, deren Enden mit einer speziellen Kombination von Stecker und Buchse versehen sind. Es können maximal 15 Teilnehmer angeschlossen werden, die durch eine eigene Adresse gekennzeichnet sind.

Physikalischer Aufbau

Nr	IEEE-Bez.	Beschreibung	Nr.	IEEE-Bez.	Beschreibung
1	DIO1	Datenleitung	10	IFC	Interface clear
2	DIO2	Datenleitung	11	SRQ	Service request
3	DIO3	Datenleitung	12	ATN	Attention
4	DIO4	Datenleitung	13	GND	Masse
5	REN	Remote enable	14	DIO5	Datenleitung
6	EOI	End or identify	15	DIO6	Datenleitung
7	DAV	Data valid	16	DIO7	Datenleitung
8	NRFD	Not ready for data	17	DIO8	Datenleitung
9	NDAC	Data not accepted	18..25	GND	Masse

Tabelle 10.2 25-polige Steckverbindung (IEC 625)

Die 25-polige Steckverbindung ist in Tabelle 10.2 beschrieben. Über den Datenbus werden 8 Bit (ein Byte) parallel übertragen. Auch die Adressen werden über den Datenbus übertragen. Die Kommunikation zwischen Talker und Listener geschieht über ein Handshake mit den Leitungen NRFD, DAV und NDAC. Die Signale sind TTL-kompatibel.

Es wird ein Controller benötigt, der die Übertragung steuert. Ein Talker sendet Daten, ein Listener kann nur Daten empfangen. Auch ein Talker/Listener ist möglich, der beide Funktionen in sich vereint.

10.6.2 USB

Der USB-Bus (Universal Serial Bus) ist ein Bus zum Anschluss von Peripheriegeräten an Computer, wobei besonderer Wert auf die Kompatibilität mit Telekommunikationsgeräten gelegt wurde. Physikalisch besteht der Bus aus einer verdrillten Zweidrahtleitung, auf der das differentiell übertragene Signal übertragen wird und zwei Drähten für die Spannungsversorgung (z.B. für die Maus). Die Busstruktur ist physikalisch gesehen baumförmig. An den Knoten sitzen Verteiler (Hubs). Die Peripheriegeräte werden hier Nodes genannt. Maximal können bis zu 7 Hubs nacheinander geschaltet werden.

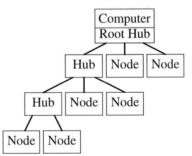

Abbildung 10.16
Aufbau eines Busses mit USB-Schnittstellen

Die Hubs sind reine Verstärker. Sie haben einen Eingang (Upstream Port) und mehrere Ausgänge (Downstream Port). Die Nachrichten werden vom Computer mit der Adresse des Peripheriegerätes versehen, so dass logisch eine Sternstruktur entsteht.

10.6.3 SCSI-Bus

Der SCSI-Bus (Small Computer System Interface) ist ein herstellerunabhängiger Systembus für den Anschluss von Peripheriegeräten an Computer. Er stellt eine Verbesserung des bisher üblichen IDE-Standards für den Anschluss von Festplatten dar. Die Normung umfasst die elektrische Spezifikation sowie die auf dem Bus übertragbaren Befehle soweit sie Festplatten betreffen.

10.6 Peripheriebusse

Der Bus besitzt 8 parallele Daten-Leitungen über die auch Adressen übertragen werden und 9 Steuerleitungen. Man unterscheidet zwischen dem Initiator, das ist das Gerät, welches zu einer Aktion auffordert und dem Target, dem ausführenden Gerät. Es können bis zu 8 Busteilnehmer angeschlossen werden. Will man mehr Teilnehmer anschließen, so benötigt man einen weiteren SCSI-Bus, der über einen SCSI-Adapter angeschlossen wird. Abbildung 10.17 zeigt den Anschluss des SCSI-Busses an den Systembus eines Mikroprozessor-Systems.

Physikalischer Aufbau

Man unterscheidet zwischen 8 Phasen, in denen der Bus sein kann:

- Bus Free Phase: Ruhephase, der Bus ist im Tristate-Zustand
- Arbitration Phase: Auswahl des Initiators
- Command: Es wird ein SCSI-Befehl übertragen
- Selection Phase: Auswahl des Targets
- Reselection Phase: Auswahl des Targets nach Unterbrechung
- Information Transfer Phase: Datenaustausch
- Message In/Out: Steuerbefehle
- Status Phase: Rückmeldung vom Target

Die Daten werden in einem asynchronen Modus im Handshake übertragen. Eine synchrone Betriebsweise ist alternativ möglich. Die Arbitrierung erfolgt nur, wenn mehrere Geräte an den Bus angeschlossen sind, die als Initiator auftreten können. In diesem Fall hat das Gerät mit der höchsten SCSI-ID den ersten Zugriff auf den Bus.

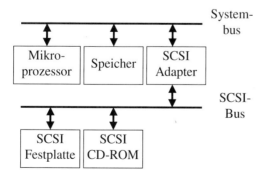

Abbildung 10.17 Anwendung des SCSI-Busses im Rechner

10.7 Netze

10.7.1 Klassifizierung

LAN (Local Area Network) beschränken sich auf die Übertragung innerhalb von Gebäuden oder auf z.B. ein Firmengelände, während WAN (Wide Area Networks) auch weltweite Verbindungen herstellen können. Im Folgenden sind einige Beispiele aufgeführt.

10.7.2 Ethernet /IEEE 802.3

Ethernet ist ein häufig verwendeter Standard für LAN. Er wurde 1972 durch Xerox eingeführt und seitdem mehrfach modifiziert. 1981 wurde der Standard IEEE 802.3 definiert, 1982 Ethernet V2.0. Beide Standards haben das gleiche Zugriffsverfahren. IEEE 802.3 und Ethernet sind in den untersten 3 Schichten des ISO-OSI-Modells angesiedelt.

Physikalischer Aufbau
Es handelt sich um einen seriellen Bus, der Datenraten 10^7Bit/s, Fast Ethernet bis zu 10^8Bit/s und Gigabit Ethernet bis zu 10^9Bit/s übertragen kann. Als Übertragungsmedien sind zwei verschiedene Arten von Koaxialleitungen, verdrillte Zweidrahtleitungen oder Glasfaserkabel möglich.

Tabelle 10.3 Ethernet-Varianten

Bezeichnung	Kabel
10BaseT	Twisted-Pair
10Base2	Dünnes Koaxialkabel
10Base5	Dickes Koaxialkabel
10BaseF	Glasfaserkabel
100BaseT	Twisted-Pair
100BaseF	Glasfaser

Das Kabel wird durch jeden Teilnehmer durchgeschleift und an den Enden reflexionsfrei abgeschlossen. Für das Signal erscheint ein Bus-Teilnehmer transparent, das heißt, er gibt ein Signal so weiter, wie er es bekommen hat. Er kann allerdings an der Überlagerung zweier Signale erkennen, dass zwei Busteilnehmer gleichzeitig senden.

Zuteilungsverfahren
Das *Zuteilungsverfahren* ist CSMA/CD (Carrier Sense Multiple Access with Collision Detection). Bei diesem Verfahren sind alle Stationen gleichberechtigt. Wenn ein Busteilnehmer senden will, prüft er

10.7 Netze

zunächst, ob ein anderer Teilnehmer sendet. Ist das nicht der Fall, so beginnt er zu senden und prüft, ob es eine Kollision mit einem anderen sendenden Teilnehmer gibt. Wird keine Kollision detektiert, wurde die Nachricht ohne Einwirkung eines anderen Teilnehmers übertragen, andernfalls wird ein Jam-Signal (32Bit lang abwechselnd 0 und 1) gesendet und nach einer Wartezeit ein erneuter Versuch gestartet, um die Nachricht zu senden. Damit alle Teilnehmer die Chance haben auch zu senden, muss die Wartezeit genügend lang gewählt werden. Es ist daher ein stochastisches Zugriffsverfahren.

Bei diesem Verfahren ist zunächst zu beachten, dass die gesendete Nachricht so lang ist, dass eine Kollision von einem anderen Teilnehmer erkannt werden kann, bevor sie beendet ist. Es wurde daher festgelegt, dass die Nachricht nicht kürzer als 64Bytes sein darf. Bei einem 8Bit langen Wort und einer Übertragungsrate von 10^7Bit/s dauert das Senden der Nachricht 51,2µs. Damit auch der am weitesten entfernte Teilnehmer in dieser Zeit eine Kollision erkennt, muss das Signal in dieser Zeit beim letzten Teilnehmer angekommen sein. Das schränkt die Anzahl der Busteilnehmer und die maximale Länge des Kabels ein. Daher ist auch die maximale Anzahl der Busteilnehmer und die maximale Kabellänge insbesondere von der Bitrate und vom Hersteller abhängig. Größere Netze sind mit Hilfe einer „Bridge" möglich, die Nachrichten aus dem einen Teil des Netzes aufnimmt, sie gegebenenfalls zwischenspeichert und sie an den anderen Teil des Netzes weitergibt, wenn es frei ist.

Die Daten werden im Ethernet in einem Rahmen übertragen. Es können zwischen 64 und 1518 Bytes übertragen werden. Der Rahmen beginnt mit einer Präambel. Es folgt das Start-Frame-Delimiter-Byte mit der Bitfolge 101011011, an dem der Rahmen synchronisiert wird. In den folgenden 12 Bytes ist die 6Byte lange Adresse des Empfängers und die gleichlange Adresse des Senders enthalten. Die versendeten Adressen werden weltweit nur einmal vergeben. Im Rest des Rahmens wird einer der folgenden 3 Konventionen verwendet: Ethernet II, IEEE 802.3 oder SNAP. Bei der oben dargestellten Ethernet-Konvention folgt das Typ-Feld, welches für das Protokoll der oberen Schichten verwendet wird. Dann folgen die Daten im Daten-Feld. Zum Schluss wird ein FCS-Feld zur Fehlerüberprüfung gesendet. Die Ebenen oberhalb von Ethernet können unter Anderem nach den folgenden Protokollen arbeiten: TCP/IP (Internet Protocol), IPX (Internet Package Exchange) und AppleTalk.

Rahmenaufbau

Präambel	Start-Frame Delimiter	Ziel- und Quelladresse	Typ Feld	Daten	FCS
7Byte	1Byte	Je 6Byte	6Byte	variabel	4Byte

Abbildung 10.18 Rahmenaufbau des Ethernets

10.7.3 Token-Ring, IEEE 802.5

Das Token-Ring-LAN wurde ursprünglich von IBM entwickelt. Es wird aus Teilnehmern aufgebaut, die mit Hilfe von Punkt zu Punkt-Verbindungen zu einem Ring verbunden werden.

Physikalischer Aufbau Als Übertragungsmedium dient ein abgeschirmtes Twisted-Pair-Kabel. Die Leitungs-Codierung geschieht mit Hilfe der Manchester-Codierung. Die Übertragungsrate beträgt 1 bis 4Mbit/s in einer verbesserten Version auch 16Mbit/s.

Zuteilungsverfahren Der Zugriff auf den Bus wird mit einem rotierenden Token geregelt. Das Token kann die Zustände „Frei" oder „Belegt" annehmen. Wenn ein Teilnehmer das Frei-Token erhält, darf er auf den Bus zugreifen und einen Rahmen verschicken. Das Token wird nun in das „Belegt"-Token umgewandelt. Es wird nun so verändert, dass es von den Teilnehmern als Rahmenbeginn erkannt wird. Der Rahmen enthält, wie beim Ethernet auch, Ziel- und Quelladresse. Der Rahmen wird von Teilnehmer zu Teilnehmer weiter gereicht. Die Daten werden bei jedem Teilnehmer um ein Bit verzögert. Der Teilnehmer, für den die Nachricht bestimmt war, kopiert den Dateninhalt und fügt dem übertragenen Rahmen die Information zu, dass die Nachricht gelesen wurde. Der Teilnehmer, der die Nachricht gesendet hat, entfernt den Rahmen wieder aus dem Ring und gibt das Token als Frei-Token weiter, damit ein anderer Teilnehmer senden kann.

Fehlerbehandlung Der Token-Ring, der ja im Grunde ein dezentrales Arbitrierungsverfahren verwendet, arbeitet zusätzlich mit einem speziellen Token-Monitor, um Unterbrechungen des Rings festzustellen. Das kann vorkommen, wenn ein Rahmen nicht gelesen wird, z.B. weil der Teilnehmer ausgefallen ist. Dann würde ohne den Token-Monitor der Rahmen im Ring rotieren und weitere Übertragungen verhindern. Auch der Verlust des Tokens, sowie der Ausfall einer Sendestation während des Sendens wird vom Token-Monitor registriert. Bei einem Ausfall des Token-Monitors übernimmt ein anderer Teilnehmer dessen Aufgabe.

10.7.4 Token-Bus, IEEE 802.4

Im Unterschied zum Token-Ring muss bei diesem Verfahren nicht die Ring-Topologie gewählt werden. Das Zugriffsverfahren ist jedoch gleich. Dazu werden die Teilnehmer jedoch logisch in einem Ring angeordnet, indem jede Station mit einer Adresse versehen wird. Das Token wird an Hand der Folge dieser Adressen weitergereicht.

10.7.5 ISDN

Mit dem ISDN (Integrated Services Digital Network) wurden die verschiedenen Dienste des Fernmeldenetzes zusammengefasst. Es können Sprachsignale, Fax, Datensignale usw. mit diesem Netzwerk übertragen werden.

Ein *digitaler Teilnehmeranschluss* ist in Abbildung 10.19 gezeigt. Die verschiedenen Schnittstellen sind darin markiert. An das digitale ISDN-Netz ist eine Vermittlungsstelle (ET) angeschlossen, die mit den Teilnehmern verbunden ist. Der Netzabschluss NT1 bildet die Isolierung zur Übertragungsstrecke. Der Netzabschluss NT2 ist nicht unbedingt erforderlich. Daher sind die Schnittstellen T und S genormt und identisch. NT2 übernimmt vermittelnde Aufgaben. Sie kann zum Beispiel als Nebenstellenanlage realisiert sein. Das Datenendgerät TE1, welches die ISDN-Schnittstellendefinition R erfüllt, kann direkt an den Netzabschluss NT2 angeschlossen werden. TE1 kann ein ISDN-taugliches Telefon, ein Fax-Gerät oder ein Rechner sein. Analoge Telefongeräte mit a/b-Schnittstelle, hier mit TE2 bezeichnet, werden über einen Terminal-Adapter angeschlossen. Bezüglich der anschließbaren Endgeräte ist eine Vielzahl von Kombinationen möglich.

Digitaler Teilnehmeranschluss

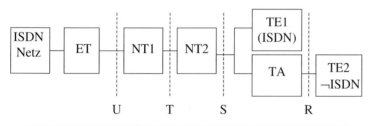

Abbildung 10.19 ISDN Endgerät, Abk. in Tabelle 10.4

Abkürzung	Bezeichnung
ET	Vermittlungsstelle (Exchange Termination)
NT1	Network Termination (Schicht 1)
NT2	Network Termination (Schichten 2 und 3)
TE1, TE2	Endgeräte
TA	Terminal Adapter

Tabelle 10.4 Abkürzungen für Abbildung 10.19

Im ISDN werden dem Benutzer verschiedene *Kanäle* angeboten (Tabelle 10.5), aus denen die Benutzer-Netzschnittstelle gestaltet werden kann. Die Übertragungskapazität für die Schnittstelle kann aus den Kanälen in Tabelle 10.5 zusammengestellt werden. Zusätzlich wird in der Regel ein Hilfskanal installiert. Im Hilfskanal wird die Signalisie-

Kanäle

rung abgewickelt. Überflüssige Kapazität des Hilfskanals kann auch zur Nachrichtenübertragung genutzt werden. Normalerweise wird der D-Kanal, ersatzweise auch der E-Kanal als Hilfskanal genutzt.

Tabelle 10.5
Kanäle des ISDN

Bez.	Nutzung	Bandbreite
A-Kanal	Analoges Telefon	4kHz
B-Kanal	Digital cod. Sprache, Daten	64kBit/s
C-Kanal	Daten	8 oder 16kBit/s
D-Kanal	Daten, Signalisierung	16 oder 64kBit/s
E-Kanal	Signalisierung im ISDN	64kBit/s
H-Kanal	Allgemeiner digitaler Kanal	384 (H0) bis 1920kBit/s (H12)

An den Schnittstellen S und T können verschiedene Kombinationen von Kanälen verwendet werden. Zwei übliche Konfigurationen, der Basisanschluss und der Primärratenanschluss sind in der folgenden Tabelle zusammengefasst.

Tabelle 10.6
ISDN-Anschlüsse

Anschluss	Kanäle	Kapazität
Basis-A.	2 B-Kanäle und 1 16kBit/s- D-Kanal	144kBit/s
Primärraten- A.	30 B-Kanäle und 1 64kBit/s D-Kanal oder	1984kBit/s
	5 H0-Kanäle und 1 64kBit/s D-Kanal oder	1984kBit/s
	23 B-Kanäle und 1 64kBit/s D-Kanal oder	1536kBit/s
	3 H0-Kanäle und 1 64kBit/s D-Kanal	1536kBit/s

Rahmenaufbau Alle Kanäle werden auf der Teilnehmerleitung im Zeitmultiplex zu einem Rahmen zusammengefasst. Als Übertragungscode wird der gleichstromfreie, ternäre AMI-Code (Alternating Mark Inversion Code) verwendet. In Bild 10.20 wird ein Rahmen für die Schnittstelle S (die sogenannte S_0-Schnittstelle) mit 48Bit gezeigt, die in 250µs gesendet werden. Die Übertragungsrate beträgt damit 192kBit/s was sich aus den 144kBit/s für einen Basisanschluss und 48kBit/s für die Synchronisation und für die Signalisierung zusammensetzt. Der Rahmen hat einen unterschiedlichen Aufbau, je nach Richtung des Datentransfers. In Bild 10.20 sind die gleichstromfrei mit dem AMI-Code codierten Bits oben bezeichnet, während Verletzungen des AMI-Codes unter der Zeitachse beschriftet sind. Die Rahmensynchronisation geschieht mit Hilfe dieser AMI-Code-Verletzungen. Um den Rahmen in bestimmten Abschnitten gleichstromfrei zu halten, werden Hilfs-Bits (unten mit L bezeichnet) eingefügt. Dadurch lässt sich das Signal auch über Übertrager ein- und auskoppeln. Damit die Endteilnehmer ihr gesendetes Signal mithören können, ohne dafür einen eigenen Empfänger bereitstellen zu müssen, wird vom Netz der Inhalt des D-Kanals in einem Echokanal, dem E-Kanal zurückgesendet. Bit A dient einer Aktivierung und Deaktivierung der Netzabschlusseinheit und der Speisung des Endteilnehmers aus Energiespargründen. Der Kanal vom Endteilnehmer zum Netz wird mit einem Versatz von 2 Bit relativ zum empfangenen Rahmen gesendet. Literatur: [10.4, 10.8].

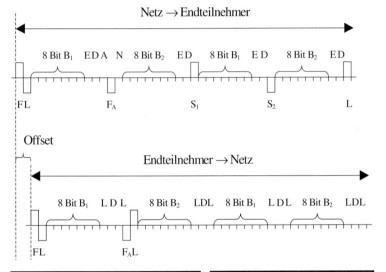

Abbildung 10.20 ISDN- Übertragungsrahmen

Abk.	Beschreibung
F	Rahmensynchronisierung
L	Hilfsbit
F_A	Rahmensynchronisierung
B_1, B_2	Bits der 2 B-Kanäle
Abk.	Beschreibung
D	Bit des D-Kanals
E	Bit des Echokanals
S_1, S_2	Füllbits
A	Bit für Aktivierung

Tabelle 10.7 Abkürzungen für Abbildung 10.20

10.8 Schnittstellen

Eine Schnittstelle ist die genaue Definition der mechanischen, elektrischen und der informationstechnischen Eigenschaften der Signale auf einer Übertragungsstrecke. In realen Systemen wird die Einhaltung der Definition oft durch die Verwendung von Schnittstellenbausteinen sichergestellt. Schnittstellendefinitionen sind oft Teil einer Busdefinition.

10.8.1 Centronics-Schnittstelle

Drucker — Die parallele Schnittstelle an Rechnern wird Centronics-Schnittstelle genannt. Sie wird in der Regel für den *Drucker* verwendet. Diese Schnittstelle ist nur eine Verbindung zwischen zwei Geräten, also kein Bus. Es werden zwei verschiedene Stecker verwendet. Am Rechner befindet sich bei den IBM-kompatiblen PCs ein 25-poliger Miniaturstecker, an den Druckern ein 36-poliger AMP-Stecker. Es werden TTL-Pegel verwendet. Die Datenrate kann bis 0,5MByte/s betragen. Die Übertragung der Daten wird durch ein System von Quittungen, dem Handshake, kontrolliert:

- Der Computer legt ein Datenbyte auf den Signalbus
- Das ¬Strobe-Signal des Rechners wird nach mindestens 0,5µs auf 0 gesetzt und zeigt damit gültige Daten an.
- Der Drucker zeigt durch ¬ACK = 0 an, dass er die Daten übernommen hat.

Der Drucker kann an Stelle des ¬ACK-Signals mit dem ¬Busy-Signal anzeigen, dass er nicht betriebsbereit ist, z.B. wenn kein Papier mehr verfügbar ist. Literatur: [10.12].

10.8.2 RS232, V24

Die RS232 oder V24-Schnittstelle ist nach verschiedenen Normen (DIN 66020, RS233C oder CCITT V24) genormt. Es ist eine serielle Schnittstelle für den langsamen Datenaustausch zwischen einem Datenendgerät und einem Datenübertragungsgerät, also etwa einem Computer und einem Modem. Alternativ kann sie auch zwischen zwei Datenendgeräten verwendet werden. Dann muss aber ein sogenanntes Nullmodem zwischengeschaltet werden. Das ist eine Steckverbindung, bei der die Leitungen so verbunden werden, dass jedes Datenendgerät ein virtuelles Modem sieht. Die Leitungslänge beträgt üblicherweise maximal 15m. Der Signalpegel erfordert für eine 0 eine Spannung zwischen 15V und 3V, während eine 1 zwischen –15V und –3V liegt.

Protokolle — Die Übertragung ist für Duplex-Betrieb ausgelegt. Es gibt eine Sendeleitung TxD und eine Empfangsleitung RxD. Es können zwei verschiedene *Protokolle* verwendet werden: das XON/XOFF-Protokoll, bei dem die Datenübertragung durch ein on-Signal begonnen und ein off-Signal gestoppt wird und das ETX/ACK-Protokoll, welches ein Datenpaket definierter Länge verschickt. Literatur: [10.12].

10.8 Schnittstellen

Abbildung 10.21
9-poliger Stecker der RS233-Schnittstelle

Pin	Signal	Quelle	Erklärung
1	DCD	DÜE	Carrier detect: Empfangspegel hinreichend
2	RxD	DÜE	Received data: Empfangsdaten
3	TxD	DEE	Transmitted data: Sendedaten
4	DTR	DEE	Data terminal ready: DEE betriebsbereit
5	SG	--	Signal ground: Masse
6	DSR	DÜE	Data set ready: Modem bereit
7	RTS	DEE	Request to send: Sendeteil einschalten
8	CTS	DÜE	Clear to send: Sendebereit
9	RI	DÜE	Ring indicate: Anrufsignal

Tabelle 10.8
Pinbelegung des 9-poligen Steckers der RS233-Schnittstelle

10.8.3 RS485

Die RS485-Schnittstelle (ISO 8482 und EIA485) definiert eine Busverbindung, die mit einem zweiadrigen Kabel arbeitet. An den Enden wird das Kabel mit einem Abschlusswiderstand reflexionsfrei abgeschlossen. Für den Voll-Duplex-Betrieb ist ein zweites Adernpaar nötig.

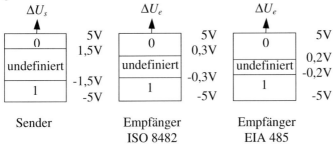

Abbildung 10.22
Signalpegel der RS485-Schnittstelle

Die Leitungslänge kann größer als bei der RS232-Schnittstelle sein: bis zu 1200m sind erlaubt. Die Signalspannung ΔU wird zwischen diesen Adern gemessen. Der Sender muss eine Spannung zwischen 1,5 und 5V für eine logische 0 erzeugen. Außerdem ist in Bild 10.22 der Pegelbereich angegeben, in dem die Empfangssignale liegen dürfen. In der Regel können 32 Teilnehmer angeschlossen werden. Literatur: [10.12, 10.15].

10.8.4 RS422

Die RS422-Schnittstelle ist ähnlich der RS485-Schnittstelle, aber nur für die Verbindung von Punkt zu Punkt geeignet. Literatur: [10.12].

10.9 Literatur

[10.1] Baginski, A. und Müller, M.: *InterBus*. Hüthig, Heidelberg, 1998

[10.2] Bender, K.(Hrsg.): *Profibus*. Hanser, München, 2.Auflage, 1992

[10.3] Blome, W.: *Der Sensor-Aktorbus – Theorie und Praxis des Interbus-S*. Verlag moderne Industrie, Landsberg, 1993

[10.4] Bocker, P.: *ISDN*. Springer, Berlin, 1987

[10.5] Bonfig, K.W.: *Feldbussysteme*. Expert, Renningen, 1995.

[10.6] Dietrich, D.; Loy, D. (Hrsg.): *LON-Technologie*. Hüthig, Heidelberg, 1998

[10.7] Färber, G. (Hrsg.): *Bussysteme*. R. Oldenbourg, München, 1984

[10.8] Kanbach, A. und Körber, A.: *ISDN*. Hüthig, Heidelberg, 1990

[10.9] Kloth, A.: *PCI und VESA Local Bus*. Francis', München, 1994

[10.10] Lawrende, W.: *CAN*. Hüthig, Heidelberg, 1994

[10.11] Peterson, W.D. *VME-Bus-Handbook*. VFEA, Scottsdale, 1993

[10.12] Preuß, L. und Musa, H.: *Computerschnittstellen*. Hanser, München, 2. Auflage, 1993

[10.13] Rose, M.: *DIN-Meßbus*. Hüthig, Heidelberg, 1994

[10.14] Schnell, G.: *Bussysteme in der Automatisierungstechnik*. Vieweg, Wiesbaden, Braunschweig, 1994

[10.15] Schürmann, B.: *Rechnerverbindungsstrukturen*. Vieweg, Wiesbaden, Braunschweig, 1997

Formelzeichen* und Abkürzungen

$a(t)$	zeitabhängige Amplitude einer Schwingung
a_i, b_i	reelle Koeffizienten der Übertragungsfunktion und Systemfunktion
A	Querschnittfläche, Verstärkung, Hexadezimalzahl, Akkumulator
$A(\omega), A(\Omega)$	Dämpfung
A_D	Durchlassdämpfung
A_S	Sperrdämpfung
AC	Alternating Current
ADU	Analog-Digital Umsetzer
ABM	Analog Behavior Modeling
ADPLL	All Digital Phase Locked Loop
ALU	Arithmetisch Logische Einheit
ASIC	Application Specific IC
B	Bandbreite, Basis, Stromverstärkung, Bulk, Hexadezimalzahl
$B(\omega), B(\Omega)$	Phase
BCD-Code	Binär-Codierter Dezimalcode
BiCMOS	Bipolar-CMOS
BJT	Bipolar Junction Transistor, (Bipolartransistor)
C	Kapazität, Kollektor, Takt, Hexadezimal
C_D	Diffusionskapazität
C_J	Sperrschichtkapazität
C_{ox}	Oxidkapazität
CAN	Controller Area Network
CCO	Current Controlled Oscillator
CISC	Complex Instruction Set Computer
Clk, Ck	Takteingang (Clock)

---

* Dies Formelzeichen gelten, solange im unmittelbaren Zusammenhang keine andere Vereinbarung getroffen wurde

CMOS	Complementary Metall Oxid Semiconductor
CMRR	Common Mode Rejection Ratio
CPLD	Complex PLD
CPU	Central Processing Unit
D	Diode, Drain, Dezimal, Dateneingang, Hexadezimal
D_n, D_p	Diffusionskoeffizient der Elektronen bzw. Löcher
DARAM	Dual Access-RAM
DAU	Digital-Analog Umsetzer
DC	Direct Current, Direct-Coupled
DDS	Direct-Digital-Synthesizer
DFT	Discret Fourier Transformation
DMA	Direct Memory Access
DMF	Disjunktive Minimalform
DPLL	Digital PLL
DSP	Digitaler Signalprozessor
E	Emitter, Feldstärke, spannungsgesteuerte Spannungsquelle, Hexadezimal
ECPD	Edge Controlled Phase Detector
EM	Einfachmitkopplung
EMM	Ebers-Moll Modell
EXOR-PD	Exklusiv OR Phase Detector
f	Frequenz
f_T	Transitfrequenz
F	Rauschzahl, Hexadezimal, Rahmensynchronisierung, stromgesteuerte Stromquelle
FET	Feldeffekt-Transistor
FF	Flipflop
FFT	Fast Fourier Transform (schnelle Fourier-Transformation)
FPGA	Field Programmable Gate Array
FS	Full Scale
g	reeller Leitwert, Schleifenverstärkung

G	reeller Leitwert, spannungsgesteuerte Stromquelle, Generationsrate, Gate
g_m	Übertragungsleitwert
GPM	Gummel-Poon Modell
GRM	Generelle Routing-Matrix
GSM	Global System for Mobile Communication
$h(t)$	Impulsantwort
H	High-Pegel, Hexadezimal, stromgesteuerte Spannungsquelle
$H(j\omega), H(j\Omega)$	Übertragungsfunktion, komplexer Frequenzgang eines zeitkontinuierlichen LZI Systems
$H(\omega), H(\Omega)$	Betragsfrequenzgang, Amplitudengang, Amplitudencharakteristik
$H(s), H(S)$	Übertragungsfunktion (Systemfunktion) eines zeitkontinuierlichen Systems (Laplace)
$H(z)$	Übertragungsfunktion eines zeitdiskreten LZI Systems im z-Bereich
i, I	Strom
IC	Integrated Circuit, Integrierte Schaltung
I_S	Sättigungsstrom
ISA	Industry Standard Architecture
ISDN	Integrated Services Digital Network
j	$\sqrt{-1}$
J	Stromdichte, JFET
JFET	Junction Field Effect Transistor (Sperrschicht-Feldeffekttransistor)
J_S	Sperrschichtstromdichte
k	Boltzmann - Konstante
K	Konversionskonstante, Scale Factor
K_d	Konversionskonstante des PD (phase detector gain)
K_v	Konversionskonstante des VCO
KDNF	Kanonische disjunktive Normalform
KKNF	Kanonische konjunktive Normalform
l	Kanallänge bei FET
L	Induktivität, Low- Pegel, Kanallänge beim FET

$L(j\omega)$, $L(s)$	Loop Gain (Schleifenverstärkung)
LAN	Local Area Network
LDI	Lossless Discrete Integrator
LF	Leapfrog
LPLL	Linearer Phasenregelkreis
LSB	Least Significant Bit
LTI, LZI	Linear and Time Invariant, Linear und Zeitinvariant
LTSpice	Spice3 – Simulator der Fa. Linear Technology
LUT	Look-Up-Table
m	Modulationsindex, Modulationsgrad
M	Gegeninduktivität, MOS-Transistor
MSB	Most Significant Bit
MOS	Metal-Oxide-Semiconductor
MUX	Multiplexer
n	Variable für diskrete Zeit, Elektronendichte
N	Nullstelle, Windungszahl
N_A	Akzeptordichte
N_D	Donatordichte
O	Ordnung des LPLL
OP	Operationsverstärker
OSR	Oversamplingrate
OTA	Operational Transconductance Amplifier
p	Löcherdichte
P	Polstelle
PAL	Programmable AND- Array Logic
PLA	Programmable Logic Array
PLD	Programmable Logic Device
PLL	Phase Locked Loop, Phasenregelkreis
$PSSR$	Power Supply Rejection Ratio
q	Elementarladung

Q		Ladung, Bipolartransistor, Güte, Schwingquarz, Digital Ausgang
R		Rekombinationsrate, Widerstand, Reset
RAM		Random Access Memory
RISC		Reduced Instruction Set Computer
RLZ		Raumladungszone
ROM		Read Only Memory
RTL		Register-Transfer Level
$s=\sigma+j\omega$		Laplace Operator
$s(t)$		Sprungfunktion
S		Steilheit, Laplace Operator (normiert), Source, Set
SC		Switched Capacitor, Schalterkondensator
SCSI		Small Computer System Interface
sgn, sign		Signum-Funktion
S/H		Sample/Hold
si(x)		Abkürzung für $\dfrac{\sin x}{x}$
SNR		Signal-Noise-Ratio
SPICE		Simulation Program with Integrated Circuit Emphasis
SR		Slew Rate
SRD		Sampling-Rate-Decreaser (Abtastfrequenzverminderer)
SRI		Sampling-Rate-Increaser (Abtastfrequenzerhöher)
SSB		Single Sideband
t		Variable für kontinuierliche Zeit
T		Periode, absolute Temperatur, Abtastintervall
T(s)		Systemfunktion des LPLL
TTL		Transistor-Transistor-Logic
$U; U_T$		Spannung; Temperaturspannung
UMTS		Universal Mobile Telecommunication System
USB		Universal Serial Bus
$V; V_T$		Spannung; Temperaturspannung, Verstärkung

VCCS	Voltage Controlled Current Source
VCO	Voltage Controlled Oscillator
VCVS	Voltage Controlled Voltage Source
VHDL	Very High Speed IC Hardware Description Language
VLSI	Very Large Scale Integration
w, W	Kanalbreite beim FET
WAN	Wide Area Networks
$\neg x$	NOT x
z	Komplexe Variable für z-Transformation
α, β	Stromverstärkungsfaktor
γ	Substratfaktor
$\delta(t)$	Dirac-Impuls
ε	Dielektrizitätskonstante, Nichtlinearitätsfaktor
φ	Phasenwinkel
ϕ_F	Fermipotential
ζ	Dämpfungsfaktor
μ	Beweglichkeit
π	3.141592654
Π	Multiplikationssymbol
ρ	Raumladung
Σ	Summationssymbol
τ	Laufzeit, normierte Zeit
τ_F	Transitzeit
$\psi(t)$	Phasenfehler
Ψ	Das elektrische Potential im Halbleiter
ω	Kreisfrequenz
Ω	Normierte Frequenz

Sachwortverzeichnis

ΔΣ-Modulator 285, 287
ΔΣ-Modulator erster Ordnung 286
ΔΣ-Modulators zweiten Grades 287
ΔΣ-DA-Umsetzer 273
1-Bit DA 273
2-stellige Binärfunktionen 384
Aborts 470
Abrupter *pn*-Übergang 6
Abtast-Halteschaltung 252, 256
Abtasttheorem 253
Abtastung 253
Abtastung mit Dirac-Folge 254
Abzweigschaltung 235
Addition 404
ADPLL 303, 326
  FSK Demodulator 329
Adressbus 447
Adressierungsarten 451, 468, 480, 491
ADU 274
AD-Umsetzer
  Apertur-Jitter 276
  Auflösung 275
  Delta-Sigma- 285
  Linearitätsfehler 275
  Mehrschrittverfahren 279
  Nachlauf 282
  Nullpunktfehler 275

Oversampling 283
Oversampling-Prinzip 283
Parallelverfahren 277
Quantisierungsrauschen 275
SNR 275
Wägeverfahren 280
Zwei-Rampen 282
Aktiver Vorwärtsbetrieb 29
Akzeptordichte 5
Allpass 228, 242
  Gruppenlaufzeit 234
Alternating Mark Inversion Code 520
AM-Modulator 299
AM-Demodulator 301
Analog-Digital Umsetzer 274
Analog-Multiplizierer 289
Analogrechner-Oszillator 355
Anreicherungstransistor 49
Ansteuergleichungen 401
Ansteuertabelle 400
Antialiasing-Filter 253
Antifuse 426
anwendungsspezifisch 415
  Masken 413
Application Layer 498
Application Specific Integrated Circuit
  siehe ASIC

Approximation
　Allpass 233
　Bessel 233
　Butterworth 230
　Cauer (elliptische) 232
　Inverse Tschebyscheff 232
　Tschebyscheff 231
Approximationsverfahren 230
äquivalente Rauschdichten 135
äquivalentes Eingangsrauschen 189
Arbeitsgerade 86
Architecture 433
Arithmetisch-Logische Einheit (ALU) 448
Array 414
artanh-Kompensations-Schaltung 295
ASIC
　Entwurfsstil 413
　Gate Array 414
　Klassifikation 412
　Makrozellen 414
　Produktion 413
　Programmierbare Logik 415
　Standardzellen 413
　Verdrahtung 413
Asynchroner Zähler 406
Ausgangskennlinienfeld 30
Ausgangsleitwert 40
Auxiliary Register 486
Avalanche-Abbruch 39, 75

Back-Gate 79
Backus-Naur Form 435
Balanced-Modulator 295
Bandabstands-Referenz 98, 260
　Beispiele 263
　Bipolare 260
　CMOS 262
　SC-Realisierung 263
　Verbesserte 262
Bandsabstandsspannung 261
Bandgap-Referenzschaltung 98, 99, 260
Bandgap-Referenzspannungsquelle 98
Bandpass 240
Basisanschluss 520

Basisladung 32
Basisstrom 34
Basisweitenmodulation 37
Bedingte Signalzuweisung 438
Befehlsdecoder 461
Befehlsspeicher 461
Benutzer-Netzschnittstelle 519
Beschreibungssprache 427
Bessel-Polynom 233
Besseltiefpass
　Filterkenngrößen 234
Betragsfrequenzgang 222
Betriebsspannungsunterdrückung 134
Betriebszustände des npn-Transistors 28
Beweglichkeitsreduktion 71
Bezugsfrequenz 225
Bezugsknoten 168
Bezugswiderstand 225
BiCMOS Sample and Hold 259
BiCMOS-Technologie 127
Bilanzgleichungen 3
Binärfunktion 383
Binärzähler 406
Bipolar-CMOS-Technologie 127
Bipolartransistor 20, 21, 28
　Abfallzeit 45
　Anstiegszeit 45
　Großsignalverhalten 44
　Speicherzeit 45
　Verzögerungszeit 44
Biquad 241
Biquad-Struktur 249
Bitbus 508
BodeDiagramm 144
Bootprogramm 474
Bridge 499
BSIM3 75
Buried Layer 20
Burst-Mode 512
Bus 449
Bus-Arbitierung 501
Businterface 461
Bus-Master 502
Bus-Slave 502
Bus-Struktur 486

Sachwortverzeichnis

Cache 456
Cache-Kohärenz 513
CAN-Bus 506
Carry 404, 448, 473
Carry & Control-Logik 423
Carry Generate 405
Carry Propagate 405
Carry-Look-Ahead Addierer 405
Carry-Look-Ahead-Generator 405
case-Anweisung 440
Cauer-Tiefpass 232
Centronics-Schnittstelle 522
Charge Pump 323
Clapp-Oszillator 344
Clock Generator 359
CMOS- NAND-Gatter 122
CMOS Quarz- Oszillator 359
CMOS-Bandabstands-Referenz 263
CMOS-Differenzverstärker 111
CMOS-Differenzverstärker mit Stromspiegellast 112
CMOS-Funktionalschaltungen 123
CMOS-Gatterschaltungen 121
CMOS-Inverter 117
CMOS-Multiplizierer 297
CMOS-NOR-Gatter 123
CMRR 110
Code 380
Codes
　BCD-Codes 382
　Binärcode 380
　Gray-Codes 381
　Hexadezimalcode 381
　zyklische Gray-Codes 381
Code-Wandler 402
Codierung 380
Colpitts-Oszillator 344, 346
Colpitts-Quarzoszillator 359
CommonCentroid 214
Component 433
CPLD 419
CSMA 501
CSMA/CD 516
Current Controlled Oscillator 367

Daisy-Chain 501
Dämpfung 222
Dämpfungsfaktor 307
DARAM 486
DarlingtonSchaltung 148
Darlington-Transistor 95
　npn 95
　pnp 96
Data Link Layer 498
Datenbus 447
Datenendgerät 522
Datentyp 431
DAU 264
DAU für bipolare Ausgangsspannung 271
DAU mit gestuften Kapazitäten 267
DAU mit gestuften Widerständen 267
DAU mit Spannungsteiler 266
DA-Umsetzer 264
　Auflösung 264, 265
　CMOS-Schalter 269
　Einschwingzeit 265
　Glitche 265
　Indirekte 271
　Kenngrößen 265
　Linearität 265
　Nullpunktfehler 265
　Oversampling 272
　Parallelverfahren 266
　Signal-Rausch-Verhältnis 265
　SNR 265
　Stromschalter 270
　Total Harmonic Distortion (THD) 266
　Vierquadrant Multiplizierender 269
DA-Umsetzer mit R-2R Leiternetzwerk 268
DA-Umsetzer-Typen 274
DDS 377
Decodierung 489
Dekodierung 380
Delta-Sigma AD-Umsetzer 285
Delta-Sigma- Modulator 273
Depletionschicht 181
Design-Unit 430
Devicemodelle 3

Dezimalzahl 381
Dezimierer 283, 284
Dezimierungsfilter 284
Differenz-Eingangswiderstand 135
Differenzintegrator 247
Differenzsignal 106
Differenzverstärker 106, 147
   Bipolarer 107
   CMOS 111
   mit aktiver Last 110
   mit Stromspiegellast 111
Differenzverstärkung 107, 133
Diffusion und Rekombination 9
Diffusionskapazität 14, 15, 185, 186, 187
Diffusionsladung 14, 32
Diffusionsladungen 35
Diffusionsspannung 4
Digital Approximator 280
Digital Controlled Oscillator 355
Digital-Analog-Umsetzer 264
digitale Fehlerkorrektur 278
Digitale Funktionsgeneratoren 376
Digitale Grundschaltungen 112, 125
Digitaler Inverter 112
Digitaler Phasenregelkreis 317
Digitales Eingangssignal 264
DIN-Meßbus 510
Dirac-Folge 254
Direct Memory Access (DMA) 457
Direct-Digital-Synthesizer 377
Direkte Adressierung 452, 468, 492
Direkte Methode 224
direkte Synthese 224
Direktoperand-Adressierung 451, 468
Disjunktive Minimalform DMF 388
Distanzgesetz 213
Distributivgesetze 385
don't care-Terme 389
DPLL 303, 317
   Anwendungen 332
   Frequenzsynthese 332
DPLL mit Dual-Modulus-Prescaler 333
Dreieck-Rechteck-Schwingung 362
Dreieck-Sinus-Diodennetzwerk 369
Dreieck-Sinus-Umsetzer 369
Dreieck-Sinuswandler mit Differenzver-
   stärker 370
Dreieck-Sinuswandler mit JFET 370
Dreipunktschaltung 344
DSSC-Modulator 300
DTL-Inverter 125, 126
Dual Slope ADC 282
Dünnoxidkapazität 183
Dynamische BiCMOS-Treiberstufe
   128
Dynamische Umsetzfehler 276
dynamische Verlustleistung 117
Dynamisches Gummel-Poon-Modell
   35
Dynamisches Verhalten der Diode 12
Dynamisches Verhalten des CMOS
   Inverters 119
Dynamisches Verhalten von Invertern
   115

Early-Effekt 37
Early-Spannungen 33, 34
Ebers-Moll-Gleichungen 23
Ebers-Moll-Modell 23
ECPD 319, 320
ECPD Phasendetektor 320
Edge Controlled Phase Detector 319
Effekt schmaler Kanäle 70
Eindimensionale Darstellung der Tran-
   sistorstruktur 21
Eindimensionale Struktur 3
Einfachmitkopplung 237, 238, 239
Eingangs-Offset-Spannung 107
Einquadranten-Multiplizierer 291
Einschwingverhalten des PLL 310
Einseitig abrupter *pn*-Übergang 6
Einstein-Relation 5, 23
Einstufige CMOS-Verstärker 104
EISA-Bus 512
Emitterfolger 91
Emittergekoppelter LC-Oszillator 347
Emittergekoppelter Multivibrator 373
Emittergekoppelter Multivibrator als
   VCO 374
Emittergekoppelter Quarzmultivibrator
   359

Entity 430
Entwurfsphase 428
Entzerrer 255
Epitaxie 20
Ergebnistabelle 399
Ersatzschaltbild des 358
Ersatzschaltbild des EMM 25
Erweitertes Modell des MOS Transistors 65
Ethernet 516
Exceptions 470
EXOR-Phasendetektor 318

Faltung 494
Faltungssatz 254
Färbung 285
Faults 470
Feinquantisierer 278
Fermipotential 52
Festwertspeicher 449
Field Programmable Gate Array 420
Filter 221
   Aktive 221
Filterentwurf 223
Filterprogramme 251
Filtertypen 226, 228
FIR-Tiefpassfilter 284
Flachbandspannung 54
Flächengesetz 212
Flag 448, 463
Flag-Register 448
Flash ADU 277
   monolithisch 278
Flipflop 391
   D-Flipflop 393
   JK-Flipflop 395
   Master-Slave-Flipflop 394
   RS-Flipflop 391, 392
   T-Flipflop 395
FM Demodulator 330
For - Schleife 441
Fourier-Transformation 253
Fouriertransformierte 222, 253
FPGA 420
Frequenzgang 134

Frequenzgangkorrektur 145
Frequenzmultiplex 501
Frequenzsynthese 332, 334, 335
Frequenzteiler 407
Frequenztransformationen 228
Frequenzverdoppler 300
Frequenzverhalten 139
Frequenzverhalten der Stromverstärkung 41
FTC 253
FTD 253
Full Scale Range 274
Full-Custom-Entwurf 413
Full-Custom-IC 412
Funkelrauschen 197
Funktionalität
   anwendungsspezifische 412
Funktionsgenerator 360, 366, 421
   LUT 421
   Multiplexer 422
Funktionsgenerator mit Konstantstromquellen 366
Funktionsweise von CMOS-Gatterschaltungen 122

GAL 419
Gate 414
Gate Array 414
   Sea of Gates 415
   Verdrahtung 414
   Zellbibliothek 415
GateBulkSpannung 181
GateDrainKapazität 185
Gate-Kanal-Modell 75, 77
Gateway 500
Gegenkopplung 137
Generelle Routing Matrix 425
Gesetze der Booleschen Algebra 384
   Absorptionsgesetz 385
   Assoziativgesetz 384
   De Morgansche Theoreme 385
   Distributivgesetz 384
   Existenz der komplementären Elemente 385
   Existenz der neutralen Elemente 385

Kommutativgesetz 384
Shannonscher Satz 385
Gewicht 380
Gilbert Zelle 293
Gleichstrom Arbeitspunkt 84
Gleichtaktlage 143
Gleichtaktlagenunterdrückung 133
Gleichtaktsignal 106
Gleichtaktunterdrückung 107
Gleichtaktverstärkung 107, 133
Gleichtaktwiderstand 135
Gradual Channel Approximation 51
Granularität 421
Grenzzyklus 340, 353
Grenzzyklus in der Zustandsebene 361
Großsignalmodell der Diode 16
Großsignalverhalten 44
Grundschaltung
   Basis- 93
   Emitter- 89
   Emitter- und Source 86
   Großsignal-Ersatzschaltbild 87
   Kleinsignalanalyse 88
   Kleinsignal-Ersatzschaltbild 88
   Kleinsignal-Ersatzschaltbild 90
   Kollektor- 91
   Source- 86, 106
   Spannungsverstärkung 89
Grundschaltungen 83
   Bipolare digitale 125
   des Bipolaren Transistors 84
   Digitale 112
   Einstufige 83
Grundwellen Quarzoszillator 359
Grundwellen-Quarzoszillator 358
Gruppenlaufzeit 223
   Frequenzgang 235
Gummel-Plot 36
Gummel-Poon-Modell 31
Gummel-Zahl 24

Halbleitergrundgleichungen 2
Handshake 478
Hartley-Oszillator 344, 346
Havard–Architektur 483

Herstelltechnologien 142
Heuristische-Modelle 69
Hilfskanal 519
Hochinjektion 38
Hochpass 240
Hochstromeffekte 38
Hub 514
Hysterekurve 161

I/O-Block 424
IC 412
Ideale Diode 10
ideale Tiefpassfilterung 254
Idealisierte Spannungs- und
   Stromquelle 96
Identifier 435
IEC-Bus 513
IEEE 488-Bus 513
if - Anweisung 441
Impedanzwandler 93
Impulsantwort 222
Index 465
Indirekte Adressierung 492
Induktive Dreipunktschaltung 344
Injektionsmodell 26, 28
Injektionsmodell nach 27
Input Capture-Register 476
Integrierte Funktionsgeneratoren 368
Integrierte PLL Schaltungen 324
Integrierte SC-Filter 251
Integrierter Bipolartransistor 19
InterBus-S 509
Interpolation 254
Interpolationsfilter 272
Interpolator 272, 273
Interrupt 455, 469, 473
Interruptsteuerung 449
Inverter 157
ISA-Bus 511
ISDN 519
ISDN- Übertragungsrahmen 521
ISDN-Kanäle 520
Isolationsdiffusion 20
ISO-OSI-Referenzmodell 497
JK-Flipflop 395

Kanalstrom 61
Kanalverkürzung 68
Kanonische disjunktive Normalform 386, 417
Kanonische konjunktive Normalform 387
Kapazitäten
 parasitäre 179, 182, 187
Kapazitive Dreipunktschaltung 344
Karnaugh-Veitch-Diagramm 387
Kaskadenfilter 225
Kaskadenschaltung 94
Kaskadensynthese 225, 237
 Aktive Filter 237
 Teilsystem ersten Grades 237
 Teilsysteme zweiten Grades 238-242
Kaskadenumsetzer 278
KDNF 386
Kenngrößen des DPLL 325
Kenngrößen einer Abtast-Halteschaltung 256
Kennlinie des PFD 322
Kennlinie des Phasendetektors 305
Kettenleiternetzwerke 266
KKNF 387
Klassifikation von Signalen 252
Kleinsignal-Konversionskonstante 294
Kleinsignal-Leitwert 17
Kleinsignalmodell der Diode 16
Kleinsignalmodell des bipolaren Transistors 39
KleinsignalWechselstromanalyse 174
Knieströme 34
kombinatorische Schaltung 390
Kompaktmodelle 3
Komparator 156
 mit Hysterese 160
 mit Selbstabgleich 164
 zweistufige 160
Komparator Rauschen 160
Komparator-Latch-Schaltung 277
Kompensations- 282
Komplementär CMOS Oszillator 349
komplexe Frequenz 226
Komponenten 430
Komponenten-Deklaration 434
Komponenten-Instanz 434

Konstante 432
Konstantspannungsquelle 97
Konstantstromquelle 99
Konstantstromquellen 149
Konversionskonstante 296
Korrelationskoeffizient 192
Kreuzkorrelationsfunktion 192
kritische Punkte 112
kundenspezifisch *siehe* anwendungsspezifisch
Kurzkanaleffekt 69
Kurzkanaltransistor 52
Kurzschlussstrombegrenzung 143

Ladungsträgerinjektion 9
LAN 516
Laplace-Transformation 223
Lateraler *pnp*-Transistor 46
Layoutsynthese 429
LC Oszillator 342
LC-Oszillator
 Differentielle Schaltung 348
 Grundschaltungen 342
LC-Oszillator mit Tunneldiode 337, 338
LDI-Differenzintegrator 247
LDI-SC-Integrator 246
Leapfrog-Filter 235
Leitwerk 447, 449
LF-Entwurfsverfahren 235
LF-Struktur
 Aktive RC-Realisierung 236
 Signalflussgraph 236
Lineare Modulation 299
Lineare Oszillatoren 336
Lineare Schaltungen 221
Linearer Modulator 300
Listener 514
Löcherdichte 5
LOCOS-Technologie 50
Logik-Block 421
Logik-Gatter 414
Logiksynthese 429
Logik-Zelle 423
Logische Befehle 453

LON-Bus 503
Look-Up-Table 417, 421
Loop-Anweisung 441
Loop-Filter 307
LPLL 303
  Anwendungen 330
  Ausrastbereich 317
  Betragsfrequenzgang der Systemfunktion 308
  Fangbereich 315
  Fangzeit 316
  Fehlerübertragungsfunktion 307
  Filterparameter 309
  FM Demodulator 330
  FSK Demodulator 331
  Haltebereich 314
  Kenngrößen 314
  Ordnung O 307
  Typ T 307
  Ziehbereich 316
  Ziehzeit 316
LTSpice 2, 297, 312
LUT 421
LZI-Systeme 221

MAC-Befehl 493
Makrozellen 414
Makrozellen-Entwurf 414
Maske 412
Massenspeicher 449
Matching 210
Maxterm 387
MCA-Bus 512
Mealy-Schaltwerk 396
Mehrfachgegenkopplung 237, 238
Meißner Oszillator 343, 344
Memory-Mapped Register 487
Messung des 1/f Rauschens 198
Methode der harmonischen Balance 342
Methode der Perturbation 341
Mikrocontroller 471
Miller-Effekt 188
Miller-Kapazität 91, 145
Miller-Kompensation 150, 188
Mindestphasensystem 226

Minimalcode 380
minimalphasig 226
Minoritätsträger 8
Minterm 386
Mismatch 210
Mitkopplung 138
Mittelungsmethode 339
Mnemonics 450
Mode 431
Modell der digitalen Signalverarbeitung 255
Modell des $\Delta\Sigma$-Modulators 286
Modelle bipolarer Transistoren 19
Modelle für pnp-Transistoren 46
Modelle für pn-Übergänge 3
Modulierbarer Funktionsgenerator 367
Modulo K Counter 326
Moore-Schaltwerk 396
MOS 62
MOS Transistor
  Frequenzverhalten 79
  Großsignalmodell 75
  Kleinsignal-Ersatzschaltbild 77
MOS–Feldeffekttransistor 47
MOSFET 47
MOSFET-Wechselschalter 244
MOS-Kondensator 48
MOS-Struktur bei schwacher Inversion 56
MOS-Struktur bei starker Inversion 56
MOS-Struktur im Anreicherungszustand 54
MOS-Struktur im Flachbandzustand 53
MOS-Struktur im Verarmungszustand 55
MOS-Transistortypen 49
MOS-Wilson-Stromquelle 104
MSB-Segmentierung 271
Multibit-Delta-Sigma-Modulator 273
Multifunktionskonverter 290, 291
Multiplexer 402
Multiplizierer 289, 292-298
  Anwendungen 299
Multiply- and Accumulate-Befehl 493
Nachlauf-ADU 282
NAND-Gatter 122

NCO 377
Nebenläufige Signalzuweisung 437
negative Logik 379
Network Layer 498
Netzliste 166
Nichtideale Effekte 37, 68
Nichtlineare Analyse des PLL 311
Nichtlineare Differentialgleichung 338
Nichtlineare Schaltungen 289
Nichtlinearitätsfaktor 339
NMOS Modellgleichungen 63
NMOS-Stromspiegel 103
NMOS-Transistor 48, 50
NMOS-Verstärkerstufe 86
NMOS-Wilson-Stromquelle 104
Node 514
Noise Shaping 285
NOR-Gatter 123
normierte Systemfunktion 226
Normierung 225
Normierungsgrößen 225
npn-Transistor 21
Nullmodem 522
Nulstellen 224
Numeric-Controlled-Oscillator 377
Nyquistfrequenz 276
Nyquist-Rate 272

Oberflächenkapazität 185
Oberflächenpotential 52
Oberwellen-Quarzoszillator 358
ODER-Matrix 416
Offset 133
Offsetabgleich 142
Offsetkompensation 148
Operatoren 436
OSR 283
Oszillatoren 335
Output-Compare-Register 477
Overflow-Flag 485
Oversampling ADU mit Dezimierer 284
Oversampling AD-Umsetzer 283
Oversampling DAU mit Interpolator 273
Oversampling DA-Umsetzer 272
Oversampling-Prinzip 272

Oversamplingrate 272

P/N - Schema 224
Paarigkeit 210
Paarigkeitsverhalten 179
Package 434
Pads 414
Paging 467
PAL 417
Parameterstreuungen 179
PCI-Bus 512
Personalisierung 416
PFD 320
Phase 222
Phase Locked Loop 303
Phasendetektor 302
    Abtast-Halteschaltung 314
    EXOR 318
    mit Frequenzteiler 324
    n-State 324
    Zwei-Zustand 319
Phasenfehler 305
Phasen-Frequenzdetektor 320
    Z-State 321
Phasenfrequenzgang 222
Phasenregelkreis 303
    linearer 304
    lineares Modell 306
Phasenreserve 135, 144, 146
Physical Layer 498
Physikalische Verbindung 498
Pierce-Oszillator 359
Pinch-Off-Effekt 63
Pipeline 458, 489
Pipelined ADU 279, 280
P-Kanal-Transistoren 67
PLA 417
PLD 415, 416
    GAL 419
    PAL 417
    Personalisierung 416
    PLA 417
    Programmierung 416
    ROM 417
    Verdrahtung 415

PLL 303
   Anwendungen 329
   Dämpfungsfaktor 307
   Einschwingverhalten 310
   Fehlerübertragungsfunktion 307
   Klassifikation 303
   Netzliste 313
   Nichtlineare Analyse 311
   Schleifenfilter 307
PMOS-Stromquelle als aktive Last 105
PMOS-Stromspiegel 104
PMOS-Transistor 49
pn-Diode in Flussrichtung 6,7
pn-Diode im Gleichgewicht 4
pn-Diode in Sperrrichtung 9
P-Net-Bus 504
pnp-Transistor 46
pn-Übergang 3, 4
Poissongleichung 2
Pole 224
Polfrequenz 224
Polgüte 224
Polling 501
Port 431
positive Logik 379
Potenztiefpass 230
Prefetch 489
Prefetch-Queue 461
Prescaler 334
Presentation Layer 498
Primärratenanschluss 520
Prinzip der Ladungssteuerung 32
Prinzip des Dreieckgenerators 360
Prinzip des linearen Oszillators 337
Priorität 501
Process 439
Produktterm 418
Profi-Bus 507
Programmable AND-Array Logic *siehe* PAL
Programmable Logic Array *siehe* PLA
Programmable Logic Device *siehe* PLD
Programmierbare Logik 415
   CPLD 419
   Field Programmable Gate Array 420
   FPGA 420

   Konfiguration 415
programmierbare Schalter 416
Programmier-Technologie 426
   Antifuse 426
   EPROM-basiert 426
   SRAM-basiert 426
Propagationszeit 157
Protected-Mode 464
Pseudotetraden 381
PSpice 2, 166, 297, 312
PSRR 134
Pulldown-Netzwerk 121
Pullup-Netzwerk 121
Puls-Akkumulator 477
Punch-Through-Effekt 39
Punch-Trough 75
PWM-DAU 271

Quantisierung 253
Quantisierungsfehler 275
Quantisierungsstufen 264
Quarzoszillator 357
Quasilineares System 339
Quellenschaltungen 96

R-2R-Abzweignetzwerke 266
Rahmen 506
Raumladungszone 4
Rausch-Effektivwert 190
Rauschen 188
   1/f 197, 204
   Bipolartransistor 204
   elektronisches 195
   Halbleiterdiode 201
   induziertes Gate 199
   MOS-Transistor 202
   Schrot 195
   Stoß 199
   thermisches 196
   weißes 190, 197
   Widerstand 200
Rauschersatzschaltbilder 200
   Bipolartransistor 204
   Halbleiterdiode 201

MOS-Transistor 202
Rauschmodelle 189, 195
Widerstand 200
Rauschformung 285
Rauschspannungsspektraldichte 191
Rauschstromspektraldichte 191
Rauschzahl F 195
Rayleigh-Differentialgleichung 360, 361
RC-Oszillator 350
Read Only Memory 417
Real Mode 464
Reale Dioden 15
Rechenwerk 447
Rechnerarchitektur 459
redundanter Code 380
Referenzfilter 225
Referenzspannungsquelle 97, 260
Register 449
Registerindirekte Adressierung 452
Rekombination 25, 34
Rekombinationsstrom 29
relative Basisladung 34
Relaxationsschwingung 360, 361
Repeater 498
Reservierte Wörter 436
Ripple 328
Ripple Carry-Adder 404
Ripple-Cancellation 328
RLC-Abzweigfilter 235
ROM 417
Router 499
RS232 522
RS422 524
RS485 523
RTL-Inverter 125

S/H 256
S/H Kenngrößen
   Apertur-Jitter 257
   Aperturzeit 257
   Durchgriff 257
   Einschwingzeit 257
   Einstellzeit 257
   Haltedrift 257
   Pedestal 257

Slew Rate 257
S/H mit Gegenkopplung 258
S/H mit Integrator-Struktur 258
S/H Schaltungen
   Realisierung 257
S/H-Phasendetektor 314
S/H-Schaltungen 259
Sample & Hold 252
Sample (Track) und Hold mit
   Diodenbrücke 259
Sample and Hold (S/H) 256
Sampling-Rate-Decreaser 283
Sampling-Rate-Increaser 272
SAR 281
Sättigung 63
Sättigungsspannung 29
SC-Tiefpass 249
SC-Filter 243, 249, 251
   Zeitkonstante 247
SC-Filterblock ersten Grades 249
SC-Filterblock zweiten Grades 249, 250
Schaltalgebra 383
Schalterkondensator-Filter 243
Schaltfunktion 383
   Antivalenz 383
   Äquivalenz 383
   Exklusiv-Oder 383
   NAND 383
   NOR 383
Schalthysterese 364
Schaltnetz 390
Schaltungssimulatoren 1
Schaltvariablen 383
Schleifenfilter 305
Schmitt-Trigger 362, 363
Schmitt-Trigger mit Operationsverstärkern 365
Schmitt-Trigger Schaltungen 363
Schottky-Diode 46
Schreib-Lesespeicher 449
Schrotrauschen 195, 200
Schwache Inversion 72
Schwingbedingung 337
Schwingquarz 357
SC-Integrator 244, 246, 248

Funktionsweise 245
SCSI-Bus 514
Sea of Gates 415
Segment-Descriptor 465
Segmentierung 464
Segmentregister 462
Seitenkapazität 185
Selbstabgleich 164
Selbstähnlichkeit 210
Selektive Signalzuweisung 437
Semi-Custom-Entwurf 413
Semi-Custom-IC 413
Sequentielle Signalzuweisung 440
Sequentielle Anweisung 439
sequentielle Schaltung 396
Session Layer 498
ShichmanHodgesGleichung 207
Shockley-Gleichung 10
Sicherung 499
Signal 431
Signalflussgraph 235
Signalisierung 520
SignalRauschAbstand 189
SignalRauschAbstand SNR 194
Signalrekonstruktion 255
Signalzuweisung 437
Simulation 429
Single Chip 474
Single Instruction-Single Data Rechner 447
Slew Rate 134
Slice 423
Sourcegekoppelter LC-Oszillator 348
Spannungs-Frequenz Umsetzer 372
Spannungs- Strom-Umsetzer 294
Spannungs-Frequenz Umsetzer 372
Spannungsgesteuerte Filter 300
Spannungsgesteuerter Funktionsgenerator 365
Spannungsgesteuerter LC-Oszillator 346
Spannungsgesteuerter Oszillator 347
Spannungsverstärker 131
Spannungsverstärkung 87
Spartan-II 423
Speicherindirekte Adressierung 452
spektrale Rauschleistungsdichte 191

Sperrsättigungsstrom 10
Sperrsättigungsstromdichte 10
Sperrschichtkapazität 12, 13, 347
Sperrschichtkapazitäten 185
Sperrschichtladung 12, 32
Sperrschichtladungen 35
Spezifikation 428
SPICE 1, 166
Sprungantworten 145
Sprungbefehle 453
SRD 283, 284
SRI 272
Stabiler 353
Stabilität 146
   Nyquist-Verfahren 146
   Pol/-Nullstellen-Verfahren 146
Standardbaustein 412
Standardzellen 413
   Zellreihen 414
Standardzellen-Entwurf 413
starke Inversion 57
State Variable Filter 240
State Variable Oscillator 355
State-Variable aktive Filter 300
Stationäres Transportmodell 26
Steilheits-Multiplizierer 292
Steuerbefehle 453
Steuerdatei 166
Störabstand 379
Störsicherheit 379
Stoßrauschen 199
Stromspiegel 99, 147
Stromspiegel mit Bipolartransistoren 100
Stromspiegelfehler 211
Stromverstärker 131
Stromverstärkung 22
Substrateffekt 59
Substratfaktor 58
Subthreshold-Betrieb 59
Subthreshold-Strom 72
Subtraktion 406
Successive Approximation Register 281
Sukzessive Approximation 280
Summenübertragungsrahmen 510

Sweep Range 367
Switch-Matrix 420, 425
Synchrondemodulator 301
synchroner Zähler 407
Synchrones Schaltwerk 396
Synthese nichtlinearer Schwingsysteme 352
Systemfunktion 223

Taktgenerierung 244
Taktsynchroner Rahmen 443
Taktüberwachung 474
Talker 514
Task-Management 466
Tastverhältnis 318
Technologiekonstanten 207
Temperaturabhängigkeit des Diodenstroms 18
Temperaturdrift 133
Temperatureffekte 71
Testbench 429
Tiefpass 227, 239
    Amplitudencharakteristik 227
    normierter Amplitudengang 227
    Normierter Dämpfungsverlauf 227
Timer 476
Token 501
Token Passing 501
Token-Bus 518
Token-Ring 518
Toleranzschema 226
Tracking ADC 282
Transferbefehle 452
Transferstrom 21, 25, 31, 34
Transformation
    Bandpass-Referenztiefpass 229
    Bandsperre-Referenztiefpass 229
    Hochpass-Referenztiefpass 229
    Tiefpass-Referenztiefpass 228
Transientenanalyse 174
Transimpedanzverstärker 131
Transistormodelle 1
Transitfrequenz 42, 135, 139
Transitzeit 14, 43
Transkonduktanzverstärker 131, 154

Transportgleichungen 2
Transportmodell 26
Traps 470
Triggerschwellen des Schmitt-Triggers 363
Triodengebiet 60
Tschebyscheff Polynom 231
TTL-Gatter mit Schmitt-Trigger-Eingang 364
TTL-Inverter 125, 126
TTL-Quarzoszillator 359
Tunneldiode 337
    LC-Oszillator 337, 338
    Strom-Spannungskennlinie 338
Two-State Phasendetektor 319

Überabtastung 273
Übertragungsfunktion 227
    normiert 227
Übertragungskennlinie 379
Übertragungsleitwert 40
Übetragungsfunktion 222
U-I Umsetzer 367
UND-Matrix 416
Universalfilter 237, 240, 241
    spannungsgesteuert 301
Universal-SC-Filterblock 250
Universelle Frequenzgangkorrektur 145
Unterprogrammbefehle 453
USB 514

V24-Schnittstelle 522
Van der Polsche Differentialgleichung 339
Variable 432
V_{BE}-Multiplizierer 97
VCF 300
VCO 347, 349, 365, 375
Verarmungsladung 57
Verarmungstransistor 49, 67
Verbindungsressourcen 425
Verdrahtung 414
Verdrahtungskanal 414
Verdrahtungskapazität 186

Vereinfachen von Funktionen 388
Verifikation 429
Verlustleistung des Inverters 116
Verstärkergrundschaltung
  Eigenschaften 83
Verstärkung des Differenzverstärkers 110
Verstärkungs-Bandbreite-Produkt 139
Vertikale *npn*-Struktur 20
Verzögerungszeit 114
VFC 372
VHDL 427
  Architecture 433
  Design-Unit 430
  Entity 430
  Entwurfsphase 428
  Modellierung 428
  Operatoren 436
  Package 434
  Process 439
  Struktur 433
  Strukturelle Elemente 430
  Verhalten 433
VHDL-Entwurf 428
Vierquadranten-Multiplizierer 291, 293, 294, 297
  CMOS 298
  linearisiert 294
  vollständig linearisiert 296, 297
Virtuelle Adressierung 465
VLB-Bus 512
VME-Bus 513
Volladdierer 404, 417
Vollständigkeit 383
Voltage Controlled Oscillator 347, *siehe* VCO
von Neumann-Rechner 447
Vorwärtsbetrieb 21

Wägeverfahren 280
Wahrheitstabelle 383
Wahrscheinlichkeitsdichtefunktion 190
WAN 516
while - Schleife 441
Widerstandsrauschen 190
Widlar-Stromspiegel 101

Wien-Brücken Oszillator 350
Wien-Brücken Oszillator mit Amplitudenregelung 352
Wien-Brücken Oszillator mit Präzisionsamplitudenstabilisierung 352
Wien-Robinson Brücke 350
Wilson-Stromspiegel 102, 155
Wort 380

Zähler 406
Zählverfahren 282
Zeichen 380
Zeichenvorrat 380
Zeitmultiplex 501
Zellbibliothek 415
Zellen-Entwurf *siehe* Standardzellen-Entwurf
Z-state PFD 323
Zustand 396
Zustandsdiagramm 397
Zustandsdiagramm des PFD 322
Zustandsfilter 236
Zustandsfolgetabelle 399
Zustandsvariable 396
Zuteilungsverfahren 503, 505, 506, 507, 510, 516, 518
Zweidimensionale MOS-Struktur 51
Zweiflankenumsetzverfahren 282
Zweiphasen-Dreieckgenerator 355, 370, 371
Zweiphasenoszillator 354, 355
Zweiphasenoszillator mit Frequenzsteuerung 356
Zweiphasensinusoszillator mit schneller Amplitudenregelung 357
Zweiquadranten- Multiplizierer 292
Zweiquadrant-Multiplizierender DAU 270
Zwei-Rampen-Verfahren 282
Zweischritt ADU 278
Zweischritt-Flash-ADU 279
Zweiseitenband 299
Zweistufige bipolare Kleinsignalverstärker 94

Ingenieurwissen in der Praxis...

Als mittelständischer ASiC-Hersteller am Standort Bodenheim in Rheinland-Pfalz entwickelt und fertigt iC-Haus hochintegrierte iCs, u. a. für die Industrie-, Automobil- und Medizintechnik.

Innovative Systemlösungen erfordern die kreative und qualifizierte Ingenieurleistung vom Systemansatz über die Schaltungsentwicklung mit Versuchsaufbau und Simulation, über das Layout in der Device- bzw. Blockebene bis hin zum Test von Wafern und assemblierten iCs. Technische Herausforderungen werden dabei im Team aufgegriffen.

Absolventen und Studenten der Fachrichtung Elektrotechnik setzen ihr Fachwissen um in Mixed-Mode-ICs und in Mikrosysteme mit integrierter Sensorik in Bipolar-, CMOS- und BCD-Technologien.

www.ichaus.de

Weitere Titel zur Informationstechnik

Fricke, Klaus
Digitaltechnik
Lehr- und Übungsbuch für
Elektrotechniker und Informatiker
3., verb. Aufl. 2002. XII, 315 S.
Br. € 26,90
ISBN 3-528-23861-5

Bächtold, Werner
Mikrowellenelektronik
Komponenten, System- und
Schaltungsentwurf
Mildenberger, Otto (Hrsg.)
2002. VIII, 199 S. mit 212 Abb.
Br. € 19,90
ISBN 3-528-03937-X

Meyer, Martin
**Grundlagen der
Informationstechnik**
Signale, Systeme und Filter
Mildenberger, Otto (Hrsg.)
2002. XII, 525 S. mit 250 Abb.
u. 33 Tab. Geb. € 46,90
ISBN 3-528-03931-0

Duque-Antón, Manuel
Mobilfunknetze
Grundlagen, Dienste und Protokolle
Mildenberger, Otto (Hrsg.)
2002. X, 315 S. mit 167 Abb. u. 19 Tab.
Geb. € 34,90
ISBN 3-528-03934-5

Wüst, Klaus
Mikroprozessortechnik
Mikrocontroller, Signalprozessoren,
speicherbausteine und Systeme
hrsg. v. Otto Mildenberger
2003. XI, 257 S. Mit 174 Abb.
u. 26 Tab. Br. € 21,90
ISBN 3-528-03932-9

Werner, Martin
**Digitale Signalverarbeitung
mit MATLAB.**
Intensivkurs mit 16 Versuchen
2003. X, 305 S. mit 129 Abb.
u. 51 Tab. Br. € 29,90
ISBN 3-528-13930-7

Abraham-Lincoln-Straße 46
65189 Wiesbaden
Fax 0611.7878-400
www.vieweg.de

Stand Juli 2003.
Änderungen vorbehalten.
Erhältlich im Buchhandel oder im Verlag.